wie funktioniert das?

Die Technik

wie funktioniert das?

Die Technik

6., aktualisierte Auflage

MEYERS

Projektleitung Ulrike Emrich M. A.

Autor und Redaktion
Dr. Ulrich Kilian,
Redaktionsbüro science & more, Frickingen

Grafik
Bernhard A. Peter, newVISION! gmbH, Pattensen

Autoren und freie Mitarbeiter (Vorauflage)
Dr. Hans-Jürgen Altheide, Prof. Dr. Angelika Anders-von Ahlften (†), Dr. Hans-Dieter Bauer, Dr. Beate Brase, Dipl.-Phys. Daniel Chatterjee, Dipl.-Ing. Björn Draack, Dipl.-Inform. Timo Dreiser, Georg Fobbe, Dipl.-Phys. Carsten heinisch, Dipl.-Ing. Guido Hense, Dr. Ekkehard Hundt (†), Dipl.-Ing. Regina Klepsch, Dipl.-Phys. Marc Lange, Dr. Gerhard Muster, Dr. Joachim Rau, Stefanie Schneider, Dipl.-Phys. Christian Taut, Dipl.-Ing. Wolfram Tessendorf

Herstellung Judith Diemer
Umschlaggestaltung Günther Nord, Heddesbach
Umschlagabbildungen fotolia/Spectral-Design: Satellit; istockphoto/Mark Stay: Drahtmodell
Satz Bibliographisches Institut GmbH, Mannheim
Druck und Bindung MOHN Media Mohndruck GmbH, Carl-Bertelsmann-Straße 161 M, 33311 Gütersloh

Bibliografische Information der Deutschen Bibliothek
Die Deutsche Nationalbibliothek verzeichnet diese Publikation in der Deutschen Nationalbibliografie; detaillierte bibliografische Daten sind im Internet über http://dnb.de abrufbar.

Bibliographisches Institut GmbH
Mecklenburgische Straße 53, 14197 Berlin

ISBN 978-3-411-08856-0

www.meyers.de

Technik bestimmt unser aller Leben. Täglich sind wir mit einer immensen Zahl von technischen Geräten umgeben, von denen wir viele ganz selbstverständlich benutzen – oft genug, ohne zu wissen, wie sie funktionieren. Dabei setzt die Technik höchst raffiniert Naturgesetze ein, um uns den

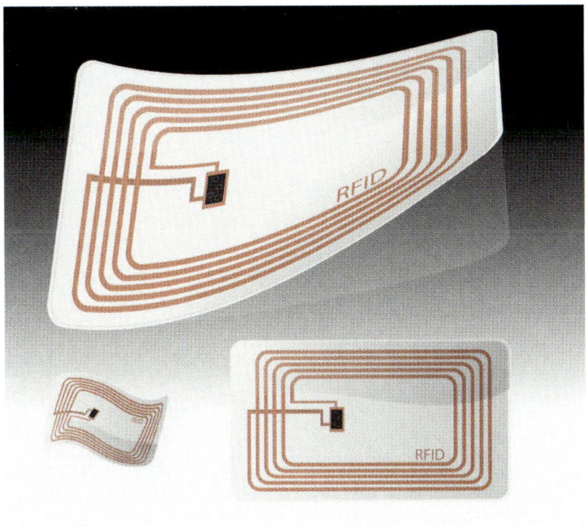

Alltag zu erleichtern und die menschliche Arbeit effizienter zu machen (und manchmal auch nur, um dem Spieltrieb zu genügen). Wer einmal neugierig darauf geworden ist, wie einzelne technische Vorgänge ablaufen, mithin technische Geräte und Verfahren funktionieren, stößt auf immer neue, außerordentlich spannende Fragen: Wie etwa sorgt der Gefrierschrank dafür, dass der Apfelstrudel tiefgefroren bleibt? Wie das Mikrowellengerät dafür, dass er in Minutenschnelle erhitzt ist? Wie kommt Musik aus den Lautsprechern, wenn man eine Compactdisc im CD-Player abspielt? Warum passt soviel Musik auf einen MP3-Player? Wie erkennt der Touchscreen eines Smartphones Fingergesten? Was steckt hinter der Digitalisierung von Fernsehen und Radio? Was geschieht, wenn man mit dem Handy telefoniert oder im Internet surft? Worin besteht der grundlegende Unterschied zwischen einem Ottomotor und einem Dieselmotor? Wie arbeitet ein Herzschrittmacher?

Auf diese (und viele weitere) Fragen gibt der vorliegende Band zuverlässig Antwort. Solides Grundwissen liefert er aber nicht nur zu den technischen Systemen, mit denen wir Tag für Tag umgehen, sondern auch zu Technologien, die heute im Zentrum des öffentlichen Interesse stehen und die aller Voraussicht nach unsere Zukunft bestimmen werden: Welche Risiken und Chancen eröffnen sich durch die Anwendung gentechnischer Verfahren in der Medizin und bei der Herstellung von Lebensmitteln? Welche Prozesse laufen in einem Windkraftwerk oder in einer Solaranlage ab? Wird die Entwicklung der Raumfahrttechnik ein Leben im All ermöglichen? In welchen Bereichen kann man derzeit erfolgversprechend Laserstrahlen einsetzen? Werden Mikrotechnik und Nanotechnologie neue Produkte und Fertigungsmethoden hervorbringen? Wie lassen sich wertvolle Rohstoffe recyceln? Mit welchen technischen Hilfsmitteln kann man Wasser und Luft rein halten, um die Umwelt besser zu schützen?

Um den Lesern den Überblick zu erleichtern, sind die einzelnen Techniken nach Themen sortiert. Sie werden, Kapitel für Kapitel, jeweils auf einer Doppelseite präsentiert. Texte und Abbildungen stehen einander gegenüber. Texte und Abbildungen sind durch „Marker" (schwarze Dreiecke und orangefarbene Ziffern) klar zueinander in Beziehung gesetzt.
Die im Sachwortregister verzeichneten Sachbegriffe dienen der schnellen Orientierung. Verweispfeile, die in Klammern nach einem Begriff stehen [„(→)"], geben darüber hinaus Hinweise, wo weitere Informationen zu finden sind.
Über 500 farbige Grafiken, Schnittzeichnungen und Fotos veranschaulichen die beschriebenen Geräte und Verfahren. Mögen die Grafiken auch aufwendig in der Entwicklung sein, so setzt der Verlag damit ganz auf den Nutzen, den sie dem Leser bieten – in dieser Auflage wie in den fünf vorausgegangenen Auflagen eines Titels, der nicht zuletzt dadurch zu einem Klassiker geworden ist.

Der Verlag

Telefon

Das Prinzip des Telefons beruht auf der Umwandlung von Sprachschwingungen in elektrische Signale und umgekehrt und wurde erstmals 1852 von dem deutschen Lehrer Johann Philipp Reis (1834–1874) demonstriert. Aber erst 1876 wurde das Telefon von Alexander Graham Bell (1847–1922), der als Erster einen Fernsprecher für den praktischen Telefonverkehr entwickelte, auf der Weltausstellung in Philadelphia der Öffentlichkeit vorgestellt. Heute gehört das Telefon zum Alltag. In der westlichen Welt verfügen praktisch alle Haushalte über einen Telefonanschluss.

Funktionsweise ▸1 ▸2

Standardtelefone bestehen im Wesentlichen aus einem Mikrofon, das als Signalgeber dient, und einem als Signalempfänger arbeitenden Hörer. Die Schallumwandlung auf der Senderseite nutzt verschiedene physikalische Effekte. Bei einem Kohlemikrofon ändert sich durch Einwirkung von Schallwellen der elektrische Widerstand, bei einem Piezo-Mikrofon werden elektrische Spannungen erzeugt. Elektretmikrofone arbeiten nach dem elektrostatischen Prinzip. Manchmal erzeugt auch eine Membran-Spulen-Anordnung unter Ausnutzung der elektromagnetischen Induktion eine Signalspannung. Je nach Baujahr und Preisklasse arbeitet der Hörer nach dem Membran-Spule-Prinzip (elektromagnetischer Wandler), kann aber auch als kleiner Lautsprecher (elektrodynamisches Prinzip) oder piezoelektrische Hörkapsel realisiert sein. Der Frequenzbereich des übertragenen Schalls entspricht aus wirtschaftlichen Gründen nur einem Ausschnitt des gesamten menschlichen Hörbereichs; eine genügende Silbenverständlichkeit ist bereits gegeben, wenn die Übertragungsfrequenz zwischen einigen Hundert Hertz und einigen Kilohertz liegt.
Der **Tastenwahlblock** moderner Telefongeräte (Abb. 2 a) bildete die der gedrückten Zifferntaste entsprechenden Unterbrechungen elektronisch nach (**Pulswahl**). Heutige Fernsprecher, die an elektronische Wählvermittlungen mit digitaler Technik angeschlossen sind, enthalten eine Tastatur, die die gewählten Ziffern als Frequenzkombination (**Tonwahl** bzw. **Mehrfrequenzwahl**, Abb. 2 b) an das Telefonnetz oder eine Telefonanlage aussendet; der ISDN-Anschluss selbst bzw. andere digitale Telefonsysteme wie VoIP benötigen ansonsten keine Mehrfrequenzwahl mehr zur Übertragung der Rufnummer an die Vermittlungsstelle, da bei diesen Systemen die einzelnen Ziffern der Telefonnummer als eine Bitfolge und nicht als Audiosignal übertragen werden.

Vermittlung ▸3

Beim Abnehmen des Handgerätes wurde früher durch eine Gleichstromschleife in der **Vermittlungsstelle** ein Vorwähler oder Anrufsucher in Tätigkeit gesetzt. Dieser schaltete einen Drehwähler an die Leitung des anrufenden Teilnehmers, von dem der Anrufer durch den Wählton die Aufforderung zur Ziffernwahl erhielt. Grundbaustein der **elektromagnetischen Vermittlungstechnik** war der Edelmetallmotordrehwähler (EMD). Er wurde von den Wahlimpulsen, die von der Tastatur des Telefons ausgehen, gesteuert. Mit 175 Schritten in der Sekunde suchte er aus der Vielzahl von Abnehmerleitungen eine freie aus und schaltet sie mit der Eingangsleitung zusammen.
Seit den 1980er-Jahren werden die Verbindungen an den Knotenpunkten mit elektronischen Schaltern hergestellt. Für die Vermittlung dienen Halbleiterbauelemente, die im **Zeitmultiplex** genutzt werden, d. h. für mehrere gleichzeitige Verbindungen. Als Übertragungsleitungen werden zunehmend Glasfaserkabel (→ Lichtwellenleiter) eingesetzt. Dies ermöglicht eine rein Digitale Vermittlung und Übertragung sowie eine Analog-Digital-Wandlung direkt beim Teilnehmer. Die Entwicklung der optischen Nachrichtentechnik ermöglicht hohe Übertragungsgeschwindigkeiten und den Aufbau eines universellen Breitbandkommunikationssystems (z. B. ISDN; → Telekommunikationsnetze).
Mitte der 1990er-Jahre war im Netz der Deutschen Telekom die Umstellung auf digitale Vermittlungsstellen beendet. Damit war auch der Übergang von einem hierarchisch organisierten Telefonnetz zu einem Netz vollzogen, bei dem die Vermittlungsstellen untereinander vermascht aufgebaut sind. Von den vier früheren Vermittlungsebenen sind noch zwei vorhanden. Auf der oberen Ebene arbeiten stark miteinander vermaschte **Fernvermittlungsstellen** (VE:F), die untere Ebene wird von den **Ortsvermittlungsstellen** (VE:O) gebildetet, die sternförmig an eine Fernvermittlungsstelle angeschlossen sind. Durchgangsvermittlungsstellen wickeln nur Verkehr zwischen Vermittlungsstellen ab, Auslandsvermittlungsstellen (VE:A) vermitteln den Verkehr zwischen unterschiedlichen Ländern.

Weitere Entwicklung

Durch die Digitaltechnik wurden Datenübertragungsdienste mittels Modem im Telefonnetz möglich. Leistungsmerkmale wie Anklopfen, Dreierkonferenz und Anrufweiterschaltung oder auch das Bildtelefon sind dadurch zum Standard geworden. Inzwischen wird auch das Internet für Telefonie benutzt (VoIP).

▸1 Prinzip der analogen und digitalen Sprachübertragung

a **analog**

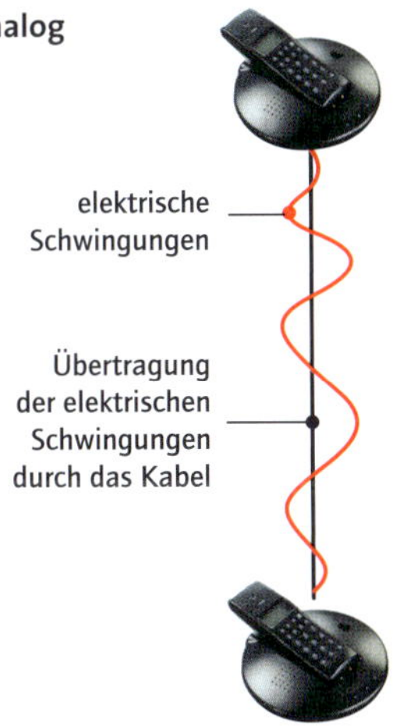

b **digital**

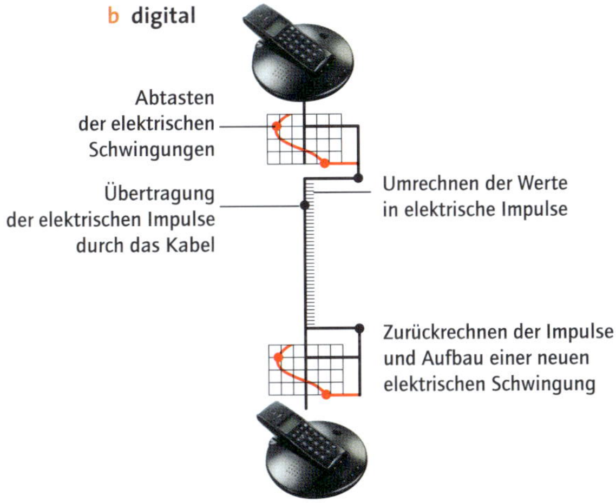

▸2 Tastentelefon

a **Modernes Bürotelefon**

b **Zuordnung der Zeichenfrequenzen bei Tastwahl**

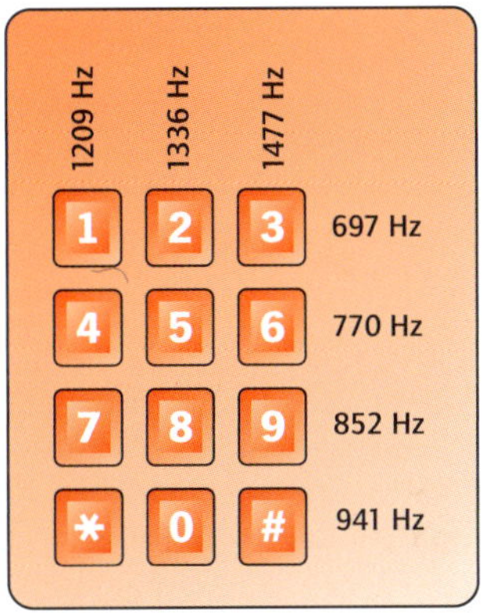

Hier: Zweifrequenztonwahl, bei der durch Drücken einer Taste der entsprechende Zeilen- und Spaltenwert der Frequenz kurz hintereinander ausgelöst wird.

▸3 Vermittlungsstelle der Deutschen Telekom

Schnurloses Telefon

Unter schnurlosem Telefonieren versteht man die von einer Verbindungsleitung unabhängige Kommunikation im Heim oder Büro mit stark begrenzter Reichweite. Das schnurlose Telefon (Abb. 1) besteht aus einer an die Telefonleitung angeschlossenen **Basisstation**, einer **Ladestation** und einem **Mobilteil** mit integrierter oder externer Antenne. Das Mobilteil wird von einem Akku gespeist, dessen begrenzte Kapazität ein regelmäßiges Aufladen an der Ladestation erforderlich macht. Die drahtlose Übertragung zwischen Basisstation und Mobilteil erfolgt mithilfe von elektromagnetischen Wellen.

Analoge Übertragungsstandards

Die ersten schnurlosen Telefone wurden in den 1970er-Jahren in den USA eingeführt. Von der dortigen Fernmeldebehörde (FCC) wurden auch die grundlegenden Normen zur drahtlosen Übertragung festgelegt, die heute häufig als **CT0-Standard** (engl. **c**ordless **t**elephon no. **0**) bezeichnet werden. Geräte nach dieser Norm arbeiteten analog und benutzten zum Senden und Empfangen jeweils getrennte Funkkanäle im UKW-Frequenzbereich. In Europa wurden sie nie zugelassen, da sie keine hohe Gebührensicherheit bieten und außerdem problemlos von Rundfunkempfängern abgehört werden können. Des Weiteren bestand keine eindeutige Zuordnung zwischen Basisstation und Mobilteil, sodass ein Missbrauch (Telefonieren von fremder Basisstation aus) sehr einfach möglich ist.

1989 wurde von den europäischen Post- und Fernmeldeverwaltungen (CEPT) der **CT1+-Standard** für schnurlose Telefone eingeführt. Für die analoge Sprachübertragung wurden 80 Kanalpaare vorgesehen, die im Frequenzbereich von 930–932 MHz und 885–887 MHz arbeiten. Durch eine geringe Sendeleistung wurde die Reichweite der Geräte auf 200 m im Freien und 50 m im Haus begrenzt. Das System arbeitete nach dem **Frequenzmultiplexverfahren** (**FDM**, engl. **f**requency **d**ivision **m**ultiple), bei dem mehrere Signale unabhängig voneinander gleichzeitig über den gleichen Verbindungsweg übertragen werden. Damit sich die Signale nicht beeinflussen und sich am Empfangsort trennen lassen, unterscheiden sie die gleichzeitig verwendeten Frequenzbänder in der Frequenzlage. Beim CT1+-Standard wurde jedem Mobilteil beim Hersteller eine eigene Kennung einprogrammiert, die eine eindeutige Zuordnung zur Basisstation erlaubte, um so einem Missbrauch (vgl. CT0-Norm) vorzubeugen.

Digitale Übertragung

▸2 ▸3

Die digitale Vermittlung (Abb. 2 b) ermöglicht hohe Übertragungsraten und eine Analog-Digital-Wandlung direkt beim Teilnehmer (Abb. 3). 1991 wurde der digitale **CT2-Standard** eingeführt. Geräte, die nach diesem Standard gebaut wurden, senden und empfangen auf 40 Kanälen im Bereich von 864–868 MHz. Mithilfe des **FDMA**-Verfahrens (engl. **f**requency **d**ivision **m**ultiple **a**ccess, ein Frequenzmultiplexverfahren für n Benutzer) greifen die Basisstation und das Mobilteil auf diese sogenannten Duplexkanäle zu. Zum Senden und Empfangen wird dabei nur ein einziger Kanal verwendet, der die komprimierten Sprachsignale zeitlich versetzt im **Zeitduplexverfahren** (**TDD**, engl. **t**ime **d**ivision **d**uplex) überträgt. Dadurch wird das Frequenzspektrum effizienter genutzt und die Qualität der Sprachübertragung gesteigert.

Seit dem 1. 1. 2009 dürfen schnurlose Telefone der Standards CT1+ und CT2 in Deutschland nicht mehr betrieben werden. Die von den Standards genutzten Frequenzen wurden im Rahmen der europäischen Frequenzharmonisierung umgewidmet.

1992 wurde ein einheitlicher europäischer Standard für digitale schnurlose Telefone eingeführt, das **DECT** (engl. **d**igital **E**uropean **c**ordless **t**elephone). Das System stützt sich bei der Datenübertragung auf das **Zeitmultiplexsystem** (**TDM**, engl. **t**ime **d**ivision **m**ultiplex), das jeden der zehn Trägerkanäle im Frequenzbereich von 1880–1900 MHz in zwölf Zeitschlitzpaare splittet. Dadurch stehen insgesamt 120 Kanäle zum Senden und Empfangen zur Verfügung. Während eines Gespräches im DECT-Standard wird ständig die Qualität des verwendeten Kanals überprüft und der Kanal gegebenenfalls gewechselt. Das System ist abhörsicher, und es können bis zu zwölf schnurlose Telefone gleichzeitig mit der Basisstation verbunden werden (Abb. 2). Dadurch sind Gespräche sowohl zwischen den Mobilteilen als auch vom und zum Amt möglich. Aufgrund dieser Vorteile bietet das DECT-System die Möglichkeit zum Aufbau komplexer Systeme mit vielen Teilnehmern in untereinander verbundenen Funkzellen auf begrenztem Raum. Neben der Übertragung von Sprache ist im DECT-Standard auch die von Daten vorgesehen. Damit wären lokale Netze drahtlos zu realisieren.

Seit einigen Jahren sind sogenannte „strahlungsarme DECT-Telefone“ auf dem Markt, bei denen zum einen die Sendeleistung des Mobilteils reduziert wird, wenn es sich in ausreichender Nähe zur Basisstation befindet, und zum anderen die Basisstation nicht sendet, wenn das Mobilteil aufgelegt ist.

▸1 Schnurloses DECT-Telefon

▸2 Prinzip des schnurlosen Telefons

Mehrere Teilnehmer nutzen dieselbe Basisstation und können auch untereinander telefonieren

▸3 Blockschaltbild eines digitalen Telefons

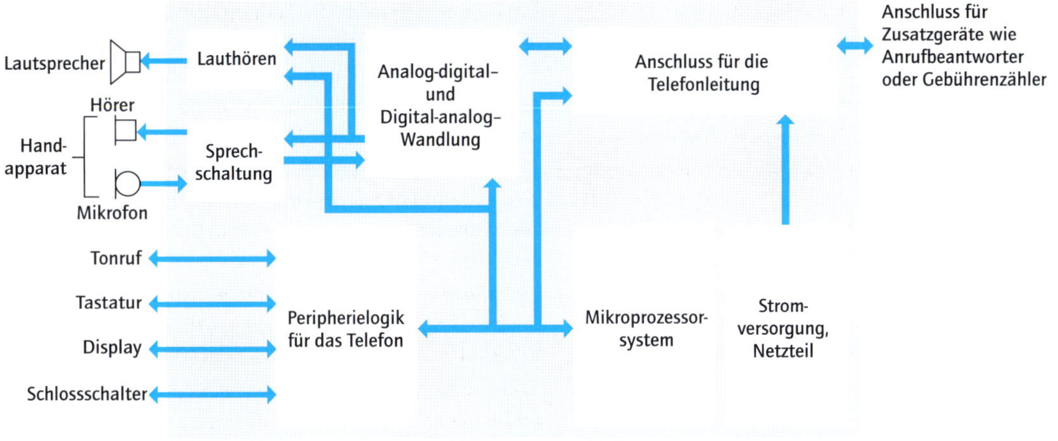

Mobilfunk

Mobile Funknetze ermöglichen dem Benutzer eine drahtlose Telekommunikation sowohl innerhalb begrenzter Zonen als auch national und international. Anders als beim klassischen Funken sind Sender und Empfänger nicht direkt verbunden, sondern verkehren über ein Netz von stationären Feststationen miteinander.

Aufbau des Funknetzes ▸1

Die Voraussetzungen beim Aufbau eines Funknetzes sind vielseitig: Bei einem begrenzten Angebot an Frequenzen sollen viele Benutzer gleichzeitig auf engstem Raum telefonieren können, und zwar ohne Störungen, und die Verbindung muss bestehen bleiben, auch wenn sich der Teilnehmer während des Gespräches bewegt (z. B. im Auto). Grundsätzlich muss also zu jedem Zeitpunkt eine Funkverbindung zwischen einem stationären Sender (**Funkfeststation**) und dem mobilen Telefon („**Handy**") gewährleistet sein. Aus Gewichtsgründen sind **Mobiltelefone** mit kleinen Akkus ausgestattet, weshalb sie nur eine begrenzte Reichweite haben. Aufgrund dessen wurden zellulare Mobilfunksysteme aufgebaut (Abb. 1a). Sie unterteilen die geografische Fläche in einzelne **Zellen** mit je einer Feststation (**Basisstation**). Da für den Mobilfunk nur ein begrenzter Frequenzbereich zur Verfügung steht, müssen sich gegebenenfalls mehrere Teilnehmer einen Kanal teilen. Um Störungen trotzdem weitgehend auszuschließen, werden die Zellen verschieden groß ausgelegt. Die Zellradien moderner Mobilfunknetze betragen im ländlichen Bereich ca. 3–10 km (Großzelle), im städtischen Bereich ca. 0,3–3 km (Kleinzelle) und für die Versorgung von abgegrenzten Arealen (z. B. Bahnhof, Einkaufspassage) etwa 50–100 m (Abb. 1b).

Gespräche im Mobilfunknetz

Nach der Anmeldung des Mobiltelefons werden die Teilnehmerdaten in drei Dateien geführt.

- **Heimatdatei**: In ihr wird der Teilnehmer durch die Anmeldung registriert (Wohn- oder Firmensitz).
- **Besucherdatei**: Der Teilnehmer wird in der Besucherdatei eines Funknetzbereichs geführt, in dem er sich gerade befindet.
- **Aktivdatei**: Das eingeschaltete Mobiltelefon wird in der jeweiligen Zelle des Netzsystems registriert.

Beim Einschalten meldet sich das Mobiltelefon bei der nächstgelegenen Basisstation zum „Einbuchen" an und wird in der Besucherdatei registriert. Die Basisstation „fragt" bei der Heimatdatei nach „Echtheit" des Teilnehmers und speichert bei Bestätigung den aktuellen Aufenthaltsort. Das Mobilteil befindet sich nun im **Stand-by-Betrieb**. Die Feststation kontrolliert jetzt in konstanten Zeitabständen, ob das Handy sich noch im Stand-by-Betrieb befindet oder z. B. abgeschaltet wurde. Diese Daten werden dann in der Aktivdatei gespeichert.
Ein Anrufer erreicht mit der entsprechenden Vorwahl für das jeweilige Netz die nächstgelegene Funkvermittlung, die die Heimatdatei „benachrichtigt", welche die Verbindung zur momentanen Basisstation des mobilen Teilnehmers herstellt. Während eines Gespräches wird die Verbindung des Mobiltelefons zur Basisstation fortlaufend geprüft. Verlässt der mobile Teilnehmer den Funkbereich, so wird die Verbindung kurzzeitig unterbrochen und auf eine neue Basisstation umgeschaltet (**Hand-over**).

Digitaltechnik im D- und E-Netz ▸2 ▸3 ▸4

Forderungen nach der Verwendbarkeit von Mobilfunkgeräten in allen Ländern sowie einer besseren Sprachqualität und Abhörsicherheit führten zur Einführung des digitalen **D-Netzes**, das nach der **GSM-Norm** (engl. **g**lobal **s**ystems for **m**obile communications) im Frequenzbereich von 900 MHz arbeitet (Abb. 2) und das analoge C-Netz ablöste. Die digitalen GSM-Netze sind aus Zellen mit Basisstationen aufgebaut, die über ein Subsystem mit der Funkvermittlungsstelle verbunden sind. In Deutschland gibt es zwei Netze: **D1** von T-Mobile und **D2** von Vodafone. Die Handys sind heutzutage sehr klein und leicht und verfügen über lange Gesprächs- und Stand-by-Zeiten (Abb. 4).
E-Plus betreibt auch ein Netz im **DCS-1800**-Standard, der bei einem Frequenzbereich von 1800 MHz bei gleicher Sendeleistung wie GSM zu einer geringeren Reichweite führt; der maximale Zellenradius liegt bei ca. 8 km. Dadurch kommen die mobilen Telefone mit einer relativ geringen Sendeleistung aus. Durch die Aufteilung in Zeitschlitze beim GSM-Mobilfunk (Abb. 3) ist es möglich, auf einem Funkkanal bis zu acht Gespräche gleichzeitig zu übertragen. Ein solcher Zeitschlitz hat eine Dauer von 577 µs und entspricht der Zeitspanne, in der ein Teilnehmer einen Übertragungskanal allein nutzt.
Das **UMTS-Netz** ermöglicht die Übermittlung großer Datenmengen (bis zu 7,2 Mbit/s mit dem HSDPA-Verfahren) und den schnellen Internetzugriff. Im Unterschied zu GSM nutzt UMTS ein anderes Frequenzband (1920–2170 MHz), außerdem arbeiten alle Teilnehmer eines Netzes auf der gleichen Frequenz. Die Trennung der einzelnen Kanäle wird dabei mittels eines Codes und nicht mit Zeitschlitzen durchgeführt.

▸1 Zellenaufbau von Mobilfunknetzen

a Einrichten von Kleinzellennetzen

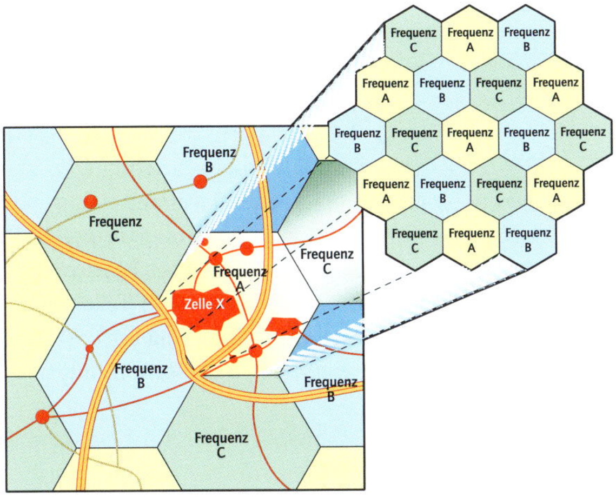

b Typische Größen von Groß-, Klein- und Mikrozellen

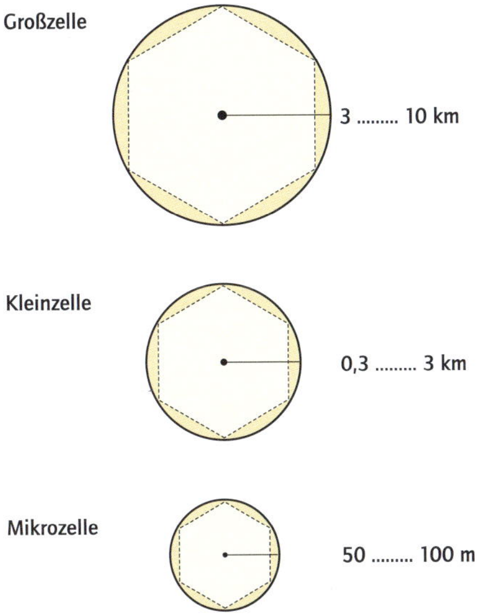

▸2 Mobilfunk- und UMTS-Frequenzen

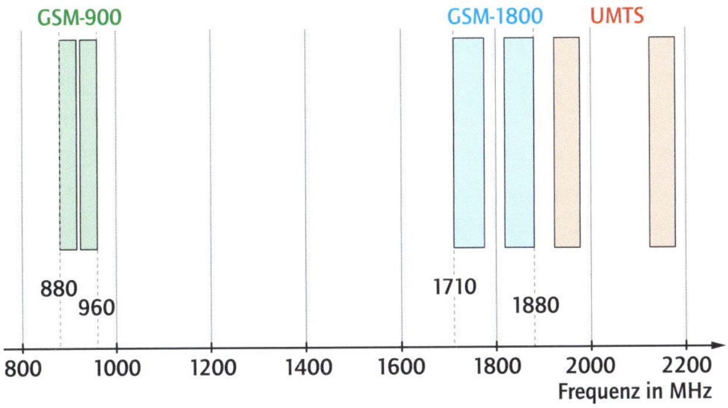

▸3 Zeitschlitzverfahren bei GSM

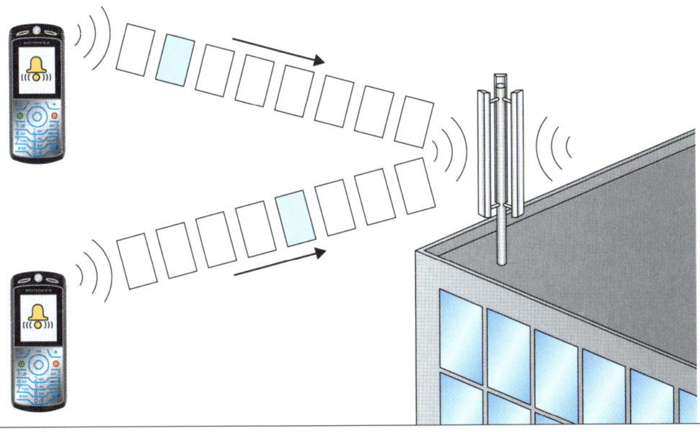

▸4 Klapphandy

Smartphones

Seit einigen Jahren werden tragbare elektronische Geräte für mobile Kommunikations- und Datenverarbeitungsaufgaben immer beliebter, die eine Kombination aus einem **Personal Digital Assistant (PDA)** und einem Mobiltelefon darstellen. Solche Smartphones ermöglichen dem Anwender somit neben dem Telefonieren den Zugriff auf eine Reihe von Anwendungen wie Kalender, Organizer, Bilder usw. Die meisten Smartphones integrieren eine Kamera und einen MP3-Player (→MP3) und können, z. B. per Bluetooth oder WLAN, mit anderen Geräten kommunizieren und synchronisiert werden. Die Bedienung erfolgt über eine Tastatur und/oder einen berührungsempfindlichen **Touchscreen** und eine ausgearbeitete Benutzeroberfläche. Über WLAN an entsprechenden Access Points oder über UMTS ist meist auch der Zugriff auf das Internet möglich. So können E-Mails verschickt und Videokonferenzen sowie Internettelefonate (VoIP) durchgeführt werden. Smartphones benötigen in der Regel ein Betriebssystem, um die integrierte Hardware nutzen zu können, wobei ein bestimmtes Endgerät vom jeweiligen Hersteller mit einem installierten System ausgeliefert wird. Verbreitet sind die Betriebssysteme Symbian, Windows Mobile, RIM OS für Blackberrys, Mac OS X für das iPhone der Firma Apple, webOS für Palm-Geräte und Android für Android-Handys wie das Nexus One der Firma Google. Das Betriebssystem ermöglicht es dem Benutzer zudem, selbst Programme nach Belieben zu installieren.

Touchscreens ▸1 ▸3

Im Unterschied zu gewöhnlichen Handy verfügen die meisten Smartphones über einen berührungsempfindlichen Bildschirm (Touchscreen), der die manuelle Eingabe mit dem Finger oder speziellen Eingabestiften ermöglicht. Bereits 1993 brachte die kalifornische Computerfirma Apple mit dem Newton einen PDA auf den Markt, der sich über einen Eingabestift bedienen ließ. Kurze Zeit später präsentierte auch Palm entsprechende Handhelds. Auch Industriemaschinen, Infomonitore und Fahrkartenmonitore lassen sich schon seit Jahren über den Bildschirm steuern. Das grundsätzliche Prinzip ist dabei immer dasselbe. Vor einem normalen Monitor wird ein Aufsatz angebracht, der auf die Berührung mit Finger oder Stift reagiert; eine Elektronik wertet die Position aus und teilt sie der Software mit. Die oben genannten frühen Geräte, aber auch einige moderne Handys, nutzen das sogenannte **resistive** Verfahren. Ihre berührungsempfindlichen Bildschirme bestehen aus zwei leitfähigen Folien, typischerweise aus Indium-Zinnoxyd, die durch winzige Abstandshalter voneinander getrennt sind. An einer der beiden Folien wird eine Spannung angelegt. Drückt man nun auf das Display und verbindet damit die beiden Folien, sind an der zweiten Folie – wie bei einem Spannungsteiler – zwei Spannungen messbar, aus denen sich die Koordinaten des Druckpunkts berechnen lassen.

Die Touchscreens von Geräten, die sich mit dem Finger bedienen lassen, funktionieren hingegen wie ein Kondensator und heißen deswegen **kapazitiv.** Eine Glasplatte, die über dem eigentlichen Bildschirm liegt, wird auf beiden Seiten mit einem leitfähigen und transparenten Metalloxyd beschichtet – sie bilden die Kondensatorplatten. Berührt nun ein (leitfähiger) Finger die Glasplatte, ändert sich das elektrische Feld zwischen den Metalloxydbeschichtungen, weil ein Teil der Ladung auf den Finger abwandert. Damit das Gerät den genauen Ort des Fingers feststellen kann, ist die Glasplatte nicht homogen, sondern mit gegeneinander versetzten Streifen beschichtet. Jeder Kreuzungspunkt dieses Streifengitters, das die Funktion eines Koordinatensystems übernimmt, wirkt nun wie ein Kondensator und erzeugt sein eigenes Signal, wenn er berührt wird und sich sein elektrisches Feld ändert. Daraus können die Koordinaten des Berührpunkts ermittelt werden.

Viele Touchscreens sind so ausgelegt, dass sie den Ort einer Berührung feststellen und fehlerhaft reagieren, wenn man mehrere Stellen des Displays gleichzeitig berührt werden. Manche Touchscreens ignorieren deshalb alle Berührungen außer der ersten.

Multitouch ▸2

Bei einigen Smartphones wie dem iPhone von Apple können hingegen mehrere Stellen gleichzeitig berührt werden. Dank dieser von Apple patentierten **Multitouch-Fähigkeit** kann man beispielsweise mit zwei Fingern Bilder zoomen und drehen oder durch Webseiten blättern. Das durch die Berührung des Displays erzeugte Signal läuft zunächst zum Prozessor, der die Eigenschaften der Berührung (Größe, Form, Ort) analysiert. Falls nötig, fasst der Prozessor ähnliche Berührungen zu Gruppen zusammen. Wird ein Finger über das Display bewegt, berechnet der Prozessor die Differenz zwischen Start- und Endpunkt der Bewegung. Mithilfe einer Software, die Gesten interpretieren kann, bestimmt der Prozessor den Gestentyp und übersetzt – abhängig von der laufenden Anwendung – die Bewegung des Fingers in eine Anweisung an die Anwendung. Passt die detektierte Geste nicht zu den verwendbaren Gesten, erfolgt keine Reaktion der Anwendung.

▸1 Funktionsweise eines a) resitiven und b) kapazitiven Touchscreens

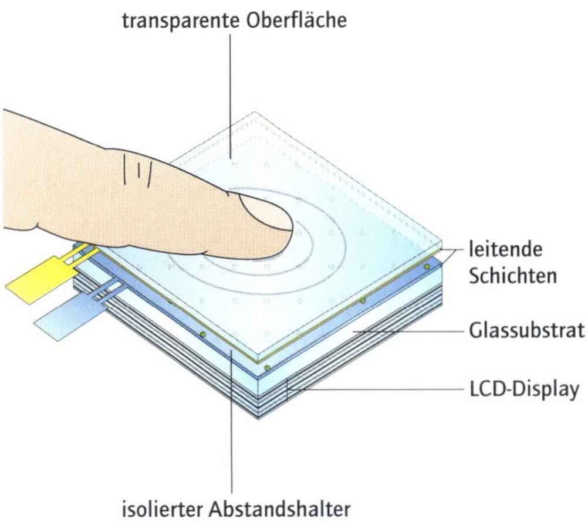

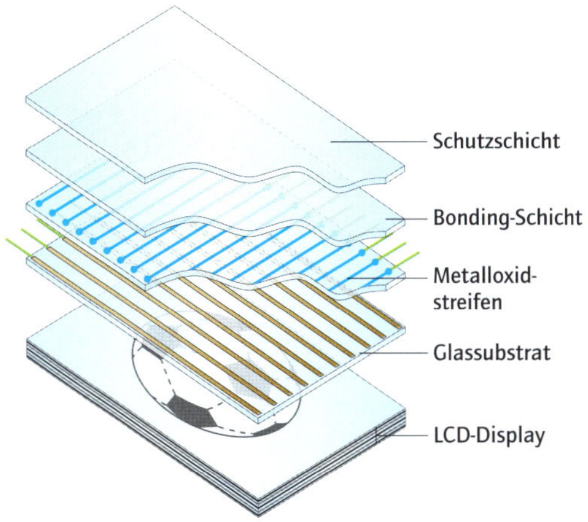

▸2 Multitouch-Gestures

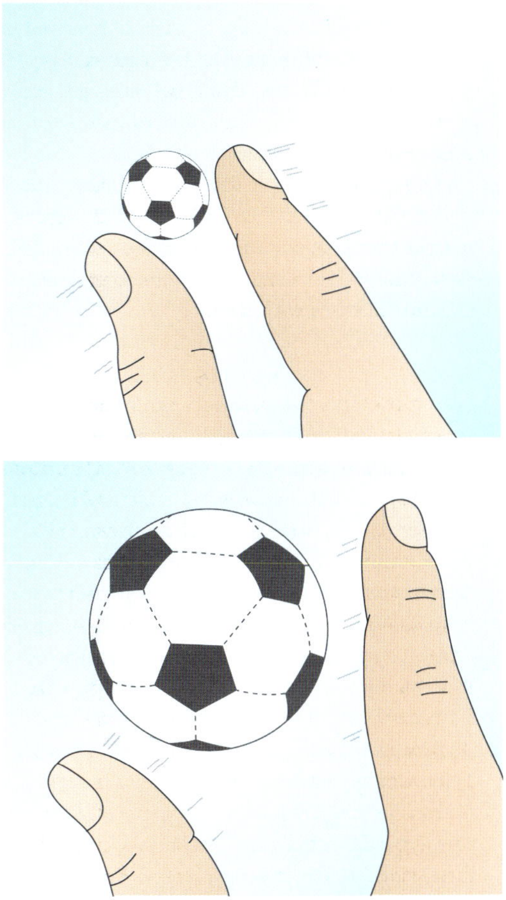

▸3 Über den berührungsempfindlichen Bildschirm eines Smartphones lässt sich auch eine Tastatur bedienen

RFID

RFID-Systeme (engl. radio-frequency **id**entification) werden zur kontaktlosen Identifikation mittels magnetischer oder elektromagnetischer Felder eingesetzt. Der Anwendungsbereich reicht von elektronischen Wegfahrsperren bei Autos über Artikelsicherungs- und -erfassungssysteme bis hin zu Chipkarten oder Tieridentifikation.

Technologie ▸1

Automatische Identifikationsverfahren haben in den letzten Jahren weite Verbreitung gefunden, beispielsweise die Strichetiketten zur Warenauszeichnung. Bei der RFID-Technologie sind die Daten auf Funketiketten **(RFID-Tags)** abgelegt (Abb. 1). Herzstück eines RFID-Datenträgers ist ein mobiler **Transponder** (Kunstwort aus transmitter und responder, Sender und Antwortgeber), der sowohl senden als auch empfangen kann. Die meisten Transponder in der Praxis sind passive Einheiten ohne eigene Stromversorgung. Die nötige Energie ziehen sie aus einem hochfrequenten Magnetfeld, das von einem Lese-/Schreibgerät erzeugt wird. Die benutzten Frequenzen stammen aus dem international für technische, wissenschaftliche und medizinische Anwendung frei gegebenen **ISM-Bändern;** typisch für die Chipkarten sind 13,56 MHz oder 135 kHz. Niedrigere Frequenzen (30–500 kHz) haben eine geringe Reichweite (einige Meter), während solche mit hohen Frequenzen (850–950 MHz, 2,4–2,5 GHz) Reichweiten bis zu 30 Metern besitzen. In die Chipkarten sind Windungen eingelassen (etwa 5 bei 13,56 MHz, einige 100 bei 135 kHz), in denen das hochfrequente Magnetfeld des Lesegerätes eine Spannung induziert, die gleichgerichtet wird und somit die Spannungsversorgung der Karte sicherstellt. Damit die Energieübertragung besonders effektiv ist, wird in den Stromkreis auf der Karte eine zusätzlich Kapazität eingebaut, sodass ein Parallelschwingkreis entsteht, der auf die Sendefrequenz abgestimmt wird und durch Resonanzüberhöhung dem Magnetfeld zusätzliche Energie entzieht.

Die Kopplung zwischen der Spule im Lesegerät und der Spule im Transponder ist rein induktiv, spielt sich also im Nahfeld der Antenne ab. Der Lesevorgang basiert auf der Transformatorkopplung zwischen der Kartenspule und der Leserantenne. Die Änderung auf der Kartenseite wird durch das An- und Ausschalten eines zusätzlichen Lastwiderstands im Takt der zu übertragenden Daten (beispielsweise für jedes Bit einen Schaltvorgang) bewirkt. Diese Form der Übertragung wird **Lastmodulation** genannt, wobei damit zunächst nur der Träger für die Information geschaffen wird, aber nicht die Kodierung der Information selbst. Die Daten werden dann diesem Träger aufmoduliert, wobei sowohl Amplituden-, Frequenz- und Phasenmodulationsverfahren eingesetzt werden.

Aktive Tags sind batteriebetrieben und verfügen dadurch über eine eigene Energieversorgung zum Senden von Daten. Damit lassen sich größere Entfernungen zwischen Tag und Lesegerät überbrücken als mit passiven Tags. Long-Range-Systeme werden z. B. zur Mauterfassung (wie in Österreich) eingesetzt (Abb. 2).

Anwendungen ▸3

Die Radiofrequenzidentifikation wird v. a. bei Zutrittskontrollen zu Gebäuden und Anlagen eingesetzt. Kontaktlose Lesegeräte erkennen die gültigen Karten mit dem Tag, wobei die Lesereichweite so ausgelegt ist, dass die Karten zur Kontrolle in der Tasche verbleiben können. Große Marktpotenziale für den RFID-Einsatz bestehen auch in der Warenlogistik und im Endkundengeschäft. RFID-Tags ermöglichen u. a. die Dokumentation des Weges der Waren vom Hersteller über die Zwischenlagerung bis in den Verkaufsraum. Im Verkaufsraum kann der Kunde die Ware mit einem Lesegerät lokalisieren und scannen, wodurch er zusätzliche Produkt- und Preisinformationen erhält (Abb. 3 links). An Supermarktkassen kann der Bezahlvorgang von mit RFID ausgezeichneten Waren automatisiert werden (Abb. 3 rechts). Langfristiges Ziel ist es, mithilfe der RFID-Technologie das **„Internet der Dinge“** zu ermöglichen. Potenziell ermöglicht die RFID-Technologie nicht nur die Identifikation der Zugehörigkeit von Waren zu einer bestimmten Warengruppe, sondern darüber hinaus auch die Nachverfolgung der Weitergabe spezifischer einzelner Objekte bzw. Personen. Daraus ergeben sich auch Probleme für den Datenschutz.

Um tatsächlich Massenmärkte mit RFID-Systemen aufrüsten zu können, arbeiten eine Reihe von Technologiekonzernen an preiswerten und noch flexibleren Alternativen zur Siliciumtechnik. Ziel der Bemühungen ist ein Produkt auf Kunststoffbasis. Deren physikalische Grundlage, die **Polymerelektronik,** also die Ausnutzung der Leitfähigkeit bestimmter Kunststoffverbindungen, wurde in den letzten Jahren eingehend erforscht. Elektronische Bauteile aus Kunststoffen sind zwar viel langsamer als Siliciumchips, der große Vorteil der Polymere besteht aber darin, dass sie sich gut in Lösung bringen lassen und die entsprechenden Schaltungen gedruckt werden können.

▸1 RFID-Funketiketten

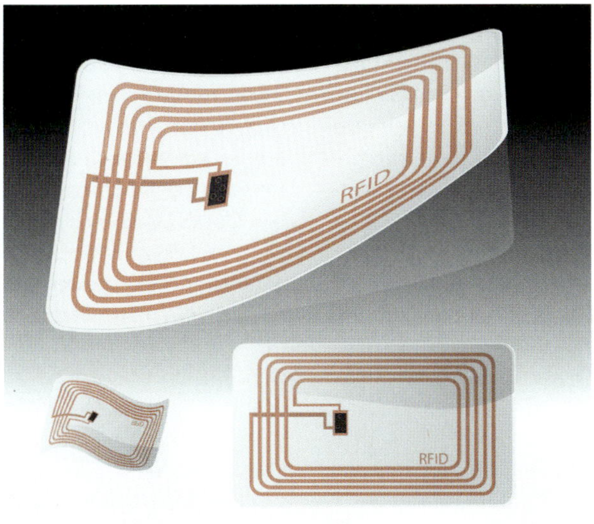

▸2 Datenerfassung (z. B. Maut) mit Long-Range-Systemen

▸3 Anwendung von RFID in der Wareninformation (links) und bei der Supermarktkasse (rechts)

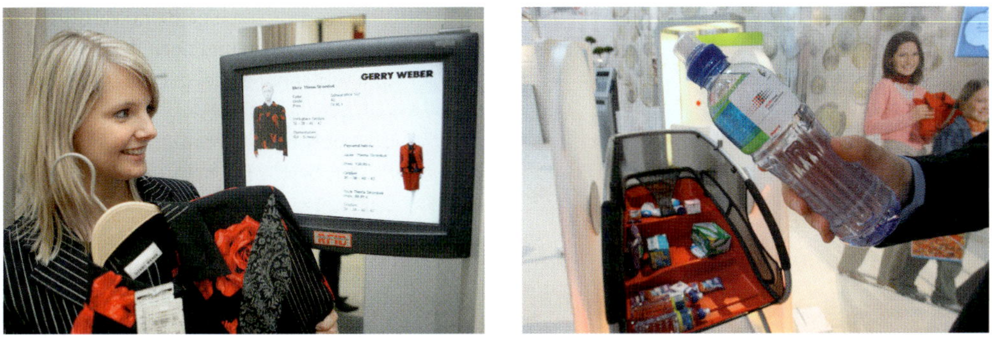

Faxgeräte

Das Faxen – der Name „Fax“ leitet sich von „Faksimile“ ab und bedeutet Kopie bzw. Nachbildung – ist ein öffentlicher Telekommunikationsdienst zur direkten Übermittlung von Schriftstücken (Text und/ oder Grafik) über Fernmeldeleitungen. Dieser Dienst ist weltweit von jedem Telefonanschluss aus möglich. Seine Vorteile liegen z. B. im schnellen und preiswerten Informationsaustausch und der Unabhängigkeit von Arbeitszeiten und Zeitzonen. Schon 1933 nahmen die ersten Fernschreiber, kurz **Telex** (Teleprinter exchange) genannt, ihre Dienste auf. 1968 wurden vom internationalen beratenden Fernmeldeausschuss **CCITT** die ersten Standards für die Faxübertragung definiert.
Zum Faxen benötigt man ein Faxgerät oder einen Personalcomputer mit Faxkarte und Faxmodem. Neben dem Fernsprechnetz kann für die Übermittlung auch das ISDN (→ Telekommunikationsnetze) oder das Internet **(Fax over IP)** genutzt werden.

Sender- und Empfängerfunktion 1

Vereinfacht ausgedrückt handelt es sich beim Faxverfahren um das Abtasten von zu übertragenden optischen Informationen auf der einen und ihrem Aufzeichnen (Ausdrucken) auf der anderen Seite. Bei Faxgeräten für das **analoge** Telefonnetz wird die Vorlage fotoelektrisch abgetastet (gescannt), in Rasterpunkte zerlegt und in einem Signalumwandler (Modulator/Demodulator) in elektrische Signale umgewandelt. Mithilfe des Modulators lassen sie sich als Töne über das (weltweite) Telefon- bzw. Datennetz an einen Empfänger senden. Dort findet dann im Prinzip der umgekehrte Vorgang im Demodulator statt, und es entsteht eine gerasterte Kopie der Vorlage im Sendegerät.
In einem **digitalen** Faxgerät (Sender) wird mithilfe einer optischen Linse und einer Lichtquelle ein Lichtpunkt erzeugt, der die zu übertragende Information auf dem Papier Zeile für Zeile abtastet. Das unterschiedlich hell reflektierte Licht wird dann in Fotodioden (CCDs, engl. charged coupled devices), in ein digitales elektrisches Signal umgewandelt (Abb. 1 a).
Das vom Sensor kommende Signal wird anschließend verstärkt, moduliert und über die angeschlossene Telefonleitung geschickt. Kompaktere Abtasteinheiten (CIS, engl. contact image sensor) verwenden als Lichtquellen mehrere Leuchtdioden (LEDs) und eine weniger komplizierte Optik (Abb. 1b).
Eine Übertragung ist nur zwischen zwei analogen bzw. digitalen Faxgeräten möglich. Die **Übertragungsgeschwindigkeit** beträgt in der Regel 9600 bps (Bits/Sekunde) oder 14 400 bps, nur sehr gute Geräte erreichen 28 800 bps; mit ISDN-Anlagen können bis zu 64 000 bps erreicht werden. Die **Standardauflösung** beträgt 3,85 Linien pro Millimeter. Zum Übertragen von Abbildungen kann man aber auch feinere Auflösungen (Fein: 7,70 Linien pro Millimeter; Super: 15,40 Linien pro Millimeter) wählen, wodurch sich allerdings die Übertragungsgeschwindigkeit reduziert.
Werden Faxgerät und Telefon/Anrufbeantworter an einem Anschluss betrieben, ist eine **Faxweiche** erforderlich. Aktive Weichen nehmen den Anruf entgegen und erkennen ein Fax am Faxton cng (engl. calling). Passive Weichen können den Faxton erst erkennen, nachdem der Anruf vom Telefon bzw. Anrufbeantworter übernommen wurde.

Wiedergabeverfahren ▸2

Im Empfänger wird das von der Originalvorlage abgenommene elektrische Signal erneut umgewandelt und in eine Kopie umgesetzt. Früher wurde dazu das Thermoverfahren verwendet, heute wird in der Regel der Laserdruck eingesetzt.
Beim **Thermoverfahren** (Abb. 2) wird ein wärmeempfindliches Papier (Thermopapier) an einem Kamm aus Halbleiterwärmeelementen vorbeigeführt. Die Elemente können kurzzeitig erhitzt werden und bewirken durch eine chemische Reaktion die Schwärzung des Papiers an den entsprechenden Stellen. Die Ausdrucke eignen sich jedoch aufgrund des dünnen Papiers und dessen schlechter Qualität (Vergilben) weder zum Weiterfaxen noch zum Archivieren.
Beim **Laserdruckverfahren** wird ein Laserstrahl von einem rotierenden vielflächigen Spiegelsystem den übertragenen Daten entsprechend abgelenkt und linienförmig über eine sich drehende Trommel geführt. Diese wird an den belichteten Stellen aufgeladen und nimmt dort das Farbpulver, den Toner, an (→ Drucker).

Arten von Faxgeräten ▸3

Faxgeräte werden in Gruppen eingeteilt, wobei man die modernen Geräte für das analoge Telefonnetz zur Gruppe 3 und die digitalen Geräte für das ISDN-Netz zur Gruppe 4 zählt. Faxgeräte bieten heute Funktionen wie Speicher für bis zu 100 Rufnummern, Wahlwiederholung, zeitversetztes Senden oder Abruffunktion. Moderne Geräte (Abb. 3) sind meist **Multifunktionsgeräte** und können auch als Fotokopierer, Scanner oder Computerdrucker genutzt werden. Auch ist mit ihnen das Versenden von Faxen direkt vom Computer aus möglich.

▸1 Digitale Faxgeräte

a Prinzipieller Aufbau einer Abtasteinheit

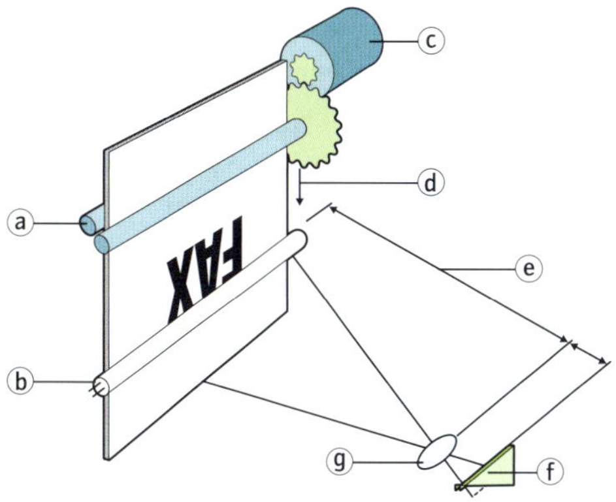

ⓐ Papierführung
ⓑ Leuchtstoffröhre
ⓒ Stepmotor
ⓓ Zugrichtung
ⓔ Umlenkspiegel reduzieren die Geräteabmessungen (Reduktionsverhältnis ca. 8:1 bis 10:1)
ⓕ CCD-Sensorelement (Fotodiodenzeile)
ⓖ Linse

b CIS–Abtasteinheit

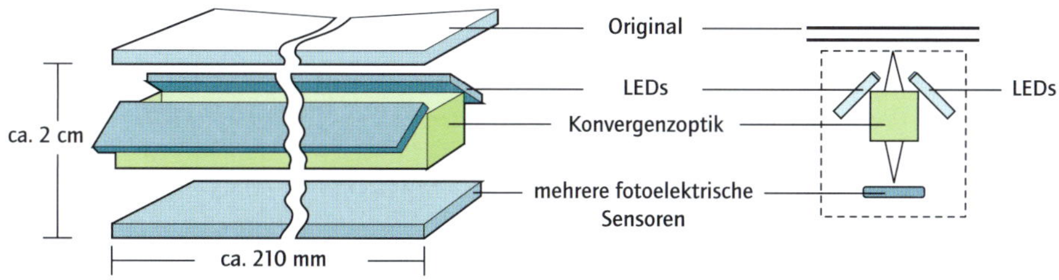

▸2 Faxübertragung beim Thermoverfahren

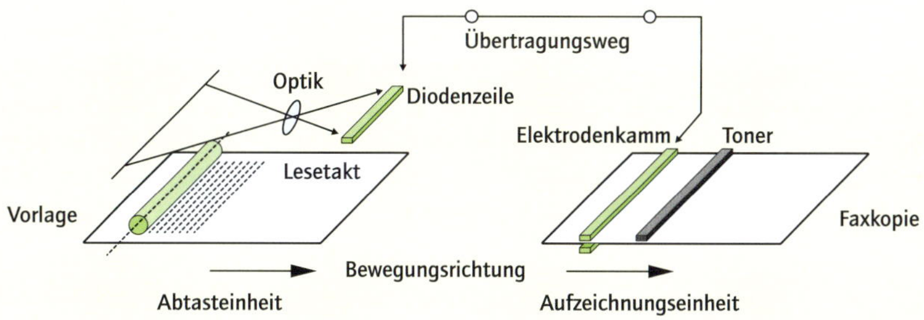

▸3 Modernes Multifunktionsgerät

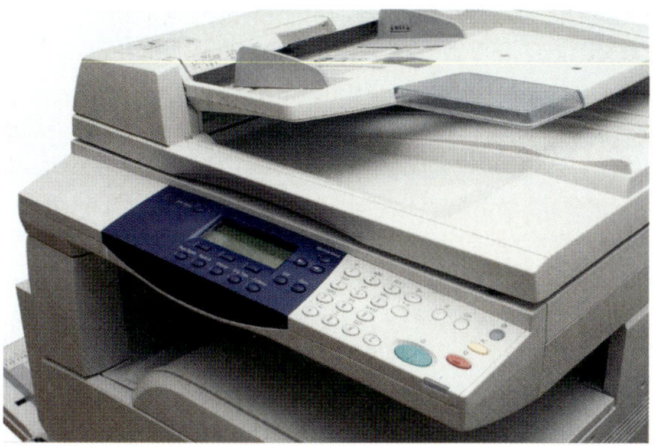

Telekommunikationsnetze

Unter dem Begriff Telekommunikation versteht man den Austausch von Nachrichten zwischen Menschen oder Menschen und Maschinen unter Inanspruchnahme nachrichtentechnischer Mittel. Dabei handelt es sich im Allgemeinen um die Kommunikationsdienste für Sprache, Text, Bilder, Videos und andere Daten. Die verschiedenen Kommunikationsdienste können mittels Computer genutzt werden. Dazu müssen diese miteinander verbunden sein, damit sie über ihre Kommunikationskanäle Daten austauschen können. Damit sich beim Aufbau eines Netzwerkes alle an eine Architektur halten, wurde von der ISO (Internationale Standardisierungsorganisation) ein siebenschichtiges Modell vorgeschlagen: das **OSI-Referenzmodell** (engl. **o**pen **s**ystem **i**nterconnection; Abb. 1). Der Austausch innerhalb einer Schicht (Rechner A ↔ Rechner B) wird durch ein Protokoll (Sammlung von Regeln, die Datenformate und ihre Übertragung festlegen) beschrieben.

Drei wichtige Verfahren der Bitübertragungsschicht (physische Schicht) sind **ISDN, ATM,** und **DSL**. Die Aufgaben der Bitübertragungsschicht bilden die Grundlage aller Computernetze. Sie nimmt von der Sicherungsschicht Datenblöcke entgegen, packt sie in einen Rahmen und überträgt den Rahmen zum Empfänger. Der Empfänger packt den Rahmen aus und übergibt den Datenblock an die nächsthöhere Schicht. Das einzige, was Sender und Empfänger auf dieser Ebene voneinander wissen, sind Vereinbarungen über nachrichtentechnische Verfahren der Übertragung. Alles andere, wie z. B. Daten auf dem Bildschirm darstellen, Datenblöcke erstellen, Empfänger adressieren, Verbindung aufbauen etc., geschieht in den anderen Schichten, deren Protokolle die dort eingesetzten Verfahren beschreiben.

ISDN

Ziel von ISDN (engl. **i**ntegrated **s**ervices **d**igital **n**etwork, Dienste integrierendes digitales (Telekommunikations-) Netz) ist es, alle Kommunikationsdienste zu integrieren und dafür nur ein Netz bereitzustellen. ISDN ist ein digitales Netz, d. h. die Datenübertragung erfolgt digital (→ Digitalisierung). Es besitzt erhebliche Vorteile gegenüber einer analogen Übertragung, bei der die Daten mittels Modem (→) von digital zu analog und zurück umgewandelt werden müssen (Abb. 2). ISDN integriert alle Telekommunikationsformen (Sprach-, Daten-, Text- und Bildübertragung) auf einer Leitung und kann größere Datenmengen mit höherer Geschwindigkeit übertragen. Mit wachsender DSL-Verbreitung ist jedoch der Marktanteil von ISDN-Anschlüssen wieder zurückgegangen. Ein **ISDN-Basisanschluss** arbeitet mit drei Übertragungskanälen, wovon zwei Kanäle (**B-Kanäle**) für die Übertragung von Daten und Sprache mit einer Geschwindigkeit von 64 kBit/s genutzt werden. Der dritte Kanal (**D-Kanal**) dient mit einer Geschwindigkeit von 16 kBit/s zum Steuern der Kommunikationswege und Verbindungsknoten.

DSL ▸2

Mit DSL (engl. **d**igital **s**ubscriber **l**ine, digitale Anschlussleitung) werden verschiedene digitale Übertragungstechniken bezeichnet, mit denen Endkunden über die vorhandene Kupferkabel-Infrastruktur des Telefonnetzes einen Breitband-Anschluss erhalten. Dabei wird die Telefonleitung in zwei Kanäle aufteilt. Der niederfrequente Kanal dient der Sprach- und Faxübertragung (bis 130 kHz), während die Datenübertragung über den hochfrequenten Teil (130 kHz bis 1,1 MHz bei **ADSL**) erfolgt. Auf Kundenseite trennt ein Splitter die Daten von den Sprachsignalen ab und leitet sie an ein DSL-Modem weiter, welches diese demoduliert und über eine normale **LAN**- oder **WLAN**-Schnittstelle zugänglich macht (Abb. 2). Bei den **symmetrischen** DSL-Varianten (z. B. **VDSL**) sind die Übertragungskapazitäten in beide Verkehrsrichtungen identisch, beim überwiegend eingesetzten asymmetrischen ADSL und seinen Erweiterungen ADSL2 und ADSL2+ ist die Bandbreite beim Empfang (**Downstream**) mit bis zu 24 Mbits/s (ADSL2+) deutlich höher als in Gegenrichtung (maximal 3,5 Mbit/s).

ATM ▸3

ATM (engl. **a**synchronous **t**ransfer **m**ode, asynchroner Transfermodus) ist eine Vernetzungstechnik, die ihren Ursprung im Breitband-ISDN (B-ISDN) hat und heute von den globalen Backbones über die DSL-Technik bis zum privaten LAN genutzt wird. ATM ist medienunabhängig und lässt sich mit vielen Transferraten betreiben. Die zu übertragenden Daten werden nicht in Pakete aufgeteilt, sondern in kleine Zellen mit fester Länge, die das ATM-Netz in ununterbrochener Folge bereitstellt (Abb. 3). Diese Zellen sind 53 Byte groß und enthalten 48 Byte Daten sowie 5 Byte Adressierungs- und Fehlererkennungsdaten. Weil die Zellen relativ klein sind und beim Empfänger nicht so viel „gepuffert“ (aufgestaut) werden muss, ist ein schnelles Übertragen (cell switching), auch von Echtzeitdaten, mit ATM möglich. Die Datenströme können sowohl in gleichförmig kontinuierlichen als auch in variablen Bitraten auftreten.

▸1 OSI-Referenzmodell

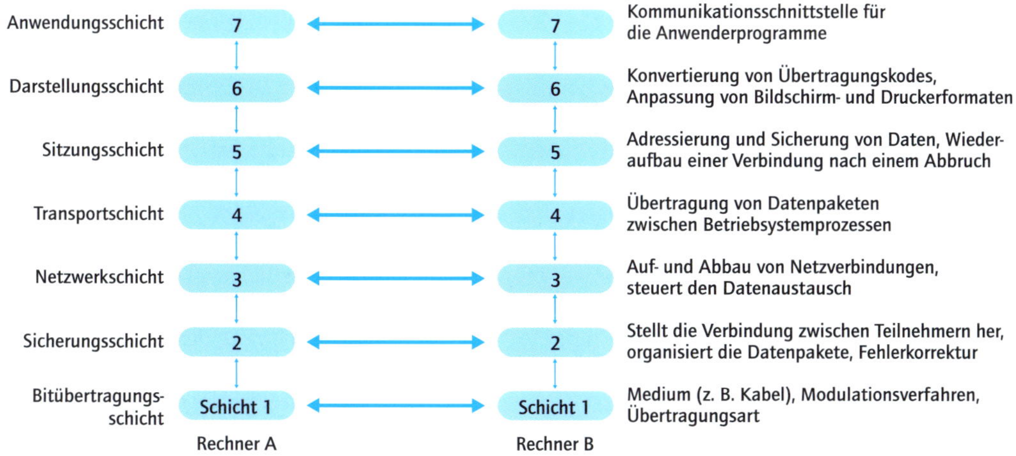

▸2 DSL-Netz

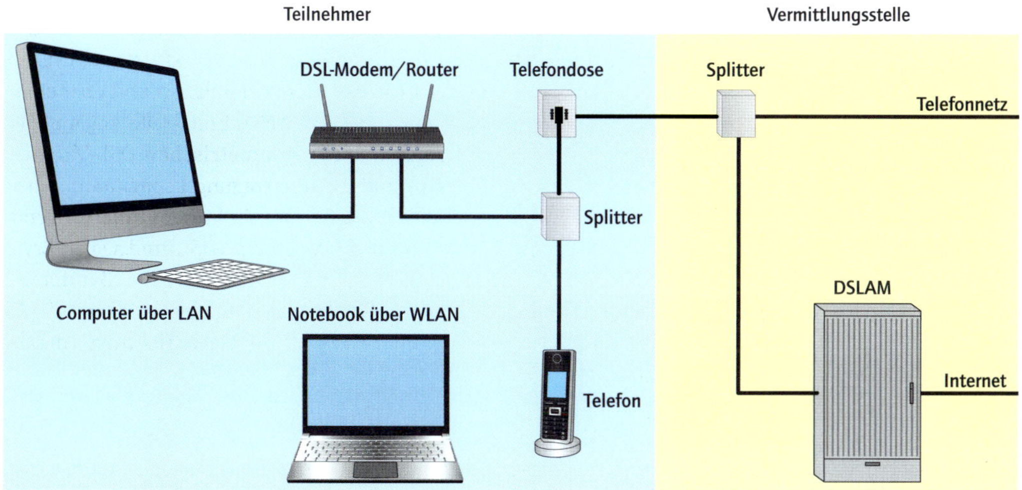

▸3 Verarbeitung von Bitraten bei ATM

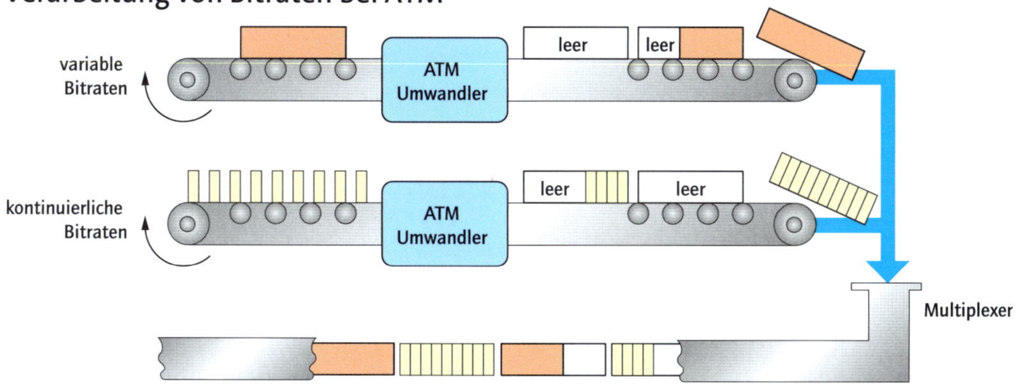

Lichtwellenleiter

Die heutigen Computernetzwerke orientieren sich in ihren Funktionen meistens am OSI-Schichtenmodell (→ Telekommunikationsnetzwerke), wobei die unterste Schicht (Bitübertragungsschicht) ausschließlich zur Datenübertragung dient. Obwohl meist Kupferleitungen als Übertragungsmedium für diese Netzwerke dienen, ist es heute durch die Entwicklungen im optischen Bereich möglich, Daten auch mithilfe von Lichtimpulsen zu übertragen. Dabei stellt ein Lichtimpuls die logische „1" dar, und kein Impuls die logische „0". Dadurch, dass sichtbares Licht eine Frequenz von 10^8 MHz hat, kann eine sehr hohe Übertragungsrate erreicht werden. Die Lichtübertragung findet in Lichtwellenleitern statt. Diese runden Fasern aus Quarzglas (**Glasfasern**, Außendurchmesser bis 125 mm; Abb. 1) sind sehr leicht und dünn und können sehr schlecht angezapft werden, d. h., sie sind wesentlich sicherer als Kupferleitungen. Andererseits sind sie mechanisch sehr empfindlich. Sie müssen daher mit einer Beschichtung als Schutzhülle versehen werden.

Lichtwellenleiter als Übertragungsmedium ‣2 ‣3

In einem optischen Übertragungssystem ist das Übertragungsmedium eine Faser aus Glas oder Quarz. An den Enden sitzen elektrooptische bzw. optoelektronische Wandler, die analoge oder digitale Signale in Lichtimpulse und wieder zurück umsetzen. Als Sender werden entweder **LEDs** (engl. **l**ight **e**mitting **d**iode, Leuchtdiode) oder **Laserdioden** eingesetzt, und als Empfänger **Fotodioden**, die die eintreffenden Lichtimpulse wieder in elektrische Impulse umwandeln. Beim Übergang des Lichtstrahls von Quarz in Luft wird der Strahl je nach einfallendem Winkel an der Grenzfläche reflektiert. Diese Brechung wird durch den Eintrittswinkel und die Brechungsindizes der Materialien bestimmt (Abb. 2 a). Beim Lichtwellenleiter poliert man die Eintrittsfläche und sorgt dafür, dass der Eintrittswinkel oberhalb eines bestimmten Winkels liegt. So werden die Lichtstrahlen totalreflektiert und sind in der Faser gefangen (Abb. 2b). Reduziert man den Durchmesser der Faser auf die Wellenlänge des Lichtstrahls, dann breitet sich das Licht ohne Reflexion entlang einer geraden Linie aus. Diese Fasern nennt man **Einmodemfasern**. In Verbindung mit Laserdioden als Sender können so Übertragungsraten von 1000 Mbps (1000 × 1024 Bits pro Sekunde) über eine Strecke von 1 km erzielt werden. Leistungsstarke Laser (→) sorgen dafür, dass ohne Repeater (Verstärker) sehr große Strecken überbrückt werden können.

Es ist auch möglich, Lichtwellenleiter in lokalen Netzwerken einzusetzen. Die Technologie ist aber sehr komplex, da es schwierig ist, hinzukommende Glasfasern mit den bereits vorhandenen zu verschmelzen. Um dieses Problem zu umgehen, baut man ein Ringnetz auf, das die Computer von Punkt zu Punkt verbindet. An jedem Computer befindet sich eine Schnittstelle, die die Lichtimpulse bei Bedarf weiterleiten kann und zusätzlich als Verbindung zum Computer dient, damit dieser auch senden und empfangen kann. Die Schnittstelle kann entweder passiv sein oder aus aktiven Repeatern bestehen. Bei **passiven Schnittstellen** sind zwei Anzapfungen mit der Hauptfaser verschweißt, die mit einer Diode bzw. Photodiode verbunden sind. Fällt eine Schnittstelle aus, funktioniert das Netz zwar weiter, aber der Computer ist dann ohne Verbindung („offline"). Bei **aktiven Repeatern** (Abb. 3) wird das Signal jedes Mal regeneriert (erneuert), sodass die Verbindung von Computer zu Computer mehrere Kilometer lang sein kann. Fällt eine Schnittstelle aus, ist das Netz unterbrochen. Außer diesem Ring können auch andere Netzstrukturen realisiert werden, wie z. B. einen Stern.

Lichtwellenleiternetzwerke ‣4

Lichtwellenleiter, insbesondere Glasfasern, werden immer häufiger für Hochleistungsnetzwerke eingesetzt. Ein weit verbreitetes Netzwerk ist **FDDI** (engl. **f**iber **d**istributed **d**ata **i**nterface), ein lokales Netzwerk, das bis zu 100 Computer über Entfernungen bis 200 km mit 100 Mbps verbindet. Es kann wie ein normales lokales Netzwerk benutzt werden, wird aber häufig als „Backbone" (Stütze) zur Verbindung von herkömmlichen Netzwerken eingesetzt. Zur Verkabelung von FDDI-Netzwerken werden zwei Glasfaserringe eingesetzt, von denen einer mit dem Uhrzeigersinn und einer entgegen dem Uhrzeigersinn überträgt (Abb. 4). Sollte ein Ring ausfallen, kann der andere als Sicherung dienen. Beim Ausfall beider Ringe an der gleichen Stelle können diese zu einem großen Ring verbunden werden. Dazu besitzt jede Station Relais, welche zur Verbindung der beiden Ringe oder zur Umgehung der Station verwendet werden. Um die Kosten niedrig zu halten, werden LEDs eingesetzt. Außerdem gibt es Stationen, die jeweils nut mit einem Ring verbunden sind.

Durch die zunehmende Verbreitung der Lichtwellenleiter werden zukünftig immer mehr Netzwerke auf der Basis der Glasfaser aufgebaut werden, auch ohne Aufbau von speziellen Lichtwellenleiternetzwerken.

▸1 Glasfasern

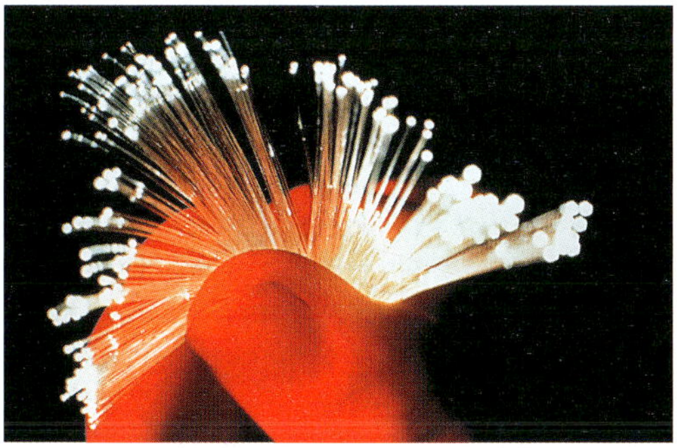

▸2 Beispiel für die Berechnung eines Lichtstrahls in einer Quarzfaser

a Drei Beispiele für die Berechnung eines Lichtstrahls in einer Quarzfaser am Luft-Quarz-übergang unter verschiedenen Winkeln

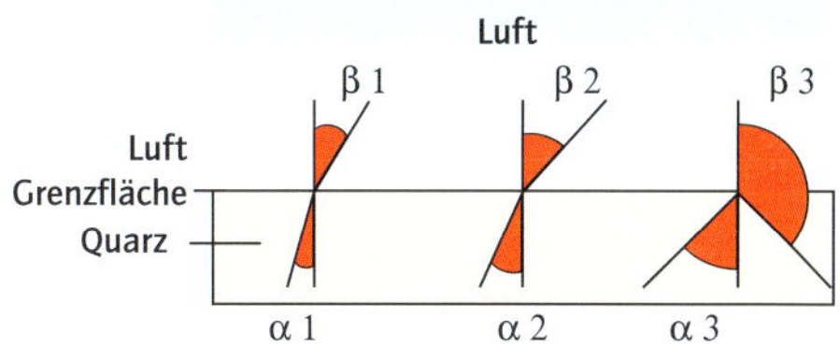

b Durch totale interne Reflexion eingeschlossenes Licht

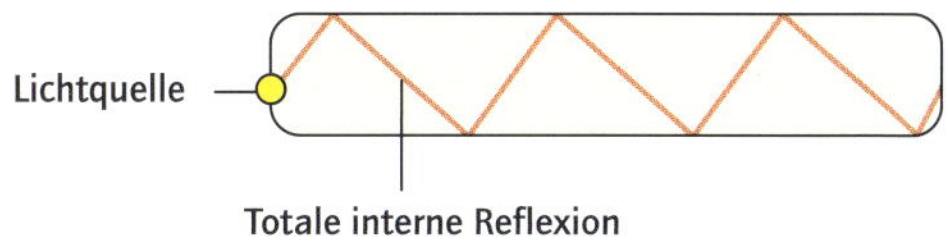

▸3 Glasfaserring mit aktiven Repeatern

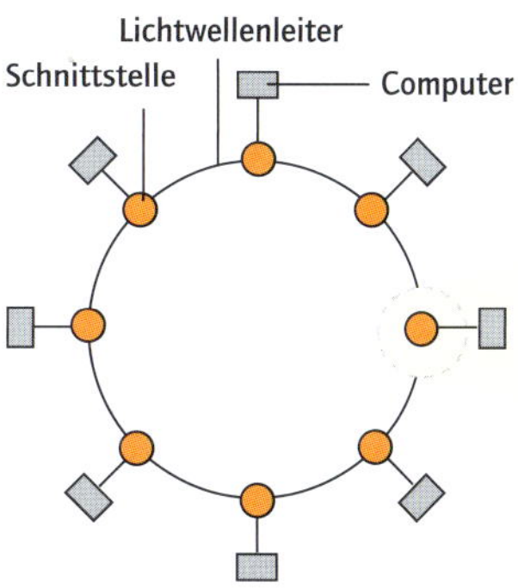

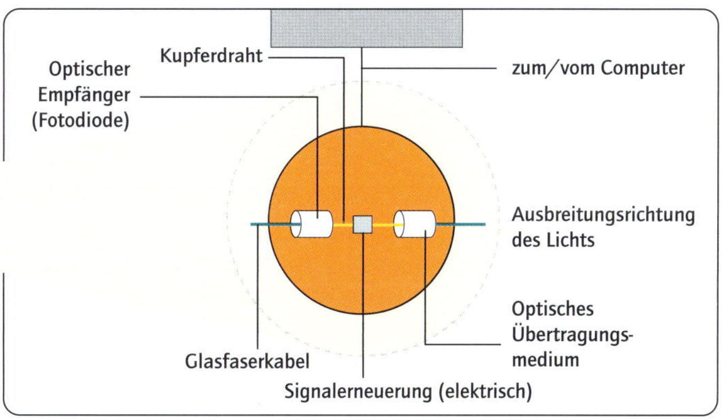

Schnittstellendetail

▸4 Lichtwellenleiternetzwerke

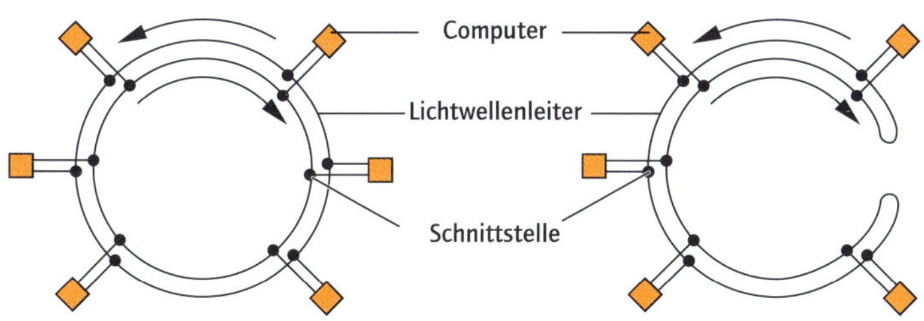

a FDDI besteht aus zwei entgegengesetzt rotierenden Ringen

b Bei Ausfall beider Ringe an der selben Stelle können sie zu einem langen Ring verbunden werden

Computer (Grundlagen)

Wenn man heute von einem Computer spricht, meint man im Allgemeinen einen Personalcomputer (PC). Es gibt aber noch andere Computersysteme, wie beispielsweise Mikrocomputer und Großrechner, die sich in ihrer Systemarchitektur und -organisation sowie in ihren Einsatzgebieten unterscheiden. Allen Systemen gemeinsam sind die grundlegenden Komponenten wie Zentraleinheit mit Mikroprozessor (→), externe Speicher (→) und das Ein-/Ausgabewerk. Die Daten der Computersysteme werden zur Verarbeitung von Informationen nach dem **EVA-Prinzip** (**E**ingabe, **V**erarbeitung, **A**usgabe der Daten) bearbeitet.
Typische Einsatzgebiete heutiger PCs sind Textverarbeitung, Tabellenkalkulation, Datenbankanwendungen sowie Verarbeitung von Multimediadaten (Bild- und Tondaten). Durch die immer besser werdende Integrationsdichte von Transistoren auf ICs (engl. integrated circuit, integrierter Schaltkreis) werden die PCs immer leistungsfähiger, sodass sie zukünftig immer mehr Aufgaben von Hochleistungscomputern übernehmen können, insbesondere im Bereich der grafischen Datenverarbeitung.

Binärsystem, Zeichendarstellung und digitale Logik

▸1 ▸2 ▸3 ▸4

Die Grundlage der Datenverarbeitung sind Informationen. Um diese in einem Computersystem speichern und verarbeiten zu können, wird eine geeignete Form zur **Codierung** und Verknüpfung der Informationen benötigt. Am einfachsten und schnellsten ist der Einsatz des binären Zahlensystems (**Dualsystem**), bei dem zur Beschreibung der Zahlenwerte nur zwei Zeichen („0" und „1") zur Verfügung stehen. In Anlehnung an die Elektronik, in der es die beiden Zustände „ein" und „aus" gibt, eignet sich das Dualsystem sehr gut als Grundlage für die Informationsverarbeitung. Mit einer Stelle können nur die beiden Werte „0" und „1" dargestellt werden, aber durch Hinzunahme weiterer Stellen lassen sich auch größere Werte darstellen (Abb. 1).
Eine Stelle dieses Systems (kleinste **Informationseinheit**) hat die Bezeichnung 1 **Bit**, acht solcher Informationsheinheiten zusammengenommen ergeben ein **Byte**. Eine einfache **Speicherzelle** kann die Information von 1 Bit aufnehmen. Für die Eingabe eines Computersystems werden neben den Ziffern 0 bis 9 noch die Buchstaben des Alphabets und verschiedene Sonderzeichen (z. B. Grafikzeichen) benötigt. Zur entsprechenden Verschlüsselung werden heute meist achtstellige Dualzahlen (je 1 Byte) verwendet, sodass damit 256 Zeichen kodiert werden können. Für die Zeichendarstellung auf einem PC wird häufig ein **8-Bit-Code** eingesetzt, der auch unter dem Namen **ASCII-Code** bekannt ist (Abb. 2). Mithilfe des Binärsystems können nun alle Zeichen verschlüsselt werden, sodass jede Information in Form von Daten technisch dargestellt und in einem Computer gespeichert werden kann. Die Anzahl von binären Informationen (Bits), die der Prozessor auf einmal verarbeiten kann, nennt man Wortlänge (8-Bit-, 16-Bit-, 32-Bit-Computer usw.).
Bei der Verarbeitung von Informationen werden aber auch Speicherinhalte nach bestimmten Regeln verknüpft und in neue Speicherzellen abgelegt. Bei diesen **logischen Verknüpfungen** wird das Bit entweder als „Ja" („1") oder „Nein" („0") interpretiert. Damit lassen sich logische Entscheidungen realisieren. Die digitale Logik liefert dazu verschiedene Grundelemente (UND-, ODER-, NEGATION-Gatter), mit denen binäre Schaltvariablen (Bits) zu digitalen Schaltungen verknüpft werden können (Abb. 3). So liefert das UND-Gatter nur dann am Ausgang ein „Ja", wenn an beiden Eingängen ein „Ja" anliegt. Die elektronischen Schaltungen zur Umsetzung dieser Verknüpfungen nennt man Gatter. Sie werden durch Symbole repräsentiert, die allerdings für die USA und Deutschland unterschiedlich genormt sind. Die Grundfunktionen lassen sich aber auch einfacher mit NAND- oder NOR-Gattern (Nicht-UND, Nicht-ODER) realisieren (Abb. 4). Für ein Computersystem werden diese Schaltungen mit Halbleiterbauelementen (→) nach verschiedenen Technologien (z. B. CMOS-Technologie) in **Chips** hergestellt.

Hard- und Software

Die Hardware eines Computersystems repräsentiert alle sichtbaren Bestandteile. Dazu gehören Ein-/Ausgabegeräte (Tastatur, Maus, Monitor, Drucker), externe Speicher (Festplatte/Harddisk, Diskettenlaufwerk/Floppydisk, CD-ROM) und Erweiterungskarten (Grafikkarte, ISDN-Adapter und Soundkarte). Mithilfe geeigneter Software (**Programme**) kann der Anwender mit dem Computer kommunizieren und ihn für die verschiedensten Aufgaben einsetzen. Ein Programm wird intern in einen für den Computer verständlichen Maschinenkode übersetzt und dann vom Prozessor und seinen Teilwerken verarbeitet (→ Mikroprozessor). Diese Umsetzung übernehmen spezielle Programme (Compiler, Linker). Die Betriebssystemsoftware ist ein ganz besonderes Programm, das durch seine Regeln das Arbeiten mit dem Computer und der angeschlossenen Hardware erst möglich macht.

▸1 Wertedarstellung in verschiedenen Zahlensystemen

Wert	dezimal	binär	hexadezimal
□	0	0	0
□□	1	1	1
□□□	2	10	2
□□□□	3	11	3
□□□□□	4	100	4
□□□□□□	5	101	5
□□□□□□□	6	110	6
□□□□□□□□	7	111	7
□□□□□□□□□	8	1000	8
□□□□□□□□□□	9	1001	9
□□□□□□□□□□□	10	1010	A
□□□□□□□□□□□□	11	1011	B
·	12	1100	C
·	13	1101	D
·	14	1110	E
·	15	1111	F

▸2 ASCII-Code

				bi_8	0	0	0	0	0	0	0	0	1	1	1	1	1	1	1	1	
				bi_7	0	0	0	0	1	1	1	1	0	0	0	0	1	1	1	1	H
				bi_6	0	0	1	1	0	0	1	1	0	0	1	1	0	0	1	1	E
				bi_5	0	1	0	1	0	1	0	1	0	1	0	1	0	1	0	1	X
bi_4	bi_3	bi_2	bi_1		00	01	02	03	04	05	06	07	08	09	10	11	12	13	14	15	
0	0	0	0	00			SP	0	@	P	`	p	Ç	É	á	░	└	∂	Ó	SH	0
0	0	0	1	01			!	1	A	Q	a	q	ü	æ	í	▒	⊥	Ð	ß	≠	1
0	0	1	0	02			"	2	B	R	b	r	é	Æ	ó	▓	┬	Ê	Ô	≈	2
0	0	1	1	03			#	3	C	S	c	s	â	ô	ú	│	├	Ë	Ò	¾	3
0	1	0	0	04			$	4	D	T	d	t	ä	ö	ñ	┤	─	È	õ	¶	4
0	1	0	1	05			%	5	E	U	e	u	à	ò	Ñ	Á	┼	ı	Õ	§	5
0	1	1	0	06			&	6	F	V	f	v	ä	û	ª	Â	ã	Í	µ	÷	6
0	1	1	1	07			#	7	G	W	g	w	ç	ù	º	À	Ã	Î	þ	¸	7
1	0	0	0	08			(	8	H	X	h	x	ê	ÿ	¿	©	╚	Ï	Þ	°	8
1	0	0	1	09			)	9	I	Y	i	y	ë	Ö	®	╣	╔	┘	Ú	–	9
1	0	1	0	10			*	:	J	Z	j	z	è	Ü	¬	║	╩	┌	Û	·	A
1	0	1	1	11			+	;	K	[	k	{	ï	ø	½	╗	╦	█	Ù	¹	B
1	1	0	0	12			_	<	L	\	l	│	î	£	¼	╝	╠	▄	ý	³	C
1	1	0	1	13			-	=	M	]	m	}	ì	Ø	¡	¢	═	│	Ý	²	D
1	1	1	0	14			.	>	N	^	n	~	Ä	×	«	¥	╬	Ì	¯	■	E
1	1	1	1	15			/	?	O	_	o	DE	Â	ƒ	»	┐	€	▀	´	NS	F
H	E	X			0	1	2	3	4	5	6	7	8	9	A	B	C	D	E	F	

▸3 Wertetabellen, logische Funktionen und Schaltsymbole der Grundfunktionen

Wertetabelle x_1	x_2	y	Logische Funktion	Operation
0	0	0	$y = x_1 x_2$	UND
0	1	0		
1	0	0		
1	1	1		
0	0	0	$y = x_1 x_2$	ODER
0	1	1		
1	0	1		
1	1	1		
0		0	$y = x_1$	Verstärker
1		1		
0	0	1	$\bar{y} = x_1 x_2$ oder $y = \overline{x_1 x_2}$	NAND
0	1	1		
1	0	1		
1	1	0		
0	0	1	$\bar{y} = x_1 + x_2$ oder $y = \overline{x_1 + x_2}$	NOR
0	1	0		
1	0	0		
1	1	0		
0		1	$\bar{y} = x_1$ oder $y = \overline{x_1}$	NICHT
1		0		
0	0	0	$y = \overline{x_1} x_2 + x_1 \overline{x_2}$ oder $y = x_1 \oplus x_2$	XOR
0	1	1		
1	0	1		
1	1	0		
0	0	1	$y = \overline{x_1}\ \overline{x_2} + x_1 x_2$ oder $y = \overline{x_1 \oplus x_2}$ oder $y = x_1 \oplus \overline{x_2}$	XNOR
0	1	0		
1	0	0		
1	1	1		

(USA, ANSI/IEEE 91-1984) (Deutschland, DIN 40900 Teil 12)

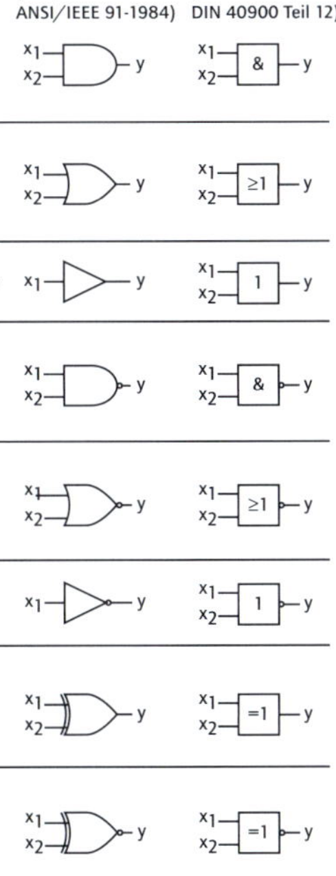

▸4 Realisierung der Grundfunktionen UND, ODER, NICHT mit NAND- bzw. NOR-Gattern

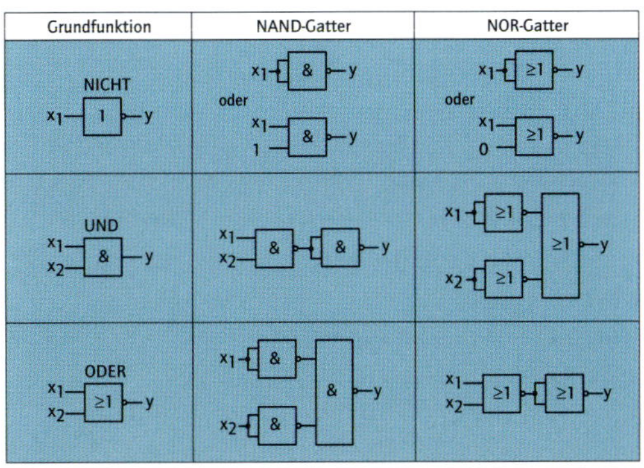

Mikroprozessoren

Wenn man von einem Mikroprozessor spricht, denkt man fast immer an einen Computer. Heutzutage werden Mikroprozessoren aber in vielen elektronischen Geräten für Rechen- und Steuerungsaufgaben eingesetzt. Ein Mikroprozessor (Abb. 1) enthält auf einem hochintegrierten Halbleiterbaustein einen Prozessor, der für die Abarbeitung der Befehle zuständig ist. Die Hauptaufgaben des Prozessors werden zum einen von einem **Rechenwerk** und zum anderen von einem **Leitwerk** erledigt. Die Kombination des Mikroprozessors mit ande-ren Werken bildet die Grundlage eines Mikrocomputers. Die Organisation eines Mikrocomputers wird von vier **Hauptwerken** bestimmt (Abb. 2): dem Hauptspeicher für Programme und Daten, dem Leitwerk, welches das Programm interpretiert, dem Rechenwerk, das die arithmetischen Operationen ausführt, und dem Ein-/Ausgabewerk, das für die Kommunikation mit der Außenwelt zuständig ist.

Rechenwerk ‣2

Das Rechenwerk (engl. **execution unit**) besteht aus mindestens einer arithmetischen und einer logischen Einheit (**ALU**, engl. **a**rithmetic **l**ogic **u**nit), die für die Abarbeitung der Rechenoperationen zuständig sind. Diese Rechenoperationen sind Maschinenbefehle, die von speziellen Programmen (Compiler, Linker) bei der Programmerstellung durch Softwareentwickler erstellt werden. Der Prozessor versteht nur diese einfachen Befehle. Zu den Operationen, die das Rechenwerk ausführt, gehören neben den arithmetischen Operationen (Additionen, Subtraktionen, Multiplikationen etc.) auch logische Funktionen (Konjunktionen, Disjunktionen, Negationen etc.). Des Weiteren werden auch Verschiebe- und Vergleichsoperationen abgearbeitet. Um die verschiedenen Operanden und Ergebnisse aufnehmen zu können, umfasst das Rechenwerk verschiedene Speicherzellen in Form von speziellen Registern.

Leitwerk ‣2

Das Leitwerk (engl. **control unit**) steuert die verschiedenen Komponenten eines Mikrocomputers und ist insbesondere für die Interpretation und die sequenzielle (nacheinander) Abarbeitung der Maschinenbefehle zuständig. Die Aufgabe des Leitwerkes wird im Wesentlichen durch drei Register charakterisiert. Da ist zunächst der **Befehlszähler** (engl. program counter), der die Adresse des nächsten abzuarbeitenden Maschinenbefehls enthält. Das zweite Register ist das **Befehlsregister** (engl. instruction register), das den gerade auszuführenden Befehl enthält. Als letztes Register ist das **Statusregister** zu nennen, das Rückmeldungen von allen Teilwerken des Mikroprozessors entgegennehmen kann und somit Einfluss auf die Abarbeitung der Maschinenbefehle nimmt.
Bei Fehlern (z. B. Division durch null) wird die normale Abarbeitung, d. h. das laufende Programm, unterbrochen und stattdessen in ein Ausnahmebehandlungsprogramm (engl. interrupt routine) gesprungen. Dafür ist das Unterbrechungswerk (engl. interrupt control unit) verantwortlich. In Abhängigkeit von Bedingungswünschen (z. B. ein Fehler) wird ein entsprechendes Signal im Statusregister gesetzt, welches dann mit dem Prozessortakt synchronisiert wird und zur Unterbrechung des Programms führt.

Maschinenbefehlszyklus ‣3

Die Verarbeitung eines Maschinenbefehls wird durch den Maschinenbefehlszyklus geregelt (Abb. 3). Dieser beschreibt die folgenden sechs Arbeitsphasen: Befehlsholphase (holt den nächsten Maschinenbefehl ins Befehlsregister des Leitwerkes), Decodierungsphase (interpretiert den Befehl), Operandenholphase (stellt Operanden für den Befehl zur Verfügung), Ausführungsphase (führt die Operation aus), Rückschreibphase (schreibt die Ergebnisse in den Speicher zurück) und die Adressierungsphase (schaltet den Befehlszähler entsprechend der Abarbeitungsreihenfolge auf den nächsten Befehl).

Weitere Hauptwerke

Im **Hauptspeicher** werden das Programm und die dazugehörigen Daten abgelegt. Eine Aufgabe des Leitwerks ist es, die Adressierung des Hauptspeichers zu unterstützen. Die Hauptarbeit wird allerdings von dem Speicheransteuerungswerk (**MMU**, engl. memory management unit) erledigt. Der Hauptspeicher ist in viele Teile unterteilt (Segmente). Damit auf Daten und Befehle schneller zugegriffen werden kann, stellt das Speicheransteuerungswerk Tabellen zur Verfügung, die bei der Adressumsetzung der Segmentadressierung helfen. Um die Abarbeitung der Befehle weiter zu beschleunigen, existieren noch Spezialspeicher und Caches (Zwischenspeicher), die logisch zwischen Hauptspeicher und Prozessor liegen. In ihnen werden Befehle zwischengespeichert, die als nächstes abgearbeitet werden sollen.
Die **Ein-/Ausgabewerke** (engl. control units) steuern die Kommunikation zwischen Speichern und Peripheriegeräten (z. B. Tastatur, Maus, Monitor und Drucker).

▸1 Mikroprozessor

▸2 Der Prozessor und seine Kooperation mit den anderen Hauptwerken

SAR = Speicheradressregister
SDR = Speicherdatenregister
BZ = Befehlszähler
IR = Befehlsregister
SR = Statusregister
ALU = Arithmetisch-logische Einheit

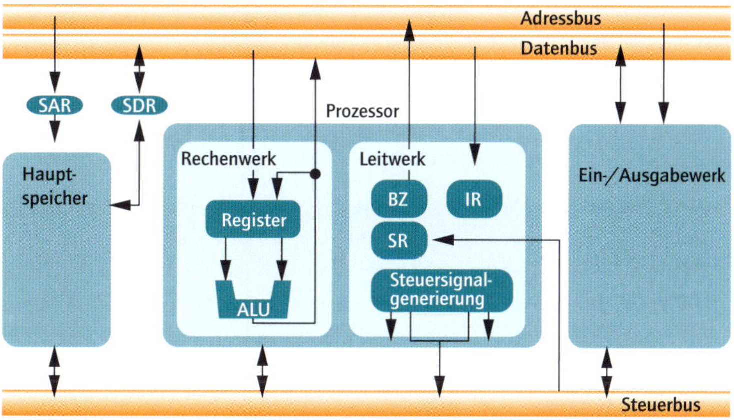

▸3 Phasen des Maschinenbefehlszyklus und Ausführung im Prozessor

MLW = Mikroprogrammleitwerk
MBZ = Mikrobefehlszähler
MPS = Mikroprogrammspeicher
MIR = Mikrobefehlsregister
AT = Adressteil
ST = Steuerteil
DT = Direktdatenteil
Dec. = Decoder
HS = Hauptspeicher
RW = Rechenwerk
E/A = Ein-/Ausgang
MSR = Mikrostatusregister

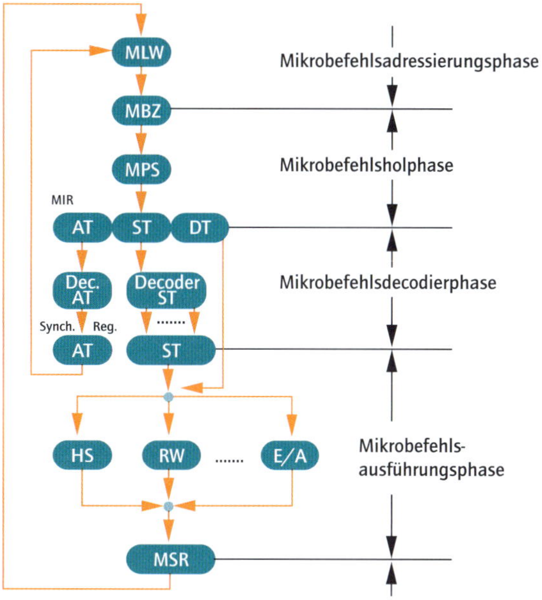

Halbleiterbauelemente

Die Leistungsfähigkeit eines Computers (→) wird maßgeblich von integrierten Schaltungen beeinflusst. Mithilfe der **Halbleitertechnologie** werden auf diesen Schaltungen logische Verknüpfungen mit nichtlinearen Bauelementen realisiert. Ziel der Halbleitertechnologie ist es, diese Bauelemente so klein wie möglich auf Siliziumchips zu integrieren, um immer leistungsfähigere integrierte Schaltungen produzieren zu können (Abb. 1).

Halbleiter ▸2

Bei **linearen Bauelementen** wird der Zusammenhang zwischen Spannung und Strom durch lineare Gleichungen beschrieben, z.B. das ohmsche Gesetz: Widerstand R = Spannung U/Stromstärke I. Dabei ist die Größe R zeitlich konstant und hängt nicht von anderen physikalischen Größen ab (Abb.2). Der ohmsche Widerstand **nichtlinearer Bauelemente (Halbleiter)**, deren Leitfähigkeit zwischen der eines Isolators und eines Leiters liegt, ist dagegen temperaturabhängig.
Zwei wichtige Halbleiterbauelemente sind die **Halbleiterdiode** und der **Transistor**. Beide Bauelemente bestehen aus mehreren Halbleiterschichten, üblicherweise Silizium und Germanium, denen weitere Substanzen zugesetzt sind. Diese Materialien sind chemisch vierwertig, d.h. vier Elektronen sind an chemischen Bindungen beteiligt. Bei tiefen Temperaturen sind die Elektronen in einem Kristallverbund eingebettet, wo sie bei höheren Temperaturen herausgerissen werden. Sie hinterlassen dann einen Überschuss an positiver Ladung („Loch") und bewegen sich frei im Material, bis sie wieder in ein „Loch" fallen. Legt man dann an diesem Material eine Spannung an, so können sich diese freien Elektronen in eine Richtung bewegen, wodurch ein Strom in einem bei tiefen Temperaturen nicht leitenden Material fließt. Setzt man dem vierwertigen Stoff fünfwertiges Material zu, so hat man in dem Kristallverbund einen Überschuss an Elektronen, das heißt einen Überschuss an negativer Ladung (**n-Schicht**). Analog dazu erhält man beim Zusatz eines dreiwertigen Stoffes einen Überschuss an positiver Ladung (**p-Schicht**). Bei anliegender Spannung findet im ersten Fall eine Leitung durch Elektronen (**n-Leitung**) statt, und im zweiten Fall wirken die überzähligen Löcher so, als ob sich eine positive Ladung bewegt (**p-Leitung**).

Halbleiterdiode und Transistor ▸3 ▸4 ▸5

Eine Halbleiterdiode ist aus einer n-Schicht und einer p-Schicht aufgebaut. An der Grenzschicht bewegen sich die Elektronen aus der n-Schicht in die überzähligen Löcher der p-Schicht (Diffusion), wodurch sich an der Grenzschicht eine Spannungsdifferenz aufbaut. Legt man eine Spannungsquelle mit dem negativen Pol an die p-Schicht und dem positiven Pol an die n-Schicht an, so entsteht am p-Material durch die hinzukommenden Elektronen ein großer Ladungsberg. Entsprechend werden dem n-Material keine Elektronen geliefert. Sowohl für Elektronen als auch für Löcher entspricht dies einer Zunahme der Spannungsdifferenz an der Grenzschicht, sodass nahezu keine Diffusion mehr stattfindet (Abb. 3). Die Diode leitet schlecht. Polt man die Spannungsquelle um, so werden aus der p-Schicht Elektronen zusätzlich abgesogen, sodass sich die Elektronen aus der n-Schicht besser in die p-Schicht bewegen können. Die Diode leitet gut.
Der Transistor besteht aus drei hintereinander angeordneten Schichten, abwechselnd aus p- und n- Halbleitermaterial. Daher spricht man auch von pnp- oder npn-Transistoren (Abb. 4). Die beiden äußeren Bereiche der gleichen Halbleiterschichten nennt man Emitter- und Kollektorzone, den mittleren Bereich Basiszone. Die angebrachten Elektroden werden als Emitter, Basis und Kollektor bezeichnet. Da beim Transistor zwei Ladungsarten beteiligt sind (n- und p-Ladung) spricht man auch von **bipolaren Transistoren**. Ein weiteres Bauelement ist der Unipolar- oder Feldeffekttransistor (**FET**), bei dem nur eine Ladung beteiligt ist.
Die Grundlage fast aller Vorgänge in digitalen Datenverarbeitungsanlagen bilden Halbleiterbauelemente, die als elektronische Schalter eingesetzt werden. Die wichtigsten Elemente sind die Transistoren (auch FETs). Ist die Polung der Emitter-Basis-Spannung und der Kollektor-Basis-Spannung bei einem pnp-Transistor entgegengesetzt, so sind beide p-n-Übergänge in Durchlassrichtung oder, bei Umkehrung, in Sperrrichtung gepolt, d.h., der Transistor wirkt als Schalter (Abb. 5).

Logische Grundschaltungen

Die logischen Grundschaltungen, meistens realisiert durch NAND- oder NOR-Gatter (→ Computer), werden durch verschiedene Techniken als logische Bausteine („Familien") realisiert. Die wichtigsten Familien sind: **TTL** (Transistor-Transistor-Logik), **ECL** (engl. emitter-coupled logic) und **CMOS** (engl. complementary metal oxide semiconductor). TTL-Schaltungen sind am weitesten verbreitet und können sehr klein hergestellt werden, ECL-Schaltungen haben eine hohe Arbeitsgeschwindigkeit und CMOS-Schaltungen weisen einen geringen Leistungsverbrauch auf.

▸1 Vom diskreten Halbleiterbauelement zur integrierten Schaltung

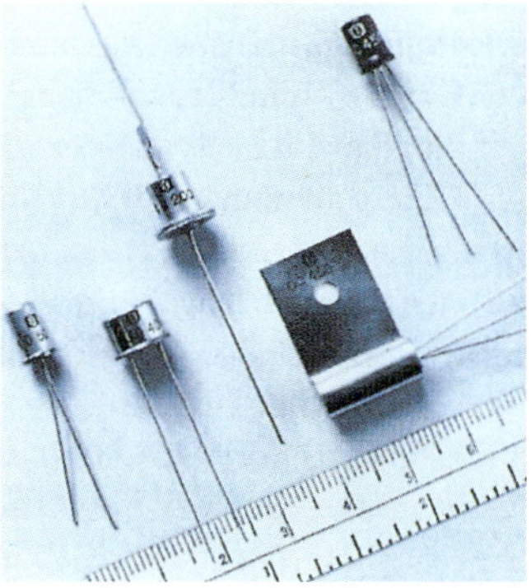

▸2 Dioden-Kennlinie mit temperaturabhängigem Widerstand

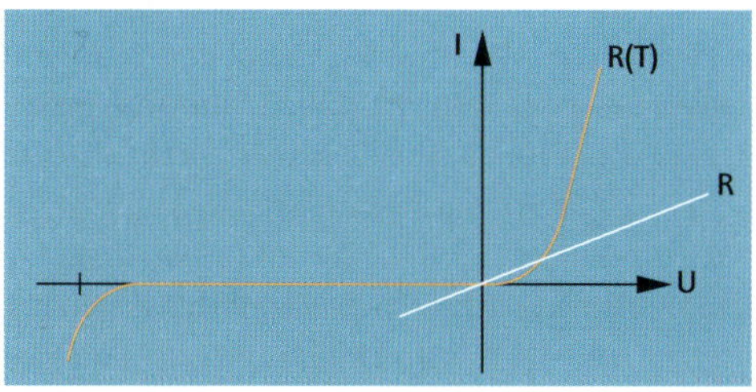

R(T) = temperaturabhängiger Widerstand
R = konstanter Widerstand eines linearen Bauelementes
U = Spannung
I = Stromstärke

▸3 Zusammenhang von Spannung und Leitung einer Diode

Schaltung	Leitung	Symbol
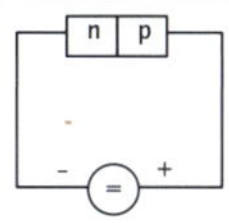	gut	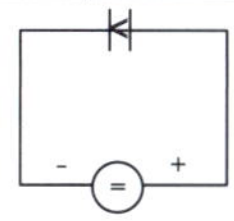
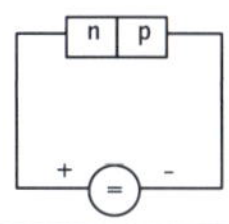	schlecht	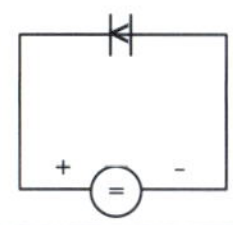

▸4 Aufbau und Schaltsymbole verschiedener Transistoren

a pnp-Transistor

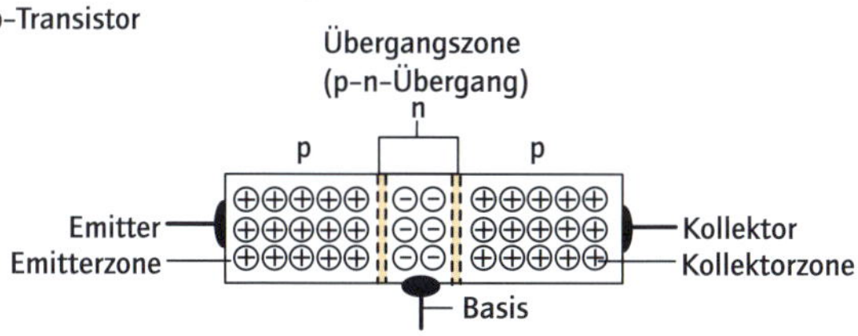

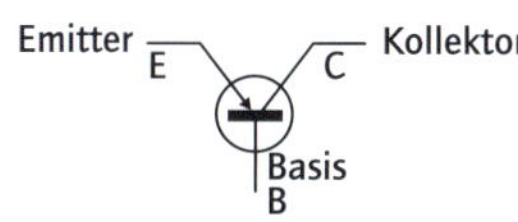

b npn-Transistor

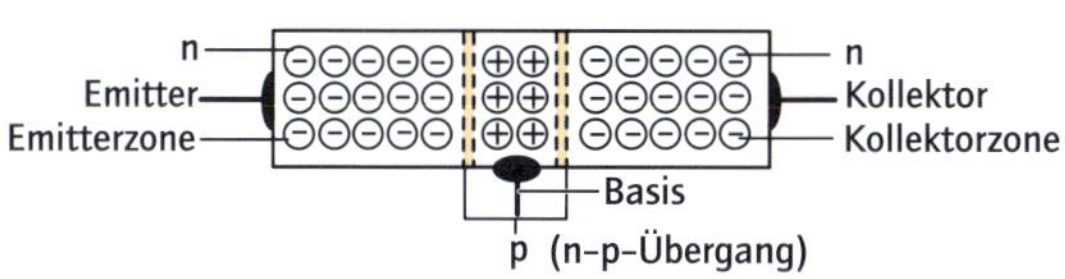

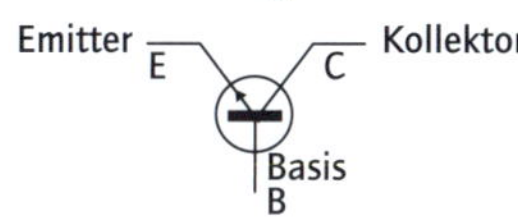

▸5 pnp-Transistor als Schalter

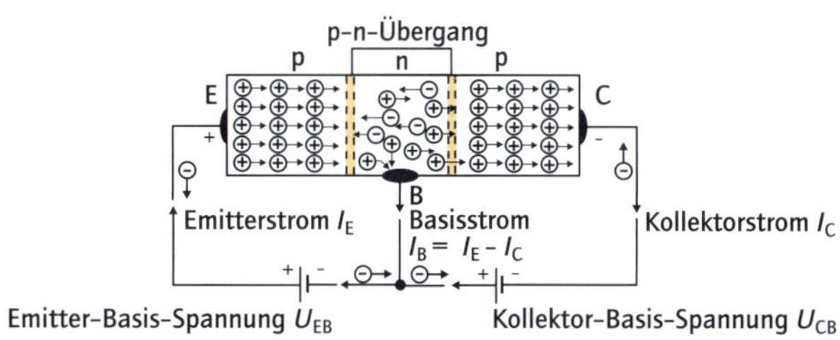

Halbleiterspeicher

Um Informationen (z. B. Programme) in einem Computer zu speichern, werden Speicherbausteine mit schnellem Zugriff benötigt. Mithilfe der Halbleitertechnologie werden Speicher hergestellt, die als Hauptspeicher in einem Computer zum Einsatz kommen. Bei den Halbleiterspeichern unterscheidet man zwischen **Tabellenspeichern** und **Funktionsspeichern** (Abb. 1). Die Speicherelemente sind durch Flipflops (elektronische Kippschalter) mithilfe von Transistoren (→ Halbleiterbauelemente), Kondensatoren und Widerständen realisiert. Die eingesetzten Technologien (bipolare Speicher und MOS-Speicher) unterscheiden sich in der Zugriffsgeschwindigkeit, im Stromverbrauch und in der Integrationsfähigkeit auf einen Chip. Die **bipolaren Speicher** (**TTL**, **T**ransistor-**T**ransistor-**L**ogik, **ECL**, engl. **e**mitter **c**oupled **l**ogic) sind schneller, können aber durch den höheren Stromverbrauch nicht so hoch integriert werden. Die **MOS-Speicher** (engl. **m**etal**o**xid **s**emiconductor, Metalloxidhalbleiter) sind etwas langsamer, können allerdings viel höher integriert werden.

Schreib-Lese-Speicher ▸2

Schreib-Lese-Speicher mit wahlfreiem Zugriff (**RAM**, engl. **r**andom **a**ccess **m**emory) werden dazu benutzt, Programme und Daten für die Ausführung im Computer zu halten. Es sind Speicher, bei denen man unter einer Adresse Daten abspeichern und auch wieder auslesen kann. Vom Adresskodierer werden die Adresseingänge so kodiert, dass die richtige Speicherzelle ausgelesen wird, wodurch eine typische Tabellenstruktur zustande kommt. Bei den **Schreib-Lese-Speicherbausteinen** werden **DRAM** (dynamic RAM) und **SRAM** (static RAM) unterschieden. Der Arbeitsspeicher heutiger Computer besteht meistens aus DRAM-Bausteinen, wogegen die schnelleren SRAM-Bausteine nur in Hochleistungscomputern und für Cachespeicher (Zwischenspeicher) eingesetzt werden. Beim **dynamischen Schreib-Lese-Speicher** (DRAM) ist im Kern eine Speichermatrix enthalten, an deren Knotenpunkten eine 1-Bit-Zelle liegt. Diese Speicherzelle besteht aus einem Transistor und einem Kondensator. Die Zellen werden über eine Zeilen- und eine Spaltenadresse angesprochen (Abb. 2). Durch Ladungsverluste müssen die Zellen immer wieder (ca. alle 8 ms) neu regeneriert werden. Man spricht aufgrund dieses „Refreshens“ (Erneuerns) von einem dynamischen Schreib-Lese-Speicher. Die SRAM-Bausteine sind ähnlich aufgebaut, bestehen aber pro 1-Bit-Zelle aus bis zu sechs Transistoren.

Festwertspeicher

Bei Tabellenspeichern, die nur gelesen werden können, spricht man von Festwertspeichern (**ROM**, engl. **r**ead-**o**nly **m**emory). Die zu speichernden Inhalte werden vor der Fertigstellung vom Hersteller einprogrammiert und bleiben auch nach der Abschaltung der Betriebsspannung (z. B. Ausschalten des Computers) erhalten. Wie die Schreib-Lese-Speicher haben die Festwertspeicher auch wahlfreien Zugriff zu den einzelnen Speicherelementen, d. h. mittels einer Adresse kann ein Datenwort ausgelesen werden. In Abb. 1 sind die verschiedenen Arten von Festwertspeichern aufgeführt (MROM, PROM, EPROM, EEPROM). Sie unterscheiden sich lediglich in der Art und Weise, wie sie programmiert werden. **MROMs** werden vom Hersteller nach einer Maske programmiert. **PROMs** können dagegen mit einem speziellen Programmiergerät vom Benutzer selbst programmiert werden. UV-löschbare Festwertspeicher (**EPROM**) lassen sich vom Benutzer nicht nur programmieren, sondern auch mit ultraviolettem Licht löschen. Bei den elektrisch löschbaren Festwertspeichern (**EEPROM**) kann durch Anlegen einer Programmierspannung, einer Adresse und des zu speichernden Datenwortes jede Speicherstelle neu beschrieben werden.

Programmierbare logische Bauelemente ▸3

Die letzte Gruppe der Halbleiterspeicher bilden die Funktionsspeicher. Hier werden im Gegensatz zu den Tabellenspeichern (RAMs und ROMs) keine Tabellen, sondern logische Funktionen (→ Computer) gespeichert. Zu den programmierbaren logischen Bauelementen (**PLD**, engl. **p**rogrammable **l**ogic **d**evice) gehören die PALs, PLAs und die LCAs (Abb. 1). **PLAs** (engl. **p**rogrammable **l**ogic **ar**rays) sind schwer zu programmieren und besitzen daher heute keine große Bedeutung mehr. Die **LCAs** (engl. **lo**gic **c**ell **a**rrays) sind ganz neue Bauelemente, bei denen nicht nur logische Funktionen, sondern auch beliebige Datenpfade zwischen Funktionsblöcken programmierbar sind.

Am verbreitetsten und am leichtesten zu programmieren sind die **PALs** (engl. **p**rogrammable **a**rray **l**ogic). Zuerst werden die Konjunktionen (UND-Verknüpfung) der Eingangsvariablen, anschließend deren Disjunktion (ODER-Verknüpfung) gebildet. Die Funktion aus Abb. 3a ist in einem PAL in Abb. 3b programmiert. PALs werden heutzutage nicht mehr von Hand entworfen und programmiert, sondern mithilfe von Computerprogrammen, die auch entsprechende Programmiergeräte ansteuern können. PALs werden in großen Schaltwerken eingesetzt.

▸1 Übersicht über Halbleiterspeicher

RAM = Random Access Memory (Schreib-Lese-Speicher)
ROM = Read-only Memory (Nur-Lese-Speicher)
M = Maskenprogrammiert
P = Programmierbar
EP = Löschbar und programmierbar
PLD = Programmable Logic Device (programmierbare Logikschaltung)
PLA = Programmable Logic Array (programmierbares logisches Feld)
PAL = Programmable Array Logic (programmierbares Logikfeld)
LCA = Logic Cell Array (Logikzellen-Matrix)
EEP = Elektrisch löschbar und programmierbar

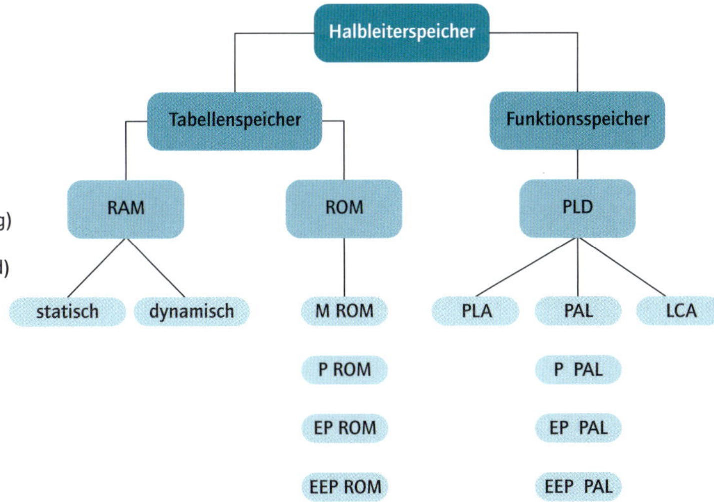

▸2 Schematische Darstellung eines DRAM-Bausteins mit 4M x 1 Bits (ohne Refresh-Logik)

ZAR = Zeilenadressregister
SAR = Spaltenadressregister
ZAD = Zeilenadresskodierer
SAD = Spaltenadresskodierer
LSV = Lese-/Schreibverstärker
LSS = Lese-/Schreibsteuerung
$\overline{RAS}$ = Row Adress Select (Reihenadressauswahl)
$\overline{CAS}$ = Column Adress Select (Spaltenadressauswahl)
$\overline{WE}$ = Write Enable (Schreibmöglichkeit)
$\overline{OE}$ = Output Enable (Ausgabemöglichkeit)
A_i = Adresse
D_{in} = Eingangsdaten
D_{out} = Ausgangsdaten

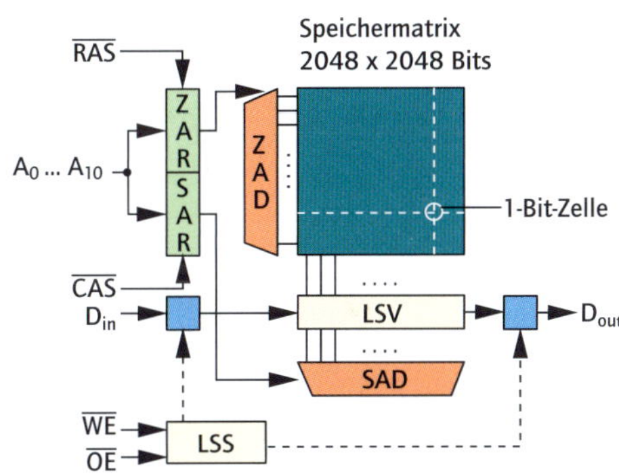

▸3 Programmierbare logische Bauelemente

a Beispiel für eine Wahrheitstafel und ihre logischen Funktionen

Z	x_2	x_1	x_0	y_1	y_0
0	0	0	0	1	0
1	0	0	1	0	0
2	0	1	0	1	1
3	0	1	1	0	0
4	1	0	0	0	1
5	1	0	1	1	1
6	1	1	0	1	1
7	1	1	1	0	1

$y_0 = x_2 + \overline{x}_0 x_1$

$y_1 = \overline{x}_0 x_1 + x_0 x_2 + x_0 x_1 x_2$

$\overline{x}_1$ gibt die Negation des Wertes x_1 an

b Funktion aus Abb. 3a mit einem PAL realisiert

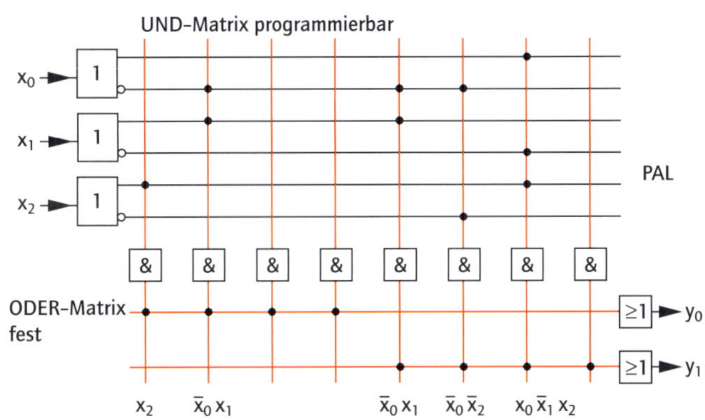

Externe Speicher

Die externen Speicher eines Computersystems haben die Aufgabe, Daten und Programme dauerhaft zu speichern und während der Programmausführung den Hauptspeicher (RAM) zu erweitern. Nach dem Ausschalten des Computers gehen alle Informationen im RAM verloren. Um später die eingegebenen Daten und entsprechenden Programme wieder zur Verfügung zu haben, müssen die Informationen dauerhaft gespeichert werden.

Externe Speicher lassen sich durch folgende Komponenten charakterisieren: Durch einen Datenträger, der zwei Zustände („0" und „1") speichern und so binär codierte Datenströme aufbewahren kann, und durch einen Schreib-Lese-Kopf, der die Daten lesen und verändert wegschreiben kann. Dies alles wird durch den sogenannten **Controller** gesteuert. Dieser ist im Allgemeinen ein Systemprogramm, das in einem Festwertspeicher (ROM) untergebracht ist und den Schreib-Lese-Kopf gezielt auf bestimmte Speicherbereiche des Datenträgers positionieren kann.

Aufgrund der verschiedenen Technologien, mit denen die Datenträger die Informationen speichern, unterscheidet man zwischen **magnetischen**, **optischen** und **magnetooptischen Speichern**.

Magnetische Platten- und Bandspeicher ▸1 ▸2

Magnetische Speicher werden in Bezug auf den Datenzugriff in zwei Arten unterteilt: Speicher mit **wahlfreiem Zugriff** (z. B. Festplatte, Diskette), bei denen auf jeden Datenbereich des Datenträgers zugegriffen werden kann, ohne andere Bereiche zuerst lesen zu müssen, und Speicher mit **sequenziellem Zugriff** (z. B. Bandspeicher), bei denen bei einem kontinuierlichen Bewegen des Schreib-Lese-Kopfes die entsprechenden Datenbereiche herausgelesen werden müssen.

Bei magnetischen **Plattenspeichern** werden als Datenträger dünne Platten mit einer magnetischen Cobalt-Nickel-Schicht eingesetzt. Eine Festplatte kann aus einer Platte oder aus einem Plattenstapel bestehen. Die Informationen werden auf diesen Platten in konzentrischen Spuren längs gerichtet abgelegt. Die Schreib-Lese-Köpfe sind an einem kammartigen Zugriffsarm angebracht und können so zwischen den Platten auf die entsprechenden Spuren positioniert werden (Abb. 1 und 2). Heutige Festplatten arbeiten mit bis zu 10 000 U/min und haben eine Kapazität bis zu zwei TByte. Magnetische **Bandspeicher** (Streamer) besitzen zur Datenaufzeichnung ein magnetisches Kunststoffband, das auf einem Spulenpaar aufgewickelt ist. Der Schreib-Lese-Kopf hat direkten Kontakt zum Medium. Bandspeicher werden überwiegend zur Datensicherung und -archivierung eingesetzt, ihr Marktanteil ist aber rückläufig.

Optische Speicher ▸3

Die Daten auf einer **CD-ROM** oder **DVD** werden auf einer einzigen spiralförmigen Spur (von innen nach außen) gespeichert. An der Unterseite einer CD-ROM oder DVD befinden sich kleine Vertiefungen (Pits), die die binären Daten codiert repräsentieren (Abb. 4). Mithilfe eines Laserstrahls wird der Datenträger abgetastet, und die Informationen werden ausgelesen und anschließend von Fotodioden ausgewertet. Einmal bespielbare, beliebig oft lesbare Datenträger werden in sogenannten Brennern beschrieben. Die Datenträger bezeichnet man als CD-R oder DVD-R. Immer wieder beschreibbare Datenträger sind die CD-RWs, DVD±RWs und DVD-RAMs. Zu den optischen Speicherplatten zählt man auch die – allerdings kaum verbreiteten – **magnetooptischen Speicher (MO-Speicher)**, bei denen eine Kombination magnetischer und optischer Verfahren zur Datenaufzeichnung eingesetzt wird.

Elektronische Speicher ▸4

Speichermedien auf Halbleiterbasis werden als flüchtige und permanente Speicher eingesetzt. Zu Letzteren zählen die **Flash-Speicher,** die sich vor allem durch ihre kleine Bauweise und ihre Portabilität auszeichnen. Sie wurden auf der Basis des EEPROM entwickelt und können sowohl gelesen als auch beschrieben werden. Im Gegensatz zum EEPROM, der byteweise löschbar ist, werden die Daten beim Flash-Speicher blockweise gelöscht. Die Zugriffszeit liegt bei ca. 100 ns, die Lebensdauer bei ca. 100 000 Schreib- und Löschzyklen. Flash-Speicher finden überall dort Anwendung, wo Informationen nichtflüchtig auf kleinstem Raum ohne permanente Versorgungsspannung gespeichert werden müssen. Dazu zählen Speicherkarten von Digitalkameras, Mobiltelefonen und anderen tragbaren Geräten. Flash-Speicher werden auch in MP3-Player und **USB-Sticks** (Abb. 4) eingebaut. Darüber hinaus können sie in Computern die Festplatten ersetzen oder ergänzen; man spricht hier auch von **Solid State Drives (SSD).** Ihre Speicherkapazität kann bis zu mehr als 100 GByte betragen. Vorteile eines SSD sind u. a. mechanische Robustheit, kurze Zugriffszeiten, niedriger Energieverbrauch und Geräuschlosigkeit, Hauptnachteil der erheblich höhere Preis im Vergleich zu Festplatten gleicher Kapazität.

▸1 Aufbau einer Festplatte

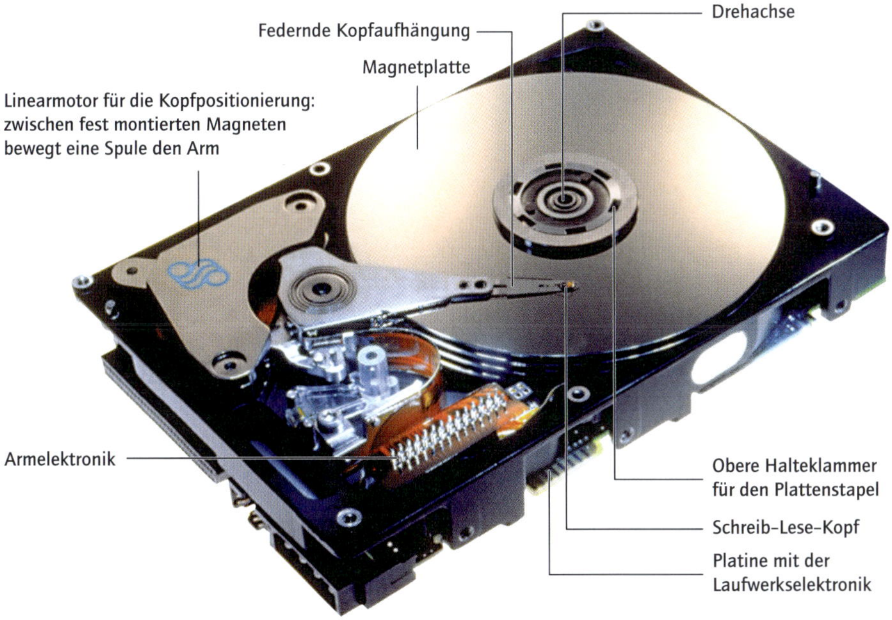

▸2 Festplatte: Plattenstapel und Zugriffsarm mit Schreib–Lese–Köpfen

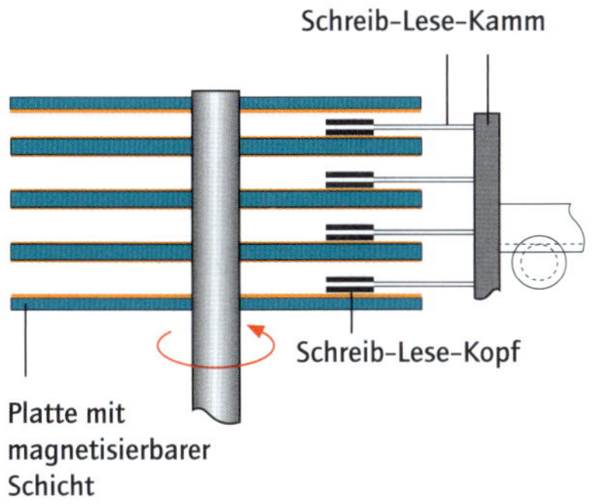

▸4 USB-Stick

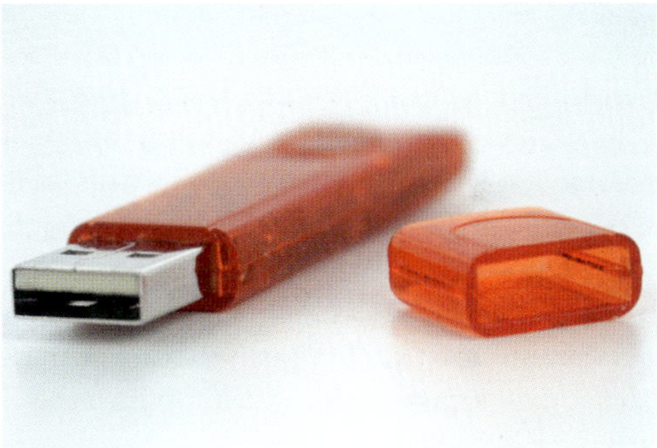

▸3 Oberfläche einer CD–Rom

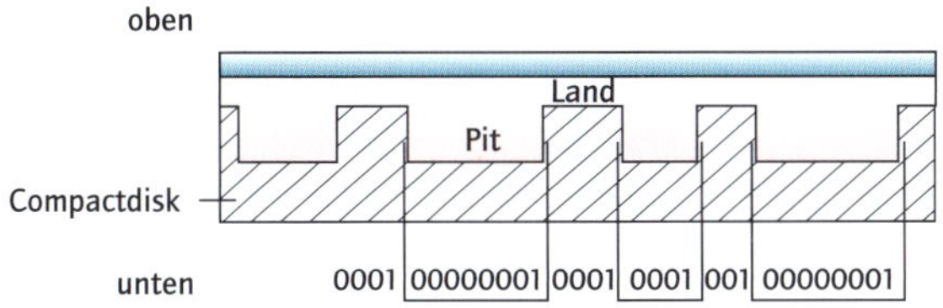

Pits und Lands sorgen für eine Reflektion oder Absorption des stark fokussierten Laserstrahls

Drucker

Um Daten aus dem Computer auf Papier zu bringen, wird ein Drucker als Ausgabegerät benötigt. Dieser wird über USB- (oder die parallele) Schnittstelle eines Computers angesprochen. Die verschiedenen Drucker können entsprechend den ihnen zugrunde liegenden Technologien, wie in Abb. 1 dargestellt, untergliedert werden.

Anschlagdrucker ▸2

Anschlagdrucker werden in **Matrix-** und **Vollzeichendruckverfahren** unterteilt. Vollzeichendrucker wie Kettendrucker und Typenraddrucker haben heute nur noch eine untergordnete Bedeutung. Matrixdrucker hingegen werden immer noch häufig eingesetzt, insbesondere für Formularausdrucke mit Durchschlägen. Bei Matrixdruckern (meist **Nadeldrucker**) werden die zu druckenden Zeichen aus einer Punktmatrix zusammegesetzt, bei Vollzeichendruckern werden diese über einen Stempelvorgang übertragen. Beim Nadeldruckverfahren wird der Druckkopf, der bis zu 48 Nadeln enthält, horizontal an einer Zeile entlang bewegt. Bei der Ansteuerung einer Nadel wird diese gegen ein Farbband gepresst, wodurch kleine Pigmente auf das Papier gelangen (Abb. 2 a). Moderne Nadeldrucker erzielen heute eine Auflösung von 360 dpi (engl. dot per inch) und eine Druckgeschwindigkeit von bis zu 1000 Zeichen pro Sekunde.

Anschlagfreie Drucker ▸2

Bei **Thermodruckern** werden entweder Farbteilchen von einem Farbband auf das Papier übertragen oder es wird durch Erwärmung ein Spezialpapier gefärbt. Dazu werden als Druckelemente kleine Heizplättchen (ohmsche Widerstände) benutzt. Zwei Druckverfahren kommen hier zum Einsatz. Beim **Thermostransferdruck** wird durch Erwärmung Farbe zum Schmelzen gebracht, die dann durch Druck auf das Papier übertragen wird. Häufiger eingesetzt wird heute der **direkte thermoreaktive** Druck, bei dem die Beschichtung des Spezialpapiers aus zwei Substanzen besteht, einem Farbbildner und einem Farbentwickler. Durch die Erwärmung auf 100 °C wird eine chemische Reaktion ausgelöst, die ein großes Farbspektrum entstehen lässt. Die Thermodrucker arbeiten sehr geräuscharm, sind aber langsam. Sie produzieren etwa 4 Seiten pro Minute bei einer Auflösung bis zu 600 dpi.

Tintenstrahldrucker gehören heute zu den am häufigsten eingesetzten Druckertypen (Abb. 3). Insbesondere im privaten Bereich haben sie sich durchgesetzt, da sie im Vergleich zu Laserdruckern preiswerter sind und vergleichbare Qualität im Ausdruck haben. Beim Druck wird Tinte durch Düsen auf Papier übertragen. Dies geschieht entweder durch Tröpfchen oder durch einen kontinuierlichen Strahl. Letzteres hat sich bei den neueren Druckertypen nicht durchgesetzt. Für die Erzeugung der Tröpfchen gibt es zwei Verfahren: Das **Dampfblasenverfahren (bubble-jet)** und das **piezoelektrische Verfahren**. Beim bubble-jet-Verfahren wird die Tinte durch eine kleine Dampfblase aus der Düse auf das Papier gedrückt. Beim piezoelektrischen Verfahren ist der Düsenkanal von einer Piezokeramik umgeben, die durch Schwingung Druckwellen erzeugt, durch die einzelne Tröpfchen ausgestoßen werden (Abb. 2 b). Durch Überlagerung von drei bis vier Tintenstrahlen lassen sich leicht Farbbilder erzeugen. Moderne Tintenstrahldrucker haben eine typische Auflösung von bis zu 1200 dpi und eine Druckgeschwindigkeit von ca. 10 Seiten pro Minute. Beim Farbdruck ist die Geschwindigkeit mit ca. 4 Seiten pro Minute deutlich geringer.

Laserdrucker nennt man auch Seitendrucker, da bedingt durch das Druckverfahren erst eine ganze Seite im Druckerspeicher aufbereitet werden muss, bevor diese ausgedruckt wird. Dieses Verfahren nennt man auch **Trockentransferelektrofotografie** oder **Xerografie**. Dabei wird auf einer homogen geladenen Fotoleitertrommel die zu druckende Vorlage optisch abgebildet (Abb. 2 c). Mithilfe eines Laserstrahls wird die Trommel dort entladen, wo später etwas auf dem Ausdruck zu sehen ist. So entsteht auf der Trommel ein Abbild des auszudruckenden Musters. Im nächsten Schritt werden pulverförmige Farbpartikel (Toner) auf die geladenen Stellen der Fotoleitertrommel übertragen. Im letzten Schritt wird nun das Pulvermuster auf das Papier übertragen und durch Wärme, Druck und eine chemische Reaktion fixiert. Danach wird die Ladung auf der Trommel wieder gelöscht. Laserdrucker haben eine hohe Druckgeschwindigkeit (bis 20 Seiten pro Minute) und eine Auflösung bis 1200 dpi.

Plotter ▸3

Plotter werden hauptsächlich in technisch-wissenschaftlichen Bereichen eingesetzt, wo große Konstruktionszeichnungen auf Papierformaten bis über DIN A0 ausgedruckt werden. Beim klassischen Flachbettplotter wird das Papier auf einen Zeichenbereich gespannt und der Druckkopf zweidimensional über das Papier bewegt. Beim Rollenplotter wird das Papier mittels einer Walze am sich nur horizontal bewegenden Kopf vorbeigezogen.

Stiftplotter finden nur noch selten Anwendung und sind durch Laser- oder Tintenstrahldrucker entsprechender Größe abgelöst worden, die vor dem Drucken die Vektorgrafik in eine Rastergrafik umrechnen.

▸1 Hierarchiediagramm der Druckverfahren

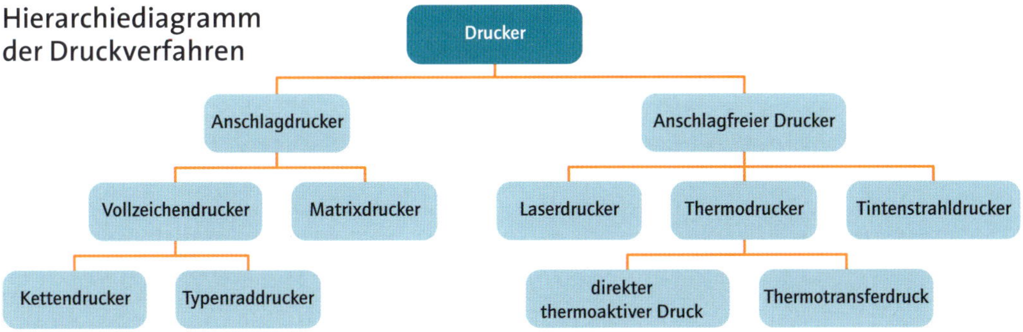

▸2 Arbeitsprinzipien verschiedener Druckverfahren

a Nadeldrucker

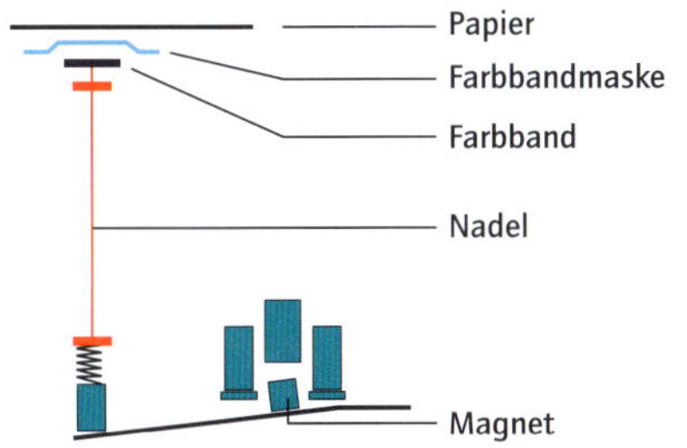

b Tintenstrahldrucker (piezoelektrisches Verfahren)

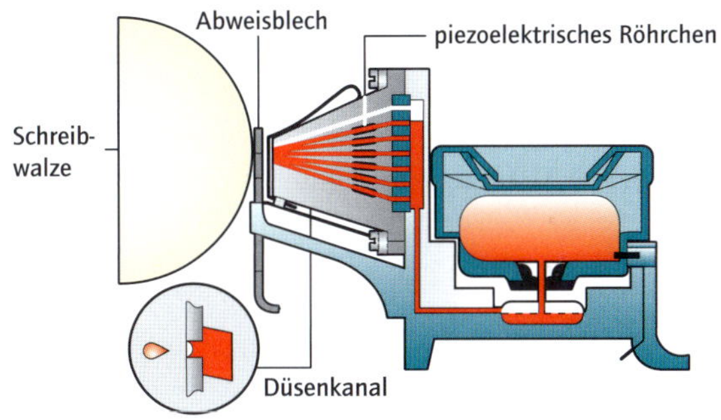

c Laserdrucker

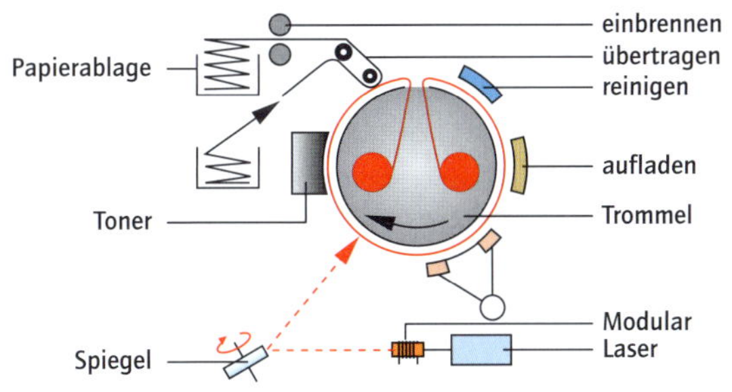

▸3 Tintenstrahldrucker für Farbausdrucke

Internet I

Das Internet ist ein weltumspannendes **Computernetzwerk**, welches zur Übertragung von Daten und Informationen benutzt wird. Entwickelt wurde es vom US-Verteidigungsministerium. Heute wird es von Universitäten, öffentlichen Einrichtungen sowie privaten Personen und Unternehmen genutzt.
Das Internet zeichnet sich durch eine Zusammensetzung vieler unabhängiger lokaler Netzwerke aus, die unterschiedliche Computer und Übertragungsmedien (z. B. Telefonleitung, Glasfaserkabel, Satellit) benutzen. Es gibt keine globale Verwaltung. Das Internet benutzt jedoch einen gemeinsamen **Übertragungsstandard (Protokoll)**. Mit diesem Protokoll ist es möglich, die verschiedenen Dienste des Internets bereitzustellen. Die klassischen Dienste sind u. a. elektronische Post, Datentransfer, Fernzugang und das World Wide Web (www), ein neuerer ist z. B. Internettelefonie. Entscheidend ist auch, dass die Übertragung unabhängig vom einzelnen Benutzer erfolgt.

Wie funktioniert das Internet? ▸1 ▸2

Eine gute Analogie zur Datenübertragung im Internet stellt die herkömmliche Briefpost dar: Ein Brief wird über verschiedene Verteilerpostämter an den gewünschten Ort geschickt und dort vom Briefträger in die angegebene Straße befördert. Auch im Internet hat jeder Rechner eine eindeutige Adresse, die aus vier Zahlen besteht (z. B. 192.113.37.4). Der Anfang der Adresse gibt das lokale Netzwerk (vgl. Stadt), das Ende den Rechner (vgl. Straße mit Hausnummer) an. Meist werden diese Adressen durch sogenannte **Domainnamen** ersetzt, die Text enthalten und besser lesbar sind (z. B. ix.urz.uni-heidelberg.de). Sollen nun Daten von einem Rechner an einen anderen übertragen werden, so werden sie in ein **Datenpaket** (vgl. Briefumschlag) gesteckt, auf dem Absender- und Empfängeradresse stehen. Die verschiedenen lokalen Netzwerke des Internets werden durch spezielle Rechner, die **Router**, verbunden. Sie stellen die „Verteilerpostämter" dar und bestimmen den Weg des Datenpaketes (Abb. 1). Damit das Netz nicht überlastet wird, sind nur Pakete mit bis zu ca. 1500 Zeichen erlaubt. Dieser Übertragungsstandard heißt **Internetprotokoll (IP)**. Um auch größere Datenmengen zu verschicken, ist ein zweites Protokoll (meistens **TCP**, engl. **t**ransmission **c**ontrol **p**rotocol) notwendig. Es sorgt dafür, dass größere Datenmengen in kleine Pakete zerlegt und mittels IP verschickt werden (Abb. 2). Weiterhin nummeriert und kontrolliert es die Pakete, damit sie am Ziel wieder richtig zusammengesetzt werden können. Dabei kann es passieren, dass eine Nachricht, welche von Europa nach Australien gesendet wird, ihr Ziel über verschiedene Wege erreicht, d. h., ein Teil der IP-Pakete läuft über Amerika, ein anderer über Asien.

Elektronische Post und Internettelefonie

Die elektronische Post (**E-Mail**) ist ein Dienst, bei dem Nachrichten von einer Person zu einer anderen mittels der beschriebenen Protokolle transferiert werden. Um E-Mails senden und empfangen zu können, benötigt man eine E-Mail-Adresse. Diese setzt sich aus einem Domainnamen des Rechners und einem persönlichen Teil, meist dem Namen, verbunden durch das Zeichen @ (engl. at) zusammen, z. B. christian.taut@ix.urz.uni-heidelberg.de.
Die **Internettelefonie** löst zunehmend die klassische Telefonie ab. Die Sprachinformationen werden dabei zu Sprachdaten digitalisiert, komprimiert und in Datenpakete aufgeteilt, die genau wie andere Datenpakete transportiert werden. Die Geräte des Empfängers wandeln dann die Sprachdaten wieder in hörbare Informationen um. Die Sprachqualität hängt von der verwendeten Kodierung ab sowie von der Bandbreite, die bei der Kodierung benutzt wurde. Das Transportverfahren wird auch Voice over IP (VoIP) genannt.

Dateitransfer und Fernzugang

Der Dateitransfer mit dem speziellen Internetübertragungsprotokoll **FTP** (engl. **f**ile **t**ransfer **p**rotocol) ermöglicht eine Übertragung von Dateien (z. B. Programme) von einem Rechner auf einen anderen. Über einen Fernzugang (**Telnet**, engl. **tel**etype **net**work) kann man sich direkt in einen anderen Rechner „einloggen", d.h., vom eigenen Rechner aus kann man einen zweiten bedienen (z. B. ein Programm auf ihm starten). Beide Anwendungen basieren auf TCP/IP und benötigen den Domainnamen des Rechners und ggf. ein Passwort.

World Wide Web ▸3

Das **W**orld **W**ide **W**eb (**WWW**) ist ein Medium, in dem auf jedem Rechner im Internet Informationen in Form von Text, Bild, Ton und Film hinterlegt werden können. Die erste Seite eines WWW-Dokuments ist i. d. R. die **Homepage** (Leitseite), mit der sich der Anbieter vorstellt (Abb. 3). Die Information besitzt eine spezielle vom Domainnamen abgeleitete Adresse (z. B. http://www.meyers.de) und kann mittels TCP/IP von jedem Rechner aus betrachtet werden. Ein wichtiges Merkmal sind die „anklickbaren" **Links**, die die einzelnen Informationen vernetzen.

▸1 Transport von Daten im Internet

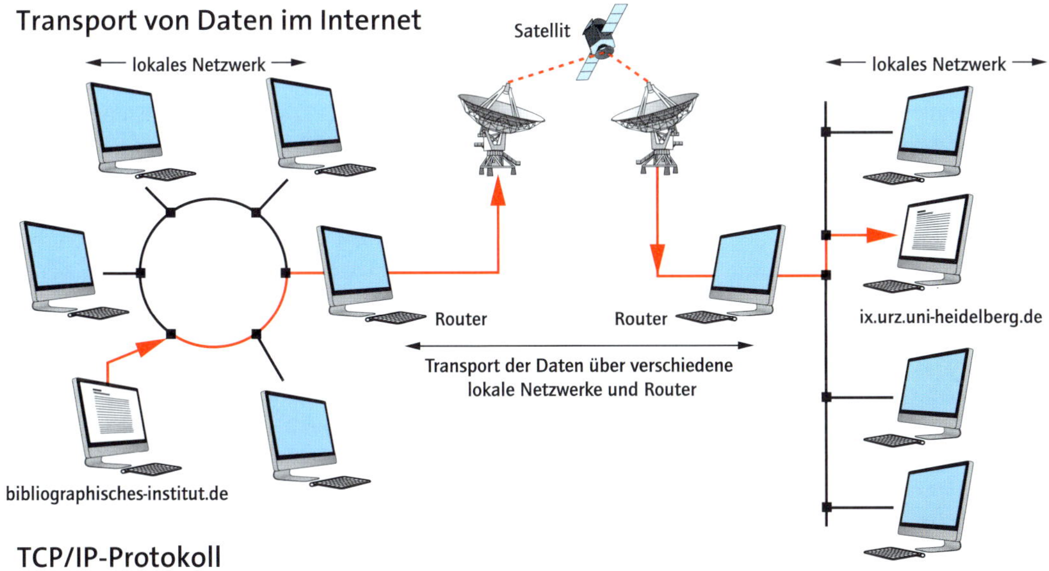

▸2 TCP/IP-Protokoll

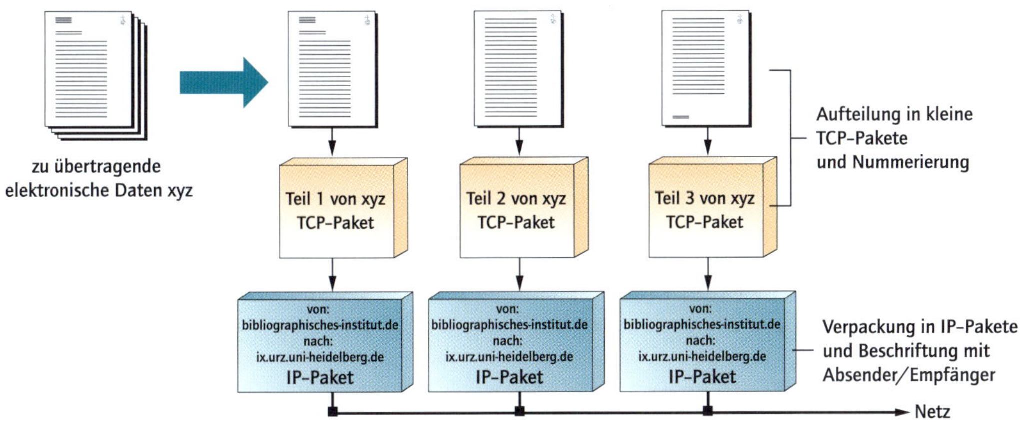

▸3 Typisches WWW-Programm mit Homepage und Menüleiste

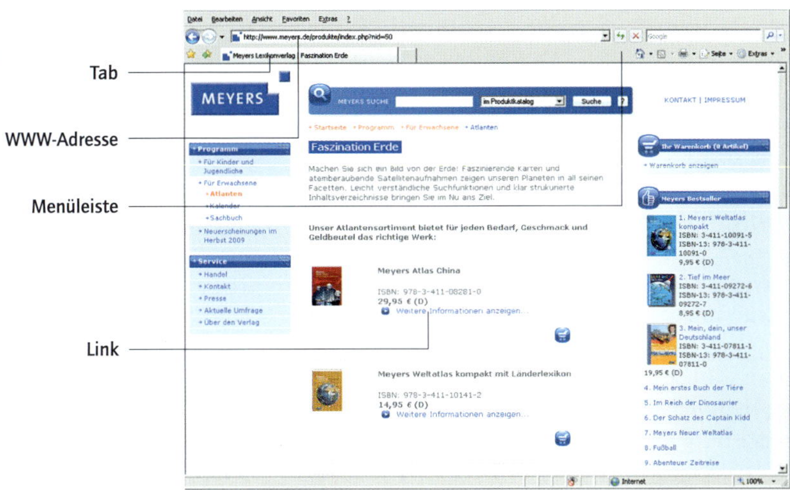

Internet II

Drahtloser Internetzugang ▸1

Die Nutzung des Internets hat in den letzten Jahren den gesamten privaten und beruflichen Lebensbereich durchdrungen. Zu dieser Entwicklung hat maßgeblich beigetragen, dass inzwischen im öffentlichen Raum zahlreiche drahtlose Zugänge zum Internet existieren. Dadurch ist es fast überall möglich, online zu gehen (Abb. 1). Zu den am meisten genutzten drahtlosen Internetzugängen gehören lokale Funknetzwerke, sogenannte **WLANs** (engl. **W**ireless **L**ocal **A**rea **N**etwork), auch als **WiFi** (in Anlehnung an wireless und Hi-Fi) bezeichnet. Sie arbeiten nach der Norm **IEEE 802.11** des Institute of Electric and Electronic Engineers. Die Datenübertragung bei dem derzeit am häufigsten verwendeten IEEE 802.11b/g-Standard erfolgt im sogenannten **ISM-Band** (engl. **i**ndustrial **s**cientific **m**edical) bei 2,4 GHz und ermöglicht Übertragungskapazitäten bis 54 Mbit/s. Der 802.11n-Standard nutzt auch den Frequenzbereich bei 5 GHz und erlaubt Geschwindigkeiten bis 300 Mbit/s. Um ein WLAN für den drahtlosen Internetzugang über Computer, Notebook, Handy u. Ä. nutzen zu können, ist im Allgemeinen eine **WLAN-Karte** und sowie ein Zugangspunkt (**AC**, engl. **A**ccess Point) erforderlich. Im Privatbereich sind die Access Points in der Regel in den DSL-Zugangsgeräten integriert. Öffentliche und kommerzielle WLAN-Access-Points z. B. an Universitäten, in Flughäfen und in Hotels, sogenannte „Hot Spots“, ermöglichen den Zugriff auf das Internet auch außerhalb von Wohnung oder Büro. In Deutschland ist die effektive isotrope Strahlungsleistung von WLAN-Anlagen auf 100 mW EIRP (bei 2,4 GHz) begrenzt. (Die **EIRP** [engl. **e**quivalent **i**sotropically **r**adiated **p**ower] ist das Produkt der in eine Sendeantenne eingespeisten Leistung multipliziert mit deren Antennengewinn relativ zu einem Isotropstrahler, also diejenige Sendeleistung, die ein idealer Kugelstrahler benötigen würde, um die gleiche Leistungsflussdichte zu erreichen.) Eine behördliche Meldepflicht für grundstücksüberschreitende Funkanlagen besteht nicht, der Betreiber trägt die Verantwortung, dass seine Anlage die vorgeschriebenen Grenzwerte nicht überschreitet. Die Reichweite handelsüblicher WLAN-Geräte beträgt im Freien bis zu 100 m, durch externe Antennen ist ein Ausdehnung erreichbar.

Um WLANs abzusichern, definiert der Standard mehrere kryptografische Verfahren. Neuere Geräte unterstützen den WPA2-Schlüssel, der bei Benutzung eines ausreichend langen Passworts als nicht entschlüsselbar gilt. Nach einer Entscheidung des Bundesgerichtshofs vom 12. Mai 2010 können Privatpersonen auf Unterlassung in Anspruch genommen werden, wenn ihr nicht ausreichend gesicherter WLAN-Anschluss von Dritten für Urheberrechtsverletzungen im Internet genutzt wird.

Auch der Standard Bluetooth (engl. „Blauzahn“, nach dem dänischen König Harald Blauzahn), der vorwiegend zum Anschluss von Peripheriegeräten an den PC sowie für persönliche lokale Netze verwendet wird, nutzt das ISM-Band. Die Reichweite beträgt jedoch nur einige Meter bei einer Datenrate von etwa 1 Mbit/s.

Auch Mobilfunknetzte erlauben heutzutage hohe Datenübertragunsraten (UMTS: 384 kbit/s, HSPA: 3 Mbit/s). Zukünftige Mobilfunkstandards wie **LTE** (engl. **l**ong **t**erm **e**volution) sollen Übertragungsraten bis zu 300 Mbit/s ermöglichen. Für Gebiete, die über keine kabelgebundene Breitbandversorgung z. B. per DSL verfügen, wurde der Funkstandard **WiMAX** (engl. **w**orldwide **i**nteroperability for **m**icrowave **acc**ess) entwickelt. Der Versorgungsradius einer Basisstation beträgt max. 50 km, in städtischer Umgebung üblicherweise 2 bis 3 km. Derzeit werden in zahlreichen Ländern WiMAX-Netze aufgebaut.

Erweiterte Internetdienste ▸2 ▸3

Über das Internet werden heutzutage nicht nur klassische Dienste wie E-Mail-Versand und Datenaustausch abgewickelt, sondern zunehmend auch Radio, Fernsehen, Videokonferenzen und Telefonie (Abb. 3). Die **IP-Telefonie** (auch **VoIP**, engl. **V**oice **o**ver **IP**) auf der Grundlage des Internetprotokolls TCP/IP hat sich inzwischen dank ständig zunehmender Bandbreite und immer leistungsfähigeren Servern (Abb. 2) als verbreitete Kommunikationsform etabliert. IP-Telefonate können vom Internet zum Festnetz oder umgekehrt verlaufen, aber auch direkte Telefonieverbindungen zwischen Internetnutzern sind möglich (z. B. mit der Software **Skype**). Mit der steigenden Zahl von Breitband-Anschlüssen ergeben sich auch für Privatpersonen immer bessere Nutzungsmöglichkeiten. Eine besonders einfache Lösung stellen Endgeräte dar, die sich direkt an einen DSL-Router anschließen lassen.

Bei der IP-Telefonie werden die Sprachinformationen zu Sprachdaten digitalisiert, komprimiert und in Datenpakete aufgeteilt, die genau wie andere Datenpakete transportiert werden. Die Geräte des Empfängers wandeln dann die Sprachdaten wieder in hörbare Informationen um. Die Sprachqualität hängt von der verwendeten Codierung ab sowie von der benutzten Bandbreite.

▸1 Mobiles Internet

Mit dem Notebook kann man heute fast überall ins Internet

▸2 Netzwerk-Server

▸3 Businesskommunikation

Über das Internet werden inzwischen weite Teile der Kommunikation abgewickelt. Dazu gehören neben E-Mail-Versand und Datenaustausch auch Telefonie (VoIP) und Videokonferenzen.

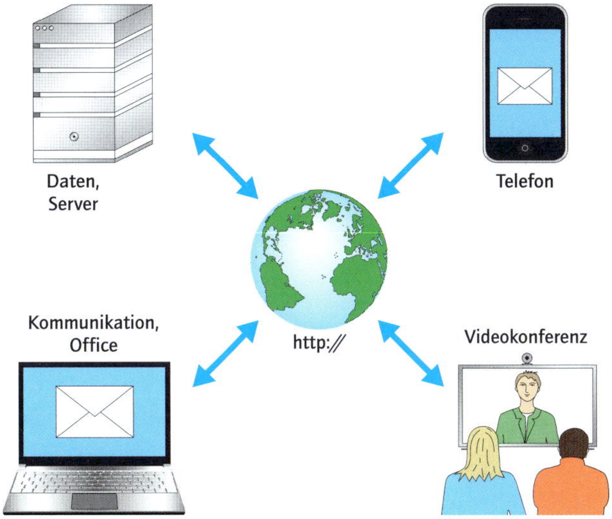

Digitalisierung

In der Digitaltechnik werden Informationen, z. B. Texte, Zeichen, Bilder oder Sprache, in ein System abstrakter Zahlensymbole übersetzt. Die dabei eingesetzten digitalen elektronischen Schaltungen können exakt zwei ausgeprägte physikalische Zustände einnehmen (Strom oder kein Strom, Spannung oder keine Spannung), die durch die Ziffern „1" bzw. „0" („Ein" bzw. „Aus") symbolisiert werden können. Diese Codierung bildet die Grundlage für das Binärsystem (→ Computer). Mit dem **Binärsystem** sind Maschinen in der Lage, die codierten Informationen zu verstehen und zu verarbeiten.
Die Umwandlung ursprünglich analoger Daten in ein binäres Zahlensystem nennt man **Digitalisierung**. Gegenüber der analogen Übertragung bietet die digitale Datenübertragung viele Vorteile: Sie ist präziser, schneller und deutlich weniger störanfällig und zudem zeichnet sie sich durch eine höhere Übertragungskapazität aus.

Umwandlung in digitale Daten ▸1 ▸2

Die Umwandlung eines analogen in ein digitales Signal nimmt ein **Analog-digital-Wandler** (A/D-Wandler), ein elektronisches Bauteil, vor. Der A/D-Wandler bestimmt zu geeigneten Zeitpunkten den Wert des Analogsignals und codiert diesen dann als Binärwert. Das Signal wird in kontinuierlichen Zeitabständen abgetastet („sampling") und zusätzlich quantisiert (Abb. 1). Die Zahl der Abtastpunkte muss dem Kurvenverlauf des analogen Signals angepasst sein. Die **Abtastrate** sollte mindestens doppelt so hoch sein wie die höchste Frequenz im Signal. Bei der **Quantisierung** wird der in einem Abtastpunkt gemessene reelle Wert auf eine begrenzte Menge möglicher Werte durch Rundung reduziert. Die Qualität und das Datenvolumen der digitalisierten Daten wird durch die Wahl der Abtastrate und der Quantisierung bestimmt. Je kleiner das Abtastintervall, desto genauer ist die Nachbildung des zeitlichen Verlaufs des Analogsignals.
Auch Bilder können digitalisiert und dann im Rechner bearbeitet oder übertragen werden. Dazu teilt man ein Bild in einzelne **Bildelemente** (**Pixel**) auf und ordnet jedem derartigen Pixel einen Wert zu, der die mittlere Helligkeit, die Farbe und/oder eine andere Eigenschaft dieses Bildausschnittes angibt. Dieser Wert ist dann die Zahl, die an das Pixel gebunden wird. Viele Geräte, z. B. eine CCD-Matrixkamera, machen diese Mitteilungen für die Intensitäten automatisch, wenn sie ein Bild als Matrix von Bildpunkten aufzeichnen (Abb. 2). Zur Digitalisierung wird das Bild als zweidimensionales Feld abgespeichert, dessen Feldelemente die ermittelten Pixelwerte sind. Je nach Anzahl der Pixel geht ein Teil der im ursprünglichen Bild vorhandenen Information verloren. Um ein Bild zu übertragen, dessen Auflösung derjenigen unseres Auges nahe kommt, müsste es mit einer Auflösung von 0,1 mm dargestellt werden. Bei einer DIN-A4-Seite würde das bedeuten, das sie in ca. 6,2 Mio. Pixel aufgeteilt werden müsste.

Übertragung großer Datenmengen mittels Datenkompression ▸3

Die Verarbeitung und Übertragung größerer Datenmengen, wie sie z. B. bei der Digitalisierung von Bildern oder Musik auftreten, machen eine **Datenkompression** notwendig. Dabei werden Daten so verdichtet, dass sie weniger Speicherplatz und damit weniger Übertragungszeit benötigen. Es gibt grundsätzlich zwei verschiedene Verfahren: Bei der **verlustfreien** Methode sind die Daten vor und nach der Kompression identisch, was z. B. für Texte und codierte Programme sehr wichtig ist. So werden beim Huffman-Verfahren den häufig vorkommenden Symbolen kürzere Codes als den seltener vorkommenden zugeordnet (Prinzip des Morsealphabetes). Bei **verlustbehafteten** Verfahren geht ein Teil der Daten verloren, sodass die Zieldaten weniger Detailinformationen enthalten als die Ausgangsdaten. Z. B. werden zur Datenkompression von Musik Frequenzbereiche, auf die das menschliche Gehör weniger reagiert, unterdrückt.
Drei wichtige **Kompressionsverfahren** sind Standards verschiedener Expertengruppen, die Vorschläge zur Komprimierung und Codierung bewegter und unbewegter Bilder und Audiosignale erarbeitet haben: **JPEG** (**J**oint **P**hotographic **E**xperts **G**roup), **M-JPEG** (**M**otion JPEG) und **MPEG** (**M**otion **P**icture **E**xperts **G**roup). Beim JPEG-Standard werden redundante, d. h. mehrfach vorhandene Daten entfernt und ähnliche Informationen zusammengefasst (verlustbehaftete Kompression). Da mehrere aufeinander folgende Bilder auch zur Darstellung von Bewegtbildern dienen, findet das Verfahren auch in der Kompression von Digitalvideos Anwendung (M-JPEG; Abb. 3). Der MPEG-Standard ist ebenfalls ein verlustbehaftetes Kompressionsverfahren für Video- und Audiosignale, das für größere Datenmengen konzipiert wurde. Für den Einsatz im Fernsehbereich wurde der MPEG-2-Standard entwickelt, mit dem z. B. Datenübertragungsraten für digitales HDTV (→ Digitalfernsehen) definiert sind. Alle Standards garantieren, dass Systeme unterschiedlicher Hersteller miteinander kommunizieren und Daten austauschen können.

▸1 Digitalisierung eines analogen Sprachsignals durch Abtastung (•) und Quantisierung (□)

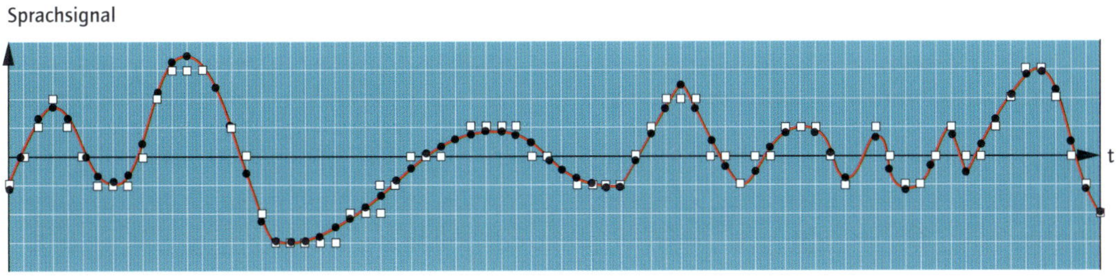

▸2 Digitalisierung von Bildern

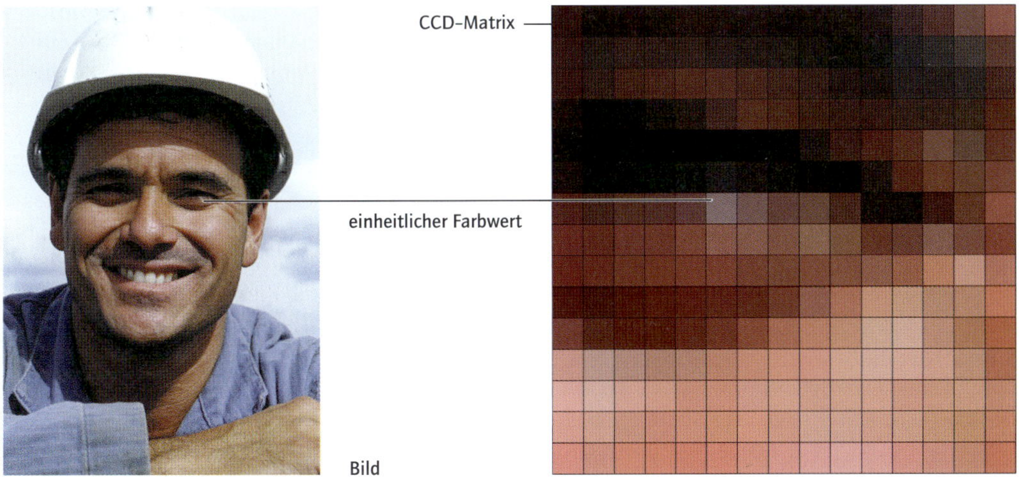

Das Bild wird in einzelne Bildelemente aufgeteilt, wobei jedem Element ein Wert zugeordnet wird, der z. B. die mittlere Helligkeit oder die Farbe dieses Bildausschnitts angibt.

▸3 Ein Bild mit zunehmender Komprimierung (M-JPEG-Standard)

Supercomputer

Trotz der in den letzten Jahren enorm gestiegenen Leistungsfähigkeit allgemein verfügbarer Computer gibt es nach wie vor eine Reihe von Anwendungen, deren Anforderungen an Rechenleistung und Speicherplatz um ein Vielfaches über der von diesen Standardcomputern zur Verfügung gestellten Leistung liegen. Zu diesen sogenannten „Grand Challenges" zählen insbesondere technisch-wissenschaftliche Simulationen, wie z. B. Klimavorhersage, Optimierung turbulenter (chaotischer, stark verwirbelter) Verbrennungsvorgänge, die Analyse des menschlichen Genoms (im Chromosomensatz vorhandener Erbanlagen) oder Berechnung bestimmter Größen in der Hochenergiephysik.

Architektur der Supercomputer ▸1

Bei der Konstruktion von Höchstleistungsrechnern für die genannten Anwendungen spielen zwei Prinzipien eine wesentliche Rolle: Parallelisierung und Vektorisierung.
Bei **Parallelrechnern** arbeiten mehrere Prozessoren gleichzeitig an einem Problem. Man unterscheidet hierbei **Parallelrechner mit verteiltem Speicher**, bei denen jeder Prozessor auf einen eigenen lokalen Speicher zugreift und Daten zwischen den Prozessoren über ein Verbindungsnetzwerk ausgetauscht werden, und **Parallelrechner mit gemeinsamem Speicher** (**SMP**). Letztere haben einen globalen Speicher, auf den alle Prozessoren zugreifen können. Dies führt zu einer wesentlich einfacheren Programmierung dieser Rechner, hat aber auch zur Folge, dass die Zahl der Prozessoren nicht sehr hoch sein kann. Deshalb werden Systeme dieser Architektur mit bis zu 128 Prozessoren angeboten, wogegen Parallelrechner mit verteiltem Speicher mit mehreren Tausend Prozessoren eingesetzt werden. Für diese ist daher auch die Bezeichnung **massiv parallele Rechnersysteme** (**MPP**) üblich (Abb. 1).
Das Prinzip der **Vektorisierung** wurde erstmalig 1976 konsequent in der sogenannten „Cray 1", die von Seymour Cray entwickelt wurde umgesetzt. Die Prozessoren dieser Rechnerart besitzen spezielle Ausführungseinheiten („Pipelines") für die Verarbeitung mathematischer Operationen mit Vektoren. Hierbei wird die Operation in möglichst gleich lange Teiloperationen zerlegt und dann wie in einem Montagefließband hintereinander in den Stufen der Pipeline verarbeitet. Damit können die Teiloperationen für verschiedene Vektorelemente in unterschiedlichen Stufen der Pipeline gleichzeitig durchgeführt werden. Der zeitliche Gewinn einer Pipelineverarbeitung langer Vektoren gegenüber der rein sequenziellen (elementweise nacheinander) Abarbeitung ist damit gleich der Stufenzahl der Pipeline. Der große Erfolg dieser Rechnerarchitektur basiert auf der Struktur vieler technisch-wissenschaftlicher Anwendungen, bei denen Vektoroperationen einen großen Teil der Rechenzeit ausmachen, und der Möglichkeit, die Anpassung von Programmen an diese Rechner durch vektorisierende Compiler (Programme zur Übersetzung einer Programmiersprache in einen Maschinencode) automatisch vornehmen zu lassen.
Die Kombination beider Architekturprinzipien (Parallelisierung und Vektorisierung) führt **zu parallelen Vektorrechnern** (**PVP**), bei denen mehrere Vektorprozessoren in einem Parallelrechner, typischerweise mit gemeinsamem Speicher, verwendet werden. Im Gegensatz zu den PVPs können bei massiv parallelen Rechnern Bausteine aus dem PC- und Workstationen-Bereich eingesetzt werden. Vor dem Hintergrund steigender Kosten für die Entwicklung und Herstellung von Prozessoren stellt dies einen entscheidenden Vorteil dar. Die aktuelle Entwicklung bei den Superrechnerarchitekturen ist durch massiv parallele **Rechencluster** geprägt, die aus mehreren Tausend Standardprozessoren aufgebaut sind. Eine Form verteilten Rechnens wird auch beim Grid-Computing erreicht, das sich von den Clustern durch die wesentlich lockerere Kopplung unterscheidet. Zu den typischen Aufgaben, für die sich **Grid-Computing** anbietet, gehören beispielsweise die Integration, Auswertung und Darstellung von sehr großen Datenmengen aus der naturwissenschaftlichen und medizinischen Forschung. Insbesondere die Elementarteilchenteilchenphysik mit Großexperimenten (z. B. der LHC am CERN) treibt die Weiterentwicklung und Etablierung von Grid-Technologien voran.

Leistungsentwicklung ▸2

Ein insbesondere im Zusammenhang mit wissenschaftlichen Anwendungen häufig verwendetes Maß für die Rechenleistung von Computersystemen ist die Anzahl der ausführbaren Fließkommaoperationen pro Sekunde (Flop/s). Eine Leistung von einem GFlop/s (= 10^9 Flop/s) wurde erstmalig 1985 von der „Cray 2" erreicht.
Moderne PCs besitzen inzwischen Rechenleistungen von mehreren GFlop/s. Der erste Rechner, der die Grenze von einer Billiarde Rechenoperationen pro Sekunde (PFlop/s) überschritten hatte, ist der im Auftrag des US-Verteidigungsministeriums (für den Einsatz im Los Alamos National Laboratory) von IBM gebaute Roadrunner; ein weiterer, sog. PFlop-Rechner – der erste in Europa – namens JUGENE wurde 2009 im Forschungszentrum Jülich installiert. Er ist der Nachfolger des von 2006 bis 2008 betriebenen Superrechners JuBL (Abb. 2), der eine Spitzenleistung von 46 TFlop/s (= 10^{12} Flop/s) erbrachte.

▸ 1 MPP-Architektur

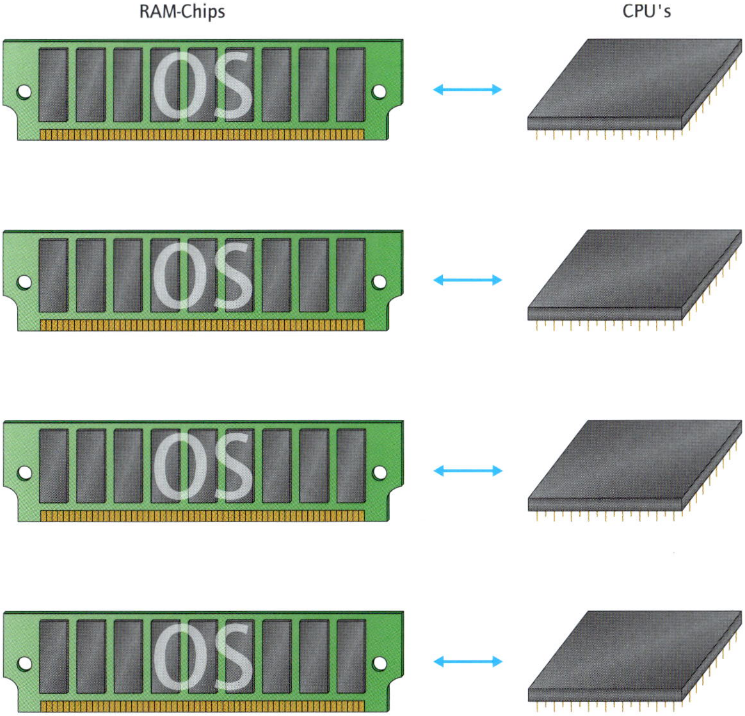

▸ 2 Der Supercomputer JuBL des Forschungszentrums Jülich war 2006–08 in Betrieb

Virtuelle Realität

Unter virtueller Realität (VR) fasst man alle Methoden und Techniken zusammen, die benötigt werden, um einen Menschen in eine vom Computer erzeugte künstliche dreidimensionale Umgebung zu versetzen. Um diese dreidimensionalen Angebote bereitstellen zu können, musste eine Sprache entwickelt werden, mit deren Hilfe dreidimensionale Objekte beschrieben werden können. Es entstand die **V**irtual **R**eality **M**odelling **L**anguage (**VRML**). Diese Beschreibungssprache ist plattformübergreifend (d.h. an keinen Rechnertyp gebunden), erweiterbar und auch bei niedrigen Übertragungsbandbreiten einsetzbar. Die VR ist ein Teilgebiet der künstlichen Intelligenz (→) und wird häufig als **Cyberspace** bezeichnet.

VR-Geräte ▸1 ▸2 ▸3

Neben der Beschreibungssprache VRML oder einer anderen Software werden für die VR auch spezielle VR-Geräte benötigt, um Aktionen des Benutzers an den Computer zu melden. Dazu gehören Positions- und Orientierungsverfolger (engl. tracker) sowie Datenhandschuhe (engl. data gloves; Abb. 1). **Datenhandschuhe** arbeiten oftmals auf der Basis von faseroptischen Kabeln. Diese Glasfaserkabel sind an den Fingergelenken künstlich beschädigt und senden je nach Krümmung des Fingers unterschiedlich starke Lichtimpulse aus, die von Sensoren (Leuchtdioden, Fototransistoren) auf der Handschuhoberfläche aufgenommen, in elektrische Signale umgewandelt und an den Computer weitergeleitet werden. Der Tastsinn kann bislang nur unzureichend mit verschiedenen Verfahren, z.B. mithilfe kleiner Luftbläschen im Handschuh, simuliert werden.

Als Ausgabegeräte für die vom Computer simulierte virtuelle Welt kommen große Projektionsbildschirme oder spezielle Datenbrillen (Abb. 2) zum Einsatz. Beim **Head-Mounted Display (HMD)** werden am Computer erzeugte Bilder auf einem augennahen Bildschirm (z. B. zwei LCD-Monitore, Abb. 3) darstellt oder direkt auf die Netzhaut projiziert. Im Extremfall decken sie das gesamte Sichtfeld des Benutzers ab. Mit einem **Head Tracker** kann das Bild an die momentane Blickrichtung angepasst werden. Oftmals werden HMDs mit Kamera, Mikrofon und Kopfhöher in einem **VR-Helm** integriert.

VRML-Beschreibungssprache

Um virtuelle Welten beschreiben zu können, bedient man sich u.a. der Beschreibungssprache VRML. Diese Sprache hat sehr viel Ähnlichkeit mit der Beschreibungssprache **HTML** (**H**yper**t**ext **M**arkup **L**anguage), mit deren Hilfe die Seiten im Internet (→) beschrieben werden. Die grundlegenden Bausteine von VRML sind geometrische Objekte wie Punkte, Linien, Würfel etc. Diese werden zu virtuellen Räumen zusammengebaut. Um nun 3-D-Welten auf dem Computer darstellen zu können, wird eine spezielle Software benötigt. Analog zu einem Browser (Programm zum Anschauen von WWW-Seiten, z.B. Mozilla Firefox, Internet Explorer) für die Darstellung von 2-D-Seiten des WWW wird ein VRML-Browser oder ein VRML-Viewer zur Darstellung dreidimensionaler Szenarien benötigt. Dabei sind **VRML-Browser** eigenständige Programme, die sowohl HTML als auch VRML darstellen können. Ein **VRML-Viewer** dagegen ist eine Erweiterung („Plug-in") für einen Browser, der dann gestartet wird, wenn man im Internet eine VRML-Datei anfordert. Da die Beschreibungen in VR-Anwendungen sehr groß sein können, ist eine leistungsfähige Hardware (schneller Prozessor, großer Arbeitsspeicher, schnelle Internetanbindung) nötig, um in den Genuss von Echtzeitdarstellungen zu kommen.

VR-Anwendungsgebiete ▸4

Mit immer schneller werdender Geschwindigkeit verbreiten sich VR-Anwendungen im Internet. Der Einsatz von VR kennt praktisch keine Grenzen. Es wird versucht, alles mithilfe von virtuellen Welten so naturgetreu wie möglich nachzubilden. Daraus ergeben sich insbesondere für folgende Bereiche Einsatzmöglichkeiten von VR:

- Kunst: Es können Museen, Schlösser und andere Bauwerke nachgebildet werden und so über das Netz neue Interessenten erreicht werden. „Besucher" können auf diese Weise in aller Ruhe zu Hause durch die Ausstellungen schlendern (Abb. 3).
- Unterhaltung: Im Unterhaltungsbereich könnten interaktive Spiele für mehrere Spieler angeboten werden.
- Ausbildung: Bei der Ausbildung können dreidimensionale Modelle zur Veranschaulichung herangezogen werden.
- Forschung: In der Forschung können wissenschaftliche Ergebnisse aus Chemie, Biologie, Physik und Medizin mithilfe von dreidimensionalen Modellen besser dargestellt werden.
- Industrie: In der Industrie können ganze Produktionsverfahren überwacht und simuliert werden.
- Warenhäuser: Unternehmen können ihre Produkte in Form von elektronischen Katalogen und Einkaufspassagen anbieten.

▸1 Datenhandschuh zur dreidimensionalen Übertragung von Aktionen

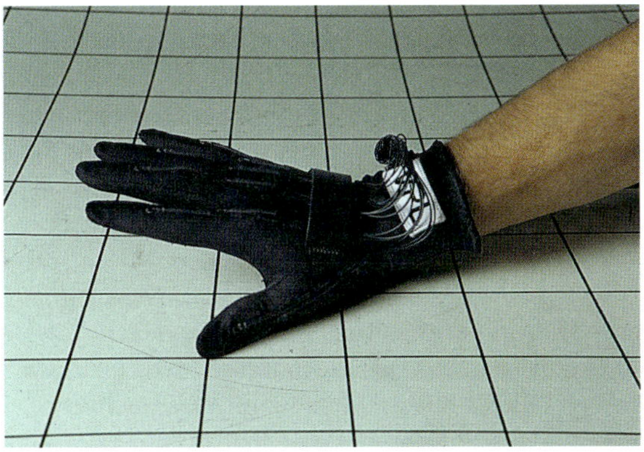

▸3 Cyberbrille und Funkübertragung

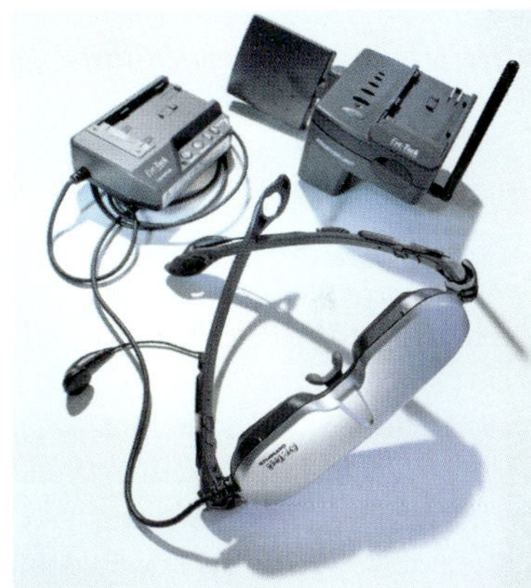

▸2 Demonstration eines VR-Systems mit Datenhandschuhen und -brille

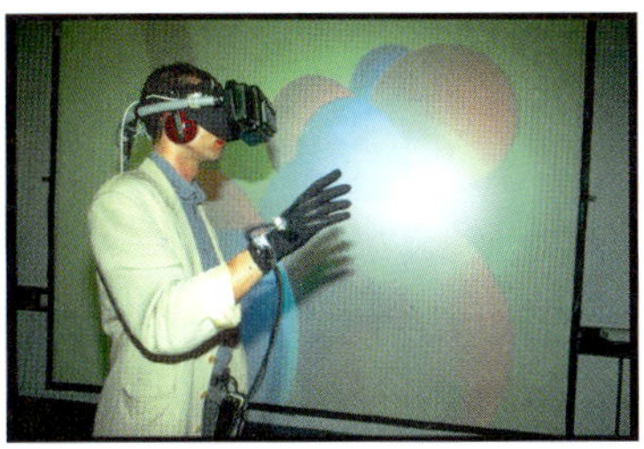

▸4 Virtuelle Ausstellung

Künstliche Intelligenz

Künstliche Intelligenz (KI) ist eine wissenschaftliche Disziplin, die das Ziel verfolgt, menschliche Wahrnehmung, Verstandesleistungen und damit verbundenes Handeln durch Maschinen nachzubilden. Einige Anwendungsbeispiele von KI sind in der Tabelle in Abb. 1 angegeben. Ziel der KI ist es einerseits, die menschliche Intelligenz zu verstehen, und andererseits, eine Arbeitserleichterung durch Rationalisierung zu schaffen. Man kennt verschiedene Methoden, um KI zu realisieren, von denen die **neuronalen Netze** am ehesten die Struktur des menschlichen Gehirns abbilden. Andere bekannte Verfahren sind Expertensysteme, Fuzzysysteme und genetische Algorithmen. Derzeit können zum Beispiel Roboter konstruiert werden, die die Fortbewegungsfähigkeit eines Insektes nachahmen können (Abb. 2). Bis heute ist es jedoch nicht annähernd gelungen, die menschlichen Verstandesleistungen mit Maschinen nachzuvollziehen. Weiterhin ist nicht klar, ob menschliches Bewusstsein mit Maschinen simuliert werden kann.

Anforderungen an KI

Man kann die Fähigkeiten von KI in verschiedene Gruppen einteilen. Zunächst ist es wichtig, dass die KI Kontakt zur Außenwelt hat. Dies geschieht über **Sensoren**, wie z. B. ein Mikrofon, eine Kamera oder einen Temperaturfühler. Die von diesen Sensoren gemessenen Daten werden von einem Rechner eingelesen. Des Weiteren muss die KI über einen **Wissensspeicher** verfügen. Dabei ist es nicht unproblematisch, ein für die Datenverarbeitung günstiges Format für dieses Wissen zu finden. Um diesen Wissensspeicher aufzubauen, muss die KI über einen **Lernmechanismus** verfügen. Weiterhin sind **Sprach-** und **Bildverarbeitung** für die Kommunikation mit anderen intelligenten Individuen und eine Auseinandersetzung mit der Umwelt notwendig. Eine komplexe Anforderung an KI ist die **Kognition**, d. h. das Erkennungsvermögen. Um eine Situation erkennen zu können, sind u. a. Sensoren und bereits gespeichertes Wissen notwendig, das mit der neuen Situation in Verbindung gebracht wird. Weitere komplexe Fähigkeiten sind die Anpassung an die Umwelt und die Flexibilität. Es gibt derzeit kein künstliches System, das auch nur annähernd all jene Eigenschaften erfüllt.

Neuronale Netze ▸3 ▸4

Künstliche neuronale Netze sind eine Nachbildung der Nervenzellen (natürliches neuronales Netz) im Gehirn. Eine natürliche Nervenzelle (**Neuron**; Abb. 2) besteht aus Zellkern und -körper, mehreren Dendriten und Synapsen und einem Axon und kann elektrische Signale verarbeiten. Dabei dienen die Dendriten als Eingabeleitungen und das Axon als Ausgabeleitung. Vernetzt werden etwa 90% der Neuronen dadurch, dass die Axonen über Synapsen an Dendriten anderer Neuronen gekoppelt sind. Die restlichen 10% der Neuronen besitzen Dendriten bzw. Axonen, die Signale in das Netzwerk speisen oder ausgeben. Ein Neuron gibt über sein Axon ein Signal aus, wenn die Summe aller Eingangssignale der Dendriten einen bestimmten Schwellwert überschritten hat. Die Synapsen können diese Signale verstärken oder hemmen und so die Aktivität der nachfolgenden Neuronen beeinflussen. Das menschliche Gehirn besteht aus 10–1000 Milliarden Neuronen, von denen jedes mit bis zu einigen Tausend anderern Neuronen vernetzt sein kann.

Ein **künstliches Neuron** (Abb. 4) besteht aus n Eingabeleitungen (vgl. Dendriten), welche die Eingangssignale $x_1 \ldots x_n$ mit den Gewichtungen (vgl. Synapsen) $w_1 \ldots$.wn verstärken oder hemmen. Das Neuron gibt über seine Ausgabeleitung (vgl. Axon) ein Signal ab, wenn die Summe der gewichteten Eingangssignale einen Schwellwert S überschreitet: $x_1 \cdot w_1 + x_2 \cdot w_2 + \ldots + x_n \cdot w_n \geq S$. Die Ein- und Ausgabeleitungen dienen auch hier der Vernetzung der Neuronen untereinander. Solche Netze lassen sich mit Computerprogrammen realisieren.

Trainieren künstlicher neuronaler Netze

Zunächst muss ein solches Netz trainiert werden. Ein „Lehrer" präsentiert dem Netz über seine Eingabeleitungen ein Übungsmuster (zum Beispiel ein Bild eines zu erkennenden Gesichtes). Daraus berechnet das Netz eine Ausgabe, die der Lehrer mit der Sollausgabe (zum Beispiel einer Nummer, die diesem Gesicht zugeordnet ist) vergleicht. Der Fehler, den das Netz zwischen Soll- und Istausgabe macht, wird dazu verwendet, die Gewichtungen des Netzes so anzupassen, dass dieser Fehler reduziert wird. Ziel ist es, das Netz so weit zu trainieren, dass es das gleiche Gesicht auch auf einem anderen Bild sicher zuordnen kann.

Dabei kann es jedoch passieren, dass das Netz die Übungsmuster auswendig lernt und dadurch das gleiche Gesicht auf anderen Bildern nicht mehr erkennt. Vor diesem sogenannten Überlernen ist das Trainieren des Netzes abzubrechen. Neben der Muster- und Bilderkennung werden neuronale Netze meist dann angewandt, wenn kein exakter Zusammenhang zwischen Ursache und Wirkung festgestellt werden kann, z. B. zur Spracherkennung.

▸1 Anwendungsbeispiele

Anwendung der künstlichen Intelligenz	Beispiele
Spracherkennung, Sprachgenerierung	Übersetzer
Bilderkennung	Autopilot
Simulation und Steuerung	Produktionsanlage
Diagnostik	Medizin
Robotik	Marsfahrzeug
Spiele	Schach künstliche Haustiere

▸2 Reflexgesteuerter »Insektenroboter«

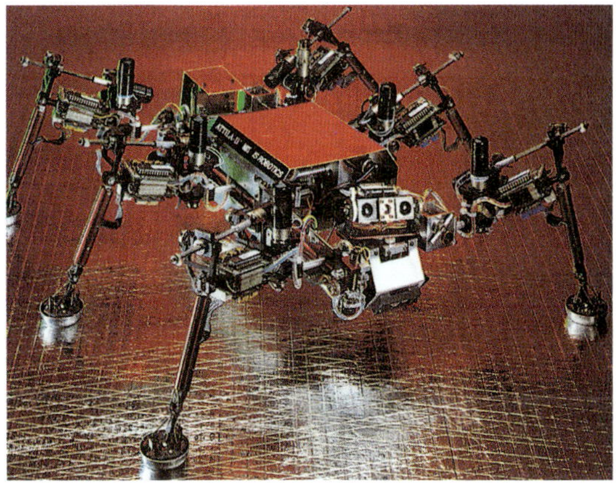

Er dient der Untersuchung der Orientierungs- und Bewegungsmöglichkeit autonomer Systeme

▸3 Schematische Darstellung zweier natürlicher Neuronen

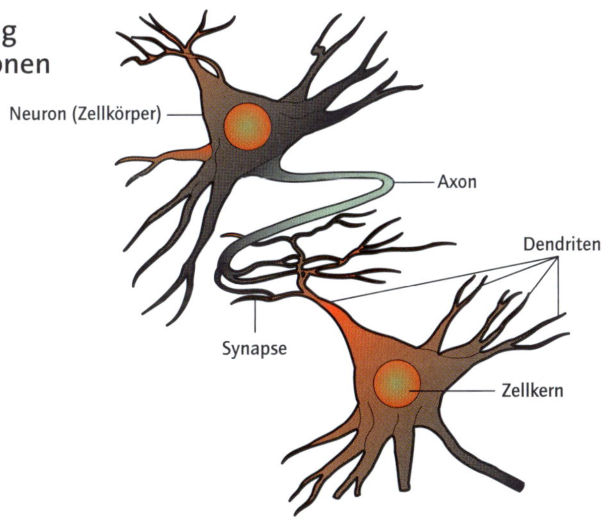

▸4 Künstliches Neuron

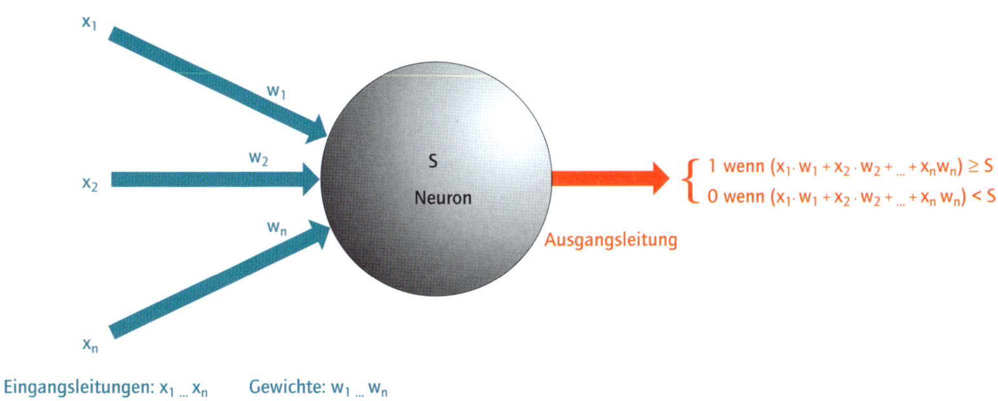

Farbfernsehen

Das Farbfernsehen, 1954 zuerst in den USA und 1967 auch in Deutschland eingeführt, ist die Übertragung und Wiedergabe bewegter Farbbilder und des zugehörigen Tons über Kabel oder Funk.

Bildaufnahme und -abtastung ▸1 ▸2

Zur Aufnahme der Bilder dient eine Fernsehkamera, die im Prinzip aus drei Aufnahmeröhren besteht, die jeweils mit einem Farbfilter versehen sind (Abb. 1 a). Das Licht des aufzunehmenden Bildes gelangt auf ein spezielles Prisma, welches das Licht in die Farben Rot, Grün und Blau aufteilt. Die Aufnahmeröhren liefern Ausgangsspannungen, die vom jeweiligen Farbton und dessen Sättigung abhängig sind. Die Ausgangssignale der Kamera werden aufbereitet, durch einen Abtastvorgang nacheinander als elektrisches Videosignal übertragen und das Bild auf der Empfangsseite wieder Zeile für Zeile zusammengesetzt (Abb. 1 b). Für ein flimmerfreies Bild werden mindestens 25 Bilder/Sekunde übertragen, und zwar im **Zeilensprungverfahren**: Von 50 Halbbildern werden zunächst alle ungeraden und anschließend alle geraden Zeilen übertragen (Abb. 2).

Übertragung und Bildwiedergabe ▸1 ▸3

In einer Fernsehanlage werden die Bild- und Tonträgerwellen auf eine gemeinsame Sendeantenne geschaltet. Die hiervon abgestrahlten Signale werden von einer Empfangsantenne (z. B. Hausantenne) aufgenommen (→ Übertragungstechnik). Nach **Demodulation** (Gleichrichtung) werden sie im Empfangsgerät einer Bildröhre zugeführt und auf einem Bildschirm sichtbar gemacht. Beim Farbfernsehen werden drei Bilder (mit Rot-, Grün- und Blaufiltern) übertragen und von drei Kathodenstrahlen im Gerät wiedergegeben (Abb. 1 b). Aus den **Fernsehnormfarben** Rot, Grün und Blau lässt sich jeder Farbeindruck durch additives Mischen von Licht erzeugen (**Dreifarbentheorie**; Abb. 3).

Die Wiedergabe von Fernsehbildern erfordert einen schnellen dreifarbigen elektrooptischen Wandler. Früher lösten lediglich Bildröhren diese Aufgabe befriedigend. Inzwischen wurden sie jedoch von Flachbildschirmen verdrängt.

Farbfernsehübertragungsverfahren

Zur analogen Fernsehübertragung haben sich drei Standardverfahren durchgesetzt:

- **NTSC** (**N**ational **T**elevision **S**ystem **C**ommittee, USA),
- **PAL** (**P**hase **A**lternating **L**ine, Westeuropa).
- **SECAM** (**S**ystème **e**n **c**ouleur **a**vec **m**émoire, Frankreich und Osteuropa).

Alle drei Verfahren unterscheiden sich im Grundprinzip kaum voneinander. Es beruht auf der Umwandlung von Farbtönen und Farbsättigungen in elektrische Signale und deren Rückumwandlung, wobei Informationen zu Helligkeit (**Luminanzsignal**), Farbsättigung und Farbton (zusammen als **Chrominanzsignal** bezeichnet) erforderlich sind. Das Helligkeitssignal der Farben Rot, Grün und Blau wird schwarzweißkompatibel übertragen, d. h., Schwarzweißfernsehempfänger können Farbsendungen in Schwarzweiß und Farbfernsehempfänger können Schwarzweißsignale wiedergeben.

Für die Schärfe des Bildes ist im Wesentlichen nur der Helligkeitsanteil maßgebend, während die Farbinformationen mit wesentlich geringerer Schärfe übertragen werden können. Entsprechend der Augenempfindlichkeitskurve wird in einem **Encoder** (Codierer) aus den drei Farbauszugssignalen Rot, Grün und Blau ein Helligkeitssignal gebildet. Für die Farbinformation genügt es, zwei **Farbdifferenzsignale** zu übertragen, aus denen man im Empfänger durch Decodieren wieder die Signale Rot, Blau und Grün gewinnen kann. In einem Widerstandsnetzwerk wird das Helligkeitssignal mit voller Bandbreite gebildet, wobei das Frequenzband nicht durchgehend bedeckt ist, sondern gleichmäßig verteilte Lücken im Abstand der Zeilenfrequenz, in die die Farbinformation eingeschachtelt wird, aufweist. Ein **Farbhilfsträger** wird mit den beiden Farbdifferenzsignalen doppelt moduliert und seine Frequenz so gewählt, dass sie ein ungradzahliges Vielfaches der halben Zeilenfrequenz entspricht, wodurch die Lücken genau ausgefüllt werden.

Die drei Systeme NTSC, PAL und SECAM unterscheiden sich in der Art, wie die Farbdifferenzsignale gebildet werden. Bei SECAM erfolgt die Übertragung des Helligkeitssignals wie bei NTSC oder PAL, die der Farbdifferenzen aber nicht mehr gleichzeitig (simultan), sondern nacheinander (sequenziell). Bei neueren Systemen wie HDTV werden die Bild- und Tonsignale nicht mehr analog, sondern digital nacheinander übertragen (→ Digitalfernsehen).

Beim Digitalfernsehen spielen diese Normen rein technisch keine große Rolle mehr, da die unterschiedlichsten Bildformate übertragen werden können. Da die übertragenen Programme aber auch mit vorhandenen analogen Geräten kompatibel sein müssen, verwendet DVB im herkömmlichen Bildverhältnis 4:3 ungefähr die gleiche Zeilenzahl wie PAL bzw. NTSC und das Zeilensprungverfahren.

▸1 Aufnahme und Wiedergabe von Farbfernsehbildern

a Prinzip der Farbfernsehkamera

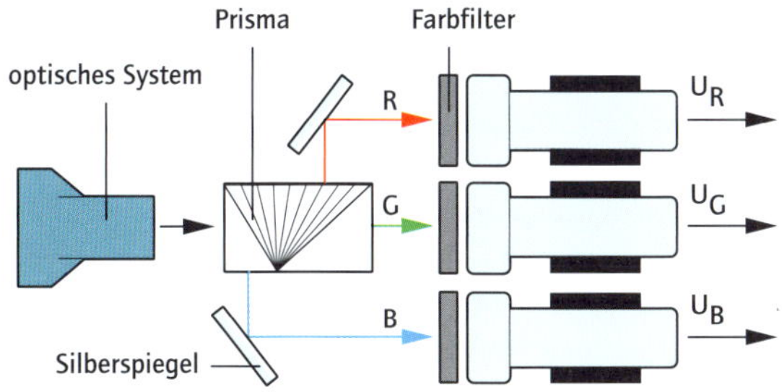

U = Spannung, R = Rot, G = Grün, B = Blau

b Bildwiedergabe auf dem Bildschirm

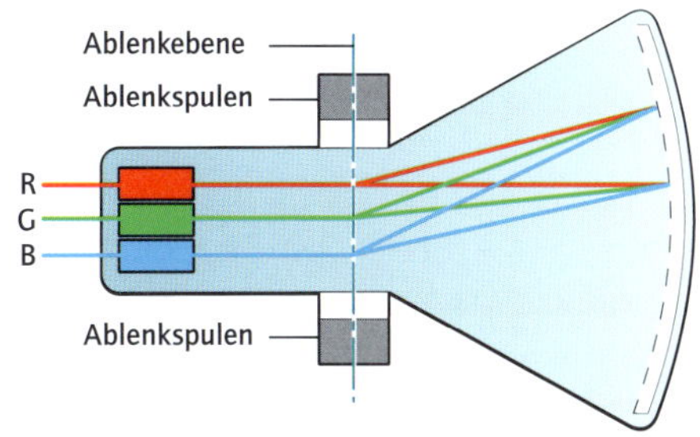

▸2 Abtastung nach dem Zeilensprungverfahren

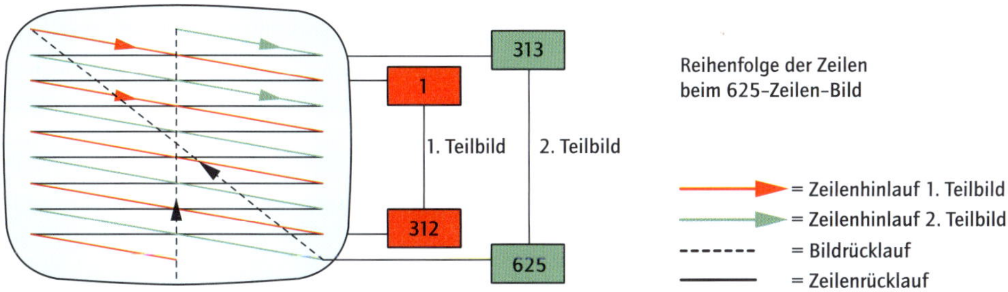

▸3 Normtafel der IBK (Internationale Beleuchtungskommission)

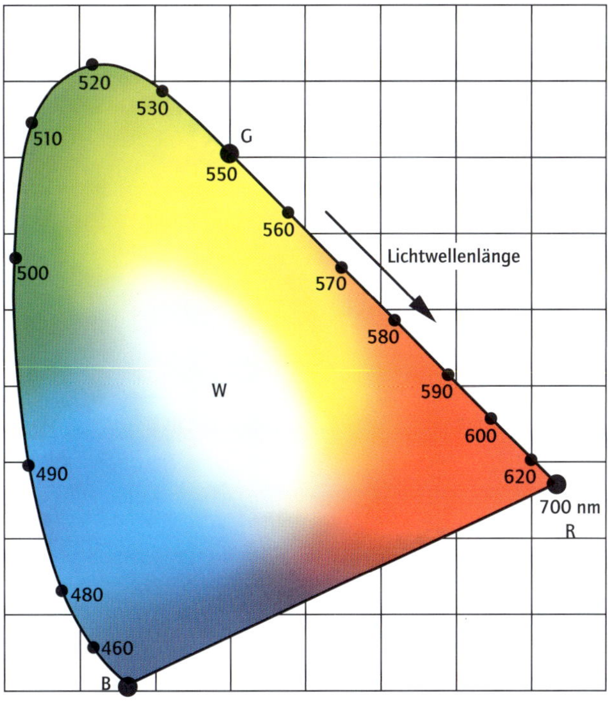

Bildschirme

Der Begriff Bildschirm ist eine Sammelbezeichnung für alle Fernseh- und Datensichtgeräte, die elektrische Impulse in optische Signale umwandeln.

Braunsche Röhre ▸1

Die klassische Wiedergabe von Farbfernsehbildern erfordert einen schnellen, dreifarbigen (rot, grün, blau) elektrooptischen Wandler. Früher lösten, trotz ihrer großen Bautiefe, lediglich **Bildröhren** nach dem Prinzip der braunschen Röhre diese Aufgabe befriedigend. Die Röhre besteht aus einem stark evakuierten (luftleeren) Glaskolben, in dem sich zwischen zwei Elektroden Elektronen bewegen. Die **Kathode** (negative Elektrode) wird durch einen Heizfaden zum Glühen gebracht und sendet daraufhin Elektronen aus. Diese werden von der **Anode** (positive Elektrode) angezogen (Abb. 1). Die Beschleunigung durch die Anodenspannung ist dabei so hoch, dass die Elektronen durch das Anodenloch treten und auf den vorderen Teil des Glaskolbens prallen. Dieser ist mit einer fluoreszierenden Schicht versehen, die dort, wo der Elektronenstrahl auftrifft, zu leuchten beginnt.
Um ein Auseinanderdriften der Elektronen zu verhindern, muss der Strahl fokussiert (gebündelt) werden. Realisiert wird dies überwiegend durch elektrostatische, seltener auch magnetische Felder, die die Elektronen ablenken (**elektronische Linse**). Zur Steuerung der Strahlintensität befindet sich vor der Kathode der **Wehnelt-Zylinder**, an dem eine negative Spannung anliegt. Durch Veränderung dieser Spannung kann die Strahlintensität und damit die Bildpunkthelligkeit genau gesteuert werden. Die gesamte Strahlen erzeugende Vorrichtung im Bildröhrenhals wird als **Elektronenkanone** bezeichnet. Durch Ablenkelektroden kann der Aufprallpunkt des Elektronenstrahls auf dem Bildschirm gesteuert werden.

Farbfernsehbildröhren

Um mit dem Elektronenstrahl wieder sichtbares Licht zu erzeugen, braucht man einen Leuchtschirm, in dessen Material die Umwandlung durch atomphysikalische Prozesse ausgelöst wird. Die Farbe des ausgesandten Lichtes hängt vom Leuchtschirmmaterial ab. Innerhalb einer Farbbildröhre sind für die drei Normfarben Rot, Grün und Blau (→ Farbfernsehen) drei Glühkathoden nebeneinander angebracht (**Inlinefarbbildröhre**). Sie erzeugen drei Elektronenstrahlen mit individuell gesteuerter Stärke, die jedoch gemeinsam fokussiert und abgelenkt werden. Die Strahlen treffen vor dem Leuchtschirm auf einer metallischen Schlitzmaske zusammen (**Trinitonbildröhre**), sodass eine für das Auge nicht erkennbare additive Farbmischung stattfindet. Auf der Schlitzmaske sind Leuchtstoffe für die drei Farben in vertikalen Streifen aufgebracht. Zusammen mit magnetischen Korrekturfeldern sorgt die Maske dafür, dass die Elektronen nur an ganz bestimmten Stellen hindurchtreten und auf die zugeordneten Leuchtstoffstellen treffen können.

Flachbildschirme ▸2 ▸3

Die Bildröhren wurden inzwischen von Flachbildschirmen verdrängt.
Beim **Flüssigkristallbildschirm** (**LCD**-Bildschirm, engl. **l**iquid **c**rystal **d**isplay) wird der Effekt ausgenutzt, dass flüssig-kristalline Substanzen, die sich genau zwischen den Aggregatzuständen flüssig und fest befinden, ihre optischen Eigenschaften ändern, wenn man an sie eine Spannung anlegt. In LCD-Anzeigen wird eine solche Substanz von zwei parallelen Glasplatten mit einem elektrisch leitenden Raster eingeschlossen, sodass sich jeder Bildpunkt einzeln ansteuern lässt. Bei angelegter Spannung entsteht so bei verschiedener Lichtdurchlässigkeit ein Bild.
OLED-Monitore (engl. **o**rganic **l**ight **e**mitting **d**iode) verwenden im Gegensatz zu herkömmlichen **LEDs** anstelle von anorganischen Halbleitern organische Moleküle (meist Kohlenstoffverbindungen), die auf ein Glassubstrat oder eine flexible Kunststofffolie aufgedampft werden und beim Anlegen einer äußeren elektrischen Spannung sichtbares Licht emittieren. Die Lichtfarbe von OLEDs kann über die Molekülmodifikation eingestellt werden. Die große Bedeutung von OLEDs liegt u. a. darin, dass sie extrem dünn sind und sich praktisch überall einsetzen lassen. Künftige Anwendungsmöglichkeiten liegen z. B. bei hauchdünnen, transparenten Beschichtungen für Fenster und Wände.
Die flachen **Plasmabildschirme** arbeiten nach dem Prinzip der Leuchtstoffröhre (Abb. 3). An zwei parallel installierten Glasplatten sind in einem Gittermuster Elektroden angebracht, zwischen denen man eine Spannung anlegen kann. Der Raum zwischen den Scheiben ist mit einem Gas (z. B. Neon) gefüllt. Ist die Spannung hoch genug, fließt ein Strom zwischen zwei Elektroden, wodurch sich eine örtlich begrenzte Gasentladung ergibt. Dadurch beginnt das Gas zu leuchten und die einzelnen Bildpunkte entstehen. Plasmabildschirme sind immun gegen hohe magnetische Störfelder, extreme Temperaturen und mechanische Vibrationen. Sie werden vor allem als große Fernsehgeräte eingesetzt.

▸1 Schematische Darstellung einer Bildröhre

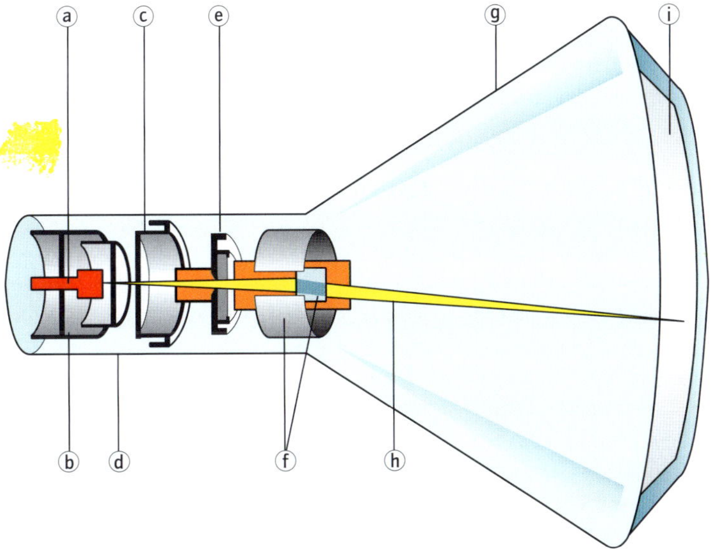

- (a) Kathode
- (b) Wehnelt-Zylinder
- (c) Anode
- (d) Röhrenhals
- (e) Elektronenlinse
- (f) Ablenkelektroden (Plattensystem)
- (g) Röhrenkolben
- (h) Elektronenstrahl
- (i) Leuchtschirm

▸2 Prinzip eines OLED-Monitors

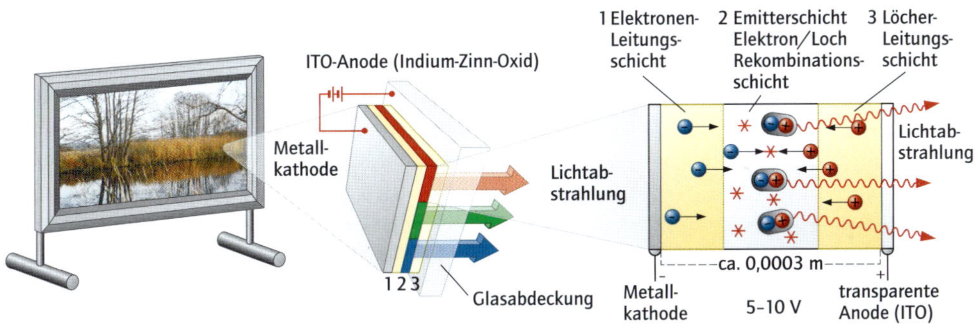

▸3 Schnitt durch einen Plasmabildschirm

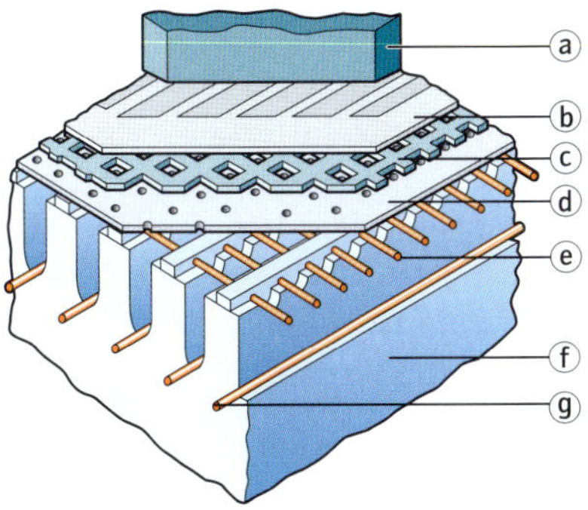

- (a) Frontglasscheibe
- (b) Isolator
- (c) Glühisolator
- (d) Lochplatte
- (e) Kathodendrähte
- (f) Glassockel
- (g) Anodendrähte

Digitalfernsehen

Um den immer größer werdenden Anforderungen in der Fernsehtechnik gerecht zu werden, wurde das Konzept der digitalen Signalverarbeitung (→ Digitalisierung) in Fernsehempfängern entwickelt. Das von einer Videokamera (→) entweder analog aufgenommene und von einem **Encoder** (Codierer) in digitale Signale umgewandelt oder direkt digital aufgenommene Bild wird mit mehreren anderen zu einem **Multiplex** zusammengefasst und dann über die Sendestation zum Satelliten gesendet (Abb. 1). Der nachgeschaltete digitale Empfänger (**Decoder** oder **Set-Top-Box**) decodiert die Signale, sodass sie für ein normales Fernsehgerät darstellbar sind. Neue Fernsehgeräte können die digitalen Signale auch direkt verarbeiten.

Digitale Signale sind weniger störungsanfällig gegen äußere Einflüsse als analoge Signale und man erreicht gleichzeitig eine wesentlich höhere Übertragungskapazität. Mit der Umsetzung der Bilder und Töne in digitale Signale können auf jedem Kanal mehrere Programme bei gleicher Qualität übertragen werden. Dadurch ergibt sich jedoch ein größerer Datenstrom, als beim Digitalfernsehen über Satellit eigentlich übertragen werden kann. Die Daten müssen deshalb mithilfe aufwendiger mathematischer Kompressionsverfahren deutlich in ihrer Menge reduziert werden, wobei der Zuschauer weder optisch noch akustisch von diesem Datenverlust merken darf.

Verfahren zur Datenkompression

Die grundlegenden Datenkompressionsverfahren wurden von einer weltweit tätigen Normungsorganisation (**MPEG-2**, **m**oving **p**ictures **e**xpert **g**roup) entwickelt. Bei der **Redundanzkompression** werden durch effiziente Codierung Daten eingespart, ohne dass Informationen verloren gehen. So wird z. B. statt zehn einzelner Nullen hintereinander diecodierte Information „10 × 0" übertragen. Durch die **Irrelevanzkompression** werden Informationen weggelassen, die sich auf die Wahrnehmung des Zuschauers nicht auswirken (z. B. nicht hörbare Anteile des Hörspektrums). Das Fernsehbild wird in kleine Kästchen von je 8 × 8 Bildpunkten eingeteilt und einer mathematischen Umformung unterzogen. Dadurch werden diejenigen Anteile weggelassen, deren Einfluss bei der Wahrnehmung nur gering ist. Bei aufeinander folgenden Bildern werden nur die Änderungen, nicht die kompletten Bildinhalte übertragen, was v.a. bei Sendungen mit wenig Bewegung, z. B. Fernsehdiskussionen, zweckmäßig ist. Zwischen diesen abgeleiteten (prädizierten) Bildern werden immer wieder einzelne Vollbilder übertragen. So erhält der Decoder nach dem Einschalten des betreffenden Senders hinreichend schnell eine Rechenbasis, um dann die folgenden prädizierten Bilder entschlüsseln zu können. Zusätzlich findet eine statistische Analyse statt, mit der häufiger auftretende Datenmuster durch kürzere Codierungen dargestellt werden als seltenere Muster (**Hoffmann-Codierung**).

Stand ▸2

In Deutschland wurde der flächendeckende Übergang vom analogen zum digitalen terrestrischen Fernsehen (DVB-T) Ende 2008 vollzogen, der Übergang zum ausschließlich digitalen Satellitenempfang (DVB-S) wird 2012 erfolgen. Digitales Fernsehen wird auch über das Internet angeboten; da hier die Nutzung des Internetprotokolls entscheidend ist, hat sich die Bezeichnung **IPTV** (engl. **I**nternet **P**rotocol **T**ele**v**ision) durchgesetzt.

Das 16:9-Bildformat ▸3

Durch die Digitalisierung wird auch das sogenannte hochauflösende Fernsehen (**HDTV**, engl. **h**igh **d**efinition **t**ele**v**ision) im 16:9-Bildformat möglich, das der menschlichen Sichtweite am besten angepasst ist (Abb. 3). Das HDTV baut seine Bilder mit 720 oder 1080 Zeilen auf, ist also wesentlich schärfer als das herkömmliche Fernsehen mit nur 576 Bildzeilen. Eine Komprimierung der Signale ist auch hier notwendig, damit breitbandige HDTV-Signale auch in den bestehenden Fernsehkanälen übertragen werden können. Seit den 1990er-Jahren gab es Bestrebungen, das Fernsehstandardformat, das nach wie vor bei 4:3 liegt, auf 16:9 umzustellen. So wurde versucht, das **PALplus** als Erweiterung zum analogen PAL einzuführen, die Einführung dieser Norm ist jedoch am Markt gescheitert, zudem auf digitalem Übertragungsweg 16:9 auch in **anamorpher** Weise gesendet werden kann. Dabei wird ein Breitbild zunächst auf ein schmaleres Format verzerrt, um die maximale Bildqualität zu erhalten. Bei der Wiedergabe wird diese Abbildung mithilfe eines mitgesendeten Steuerbefehls wieder entzerrt, sodass ein vollflächiges Breitbild entsteht. Die Technik hat keine Nachteile und erlaubt, ein Breitbild ohne resultierende Verzerrung zu senden. Zwar sinkt die horizontale Auflösung durch das Verfahren, doch da das menschliche Auge vertikal sensibler reagiert, kommt eine anamorphe Darstellung dem subjektiven Empfinden eines gleichmäßig codierten Breitbildes im HDTV-Standard nahe. Auf HD-Medien wie Blu-ray wird grundsätzlich in 16:9 kodiert, eine anamorphe Darstellung ist nicht vorgesehen. Als digitale HDTV-Norm hat sich hier der sogenannte »24p-Standard« nahezu weltweit verbreitet. Dabei handelt es sich um ein System mit 1080 Zeilen und 1920 Bildpunkten je Zeile, die progressiv und ohne Zeilensprung abgetastet werden.

▸1 Datenübertragung beim Digitalfernsehen per Satellit

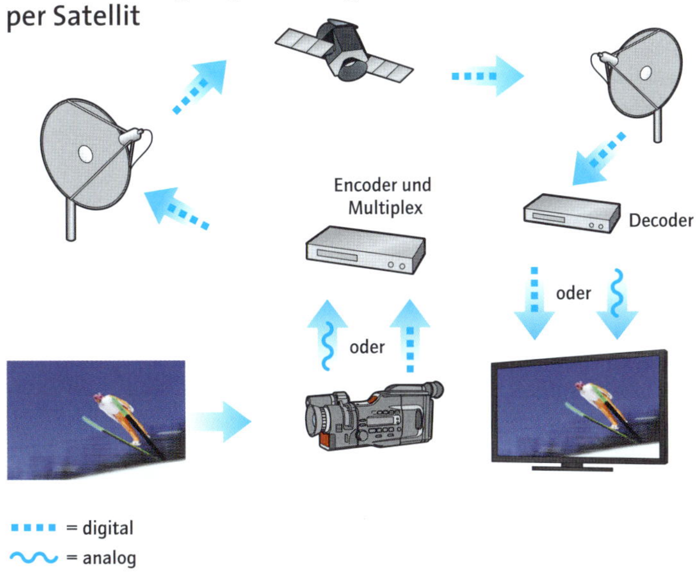

▸2 DVB-T-Empfang am Notebook

▸3 Übertragung vom Standard-Bildschirm (4:3) zum HDTV-Bildschirm (16:9) bei gleicher Detailauflösung

Standard

HDTV

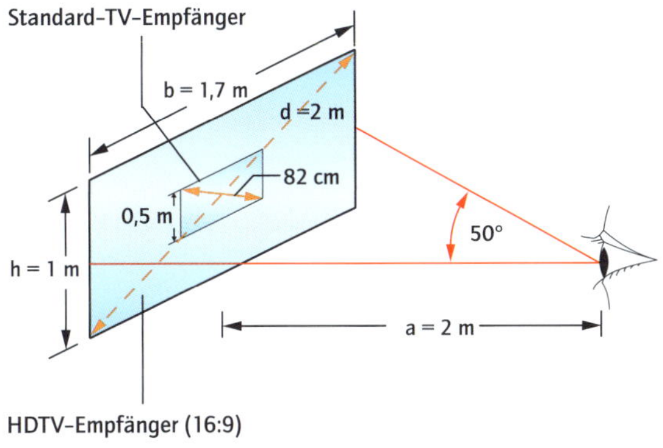

Übertragungstechnik

Die Übertragungstechnik ist ein Teilgebiet der Nachrichtentechnik, das sich mit der Übertragung von Informationen unter Ausnutzung der Ausbreitungseigenschaften elektromagnetischer Wellen befasst. Rundfunk und Fernsehen werden in einem Bereich von 10 KHz bis 3000 MHz, vor allem im Bereich von 30–300 MHz (Rundfunk: UKW [Ultrakurzwellen], Fernsehen: VHF [engl. very high frequency]), übertragen.

Signalübertragung über Land ▸1 ▸2

Ultrakurze Wellen breiten sich nahezu geradlinig aus. Sie können daher nur über kurze Entfernungen übertragen werden. In Deutschland werden die Signale von **Fernmeldetürmen** (Abb. 1) abgestrahlt, die mit Hohlspiegeln als **Sende-** und **Empfangsantennen** ausgestattet sind. Der in einer Sendeantenne fließende Hochfrequenzstrom erzeugt im umgebenden Raum ein periodisch sich änderndes magnetisches Feld und die Hochfrequenzspannung ein periodisch sich änderndes elektrisches Feld, wodurch eine sinusförmige Schwingung entsteht. Liegt die Länge der Antenne in der Größenordnung der Wellenlänge, so wird ein großer Teil der zugeführten Energie in Form elektromagnetischer Wellen in den Raum abgestrahlt. Das so entstandene elektromagnetische Feld erzeugt in einer Empfangsantenne eine hochfrequente Wechselspannung, wenn diese eine geeignete Ausdehnung in Richtung der elektrischen Feldlinien hat. Zur Überbrückung großer Entfernungen werden **Nachrichtensatelliten** eingesetzt, die als Relaisstationen zwischen Sende- und weiterverteilenden Empfangsstationen dienen.
Bei der herkömmlichen analogen Übertragung von Rundfunksignalen werden die Informationen dem Trägersignal kontinuierlich aufgeprägt, bei der digitalen Übertragung hingegen diskret. Dabei wird ein Modulationsverfahren angewendet, bei welchem mehrere tausend in Phase und Amplitude modulierte Einzelfrequenzen überlagert werden, was den störungsarmen Empfang von eintreffenden Signalen aus unterschiedlichen Richtungen bzw. von mehreren verschiedenen Standorten **(Mehrwegeempfang)** ermöglicht. Durch die digitale Signalverarbeitung können auch alle Sender einer Region synchron das gleiche Signal aussenden **(Gleichwellenbetrieb)**, was sich in besseren Empfangsbedingungen äußert.
In Deutschland wird Fernsehen auf terrestrischem Weg nur noch digital ausgestrahlt. Dazu wurden in den letzten Jahren die analogen Sendeanlagen durch DVB-T-Sender ersetzt (→ Digitalfernsehen). Bis Ende 2010 soll auch die analoge terrestrische Hörfunkausstrahlung eingestellt werden.

Kabelfernsehen

Beim Kabelfernsehen werden gleichzeitig viele breitbandige Rundfunk- und Fernsehkanäle über **Koaxialkabel** gesendet, wobei Qualitätseinbußen durch Witterungseinflüsse und Abschattungen (Berge, Häuser) entfallen. Koaxialkabel bestehen aus einem zylindrischen Innenleiter, der von einem verlustarmen Dielektrikum (ein spezieller Isolierstoff) umgeben ist und von einem rohrförmigen Außenleiter eingeschlossen wird. Die übertragenen elektromagnetischen Wellen werden im Dielektrikum geführt und durch den Außenleiter begrenzt. Wegen des hohen Leistungsverbrauchs und der relativ hohen Anzahl an Verstärkern wird an vielen Verstärkerpunkten Strom eingespeist, wobei die Anzahl der hintereinander geschalteten Verstärker aufgrund von Rauschen und Verzerrungen des analogen Signals möglichst klein gehalten werden muss. Ursprünglich war das Kabelfernsehsystem bis 300 MHz ausgelegt, inzwischen erfolgte eine Erweiterung bis zu 862 MHz. Neben dem analogen Fernseh- und Hörfunkangebot werden auch digitale Programme übertragen (DVB-C), wobei auch hier die Analogabschaltung vorgesehen ist. Moderne Kabelnetze sind in der Regel bidirektionale Netze mit Rückkanalfähigkeit, sodass sich auch interaktive Dienste wie ein Breitband-Internetzugang nutzen lassen. Darüber hinaus ist in entsprechenden Ausbaugebieten das Telefonieren über das Kabelnetz möglich.
Beim **Glasfaserkabel** (→ Lichtwellenleiter) kommen Leuchtdioden als Sender und Empfänger zum Einsatz. Damit sind Übertragungsdistanzen bis zu 50 km ohne Verstärker überbrückbar, sodass eine größere Ausdehnung als beim Koaxialkabelnetz möglich ist.

Direktstrahlende Satelliten ▸3 ▸4

Direktstrahlende Satelliten (→ Satelliten) befinden sich auf einer **geostationären** (äquatorialen) Bahn um die Erde und empfangen dort Signale von der Bodenstation, die sie verstärkt auf ein bestimmtes Zielgebiet der Erde abstrahlen. Die Empfangsantenne (**Parabolantenne**; Abb. 3) muss genau auf den Satelliten gerichtet sein. Die einfallenden Primärstrahlen werden im Brennpunkt gebündelt und von dort an einen **Satellitenreceiver** weitergeleitet. Der Empfang digitaler Programme per Satellit **(DVB-S)** ist inzwischen die meistgenutzte DVB-Variante. Da Fernsehgeräte in der Regel das DVB-S-Signal nicht direkt empfangen können, ist der Einsatz eines **Digitalreceivers** notwendig. Die analoge Verbreitung über Satellit soll zum 30. 4. 2012 beendet werden.

▸1 Fernmeldeturm

▸2 Aufbau eines DVB-T-Sendemastes

▸3 Auswahl einiger Fernseh- und Kommunikationssatelliten

Satellit	*Hot Bird 8*	*Hot Bird 9*	*Astra 1H*	*Astra 1M*	*Astra 2D*	*Intelsat 14*
Betreiber	Eutelsat	Eutelsat	SES Global	SES Global	SES Global	Intelsat
Position	13° Ost	13° Ost	19,2° Ost	19,2° Ost	28,2° Ost	45° West
Start	2006	2008	1999	2008	2000	2009
Aufgabe	versorgt rd. 110 Mio. Haushalte in Europa, Nordafrika und im mittleren Osten	1100 digitale Fernsehprogramme	digitale Rundfunk- und Fernsehprogramme	Fernsehempfang in Europa und dem Nahen Osten	v.a. britische Fernsehsender	Daten, Sprach- und Videodiensten

▸4 Parabolantenne

a Satellitenschüsseln

b Strahlengang bei einer zentral gespeisten Parabolantenne

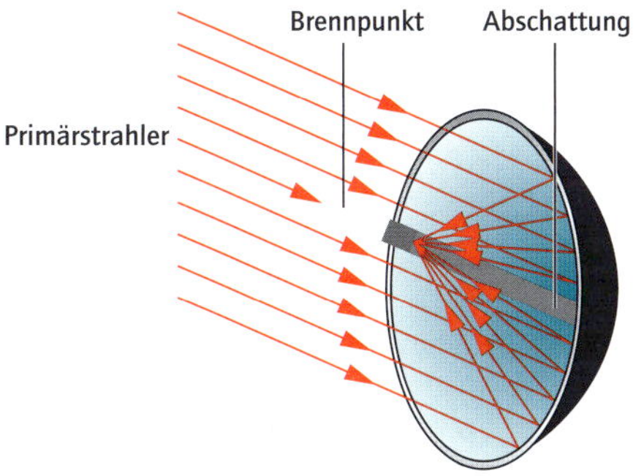

Videorekorder

Videorekorder sind ursprünglich Geräte zur magnetischen Aufzeichnung und Wiedergabe von Bild- und Toninformationen. Sie arbeiten mit Magnetbandkassetten und ermöglichen es, Fernsehsendungen oder Filme beliebig oft aufzuzeichnen und abzuspielen.
Es gibt drei konkurrierende Aufnahmesysteme, die untereinander nicht austauschbar sind: **Betamax, VHS** (**V**ideo **H**ome **S**ystem) und **Video 2000**. Trotz seiner Mängel, vor allem im Ton, hat das VHS-System die beiden anderen vom Markt verdrängt. Alle Systeme arbeiten (bei unterschiedlichen Kassettenabmessungen) nach demselben Prinzip. Die Bezeichnung Videorekorder wird inzwischen auch für Aufnahmegeräte benutzt, die DVDs bzw. Blu-Rays oder Festplatten zur Datenspeicherung nutzen.

Klassisches Prinzip der Videoaufzeichnung ▸1

Videorekorder verwenden bei der Aufzeichnung von Videosignalen ein **Schrägspurverfahren** mit rotierenden Videoköpfen und für den Begleitton sowohl dieses als auch das herkömmliche **Längsspurverfahren**.
Das Magnetband enthält schräg liegende Spuren (Spurwinkel 6° gegenüber der Laufrichtung des Bandes, Spurbreite 49 μm) mit den Videosignalen (ein Halbbild pro Schrägspur) und schmale Randspuren mit Ton- sowie Synchron- und Kontrollsignalen. Es wird schräg an einem rotierenden **Kopfrad** vorbeigeführt, auf dem zwei um 180° versetzte **Videoköpfe** sitzen, von denen immer nur einer in Bandkontakt ist.
Bei der optimalen Bandgeschwindigkeit liegen die Spuren exakt nebeneinander. Um eine gegenseitige Einwirkung zweier in benachbarten Spuren gespeicherter Halbbildsignale zu vermeiden, stellt man den Spaltwinkel der Videoköpfe auf +6° bzw. –6° zur mittleren Spurlinie gegeneinander ein. Diese Schrägstellung der Kopfspalten gegeneinander nennt man **Azimut**.
Die Tonköpfe, die sich vor den Videoköpfen im Bandzugriff befinden, haben einen Azimut von ± 30°. Für die Umschlingung des Kopfrades verwendet man Fädelmechanismen (**U-Loading** bzw. **M-Loading** beim VHS-System, Abb. 2), mit denen das Band aus der Kassette herausgezogen und um das Kopfrad herumgeführt wird. Das Videoband beschreibt dabei einen u- bzw. m-förmigen Weg im Bereich der Kopftrommel. Das M-Loading ist sehr kompakt und hat kurze Bandeinzugszeiten.
Bei einer Kopfradumdrehung wird ein Vollbild aufgezeichnet. Um die Spielzeit zu verdoppeln, kann der Videorekorder mit halber Bandgeschwindigkeit (**Longplay**) betrieben werden (mit zwei zusätzlichen Longplayköpfen).

Aufnahme und Wiedergabe des Videosignals

Der Videorekorder muss das vom Fernsehen kommende Videosignal, die Toninformation und verschiedene Steuersignale verarbeiten. Eine direkte Aufzeichnung ist nicht möglich, weshalb das Videosignal in ein Helligkeits- und ein Farbartsignal getrennt wird. Bei allen Videosystemen setzt man dann das Helligkeitssignal vor der Aufzeichnung in ein frequenzmoduliertes Signal um. Jedem Helligkeitswert wird eine bestimmte Frequenz zugeordnet, die dann mit konstanter Amplitude aufgezeichnet wird. Das Farbartsignal wird vor der Aufzeichnung in eine tiefere Frequenzlage umgesetzt. Bei der Wiedergabe gelangt das komplette Signal von den Videoköpfen an den Kopfvorverstärker und wird abermals aufbereitet. Servoeinrichtungen („Hilfseinrichtungen"), bestehend aus mehreren Motoren, sorgen für sendersynchronen Band- und Kopflauf bei der Aufnahme sowie für optimale Abtastung der Spuren bei der Wiedergabe.

Digitale Videorekorder ▸2

Die heutzutage nur noch angebotenen digitalen Videorekorder benutzen einmal oder mehrfach beschreibbare DVDs, Blu-Rays und/oder Festplatten als Speichermedium.
Die **Festplattenrekorder** haben den Vorteil, dass das Gerät einen Film aufzeichnen und gleichzeitig einen anderen Film wiedergeben kann. Auch ein zeitversetztes Betrachten ist möglich, d. h., während die Aufzeichnung des Films noch läuft, kann man bereits den Anfang des Films ansehen. Die Festplattengröße aktueller Geräte reicht von 250 GB bis 1 TB. **DVD-Rekorder** dienen der Aufnahme von digitalem oder analogem Filmmaterial und dem Abspielen von DVD-Videos. Viele DVD-Rekorder enthalten auch eine Festplatte. Im Gegensatz zu VHS-Rekordern nutzen DVD-Rekorder ebenso wie CD- oder DVD-Brenner kein Magnetband zur Speicherung, sondern einen Laser, um Löcher in eine der spiegelnden Schicht vorgelagerten Schicht mit einem organischen Farbstoff der DVD-Rohlinge zu brennen (→ DVD). **Blu-Ray-Rekorder** können Filme und Sendungen in voller HD-Qualität empfangen, speichern und sogar auf Blu-Ray schreiben.
Grundsätzlich lässt sich jeder hinreichend ausgestattete Computer als digitaler Videorekorder einsetzen. Voraussetzungen sind eine TV-Karte, Rekorder-Software, gegebenenfalls Software für Videoschnitt und Speicherung auf DVD, hinreichende Prozessorleistung und Arbeitsspeicher sowie eine große und schnelle Festplatte.

▸1 Aufzeichnung im Schrägspurverfahren

a Audio- und Videoinformation in verschiedenen Ebenen des Magnetbandes

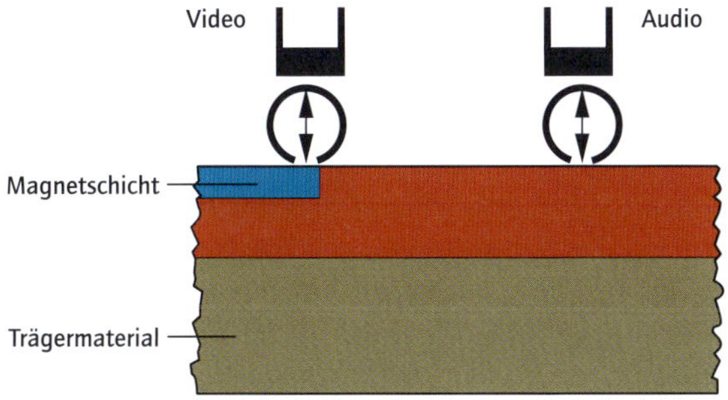

b Spurbild, Spurbreite Video 47µm, Spurbreite Audio 34µm (VHS)

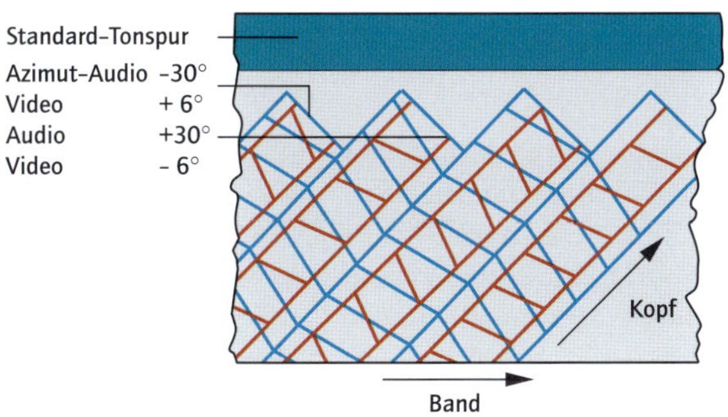

▸2 Digitale Videorekorder

DVD-Rekorder

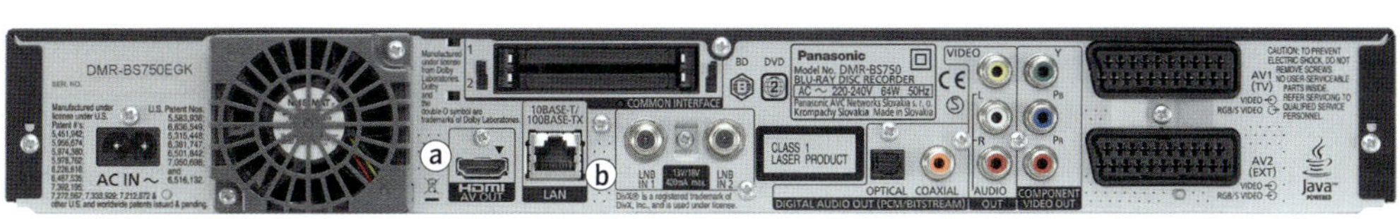

Blu-Ray-Rekorder können HDTV aufzeichnen und sind kompatibel zu DVDs. Neben einer digitalen HDMI-Schnittstelle ⓐ besitzen sie in der Regel auch einen USB- und Netzwerkanschluss ⓑ.

Videokameras

Die Videokamera (Abb. 1) ist eine elektronische Kamera zur magnetischen Aufzeichnung von Bild- und Toninformationen. Sie ist mit Objektiv, Sucher und Bildaufnahmeeinrichtung zur optoelektronischen Abtastung und Erzeugung der Bildsignale ausgerüstet. Die aufgenommenen Informationen werden auf einem Magnetband gespeichert, seit einigen Jahren kommen zunehmend DVDs, Festplatten und Speicherkarten zum Einsatz.

Camcorder ▸2

1984 setzten sich die Camcorder (**Kamerarekorder**), die Videokamera und -rekorder in einem Gerät vereinen, für den privaten Nutzer durch und verdrängten die klassische Videokamera. Aufgrund der zunehmenden Miniaturisierung der Bauteile, Akkus und Videokassetten wurden die Geräte immer kleiner und wiegen heute oft weniger als 1000 Gramm. Die leichten und handlichen Camcorder sind statt mit einer Bildaufnahmeröhre (→ Farbfernsehen) mit lichtempfindlichen Halbleitersensoren (CCDs, engl. **c**harge **c**oupled **d**evices) ausgestattet. Bei den **CCD-Sensoren** handelt es sich um integrierte Schaltkreise zur Verarbeitung elektrischer und optischer Signale, bei denen die Informationen in Form von elektrischen Ladungen gespeichert und weitergeleitet werden. Neben den geringen Abmessungen bietet ein CCD-Sensor den Vorteil, dass er die bei Bildaufnahmeröhren notwendigen schweren Ablenk- und Fokussierspulen nicht benötigt. Dadurch kann nicht nur das Kameragewicht, sondern auch die Stromaufnahme gering gehalten werden, was insbesondere im Akkubetrieb sehr wichtig ist.

Abb. 2 zeigt den prinzipiellen Aufbau eines Camcorders aus Kamera- und Rekorderteil: Eine Miniaturbildröhre bildet den elektrischen Sucher (→ Kameras). Der CCD-Chip wandelt die Bildvorlage in ein Videosignal um, das verstärkt und der Aufnahmeelektronik des Rekorders (→ Videorekorder) zugeführt wird. Das Gleiche geschieht mit dem vom Mikrofon empfangenen Ton. Gleichzeitig bekommt die kleine Bildröhre im Sucher das Videosignal zugeführt, sodass eine direkte Bildkontrolle möglich ist. Bei der Wiedergabe dient das Sucherbild als Monitor, sodass unmittelbar nach der Aufnahme kontrolliert werden kann, ob die Videoaufzeichnung in Ordnung ist. Am Ausgang des Camcorders werden Bild- und Tonsignale über separate Buchsen (Anschlüsse) herausgeführt, an die man einen Fernseher für die Wiedergabe anschließen kann.

Bildschärfeneinstellung ▸3

Neben der manuellen Schärfeeinstellung des Bildes gibt es die automatische Fokussierung (Nachführung der Bildschärfe) des Objektes (**Autofokus**). Hierfür wurden unterschiedliche Techniken entwickelt.

Das gängigste Verfahren nutzt das **Visitronic**-Prinzip (Abb. 3), bei dem mit einem fest stehenden und einem schwenkbaren Spiegel zwei Strahlen einer Vergleichselektronik zugeführt werden. Der Schwingspiegel bewegt sich dabei etwa zehnmal pro Sekunde. Aufgrund dieser Bewegung entsteht am Ausgang der Vergleichselektronik eine Spannung, die den Stellmotor steuert, der wiederum die Brennweite des Objektives verändert.

Systeme

Bei der ursprünglichen Videotechnik wurde das Signal direkt auf das Magnetband einer VHS-, S-VHS-, Video8-, Hi8- oder Betacam-Videokassette aufgezeichnet. Seit Mitte der 1990er-Jahre wurde die Analogtechnik sowohl im professionellen als auch im Amateurbereich durch digitale Aufzeichnungsformate verdrängt. Dabei setzte sich das System **Digital Video (DV)** durch, bei dem die Bild- und Toninformation digital auf dem Videoband aufgezeichnet. Die Besonderheit des Bandes ist die auf ihm enthaltene metallbedampfte Doppelschicht. Alle Informationen werden hier durch die Zerlegung in die beiden binären Werte „0" und „1" verarbeitet. Die aus einer Kombination dieser Zahlenwerte zusammengesetzten Daten können dann als Rechenoperation schnell und eindeutig gespeichert werden. Gegenüber der ursprünglichen analogen Speicherung reduziert sich bei der digitalen Speicherung der Speicherplatzbedarf auf etwa 10 %. Während bei der analogen Aufnahme (z. B. VHS) zunächst nur ein Signal, später bei S-VHS dann zwei Signale (Y/C) verarbeitet wurden, wird im DV-Standard das Videosignal innerhalb des Camcorders in 3 Komponenten (Y = Helligkeit, R-Y = Rot-/Grünanteil, B-Y = Blau-/Grünanteil) aufgesplittet und getrennt verarbeitet. Bei der Abtastung **(Sampling)** werden diese Komponenten mit unterschiedlichen Samplingraten behandelt. So arbeitet der DV-Standard mit einer Samplingrate von 4:2:0. Die Einzelbilder werden beim DV-Standard unabhängig voneinander codiert. Das hat den Vorteil, dass ein bildgenaues Schneiden später problemlos möglich ist. Die Datenrate eines DV-Stroms liegt bei 3,125 MByte/s (25 Megabit pro Sekunde), also rund 1 GByte pro 5 Minuten.

Viele Camcorder sind inzwischen mit internem DVD-Brenner ausgestattet, DV-Kameras haben jedoch den Vorteil, dass das Rohmaterial wenig komprimiert abgespeichert wird und somit besser verarbeitet werden kann.

▸1 Videokamera

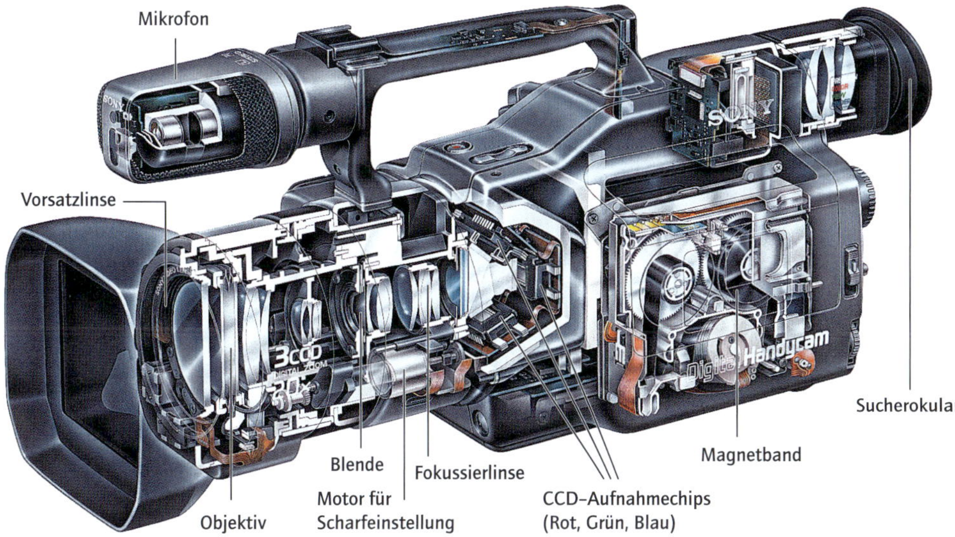

▸2 Prinzipaufbau eines Camcorders

ⓐ CCD-Aufnahmechip
ⓑ Videobildverstärker
ⓒ Tonverstärker
ⓓ Aufnahme/Wiedergabeelektronik
ⓔ Miniaturbildröhre
ⓕ Sucherokular
ⓖ Videorekorder
ⓗ Servoelektronik
ⓘ Videokopfscheibe
ⓙ Video
ⓚ Audio

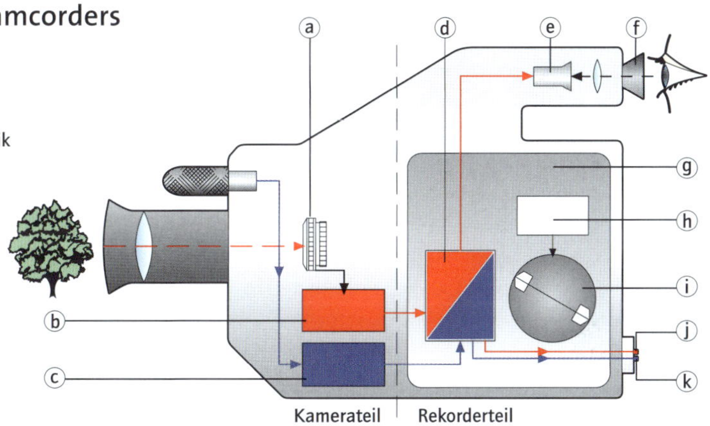

Bildsignalweg Tonsignalweg

▸3 Autofokus nach dem Visitronic-Prinzip

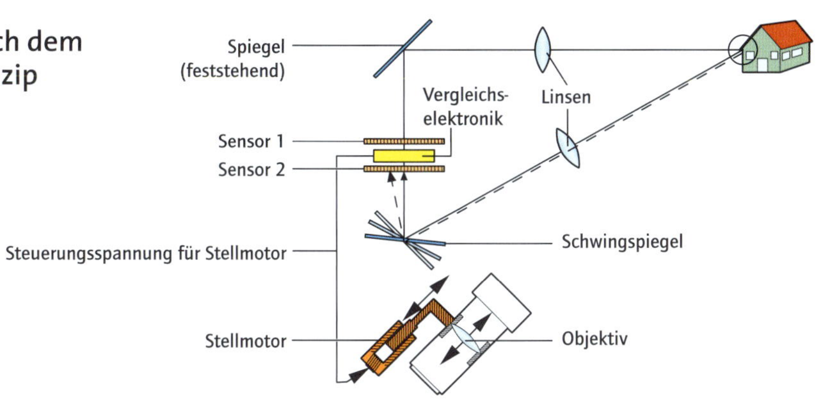

DVD

Die **DVD** (engl. **d**igital **v**ersatile **d**isc, von „versatile“ = „vielseitig verwendbar“; auch oft Digital Video Disc genannt) ist ein Nachfolgemedium der herkömmlichen **Compactdisc** (→ CD-Player) und besitzt auch die gleichen Abmessungen. Gegenüber der CD besitzt die DVD allerdings ungefähr die siebenfache Speicherkapazität auf einer Informationsschicht.

Aufbau der DVD ▸1 ▸2

Die Audio- und Videoinformationen werden mit sogenannten **Pits** und **Lands** (Abstand zwischen den Pits) spurförmig auf die DVD übertragen (Abb. 1). Beim Abspielen der Disc werden die Spuren von einem Laserstrahl abgetastet. Bei den Lands wird das Licht reflektiert, während es bei den Pits zu einer Streuung und teilweise zu einer Auslöschung durch Interferenz (Überlagerung) des Lichtes kommt. Sowohl Pits als auch Lands repräsentieren den logischen Wert „0“, während der Wert „1“ jeweils an den Übergängen zwischen Pit und Land erzeugt wird. Die reflektierten Laserstrahlen werden von Dioden in einer nachgeschalteten Ableseeinheit aufgefangen und in einer Fotodetektoreinheit zu einem digitalen Datenstrom umgewandelt. Diese Daten enthalten die Informationen aus der Pitspur und werden an eine Auswerteelektronik im jeweiligen Abspielgerät weitergegeben.
Die DVD besitzt die Maße einer herkömmlichen CD, besteht aber nicht mehr aus einer 1,2 mm dicken Scheibe, sondern aus zwei 0,6 mm dünnen Halbdiscs, die Rücken an Rücken miteinander verbunden sind (**Zweischichttechnik**; Abb. 2). Die zwei dicht übereinander liegenden Oberflächen, deren obere halbdurchsichtig ist, können wahlweise gelesen werden, wobei der Laserstrahl im Abspielgerät jeweils auf eine der beiden Schichten fokussiert (gebündelt) wird. Durch diese Technik ist die Informationsschicht der Disc nicht mehr wie bei der CD 1,2 mm von der Oberfläche entfernt, sondern nur noch die Hälfte. Dadurch ist eine feinere Fokussierung des Laserstrahls (durch Veränderung der Wellenlänge) und damit ein Auslesen dichter geschriebener Informationen möglich. Die Windungen der Pitspur können auf einer DVD somit sehr viel dichter zusammengelegt und die Pitlänge reduziert werden. Um die Kapazität auf einer DVD weiter zu erhöhen, werden bei der Aufnahme die Informationen nach den Richtlinien der **MPEG**, einer international tätigen Normungsorganisation, komprimiert (→ Digitalfernsehen). Zusätzlich wird die Fehlerkorrektur gegenüber der CD optimiert.

Aufteilung in Sektoren ▸3

Die Pitspuren der DVD sind in **Sektoren** aufgeteilt, vor denen sich jeweils ein **Header** mit der Sektorenidentifikation und eine Fehlererkennung befinden (Abb. 3). In der Sektorenidentifikation befinden sich z. B. Angaben zur Trackingmethode, d. h., ob die Disc gepresste Pits hat oder beschrieben wurde, und in welchem Bereich der Disc sich der entsprechende Sektor befindet. Es folgen Informationen über die Art der Disc: welcher Spezifikation sie entspricht, ihre Größe, mit welcher Dichte gespeichert wurde (die Schreibdichte ist bei gepressten und beschriebenen Discs unterschiedlich), der Discaufbau und wo sich der Datenbereich befindet. Die eigentlichen Daten jedes Sektors werden in 12 Zeilen à 172 Byte angegeben. Jeder Zeile folgt ein Fehlerkorrekturcode, der sogenannte Parity-Inner-Code (PI). Es sind immer 16 Sektoren hintereinander angeordnet, denen in weiteren 16 Zeilen der Parity-Outer-Code (PO, auch ein Fehlerkorrekturcode) folgt. Sowohl auf der CD als auch auf der DVD sollten die Daten aus Gründen der Datensicherheit physikalisch nicht sequenziell (fortlaufend) aufeinander folgen. Zusammengehörende Datenpakete werden nach einem ganz bestimmten Algorithmus über die Disc verteilt. Vor der Speicherung findet dann die MPEG-Kodierung der Daten statt. Bei einem DVD-Video wird zudem ein Kopierschutz auf die Nutzerdaten angewandt.

Blu-Ray

Bei der Entwicklung der DVD wurden zunächst fünf verschiedene Applikationen geplant: DVD-Video für lange Spielfilme mit digitalem Video nach MPEG-2-Standard, DVD-Audio, DVD-ROM, die einmal beschreibbare DVD±R und die wiederbeschreibbaren DVD±RW und DVD-RAM. Seit 2004 werden auch beschreibbare DVDs mit zwei anstatt nur einer Datenschicht angeboten (DVD±R DL). Als Nachfolgeformate der DVD wurden ab 2005 u. a. die **HD DVD** und die **Blue-Ray Disc** gehandelt. Die HD DVD basiert auf einem blau-violetten Laser mit einer Wellenlänge von 405 nm und hat bei zwei Schichten eine Kapazität von 30 GB. Als neuer Standard für optische Speicherplatten hat sich jedoch die Blu-Ray Disc (»blauer Strahl«) durchgesetzt, sie wird seit 2008 kommerziell angeboten und löst die DVD nach und nach ab. Die Blu-Ray Disc hat einen Durchmesser von 12 cm und eine Speicherkapazität von 50 GB (in zwei Schichten). Dies wird wie bei der HD Disc durch die Verwendung eines blauen Lasers (405 nm Wellenlänge) erreicht. Die Blu-ray Disc gibt als nur lesbare BD-ROM, als einmal beschreibbare Variante BD-R und als wiederbeschreibbare BD-RE.

▸1 Pitlänge und Spurabstände auf der DVD

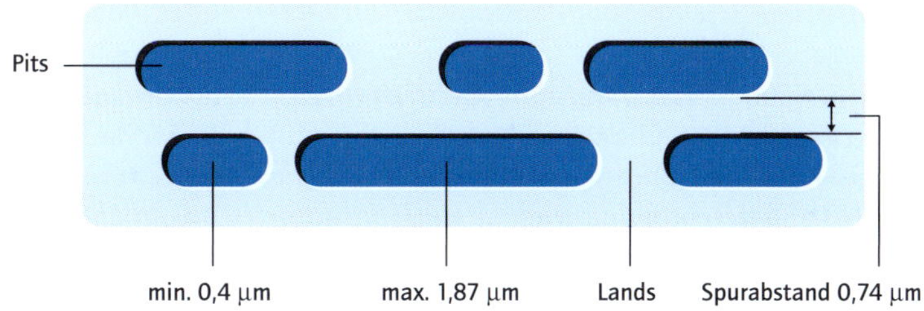

▸2 Zweischichttechnik

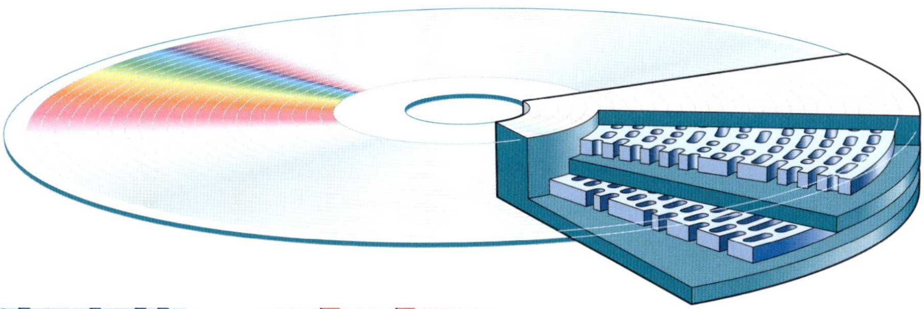

Sandwichverfahren:
Eine DVD mit 2 Schichten pro Seite speichert 17 Gigabyte Film-, Musik- oder Computerdaten

Struktur einer DVD

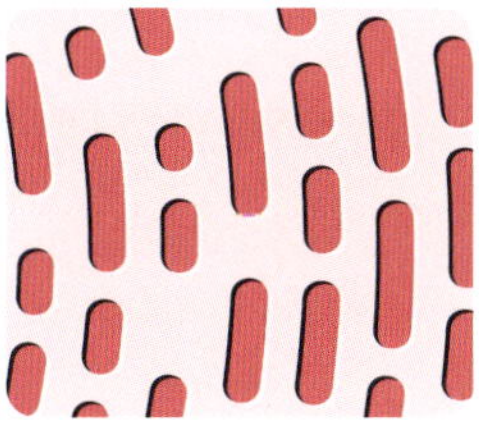

Struktur einer CD

▸3 Datenstruktur auf der DVD

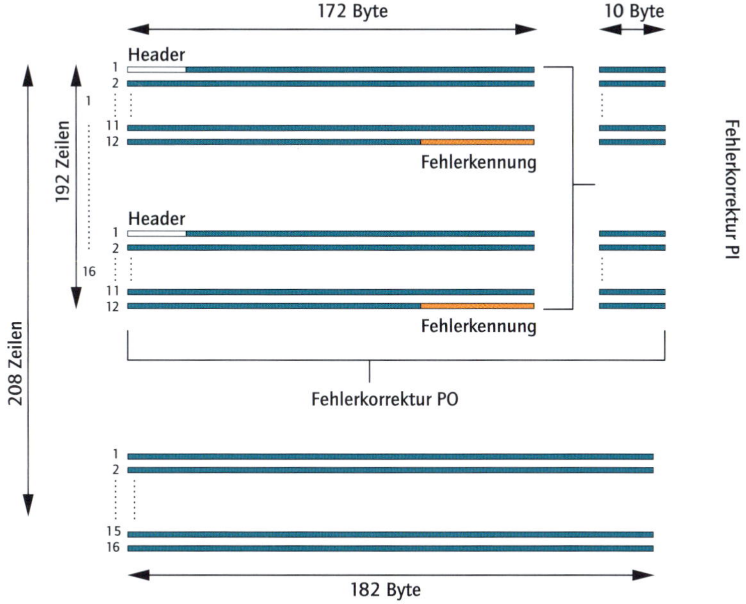

Radioempfänger

Das **Radio** dient der drahtlosen Verbreitung akustischer Signale durch elektromagnetische Wellen. Seit den 1950er-Jahren werden statt der vorher üblichen Elektronenröhren aktive elektronische Bauelemente (**Transistoren**) als Verstärker, Schalter oder Sensoren eingesetzt. Mit der Einführung der integrierten Schaltungen konnten die Empfänger wesentlich weiter verkleinert werden.

Tonsignalübertragung ▸1

Von einer Sendeantenne werden modulierte (miteinander multiplizierte) elektromagnetische Hochfrequenzwellen (**HF-Wellen**) ausgestrahlt, die sich durch ihre Wellenlänge bzw. Frequenz unterscheiden. Sie breiten sich mit Lichtgeschwindigkeit aus und erzeugen in der Empfangsantenne hochfrequente Wechselspannungen (→ Übertragungstechnik). Aus ihnen werden im Empfänger, nach einer Verstärkung, durch **Demodulation** (Rückwandlung des modulierten Signals) die dem Ton entsprechenden Schwingungen herausgenommen, verstärkt und von einem Lautsprecher (→) wiedergegeben.
Rundfunksender arbeiten mit Langwellen (**LW**: 150–285 kHz), Mittelwellen (**MW**: 520–1606 kHz), Kurzwellen (**KW**: 3,95–26,1 MHz) oder Ultrakurzwellen (**UKW**: 87,5–108 MHz). Die Art der Ausbreitung sowie die Reichweite dieser vier Frequenzbereiche ist unterschiedlich. Lang- und Mittelwellensender strahlen eine Bodenwelle entlang der Erdoberfläche und eine Raumwelle ab. Die Bodenwelle reicht bis zu einigen Hundert Kilometern, die in der Ionosphäre (Teil der Atmosphäre) umgelenkte Raumwelle erlaubt weit größere Reichweiten (z. B. Fernempfang von Mittelwellen bei Nacht). Im Kurzwellenbereich wird nur mit Raumwellen gearbeitet. Ultrakurzwellen breiten sich geradlinig aus und erzielen deshalb nur verhältnismäßig geringe Reichweiten. Die meisten UKW-Sender werden aus diesem Grunde z. B. auf Bergen aufgestellt.
Während man bei UKW mit einer **Frequenzmodulation** (FM) arbeitet, durch die Ton- und Klangstörungen unterdrückt werden, wird bei den übrigen Wellenbereichen eine **Amplitudenmodulation** (AM) angewandt. Bei der AM wird die Amplitude der Hochfrequenzspannung im Rhythmus einer Niederfrequenzspannung geändert (Abb. 1 a), bei der FM ändert man die Frequenz der (hochfrequenten) Trägerschwingung im Rhythmus der niederfrequenten Informationsspannung, d.h., die beim Empfänger eintreffende Frequenz schwankt. Die Amplitude bleibt konstant (Abb. 1 b).

Bestandteile des Empfängers ▸2

Ein Radioempfänger soll die Signale des gewünschten Senders empfangen, das Eingangssignal demodulieren (gleichrichten) und verstärken. Der einfachste Empfänger besteht aus einem **Schwingkreis** zur Abstimmung auf den gewünschten Sender, einem Demodulator zur Rückgewinnung der Tonschwingungen aus dem Hochfrequenzband, einem Niederfrequenzverstärker und einem Lautsprecher (Abb. 2a). Ein Schwingkreis ist eine elektrische Schaltung aus Spule und Kondensator, die durch Wechselspannung oder Wechselstrom zu elektromagnetischen Schwingungen angeregt wird. Wegen des sehr geringen Abstands benachbarter Sendefrequenzen braucht der Empfänger eine hohe **Trennschärfe**, wodurch mehrere Schwingkreise erforderlich werden. Für die Lautsprecherwiedergabe ist eine Verstärkung mit Transistoren und integrierten Schaltungen notwendig.
Heute sind Radioempfänger als sogenannte **Überlagerungsempfänger** (Superheterodynempfänger) ausgebildet. Sie wandeln die durch Abstimmung eines Schwingkreises grob ausgewählte Empfangsfrequenz mit einer im Empfänger erzeugten, einstellbaren Hilfsschwingung (Überlagerer- oder Oszillatorfrequenz) in der Mischstufe in eine andere Frequenz um (Abb. 2 b). Diese sogenannte **Zwischenfrequenz** (ZF) ist die Differenz zwischen der Oszillator- und der Empfangsfrequenz. Der Empfangs- und Oszillatorkreis (Erzeuger elektrischer Schwingungen) ist mit einem gemeinsamen Bedienknopf abstimmbar, während die Zwischenfrequenz unveränderlich bleibt. Für den UKW-Bereich wird ein eigener Empfangsteil (Mischstufe mit Oszillator, ZF-Teil und Demodulator) mit einem Frequenzdemodulator verwendet, da zur besseren Funkentstörung statt der auf dem Lang-, Mittel- und Kurzwellenbereich gebräuchlichen Amplitudenmodulation die Frequenzmodulation benutzt wird. Zu beiden Empfangsteilen gehört je ein Antennenanschluss, getrennt für den AM- bzw. FM-Bereich. Stereosendungen werden wegen der erforderlichen Bandbreite nur auf dem UKW-Bereich gesendet.

Bauformen ▸3

Bedingt durch die Ausrüstung mit Transistoren und integrierten Schaltungen haben Radioempfänger heute viele verschiedene Bauformen. Sie reichen vom herkömmlichen Heimempfänger mit Mono-, Stereo- und Netzbetrieb bis zum Reiseradio mit Batteriebetrieb. Ausstattungsmerkmale moderner Geräte sind ferner zusätzliche Einrichtungen wie elektronischer Sendersuchlauf, automatische Frequenzregelung, Stereoanzeige oder Fernbedienung.

▸1 Modulation von elektromagnetischen Wellen

a Amplitudenmodulation

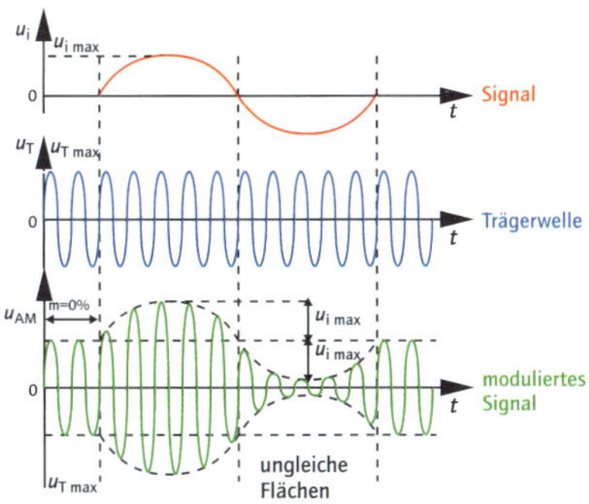

b Frequenzmodulation

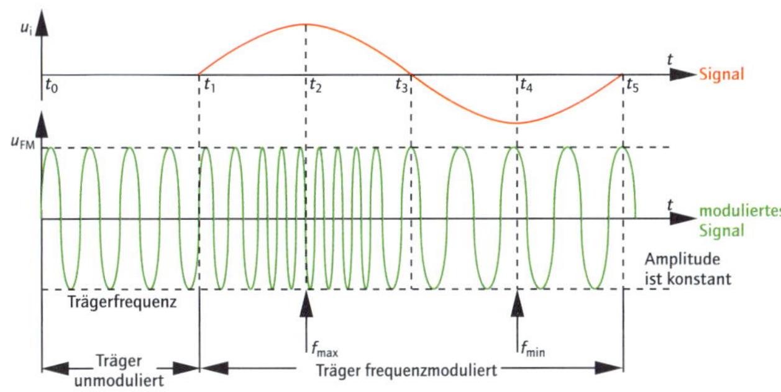

▸2 Blockschema eines einfachen Empfängers und eines Überlagerungsempfängers

a Einfacher Empfänger

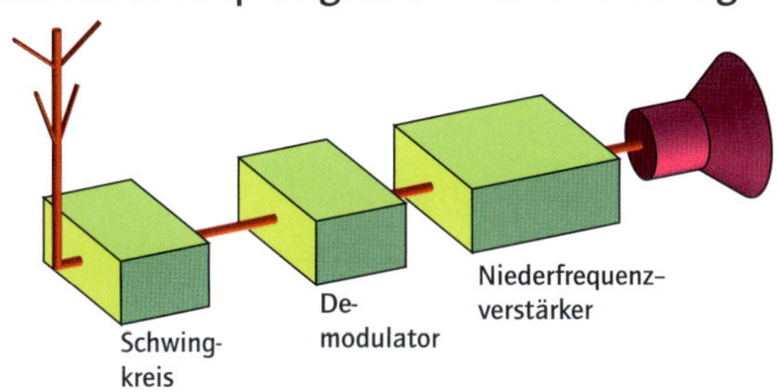

b Überlagerungsempfänger

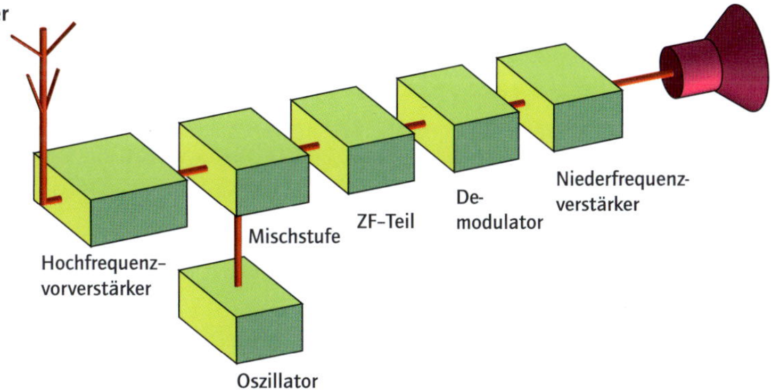

▸3 Weltempfänger mit UKW–Stereo

DAB

Im Gegensatz zu den digitalen Hörfunksystemen **DSR** (engl. **d**igital **s**atellite **r**adio, bis 2001 ausgestrahlt) und **ADR** (Astra-Digital-Radio) ist das **DAB** (engl. **d**igital **au**dio **b**roadcasting) bei der Übertragung nicht an Satelliten oder Kabel gebunden, sondern für den mobilen Einsatz (z. B. im PKW) mittels einer einfachen Stabantenne gedacht. DAB-Radioprogramme haben nur noch eine Frequenz, d. h., eine einmalige Einstellung des gewünschten Senders genügt, und das Programm ist im ganzen Empfangsgebiet ohne neue Suche zu hören. Derzeit erreichen DAB-Programme etwa 80% der Bevölkerung in Deutschland.

Digitale Übertragung im Hörfunk ▸2

Seit 1989 wurden über den Satelliten Kopernikus deutsche öffentlich-rechtliche und private Hörfunkprogramme in Mitteleuropa digital ausgestrahlt. Später kam ADR auf dem Satelliten Astra hinzu (Abb. 2). Die Programme können nur mit einer entsprechenden Satellitenantenne (Parabolantenne, → Übertragungstechnik) oder über das Kabelnetz (Breitbandkabel) empfangen werden und benötigen neben einem speziellen Hörfunkgerät einen sogenannten **Satellitenreceiver**, eine Kombination aus einer Abstimmeinheit (Tuner) und einem Verstärker (→), zum Rundfunkempfang.

In Konkurrenz zu diesen beiden Satellitensystemen steht das DAB-Radio. Es wird **terrestrisch**, d. h. über Land, ausgestrahlt und benötigt als Antenne nur eine einfache Stabantenne, wodurch DAB den Empfang über mobile Radios zulässt. Ein spezielles Empfangsgerät und ein Receiver sind allerdings auch hier notwendig. Seit 1995 werden alle UKW-Programme terrestrisch digital verbreitet, und zwar zunächst parallel zur herkömmlichen analogen Übertragung. Bislang wurden in Deutschland und Europa DAB-Senderketten auf zusätzlichen Frequenzen aufgebaut. Deutschlandweit gibt es derzeit (2010) etwa 70 DAB-Programme, die in der Regel gleichzeitig auch auf UKW ausgestrahlt werden. Eine Sendestation leistet bei DAB die Digitalisierung der Tonsignale, die von Funktürmen aus über Radiofrequenzen verbreitet werden. Die Rückumwandlung des digitalen Codes erfolgt dann im Digital-Analog-Wandler des Empfangsgerätes.

Die digitale Daten- bzw. Signalübertragung ist erst durch eine erhebliche Datenreduktion (Datenkomprimierung, → Digitalisierung) möglich, die ohne qualitative Einbußen erfolgen muss. Eine geringe Frequenzbreite wird z. B. erreicht, indem Frequenzen herausgefiltert werden, die das menschliche Gehör nicht wahrnehmen kann. Damit ist die Programmbreite etwa dreimal so groß wie die über UKW ausgestrahlte. Bei Ersatz des UKW-Hörfunks durch DAB wird eine zwei- bis dreifache Übertragungskapazität zur Verfügung stehen. Diese kann dann für weitere Programme oder Mehrkanalton genutzt werden.

Vorteile ▸3

Gegenüber dem heutigen analogen Hörfunk bietet das digitale Radio einen wesentlich besseren Empfang mit der Tonqualität einer Compactdiskette (CD). Auch bei größerer Entfernung vom Sender und mobiler Nutzung bleibt die Empfangsqualität gleich. Durch die verdichtete Übertragung der digitalen Signale können außer dem Audiosignal noch weitere Informationen zur Kennung von Sprache, Musik oder Programmsparten übertragen werden. Je nach Programmierung schaltet sich das Empfangsgerät bei der entsprechenden Kennung auch ein oder aus. Es besteht zudem die Möglichkeit der Übertragung von Zusatzinformationen wie Verkehrsnachrichten, Umweltdaten oder Stadtplänen, die unabhängig vom jeweils gehörten Rundfunkprogramm übertragen werden.

Zum Empfang von DAB (und auch der anderen digitalen Hörfunksysteme) ist allerdings ein spezieller Empfänger und Receiver notwendig (Abb. 3). DAB-Geräte sind zusätzlich mit einem kleinen Bildschirm ausgestattet, auf dem die übermittelten Bilder dargestellt werden.

Weitere Verfahren

Beim herkömmlichen DAB erfolgt die Audiocodierung mit dem sogenannten **MUSICAM-Verfahren,** das bei entsprechend hoher Datenrate eine CD-ähnliche Klangqualität ermöglicht wird, wobei trotzdem auf einer Frequenz bis zu 8 Programme übertragen werden können. **DAB+** verwendet eine deutlich effizientere Audiokomprimierung, das sogenannte AAC+, wodurch auch bei relativ niedrigen Datenraten eine akzeptable Klangqualität erreicht wird. **DMB** wurde speziell für die Übertragung von Videosignalen mit Ton und ergänzenden multimedialen Inhalten auf mobile Endgeräte entwickelt („Handy-TV"). Die Videodaten werden im MPEG-4-Format, die Audiodaten mit AAC+ codiert. Den größten Qualitätssprung erreicht digitales Radio auf Langwelle, Mittelwelle und Kurzwelle **(Digital Radio Mondiale, DRM).** Das digitale Antennenfernsehen **(DVB-T)** ist zwar für Fernsehen konzipiert, eignet sich aber auch für die Übertragung von bis zu 50 Radioprogrammen auf einem Kanal.

▸1 Verbreitung von DAB in Deutschland

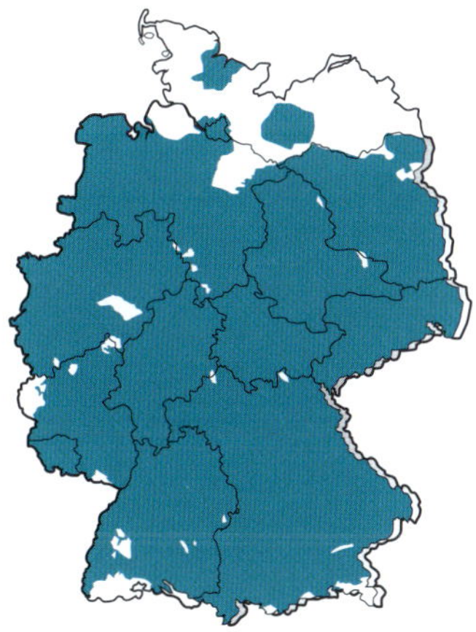

▸2 Übersicht über digitalen Radioempfang

Verfahren	Übertragung	Verbreitung	Frequenzbänder	Codierung
DAB/DAB+(Digital Audio Broadcasting)	terrestrisch	Europa, Asien, Kanada	Band III	Musicam/AAC
DRM (Digital Radio Mondiale)	terrestrisch	weltweit	MW, KW, LW	AAC
DRM+	terrestrisch	geplant	Band II	AAC
DMB (Digital Multimedia Broadcasting)	terrestrisch	Korea, Deutschland	Band III	AAC
DVB-T (Digital Video Broadcasting Terrestrial)	terrestrisch	Europa, Asien, Afrika, Australien	Bänder III, IV, V	Musicam
DVB-S (Digital Video Broadcasting Satellite)	terrestrisch	weltweit	C-Band, Ku-Band	Musicam
ADR (Astra Digital Radio)	Satellit	Europa	10700–11750	Musicam
DVB-C (Digital Video Broadcasting Cable)	Kabel		Bänder III, IV, V	AAC
HD Radio (ehemals IBOC)	terrestrisch	USA	MW, Band II	HDC
Internetradio	Internet	weltweit		MP3 u.a.

▸3 DAB-Empfangsgeräte

IKON (Revo) mit DAB, DAB+ und Internetradio

COWON D2+ DAB mit Touchscreen

CD-Player

CD-Player sind Abspielgeräte für **Compact-Discs (CDs)**, die in den 1970er-Jahren als digitale Speichermedien für Audiosignale entwickelt wurden.

Aufbau einer CD ▸1

Auf einer CD können bis zu 99 Musikstücke mit einer Länge von bis zu etwa 80 Minuten und weitere Informationen wie z. B. ihre Spieldauer oder Anzahl in digitaler Form gespeichert werden. Die CD besteht aus Kunststoff, hat eine Dicke von 1,2 mm und einen Durchmesser von 12 cm (bei Single-CDs 8 cm). Als Träger der gespeicherten Informationen sind kleine Vertiefungen **(Pits)** auf einer spiralförmig verlaufenden Spur von innen nach außen auf der CD aufgebracht (Abb. 1). Im Binärcode stellen die Pits und die Flächen zwischen ihnen **(Lands)** logisch „0“ dar, während die Übergänge Pit/Land bzw. Land/Pit logisch „1“ sind.

Abtastsysteme ▸2

Die CD wird berührungslos und verschleißfrei auf der verspiegelten Unterseite durch eine Laserlichtquelle abgetastet. Durch die Rotation der CD und den gleichzeitigen Vorschub der Abtasteinheit läuft der Laserstrahl über die gesamte Länge der Informationsspur von innen nach außen, wobei das Laserlicht an den Pits anders reflektiert wird als an den Lands. Wertet man das reflektierte Licht mit einer nachgeschalteten Fotodetektoreinheit aus, so werden die auf der CD gespeicherten Informationen in einen seriellen Datenstrom umgewandelt. Die Taktfrequenz des Signals ist von der Drehzahl der CD abhängig, sodass die Rotationsgeschwindigkeit der CD abhängig von der Position des Lasers bestimmt werden muss.
Im Abtastsystem (Abb. 2 a) wird das in der Laserdiode erzeugte Laserlicht mithilfe der Kollimatorlinse fokussiert (gebündelt) und läuft anschließend durch das Polarisationsprisma, das den hinlaufenden vom reflektierten Laserstrahl, der um 90 ° abgelenkt wird, trennt. Diese Trennung wird durch phasendrehende Eigenschaften der λ/4-Platte unterstützt. Die Sammellinse fokussiert den Laserstrahl genau auf die Mitte eines Pits. Um eventuelle Rundlaufeigenschaften der CD oder Abweichungen in der Pitspur ausgleichen zu können, ist die Sammellinse auf ein dynamisches Stellglied, das 2-Achsen-Element, montiert. Die Auswertung des reflektierten Lichtes geschieht im Fotodetektor. Alle Abtastsysteme sind so konstruiert, dass die gesamte Funktionseinheit durch einen Mechanismus radial über die CD geführt werden kann. Bei den kompakten Gerätetypen findet man als Abtastsystem immer häufiger die sogenannte **FOP**-Optik (Fflat Optical Pick-Up; Abb. 2 b), die wesentlich weniger empfindlich gegenüber Fehlern auf der CD (z. B. Staub, Kratzer) als andere Systeme ist. Dies kommt dadurch, dass ein **halbdurchlässiges Spiegelprisma** verwendet wird, das das reflektierte Licht ablenkt und durch eine zylindrische Linse dem Fotodetekor zuführt. Die abgelenkte Lichtmenge ist dabei unabhängig vom Einfallswinkel auf das Prisma.

Prinzipieller Aufbau eines CD-Players ▸3

Die vom Abtastsystem gelieferte elektrische Information über die Pitstruktur auf der CD wird in den einzelnen Baugruppen des CD-Players so weiterverarbeitet, dass am Ausgang wieder die ursprünglichen analogen Audiosignale erscheinen. Im Wesentlichen kann man die Schaltung des CD-Players in vier Funktionsblöcke unterteilen: Abtastsystem mit Vorverstärker, Servoteil, digitale Signalverarbeitung und Ablaufsteuerung (Abb. 3).
Das **Servoteil** vereinigt verschiedene Hilfssteuerungen. Das Fokus- und das Trackingservo sorgen für eine genaue Abtastung der Pitspur auf der CD. So wird z. B. auch bei Höhenschlägen bis zu 1 mm das Abtastsystem den Laserstrahl exakt auf die Informationsebene fokussieren. Das Schlittenservo führt das Abtastsystem radial über die CD und sorgt dafür, dass das System innerhalb etwa 1 s in der Lage ist, ein beliebiges Musikstück auf der Platte anzusteuern. Das Discservo steuert die Drehzahl der CD so, dass sich eine lineare Abtastgeschwindigkeit ergibt. Durch die **digitale Signalverarbeitung** wird das vom Vorverstärker gelieferte Signal in die ursprüngliche binäre Form gebracht und im D/A-Wandler (Digital-Analog-Wandler) anschließend in ein analoges Audiosignal umgewandelt. Die **Ablaufsteuerung** koordiniert schließlich die Zusammenarbeit aller Baugruppen untereinander und übernimmt die Auswertung der Bedienelemente.

CD-Player mit Text-Standard

Bei modernen CD-Playern können Informationen wie Interpret, Titel oder Komponist eines Musikstückes nach dem **CD-Text-Standard** im sogenannten **Subcode** der CD, einem Platz für zusätzliche Daten, untergebracht und auf einem Textdisplay ausgegeben werden. Aus dem Inhaltsverzeichnis können die Buchstaben nach dem Laden der CD in einen Speicher eingelesen werden und stehen somit jederzeit zur Verfügung. So lassen sich z. B. der Albumtitel oder die Namen der Interpreten gezielt abrufen.

▸1 Querschnitt durch eine Compact-Disc

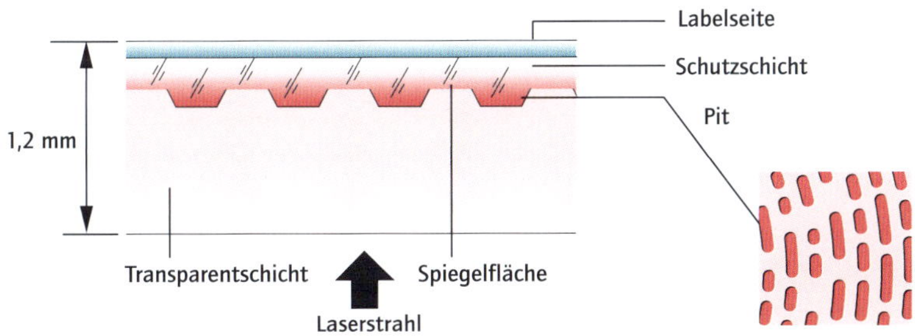

▸2 a Funktionsprinzip eines Abtastsystems b Aufbau einer FOP-Optik (Flat Optical Pick-up)

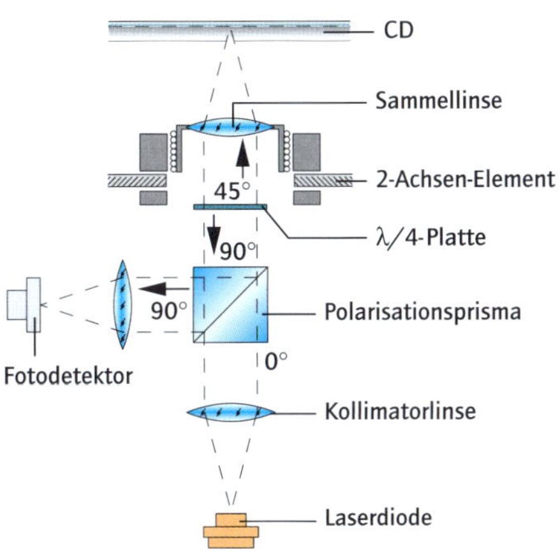

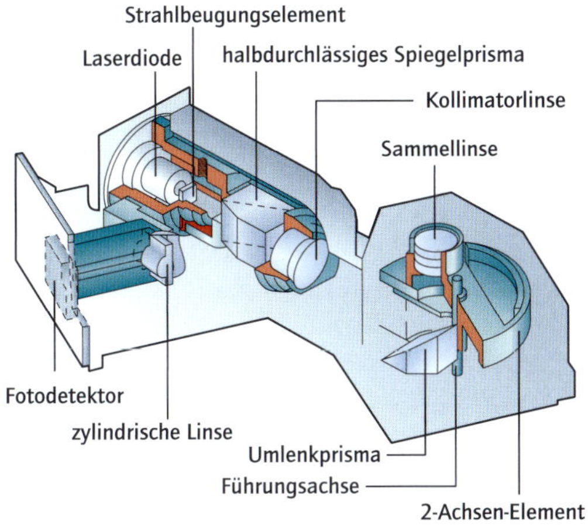

▸3 Prinzipschaltbild eines CD-Players

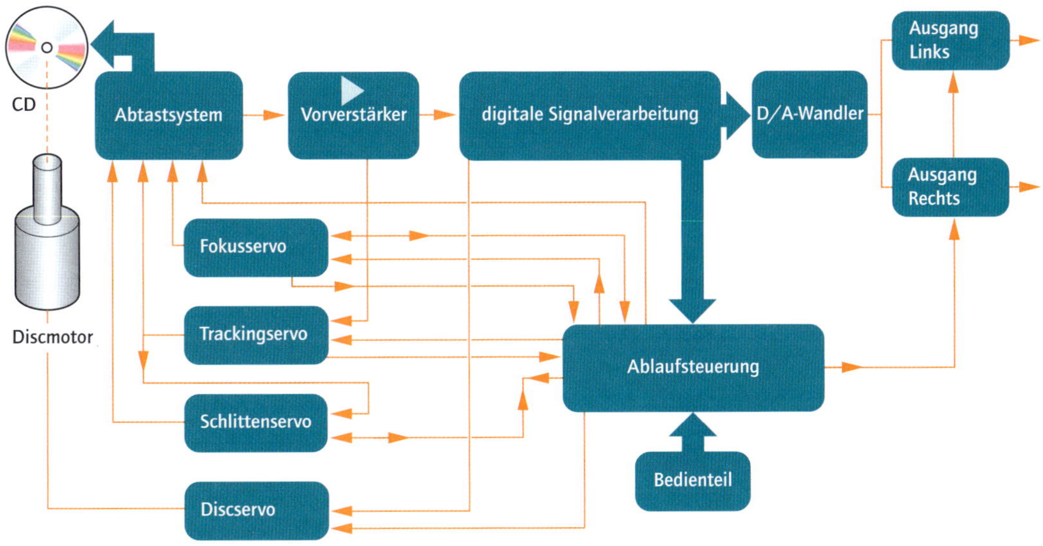

Verstärker

Als Verstärker bezeichnet man in mehreren Stufen zusammengefasste elektronische Schaltungen oder Geräte, die unter Verwendung von aktiven Bauelementen (→ Halbleiter), wie z. B. Transistoren, oder seltener (bei Spezialanwendungen) auch Elektronenröhren Spannungen, Ströme oder Leistungen verstärken, d. h. vergrößern. Aktive Bauelemente liefern bei Zuführung von Hilfsenergie und geringer Ansteuerleistung eine größere Ausgangsleistung.

Arten von Verstärkern ▸1

Die Verstärkung eines Signals geschieht oft in mehreren Stufen, z. B. Vor- und Endstufen, wobei man verschiedene Schaltungsarten unterscheidet: den **Eintaktverstärker** und den **Gegentaktverstärker.** Der Eintaktverstärker ist eine Schaltungsart zur Niederfrequenzleistungsverstärkung, bei der das gesamte Signal (positive und negative Halbwelle der Wechselspannung) von einem Verstärkerelement (z. B. dem Transistor) verarbeitet wird. Im Gegensatz dazu wird beim Gegentaktverstärker das zu verstärkende Wechselstromsignal in die positiven und negativen Halbwellen aufgeteilt, wobei jeder Halbwelle ein Transistor zur Verfügung steht. Die verstärkten Halbwellen werden anschließend wieder zu einem Signal zusammengefügt, das dann z. B. einem Lautsprecher zugeführt werden kann.

Bei Verstärkern ist eine **Kopplung**, d. h. die Übertragung von elektrischen Signalen von einem Stromkreis auf einen anderen, zwischen den einzelnen Stufen notwendig (Abb. 1). Die Kopplungen werden induktiv (mittels Spulen [Magnetfeld]), kapazitiv (mittels Kondensatoren [elektrisches Feld]), galvanisch (mittels ohmscher Widerstände [leitende Verbindungen]) oder optisch (z. B. mittels Optokoppler, der aus einem Lichtsender und -empfänger besteht) realisiert. Die induktive und kapazitive Kopplung lässt nur die Übertragung von Wechselspannungen zu, die galvanische Kopplung auch Gleichspannungen. Meistens sind die einzelnen Verstärkerstufen durch einen Koppelkondensator (also kapazitiv) miteinander verbunden. Bei Bandfiltern findet man sowohl induktive als auch kapazitive Kopplung.

Als **Rückkopplung** bezeichnet man Schaltungen, bei denen die Ausgangsgröße (Strom oder Spannung) eines Vierpols (elektrisches Netzwerk mit je zwei Eingangs- und Ausgangsklemmen) auf den Eingang zurückgeführt wird. Eine solche Rückkopplung wird oft in elektronischen Schaltungen verwendet. Mit ihnen lassen sich z. B. Oszillatorschaltungen aufbauen oder die Eigenschaften von Verstärkern verbessern. Zur Verbesserung weiterer Eigenschaften kann auch nur ein Teil des Ausgangssignals durch **Gegenkopplung** (z. B. beim Operationsverstärker) oder **Mitkopplung** (bei schwingungserzeugenden Schaltungen) auf den Eingang zurückgelegt werden.

Komplexe mehrstufige Verstärker werden aus einer Vielzahl von Transistoren und anderen Bauelementen aufgebaut und als integrierte Schaltungen hergestellt. Bei größeren Leistungen muss für ausreichende Wärmeabfuhr, z. B. durch Kühlkörper auf dem Bauelement oder Chip, gesorgt werden.

Transistor und Operationsverstärker ▸2 ▸3

Durch die Einführung von Transistoren (→ Halbleiterbauelemente) und deren Zusammenfassung zu integrierten Schaltungen (IC-Technik) konnten die Verstärkerschaltungen und damit die elektronischen Geräte deutlich verkleinert werden (Abb. 2).

Ein Transistor ist ein aktives elektronisches Bauelement und besteht aus einem Halbleiterkristall (Silicium, aber auch Germanium oder Galliumarsenid). Durch eine spezielle Behandlung (Dotierung) entstehen Zonen unterschiedlicher elektrischer Leitfähigkeit. Der Stromfluss durch den Transistor kann von außen gesteuert werden, wodurch er nicht nur als Verstärker, sondern auch als Schalter oder Sensor in elektronischen Schaltungen dienen kann. Zur Verstärkung wird vielfach der bipolare Transistor verwendet (Abb. 3). Er ist aus drei aufeinander folgenden Schichten unterschiedlich leitender Zonen aufgebaut. Die äußeren Halbleiterbereiche werden Kollektor und Emitter, die mittlere, wesentlich dünnere Schicht Basis genannt. Die gebräuchlichste Schaltung ist der npn-Transistor. Mit ihm sind Stromverstärkungen von über 1:500 möglich.

Der Vorteil des Transistors liegt in seinem kompakten Aufbau, also kleinen Abmessungen und geringer Verlustwärme. Er hat heute die Elektronenröhre weitgehend„ bis auf Gebiete mit sehr großen Leistungen und hohen Frequenzen (z. B. in der Mikrowellentechnik), verdrängt.

Einsatzgebiete des Verstärkers

Man kann Verstärker nach Lage und Weite des Frequenzbereiches der zu verstärkenden Signale unterscheiden: Tonfrequenz- und Zwischenfrequenzverstärker in Radioempfängern, Videoverstärker in Fernsehgeräten, Niederfrequenzverstärker für elektroakustische Anlagen, Schmalband- und Breitbandverstärker in der Fernmeldetechnik oder Sendeverstärker zur Verstärkung hochfrequenter Sendeleistungen.

▸1 Kopplung von Verstärkerstufen

a galvanische Kopplung

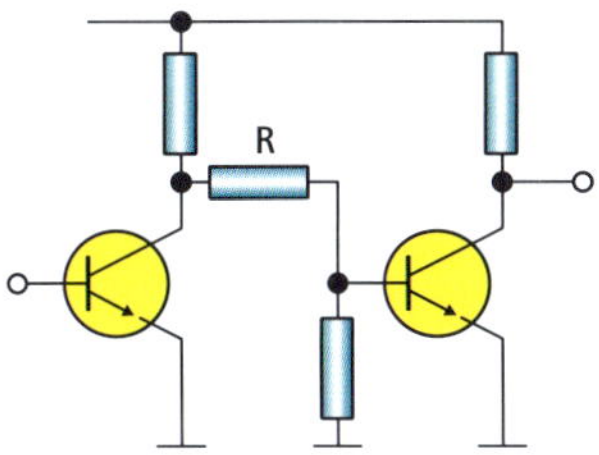

b kapazitive Kopplung

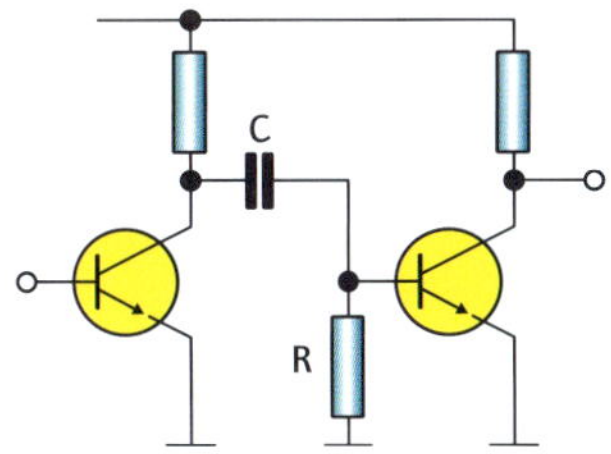

c induktive Kopplung

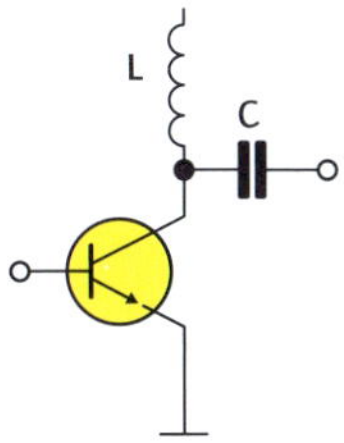

d Bandfilterkopplung

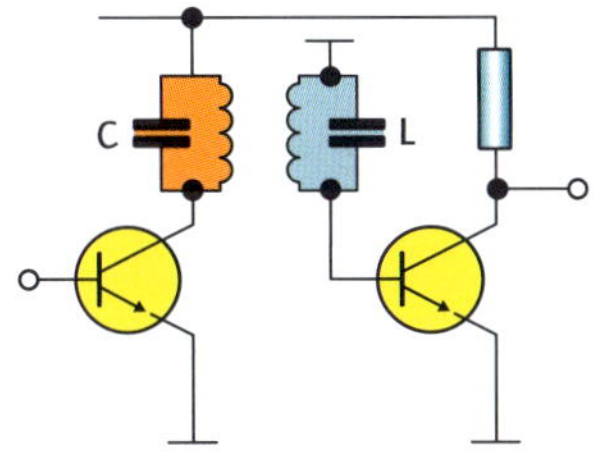

R = Widerstand, C = Kondensator, L = Spule

▸2 Transistor

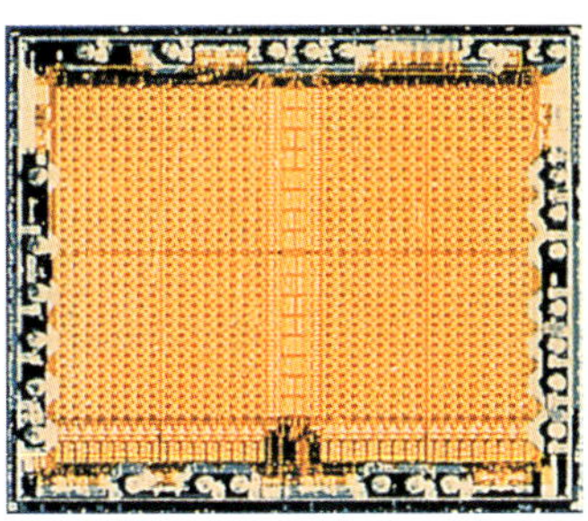

Die Miniaturisierung von Transistoren führte dazu, dass sie heute immer dichter auf Chips gepackt werden können.

▸3 Bipolarer npn-Transistor in Planartechnik

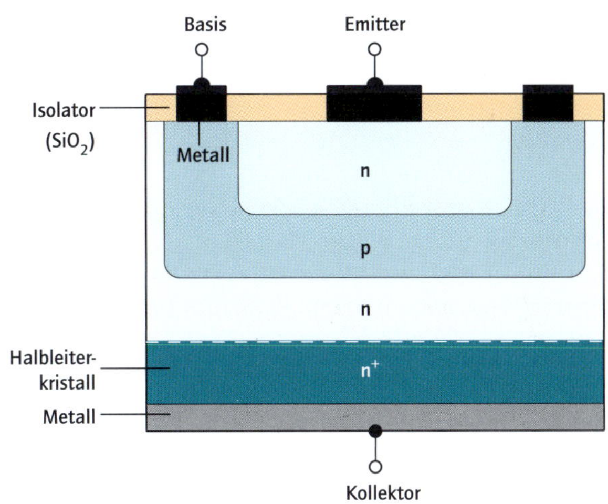

MP3

Psychoakustische Grundlagen ▸1 ▸2

Musik besteht aus vielen verschiedenen Komponenten, die jedoch nicht gleich gut hörbar sind. So bleibt einem Zuhörer beispielsweise ein leises Flötensignal verborgen, wenn gleichzeitig eine laute Trompete ertönt. Das schwache Signal wird durch das starke Signal verdeckt bzw. maskiert. Diese psychoakustische Tatsache machen sich **Audiokompressionsverfahren** zunutze. Sie stellen die hörbaren Anteile von Musik möglichst genau dar, während weniger gut hörbare Anteile ungenauer dargestellt werden und unhörbare Audioinformationen ganz unberücksichtigt bleiben (siehe Abb. 1). Bei der digitalen Speicherung von Musik ist dadurch eine enorme Datenreduktion möglich, ohne dass die Qualität des aufgezeichneten Signals abnimmt. Während eine CD pro Stereokanal mit einer Abtastrate von 44,1 kHz (44 100 „Datenpunkte" pro Sekunde) und einer Genauigkeit von 16 bit, also einer Unterteilung der Amplitude in 216 = 65536 Stufen, Musik abspeichert, insgesamt also eine Datenrate von 1411 MBit/s erzeugt, benutzen MP3-Dateien nur eine mehr als zwölfmal geringere Datenrate von 128 kBit/s.

Die Ausblendung unwichtiger Audioinformation führt ein Rauschen in das Musiksignal ein, das im Idealfall jedoch ebenfalls maskiert wird. Je niedriger die Qualitätsstufe bei gehörangepassten Audiocodierverfahren gewählt wird, d. h. je kleiner die Datenrate ist, desto ungenauer wird das Musiksignal dargestellt. Unterhalb einer bestimmten Grenze wird das eingeführte **Codierrauschen** daher nicht mehr länger maskiert (siehe Abb. 2). Die obere Grafik zeigt den Pegel des Codiergeräusches in einem MP3-codierten Musikstück, wobei jeder Balken für einen bestimmten Frequenzbereich steht. Je höher der Balken ist, desto größer ist der Anteil des Codiergeräusches. Überschreitet er die Maskierungsschwelle bei 0 dB, kann das Codierrauschen evtl. vom Zuhörer wahrgenommen werden. Bei hoher Datenrate überschreitet das Codiersignal nur sehr selten die Hörbarkeitsschwelle, sodass für das menschliche Ohr kein Unterschied zum Original auszumachen ist. Bei niedrigen Datenraten hingegen (untere Grafik in Abb. 2) geschieht dies jedoch häufiger.

Moderne Audiokompressionsverfahren analysieren die Musik zunächst, bevor die Datenreduktion einsetzt. Bei MP3 beispielsweise wird das Musiksignal in 576 verschiedene Frequenzkomponenten zerlegt, die anschließend bezüglich ihres Beitrags zum Gesamtsignal bewertet werden. Da dies von der Art der Musik abhängt, findet die Klanganalyse etwa 40-mal pro Sekunde statt. Abhängig vom Ergebnis der Bewertung werden wichtigere Frequenzanteile genauer weitergeleitet als unwichtige (**Codierung**). Die Aufgabe des Codierers ist es also, das Signal so aufzuarbeiten, dass es weniger Speicherplatz benötigt, aber für das menschliche Gehör möglichst wenig vom Original abweicht. Der **Decoder** erzeugt dann aus diesen MP3-Daten ein für die überwiegende Anzahl von Hörern original klingendes Signal. Während die Dekodierung stets einem festgelegten Algorithmus folgt, kann die Kodierung nach verschiedenen Algorithmen erfolgen

Audioformate

MP3 ist das meistverwendete Dateiformat für verlustbehaftet komprimierte Audiodateien und wurde ab 1987 am Fraunhofer-Institut für Integrierte Schaltungen in Erlangen entwickelt. MP3 gehört zum ersten Regelwerk der sogenannten **Moving Picture Expert Group (MPEG)**, das in den 1980er-Jahren für die Filmindustrie entwickelt wurde, um Filme auf die beschränkte Datenrate (bis 1,5 Mbit/s) einer mit normaler Geschwindigkeit abgespielten Audio-CD zu komprimieren. MP3 war also ursprünglich ein »Anhängsel« eines Videostandards, mit dem die Codierung der Tonspur festgelegt wurde.

Neben dem MP3-Format wurden weitere Audioformate entwickelt, die auf demselben Kompressionsprinzip wie MP3 beruhen. Das Format **Advanced Audio Coding (AAC)** hat eine höhere Kompressionsrate als vergleichbare Audioformate (maximal 1:16) und erreicht bereits ab 64 kbit/s akzeptable, wenn auch eingeschränkte Stereo-Qualität. Internet-Radios verwenden deshalb aus Qualitätsgründen für ihre Streams AAC.

MP3-Player ▸3

Durch die Datenreduktion ist es möglich, Musik auf MP3-Playern zu speichern, die nicht größer als eine Streichholzschachtel sind. Ein moderner MP3-Player mit 16 GB Speicherkapazität kann etwa 4000 vierminütige Songs abspeichern. Die Audiodateien werden über eine USB-Schnittstelle auf den MP3-Player übertragen, die Speicherung erfolgt entweder auf Flash-Speichern mit Kapazitäten bis zu 64 GB oder Festplatten mit Kapazitäten bis 160 GB. Auch austauschbare Speichermedien werden eingesetzt, beispielsweise SD-Karten. Auf CDs gespeicherte MP3-Dateien können von CD-Spielern mit integrierter MP3-Abspielfunktion wiedergegeben werden,

Auch über das Internet kann mithilfe der Datenkompression Musik in CD-naher Qualität übertragen und ausgetauscht werden. Software zum Anhören von MP3-Dateien ist bei den meisten Betriebssystemen mit enthalten, man kann sie aber auch kostenlos aus dem Internet beziehen.

▸1 Das psychoakustische Phänomen der Verdeckung im Frequenzbereich

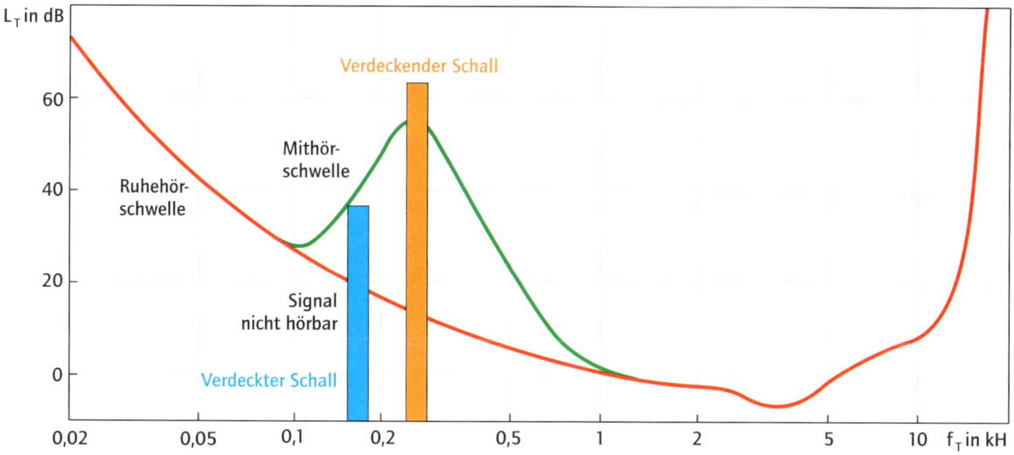

▸2 Verdeckung des Codiergeräuschs

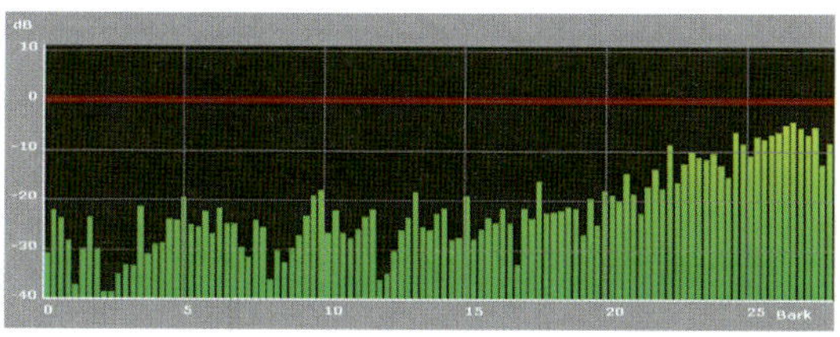

a **Bei optimal eingestellter Bitrate wird kein hörbares Codiergeräusch eingefügt.**

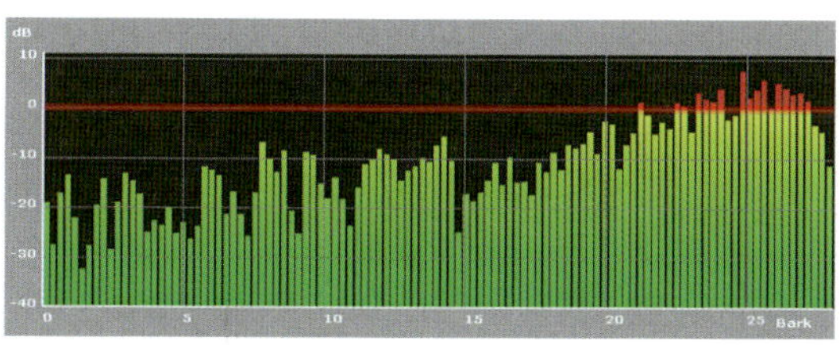

b **Ist die Bitrate zu niedrig eingestellt, wird das Codiergeräusch hörbar.**

▸3 MP3-Player

Moderne Geräte haben nur noch die Größe einer Streichholzschachtel.

Mikrofone und Lautsprecher

Zur Übertragung akustischer Signale sind elektroakustische Wandler erforderlich, die auf der Senderseite Schalldruckänderungen in elektrische Signale (Mikrofone) und empfängerseitig elektrische Schwingungen wieder in Schall wandeln (Lautsprecher). Mikrofone und Lautsprecher enthalten dazu als aktives Element eine Membran.

Aufbau eines Mikrofons ▸1

Am häufigsten eingesetzt wird das sogenannte **Tauchspulmikrofon**, ein **elektrodynamisches Mikrofon**, bei dem die Schalldruckänderung eine an der Membran befestigte Spule bewegt, die in den Luftspalt eines Permanentmagneten eintaucht (Abb. 1). In den Windungen der Spule werden tonfrequente Wechselspannungen induziert.

Beim **Kondensatormikrofon** (**elektrostatisches Mikrofon**) wird die Kapazität eines Kondensators in Abhängigkeit von der Schalldruckänderung in elektrische Spannungen umgewandelt. Im **elektromagnetischen Mikrofon** verändert sich der Luftspalt eines Magneten in Abhängigkeit der Schalldruckänderung. Durch die resultierende magnetische Flussdichteänderung wird eine Spannung in den Spulen induziert.

Kenngrößen ▸2

Der **Übertragungsfaktor T** ergibt sich aus dem Verhältnis der abgegebenen Spannung zur einwirkenden Schalldruckänderung. Er wird bei Normfrequenz (1 kHz) im reflexionsfreien Raum bei Leerlauf des Mikrofons gemessen und sollte möglichst groß sein. Die obere und untere Grenzfrequenz wird durch Messen des Übertragungsmaßes bei unterschiedlichen Frequenzen und gleicher Schalldruckänderung ermittelt.

Die **Richtcharakteristik** eines Mikrofons, d. h. von welchen Seiten es Schall aufnehmen kann, hängt von seiner Konstruktion ab. Ist der Raum hinter der Membran geschlossen, kann der Schalldruck nur von vorne auf die Membran einwirken, und die Schallwellen können bei entsprechender Membrananordnung aus allen Richtungen gleich gut empfangen werden. Befindet sich die Membran offen im Mikrofongehäuse, so dringen die Schallwellen von vorne und von hinten ein (offenes System).

Durch die Kombination von offenem und geschlossenem System ergeben sich sogenannte **Richtmikrofone** (Abb. 2), die ihre besondere Bedeutung in der stereophonen Aufnahmetechnik haben.

Lautsprecher ▸3

Für Hifi-Anlagen werden fast nur **elektrodynamische Lautsprecher** eingesetzt, deren Wandelprinzip dem eines dynamischen Mikrofons entgegengesetzt ist. Das Magnetfeld wird durch einen ringförmig ausgebildeten Permanentmagneten erzeugt, in dessen Luftspalt eine Schwingspule eintaucht (Abb. 3). Fließt durch sie ein tonfrequenter Wechselstrom, so ergeben sich um die Leiter der Spule magnetische Felder. Die Spule wird von Kräften, die zwischen diesen magnetischen Feldern und dem Feld des Dauermagneten auftreten, in Bewegung gesetzt. Sie ist mit einer Membran verbunden, die die Schalldruckänderungen erzeugt.

Lautsprecherboxen ▸4

Die Übertragung tiefer Frequenzen ist umso besser, je größer die Membran des Lautsprechers ist; für hohe Frequenzen ist aber ein kleiner Membrandurchmesser erforderlich. Zur Abdeckung des gesamten Frequenzspektrums sind also mehrere Membranen nötig. Für eine naturgetreue Musikwiedergabe benutzt man Kombinationen aus **Tief-**, **Mittel-** und **Hochtönern**. **Frequenzweichen** (Filter) sorgen für die Aufteilung des gesamten Tonfrequenzbereiches und die entsprechende Ansteuerung der Einzellautsprecher (**Chassis**). Für Hochtonlautsprecher setzt man häufig Kalottenmembranen ein (**Kalottenlautsprecher**), die wegen ihrer halbkugeligen Oberfläche den Schall in einem weiteren Winkel als die Konusmembranen abstrahlen. Um akustische Kurzschlüsse zu vermeiden, werden die Lautsprecher in eine geschlossene Box eingebaut (Abb. 4). Dämmwatte im Gehäuse dient dazu, eventuell auftretende Resonanzen im Inneren abzuschwächen. Eine Bassreflexöffnung verbessert die Abstrahlung der tiefen Töne bei kleineren Gehäuseabmessungen. In Aktivboxen sind Lautsprecherchassis und Frequenzweichen mit zwischengeschalteten Leistungsverstärkern, einer für jeden Frequenzbereich, eingebaut. Alle Lautsprechermembranen neigen aufgrund ihrer Masse zur Trägheit, sodass sie auf Impulse verzögert reagieren. Bei einer **geregelten Aktivbox** werden die Bewegungen der Membran mit dem Ausgangssignal verglichen und korrigiert (Rückkopplung). Dabei wird die Ausgangsgröße durch Messwertwandler in einen elektrischen Wert umgewandelt. Neue Entwicklungen, sogenannte **Soundprozessoren**, setzen anstelle der Frequenzweiche einen Analogrechner ein, bei dem schon alle Eigenschaften des Lautsprechergehäuses und -chassis einprogrammiert sind. So bieten sie z. B. mit fest programmierten Akustiksimulatoren die Möglichkeit, eine Konzertatmosphäre im Wohnraum herzustellen.

▸1 Tauchspulmikrofon

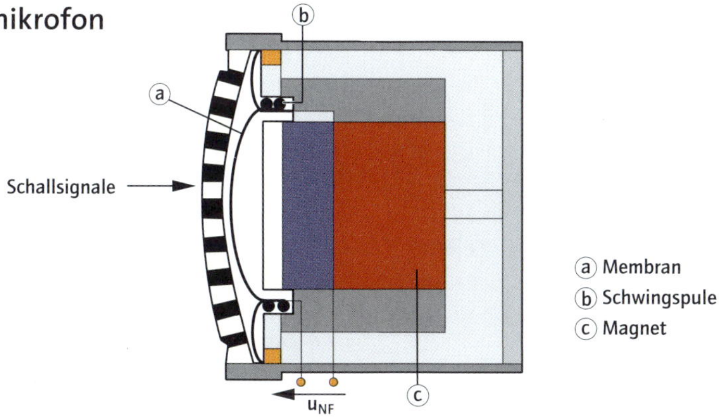

▸2 Charakteristiken von Richtmikrofonen

Kugel:
Schallaufnahme
aus allen Richtungen

Acht:
Schallaufnahmen
nach zwei Seiten
gleich empfindlich

Niere:
keine Schallaufnahme
von hinten

Keule:
sehr enge
Schallbündelung

Superniere:
keine Schallaufnahme
von hinten

▸3 Aufbau eines dynamischen Lautsprechers

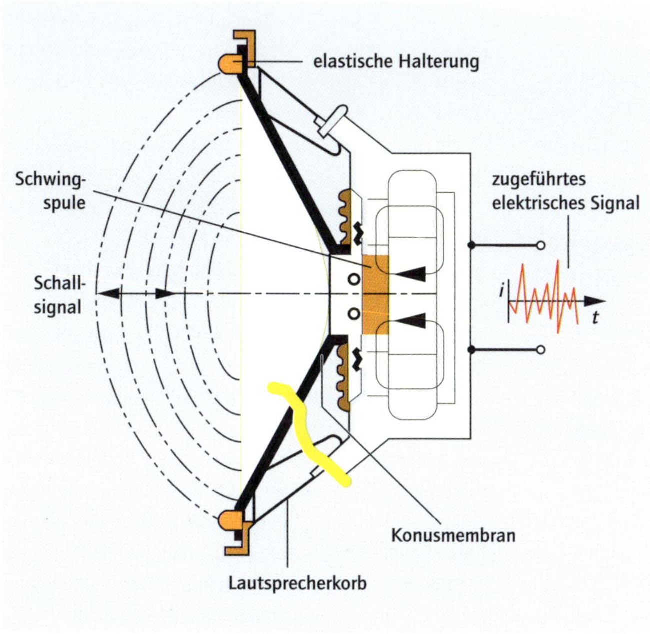

▸4 Lautsprecher

Grundlagen der Fotografie

Mit der Fotografie entstand eine Technik zur schnellen und scheinbar wirklichkeitsgetreuen Abbildung der Umwelt. Die seit über 150 Jahren betriebene konventionelle **chemische Fotografie**, bei der chemische Prozesse zur Erzeugung, Speicherung und Darstellung von Bildern dienen, wurde inzwischen fast vollständig von der **elektronischen Fotografie** (→ digitale Fotografie) verdrängt. Diese verwendet Geräte der Computertechnik zur Bildspeicherung und Bilddarstellung.

Das fotografische Verfahren nutzt die Tatsache aus, dass alle durch Licht angestrahlten Gegenstände das Licht entsprechend ihrer Form und Farbe zurückstrahlen. Dieses reflektierte Licht kann durch optische Linsen gesammelt und zu einem Bild projiziert werden, das Form und Farbe der Gegenstände wiedergibt. Grundlage des fotografischen Verfahrens ist, dass die auf die Bildebene auftreffenden Lichtstrahlen Energie enthalten, die chemische und physikalische Prozesse auslösen können.

Bildaufnahme ▸1

Sowohl bei der chemischen wie auch bei der elektronischen Fotografie steht am Anfang die Bildaufnahme durch eine Fotokamera (→). Ein bestimmter Ausschnitt der Umwelt wird während der Aufnahme für einen kurzen Augenblick in der Kamera auf einem lichtempfindlichen Medium abgebildet (Abb. 1). Bei der chemischen Fotografie ist dies der **Film**, der durch Lichteinwirkung chemisch verändert wird und so das Bild speichert. Bei der elektronischen Fotografie wird durch einen Halbleitersensor die Licht- und Farbintensität der Abbildung Punkt für Punkt gemessen und in elektrische Signale gewandelt. Während bei der chemischen Fotografie der Film gleichzeitig **Bildsensor** und **Bildspeicher** ist, müssen bei der elektronischen Fotografie die vom Sensor erzeugten Bildsignale sofort ausgelesen und in einem separaten elektronischen Speicher abgelegt werden.

Beim chemischen Verfahren registriert eine lichtempfindliche Schicht (beim Schwarzweißfilm ist es Bromsilbergelatine) die Helligkeitsunterschiede des optischen Bildes, und es entsteht ein unsichtbares, entwickelbares Bild, das **latente Bild**. Die elektronische Fotografie ermöglicht dagegen eine Bildbetrachtung an einem Monitor unmittelbar nach der Aufnahme.

Filmentwicklung und Bildvergrößerung ▸2 ▸3

Bei der chemischen Fotografie werden durch die Filmentwicklung die aufgenommenen latenten Bilder in sichtbare Bilder auf dem Film umgewandelt und dauerhaft fixiert. Dieser Entwicklungsprozess findet normalerweise erst einige Zeit nach der Aufnahme in einem Fotolabor statt.

Die Entwicklung des Films erfolgt bei Dunkelheit in einem Flüssigkeitsbad mit dem Entwickler. Dabei ist die Zeitdauer des Prozesses genau festgelegt. Nach der Entwicklung wird der Film in einem Salzbad fixiert.

Beim Schwarzweißfilm setzt der Entwickler die vom Licht eingeleitete Spaltung des Bromsilbers in Silber und Brom fort, und das entstandene Negativ enthält die Helligkeitsunterschiede des Aufnahmeobjekts als silbergraue Schwärzungsunterschiede. Helle Motive führen zu dunklen Stellen auf dem Film, wogegen dunkle Motive hell abgebildet werden. Ähnliches gilt für den **Farbnegativfilm**, der aus drei übereinander liegenden Schichten besteht, die jeweils für eine Farbe sensibilisiert sind. Jede Schicht wertet die Lichtenergie der jeweiligen Farbe bei der Aufnahme aus. Dabei wird aber nicht die Originalfarbe auf dem Film wiedergegeben, sondern die genau entgegengesetzte Farbe (**Komplementärfarbe**): Ein blaues Objekt wird von der blauempfindlichen Schicht in gelber Farbe dargestellt, entsprechend erzeugt ein grünes Objekt ein purpurrotes Bild auf dem Film, wogegen ein rotes Objekt blaugrün (cyan) erscheint (Abb. 2). Während die drei **Objektfarben** Blau, Grün und Rot jeweils nur eine Filmschicht beeinflussen, wirken alle anderen Objektfarben auf mindestens zwei Filmschichten ein und erscheinen dann als farbverkehrte Mischfarben.

Um vom Negativfilm natürlich aussehende Bilder zu gewinnen, ist ein weiterer Entwicklungsschritt erforderlich, die **Positiventwicklung** oder Vergrößerung. Dazu werden in einer Dunkelkammer mit einem Projektionsapparat die farbverkehrten Bilder des Films auf lichtempfindlichem Papier vergrößert abgebildet. Dabei entsteht wieder eine Umkehrung der Schwarzweißtöne bzw. der Farben (Abb. 3), sodass letztendlich durch doppelte Umkehrung Papierbilder mit natürlichem Bildeindruck entstehen. Da sich der Negativfilm bei der Positiventwicklung nicht verändert, können beliebig viele Papierbilder in unterschiedlicher Größe von einem Negativ hergestellt werden.

Zur Erzeugung von **Diapositiven** wird der Film selbst in zwei Schritten entwickelt, sodass nach doppelter Farbumkehr zum Schluss farbrichtige Bilder auf dem Aufnahmefilm entstehen. Diese einmaligen Originalbilder können ausgeschnitten, gerahmt und z. B. mit einem Diaprojektor vergrößert vorgeführt werden.

▸1 Fotografische Bildaufnahme

Belichteter Film mit latenten Bildern

Filmentwicklung

▸2 Farbdarstellung auf dem Negativ

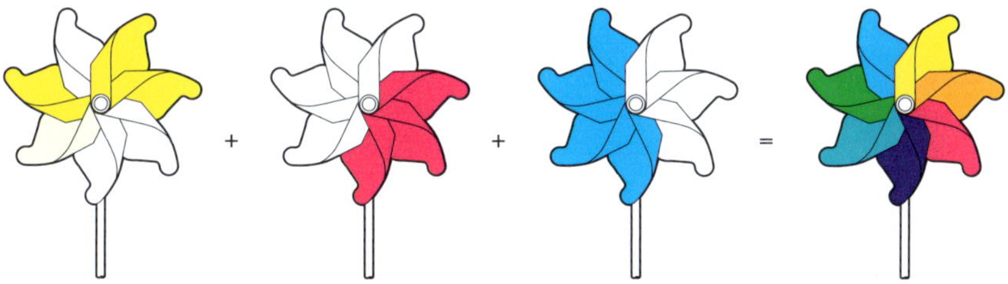

Positiventwicklung

▸3 Farbdarstellung auf dem Positiv

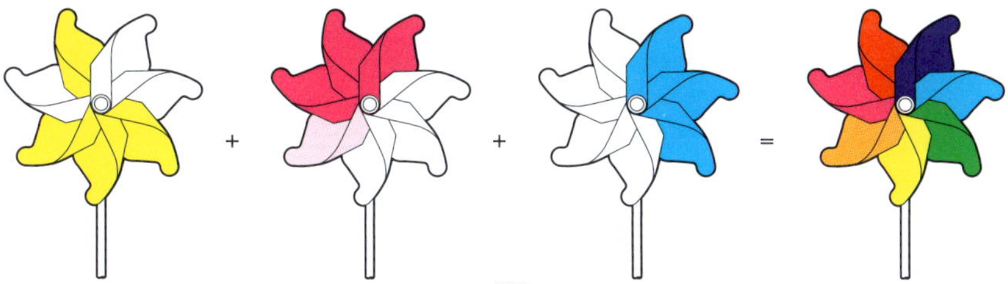

Fertiges Bild (Abzug)

Fotokameras

Mit einer Fotokamera wird ein vom Fotografen ausgewähltes Motiv kontrolliert und reproduzierbar auf einem lichtempfindlichen Film bzw. einem Bildsensor abgebildet. Unterschiedliche Kameratypen benötigen verschiedene Filmarten und Filmgrößen. Heute verwenden Fotoamateure und Fotoreporter vorzugsweise leichte, transportable Digitalkameras. Diese Kameras sind meistens als **Sucherkameras** oder **einäugige Spiegelreflexkameras** ausgeführt.

Sucherkamera ▸1

Das Objektiv (→) mit den Einrichtungen zur Einstellung der einfallenden Lichtmenge (Blende) und der Entfernung (Fokussierung) befindet sich auf der Vorderseite des lichtdichten Kameragehäuses. Da sich die Bildebene mit dem Bildsensor bzw. Film unmittelbar hinter dem Objektiv befindet, ergibt sich eine sehr kurze Baulänge. Hochwertige Sucherkameras (Abb. 1) ermöglichen den Anbau unterschiedlicher Objektive.

Charakteristisch für Sucherkameras ist, dass sie zur Bildbetrachtung vor der Aufnahme einen vom Objektiv unabhängigen **Sucher** haben. Beim Blick durch den Sucher können der Bildausschnitt, die Bildschärfe und -helligkeit allerdings nur ungefähr abgeschätzt werden, da das Sucherbild nicht ganz identisch mit dem Bild hinter dem Objektiv ist. Sucherbild und Aufnahmebild sind leicht zueinander verschoben (**Parallaxefehler**). Diese Nachteile spielen aber bei vielen Anwendungen keine Rolle, da meist Objektive verwendet werden, die in einem großen Bereich scharf abbilden und nur grob eingestellt werden müssen. Nur bei Nahaufnahmen macht sich der Parallaxefehler bemerkbar.

Hochwertige Sucherkameras verfügen zur Scharfeinstellung über einen **Mischbildentfernungsmesser**. Dazu hat die Kamera neben Objektiv und Sucher einen dritten Lichteintritt, über den ein Teil des Motivs ein zweites Mal in den Sucher eingespiegelt wird. Im Sucher erscheint daher ein Bild mit doppelten Konturen. Das optische System zum Einspiegeln des zweiten Bildes ist mit dem Einstellring der Fokussiereinrichtung gekoppelt. Eine scharfe Bilddarstellung ohne sichtbare Doppelkontur ergibt sich, wenn sich das betrachtete Motiv in der eingestellten Entfernung befindet.

Mit dem **Verschluss** wird bei der Aufnahme die Belichtungszeit geregelt. Bei einfachen Kameras mit nicht wechselbarem Objektiv wird meistens ein **Zentralverschluss** mit kreisförmigem Öffnungsquerschnitt verwendet, der in das Objektiv eingebaut ist. Der Verschluss wird vom Fotografen mithilfe des Auslösers geöffnet und schließt selbsttätig nach Ablauf der Belichtungszeit. Diese wird entweder vom Fotografen vorgegeben oder von einem in die Kamera eingebauten Belichtungsmesser gesteuert.

Klassische Kameras, die den Wechsel von Objektiven ermöglichen, verfügen in der Regel über einen **Schlitz-** oder **Lamellenverschluss,** d. h. einen Tuch- oder Metallvorhang, der unmittelbar vor der Filmebene angeordnet ist und den Film z. B. beim Objektivwechsel vor Licht schützt. Bei der Aufnahme wird der Vorhang mit hoher Geschwindigkeit vor dem Film vorbeigezogen, und ein beweglicher Spalt im Vorhang wandert über die Bildebene, wodurch der Film streifenweise belichtet wird. Ist dieser Spalt sehr schmal, werden extrem kurze Belichtungszeiten (unter $^1/_{1000}$ s) möglich, umgekehrt lassen sich durch einen breiteren Spalt und durch verzögertes Schließen des Vorhangs auch sehr lange Belichtungszeiten verwirklichen.

Kompakte Digitalkameras kommen heute meist ganz ohne Verschluss aus, weil man bei den Bildsensoren die Belichtungszeit elektronisch stoppen kann. In der Regel wird ohnehin permanent das aktuelle Sensorbild auf dem Monitor der Kamera dargestellt, ein Verschluss würde das verhindern.

Spiegelreflexkamera ▸2 ▸3

Einäugige Spiegelreflexkameras (Abb. 2) haben nur einen Lichteintritt. Der Fotograf blickt bei der Bildeinstellung durch das Objektiv und kann daher sehr genau beurteilen, wie das spätere Bild aussehen wird. Dazu befindet sich im Strahlengang hinter dem Objektiv und vor der Filmebene ein **Umlenkspiegel**, der das Bild zunächst in den Sucher projiziert (Abb. 3). Durch ein Umkehrprisma erscheint das Bild im Sucher aufrecht und seitenrichtig. Der Spiegel ist beweglich und wird bei der Aufnahme blitzschnell weggeschwenkt, sodass dann das Bild auf dem Film bzw. Sensor erscheint. Somit ist auch bei Verwendung verschiedener Objektive mit stark unterschiedlichen Brennweiten und Lichtstärken immer ein realistisches und parallaxefreies Bild im Sucher zu sehen. Spiegelreflexkameras haben stets einen Schlitz- oder Lamellenverschluss.

Die Messsensoren zum (automatischen) Einstellen von Schärfe und Belichtung befinden sich im Strahlengang hinter dem Objektiv. Man spricht von **TTL-Messung** (engl. through the lens, Messung durch das Objektiv). Die meisten Spiegelreflexkameras verfügen über eine Halb- oder Vollautomatik, d. h. Belichtungszeit oder/und Blendenöffnung werden automatisch aufeinander abgestimmt und eingestellt (→ automatische Kamerasteuerung).

▸1 Sucherkamera

▸2 Spiegelreflexkamera

▸3 Strahlengang in einer Spiegelreflexkamera

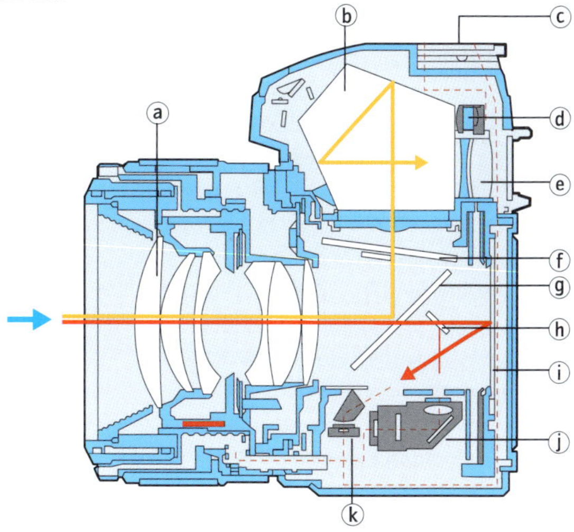

- ⓐ Objektiv
- ⓑ Sucherprisma (Umlenkprisma)
- ⓒ Blitzlichtschuh
- ⓓ TTL-Messzelle für Helligkeitsmessung
- ⓔ Sucherokular
- ⓕ Spiegelstellung bei der Aufnahme
- ⓖ Umlenkspiegel (Grundposition)
- ⓗ Hilfsspiegel (Grundposition)
- ⓘ Filmebene
- ⓙ Autofokusmesssystem
- ⓚ TTL-Blitzmesszelle

Strahlengang vor der Aufnahme
Strahlengang bei der Aufnahme

Kameraobjektive

Für die Abbildungsqualität bei der Bildaufnahme ist vor allem das Linsensystem der Kamera, das Kameraobjektiv, verantwortlich.

Wirkprinzip von Objektiven ▸1

Das grundlegende Wirkprinzip eines Objektivs, das im einfachsten Fall aus einer einzigen Linse besteht, ist in Abb. 1 gezeigt. Von jedem Punkt des abzubildenden Gegenstandes werden Lichtstrahlen in verschiedene Richtungen abgestrahlt. Die Strahlen erreichen die Linse überall auf ihrer Oberfläche. Beim Durchgang durch die Linse werden sie abhängig von ihrem Einfallswinkel unterschiedlich stark abgelenkt (gebrochen). In einem bestimmten Abstand hinter der Linse treffen alle von einem Punkt ausgehenden Lichtstrahlen wieder in einem Punkt zusammen, und es entsteht ein scharfes Bild des Aufnahmegegenstandes. An diese Stelle wird das Aufnahmemedium (Film) platziert. Die Größe des Bildes und der Abstand hinter der Linse, an der das scharfe Bild erscheint (die **Bildweite**), wird durch die Brechkraft der Linse bestimmt. Die Brechkraft kann ermittelt werden, indem man parallele Lichtstrahlen (z. B. Sonnenstrahlen) auf die Linse scheinen lässt. Der Abstand hinter der Linse, in der sich die Lichtstrahlen in einem Punkt vereinigen, heißt **Brennweite**. Linsen mit hoher Brechkraft haben eine kurze Brennweite.

Mehrlinsige Objektive ▸2

In der Praxis werden keine einlinsigen Objektive verwendet, da eine einzelne Linse Gegenstände nur ungenau abbilden kann. Es treten Verzeichnungen oder Farbfehler auf, z. B. dadurch, dass Licht größerer Wellenlänge (rot) weniger stark gebrochen wird als kurzwelliges Licht (blau). Erst durch Kombination mehrerer Linsen aus verschiedenen Glassorten mit unterschiedlichen optischen Eigenschaften, durch Variation der Krümmungsradien, der Linsendicken und der Luftabstände erhält man Objektive, die weitgehend fehlerfreie Abbildungen erzeugen und sich somit annähernd wie ideale Linsen verhalten (Abb. 2).

Objektivbrennweiten ▸3

Objektive mit kurzer Brennweite bilden Gegenstände relativ klein ab und können daher auf einem vorgegebenen Bildformat einen großen Bildausschnitt darstellen. Man spricht bei solchen Objektiven von **Weitwinkelobjektiven** (Abb. 3a). Objektive mit großer Brennweite, **Teleobjektive**, bilden dagegen nur einen kleinen Bereich der Umwelt ab, diesen aber vergrößert (Abb. 3c). Objektive mittlerer Brennweite, die Gegenstände ungefähr mit der gleichen Vergrößerung wie das menschliche Auge abbilden, bezeichnet man als **Normalobjektive** (Abb. 3b). Bei den sogenannten **Zoomobjektiven** kann die Brennweite durch Verschieben von Linsen innerhalb des Objektivs verändert werden.

Lichtstärke und Blende

Neben der Brennweite werden Objektive nach ihrer Lichtstärke unterschieden. Die Lichtstärke wird durch eine Zahl angegeben, die den Querschnitt des Objektivs zu der Brennweite in Verhältnis setzt. Bei einem Objektiv mit einer Brennweite von 50 mm und einem Querschnitt von 35 mm ergibt sich eine Lichtstärke von 35 : 50 = 1 : 1,4. Mit einem solchen Objektiv kann bei weniger Licht fotografiert werden als beispielsweise mit einem Objektiv gleicher Brennweite mit der Lichtstärke 1 : 2,0, das also nur Licht durch einen Querschnitt von 25 mm lässt. In der Praxis wird aber meistens nur ein Teil des möglichen Querschnitts für den Lichtdurchgang ausgenutzt. Mit einer **Irisblende** im Objektiv, einer in der Größe verstellbaren Lichtöffnung, lässt sich der Strahlengang durch das Objektiv verengen und auf die mittleren Bereiche des Objektivs reduzieren. Dadurch wird die Abbildungsqualität verbessert. Gleichzeitig begrenzt die Blende die Lichtmenge, die auf den Film trifft, wodurch die Belichtung der Filmempfindlichkeit angepasst werden kann. Meistens wird die Blende in festgelegten Stufen verstellt. Bei jeder Stufe wird der Querschnitt um den Faktor 1,41 vergrößert oder verkleinert (Blende 2; 2,8; 4; 5,6; 8 usw.), was eine Verdoppelung oder Halbierung der Öffnungsfläche und damit der Lichtmenge bedeutet. Die Blende wird entweder durch einen Einstellring am Objektiv von Hand oder durch einen Elektromotor verstellt.

Entfernungseinstellung und Fokussierung

Objektive können nur Gegenstände scharf abbilden, die sich in bestimmter Entfernung befinden. Durch Anpassung der Bildweite lassen sich Objektive auf unterschiedlich weit entfernte Gegenstände ausrichten (fokussieren). Dazu wird das Linsensystem entweder manuell mit einem Einstellring oder durch einen Elektromotor vor- oder zurückgeschoben. Theoretisch kann bei gegebener Bildweite jeweils nur ein ganz bestimmter Entfernungsbereich scharf eingestellt werden. In der Praxis lassen sich aber vor allem mit einem abgeblendeten Objektiv kurzer Brennweite auch unterschiedlich weit entfernte Gegenstände scharf abbilden (Tiefenschärfe; → automatische Kamerasteuerung).

▸1 Abbildung durch eine Linse

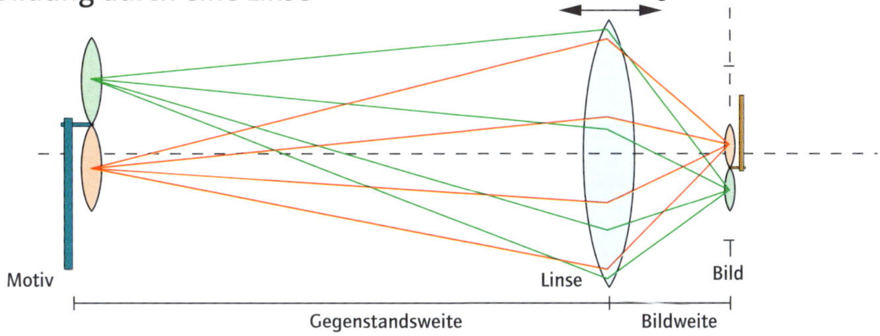

▸2 Mehrlinsiges Objektiv

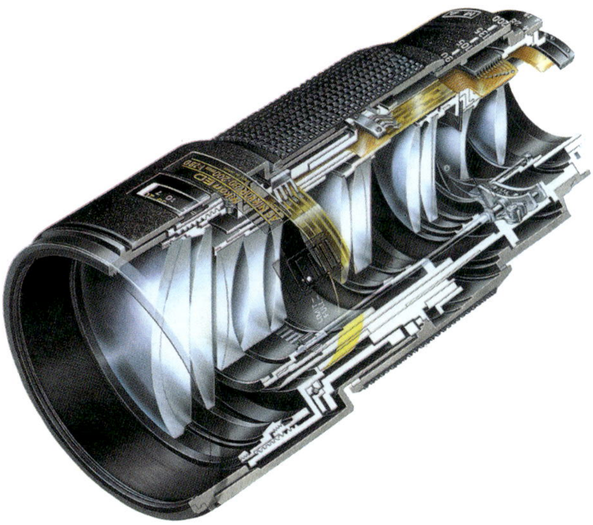

▸3 Aufnahmewinkel und Bildgröße bei verschiedenen Brennweiten

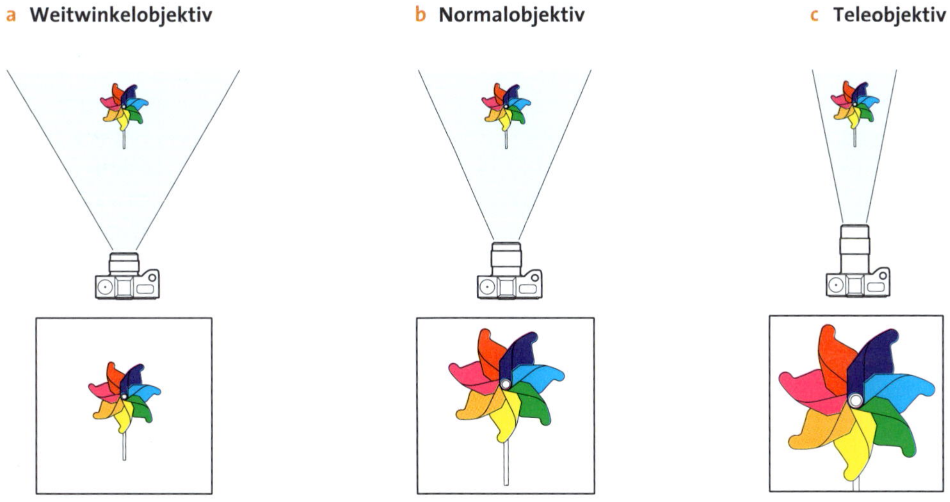

Digitale Fotografie I

Die herkömmliche chemische Fotografie wurde in den letzten Jahren nahezu vollständig von der digitalen Fotografie verdrängt. Die Vorteile der digitalen Fotografie sind offensichtlich: schnelle Verfügbarkeit der fertigen Bilder, dauerhafte Speicherung der Bilder ohne Qualitätsverlust, sofortige Aussortierung misslungener Aufnahmen, Fernübertragbarkeit von Bildern über Datennetze, vielfältige Bearbeitungsmöglichkeiten am Computer (PC) usw. Digitale Bilder können ähnlich flexibel genutzt werden wie Videofilme, sodass man auch den Begriff **Stillvideo** verwendet (engl. still = „unbeweglich").

Die herkömmliche chemische Fotografie bot neben Preisvorteilen lange Zeit die bessere Bildqualität, doch inzwischen ist selbst bei digitalen Kompaktkameras die Anzahl der Bildpunkte mehr als ausreichend, zumal eine höhere Auflösung nicht zwangsläufig zu einem höheren Schärfeeindruck führt. Wichtiger als die reine Anzahl der Bildpunkte ist vielmehr ihre Größe und die dazu passende Größe des Bildsensors. Zu kleine Pixel führen zu einem verstärkten Rauschen.

Digitalkameras ▸1 ▸2

Digitalkameras (**CCD-Kamera**; Abb. 1) haben weitgehend den gleichen Aufbau wie herkömmliche Kameras. Sie sind mit einem Bildschirm, optischem Sucher oder beidem ausgestattet. Kern einer Digitalkamera ist der **Lichtsensor**, von dem zwei Bautypen verbreitet sind. Der sogenannte **CCD-Chip** (engl. **c**harge-**c**oupled **d**evice, „ladungsgekoppeltes Schaltelement"; Abb. 2), ein Halbleiterbauelement, besteht aus vielen schachbrettartig angeordneten Zellen (**Pixel**). Der CCD-Chip befindet sich in der Kamera an der Stelle, wo sonst die Filmebene ist. Unter Lichteinwirkung sammeln sich Elektronen in den Zellen des CCD-Chips, wobei die Zahl der Elektronen ein Maß für die Dauer und Intensität des eingefallenen Lichtes ist. Vor einer Bildaufnahme werden zunächst die Elektronen in den Zellen gelöscht. Dann wird durch das Kameraobjektiv ein Bild auf die Chipoberfläche projiziert. Nach einer bestimmten Zeit werden die Zellen ausgelesen und die jeweilige Anzahl der Elektronen gezählt. Damit ordnet man jedem einzelnen Pixel eine bestimmte Helligkeit zu. In Verbindung mit den jeweiligen Koordinaten der Pixel lässt sich aus diesen Werten ein digitalisiertes Bild berechnen. Nach dem Auslesen der Zellen werden die Bilddaten in einem Halbleiterspeicher innerhalb der Kamera abgelegt.

Auch beim **CMOS**-Chip (engl. **c**omplementary **m**etal **o**xide **s**emiconductor) handelt es sich um einen Halbleiter. Im Unterschied zum CCD-Chip verschiebt er jedoch die bei der Belichtung gesammelten Elektronen nicht zu einem einzigen Ausleseverstärker, sondern ordnet jedem einzelnen Pixel durch entsprechende Transistoren einen Verstärker zu. Die Elektronik liest also direkt das Spannungssignal jedes einzelnen Pixels aus. Der Vorteil dieser Vorgehensweise liegt darin, dass die CMOS-Sensoren über eine höhere Empfindlichkeit verfügen, der Nachteil ist, dass sie mehr zu Bildrauschen neigen. CMOS-Sensoren können zudem sehr kompakt gebaut werden, was vor allem für sehr kleine Kameras wichtig ist. In Mobiltelefonen mit Kamerafunktion kommen sie deshalb praktisch ausschließlich zum Einsatz. CCD-Sensoren dagegen rauschen weniger und bieten einen größeren Dynamikumfang.

Digitale Bilddatenverarbeitung ▸3

Der Bildspeicher in der Kamera kann wesentlich mehr Bilder speichern als ein herkömmlicher Film. Wenn der Speicher voll ist, müssen die Bilddaten für eine weitere dauerhafte Speicherung ausgelesen werden. Für das Auslesen und Weiterverarbeiten der gespeicherten Bilder gibt es folgende Möglichkeiten (Abb. 3):

- Die Bilder können mit einem Farbdrucker, der über eine USB-Schnittstelle direkt mit der Kamera verbunden wird, auf Papier ausgedruckt werden.
- Die Bilddaten werden zunächst über eine serielle Schnittstelle in einen PC übertragen und dort auf einer Festplatte gespeichert. Anschließend können die Bilder vom PC aus mit einem Farbdrucker ausgedruckt werden.

PCs bieten mit entsprechender Software vielfältige Möglichkeiten zur Bildmanipulation, die weit über die Möglichkeiten der herkömmlichen Retusche oder Bildmontage hinausgehen. Spezielle Computerprogramme für die Bildbearbeitung ermöglichen z. B. das Entfernen oder Bewegen einzelner Bildelemente, den Wechsel oder die Änderung der Farbe, das Zusammenfügen von verschiedenen Bildern oder Bildteilen, die Veränderung von Schärfe und Kontrast und anderes mehr.

Neben dieser von der Aufnahme bis zum Ausdruck durchgängig digitalen Bilddatenverarbeitung besteht auch die Möglichkeit, herkömmlich aufgenommene Bilder zu digitalisieren, im PC zu speichern und weiterzuverarbeiten. Dazu gibt es **Filmscanner**, die Bilder von Negativfilmen oder Diafilmen optisch abtasten (scannen), in digitale Bilder umsetzen und zu einem PC übertragen.

▸1 Rückwand mit LCD-Monitor einer Digitalkamera

▸2 CCD-Chip und CMOS-Chip

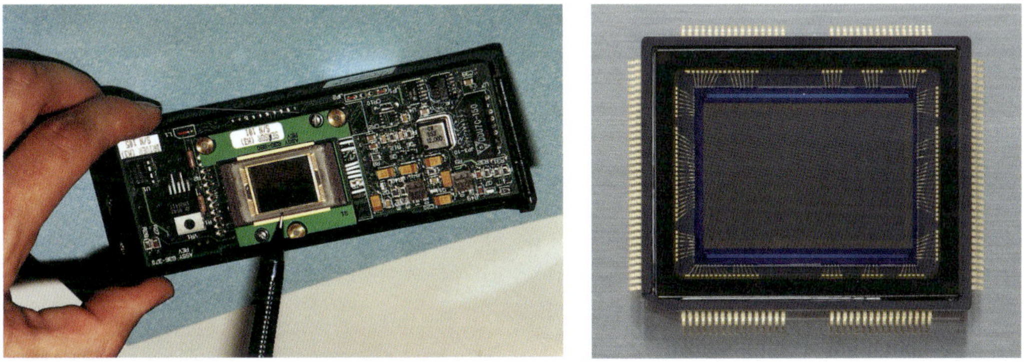

▸3 Geräte für die digitale Bildverarbeitung

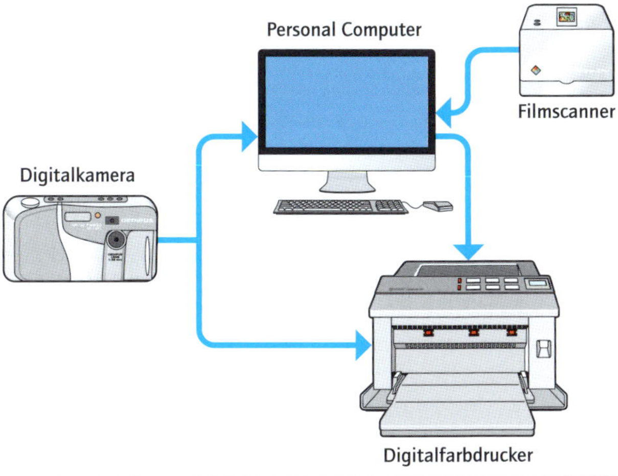

Digitale Fotografie II

Digitalkameras führen in der Regel vor, während und nach der Aufnahme bestimmte bildverändernde Verarbeitungsschritte durch, um das Bild zu optimieren. Dazu zählen insbesondere die Homogenisierung von Schärfe und Helligkeit über das ganze Bild sowie der **Weißabgleich**, der dazu dient, die Kamera auf die Farbtemperatur des Lichts am Aufnahmeort einzustellen. Preiswerte Digitalkameras arbeiten zumeist mit einem voll automatischen Weißabgleich. Hierbei sucht die Kamera nach der hellsten Fläche auf dem Bildmotiv und stellt den gemessenen Farbwert auf weiß ein. Der übrige Farbraum wird dann entsprechend angepasst.
Neben den Bearbeitungsschritten, die jede Digitalkamera ausführt, verfügen hochwertigere Kameras je nach Ausstattung über Korrekturmechanismen für bessere Aufnahmen.

Automatische Belichtungskorrektur ▸1

Obwohl moderne Digitalkameras dank ausgefeilter Belichtungsmessung in der Regel zuverlässige Ergebnisse liefern, können vor allem bei schwierigen Lichtverhältnissen Fehlbelichtungen auftreten. So erscheint beispielsweise ein im Gegenlicht aufgenommenes Objekt auf der Aufnahme zu dunkel. Solche Fehlbelichtungen lassen sich nachträglich am Computer korrigieren, einige Kamerahersteller (z. B. Nikon mit Acitve D-Lighting®) statten ihre Kameras aber schon mit einer entsprechenden Software aus, die diese Korrektur direkt nach der Aufnahme durchführt. Dabei werden zu dunkle Partien aufgehellt, während ausreichend belichtete Stellen unverändert bleiben.

Rote-Augen-Korrektur ▸2

Bei Bildern von Personen oder anderen Lebewesen, die mit Blitzlicht fotografiert wurden, treten unter Umständen störende Rotfärbungen der Pupillen durch Reflexion an der Netzhaut auf. Der Effekt tritt besonders stark in Erscheinung, wenn die Person direkt in die Kamera schaut und das Blitzgerät in der Nähe der optischen Achse montiert ist. Der Effekt kann verringert werden, wenn das Blitzgerät möglichst weit aus der optischen Achse heraus bewegt wird, sodass das reflektierte Blitzlicht nicht direkt ins Objektiv zurückfällt. Bei aufgesteckten Blitzgeräten kann man meist auch den Blitz gegen die Decke oder eine Wand drehen, sodass Licht nicht direkt auf das Auge des Motivs fällt.
Bei der Nachbearbeitung von digitalen Fotos am Computer bieten gängige Bildbearbeitungsprogramme die Möglichkeit, rote Augen entweder händisch oder automatisch zu beseitigen. Viele Kameras haben auch eine vollautomatische Rote-Augen-Korrektur bereits integriert.

Bildstabilisierung ▸3

Bei fotografischen Aufnahmen besteht die Gefahr, dass durch eine Bewegung der Kamera während der Aufnahme das Objekt unscharf abgebildet („verwackelt") wird. Die vom Objekt auf den Bildsensor fallenden Lichtstrahlen erzeugen dann keine klar definierten Punkte auf dem Bildsensor oder Film, sondern Spuren, die sich über mehrere Bildpunkte erstrecken. Im Prinzip tritt dieser Effekt bei jeder Aufnahme auf, wird aber erst ab einer bestimmten Schwelle wahrgenommen. Die Gefahr des Verwackelns besteht vor allem mit zunehmender Brennweite und bei langen Belichtungszeiten.
Mehrere Kamerahersteller haben deshalb Systeme entwickelt, um das Bild während der Aufnahme zu stabilisieren. Neben der Verwendung eines Stativs **(mechanische Bildstabilisierung)** gibt es dabei zwei grundsätzliche Vorgehensweisen der **optoelektronischen Bildstabilisierung**. Bei **stabilisierten Objektiven** sind ein oder mehrere optische Elemente wie Prismen und Linsen beweglich gelagert und können durch Sensoren horizontal und vertikal gesteuert werden. Die gyroskopischen Sensoren messen die Winkelgeschwindigkeit der Objektivbewegung sowohl um die vertikale (engl. „pitching") als auch die horizontale („yawing") Achse. Anschließend verarbeitet ein Mikrochip die Signale und berechnet die notwendige Gegenbewegung der Objektivelemente, die von zwei **Voice-Coil-Motoren (VCM)** ausgeführt wird. Die Korrekturvorgänge erfolgen in Intervallen von nur wenigen Millisekunden; eine elektronische Gegenkopplung vom mobilen Objektivelement zur Regelelektronik sorgt dafür, dass die Korrektur richtig eingehalten wird und verhindert somit ein Überschwingen (Dämpfung).
Die Bildstabilisierung kann auch direkt in der Kamera integriert werden, wenn der Bildsensor selbst schwingend gelagert wird. Der Vorteil dieser Methode liegt darin, dass der Mechanismus grundsätzlich allen verfügbaren Objektiven zugute kommen kann und nicht in jedem Objektiv einzeln eingebaut werden muss. Andererseits bieten bei Spiegelreflexkameras nur die in das Objektiv integrierten Stabilisatoren die Möglichkeit, bereits beim Blick durch den Sucher ein stabilisiertes Bild zu sehen.
Um zu verhindern, dass ein Kameraschwenk zum Verfolgen eines bewegten Objektes von der Sensorelektronik als Verwackeln interpretiert wird, vergleichen bei einigen Stabilisierungssystemen spezielle Algorithmen in der Regelelektronik die Kamerabewegung mit bestimmten vorgegeben Verwackelungsmustern.

▸1 Belichtungskorrektur (D-Lighting®)

vorher

nachher

▸2 Rote-Augen-Korrektur

ohne Korrektur

mit Korrektur

▸3 Bildstabilisierung

ohne Stabilisierung

mit Stabilisierung

HDRI

Mithilfe der HDRI-Technologie (engl. **H**igh **D**ynamic **R**ange **I**maging) ist es möglich, auch bei kontrastreichen Lichtverhältnissen den vollständige Belichtungsumfang eines Motivs fotografisch zu erfassen, indem eine oder mehrere Belichtungsreihen aufgenommen und anschließend zu einem digitalen HDR-Bild kombiniert werden. Dabei liegt das Kontrastverhältnis deutlich über 1 : 10 000, in der Regel bei 1 : 200 000. Mithilfe des HDRI-Verfahrens ist es möglich, realistische Fotoaufnahmen von Motiven mit hohem Kontrast, beispielsweise mit starken Sonne-Schatten-Gegensätzen, anzufertigen, deren Helligkeitsspektrum etwa der Wahrnehmung des menschlichen Auges entspricht.

In der Regel werden für digitale Bilder nur $2^8 = 256$ Helligkeitsstufen pro Farbkanal verwendet (8 Bit), da herkömmliche Druckmedien und Monitore höhere Farbtiefen nicht darstellen können. Ein typisches 24-Bit-Bild kann also 16 Mio. (256^3) Farben darstellen. Der Wert 0 wird als Schwarz, 255 als Weiß interpretiert. Die in natürlichen Umgebungen auftretenden Helligkeitsunterschiede sind jedoch weitaus größer, und auch das menschliche Auge ist in der Lage, einen sehr hohen Kontrastumfang wahrzunehmen. Es kann Kontraste in einem Verhältnis von 1 : 10 000 erfassen und ist zudem in der Lage, sich an nahezu jede Lichtsituation anzupassen.

In der Fotografie ist für die Angabe des Dynamikumfangs auch der **Lichtwert (LW)** gebräuchlich (Abb. 1). Er ist das fotografische Maß für die Lichtmenge, die beim Öffnen des Verschlusses durch das Objektiv hindurch auf den Sensor bzw. Film fällt, und ist als Logarithmus des Kontrastverhältnisses definiert: $LW = \log_{10}$ (Kontrastverhältnis) · 3,32. Ein Kontrastverhältnis von 10 000 : 1, wie ihn das menschliche Auge auflösen kann, entspricht daher 14 LW.

Aufnahmen mit herkömmlichen Digitalkameras zeigen aufgrund des eingeschränkten Dynamikumfangs typische Über- und Unterbelichtungen. Ziel des HDRI-Verfahrens ist es deshalb, den natürlich vorkommenden Dynamikumfang möglichst in seiner Gesamtheit zu erfassen und erst bei der Ausgabe des Bildes den Helligkeitsumfang ggf. zu reduzieren.

Erzeugung von HDRI-Bildern ▸ 2

Bislang gibt es nur wenige digitale Bildsensoren, die ein Motiv mit seinem vollen Dynamikumfang erfassen können. Am Institut für Mikroelektronik der Universität Stuttgart wurde beispielsweise ein CMOS-Bildsensor mit der Bezeichnung **HDRC** (engl. **H**igh **D**ynamic **R**ange CMOS) entwickelt, der besonders leistungsfähig beim Einsatz unter extremen Lichtbedingungen (Über- und Unterbelichtung) wie auch bei starkem Gegenlicht ist. Im Gegensatz zu herkömmlichen Bildsensoren (CCD, CMOS) ist die Ausgangsspannung von HDRC-Sensoren eine logarithmische Funktion der Intensität und ähnelt in ihrem Verlauf daher der Empfindlichkeitskurve des menschlichen Auges (Weber-Fechner-Gesetz).

Um auch mit handelsüblichen Digitalkameras HDRI-Bilder erstellen zu können, werden mehrere Aufnahmen des Motivs mit unterschiedlicher Belichtungszeit, aber derselben Blende angefertigt. Jede Aufnahme einer solchen Belichtungsreihe – z. B. von der LW-Stufe −2 bis +2 – fängt eine andere Helligkeit des Motivs auf. Anschließend werden die Einzelaufnahmen durch eine geeignete Software zusammengefügt, wobei für jeden unterschiedlichen Helligkeitsbereich des Bildes die optimal belichtete Einzelaufnahme verwendet wird (Abb. 2). Dadurch werden Über- und Unterbelichtungen stark reduziert und somit der Dynamikumfang der Gesamtaufnahme erhöht und dem menschlichen Auge angepasst.

Bei der Aufnahme der Belichtungsreihe sollten alle automatischen Optimierungsprozeduren der Kamera deaktiviert werden, insbesondere wenn die Einzelbilder im JPG-Format abgespeichert werden. Werden die Bilder im Raw-Format aufgenommen, wirken sich die Optimierungseinstellungen der Kamera nicht auf die Bilder aus und müssen nicht ausgestellt werden.

Tone Mapping

Um HDR-Bilder auf herkömmlichen Monitoren und Medien ausgeben zu können, müssen sie durch eine Tonwertumsetzung (Tone Mapping) in ihrem Dynamikumfang wieder reduziert und in **LDR-Bilder** (Low Dynamic Range) umgewandelt werden. Dabei geht zwar der naturgetreue Helligkeitseindruck verloren, die besonderen Eigenschaften des HDR-Bildes wie der Detailreichtum in dunklen und hellen Bildregionen soll jedoch erhalten werden. Tone-Mapping-Operatoren lassen sich in zwei Klassen einteilen: Globale Operatoren werden auf alle Bildbereiche angewendet, während lokale Operatoren unterschiedliche Bildbereiche unterschiedlich behandeln. Die globalen Operatoren arbeiten vergleichsweise schnell und eignen sich für Echtzeit-Anwendungen. Lokale Operatoren sind in der Lage, Bilder mit einem besonders großen Kontrastumfang ohne übermäßigen Detailverlust zu komprimieren. Dabei werden Bildregionen mit hohem Kontrast stark, Regionen mit geringem Kontrast weniger stark komprimiert.

▸1 Lichtwerte

Verschlusszeit in Sekunden	Blende												
	f1	f1.4	f2	f2.8	f4	f5.6	f8	f11	f16	f22	f32	f45	f64
15	-4	-3	-2	-1	0	1	2	3	4	5	6	7	8
8	-3	-2	-1	0	1	2	3	4	5	6	7	8	9
4	-2	-1	0	1	2	3	4	5	6	7	8	9	10
2	-1	0	1	2	3	4	5	6	7	8	9	10	11
1	0	1	2	3	4	5	6	7	8	9	10	11	12
1/2	1	2	3	4	5	6	7	8	9	10	11	12	13
1/4	2	3	4	5	6	7	8	9	10	11	12	13	14
1/8	3	4	5	6	7	8	9	10	11	12	13	14	15
1/15	4	5	6	7	8	9	10	11	12	13	14	15	16
1/30	5	6	7	8	9	10	11	12	13	14	15	16	17
1/60	6	7	8	9	10	11	12	13	14	15	16	17	18
1/125	7	8	9	10	11	12	13	14	15	16	17	18	19
1/250	8	9	10	11	12	13	14	15	16	17	18	19	20
1/500	9	10	11	12	13	14	15	16	17	18	19	20	21
1/1000	10	11	12	13	14	15	16	17	18	19	20	21	22
1/2000	11	12	13	14	15	16	17	18	19	20	21	22	23
1/4000	12	13	14	15	16	17	18	19	20	21	22	23	24

Der Lichtwert wird auch als Belichtungsstufe bezeichnet. Jede Stufe entspricht einer Kombination aus Blendenzahl und Belichtungszeit.

▸2 Erstellen eines HDR-Bildes aus einer Belichtungsreihe

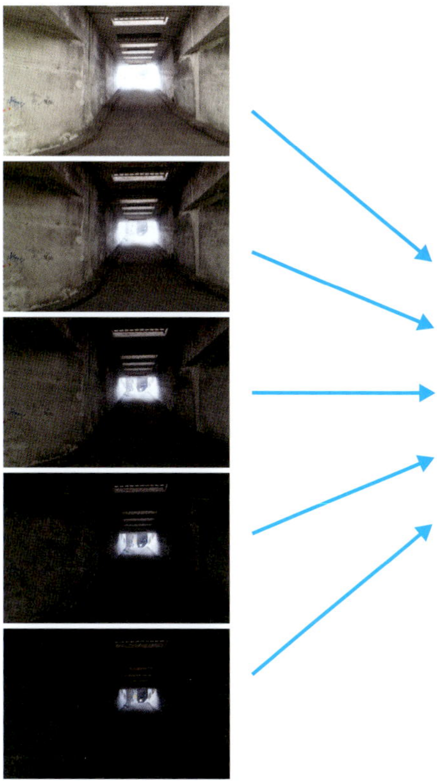

Die Einzelaufnahmen unterscheiden sich jeweils um eine Belichtungsstufe. Im daraus generierten HDR-Bild sind gleichermaßen Details in hellen und dunklen Bildregionen erkennbar, ohne dass es zu störenden Über- oder Unterbelichtungen kommt. Anschließend wurde das Bild mithilfe von Tonemapping wieder in ein LDR-Bild umgewandelt.

Blitzlichtgeräte

Vor allem in geschlossenen Räumen reicht die Helligkeit des natürlichen Lichtes für Fotoaufnahmen oft nicht aus. Auch ist das natürliche Licht in vielen Aufnahmesituationen zu ungerichtet und diffus. Um gezielt die Ausleuchtung des Motivs zu gestalten, benötigen Fotografen daher künstliche Lichtquellen.
Während in Filmstudios starke Scheinwerfer benutzt werden, um die für Filmaufnahmen ständig erforderliche Helligkeit zu gewährleisten, reicht für Fotoaufnahmen ein kurzzeitiger Blitz. Früher wurde durch Verbrennung von Magnesium ein Blitz erzeugt, heute werden fast ausschließlich elektronische **Röhrenblitzgeräte** (**Elektronenblitzgeräte**) verwendet, deren Licht von einer Gasentladungslampe geliefert wird.

Funktionsweise ▸1

Elektronenblitzgeräte haben eine mit Edelgas gefüllte Röhre mit drei elektrischen Anschlüssen (Elektroden; Abb. 1). Über die **Zündelektrode** wird mit einem kurzen Spannungsimpuls von ca. 10 000 Volt das Gas in der Röhre ionisiert, d. h., Elektronen werden von den Atomkernen gelöst und sind somit beweglich. Dadurch wird das normalerweise nicht leitfähige Gas elektrisch leitend, und es kann über die beiden anderen Elektroden kurzzeitig ein sehr hoher Strom fließen. Dies führt zu einem blitzartigen Aufleuchten des Gases.
Die hohe Spannung für die Zündelektrode wird auf ähnliche Weise erzeugt wie der Zündfunke in einem Ottomotor, d. h., eine Spule erzeugt Spannung, die dann nach dem Prinzip des elektrischen Transformators auf das erforderliche Niveau erhöht wird.
Der für den eigentlichen Blitz verantwortliche große Strom wird einem **Kondensator** entnommen, der vor Auslösen des Blitzes mit einer Spannung von ungefähr 500 Volt aufgeladen wurde. Um diese relativ hohe Spannung aus Batterien zu gewinnen, wird ein Wechselrichter verwendet, der die geringe Batteriespannung von nur wenigen Volt auf das erforderliche Spannungsniveau hochtransformiert.

Synchronisation

Der von einem Elektronenblitzgerät erzeugte Blitz hat nur eine kurze Dauer (meist unter $^{1}/_{1000}$ s). Da die Helligkeit aber relativ groß ist, reicht die Lichtenergie zur Belichtung eines Bildes aus. Allerdings muss der Zeitpunkt der Blitzauslösung genau mit der Öffnungszeit des Kameraverschlusses in Übereinstimmung gebracht (synchronisiert) werden.
Bei Kameras mit Zentralverschluss ist dies relativ unproblematisch, da nur gewährleistet sein muss, dass zum Zeitpunkt des Blitzes der Verschluss geöffnet ist. Es wird dann das gesamte Filmbild durch den Blitz ausgeleuchtet. Bei Kameras mit Schlitz- oder Lamellenverschluss ist bei kurzen Belichtungszeiten jedoch immer nur ein kleiner Bildausschnitt freigegeben.
Der Blitz würde also nur auf einem Teil des Filmes ein helles Bild erzeugen. Daher können Schlitzverschlusskameras nur dann mit einem Blitzgerät synchronisiert werden, wenn eine relativ lange Belichtungszeit gewählt wird (z. B. $^{1}/_{60}$ s). Die Schlitzbreite ist dann so groß, dass kurzzeitig der gesamte Vorhang geöffnet ist. Genau zu diesem Zeitpunkt wird der Blitz gezündet. Dies wird durch den elektrischen **Synchronkontakt** bewirkt, der mit dem Verschluss gekoppelt ist.

Belichtungseinstellung

Bei Aufnahmen mit Blitz hat die Einstellung der Belichtungszeit an der Kamera, wenn man vom Problem der Synchronisation absieht, nur untergeordnete Bedeutung. Die Belichtung wird vom Blitzgerät und von der Kamerablende bestimmt. Bei älteren Blitzgeräten war die Blitzenergie immer konstant, und die richtige Belichtung musste ausschließlich durch Einstellung der Blende vorgenommen werden. Dabei ist die sogenannte Leitzahl des Blitzes maßgeblich. Die **Leitzahl** gibt an, wie weit die Blende bei einer bestimmten Motiventfernung geöffnet werden muss. Bei einem leistungsstarken Blitzgerät mit hoher Leitzahl kann auch bei großer Entfernung eine relativ kleine Blende gewählt werden.

Computerblitzgeräte ▸2

Moderne Blitzgeräte passen die Blitzenergie automatisch an. Die sogenannten Computerblitzgeräte (Abb. 2) haben einen **Lichtsensor**, der das vom Motiv reflektierte Licht mit einer Fotodiode misst und den Blitz bei einer genau vorgegebenen Lichtmenge löscht. Zum Löschen des Zündfunkens dient eine zweite Röhre, die ähnlich wie die Blitzröhre funktioniert, aber kein Licht aussendet. Wenn diese **Schaltröhre** durch den Löschimpuls ionisiert wird, leitet sie den Zündfunken ab und der Blitz erlischt schlagartig.
Die Anpassung der Blitzenergie an eine vorgegebene Blende sowie die Objekthelligkeit funktioniert besonders präzise, wenn sich der Lichtsensor zur Messung des reflektierten Lichts nicht am Blitzgerät befindet, sondern die reflektierte Lichtmenge durch das Objektiv der Kamera gemessen wird. Dies ist bei modernen Kameras üblich.

▸1 Funktionsschema eines Computerblitzgerätes

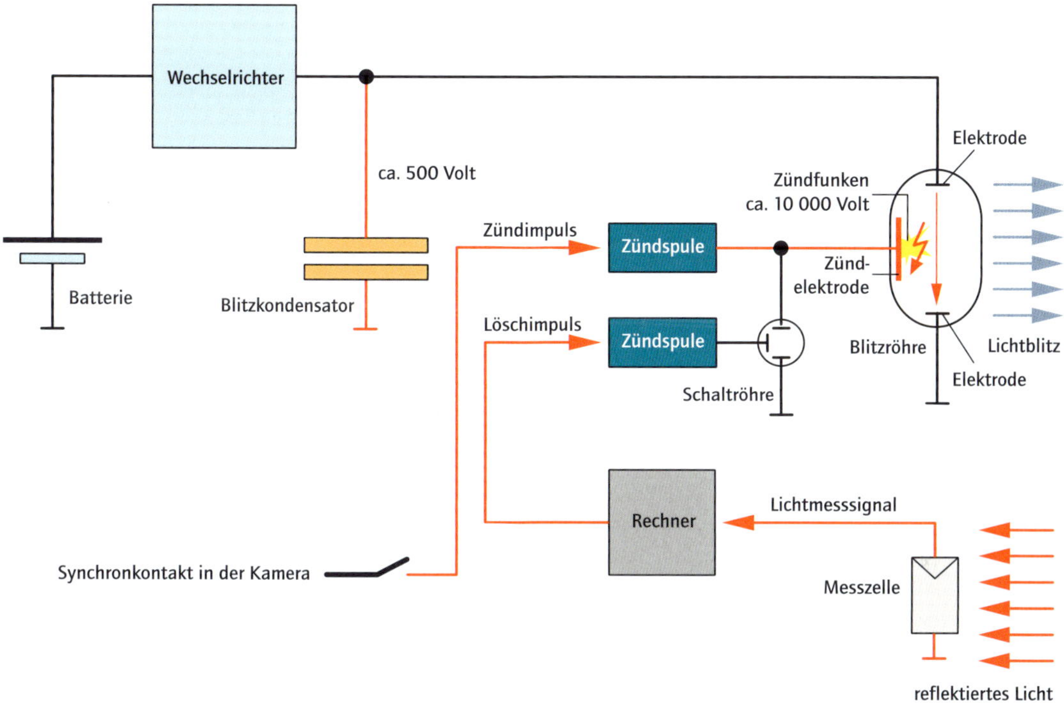

▸2 Stabblitzgerät

Automatische Kamerasteuerung

In der Vergangenheit musste ein Fotograf bei der Aufnahme viele verschiedene Einflussgrößen beachten, die für ein korrekt belichtetes und scharf eingestelltes Bild maßgebend sind. Heute helfen ihm bei den Einstellvorgängen Mikrocomputer in der Kamera. Damit kann sich der Fotograf voll auf das Motiv konzentrieren. Hochwertige automatische Kameras lassen dem Fotografen aber Eingriffsmöglichkeiten, um Einstellungen in seinem Sinne zu beeinflussen.

Belichtungssteuerung

Einfluss auf die Belichtung haben die **Beleuchtungsstärke**, d.h. die Lichtintensität, die auf den Film wirkt, und die **Belichtungszeit**, also die Einwirkungsdauer des Lichtes. Für ein korrekt belichtetes Bild müssen gleichzeitig die Blende und die Belichtungszeit an die jeweilige **Objekthelligkeit** angepasst werden. In der Regel gibt es mehrere Kombinationen von Blende und Belichtungszeit, die zu einem richtig belichteten Bild führen. Allerdings erzeugen sie unterschiedliche Bildeindrücke, da die Blende auch die **Tiefenschärfe** beeinflusst (Abb. 1) und lange Belichtungszeiten zu **Bewegungsunschärfe** (Abb. 2) führen.

Um möglichst große Tiefenschärfe zu erreichen und gleichzeitig ein „Verwackeln" zu vermeiden, ist die Belichtung meistens ein Kompromiss aus möglichst kleiner Blende und möglichst kurzer Belichtungszeit. Wie dieser Kompromiss ausfällt, wird bei automatischen Belichtungssteuerungen durch das Programm des Belichtungsrechners bestimmt.

Lichtmessung

Der Belichtungsmesser misst zunächst die Helligkeit des Motivs mit lichtempfindlichen Sensoren. Es gibt verschiedene Möglichkeiten, die Helligkeit des wesentlichen Motivteils zu erfassen. Weitverbreitet ist die mittenbetonte **Integralmessung**, die davon ausgeht, dass sich der wichtigste Teil des Motivs in der Mitte des Bildes befindet. Daher wird in diesem Bereich über eine relativ große Fläche die durchschnittliche Helligkeit ermittelt. Die **Spotbelichtungsmessung** (Selektivmessung) dient dazu, die Belichtung gezielt auf die Helligkeit eines einzelnen Objektes zustimmen. Dazu wird die Helligkeit des gewünschten Objektes gemessen und kurz gespeichert. Sie steuert dann beim Auslösen die Belichtungszeit. Neben diesen zwei Verfahren gibt es eine Vielzahl von Mischformen, bei denen das Bild in Sektoren unterteilt wird, die unterschiedlich ausgewertet werden.

Belichtungsprogramme ▸1 ▸2

Nachdem der Belichtungsrechner die maßgebliche Beleuchtungsstärke ermittelt hat, werden nach einem bestimmten Programm die Blende oder die Belichtungszeit oder beide Größen gleichzeitig verstellt.

Bei der **Zeitautomatik** gibt der Fotograf die Blende vor, um z. B. für ein Porträt oder eine Landschaftsaufnahme gezielt die Tiefenschärfe zu beeinflussen. Der Belichtungsrechner stellt die zur vorgegebenen Blende passende Belichtungszeit ein.

Für Aufnahmen von Bewegungsabläufen (z. B. bei Sportereignissen) eignet sich besser die **Blendenautomatik**. Dabei wird vor der Aufnahme eine Belichtungszeit gewählt, die entweder kurz genug ist, um auch schnelle Bewegungen „einzufrieren", oder aber lang genug ist, um „Wischeffekte" durch Bewegungsunschärfe zu erreichen; die Blende wird entsprechend angepasst. Reine Zeit- oder Blendenautomatikprogramme nutzen den Belichtungsspielraum einer Kamera nicht voll aus und stoßen ziemlich schnell an Grenzen. Moderne Kameras verfügen daher zusätzlich noch über eine Programmautomatik, bei der gleichzeitig Blende und Belichtungszeit angepasst werden.

Automatische Fokussierung ▸3

Bei Kameras mit einem **Autofokussystem** wird die Motiventfernung automatisch gemessen und das Objektiv entsprechend fokussiert. Die Systeme arbeiten nach unterschiedlichen Prinzipien. Einige Systeme senden Ultraschallimpulse aus und errechnen aus der Schallreflektion die Entfernung des Objekts. Diese Systeme arbeiten auch bei Dunkelheit.

Heute werden zunehmend passive Autofokussysteme eingesetzt. Sie messen die Entfernung indirekt und nutzen dabei aus, dass unscharfe Bilder in der Regel geringen Kontrast, also geringe Hell-Dunkel-Unterschiede in eng benachbarten Bildzonen aufweisen.

Mithilfe einer **Kontrastmessung** (Abb. 3) lässt sich beurteilen, ob das Motiv scharf eingestellt ist. Das Objekt wird dazu über einen starren und einen drehbaren Spiegel, der mit der Einstellungsvorrichtung des Objektives gekoppelt ist, auf paarweise angeordnete Fotozellen gespiegelt. Die beiden Abbildungen werden dann verglichen und durch die Verstellung des Drehspiegels (Objektivbewegung) abgeglichen, bis ein maximaler Kontrast vorliegt.

Problematisch sind Motive mit geringem Kontrast oder sich schnell bewegende Motive, bei denen das Motivzentrum am Bildrand liegt, da hier die beschriebenen Verfahren nicht immer ausreichen, um scharfe Bilder zu erzeugen.

▸1 Einfluss der Blendenöffnung auf die Tiefenschärfe bei kurzen Belichtungszeiten

a kleine Blendenöffnung, große Tiefenschärfe

b große Blendenöffnung, geringere Tiefenschärfe

▸2 Einfluss der Belichtungszeit auf die Bewegungsschärfe

▸3 Automatische Fokussierung mit Kontrastvergleich

(a) Objektivverstellung
(b) Messkreis (Kontrastmessung)
(c) Fotozellen (Helligkeitsmessung)
(d) Starrer Spiegel
(e) Prisma
(f) Drehspiegel (mit Objektiv gekoppelt)
(g) Regelkreis

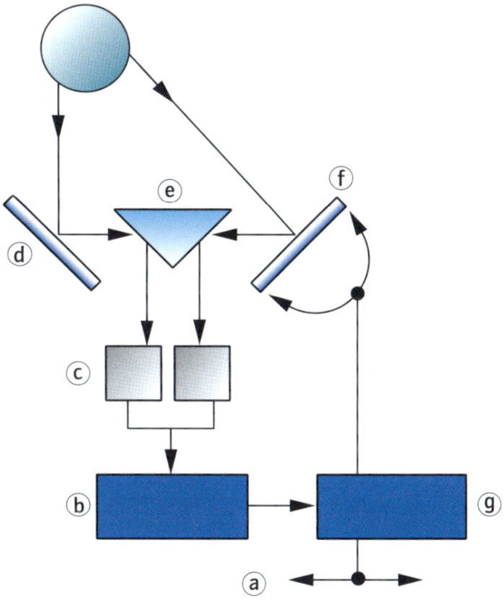

Holografie

1947 wurde das Prinzip der Holografie entwickelt, ein dreidimensionales Bildaufzeichnungs- und Bildwiedergabeverfahren, mit dessen Hilfe vollkommen räumlich wirkende Abbildungen von Gegenständen hergestellt werden können. Heute spielt die Holografie mithilfe der Lasertechnologie (→ Laser) nicht nur in der Bildaufzeichnung, Kunst und Unterhaltung, sondern auch in der Sicherheitstechnik, der Werkstoffprüfung, der Medizin und der Datenspeicherung eine wichtige Rolle.

Vergleich zur Fotografie

Die Fotografie verwendet zur Beleuchtung die Sonne oder eine Lampe, wobei Intensität und Farbe des vom betrachteten Objekt kommenden Lichtes mithilfe einer Linse fokussiert und auf einer lichtempfindlichen Schicht gespeichert werden. Das Objekt wird dabei nur flächenhaft, also zweidimensional abgebildet. Vor allem geht bei diesem Verfahren der Eindruck der räumlichen Tiefe verloren. Diesen Nachteil kann auch die Stereofotografie mit ihren für jedes Auge separaten Halbbildern nicht aufheben. Bei ihr ist der Beobachtungsstandpunkt festgelegt, sodass Einzelheiten von Objekten, die sich während der Aufnahme überdecken, für die Wiedergabe verloren sind.

All diese Mängel haben ihre Ursache darin, dass Licht zusätzlich noch durch seine **Phase**, d. h. durch je nach der Oberfläche des Objektes gekrümmte Wellenanteile, gekennzeichnet ist. Diese **dreidimensionalen Objektwellen** enthalten die gesamte, auch räumliche Information des betrachteten Gegenstandes, die die herkömmliche Fotografie nicht festhalten kann. Erst in der Holografie, die zudem keine Linsen erfordert, gelingt es, die dreidimensionale Objektwelle mithilfe von Laserstrahlung in einer Fotoschicht festzuhalten. Nach der Hologrammwiedergabe sind dann auch Einzelheiten sich verdeckender Objekte erkennbar.

Hologrammaufnahme ▸1

Das Prinzip der Aufnahme eines Hologramms zeigt Abb. 1 a: Mit einem aufgeweiteten **Laserstrahl** wird das Objekt beleuchtet. Die vom Objekt reflektierte, vorher vollkommen gleichmäßige **Objektwelle** besitzt nun eine charakteristische Verformung in Gestalt eines komplizierten räumlichen Musters und fällt auf eine Fotoplatte. Diese wird gleichzeitig mit einem ungestörten, am Objekt vorbeigeführten Teil des ursprünglichen Laserstrahls (**Referenzwelle**) beleuchtet, der über einen Spiegel geführt wird und von der Seite auf die Fotoplatte einfällt. Beide Wellenfronten überlagern sich auf der Fotoplatte. Nach dem Entwickeln sieht man auf ihr ein für das Auge nicht als Objekt erkennbares Muster aus Linien und Kreisen von äußerst kleinem Abstand, das **Hologramm** (Abb. 1 b). Es enthält neben der Intensität auch die Phase der vom Objekt reflektierten Wellenfront. Voraussetzung bei dieser Technik ist, dass die geteilten Lichtbündel in einer festen Phasenbeziehung stehen, die nur durch die Objektoberfläche beeinflusst werden darf.

Hologrammwiedergabe ▸1

Um wieder eine Objektwelle aus dem Hologramm zu erzeugen, wird es mit einem aufgeweiteten Laserstrahl aus der gleichen Richtung beleuchtet, aus der bei der Aufnahme der Referenzstrahl einfiel (Abb. 1 c). Das Laserlicht wird am Muster auf der Hologrammplatte so beeinflusst, dass die Wellen bezüglich Phase und Intensität weiterlaufen, als kämen sie vom aufgenommenen Objekt. Es erscheint dort ein **virtuelles Bild**, wo sich bei der Aufnahme das Objekt befand. Das Auge kann, von hinten durchs Hologramm schauend, das Objekt sehen und dabei nicht mehr zwischen Realität und Bild unterscheiden. Der Betrachter kann durch Kopfbewegung das Bild unter verschiedenen Perspektiven betrachten und daher in seiner räumlichen Tiefe erfassen. Gleichzeitig wird bei der Rekonstruktion ein Teil der beeinflussten Wellenfront hinter dem Hologramm zu Bildpunkten gebündelt. Dadurch entsteht auf der Seite des Beobachters ein reelles, ebenfalls dreidimensionales Bild, das sich, allerdings unter Verlust der räumlichen Tiefe, auf einer Fotoplatte speichern lässt.

Holografie in der Bildaufzeichnung ▸2

Eine interessante Weiterentwicklung sind die **Volumenhologramme** (**Tiefenhologramme**), die es ermöglichen, mit gewöhnlichem weißem Licht echte Farbholografie zu betreiben. Im Prinzip fallen Objekt- und Referenzwelle von entgegengesetzten Seiten auf eine dicke Fotoschicht (Abb. 2), wobei sich die holografische Struktur in der Tiefe der Schicht ausbreitet. Benutzt man bei der Aufnahme eine Kombination mehrerer verschiedenfarbiger Laser, so erzeugt jede Farbe im Volumen der Schicht eine eigene Struktur. Bei der Rekonstruktion mit weißem Licht wird jeweils genau die Farbe aus ihm herausgefiltert, die bei der Aufnahme verwendet wurde. Da sich mehrere Bilder gleichzeitig auf einer Fotoplatte speichern lassen, kann man bei der Aufnahme bzw. Wiedergabe die Platte jeweils etwas drehen, um eine Serie unabhängiger Hologramme zu erzeugen oder wiederzugeben.

▸1 Aufnahme eines Hologramms

a Objektwelle und Referenzwelle überlagern sich auf der Fotoplatte

b Schematische Darstellung eines Hologramms

c Rekonstruktion der Bilder mithilfe eines Laserstrahls

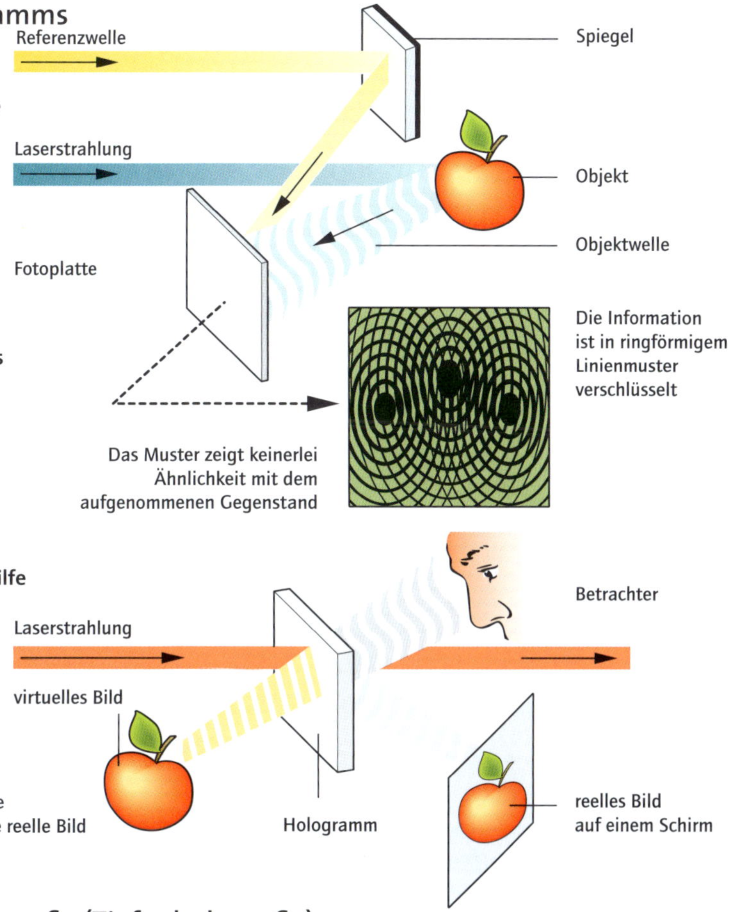

Es entstehen zwei Bilder:
das für das Auge sichtbare virtuelle
und das auf dem Schirm erfassbare reelle Bild

▸2 Prinzip der Volumenholografie (Tiefenholografie)

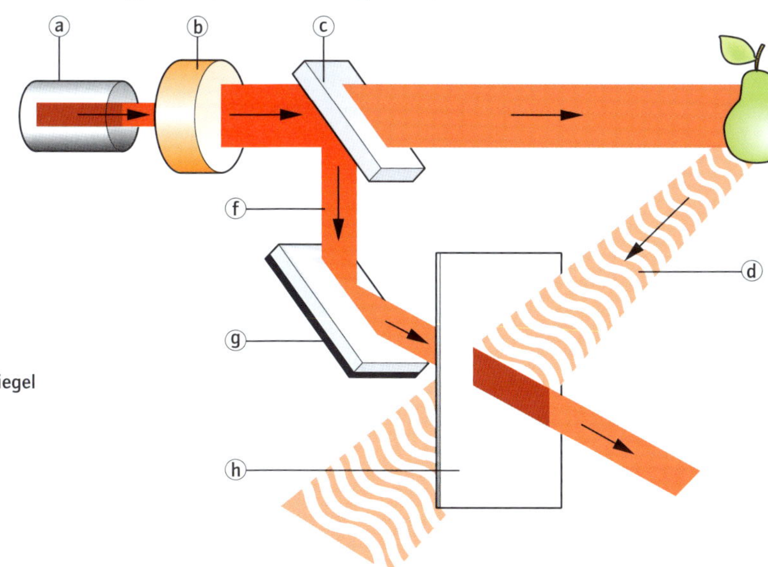

- (a) Laser
- (b) Aufweitoptik
- (c) Teildurchlässiger Spiegel
- (d) Objektwelle
- (e) Objekt
- (f) Referenzwelle
- (g) Umlenkspiegel
- (h) Fotoplatte

Objekt- und Referenzwelle fallen von entgegengesetzten Seiten auf eine Fotoschicht

Traktoren

Traktoren (**Schlepper**, Abb. 1) sind die wichtigsten Arbeitsgeräte in der Land- und Forstwirtschaft und haben Zugtiere weitgehend ersetzt. Dabei dienen sie nicht nur als Zugmaschinen, sondern bilden auch die Basis für viele unterschiedliche Maschinenkombinationen zur Ackerbearbeitung.

Antrieb ▸1 ▸2 ▸3

Traktoren müssen ein Fortkommen im unwegsamen Gelände ermöglichen und dabei zusätzlich noch Arbeiten verrichten (z. B. einen Pflug ziehen). Um die erforderlichen Antriebskräfte auf den Boden zu übertragen und dabei gleichzeitig den Boden zu schonen, sind Traktoren mit den charakteristischen großen Antriebsrädern ausgerüstet.
Während bei älteren oder einfacheren Schleppern nur das hintere Radpaar zum Antrieb dient und entsprechend große Bereifung aufweist, haben moderne Traktoren **Vierradantrieb** und daher auch vorne große Räder (Abb. 1). Dies verbessert einerseits die Kraftübertragung (**Traktion**) und führt andererseits durch geringeren Auflagedruck zu einer reduzierten Bodenbelastung und damit zu einer geringeren Bodenverdichtung.
Als Antriebsmaschinen dienen großvolumige Dieselmotoren, deren Leistung zwischen ca. 37 kW (50 PS) und 184 kW (250 PS) liegt. Schleppermotoren haben bei niedrigen Drehzahlen von ca. 2000 U/min einen weiten „Konstantleistungsbereich“ (Abb. 2), in dem sie große Antriebskräfte entwickeln.
Von größerer Bedeutung noch als der eigentliche Motor ist für Traktoren die Kraftübertragung vom Motor zu den Antriebsrädern. Um neben relativ großen Geschwindigkeiten auf der Straße (max. 30–50 km/h) auch extrem kleine Geschwindigkeiten auf dem Acker zu ermöglichen, verfügen sie über Getriebe mit ca. 20–50 Vorwärts- und Rückwärtsgängen. Durch **Wendegetriebe** wird die Drehrichtung des gesamten Getriebes umgekehrt, sodass für Vorwärts- und Rückwärtsfahrt gleich viele Fahrtstufen bereitstehen.
Um die Bedienung des komplexen Schleppergetriebes mit der Vielzahl von Last- und Fahrgängen sowie von Allradzuschaltungen und Differenzialsperren zu erleichtern, sind moderne Traktoren mit weitgehend **automatisierten Getriebeschalteinrichtungen** (Abb. 3) ausgerüstet. Damit kann der Landwirt mit einem einzigen Hebel („Joystick“) die Geschwindigkeit und die Fahrtrichtung vorgeben. Die entsprechenden Gangstufen werden automatisch aktiviert. Mit einem Schnellreversierschalter kann zwischen einer vorgewählten Vorwärts- und Rückwärtsübersetzung umgeschaltet werden. Wenn der Traktor zusätzlich über einen Geschwindigkeitsregler (Tempomat) verfügt, kann die Geschwindigkeit unabhängig von der Belastung des Schleppers konstant gehalten werden.

Arbeitshydraulik

Moderne Traktoren verfügen über eine oder mehrere **Hydraulikpumpen**, die vom Motor angetrieben werden. Diese Hydraulikpumpen stellen Drucköl zur Verfügung, das sowohl zum Betrieb des Schleppers selbst dient (z. B. für die hydraulisch angetriebene Lenkung) als auch zur Versorgung der hydraulischen Arbeitsgeräte. Über eine Summierwelle lassen sich hydraulisches und mechanisches Antriebsmoment für extern angebrachte Arbeitsgeräte kombinieren. Standardausrüstung moderner Traktoren ist stets ein hydraulisch angetriebenes Hubwerk am Heck. Daran befestigte Arbeitsgeräte können mit vorgegebener Anpresskraft auf den Boden gedrückt oder für Arbeitspausen vom Boden abgehoben werden. Mit dem Hubwerk kann sich der Schlepper auch selbst, z. B. für einen Radwechsel, hochheben.
Neben der **Heckhydraulik** verfügen manche Schlepper auch über ein **frontseitiges Hubwerk** sowie über frontseitige Hydraulikanschlüsse. Damit können auch an der Vorderseite des Schleppers Arbeitsgeräte angebracht und angetrieben werden.

Zapfwellen

Während z. B. der hydraulische Wendezylinder eines Drehpflugs nur gelegentlich bewegt wird, müssen andere Arbeitsgeräte (Mähmaschinen, Bodenfräsen, Häcksler, Kartoffelerntemaschinen usw.) ständig angetrieben werden. Dazu wird anstelle der Hydraulik eine mechanische Antriebswelle verwendet, die rückseitig am Schlepper herausgeführt ist (**Heckzapfwelle**) oder bei einigen Schleppermodellen auch zusätzlich noch nach vorne weist (**Frontzapfwelle**). Die Zapfwellen sind über schaltbare Kupplungen mit dem Schleppermotor verbunden und können von der Fahrerkabine aus per Knopfdruck eingekuppelt werden. Dadurch wird das mit der Zapfwelle verbundene Arbeitsgerät ein- und ausgeschaltet.

Kabine

Moderne Traktoren verfügen über eine geschlossene und klimatisierte Kabine mit Schall- und Vibrationsdämmung. In den Schlepperkabinen befinden sich heute neben den üblichen Bedien- und Anzeigeelementen auch vermehrt Computer, um Arbeitsgänge zu dokumentieren.

▸1 Traktor

ⓐ Fronthubwerk
ⓑ Frontantriebsachse
ⓒ Frontzapfwelle
ⓓ Luftkühlung
ⓔ Konstantleistungsmotor
ⓕ Hydraulikmotor
ⓖ Hydraulikpumpe
ⓗ Gekapselter Allrad
ⓘ Hydraulikhubwerk
ⓙ Bordinformator
ⓚ Joystick
ⓛ Bedienfelder für Allrad, Differentialsperren, Zapfwellen, Hydraulik und Vorderachsfederung
ⓜ Kabine
ⓝ Zusatzbeleuchtung

▸2 Leistungscharakteristik eines Schleppermotors

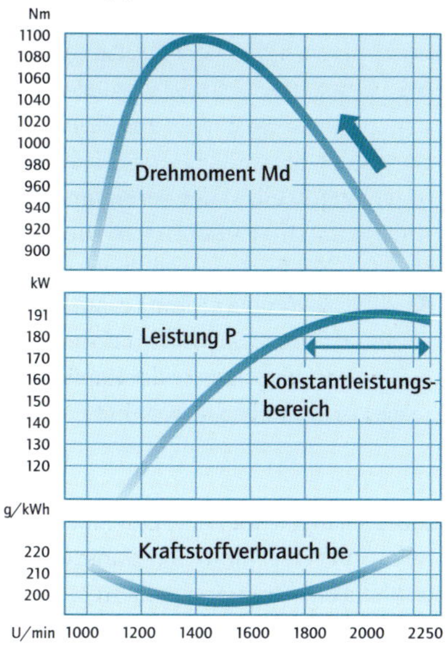

▸3 Automatisierte Getriebeschaltung eines modernen Traktors

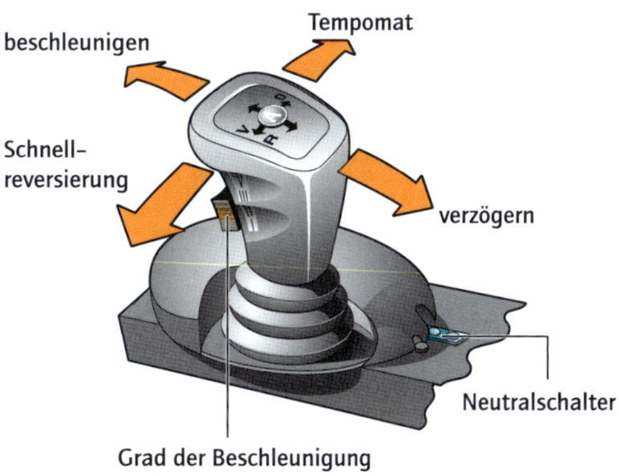

Krane

Unter Kranen lassen sich diejenigen Hebemittel zusammenfassen, bei denen die Last mit einem Tragmittel, meist einem Seil, gehoben und zudem in verschiedene Richtungen bewegt werden kann. Krane gehören innerhalb der Fördertechnik zu den sogenannten Unstetigförderern, d. h., im Gegensatz zu kontinuierlich arbeitenden Förderern (z. B. Transportbänder) erfolgen zeitlich abgrenzbare Arbeitsspiele, beispielsweise nach einer Lastbewegung eine in die umgekehrte Richtung stattfindende Leerbewegung. Zu den wichtigsten Krantypen zählen Turm-, Portal-, Brücken-, Kabel- und Mobilkrane.

Turmkrane ▸1

Vor allem auf Baustellen sind Turmkrane die vorherrschenden Fördermittel zum Transport von Stückgütern (Abb.1). Charakteristisch ist der lange Ausleger, dessen Länge die Turmhöhe übertreffen kann. Im Drehbereich des Auslegers lässt sich Material flächendeckend und punktgenau positionieren, wobei Turmkrane in Transport- und Hebegeschwindigkeit allen anderen Hebezeugen überlegen sind.
Wesentlich für die Bestimmung der Krangröße sind Lastmoment und Hubhöhe. Die erforderliche Standfestigkeit gegen Umkippen gewährleistet neben der Eigentragkraft des Turmes ein Gegengewicht. Überlastsicherungen mit automatischer Abschaltung sollen die hohe Unfallgefahr mindern.
Außer nach verschiedenen Auslegertypen lassen sich Turmkrane in die Gruppen fahrbar und stationär unterteilen. Fahrbare Krane arbeiten im Allgemeinen gleisgebunden und sind entweder oben drehend (Drehpunkt unterhalb des Führerhauses) oder unten drehend (am Unterwagen) ausgeführt. Ortsfeste Turmkrane sind immer oben drehend und durch Betonfundamente mit dem Untergrund verankert.

Weitere stationäre und fahrbare Hebezeuge ▸2 ▸3

Portalkrane sind insbesondere in Montagehallen und auf Werkstattvorplätzen zu finden. Dieser Krantyp besteht aus einem ebenerdig fahrbaren Portal mit zwei Stützen und der Kranbrücke, die den Arbeitsbereich des Krans (z. B. einen Lagerplatz) überspannt (Abb.2). Portalkrane besitzen eine fest mit der Kranbrücke verbundene Feststütze sowie eine Pendelstütze, die beweglich montiert ist und dadurch Spurdifferenzen der beiden Gleise ausgleichen kann. Es werden drei Bewegungen ausgeführt: Heben/Senken mit dem Hubwerk, Fahren der Laufkatze und Kranfahren mit den an beiden Stützen angebrachten Fahrwerken.
Im Gegensatz zum Portalkran sind bei **Brückenkranen** keine Stützen vorgesehen, sondern die Kranbrücke fährt auf hoch gelegenen Fahrbahnen, sodass die darunter liegenden Arbeitsflächen nicht behindert werden.
Den Aufbau eines **Hubwerks (Elektrozug)**, wie es bei Brücken- und Portalkranen eingesetzt wird, zeigt Abb.3. Das Hubwerk besteht aus einer Seiltrommel, in die ein Planetengetriebe eingebaut ist und auf der das Drahtseil aufgewickelt wird. Ein Elektrobremsmotor treibt über eine Kupplung die Seiltrommel an, wobei das Planetengetriebe die hohe Motorgeschwindigkeit in praktikable Hub- bzw. Senkgeschwindigkeiten untersetzt. Der Motor ist so ausgelegt, dass eine Bremse beim Abschalten des Hubwerks die Traglast hält. Für Feindosierungen beim Heben/Senken kann ein weiterer Elektrofeinhubmotor eingebaut werden, der die Hubgeschwindigkeit nochmals reduziert.
Bei **Kabelkranen** ersetzt ein Tragseil die bei Portal- und Brückenkranen starr ausgelegte Kranbrücke. Auf diesem Seil wird durch ein Fahrseil die Laufkatze bewegt. Die Abspannung des Tragseils erfolgt über zwei Stützen (Türme), wobei die Winden für die Bewegung der Laufkatze und das Heben/Senken (Hubseil) in einem der Türme bzw. in einem speziellen Windenhaus untergebracht sind. Kabelkrane werden insbesondere bei lang gestreckten Bauwerken (Staudämme, Brücken) eingesetzt und erreichen Spannweiten bis ca. 1 000 m.

Mobilkrane ▸4

Mobilkrane sind als Straßen- bzw. Schienenfahrzeuge meist selbstfahrend und werden durch einen Dieselmotor bewegt. Die Kraftübertragung zur Bewegung des Auslegers erfolgt häufig hydraulisch, wobei der Dieselmotor eine Hydraulikpumpe antreibt, die einen Hydraulikzylinder mit Drucköl versorgt. Der teleskopartig aufgebaute Ausleger lässt sich meist 3- oder 4fach (auch unter Last) ausfahren. Die einzelnen Arbeitsbereiche bei unterschiedlichen Hubhöhen und Reichweiten des Auslegers zeigt Abb. 4. Ausfahrbare Stützen am Unterteil des Krans verbessern die Standfestigkeit bei Arbeitsbewegungen.
Mobilkrane erlauben durch den variablen Teleskopausleger sehr kurze Rüstzeiten und sind aufgrund des Eigenantriebs für einen häufigen Standortwechsel gut geeignet. Hauptanwendungsgebiete sind Bau- und Montagearbeiten, vor allem im Hoch- und Brückenbau, daneben kommen diese Krane auch beim Aufbau verfahrenstechnischer Anlagen (z. B. Chemieanlagen) zum Einsatz.

▸1 Turmkran

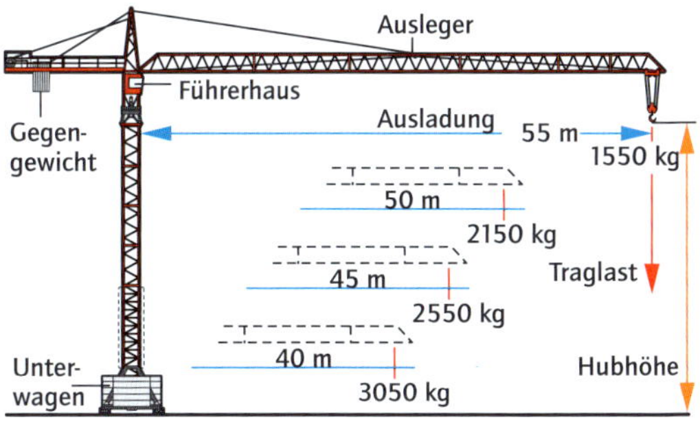

▸2 Schema eines Vollportalkrans

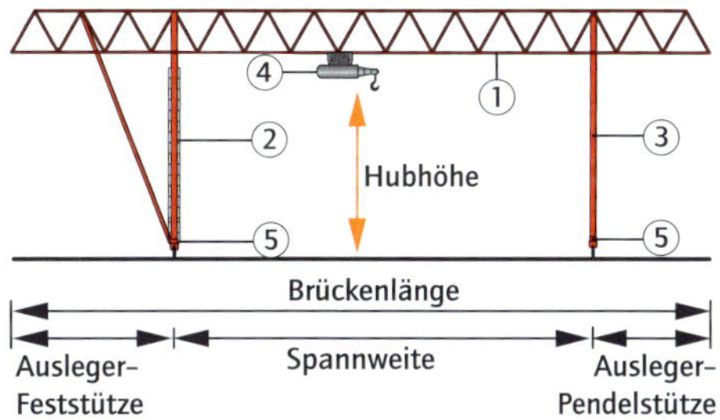

(1) Kranbrücke
(2) Feststütze
(3) Pendelstütze
(4) Laufkatze mit Hubwerk
(5) Fahrwerk

▸3 Aufbau eines Hubwerks

(1) Planetengetriebe
(2) Seiltrommel
(3) Kupplung
(4) Elektrobremsmotor
(5) Bremse

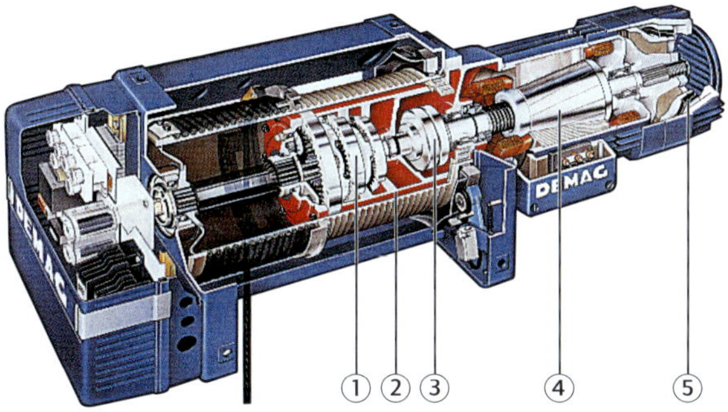

▸4 Mobilkran mit Teleskopausleger (70 t Traglast)

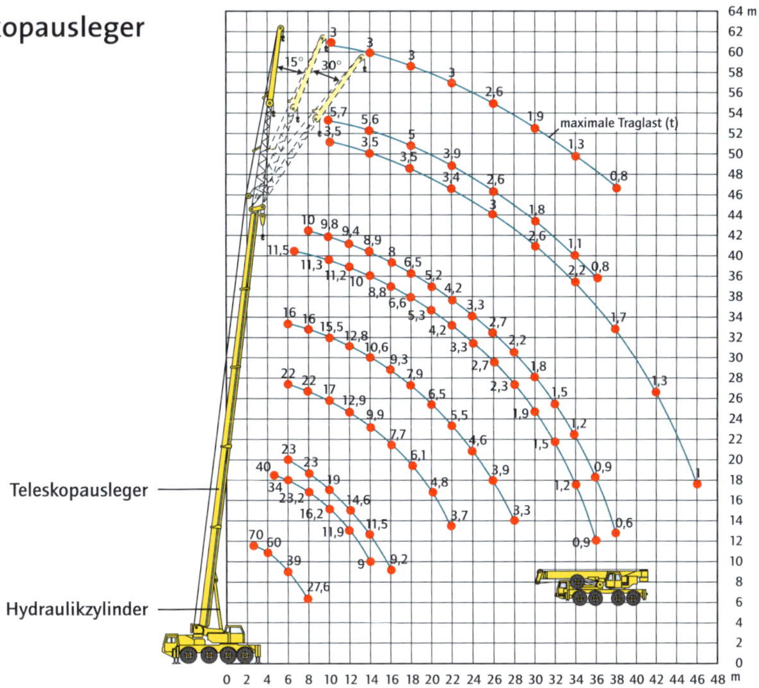

Bagger

Zum Lösen, Verladen und Transport von Erde, Sand oder Abraum werden Bagger eingesetzt. Sie sind ebenso wie Krane (→) häufig sogenannte Unstetigförderer. Allerdings existiert auch eine Reihe kontinuierlich arbeitender Maschinen, z. B. Schaufelradbagger. Bagger finden Verwendung bei Aushebe- und Verladearbeiten im Siedlungs-, Hoch- und Industriebau, im Straßen- und Eisenbahnbau zur Herstellung von Dämmen und Schneisen, im Kanal-, Fluss- und Hafenbau zur Erstellung von Fahrrinnen sowie zum Abbau von Bodenschätzen. Wichtige Bauarten sind Hydraulik-, Teleskop-, Eimerketten-, Schaufelrad- und Flachbagger.

Universalbagger ▸1 ▸2

Hydraulikbagger haben einen weiten Einsatzbereich („Universalbagger"). Sie sind mit einem Raupen- oder Radunterwagen ausgerüstet, auf dem drehbar der Oberwagen mit Ausleger, an dem sich das Grabgefäß befindet, gelagert ist. Die Bewegungen, z. B. Drehen, Fahren und Verstellen der Schaufel, werden durch hydrostatische Antriebe gewährleistet. Neben dem Betriebsgewicht und der Motorleistung ist insbesondere das Reichweitendiagramm von Bedeutung (Abb. 1). Als Grabgefäße kommen je nach Anwendungsbereich verschiedene Löffel und Greifer (Abb. 2) zum Einsatz. Die Auswahl richtet sich nach der Abbaumethode und ist an die Baggergröße anzupassen.

Teleskopbagger sind ähnlich aufgebaut wie Hydraulikbagger, besitzen jedoch einen nicht knickbaren Ausleger, der teleskopartig ausfahrbar und drehbar ist. Der dreieckige Teleskopausleger ist in einer Wippe gelagert und in seiner Längsachse beliebig drehbar. Dadurch kann nach oben und unten sowie in beide seitlichen Richtungen gearbeitet werden. Bei einer annähernd vertikalen Stellung nach unten können schmale und tiefe Schächte ausgehoben werden, je nach Länge des Teleskopauslegers bis zu 12 Meter Tiefe. Durch die große Reichweite des Auslegers und die geradlinige Führung des Arbeitswerkzeuges werden Teleskopbagger jedoch vor allem zur exakten Profilierung von Gräben und Böschungen, aber auch im Tunnel- und Bergbau eingesetzt.

Mehrgefäßbagger ▸3

Eimerkettenbagger sind stetig arbeitende Mehrgefäßmaschinen, bei denen an einer endlosen Stahlgelenkkette schalenförmige Eimer befestigt sind. Die Eimerkette wird in einer festen Bahn geführt, die an beiden Enden mit Umlenkrollen versehen ist. Beim Lauf über die obere Rolle entleeren sich die Eimer, und das Transportgut kann mit Bandförderern weitertransportiert werden. Eimerkettenbagger kommen vor allem beim Aushub von Kiesgruben und für den Bau von Kanälen zum Einsatz. Derartige Bagger sind schienen- oder raupenfahrbar, jedoch aufgrund ihrer Größe meist schlecht manövrierbar. In der „Schwimmversion" sind Eimerkettenbagger in einen Schiffskörper eingebaut, um die Fahrrinne von Kanälen oder Flüssen auszubaggern.

Ebenso wie Eimerkettenbagger haben auch **Schaufelradbagger** (Abb. 3) ein eng begrenztes Arbeitsfeld. Bei diesem stetig arbeitenden Mehrgefäßbagger sind an der Spitze des Auslegers Schaufeln angebracht, an denen sich zum Lösen fester Bodenarten Reißzähne befinden. Das Schaufelrad hat einen Durchmesser von über 20 Metern und erlaubt hohe Abtragraten. Zum Abtransport des gelösten Materials ist neben dem Schaufelradausleger ein Gegenausleger mit einem Transportband installiert. Eingesetzt werden die Maschinen vorwiegend im Tagebau, z. B. zur Gewinnung von Braunkohle.

Flachbagger ▸4

Zum Abtragen relativ dünner Erdschichten werden Flachbagger verwendet, zu denen insbesondere Planierraupen, Grader, Laderaupen und Schürfwagen (Scraper) gehören. Im Gegensatz zu den oben beschriebenen Baggertypen wird bei diesen Bauarten stets das gesamte Gerät bewegt.

Planierraupen sind mit einem heb- und senkbaren Brustschild vor der eigentlichen Raupe ausgestattet. Wirtschaftlich sinnvoll ist ihr Einsatz nur bei Transportentfernungen von maximal 60 Metern. Die Raupen werden zum Abschieben von Bodenschichten oder für grobe Planierarbeiten verwendet.

Feinarbeiten erlaubt dagegen der **Grader**. Grader sind zwei- oder dreiachsige Maschinen, die das Planierschild (Schar) gerätemittig zwischen Vorder- und Hinterrädern angeordnet haben (Abb. 4).

Laderaupen haben einen vergleichbaren Aufbau wie Planierraupen, anstatt des Schildes besitzen sie jedoch eine Ladeschaufel und der Motor ist als Gegengewicht zur Schaufel (und deren Inhalt) weiter hinten eingebaut. Mit Laderaupen kann Schüttgut oder das von den Planierraupen gelöste Material in der Ladeschaufel aufgenommen und weitertransportiert werden.

Für das Abräumen großer Flächen oder zum Transport von viel Material eignen sich **Schürfwagen**. Der Transportbehälter ist bei Schürfwagen so angeordnet, dass er während der Vorwärtsfahrt in den Boden schneidet und Material abschürft.

▸1 Reichweitendiagramm eines Hydraulikbaggers mit Raupenunterwagen

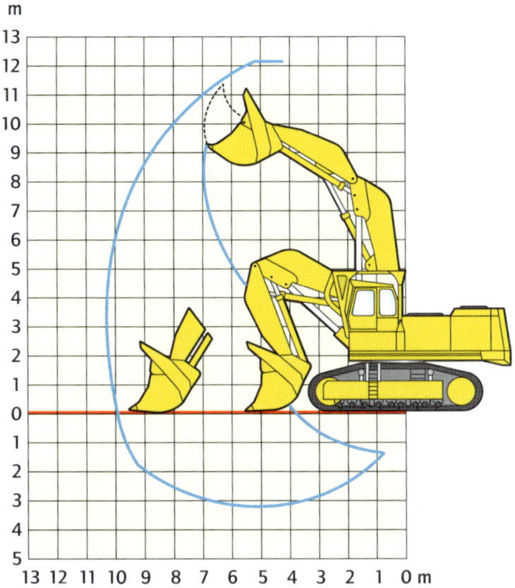

▸2 Löffel- und Greifertypen von Hydraulikbaggern

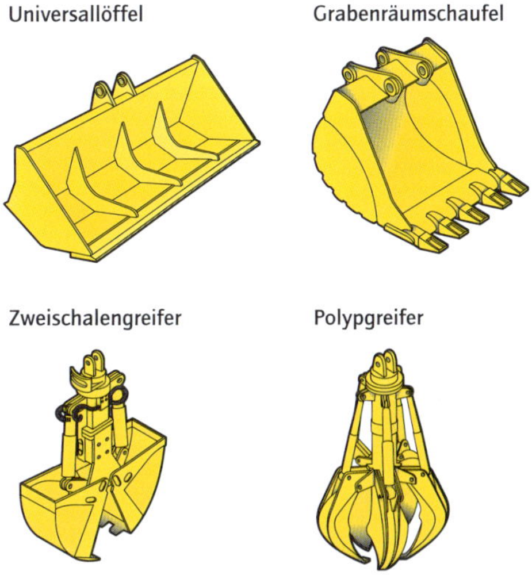

▸3 Schaufelradbagger

▸4 Grader

Auto (Übersicht)

Seit dem Bau des ersten Kraftfahrzeuges im Jahre 1885 durch den deutschen Ingenieur Carl Benz (1844–1929) hat der Automobilbau eine rasante Entwicklung genommen. Heute versteht man in Abgrenzung zu anderen Fortbewegungsmitteln (z. B. Eisenbahn, Schiff) unter Kraftfahrzeugen selbstfahrende, maschinell angetriebene Landfahrzeuge, die nicht an Gleise gebunden sind und als Transport- oder Zugmaschinen dienen. Personenkraftwagen (Pkw) stellen dabei neben Lastkraftwagen und Bussen die wichtigste Bauform von Kraftfahrzeugen dar und bestehen aus den Elementen Motor, Kraftübertragung, Fahrwerk, Elektronik und Karosserie (Abb. 1).

Motor und Getriebe

Pkws werden vorwiegend von **Viertakt-Ottomotoren** (→ Ottomotor), aber auch **Dieselmotoren** (→) angetrieben. Diese Antriebskonzepte haben sich allgemein gegen den Zweitaktmotor und den in den 1950/60er-Jahren entwickelten **Wankelmotor** (→) durchgesetzt. Bei der Standardbauweise liegen der Motor und das zur Kraftübertragung notwendige Getriebe vorn. Der Antrieb erfolgt bei Klein- und Mittelklassewagen vorzugsweise auf die Vorderräder, bei größeren Pkws meist auf die Hinterräder. Daneben haben sich seit einigen Jahren auch für Straßenfahrzeuge **Allradantriebe** (→) etabliert. Für eine höhere Motorleistung wurden verschiedene Varianten der **Aufladung** (→) entwickelt, d. h. eine Vorverdichtung der Luft vor Eintritt in den Zylinder. Neuere Entwicklungen setzen auf **alternative Antriebskonzepte**, wie z. B. Brennstoffzelle (→), Erdgas- (→), Elektro- (→) oder Hybridantrieb (→).
Da Verbrennungsmotoren nicht „aus dem Stand" ein Drehmoment abgeben können, ist zur Übertragung der Motorleistung auf die Antriebsräder eine **Kupplung** (→) notwendig, die den untersten Drehzahlbereich überbrückt. Da die Leistung zudem im gesamten Geschwindigkeitsbereich des Pkw zur Verfügung stehen muss, ist zusätzlich ein Getriebe (→) erforderlich, durch welches Motordrehzahl, Beschleunigungs- und Steigvermögen sowie Geschwindigkeit einander angepasst werden. In den 1930er-Jahren wurden in den USA **Automatikgetriebe** entwickelt, deren verwendete hydraulische Drehmomentwandler und Planetengetriebe sich heute weltweit durchgesetzt haben.

Fahrwerk

Zum Fahrwerk (→) gehören alle Teile, die über die Sicherheit und den Fahrkomfort eines Fahrzeuges entscheiden, also vor allem **Radaufhängung** und **Stoßdämpfer**, aber auch Bremsen und weitere Elemente. Bei der Radaufhängung ist zwischen Konstruktionen für die Vorder- und die Hinterachse zu unterscheiden, wobei die Fahreigenschaften eines Pkw entscheidend von der Ausführung der Vorderachse abhängen. Sie übernimmt die Lenkbewegung, die Hauptlast beim Bremsen sowie, bei den meisten Fahrzeugen, den Antrieb. Im Allgemeinen befinden sich bei Pkws an beiden Achsen Einzelradaufhängungen, die einen optimalen Kontakt der Räder mit der Straße gewährleisten. Unterstützend wirken dabei die Stoßdämpfer.
Insbesondere im Bereich der **Bremsen** (→) fanden in den vergangenen Jahren neue Entwicklungen Einsatz, auch in kleinen und mittelgroßen Pkws. Scheibenbremsen gehören längst zum Standard, zusätzliche Sicherheit brachte jedoch in erster Linie das Anti-Blockier-System (ABS): Die Räder können selbst bei glatter Fahrbahn und Vollbremsung nicht mehr blockieren. Eine Weiterentwicklung stellt die Antriebs-Schlupf-Regelung (ASR) dar, die verhindert, dass die angetriebenen Räder auf Glätte beim Tritt auf das Gaspedal durchdrehen.

Elektronik

Die Fortschritte im Bereich der Sicherheit waren erst durch die Einführung der Elektronik möglich. Neue **Scheinwerfersysteme** mit wesentlich höherem Wirkungsgrad (Xenon-Gasentladungslampen) sowie **Airbags** erfordern eine komplexe Regelungselektronik, die erst durch Entwicklungen in der Mikroelektronik möglich waren. Auch im Bereich der Umwelttechnik hat die Elektronik zu Fortschritten geführt. So wurde erst durch elektronische Einspritzanlagen der Einsatz eines geregelten **Katalysators** (→) möglich.

Karosserie

Bei der Karosserie kommt es hauptsächlich darauf an, Insassen, Zuladung, Antrieb und Fahrwerk so anzuordnen, dass ein möglichst großes Raumangebot und niedrige Betriebskosten bei minimalen Herstellkosten erreicht werden. Insbesondere seit den Ölkrisen 1973/74 und 1978/79 steht die Karosserieentwicklung, neben optischen Anforderungen, im Zeichen eines möglichst niedrigen Luftwiderstands (c_w-Wert).
Für die Zukunft zeichnet sich bei Pkws vor allem der verstärkte Einsatz neuer Materialien wie Kunststoffe und Aluminium ab, aber auch die Entwicklung von verbrauchsarmen Motoren („Drei-Liter-Auto"), Fahrassistenzsystemen und neuartigen Antrieben wie Brennstoffzelle, Hybridantrieb und Elektroantrieb.

▸1 Hauptkomponenten eines Pkw

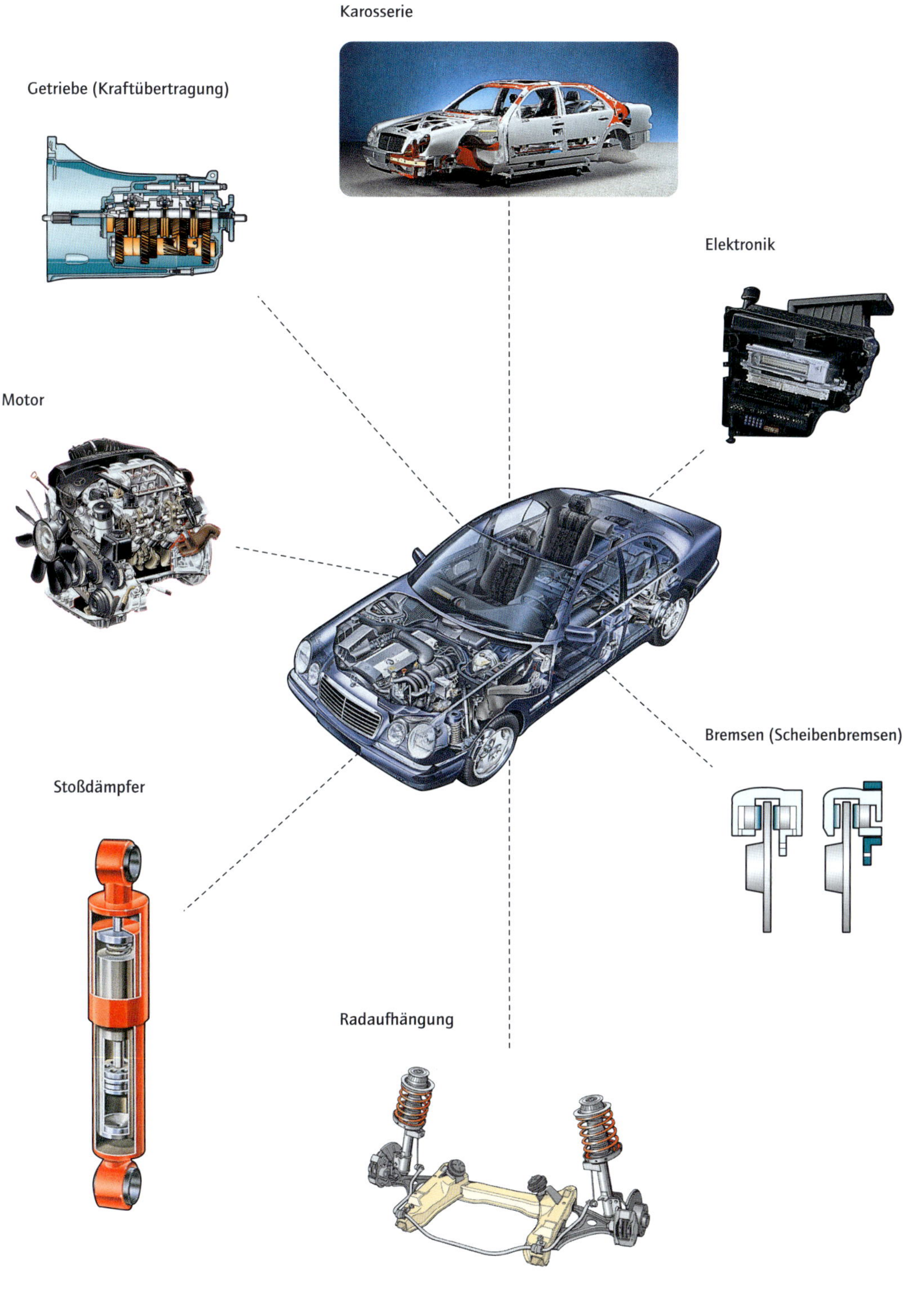

Ottomotor

Der Ottomotor (benannt nach Nikolaus August Otto, 1832–1891) ist eine **Verbrennungskraftmaschine**, welche die bei der Verbrennung eines Kraftstoff-Luft-Gemisches frei werdende thermische Energie in mechanische Energie umwandelt.
Dem flüssigen Kraftstoff wird in einem Vergaser oder einer Einspritzanlage (→) die zu seiner Verbrennung notwendige Luft beigemischt. Anschließend wird das entstandene brennfähige Kraftstoff-Luft-Gemisch im **Zylinder** verdichtet und durch den Funken einer Zündkerze gezündet (Fremdzündung).
Durch die Ausdehnung des entstehenden Verbrennungsgases wird ein Druck erzeugt, der den **Kolben** im Zylinder abwärts bewegt und die **Kurbelwelle**, die das Nutzdrehmoment überträgt, durch eine mit dem Kolben verbundene **Pleuelstange** in Drehung versetzt. Schließlich drückt der sich aufwärts bewegende Kolben das verbrannte Gas aus dem Zylinder und ein frisches Kraftstoff-Luft-Gemisch wird eingebracht.
Man unterscheidet beim Ottomotor zwischen **Vier-** und **Zweitakt-Verfahren**. Als Takt wird dabei der Zeitraum bezeichnet, in dem der Kolben von einem zum anderen **Totpunkt** (Moment, in dem der Kolben seine Bewegungsrichtung ändert) zurücklegt.

Viertakt-Ottomotor ▸1 ▸2

Beim Viertaktmotor ist der gesamte Arbeitsvorgang in vier Takte (zwei Kolbenumdrehungen) unterteilt, wobei nur in einem Takt Energie frei wird (Abb. 1, 2).
1. Takt (Ansaugen): Durch den abwärts gehenden Kolben entsteht als Folge der Raumvergrößerung ein Unterdruck im Zylinder, wodurch bei geöffneten Einlassventilen und geschlossenen Auslassventilen ein frisches Kraftstoff-Luft-Gemisch in den Zylinder gesaugt wird.
2. Takt (Verdichten): Bei geschlossenen Ein- und Auslassventilen drückt der aufwärts gehende Kolben das Kraftstoff-Luft-Gemisch zusammen (Verdichtung). Der Druck steigt dabei auf etwa 10–15 bar, die Temperatur auf ca. 400–500 °C.
3. Takt (Arbeiten): Die Verbrennung des verdichteten Gemisches wird durch Zündung (Zündkerze) eingeleitet. Der Druck steigt auf 40–60 bar bei einer Temperatur von 2 000–2 500 °C. Der durch die explosionsartige Ausbreitung der Verbrennungsgase entstehende Druck treibt den Kolben abwärts. Dabei wird die thermische Energie (Kraftstoffverbrennung) in mechanische Arbeit (Drehung der Kurbelwelle) umgewandelt, wobei sich das Brenngas abkühlt.
4. Takt (Ausstoßen): Das Auslassventil öffnet, sodass die Verbrennungsgase durch den Restdruck (4–7 bar) ausströmen bzw. vom aufwärts gehenden Kolben aus dem Zylinder geschoben werden.

Zweitakt-Ottomotor ▸3

Im Gegensatz zum Viertaktmotor läuft der Arbeitsvorgang beim Zweitakter während einer Kurbelwellenumdrehung ab. Der Zweitaktmotor hat in der Regel keine Ventile, sondern eine **Schlitzsteuerung**: Einlass-, Auslass- und Überströmschlitz. Bei diesem Verfahren bilden Zylinder, Kolben und Kurbelgehäuse eine Pumpe. Bei jedem Kolbenhub vollziehen sich zwei Arbeitsvorgänge gleichzeitig (Ansaugen/Verdichten und Arbeiten/Ausstoßen; Abb. 3).
1. Takt (Ansaugen/Verdichten): Der Kolben bewegt sich aufwärts, wobei zunächst noch Auslass- und Überströmschlitz geöffnet sind. Dadurch strömt ein frisches, vorverdichtetes Kraftstoff-Luft-Gemisch durch den Überströmschlitz aus dem Kurbelgehäuse in den Zylinder, und die Abgase der vorhergehenden Verbrennung werden durch den Auslassschlitz ausgestoßen. Nach Verschluss von Auslass- und Überströmschlitz wird der Einlassschlitz freigegeben. Frisches Kraftstoff-Luft-Gemisch wird in das Kurbelgehäuse gesaugt und das vom vorhergehenden Takt über den Überströmschlitz in den Zylinder geströmte Gemisch verdichtet.
2. Takt (Arbeiten/Ausstoßen): Kurz vor Erreichen des oberen Kolbentotpunktes wird das Kraftstoff-Luft-Gemisch gezündet und der Kolben durch den Druck der Verbrennungsgase nach unten getrieben (Arbeiten). Unter dem Kolben wird nach Verschließen des Einlassschlitzes das frische Gemisch im Kurbelgehäuse leicht verdichtet. Während der Abwärtsbewegung des Kolbens wird der Auslassschlitz freigegeben, durch den die verbrannten Gase ausströmen. Gleichzeitig strömt frisches Kraftstoff-Luft-Gemisch aus dem Kurbelgehäuse über den Überstromschlitz in den Zylinder.

Bauformen ▸2

Da Einzylindermotoren einen unruhigen Lauf haben, werden üblicherweise **Mehrzylindermotoren** in Reihen-, V- (Abb. 2) oder Boxeranordnung gebaut, bei denen die einzelnen Zylinder zeitlich versetzt arbeiten. Wegen der hohen Temperaturen und Drücke kommen v.a. metallische Werkstoffe (Stahl, Gusseisen, Aluminium etc.) beim Motorenbau zum Einsatz. Sie verfügen über eine hohe Verschleißfestigkeit, gute Wärmeleitfähigkeit, geringe Wärmeausdehnung und erlauben eine einfache Verarbeitung.

▸1 Wirkungsweise eines Viertakt-Ottomotors

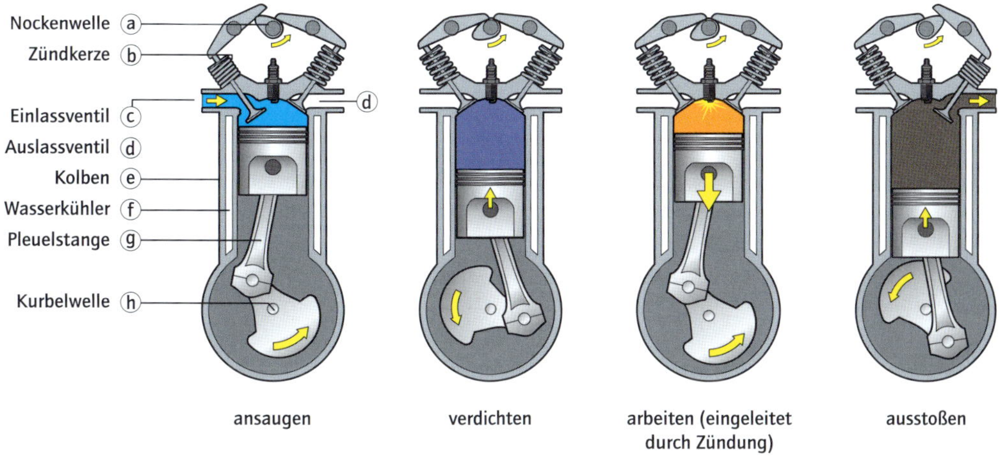

▸2 Schnitt durch einen Sechszylinder-V-Motor

▸3 Kurbelkastengespülter Zweitakt-Ottomotor

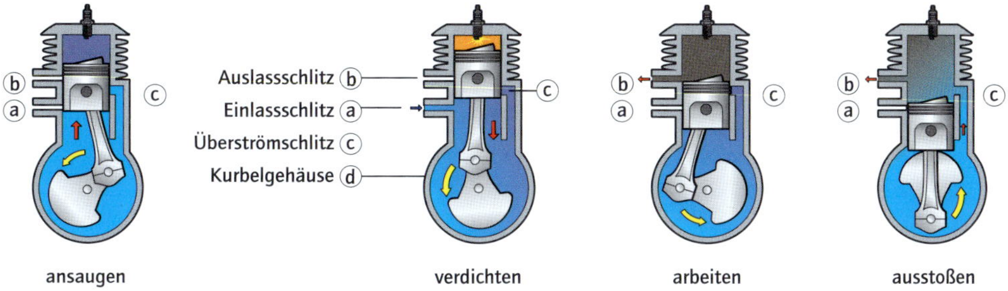

Dieselmotor

Funktionsweise

Im Gegensatz zum Ottomotor (→) erfolgt beim Dieselmotor (benannt nach Rudolf Diesel, 1858–1913) die Bildung des Kraftstoff-Luft-Gemisches erst im Zylinder. Dort wird reine Luft angesaugt, die weit höher verdichtet (30–55 bar) und dabei auf etwa 700–900 °C erhitzt wird. In die verdichtete, heiße Luft wird Kraftstoff eingespritzt, der sich mit der Luft vermischt und verdampft. Die Temperatur im Zylinder reicht aus, um das Gemisch dann zur **Selbstzündung** zu bringen (keine Zündkerzen, eventuell aber Glühkerzen notwendig). Die Zeit zwischen dem Einspritzbeginn und der Selbstzündung wird **Zündverzug** genannt und beträgt ca. $^1/_{1000}$ Sekunde. Falls sich als Folge eines zu langen Zündverzuges eine große Kraftstoffmenge im Zylinder ansammelt, entzündet sich das Kraftstoff-Luft-Gemisch sehr schnell und verbrennt schlagartig: Der Motor „nagelt".

Dieselmotoren arbeiten ebenso wie Ottomotoren nach dem Zwei- oder Viertaktverfahren. Auch die Abläufe im Zylinder nach der Verbrennung des Kraftstoff-Luft-Gemisches verlaufen gleich.

Indirekte Einspritzverfahren

Diese Verfahren sind dadurch gekennzeichnet, dass die Brennräume geteilt sind. Sie waren früher weit verbreitet, kommen heute jedoch nur noch in Nischenprodukten zum Einsatz.

Wirbelkammerverfahren (Abb. 1a): Kennzeichen dieses Verfahrens ist eine vor dem Hauptbrennraum angeordnete, annähernd kugelförmige Wirbelkammer, in die während des Verdichtungsvorganges der größte Teil der Verbrennungsluft strömt. Dabei entsteht ein starker Luftwirbel, in den mit 100–125 bar Kraftstoff eingespritzt wird.

Vorkammerverfahren: Dabei wird über eine oder mehrere Öffnungen die Luft aus dem Hauptbrennraum in die Vorkammer gedrückt. Die Kraftstoffeinspritzung in die Vorkammer erfolgt am Ende des Verdichtungsvorganges mit ca. 120–140 bar. Nach der Selbstzündung verbrennt dort aufgrund der geringen Sauerstoffmenge nur ein Teil des Kraftstoffes. Die Flamme schießt durch den Druckanstieg in der Vorkammer in den Hauptbrennraum, was zu hoher Turbulenz und damit zu schneller Verbrennung des restlichen Brennstoffes führt.

Direkte Einspritzung ▸1

Bei diesen Verfahren, die vor 1987 nur bei Lkws eingesetzt wurden, wird auf eine Unterteilung der Brennräume verzichtet und der Kraftstoff direkt in den einzigen vorhandenen Brennraum eingespritzt. In den 1990er-Jahren setzte sich die Direkteinspritzung auch bei Pkws durch. Um eine gute Verbrennung zu erzielen, ist eine intensive Luftbewegung notwendig. Die Verbrennung findet im Zylinder oder einer Kolbenmulde statt. Es existieren zwei Möglichkeiten der direkten Einspritzung:

Wandverteilend (Abb. 1a): Der Kraftstoff wird direkt mit ca. 170–200 bar auf die Wand des kugelförmigen und in die Kolbenmitte eingelassenen Brennraumes gespritzt. Etwa 95% des Kraftstoffes bilden einen Film auf der Brennraumwand, während ca. 5% durch die Einspritzstrahlenergie fein zerstäubt in die verdichtete, heiße Luft gelangt. Es findet eine Selbstzündung statt, welche die Verbrennung einleitet.

Luftverteilend (Abb. 1b): Bei diesem Verfahren wird der Kraftstoff mit 175–200 bar in eine flache Brennraummulde im Kolben eingespritzt und durch Luftdrall (Mehrlochdüsenverfahren) und/oder durch die Energie der Einspritzstrahlung verwirbelt. Es kommt zur Selbstzündung und Verbrennung des Kraftstoffes.

Common-Rail-System ▸2

Ab 1997 wurde ein neues Dieseleinspritzsystem für Pkw und Lkw eingeführt, das sich heute weitgehend durchgesetzt hat. Im Unterschied zu herkömmlichen Dieselmotoren mit Direkteinspritzung wird beim Common-Rail-System der Kraftstoff nicht in separaten Leitungen zu jedem Zylinder geführt, sondern von einer Hochdruckpumpe in einer zentralen Speicherleiste unter Druck (ca. 1300 bar) gesetzt. Der Aufbau des Einspritzdrucks in der Kraftstoffpumpe ist also unabhängig von der Einspritzfolge, sodass permanent ein hoher Druck zur Verfügung steht. Die Motorelektronik steuert Magnetventile elektrisch an, um den Kraftstoff zum richtigen Zeitpunkt und in der richtigen Dosierung in den Brennpunkt zu schießen. Sinkender Verbrauch, optimierte Emissionswerte und höhere Laufruhe sind das Ergebnis der Common-Rail-Technik. Neue Piezoinjektoren anstelle der Magnetventile, die innerhalb von 0,1 Millisekunden reagieren, führen zu einer weiteren Verbesserung des Systems.

Vergleich Dieselmotor – Ottomotor ▸3

Der Dieselmotor erreicht durch geringe Verluste bei den Auspuffgasen einen höheren Wirkungsgrad als der Ottomotor (Abb. 3a und 3b). Bei guter Verbrennung (kaum Ruß) weist er auch günstige Abgaswerte auf. Infolge der höheren Spitzendrücke bei der Verdichtung muss der Dieselmotor stärker gebaut sein und erreicht dadurch ein höheres Leistungsgewicht und eine längere Lebensdauer.

▸1 Direkte Einspritzung beim Dieselmotor

a Wandverteilende Einspritzung

b Luftverteilende Einspritzung

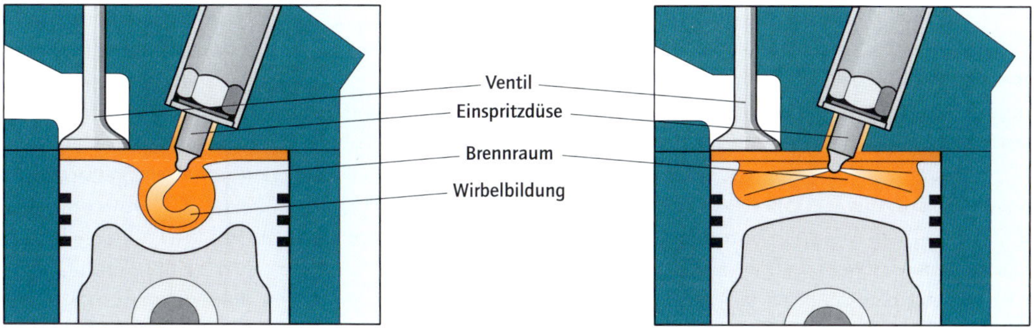

▸2 Common-Rail-System mit Piezoinjektoren

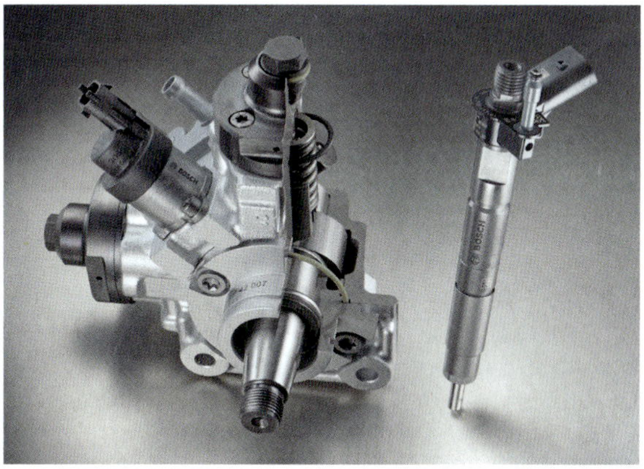

▸3 Vergleich Ottomotor – Dieselmotor

a Wirkungsgrad des Ottomotors

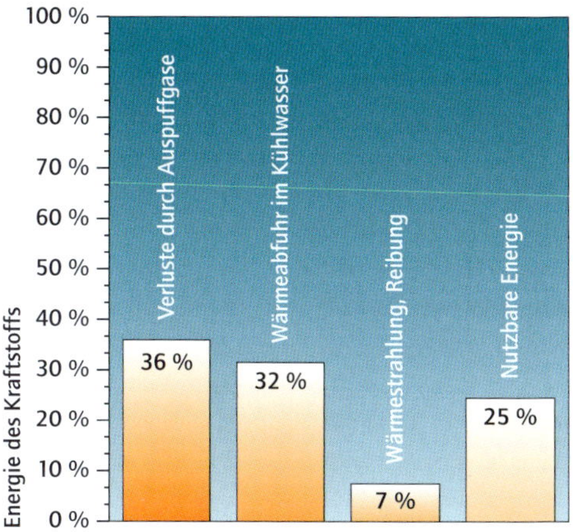

b Wirkungsgrad des Dieselmotors

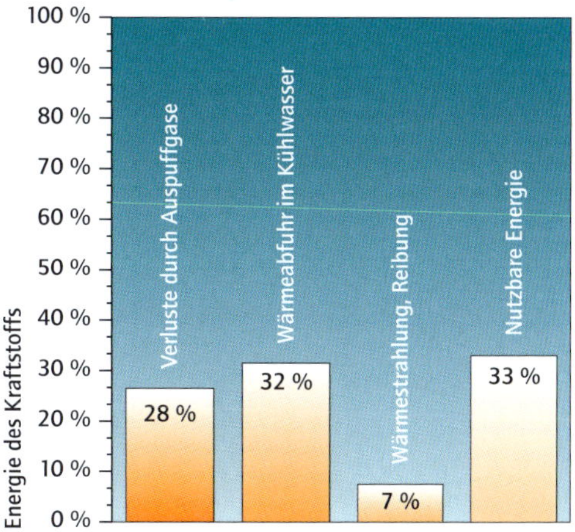

Wankelmotor (Kreiskolbenmotor)

Der von Felix Wankel (1902–1988) bei der Firma NSU in Neckarsulm entwickelte **Kreiskolbenmotor** arbeitet nach dem Prinzip des Viertakt-Ottomotors (→ Ottomotor), hat jedoch anstelle der Hubkolben dreiecksförmige Kolben/Scheiben (Abb. 1), die in einem ovalen, in der Mitte leicht eingeschnürten Gehäuse (Kurvenform einer Epitrochoide) rotieren (Abb. 2). Beim Umlauf des Kolbens bilden dessen drei Kanten mit der Gehäusewand drei Kammern (A, B, C) mit variablem Volumen, in denen jeweils während einer Kolbendrehung ein vollständiger Viertakt-Ottoprozess mit Ansaugen, Verdichten, Arbeiten und Ausstoßen abläuft. Es spielen sich somit in den drei Kammern immer drei von vier Arbeitstakten gleichzeitig ab und nach jeder vollen Kolbendrehung hat der Motor dreimal den kompletten Viertakt-Ottoprozess durchlaufen.
Der Kolben ist dreieckförmig, wobei seine drei gleich langen Seiten nach außen gewölbt (konvex) sind (Abb. 1). In die drei Eckkanten sowie die Seitenflächen des Kolbens sind Dichtelemente eingelassen. Bei der Drehung liegen die drei Ecken ständig an der Gehäusewand an, wodurch der Mittelpunkt des Kolbens während der Rotation einen geschlossenen Kreis beschreibt. Diese Kreisbahn wird durch eine zentrisch im Motor angebrachte Welle bewirkt, die im Bereich des Kolbens als Exzenter ausgebildet ist. Weiterhin befindet sich im Kolben ein Hohlrad mit Innenverzahnung, das sich auf einem am seitlichen Motorgehäuse befestigten Zahnrad abwälzt. Diese Verzahnung dient lediglich zur Bewegungssteuerung des Kolbens, der sich mit seiner Innenverzahnung auf dem fest stehenden Zahnrad „abstützt" und dabei gleichzeitig eine Drehbewegung auf die Exzenterwelle ausübt. Die Exzenterwelle ist daher vergleichbar mit der Kurbelwelle des Ottomotors. Kolbenhohlrad und fest stehendes Ritzel (Zahnrad) haben ein Zähnezahlenverhältnis von 3 : 2, d. h., der Kolben dreht sich mit zwei Drittel der Winkelgeschwindigkeit der Exzenterwelle.

Arbeitsweise des Wankelmotors ▸2 ▸3

Die einzigen bewegten Teile des Wankelmotors sind der Kolben sowie die Exzenterwelle. Die Einlass- und Auslassöffnungen (Schlitze) werden vom Kolben selbst geöffnet und geschlossen. Die sichelförmigen Kammern ändern infolge der überlagerten Kreis- und Drehbewegung des Kolbens ihren Rauminhalt. Abb. 2 zeigt die nach dem Viertaktverfahren des Ottomotors ablaufenden Arbeitstakte:
1. Takt (Ansaugen): Kammer A vergrößert sich von Stellung a) bis d), sodass durch die Einlassöffnung frisches Kraftstoff-Luft-Gemisch einströmt.
2. Takt (Verdichten): Bei der Drehung des Kolbens wird Kammer A allmählich zu Kammer B. Der Rauminhalt von Kammer B verkleinert sich von Stellung a) bis in Stellung c), wodurch das Kraftstoff-Luft-Gemisch in ihr komprimiert wird.
3. Takt (Arbeiten): Das verdichtete Gemisch in Kammer B wird gezündet. Bei weiterer Drehung des Kolbens in Stellung d) vergrößert sich Kammer B und wird zu Kammer C. Durch die Verbrennung dehnt sich das Kraftstoff-Luft-Gemisch aus und dreht den Kolben, der wiederum die Exzenterwelle antreibt.
4. Takt (Ausstoßen): Kammer C wird durch die Kolbendrehung zu Kammer A, deren linker Teil das verbrannte Kraftstoff-Luft-Gemisch beinhaltet, das in Stellung d) und a) durch die frei gewordene Auslassöffnung ausgestoßen wird.
Bei jeder vollen Umdrehung des Kolbens erfolgen somit drei Zündungen. Damit ist der Drehmomentverlauf eines Wankelmotors wesentlich gleichförmiger als bei einem Einzylinder-Ottomotor, bei dem lediglich eine Zündung pro zwei Kurbelwellenumdrehungen stattfindet.
Bei einem **Zweischeiben-Wankelmotor** (Abb. 3) ergibt sich durch die um 180° versetzten Exzenter eine bessere Laufruhe als bei der zuvor beschriebenen Ausführung mit nur einem Kolben.
Ein **Dreischeiben-Wankelmotor** ist in der Laufruhe vergleichbar mit einem Achtzylinder-Hubkolbenmotor. Durch dieses Aneinanderreihen mehrerer Motorzellen lassen sich mit geringem Bauaufwand bei kleinen Motorabmessungen große Leistungen verwirklichen.
Wichtige Entwicklungschritte waren 1963 der weltweit erste PKW mit Wankelmotor (NSU „Spider"), 1967 der NSU „Ro 80" und 1969 die Daimler-Benz-Studie „C 111" mit zunächst einem Dreischeibenmotor und 1970 mit vier Kolben (260 kW/350 PS). Obwohl in den 1970er-Jahren auch zahlreiche Motorradhersteller Wankelstudien vorstellten, wurde die Entwicklung und insbesondere die Massenfertigung von Kreiskolbenmotoren in den Folgejahren weitgehend eingestellt.

Vor- und Nachteile des Wankelmotors

Neben der hohen Laufruhe durch den gleichmäßigen Drehmomentverlauf liegt ein weiterer Vorteil in der geringen Teileanzahl und im geringen Raumbedarf. Von Nachteil sind, neben der schweren Realisierung eines Dieselmotors, der hohe Fertigungsaufwand sowie Kraftstoff- und Ölverbrauch. Zudem ist die Emission gesundheitsschädigender Kohlenwasserstoffe höher als z. B. beim Ottomotor.

▸1 Kolben eines Wankelmotors

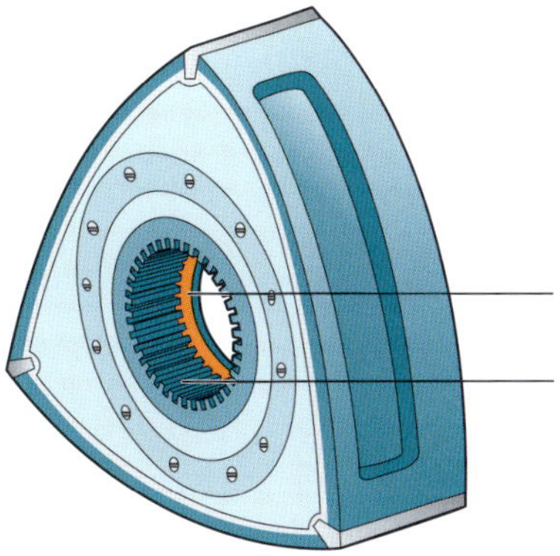

▸2 Arbeitstakte eines Wankelmotors

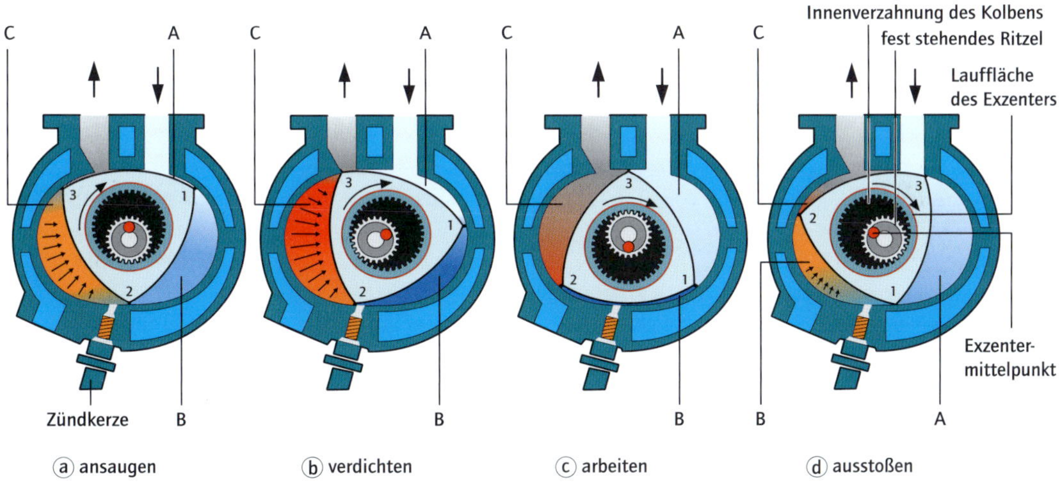

▸3 Zweischeiben-Wankelmotor

ⓐ Mantel
ⓑ Ölpumpe
ⓒ Exzenterwelle
ⓓ Gegengewicht
ⓔ Wasserpumpe
ⓕ Aggregatedeckel
ⓖ Seitenteil-Endzeit
ⓗ Zwischenteil
ⓘ Dichtbolzen
ⓙ Dichtleiste
ⓚ Seitenteil-Abtriebseite
ⓛ Starter
ⓜ Kolben

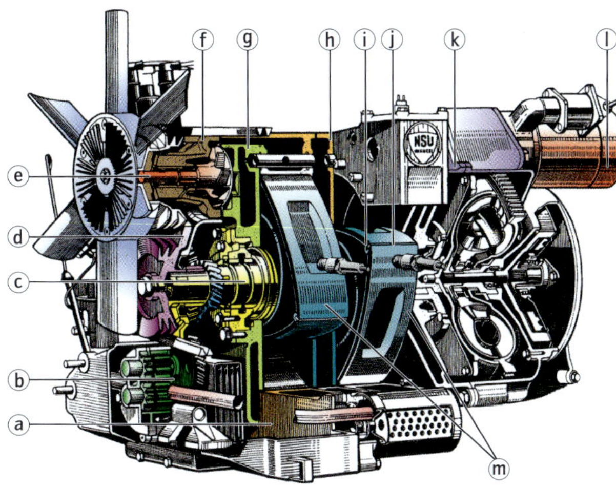

Aufladung (Turbomotor)

Zur Leistungssteigerung und Verbesserung des Drehmomentverlaufs werden in Verbrennungsmotoren verschiedene Varianten der Aufladung genutzt. Das Prinzip: Durch Verdichtung der zur Verbrennung des Kraftstoffes notwendigen Luft wird der Luftdurchsatz im Zylinder gesteigert, was bei gleicher Motordrehzahl und gleichem Hubraum zu einer höheren Leistungsabgabe durch eine bessere Kraftstoffverbrennung führt. Zu unterscheiden sind verschiedene Arten der sogenannten „Lader": mechanische Lader, Abgasturbolader und Druckwellenlader.

Mechanische Lader ▸1

Der klassische Lader für Benzinmotoren ist der **Kompressor**, dessen Antrieb direkt durch den Motor erfolgt, d. h., er verbraucht einen Teil seiner selbst erzeugten Leistung. Der Kompressor besteht in der Ausführung als **Roots-Lader** (Abb. 1) aus zwei annähernd luftdicht gegeneinander abgedichteten Drehkolben, die wie Zahnräder ineinander greifen (ohne sich zu berühren) und die Frischluft an den Gehäusewänden entlang zur Druckseite hin verdichten. Die Synchronisation der beiden Drehkolben geschieht durch Zahnräder außerhalb des Laders, die wiederum von der Kurbelwelle des Motors angetrieben werden. Durch diesen Kurbelwellenantrieb steht bereits bei kleinen Drehzahlen Ladedruck für die Zylinder zur Verfügung. Das von Abgasturboladern bekannte „Turboloch" im unteren Drehzahlbereich entfällt.

Abgasturbolader ▸2

Motoren mit Kompressoraufladung finden nur noch vereinzelt Anwendung. Die Verdichtung der Frischluft übernehmen heute vielmehr Abgasturbolader (Abb. 2), deren Bezeichnung von der zweifach eingesetzten Turbine (Aufladegebläse und Abgasturbine) stammt.

Das **Aufladegebläse** (auch Verdichterturbine) verdichtet die Frischluft. Die **Abgasturbine**, auf die die aus der Verbrennung des Kraftstoff-Luft-Gemisches entstandenen Abgase treffen und die dadurch in Rotation versetzt wird, treibt über die gemeinsame Welle die Verdichterturbine an. Turbolader nutzen damit die ansonsten verlorene Abgasenergie zur Luftverdichtung. Die Abgasturbine erreicht bis über 100 000 Umdrehungen pro Minute bei sehr hohen Temperaturen, was hohe Anforderungen an die verwendeten Werkstoffe sowie die Schmierung stellt.

Für **Turbolader** in Pkws ist wegen des großen Motordrehzahlbereichs meist eine Regelung notwendig, da ansonsten nur bei maximalem Abgasmassestrom und maximaler Abgastemperatur der volle Ladedruck für die „Füllung" der Zylinder bereit stehen würde. Um einen möglichst konstanten Ladedruck zu erzeugen, wird über ein Regelventil ein Teil der Motorabgase ungenutzt an der Abgasturbine vorbei zum Auspuff geführt.

„Turboloch"

Der Abgasturbolader ist nicht wie der Kompressor über die Kurbelwelle mit dem Motor gekoppelt (dort gleiche Lader- und Motordrehzahl). Eine Verbindung besteht lediglich durch den Luft- und Abgasmassestrom. Damit hängt die Laderdrehzahl nicht direkt von der Motordrehzahl ab, sondern vom Leistungsgleichgewicht zwischen Verdichter- und Abgasturbine.

Im Unterschied zur mechanischen Aufladung (Kompressor) kommt dem Ansprechverhalten beim Turbolader wesentliche Bedeutung zu. Bei niedriger Motordrehzahl und wenig „Gas" durch den Fahrer steht unter Umständen nicht ausreichend Abgas zur Verfügung, sodass die Turbinen nur mit geringer Drehzahl laufen. Betätigt der Fahrer das Gaspedal, reagiert der Motor mit Verzögerung, da erst Abgas erzeugt werden muss, damit der Turbolader Druck für die Luftverdichtung liefern kann. Um dieses „Turboloch" zu vermeiden, werden Turbinen heute mit möglichst geringem Strömungsquerschnitt und kleinem Turbinenraddurchmesser gebaut. Dadurch entstehen kleinere Trägheitsmomente und der Lader kann schneller „hochlaufen".

Druckwellenlader ▸3

Eine Verknüpfung mechanischer Lader mit dem Prinzip der Abgasturboaufladung erfolgt bei Druckwellenladern (Abb. 3). Bei diesen strömt das Abgas über die Abgasleitung in den Rotor und gibt Energie an die angesaugte Frischluft ab. Der Energieaustausch geschieht mit Schallgeschwindigkeit, wobei der Rotorantrieb direkt von der Kurbelwelle des Motors über einen Riemen erfolgt und dadurch eine Synchronisation von Lader- und Motordrehzahl besteht. Im Rotor wird die Luft komprimiert sowie beschleunigt und gelangt über die Ladeluftleitung in die Zylinder. Die Abgase werden über den Auspuff ausgestoßen.

Das Prinzip besitzt Vorteile gegenüber den anderen beiden Laderarten, da sich preiswerte Materialien einsetzen lassen, wenig Antriebsenergie notwendig ist und nicht die hohen Temperaturen wie beim Abgasturbolader entstehen. Als problematisch erweist sich beim Druckwellenlader die optimale Abstimmung der Öffnungen in Rotor-, Luft- und Gasgehäuse.

▸1 Verdichtung der Frischluft beim Roots-Lader

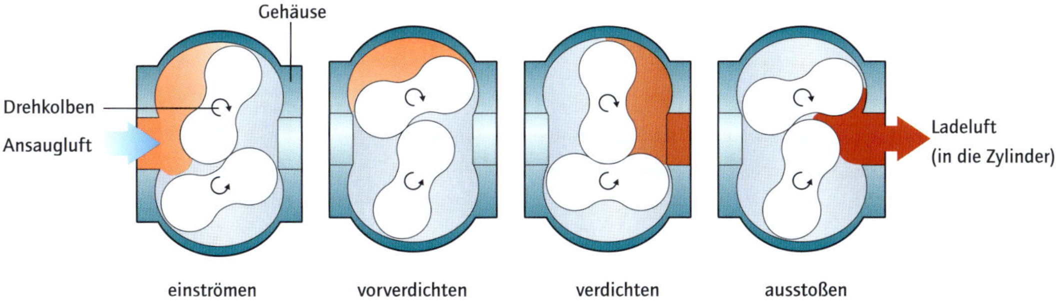

▸2 Abgasturbolader

a Schema

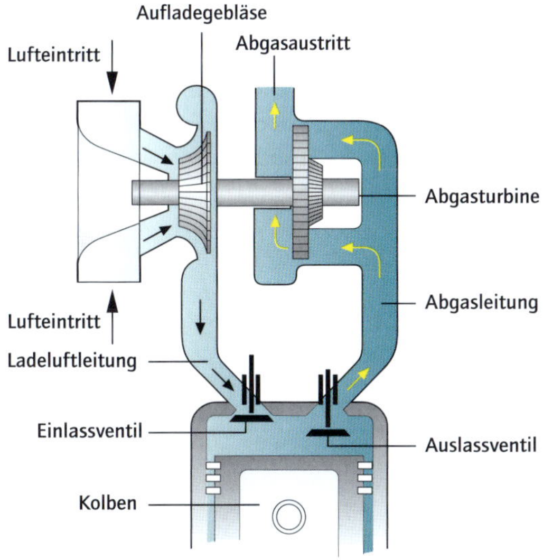

b Querschnitt

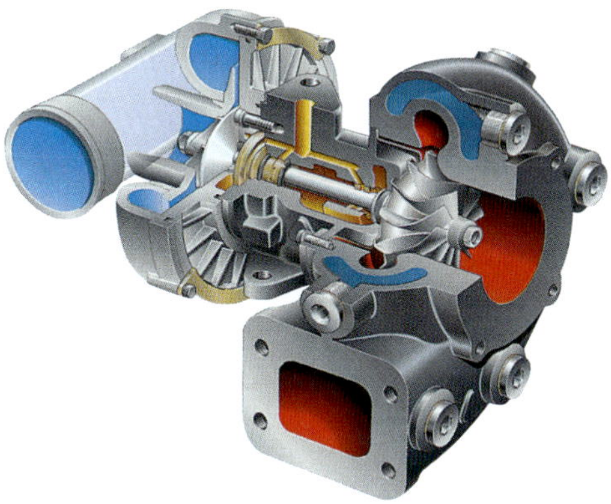

▸3 Schema eines Druckwellenladers (Comprex)

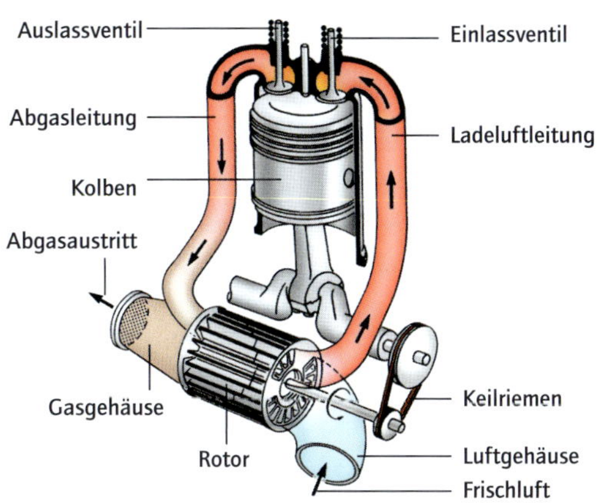

Einspritzanlagen

Das Kraftstoff-Luft-Gemisch zum Betrieb eines Ottomotors zündet und verbrennt im Zylinder nur innerhalb bestimmter Mischungsverhältnisse, die durch den **Lambda-Wert** (das Verhältnis von tatsächlich zugeführter Luftmenge zum theoretischen Luftbedarf) gekennzeichnet sind. Die Dosierung der für den jeweiligen Betriebszustand des Motors notwendigen Gemischzusammensetzung übernahm früher ein Vergaser, heute werden Einspritzanlagen verwendet.

Zentral- und Einzeleinspritzanlagen ▸1 ▸2

Zentraleinspritzanlagen (Single-Point-Injection, SPI) werden hauptsächlich für Fahrzeuge von ca. 1,0–1,8 l Hubraum bis ca. 80 kW (109 PS) Leistung verwendet. Durch die Beschränkung auf ein Einspritzventil (Abb. 1) sind sie kostengünstig zu produzieren. Am weitesten verbreitet ist die **Mono-Jetronic**, bei der es sich um ein elektronisch gesteuertes Niederdruckeinspritzsystem für Vierzylindermotoren handelt. Die Einspritzung erfolgt über ein zentral angeordnetes, elektromagnetisches Einspritzventil, das oberhalb der Drosselklappe sitzt und den Kraftstoff in sich wiederholenden Zeitabständen (intermittierend) in die von der Drosselklappe gesteuerte Ansaugluft einspritzt. Das Kraftstoff-Luft-Gemisch verteilt sich dann über das Saugrohr in die einzelnen Zylinder. Um die Gemischaufbereitung optimal dem jeweiligen Motorzustand anpassen zu können, ermitteln verschiedene Sensoren sämtliche wichtigen Motorkennwerte, aus denen die Steuersignale für das Einspritzventil, den Drosselklappenansteller und weitere Regler berechnet werden.

Einzeleinspritzanlagen (Multi-Point-Injection, MPI) besitzen je Motorzylinder ein Einspritzventil (Abb. 2), was eine exakte Kraftstoffdosierung jedes einzelnen Zylinders erlaubt, sodass Füllgradunterschiede wie bei Zentraleinspritzanlagen nicht auftreten. Die Ventile spritzen den Kraftstoff direkt in die Einzelsaugrohre der Zylinder. Früher wurden auch mechanische Anlagen verwendet, die Fortschritte in der Elektronik haben jedoch dazu geführt, dass mechanische Einzeleinspritzanlagen in den 1980er-Jahren verdrängt wurden.

Elektronische Einspritzung ▸3

Eine elektronisch arbeitende und luftmengengesteuerte Einspritzung ist die **L-Jetronic**. Sie erfasst alle Veränderungen im Motor (Verschleiß, Ventileinstellungen etc.), wodurch eine gleich bleibend gute Abgasqualität erreicht werden kann. Derartige Anlagen wurden zu einem umfassenden Motormanagement aus kombiniertem Zünd- und Einspritzsystem weiterentwickelt (**Motronic**; Abb. 3), deren Abstimmung durch ein Steuergerät (f) vorgenommen wird. Dadurch ist eine gemeinsame Optimierung von Zündsteuerung und Gemischaufbereitung möglich.

Das Einspritzsystem der Motronic besteht aus den beiden Teilsystemen Luft- und Kraftstoffversorgung. Bei der L-Jetronic als Teil der Motronic erfolgt die notwendige Luftzufuhr über einen Luftmengenmesser (n) zur Drosselklappe und von dort in das Sammelsaugrohr (z). Die Kraftstoffversorgung übernimmt eine Elektrokraftstoffpumpe (b), die über einen Druckregler (e) den Einspritzdruck an den Ventilen (i) und dem Kaltstartventil (j) erzeugt. Jeder einzelne Zylinder besitzt ein Einspritzventil, das je Kurbelwellenumdrehung einmal betätigt wird. Diese Einspritzventile sind zur Reduzierung des Schaltungsaufwandes alle parallel geschaltet.

Der Unterschied zwischen Saugrohrdruck und Kraftstoffdruck wird auf etwa 2,5–3 bar konstant gehalten, sodass die in den Zylinder eingespritzte Kraftstoffmenge ausschließlich über die Öffnungsdauer der Ventile gesteuert wird. Die dazu notwendigen Steuerimpulse werden vom Steuergerät (f) hauptsächlich in Abhängigkeit von der angesaugten Luftmenge und der Motordrehzahl abgegeben. Weitere Einflussgrößen ergeben sich je nach Betriebszustand (z. B. Kaltstart) aus der gemessenen Motortemperatur (r) oder der Stellung der Drosselklappe (l), durch die eine Anpassung an verschiedene Motorlastzustände erfolgt.

Aus der Verknüpfung der verschiedenen Messdaten berechnet das Steuergerät anhand eines gespeicherten **Last-Drehzahl-Kennfeldes** die optimale Einspritzzeit der Ventile. Dieses Kennfeld wird durch Versuche auf Prüfständen sowie anschließende Fahrversuche bestimmt. Die daraus gewonnenen motorspezifischen Daten werden in einen Mikrochip übertragen, der anschließend in die Motronic eingebaut wird.

Benzindirekteinspritzung

Bei der Direkteinspritzung wird im Gegensatz zur konventionellen Einspritzung für Ottomotoren direkt in den Zylinder eingespritzt. Diese Technik ermöglicht 5–20% Kraftstoffersparnis bei vergleichbarer Leistung und verbessert den Wirkungsgrad. Über die Einspritzdüsen kann das Benzin sehr viel gezielter und dosierter injiziert werden. Damit die nötige Verwirbelung einsetzt und vor allem im Bereich um die Zündkerze ein möglichst gesättigter Brennstoffstrudel entsteht, müssen die Einströmkanäle und die Form der Zylinderköpfe und Kolbenoberseiten besonders geformt sein.

▸1 Zentraleinspritzung

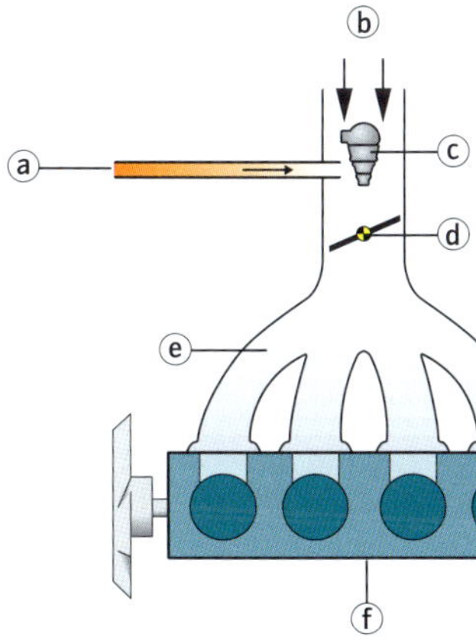

▸2 Einzeleinspritzung

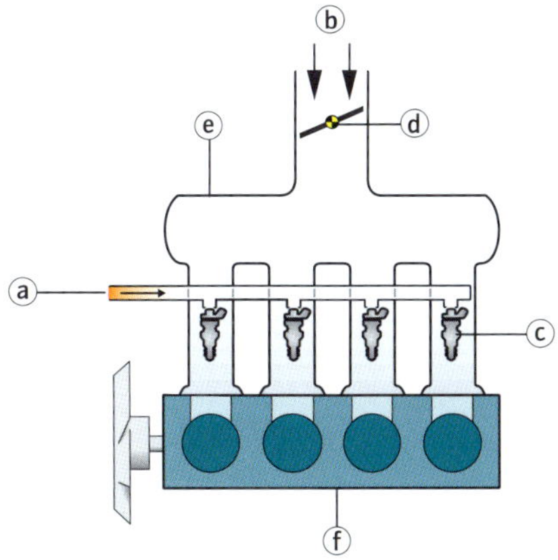

ⓐ Kraftstoff, ⓑ Luft, ⓒ Einspritzventil, ⓓ Drosselklappe, ⓔ Saugrohr, ⓕ Motor

▸3 Motronic-Systemübersicht

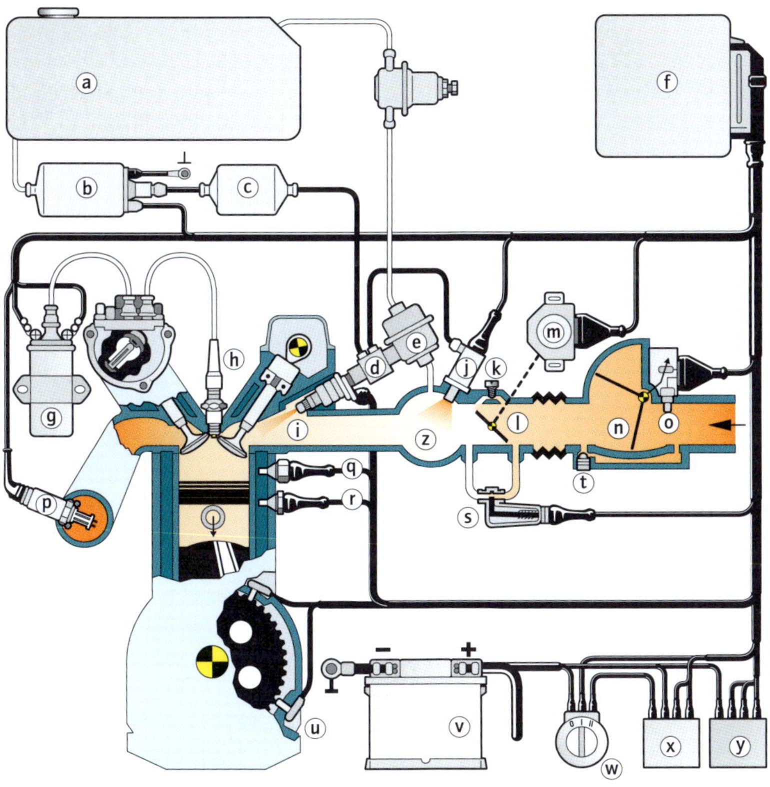

ⓐ Kraftstoffbehälter
ⓑ Kraftstoffpumpe
ⓒ Kraftstofffilter
ⓓ Kraftstoffverteiler
ⓔ Druckregler
ⓕ Steuergerät
ⓖ Zündspule
ⓗ Zündkerze
ⓘ Einspritzventil
ⓙ Kaltstartventil
ⓚ Leerlaufdrehzahl-Einstellschraube
ⓛ Drosselklappe
ⓜ Drosselklappenschalter
ⓝ Luftmengenmesser
ⓞ Lufttemperaturfühler
ⓟ Lambda-Sonde
ⓠ Thermozeitschalter
ⓡ Motortemperaturfühler
ⓢ Zusatzluftschieber
ⓣ Leerlaufgemisch-Einstellschraube
ⓤ Drehzahlgeber
ⓥ Batterie
ⓦ Zündstartschalter
ⓧ Hauptrelais
ⓨ Pumpenrelais
ⓩ Sammelsaugrohr

Fahrwerk

Hauptaufgabe des Fahrwerks ist die Führung eines Fahrzeuges auf der Fahrbahn. Wesentlich für ein Fahrwerk sind demnach die Konstruktion der Vorder- und Hinterachssysteme. Die Vorderachskonstruktion muss nicht nur die normalen Achsfunktionen wie Radführung und bei Frontantrieb die Kraftübertragung auf die Straße garantieren, sondern im Gegensatz zur Hinterachse zusätzlich die Lenkung aufnehmen. Die Vorderräder beeinflussen somit entscheidend das Fahrverhalten des Fahrzeugs. Als wichtiger Bestandteil sowohl der Vorder- als auch der Hinterachse verbindet die Radaufhängung die Räder mit der selbsttragenden Karosserie. Jedes Rad stützt sich einzeln über ein Federelement am Fahrzeug ab und kann sich dabei vorwiegend vertikal bewegen, um dadurch Fahrbahnunebenheiten auszugleichen. Zu unterscheiden sind bei der Achsgeometrie starre und halbstarre Achsen sowie Einzelradaufhängungen.

Radaufhängung ▸1 ▸2

Bei **Starrachsen** sind die beiden Räder durch einen starren Achskörper miteinander verbunden (Abb. 1a). Die Führung in Längsrichtung des Fahrzeugs erfolgt bei „angetriebenen" Hinterrädern durch **Schubstreben**, sogenannte Längslenker. Vertikale Schwingungen werden durch Schraubenfedern gedämpft, die jedoch keine Seitenkräfte aufnehmen können. Diese Funktion übernimmt ein sogenannter **Panhardstab**, der zwischen Achse und Karosserie angebracht ist. **Halbstarre Achsen** finden als Hinterachsen bei Frontantrieb Verwendung (Abb. 1b). Die Achsaufhängung erfolgt über zwei mit der Achse verbundene Längslenker, die zudem in Gummielementen gelagert sind.
Gegenüber (halb)starren Achsen hat die **Einzel- radaufhängung** (Abb. 2) den Vorteil, dass keine Beeinflussung der Räder untereinander stattfindet und so allzeit ein guter Kontakt mit der Fahrbahn besteht. Zudem ist die ungefederte Masse des Fahrzeugs klein. Achsträger und Ausgleichsgetriebe/Differenzial (→ Allradantrieb) gehören anders als bei der Starrachse zu den gefederten Massen, d. h., sie machen die Radbewegungen bei Fahrbahnunebenheiten nicht mit. Je größer die ungefederte Masse im Verhältnis zum Fahrzeuggesamtgewicht ist, umso schlechter ist der Federkomfort, da Unebenheiten stärker auf die Karosserie übertragen werden. Bei der Einzelradaufhängung, die sowohl für Lenk- als auch Antriebsachsen verwendet werden kann, sind daher beide Räder einer Achse unabhängig voneinander über Lenker und Federbein mit dem Fahrzeugaufbau verbunden. Zu den gebräuchlichsten Bauformen der Einzelradaufhängung zählen Doppelquerlenker-, Federbein-, Dämpferbein- und Schräglenkerachse.

Stoßdämpfer ▸3

Aufgrund der geringen Eigendämpfung der Federn einer Radaufhängung würden die Räder eines Fahrzeuges beim Überfahren von Fahrbahnunebenheiten zu Schwingungen angeregt, die ohne Dämpfung nur sehr langsam abklingen. Der Kontakt zwischen Reifen und Fahrbahn wäre entsprechend der Schwingfrequenz periodisch unterbrochen und die Karosserie würde schaukeln, worunter wiederum die Fahrsicherheit leiden würde. Der zwischen Fahrzeugaufbau und Radaufhängung eingebaute Stoßdämpfer lässt diese Schwingungen schnell abklingen, wobei heute insbesondere Zweirohr- und Einrohrstoßdämpfer eingesetzt werden (Abb. 3).
Weit verbreitet ist der **Zweirohrstoßdämpfer**, bei dem zwei Rohre ineinander geschoben sind. Der vom Kolben in den oberen und unteren Arbeitsraum unterteilte Arbeitszylinder ist ganz, der umgebende Ringraum teilweise mit Öl gefüllt. Beim Einfedern des Rades wird der Kolben im Arbeitsraum nach unten gedrückt und über die geöffneten Kolbenventile strömt Öl vom unteren in den oberen Arbeitsraum. Zugleich entweicht das von der eintauchenden Kolbenstange verdrängte Öl über das Bodenventil in den Ringraum.
Das Bodenventil bietet dem Öl einen höheren Widerstand als das Kolbenventil und bestimmt dadurch die Dämpfung. Beim Ausfedern bewegt der Kolben sich im Arbeitsraum nach oben, und über die geöffneten Kolbenventile wird Öl vom oberen in den unteren Arbeitsraum gedrückt. Gleichzeitig strömt Öl über das Bodenventil aus dem Ringraum in den unteren Arbeitsraum. Zweirohrstoßdämpfer sind preiswert in der Herstellung, haben jedoch infolge der isolierenden Wirkung des Ringraumes lediglich eine indirekte und daher eher schlechte Wärmeabfuhr.
Beim **Einrohr-** oder **Gasdruckstoßdämpfer** wird die Reibungswärme direkt an die Umgebungsluft abgegeben. Der Stoßdämpfer arbeitet ähnlich wie die Zweirohrausführung, besitzt jedoch nur ein Rohr. Dieses ist bei der Trennkolbenausführung nicht vollständig mit Öl gefüllt, sondern unterhalb des beweglichen, dichten Trennkolbens befindet sich ein komprimiertes Gas. Diese Bauart ist durch die erforderliche hohe Fertigungsgenauigkeit teurer als der Zweirohrstoßdämpfer, hat jedoch den Vorteil, dass keine Ölschäumung auftritt und daher auch bei hoher Beanspruchung die Dämpfwirkung voll erhalten bleibt.

▸1 Starre Radaufhängung

a Starrachse

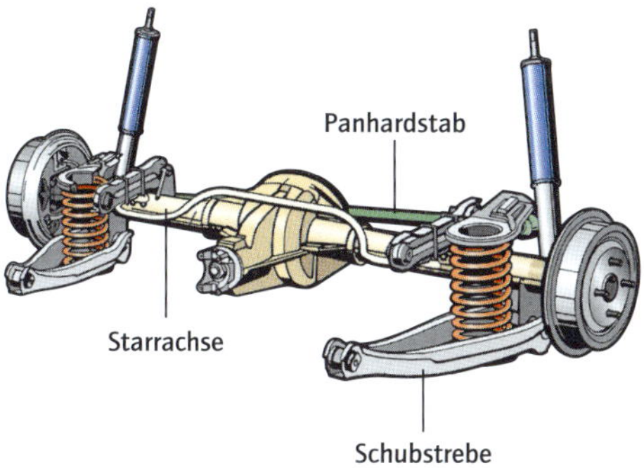

b Halbstarre Torsionskurbelhinterachse

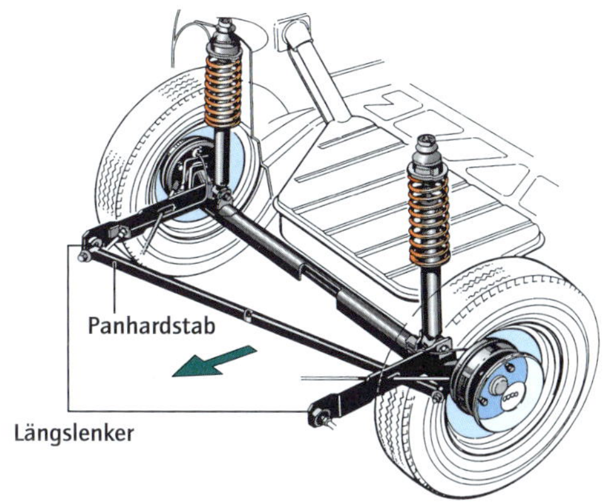

▸2 Einzelradaufhängung mit Federbein

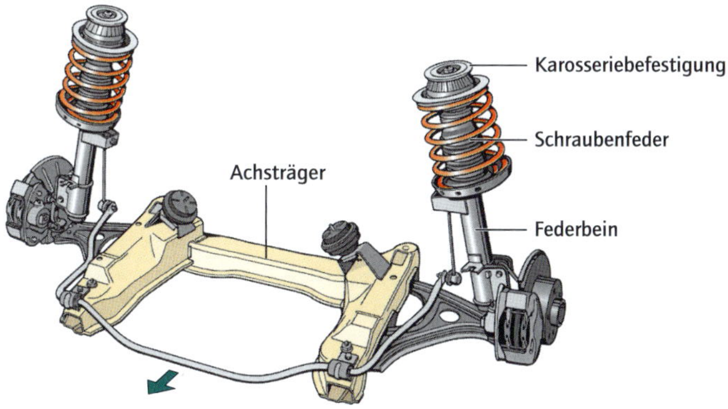

▸3 Stoßdämpfer

a Zweirohrstoßdämpfer

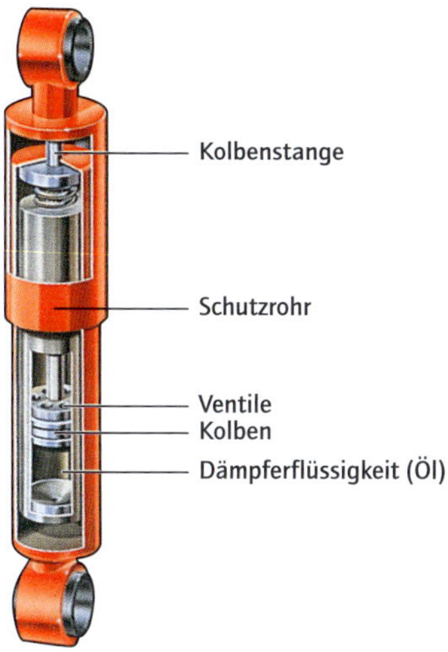

b Einrohrstoßdämpfer

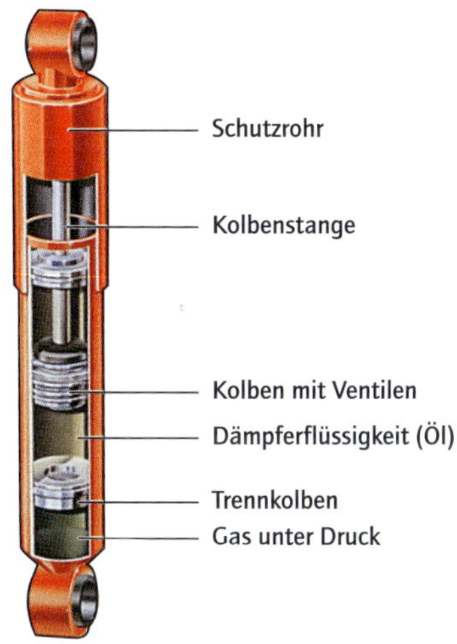

Allradantrieb

Der Vorteil des Allradantriebs besteht in einer besseren Übertragung der Motorkraft auf die Straße, was zu optimierten Fahreigenschaften im Gelände und bei Schnee sowie zu Vorteilen in der Straßenlage und bei der Sicherheit führt. Zudem lassen sich Anhängelasten besser bewegen. Abb. 1 zeigt schematisch den Antriebsstrang eines Allradantriebs. Grundsätzlich sind zwei Systeme zu unterscheiden:

- **Zuschaltbarer Allradantrieb**: Bei dieser Lösung wird entweder die Vorder- oder die Hinterachse permanent angetrieben und nur bei Bedarf wird die andere Achse zugeschaltet.
- **Permanenter Allradantrieb**: Es werden immer alle vier Räder angetrieben. Vorder- und Hinterachse sind durch ein sperrbares Differenzial miteinander verbunden, wobei je nach dessen Bauart das Drehmoment in einem bestimmten Verhältnis auf die Achsen verteilt wird.

Ein beispielhaftes **Verteilergetriebe** mit zuschaltbarem Allradantrieb zeigt Abb. 2. Das Verteilergetriebe ist vom Schaltgetriebe (→ Getriebe) getrennt und die Zuschaltung des auf der Vorgelegewelle (oben) angeordneten Vorderradantriebs darf nur bei stehendem oder ausrollendem Fahrzeug betätigt werden. Die Umschaltung vom Straßen- auf den Geländegang kann allerdings im Fahren erfolgen.

Normalerweise sind vierradgetriebene Fahrzeuge mit einem permanenten Allradantrieb ausgerüstet. Um zu verhindern, dass bei unterschiedlichen Wegstrecken von Vorder- und Hinterrädern (Kurvenfahrt) die Reifen radieren und sich das Fahrzeug durch die „Verspannung" des Antriebsstrangs schwerer lenken lässt, ist ein **Ausgleichsgetriebe (Differenzial)** notwendig. Es gleicht die Drehzahlunterschiede der Räder aus und verteilt das Antriebsmoment gleichmäßig. Für besondere Situationen (z. B. Glatteis) muss sich das Differenzial sperren lassen, da sonst die Traktion auf das Niveau der Achse mit schlechtem oder gar keinem Bodenkontakt reduziert würde und das Fahrzeug daher keinen bzw. kaum noch Vortrieb hätte.

Visco-Kupplung ▸3

Eine Standardantriebsanordnung ist ein Getriebe, das für die „Verteilung" der Antriebskraft auf die Vorder- und Hinterräder aus einem Planetengetriebe (→ Getriebe) und einer Visco-Kupplung (Abb. 3) besteht. Die Kupplung übernimmt die Funktion des sperrbaren Differenzials und besteht aus einer Anzahl glatter Blechscheiben, wobei die gelochten Außenlamellen in die Verzahnung des Kupplungsgehäuses und die geschlitzten Innenlamellen in die Abtriebswelle (Vorderachsantrieb) eingreifen. Im Kupplungsgehäuse befindet sich ein Silikonöl hoher Viskosität (Zähigkeit), das geringe Drehzahlunterschiede zwischen Antrieb und Abtrieb zulässt, z. B. bei Kurvenfahrten. Bei größeren Drehzahlunterschieden wird das Öl zwischen Innen- und Außenlamellen abgeschert und dadurch erwärmt. Die höhere Temperatur führt zu einem höheren Druck im Kupplungsgehäuse, sodass das Öl einen immer größeren Widerstand gegen die Drehzahlunterschiede bietet. Dies resultiert in einem Anstieg des übertragbaren Drehmoments, bis eine starre Verbindung hergestellt ist; das Differenzial ist gesperrt. Dieses Prinzip ermöglicht es, dass automatisch an der Antriebsachse mit der besseren Bodenhaftung mehr Drehmoment aufgebaut wird. Ein Handbetrieb des Differenzials durch den Fahrer ist nicht notwendig.

Torsen-Differenzial ▸4

Eine weitere Bauform für selbstsperrende Differenziale ist das Torsen-Differenzial (Abb. 4). Bei dieser Bauart wird das Drehmoment vom Tellerrad und dem damit verbundenen Differenzialgehäuse zunächst auf die Schneckenradachsen und von diesen auf die Schneckenräder und dann auf die Schnecken übertragen. Drehzahldifferenzen gleichen die Ausgleichsräder (Stirnräder) aus. Durch die Sperrwirkung des Schneckengetriebes wird automatisch derjenigen Achse mehr Kraft zugeteilt, die einen besseren Bodenkontakt hat.

Automatisch schaltender Allradantrieb

Neben dem zuschaltbaren und permanenten Allradantrieb wurde ein **elektronisch geregelter Vierradantrieb** entwickelt, der in Abhängigkeit von den Straßenverhältnissen automatisch umschaltet (**4-Matic**). Drehzahlsensoren an der Hinterachse und beiden Vorderrädern (bei eingebautem ABS bereits vorhanden) melden, wann ein Rad oder eine Achse durchdreht, worauf ein Steuergerät Signale zum Zu- und Abschalten des Vorderradantriebs an ein Hydraulikaggregat gibt.

Haldex-Kupplung

Die Haldex-Kupplung wird zur Drehmomentverteilung zwischen den beiden Achsen eingesetzt. Sie ist direkt am Gehäuse des hinteren Achsgetriebes angeflanscht und wird von der Kardanwelle angetrieben. Bei durchdrehenden Vorderrädern sperrt die Haldex-Kupplung den Drehzahlausgleich zwischen Vorder- und Hinterachse, das Drehmoment wird nun den Antriebsrädern entsprechend ihrer Bodenhaftung zugeteilt.

▸1 Antriebsstrang bei Allradfahrzeugen

ⓐ Motor
ⓑ Getriebe
ⓒ Verteilergetriebe
ⓓ Hinterachsantrieb
ⓔ Ausgleichsgetriebe
ⓕ Vorderachsantrieb

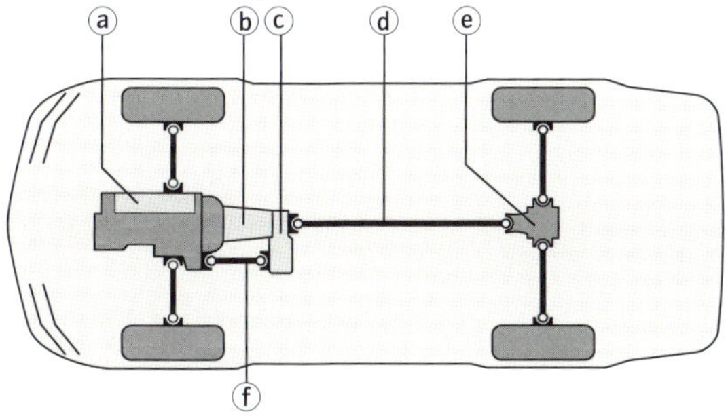

▸2 Verteilergetriebe eines zuschaltbaren Allradantriebs

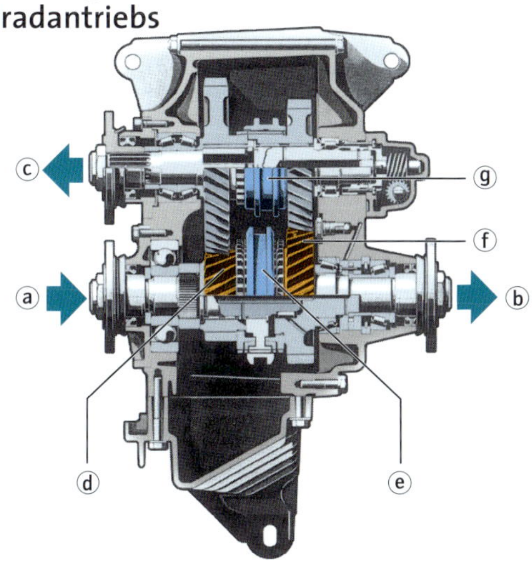

ⓐ Antrieb vom Schaltgetriebe
ⓑ Abtrieb zur Hinterachse
ⓒ Abtrieb zur Vorderachse
ⓓ Antriebsrad Geländegang
ⓔ Schiebemuffe Straßen-/Geländegang
ⓕ Antriebsrad Straßengang
ⓖ Schiebemuffe Vorderradantrieb Fahrtrichtung

▸3 Aufbau einer Visco-Kupplung

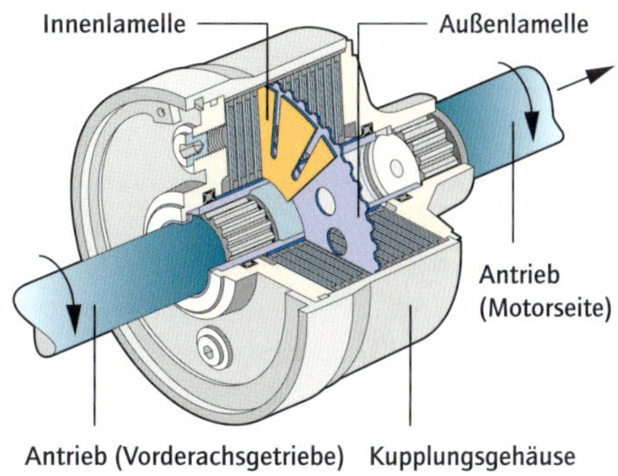

▸4 Torsen-Differenzial für den Einbau in einer Hinterachse

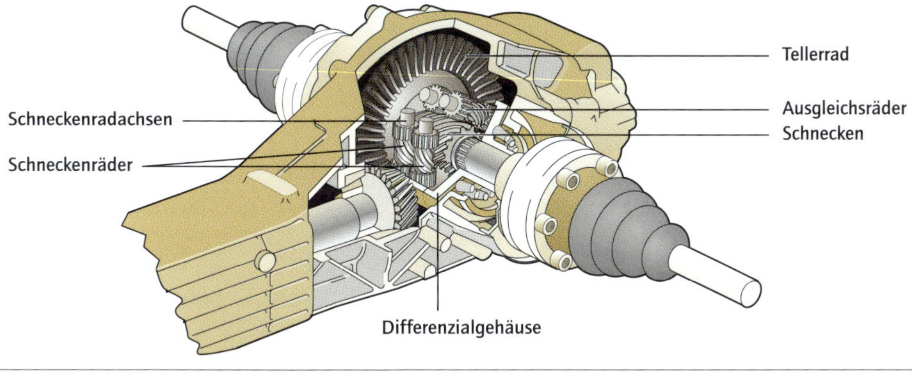

Getriebe I

Verbrennungsmotoren geben ihre Leistung in einem begrenzten Drehzahlbereich ab. Da jedoch die Antriebskraft auf die Räder an verschiedene Fahrsituationen angepasst werden muss, ist ein variables Übersetzungsverhältnis zwischen Motor und Antriebsrädern erforderlich. Diese Aufgabe übernimmt das Getriebe.

Handschaltgetriebe ▸1 ▸2

Heute finden ausschließlich **vollsynchronisierte Getriebe** Anwendung, bei denen alle Zahnräder ständig im Eingriff sind (Abb. 1). Die einzelnen Zahnradpaare sind so konstruiert, dass das eine Zahnrad drehfest mit der **Vorgelegewelle** verbunden ist, während das andere Rad auf der **Hauptwelle** lose drehen kann. Beim Schalten eines Ganges muss zwischen dem losen Rad und der Hauptwelle eine feste Verbindung hergestellt werden. Dazu werden **Schaltelemente** verwendet. Die Funktion dieser Synchronisierung zeigt Abb. 2:

- **Leerlauf**: Die Schiebemuffe ist in Mittellage und hat keine Verbindung zu dem Kupplungskörper, der mit dem Losrad verbunden ist. Das Losrad dreht sich frei.
- **Gangschalten**: Durch Verschieben der Schiebemuffe wird über das Druckstück der Synchronring gegen den Kupplungskörper gedrückt. Infolge der Drehzahldifferenz zwischen Synchronring und Kupplungskörper ist das Reibmoment an den Kegelreibflächen zwischen beiden größer als das Rückstellmoment der Zahnflanken. Die Schiebemuffe kann nicht weitergeschaltet werden, da die Zahnflanken des Synchronrings das Durchschalten sperren. Durch die Reibung wird jedoch der Kupplungskörper beschleunigt oder abgebremst bis Gleichlauf hergestellt ist.
- **Schaltstellung**: Sobald Synchronring und Kupplungskörper die gleiche Drehzahl haben, dreht die Schiebemuffe den Synchronring zurück. Die Schiebemuffe kann nun über die Verzahnung des Synchronrings hinweg in die Verzahnung des Kupplungskörpers geschoben werden.

Automatikgetriebe

Bei Handschaltgetrieben muss der Fahrer das Schalten der Gänge sowie die Betätigung der Kupplung selbst übernehmen. Demgegenüber wählen Automatikgetriebe entsprechend der jeweiligen Fahrgeschwindigkeit und Belastung weitgehend selbstständig das dafür vorgesehene Übersetzungsverhältnis zwischen Motor und Antriebsrädern und übernehmen gleichzeitig den Kupplungsvorgang.

Ein Automatikgetriebe besteht aus zwei Hauptbauteilen: **Drehmomentwandler** und **Planetengetriebe**.

Drehmomentenwandler ▸3

Bei Automatikgetrieben werden als Drehmomentwandler **Strömungswandler** eingesetzt (Abb. 3), welche die Aufgabe der Anfahrkupplung und der ersten Fahrstufe übernehmen.

Analog zur Strömungskupplung (→ Kupplung) wird das Öl im Pumpenrad auf einer Kreisbahn mitgenommen, sodass die dann auf das Öl wirkende Fliehkraft dieses nach außen in das Turbinenrad und weiter in das Leitrad drückt. Da aber die Schaufeln des Leitrades umgekehrt wie die der beiden anderen Räder gekrümmt sind, wird der aus dem Turbinenrad austretende Ölstrom an diesen Schaufeln stark umgelenkt, wodurch eine Rückwirkung auf das Turbinenrad stattfindet. Der Ölstrom versucht, das Leitrad in umgekehrter Richtung wie Pumpen- und Turbinenrad zu drehen. Das Leitrad ist jedoch durch den Einweg-Freilauf blockiert. Diese „Abstützung" des Ölstroms an dem blockierten Leitrad bewirkt eine Vergrößerung des an das Turbinenrad abgegebenen Drehmomentes auf das Zwei- bis Zweieinhalbfache des in das Pumpenrad geleiteten Antriebsmomentes, wobei sich gleichzeitig eine Reduzierung der Drehzahl des Turbinenrades gegenüber der Drehzahl des Pumpenrades ergibt. Sobald Turbinen- und Pumpenrad etwa die gleiche Geschwindigkeit haben, gibt der Freilauf das Leitrad in Drehrichtung der anderen beiden Räder frei, wodurch es mit ihnen in gleicher Richtung mitdreht. Damit arbeitet der Drehmomentwandler bei Gleichlauf von An- und Abtriebswelle als Strömungskupplung (**Trilok-Prinzip**).

Planetengetriebe ▸4

Vom Drehmomentwandler wird die Kraft weiter auf das Planetengetriebe übertragen: Um das zentrale **Sonnenrad** kreisen die **Planetenräder**, die wiederum von einem **Hohlrad** umspannt sind (Abb. 4). Sämtliche Zahnräder sind ständig im Einsatz; das Schalten erfolgt über wahlweises Festhalten einzelner Zahnräder. Alle drei Wellen des Planetengetriebes können als Antriebswellen genutzt werden. Da jeweils eine der beiden noch „ungenutzten" Wellen festgehalten werden kann, und die letzte Welle zur Abtriebswelle wird, ergeben sich sechs Übersetzungsmöglichkeiten („Gänge"). Dazu kommt die Verblockung des gesamten Getriebes, sodass die Drehzahl der Antriebswelle gleich der der Abtriebswelle ist (direkter Gang). Oft wird nicht nur der einfache Planetensatz als Planetengetriebe bezeichnet, sondern auch mehrere hintereinander geschaltete Planetensätze.

▸1 Vollsynchronisiertes 5-Gang-Getriebe

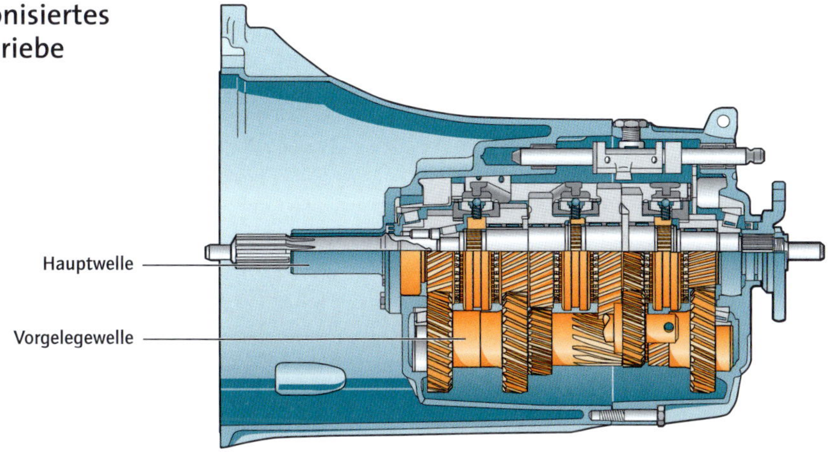

▸2 Funktion des Synchronvorgangs

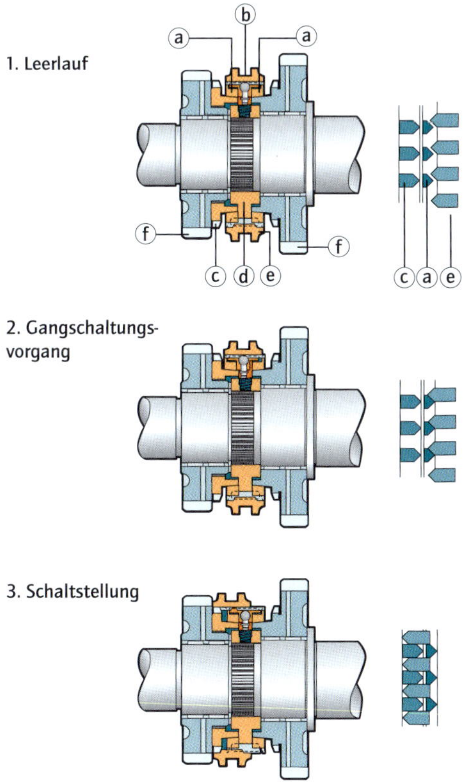

ⓐ Synchronring
ⓑ Druckstück
ⓒ Kupplungskörper
ⓓ Synchronkörper
ⓔ Schiebemuffe
ⓕ Losrad

▸3 Funktion eines hydrodynamischen Drehmomentwandlers

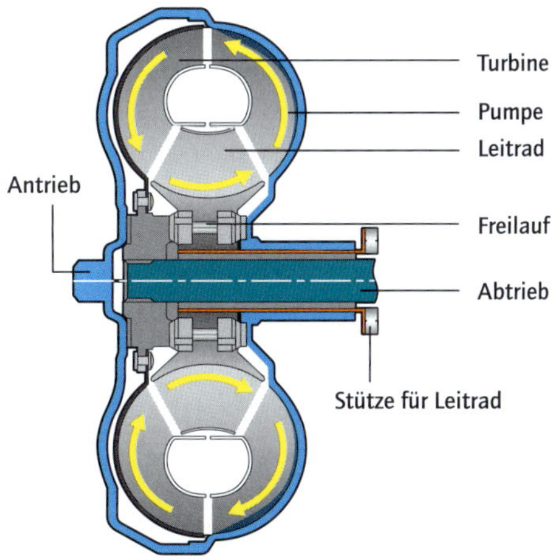

▸4 Planetengetriebe

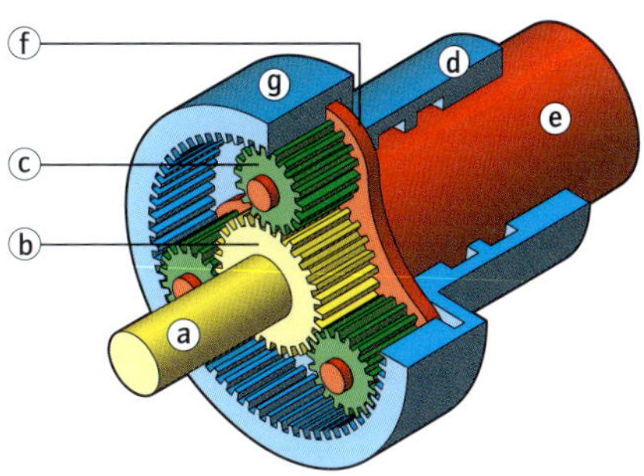

ⓐ Welle vom Sonnenrad
ⓑ Sonnenrad
ⓒ Planetenrad
ⓓ Hohlwelle vom Hohlrad
ⓔ Welle des Planetenradträgers
ⓕ Planetenradträger
ⓖ Hohlrad

Getriebe II

Bei Pkws wird oftmals für die Vorwärtsgänge nur eine Welle als Abtriebswelle verwendet. Dadurch reduziert sich die Zahl der Übersetzungsvarianten. Von den sieben möglichen Übersetzungen eines Planetengetriebes – manche liegen sehr nahe beieinander oder führen zu hohen Übersetzungen ins Schnelle, sodass nicht alle Möglichkeiten sinnvoll sind – seien hier vier mit jeweils unterschiedlicher Antriebs-, Abtriebs- und Festwelle herausgegriffen:

- 1. Variante (Abb. 1a): Das Sonnenrad wird angetrieben und das Hohlrad festgehalten. Bei dieser Variante drehen sich dann der Planetenradträger und die damit verbundene Abtriebswelle in gleicher Richtung. Die Planetenräder rollen dabei auf dem Hohlrad ab und drehen sich mit der Abtriebswelle langsamer als das angetriebene Sonnenrad.
- 2. Variante (Abb. 1b): Das Sonnenrad wird angetrieben und der Planetenradträger fixiert. Da die Achsen der Planetenräder am gleichen Ort bleiben, drehen sich diese in der entgegengesetzten Richtung zum angetriebenen Sonnenrad und nehmen das Hohlrad und die damit verbundene Abtriebswelle gegensinnig zum Sonnenrad mit. Durch diese Gegenläufigkeit lässt sich ein Rückwärtsgang mit einer Übersetzung ins Langsame verwirklichen.
- 3. Variante (Abb. 1c): Der Antrieb erfolgt auf das Hohlrad und das Sonnenrad wird festgehalten. Jetzt wälzen sich die Planetenräder auf dem Sonnenrad ab und drehen den Planetenradträger und die damit verbundene Abtriebswelle in die gleiche Richtung wie das Hohlrad, wobei die Drehzahl des Planetenradträgers bzw. der Abtriebswelle kleiner ist als die des angetriebenen Hohlrades.
- 4. Variante (Abb. 1d): Hohlrad und Sonnenrad werden mit gleicher Drehzahl angetrieben. Dadurch wird der gesamte Planetenradsatz mitgenommen, sodass er das Getriebe gleichsam als ein Block umläuft: Antriebs- und Abtriebswelle haben dann die gleiche Drehzahl (direkter Gang).

Automatikgetriebe mit Wandlerüberbrückungskupplung ▸2

Planetengetriebe lassen sich zusammen mit einem Strömungswandler (→Getriebe I) zu Automatikgetrieben kombinieren. Moderne 5-Gang-Wandlergetriebe (Abb. 2) überbrücken in den oberen Gängen den Strömungswandler durch eine mechanische Kupplung. Durch diese Wandlerüberbrückungskupplung (**WK**) lässt sich bei höheren Geschwindigkeiten der Energieverlust im Strömungswandler ausschalten. Dies steigert den Wirkungsgrad bei der Kraftübertragung und somit die Fahrleistung und führt gleichzeitig zu einer Senkung des Kraftstoffverbrauchs.

Das dargestellte Getriebe für Pkws mit Hinterradantrieb nutzt einen Strömungswandler mit Freilauf, sodass beim Anfahren durch das Trilok-Prinzip (→Getriebe I) eine stufenlose Übersetzung des Drehmoments möglich ist. Bei höheren Drehzahlen arbeitet der Wandler als Strömungskupplung, wobei im vierten und fünften Gang die WK zugeschaltet wird. Die nachgeschalteten Planetenradsätze sorgen durch wahlweises Festhalten der Wellen für die Übersetzungen der fünf Gänge und des Rückwärtsganges, wobei der fünfte Gang eine Übersetzung ins Schnelle aufweist.

Die zum Festhalten verwendeten Lamellenkupplungen werden über ein Steuergerät geregelt, das den Schaltvorgang in Abhängigkeit von der gewählten Fahrstufe, der Fahrgeschwindigkeit, dem Fahrzustand sowie der Motorbelastung automatisch einleitet. Berücksichtigung finden dabei auch vorgewählte Schaltpunkte (Leistungs- oder Gebrauchsoptimierung) und der sogenannte **Kick-down** (Durchtreten des Gaspedals, wodurch der Wechsel in einen kleineren Gang zu einer besseren Beschleunigung führt).

Getriebezustand bei einzelnen Gängen ▸3

Abb. 3 zeigt schematisch zwei Schaltzustände des Wandlergetriebes.:

Im vierten Gang (Abb. 3a) drehen sich das große Sonnenrad und der Steg des linken Planetenradsatzes in gleicher Richtung mit der Motordrehzahl. Durch diese Steg-Sonnenrad-Verbindung ist der linke Planetenradsatz im Blockumlauf (direkte Übersetzung 1:1). Aufgrund der geschlossenen Kupplung werden Hohlrad und Sonnenrad des nachgeschalteten, rechten Planetenradsatzes gekoppelt (Blockumlauf). Im vierten wird ebenso wie im fünften Gang über ein Magnetventil die WK zugeschaltet.

Beim Rückwärtsgang (Abb. 3b) wird das Motordrehmoment ausschließlich hydraulisch über die Antriebswelle auf das kleine Sonnenrad des linken Planetensatzes übertragen. Durch Blockieren des Stegs erfolgt über die Planetenräder eine Drehrichtungsumkehr zwischen kleinem Sonnenrad und Hohlrad. Von diesem Hohlrad wird das Drehmoment über eine Stegwelle zum Hohlrad des nachgeschalteten Planetenradsatzes geleitet, dessen Sonnenrad blockiert ist. Dadurch wird der Steg angetrieben, der wiederum mit der Abtriebswelle gekoppelt ist (gleiche Drehzahl).

▸1 Übersetzungsmöglichkeiten eines Planetengetriebes

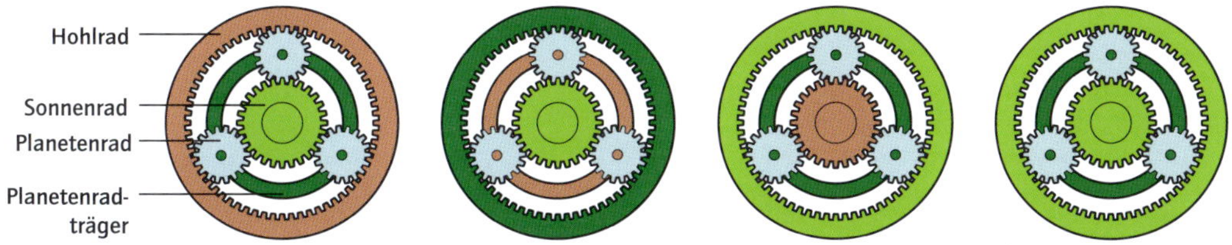

	a	b	c	d
Antrieb:	Sonnenradwelle	Sonnenradwelle	Hohlradwelle	Hohl- und Sonnenradwelle
fest:	Hohlrad	Planetenradträger	Sonnenrad	–
Abtrieb:	Planetenradträgerwelle	Hohlradwelle	Planetenradträgerwelle	Planetenradträgerwelle

▸2 Automatisches 5-Gang-Wandlergetriebe

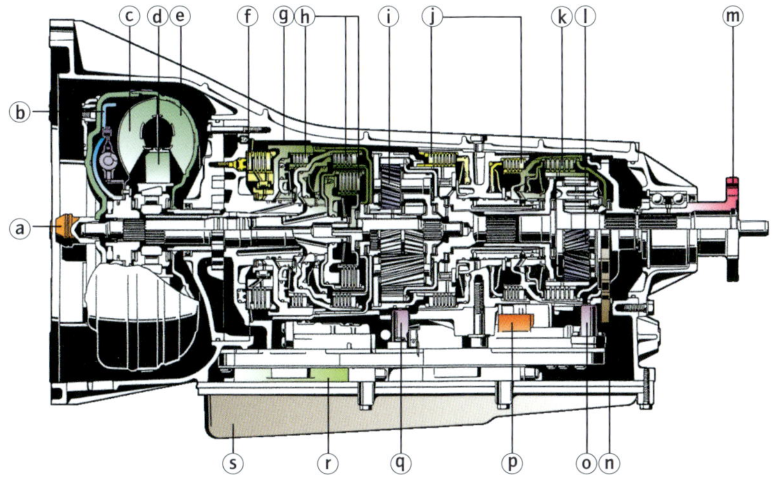

(a) Antrieb
(b) Wandlerüberbrückungskupplung
(c) Turbine
(d) Leitrad
(e) Pumpe
(f) Lamellenbremse
(g) Bremsband
(h) Lamellenkupplung
(i) Planetenradsatz
(j) Lamellenbremse
(k) Lamellenkupplung
(l) einfacher Planetenradsatz
(m) Abtriebsflansch
(n) Parksperre
(o) Fühler Abtriebsdrehzahl
(p) Halter für Magnetventile
(q) Fühler Turbinendrehzahl
(r) hydraulisches Schaltgerät
(s) Ölwanne

▸3 Getriebezustand bei einzelnen Gängen

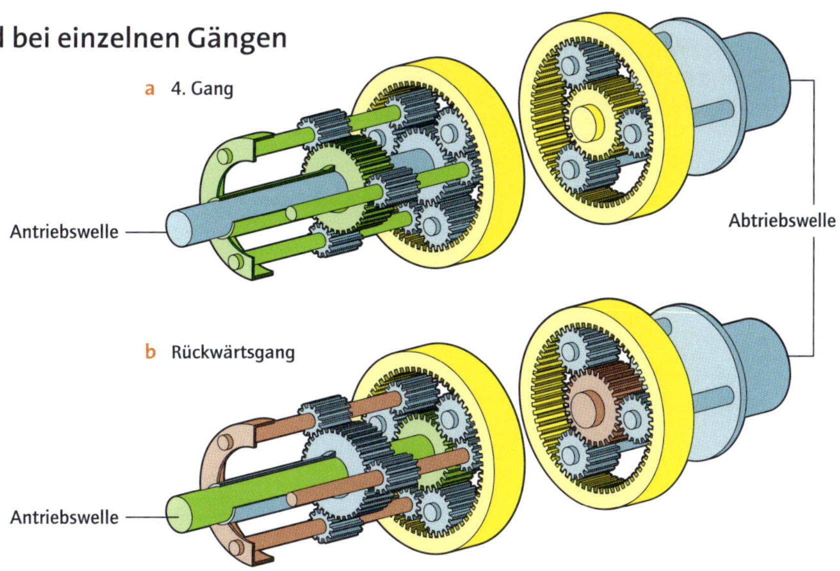

angetrieben
festgebremst
gekoppelt

Kupplung

Verbrennungsmotoren benötigen eine bestimmte Mindestdrehzahl (Leerlauf), bevor sie von selbst laufen und eine zum Antrieb des Fahrzeugs genügend große Leistung abgeben können. Bis diese Drehzahl erreicht ist, muss der Motor mithilfe der Kupplung vom Getriebe getrennt werden (Abb. 1).

Die Kupplung hat zwei Aufgaben: Beim Anfahren muss sie die stillstehende Getriebeeingangswelle kontinuierlich auf die Drehzahl der Motorwelle bringen und bei Zahnradgetrieben ist sie außerdem zum Schalten der einzelnen Gänge notwendig, da sich derartige Getriebe nur bei Trennung des Motors vom Getriebe schalten lassen.

In modernen Fahrzeugen werden fast ausschließlich **Reibungskupplungen** oder **hydrodynamische Kupplungen** verwendet.

Reibungskupplung ▸ 2

Bei der gebräuchlichsten Kupplung wird die Verbindung zwischen Motorwelle und Getriebeeingangswelle durch Reibung einer oder mehrerer Scheiben aufeinander hergestellt. Dazu besteht die Kupplung (Abb. 2) aus einer **Kupplungsscheibe**, die zwischen der Schwungscheibe des Motors und der Kupplungsdruckplatte angeordnet ist und auf die beiderseits Beläge genietet oder geklebt sind, einer Membranfeder (Tellerfeder) und dem Ausrücker. Beim Treten des Kupplungspedals drückt der Ausrücker gegen die Membranfeder. Die Druckplatte wird dabei entgegen der Federkraft von der Kupplungsscheibe weggedrückt, wodurch die Kupplungsscheibe freikommt. Die Verbindung zwischen Motor und Getriebe ist unterbrochen.

Die übertragbaren Drehmomente hängen von der Fläche und vom Durchmesser der Kupplungsscheibe sowie von der Federkraft der Membranfeder ab. Für große Drehmomente werden daher auch Mehrscheibenkupplungen eingesetzt.

Die Kupplungsscheibe unterliegt vor allem beim Anfahren durch „Schleifen" der Abnutzung und erwärmt sich durch den Reibungsvorgang. Sie werden daher aus hitzebeständigem Material mit einer Metalleinlage, die für eine verbesserte Wärmeabfuhr sorgt, hergestellt.

Hydrodynamische Kupplung ▸ 3

Lässt man das Fußpedal bei einer Reibungskupplung zu schnell „kommen", setzt sich das Fahrzeug mit einem Ruck in Bewegung. Ein völlig ruckfreies Anfahren bei gleichzeitig fast verschleißfreier Kraftübertragung ermöglicht dagegen die hydrodynamische Kupplung, auch **Föttinger-** oder **Strömungskupplung** genannt, bei der ein von der Motorwelle erzeugter Flüssigkeitsstrom dazu benutzt wird, die Abtriebswelle mitzunehmen und auf die gleiche Drehzahl wie die Antriebswelle zu bringen (Abb. 3a). Der Motor treibt das **Pumpenrad** an, das in einem geschlossenen Flüssigkeitskreislauf Öl zum **Turbinenrad** fördert, in dessen Schaufelrad die Strömungsenergie in eine Drehbewegung umgewandelt wird. Dadurch kann an der Antriebswelle Drehenergie abgenommen werden.

Die Schaufelräder des Pumpen- und Antriebsrades sitzen in einem gemeinsamen Gehäuse (Abb. 3b), wobei jedes der beiden Räder einen Halbringraum mit radial verlaufenden Schaufeln besitzt, die spiegelbildlich zueinander angeordnet sind. Beide Räder sind nur durch einen engen Spalt getrennt. Die Schaufeln sind mit einer Flüssigkeit, meist Öl, gefüllt, das zur Aufrechterhaltung der Kupplungsfunktion nicht schäumen darf und unabhängig von der Betriebstemperatur eine möglichst gleichbleibende Viskosität (Zähigkeit) aufweisen sollte.

Abb. 3c zeigt die Wirkungsweise der beiden Schaufelräder beim Anfahren: In dem vom Motor angetriebenen Pumpenrad wird das zwischen seinen Schaufeln befindliche Öl in Drehung versetzt. Die dadurch am Öl wirkende Fliehkraft schiebt das Öl an den äußeren Rand des Pumpenrades, von wo aus es dann von außen in das sich noch in Ruhe befindliche Turbinenrad eindringt. Gleichzeitig wird in Achsnähe aus dem Turbinenrad Öl in das Pumpenrad gesaugt (Strömungskreislauf). Neben der Fliehkraft erhält das Öl durch die Mitnahme im Pumpenrad eine weitere, in Drehrichtung der Antriebswelle wirkende Geschwindigkeit. Dadurch entsteht beim Übertritt des Öls in das Turbinenrad eine Kraft in Drehrichtung des Pumpenrades, die das Turbinenrad allmählich mitnimmt (ruckfreies Anfahren).

Solange die Drehzahl des Pumpenrades größer ist als die des Turbinenrades, ist auch die Fliehkraft im Pumpenrad größer als im Turbinenrad, und die in Abb. 3c eingezeichnete Strömungsrichtung bleibt erhalten. Je stärker der Flüssigkeitsstrom in beiden Rädern ist, desto größer ist auch die Rückwirkung des einen auf das andere Rad bzw. das übertragbare Drehmoment: Bei gleicher Drehzahl von Turbinen- und Pumpenrad kommt der Flüssigkeitsstrom zum Stillstand und beide Räder sind hydraulisch gekoppelt. Während einer Bergabfahrt und/oder bei weggenommenem Gas kehrt sich die Wirkung der beiden Räder um. Das Turbinenrad wird zum Pumpenrad und umgekehrt. Dies erlaubt ein Abbremsen des Motors über die Kupplung, ohne dass der Motor ausgeht.

▸1 Schema der Kraftübertragung bei Kraftfahrzeugen

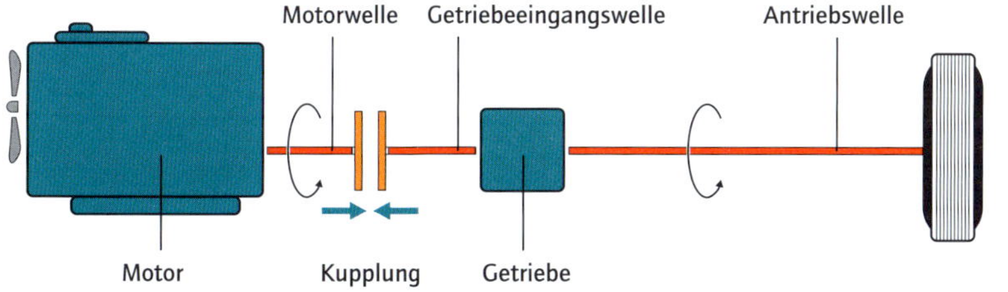

▸2 Aufbau einer Reibungskupplung

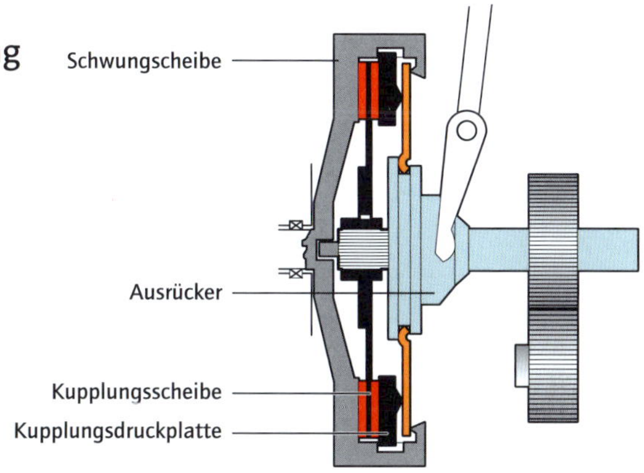

▸3 Strömungskupplung

a Prinzip einer Strömungskupplung

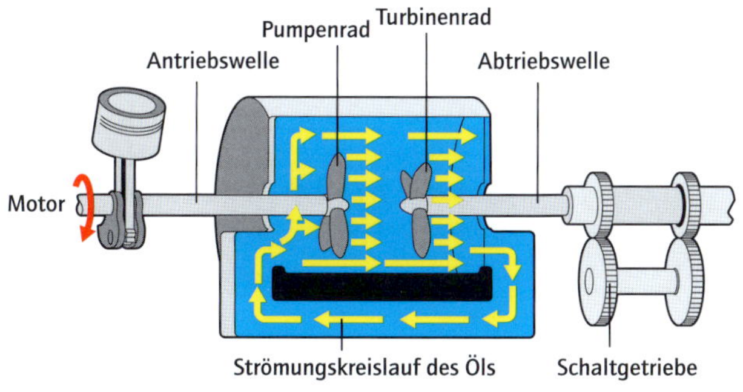

b Schnittbild einer Strömungskupplung

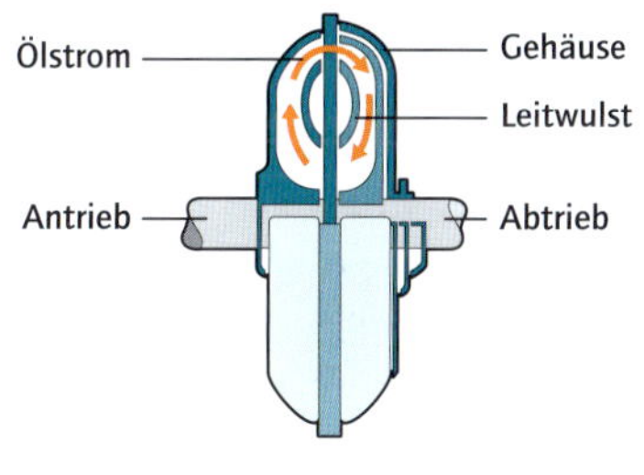

c Pumpen- und Turbinenrad einer Strömungskupplung

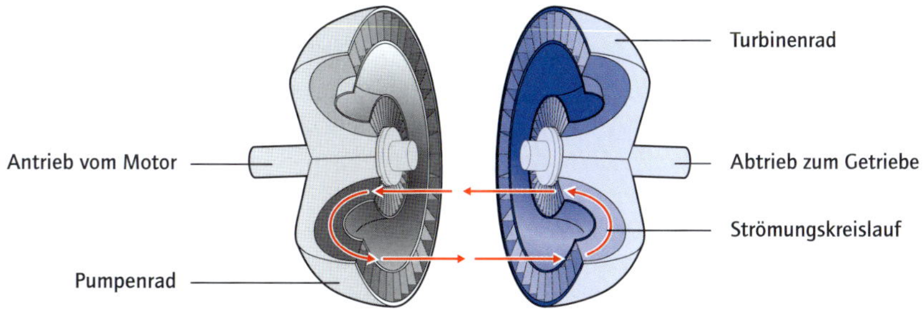

Bremsen I

Die Bremsanlage dient dazu, die Geschwindigkeit eines Fahrzeuges kontrolliert zu verringern oder es im Stillstand zu halten. Sie umfasst einerseits die zur Geschwindigkeitsreduzierung auf sämtliche Räder wirkende **Betriebsbremse** („Fußbremse") sowie die von der Betriebsbremse unabhängige und in der Regel lediglich auf zwei Räder wirkende **Feststellbremse** („Handbremse"). In Pkws erfolgt die Betätigung der Betriebsbremse hydraulisch, bei der Feststellbremse meist über einen Seilzug.

Pascalsches Gesetz ▸1

Die hydraulische Bremse nutzt das pascalsche Gesetz (nach Blaise Pascal, 1623–1662), das besagt, dass der auf eine eingeschlossene Flüssigkeit ausgeübte Druck sich nach allen Seiten gleichmäßig fortpflanzt. Die auf das Bremspedal ausgeübte Fußkraft wird somit über die Bremsleitungen und -schläuche in die einzelnen Radbremszylinder in gleicher Stärke übertragen. Die Weglänge des mit dem Fußpedal heruntergedrückten Kolbens im Hauptbremszylinder verteilt sich dabei auf die entsprechende Anzahl der Bremszylinder, d. h., die Kolben in den Bremszylindern legen jeweils eine entsprechend kleinere Weglänge zurück.
Heute kommen in Pkws vorwiegend hydraulische **Zweikreisbremsanlagen** zum Einsatz (Abb. 1). Eine solche Anlage besteht aus zwei getrennten Druckräumen, sodass bei Betätigung des Fußpedals die Räder des einen Bremskreises getrennt vom anderen Bremskreis abgebremst werden. Gegenüber einer **Einkreisbremsanlage** besteht damit der Vorteil, dass bei Defekt eines Bremskreises die Bremsfunktion trotzdem erhalten bleibt.

Funktionsprinzip ▸2 ▸3

Bei Betätigung des Bremspedals erzeugt die Fußkraft im **Hauptbremszylinder** einen hydraulischen Druck, der über die Bremsflüssigkeit in den Bremsleitungen an die **Radbremszylinder** (Scheiben- und Trommelbremse) weitergeleitet wird. Die Kolben in den Radbremszylindern werden auseinander gepresst und drücken die Bremsbeläge an die Reibungsflächen. Die durch die Reibung in Wärme umgewandelte Bewegungsenergie wird an die Umgebung abgeführt. Bei starker Beanspruchung der Bremsen (z. B. lange Talfahrt) kann die Bremswirkung nachlassen („Fading").
Je nach Angriffsrichtung der Bremskraft kann zwischen axialer (**Scheibenbremse**; Abb. 2; → Bremsen II) und radialer (**Trommelbremse**; Abb. 3) Bauweise unterschieden werden. Trommelbremsen, die die Bremskräfte an der inneren Oberfläche der Bremstrommel erzeugen, kommen nur noch bei Geländewagen und Lkws zum Einsatz.

Trommelbremse ▸3 ▸4

Je nach Funktionsprinzip kann bei Trommelbremsen zwischen Simplex-, Duplex- Duoduplex- und (Duo-)Servobremsen unterschieden werden (Abb. 3). Die einfachste Form der Trommelbremse ist die **Simplexbremse** (Abb. 4a), bei der durch den hydraulischen Druck in einem Radbremszylinder beide Bremsbacken gegen die umlaufende Bremstrommel gedrückt werden. Die zweiseitig wirkende Bremse presst die Enden der Bremsbacken (unten) gegen die Bremstrommel, sodass immer eine Backe aufläuft und die andere abläuft. Die ablaufende Bremsbacke wird beim Bremsvorgang gegen die Drehrichtung der Trommel gepresst und von der Bremskraft zwischen Belag und Trommel weggedrückt. Dadurch ist ihre Bremswirkung abgeschwächt. Aufgrund der Reibkraft der in Drehrichtung angepressten Auflaufbremsbacke entsteht eine zusätzliche Anpressung und damit eine unterstützende Selbstverstärkung.
Im Gegensatz dazu hat die **Duplexbremse** (Abb. 4b) zwei gegenüberliegende, einseitig wirkende Radbremszylinder, sodass bei Vorwärtsfahrt zwei sich selbst verstärkende auflaufende Backen bereitstehen. Beim Rückwärtsfahren ist die Bremswirkung dieser Bremse jedoch schlechter als bei der Simplexbremse, da nur ablaufende Bremsbacken vorhanden sind. Diesen konstruktionsbedingten Nachteil gleicht die **Duoduplexbremse** (Abb. 4 c) dadurch aus, dass beide Radbremszylinder zweiseitig wirken und so unabhängig von der Fahrtrichtung zwei auflaufende Backen bereitstehen.

(Duo-)Servobremsen ▸4

Die höchste Bremswirkung bei Trommelbremsen haben **Servobremsen** (Abb. 4d), die wie Simplexbremsen einen zweiseitig wirkenden Radbremszylinder (unten) besitzen. Die Backen haben jedoch keinen Drehpunkt als Widerlager, sondern sind an dieser Stelle durch ein Gleitlager miteinander verbunden. Dadurch stützt sich bei einem Bremsvorgang in Vorwärtsrichtung die eine Backe (links) auf das obere Ende der anderen Backe (rechts) ab, die so ebenfalls zu einer auflaufenden Backe mit Selbstverstärkung wird. Da das Gleitlager im Rückwärtsgang blockiert, wirkt die Bremse in diesem Fall wie eine Simplexbremse. Bei der **Duoservobremse** kann sich das Gleitlager in beide Richtungen bewegen, sodass die Bremswirkung in beide Fahrtrichtungen gleich ist.

▸1 Hydraulische Zweikreisbremsanlage

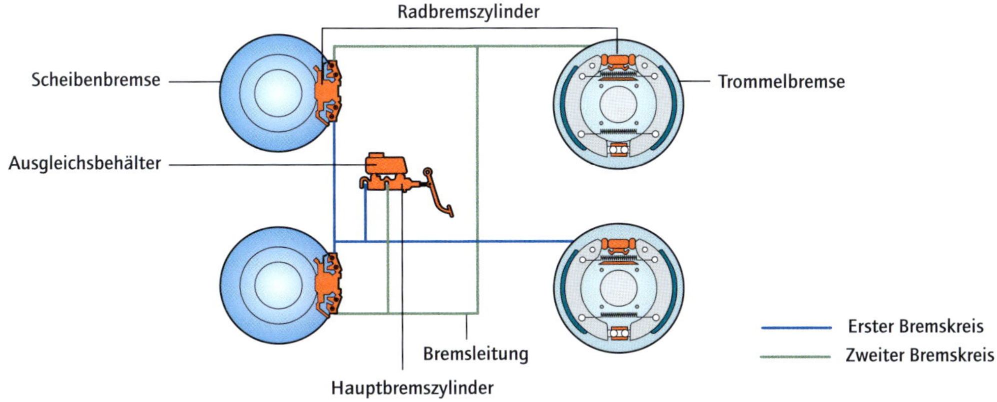

▸2 Scheibenbremse

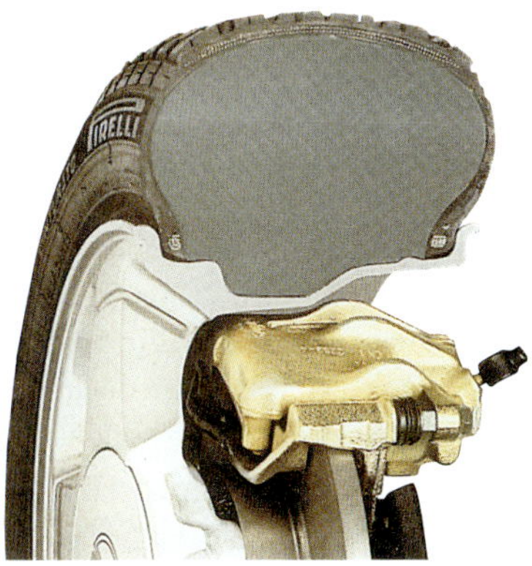

▸3 Aufbau einer Trommelbremse

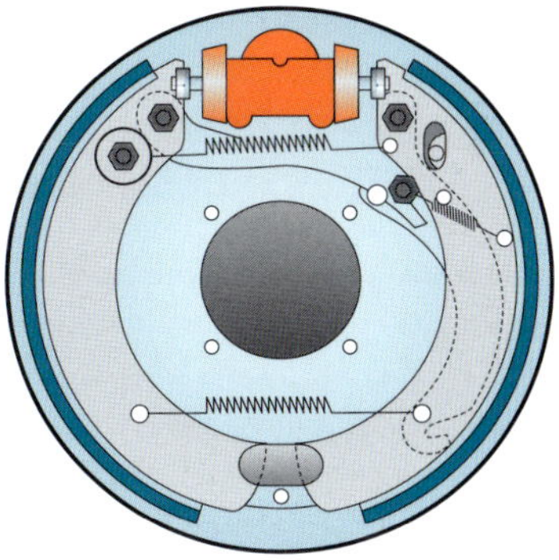

▸4 Arten von Trommelbremsen

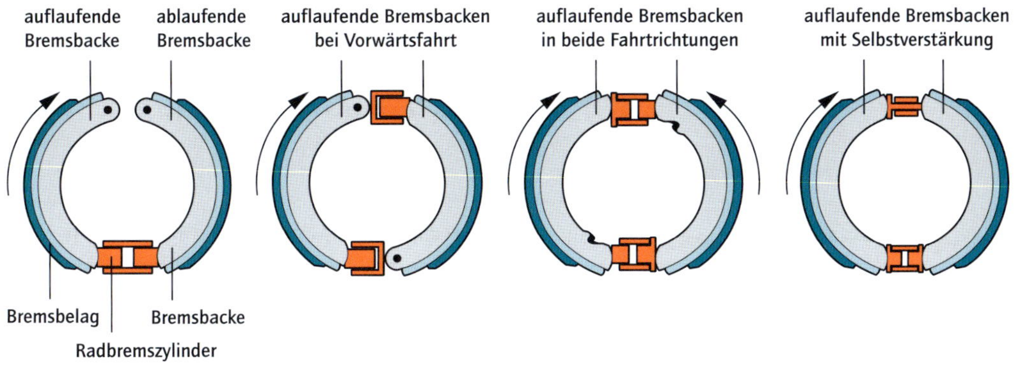

a Simplexbremse b Duplexbremse c Duoduplexbremse d Servobremse

Bremsen II

Scheibenbremse ▸1

Bei der Scheibenbremse liegt die Bremsscheibe zwischen zwei zangenartig angeordneten Bremsbelägen. Der Bremssattel kann als Fest- oder Schwimmsattel ausgebildet sein. Bei der **Festsattelbremse** (Abb. 1a) drücken zwei Radbremszylinder von beiden Seiten auf die Bremsscheibe. Bei **Schwimmsattelbremsen** sind zwei Grundausführungen zu unterscheiden: **Schwimmrahmensattel** und **Faustsattel** (Abb. 1b). Bei beiden Bauarten umfasst ein axial verschiebbarer Sattel einen Teil der Bremsscheibe und es wird nur ein Radbremszylinder eingesetzt. Bei Betätigung der Bremse wirkt der hydraulische Druck auf den Kolben, wodurch der auf der Fahrzeuginnenseite liegende Bremsbelag (rechts) direkt gegen die Bremsscheibe gepresst wird. Gleichzeitig wird der Druck auch auf das Gehäuse (Faust) ausgeübt, sodass sich dieses im Träger entgegengesetzt zum Kolben bewegt und dadurch den anderen Bremsbelag (links) gegen die Bremsscheibe zieht.

Bremskraftverstärker

Durch die fehlende Selbstverstärkung ist bei Scheibenbremsen zusätzlich ein Bremskraftverstärker notwendig, der die Fußkraft beim Bremsen unterstützt. Die beiden gebräuchlichsten Formen sind der Unterdruck- und der Hydraulikbremskraftverstärker. **Unterdruckbremskraftverstärker** nutzen den im Saugrohr des Motors herrschenden Unterdruck, um die Fußkraft zu entlasten. Bei Ausfall des Unterdrucks, z. B. bei Motorschaden, bleibt die Bremsanlage voll einsatzfähig. Demgegenüber verwenden **Hydraulikbremskraftverstärker** als Kraftquelle ein bereits im Fahrzeug eingebaute Hydraulikaggregat (z. B. für die Servolenkung). Dem Vorteil eines geringeren Einbauraums und einer niedrigeren erforderlichen Fußkraft steht ein meist „schwammiges" Pedalgefühl gegenüber.

Antiblockiersystem ▸2

Normalerweise ist die Verteilung der Bremskraft auf Vorder- und Hinterachse unveränderlich, was häufig aufgrund unterschiedlicher Belastung der Räder zu deren Blockieren und damit zur Beeinträchtigung der Lenkfähigkeit oder gar zum Schleudern des Fahrzeuges führt. Um das zu verhindern, wurde das **A**nti**b**lockier**s**ystem (**ABS**) entwickelt. Es bremst in jeder Fahrsituation (Glatteis, trockene Fahrbahn etc.) die Räder bis an die Blockiergrenze ab, ohne dass diese zu rutschen beginnen. Das Fahrzeug bleibt damit auch bei einer Vollbremsung weiter lenkbar und wird gleichzeitig optimal gebremst. Möglich wurde der Bau von ABS-Anlagen für Pkws erst durch die Entwicklungen in der Halbleitertechnik; das erste großserienreife ABS wurde 1978 vorgestellt.

Das ABS (Abb. 2) besteht aus den Drehzahlfühlern, die die Drehgeschwindigkeiten der einzelnen Räder messen, dem elektronischen Steuergerät sowie einem Hydroaggregat. Im Steuergerät werden die Signale der Drehzahlfühler ausgewertet und der für eine optimale Bremsung notwendige Bremsdruck berechnet. Meldet einer der Fühler, dass die Drehzahl des Rades abfällt (Gefahr des Blockierens), wird der Bremsdruck des entsprechenden Rades nicht weiter erhöht. Verringert sich die Raddrehzahl trotzdem weiter, erfolgt sogar eine Drucksenkung im Bremszylinder, sodass das Rad weniger stark gebremst wird. Bei einer Beschleunigung des Rades wird der Bremsdruck wieder erhöht und ein neuer Regelzyklus beginnt.

Antriebsschlupfregelung ▸3

Eine logische Umkehr des ABS ist die **A**ntriebs**s**chlupf**r**egelung (**ASR**; Abb. 3), durch die ein Durchdrehen der Räder beim Anfahren oder Beschleunigen verhindert werden soll, um die Spurtreue und Lenkfähigkeit des Fahrzeugs zu erhalten. ASR werden in zwei Ausführungen gebaut: Bei der einen Bauart erfolgt die Regelung ausschließlich über einen Motoreingriff, z. B. eine zusätzliche Drosselklappe, Zündfunkenunterdrückung oder eine Leistungsreduzierung, bei der anderen Bauart wird darüber hinaus über die Bremsen in die Radbeschleunigung eingegriffen. Zur Steuerung der Bremskraft nutzen diese ASR die bereits im Fahrzeug eingebauten ABS-Komponenten, wobei während des ASR-Regelvorgangs ein elektronisch gesteuerter Bremsdruck auf die Radbremszylinder ausgeübt wird, ohne dass der Fahrer das Bremspedal betätigt.

ESP

Das auf dem ABS aufsetzende **E**lektronische **S**tabilitäts**p**rogramm ist eine aktive Fahrdynamikregelung (auch als **DSC**, **D**ynamic **s**tability **c**ontrol, bezeichnet), bei der kurzzeitige radselektive und durch Mikroprozessoren gesteuerte Bremseingriffe den Schwimmwinkel des Fahrzeugs auf beherrschbarem Niveau halten. So wird z. B. bei beginnendem Ausbrechen des Hecks ein Vorderrad einmal oder mehrmals kurzzeitig ohne Fahrereingriff gebremst. Dadurch wird das Fahrzeug z. B. bei plötzlichen Lenkbewegungen und beim Bremsen in der Kurve stabilisiert. Die Erweiterungen zum ABS beziehen sich auf den Regler, die auszuwertenden zusätzlichen Sensordaten sowie ein wesentlich schnelleres Hochdruckhydrauliksystem.

▸1 Scheibenbremsen

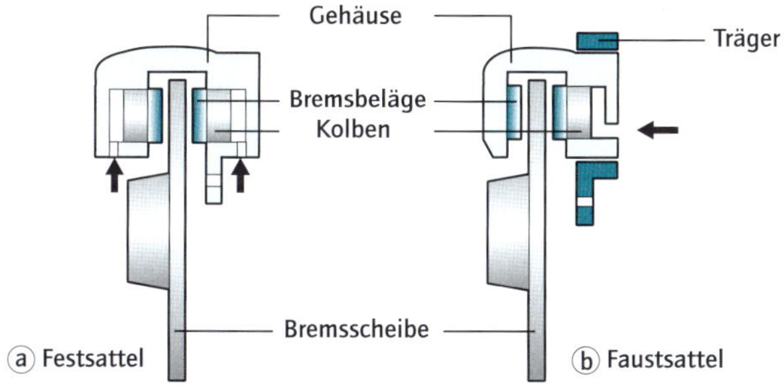

▸2 Regelkreis eines Antiblockiersystems (ABS)

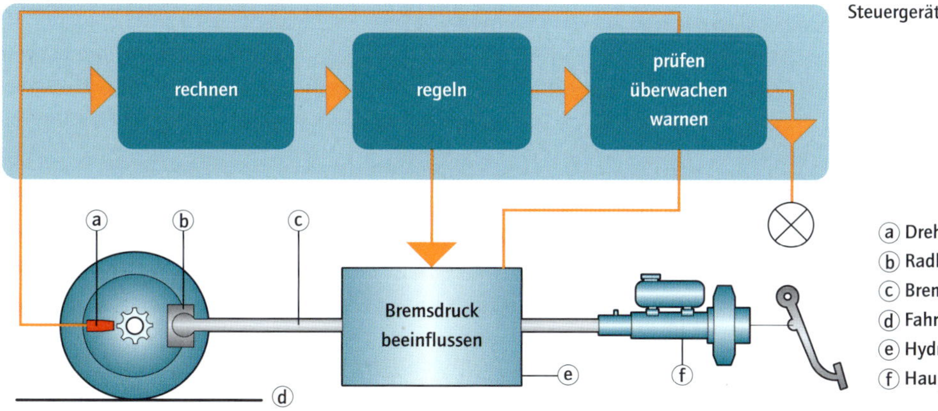

(a) Drehzahlfühler
(b) Radbremszylinder
(c) Bremsdruck
(d) Fahrbahnzustand
(e) Hydroaggregat
(f) Hauptzylinder

▸3 ASR-Anlage

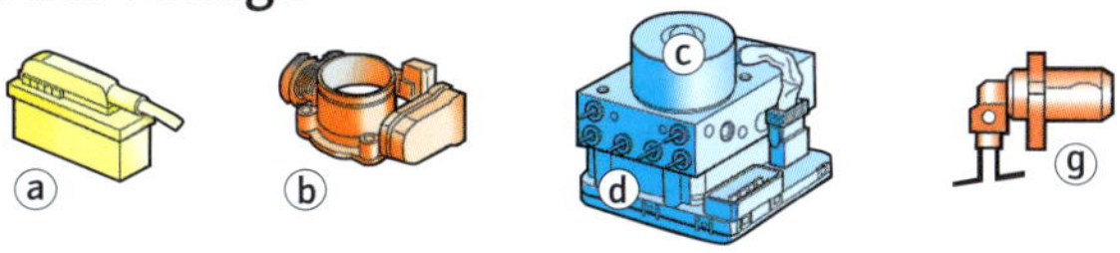

(a) Motorsteuergerät
(b) Drosselklappensteuereinheit
(c) Hydraulikeinheit mit elektronischem Steuergerät
(d) ASR-Motorsteuergerät
(e) Elektronisches Gaspedal
(f) ASR Warnlampe mit Schalter
(g) Drehzahlfühler

Katalysatoren und Rußfilter

Bei der Verbrennung von Kraftstoffen entstehen neben den unschädlichen Gasen Kohlendioxid (CO_2) und Wasserdampf (H_2O) auch umwelt- und gesundheitsschädigende Stoffe wie vor allem Kohlenmonoxid (CO), Kohlenwasserstoffe (C_mH_n), Stickoxide (NO_x) und Rußpartikel.
Zur Verringerung des Ausstoßes der gasförmigen Schadstoffe hat sich als wirkungsvollste und technisch einfachste Maßnahme der Einsatz von **Katalysatoren** bewährt. Sie ermöglichen eine chemische Reaktion schon bei relativ niedrigen Temperaturen oder sie erhöhen die Reaktionsgeschwindigkeit, ohne selbst verbraucht zu werden. Im Wesentlichen laufen bei der **katalytischen Abgasreinigung** folgende Reaktionen ab: durch Zugabe von Sauerstoff wird Kohlenmonoxid zu Kohlendioxid und Kohlenwasserstoff zu Kohlendioxid und Wasserdampf, Stickoxide werden durch Reaktion mit Kohlenmonoxid zu Kohlendioxid und elementarem Stickstoff (N_2).

Abgaskatalysatoren ▸1 ▸2

Technologisch haben sich der **geregelte Drei-Wege-Katalysator** (Abb. 1) für den Ottomotor und der **Oxidationskatalysator** für den Dieselmotor durchgesetzt. Um die Kontaktfläche zwischen Abgas und Katalysator möglichst groß zu halten, verwendet man als Trägermaterial keramische oder metallische Wabenkörper. Auf diese wird zunächst eine Zwischenschicht, der **Washcoat** (Abb. 2), aufgebracht, welche die Oberfläche des Katalysatorträgers um ein Vielfaches erhöht. Der eigentliche Katalysator aus Edelmetall wird anschließend aufgedampft. Der beschichtete Keramikkörper wird mit einem Drahtgestrick in ein Edelstahlgehäuse eingeschlagen und der metallische Wabenkörper direkt in sein Gehäuse eingeschweißt. Für die oben beschriebenen chemischen Reaktionen im Katalysatorbett muss beim Drei-Wege-Katalysator die Abgaszusammensetzung optimal geregelt werden. Dies wird erreicht, wenn die zur Verbrennung des Kraftstoffes zugeführte Luftmenge gleich der theoretisch erforderlichen Menge ist. Die Beeinflussung der Abgaszusammensetzung erfolgt über die Regelung des Kraftstoff-Luft-Gemisches vor der Verbrennung, bei der mithilfe der **Lambdasonde** der Sauerstoffgehalt des Abgases gemessen wird. Bei Abweichungen des Lambdawertes (Luftverhältnis) vom Sollwert wird über ein elektronisches Steuergerät die Gemischbildung korrigiert.
Der Einsatz des Oxidationskatalysators ist zwar wesentlich einfacher, aber auch weniger effektiv. Da der Dieselmotor mit sehr großem Luftüberschuss betrieben wird, ist hier nur der Umsatz von Kohlenmonoxid und Kohlenwasserstoffen erfolgreich; eine katalytische Verminderung von Stickoxiden ist derzeit noch nicht serienreif. Der im Dieselabgas enthaltene Sauerstoffanteil reicht aus, um die chemische Reaktion ohne weitere Maßnahmen zu ermöglichen. Eine Regelung der Gemischbildung wie beim Ottomotor wäre beim Dieselmotor auch unpraktisch, da hier die Motorleistung von der eingespritzten Kraftstoffmenge abhängt.

Rußfilter ▸3

Die Verminderung partikelförmiger Abgasbestandteile (Ruß) insbesondere beim Dieselmotor ist nicht durch den Einsatz von Abgaskatalysatoren durchführbar. Rußpartikel werden mithilfe temperaturbeständiger Filtermedien mechanisch aus dem Abgas herausgefiltert, ohne dass sich die Abgaszusammensetzung nennenswert ändert. Die Filterwände können aus unterschiedlichen porösen Werkstoffen bestehen, die aus Keramik- oder Metallpulver bzw. -fasern aufgebaut sind. Typische Materialien sind klassische Keramiken wie Cordierit oder Siliziumkarbid, neuere Entwicklungen kombinieren verschiedene Werkstoffe.
Die Filter sind von einer Vielzahl wechselseitig verschlossener Kanäle durchzogen, wodurch das Abgas gezwungen wird, durch die porösen Wände des Keramikkörpers zu strömen (Abb.3). Die Partikel lagern sich an der Keramikoberfläche und in den Poren ab, sodass sich mit zunehmender Betriebsdauer der Filter zusetzt und der Abgasgegendruck ansteigt. Das Filterelement muss in regelmäßigen Abständen gereinigt werden **(Regeneration)**; der angesammelte Ruß wird verbrannt. Da dazu mindestens eine Temperatur von 550 °C notwendig ist, die Abgastemperatur beim Dieselmotor aber darunter liegt, wird dem Dieselkraftstoff eine kleine Menge eines Additivs beigefügt, das die Verbrennungstemperatur der Partikel auf 450 °C senkt **(additivunterstützte Regeneration)**. Bei den in Pkw üblichen Systemen wird das Additiv beim Tankvorgang automatisch dem Dieselkraftstoff in einem definierten Verhältnis mit Hilfe einer Pumpe beigemischt. Nach etwa 100 000 bis 120 000 km müssen die Verbrennungsrückstände des Filters ausgewaschen und das Additiv aufgefüllt werden.
Mittlerweile werden jedoch überwiegend Rußpartikelfilter ohne Additiv eingesetzt. Diese Filter sind katalytisch beschichtet und wirken sowohl passiv als auch aktiv. Bei genügend hohen Temperaturen während längerer Fahrten erfolgt eine permanente Umwandlung des Rußes zu CO_2, bei Kurzstreckenbetrieb hingegen erfolgt alle 1000 bis 1200 km eine aktive Regeneration durch Erhöhung der Abgastemperatur auf 600 °C per Nacheinspritzung.

▸1 Schema eines geregelten Drei-Wege-Katalysators

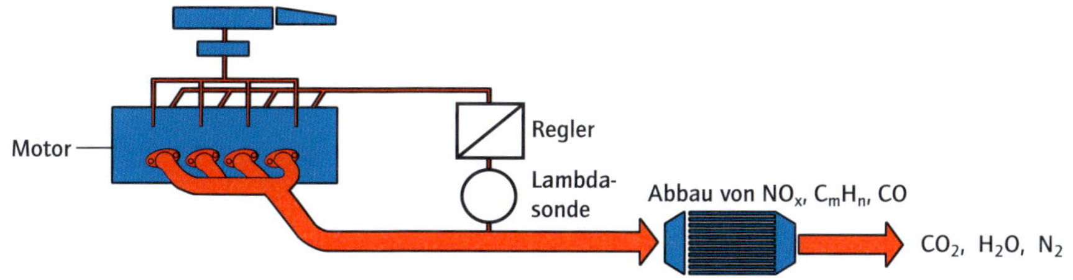

▸2 Aufbau eines zweigeteilten Drei-Wege-Katalysators mit Lambdasonde für einen Mittelklasse-Pkw

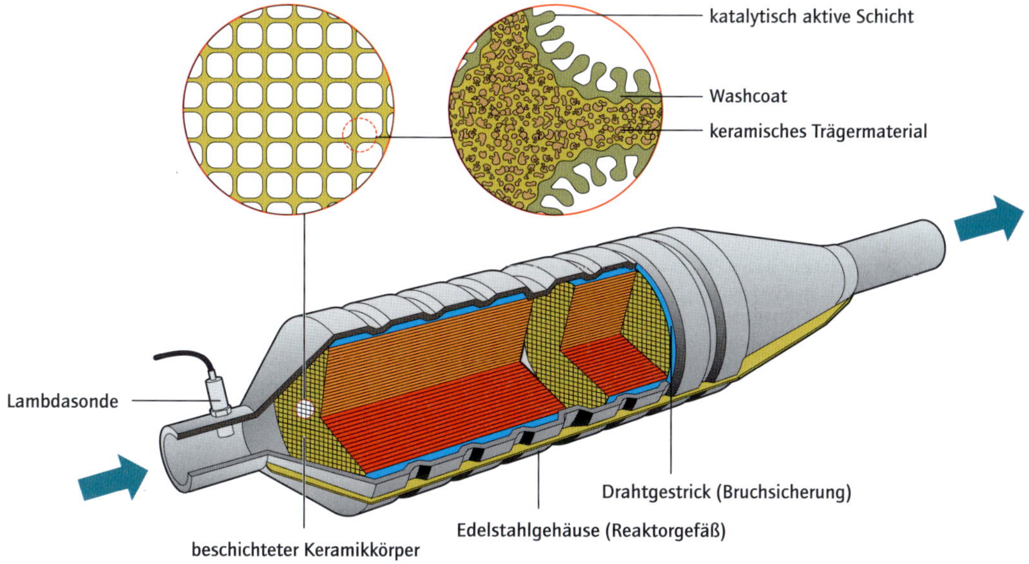

▸3 Funktion des Rußpartikelfilters

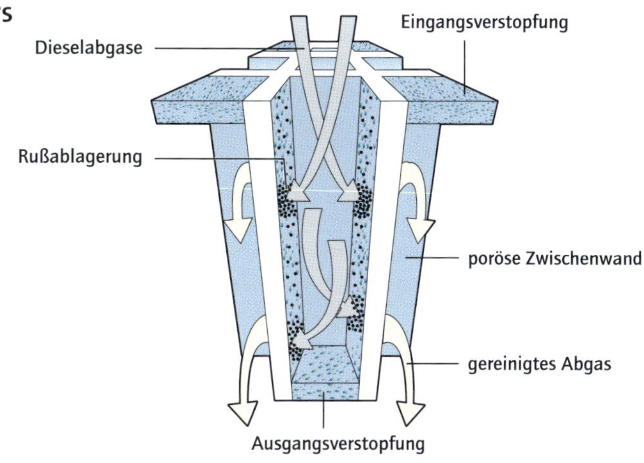

Airbags

Eine der wesentlichen technischen Entwicklungen der letzten Jahre zur Verbesserung der Sicherheit der Pkw-Fahrzeuginsassen sind Airbagsysteme. Da derartige Anlagen ihre Schutzwirkung bei einem Aufprall des Fahrzeugs automatisch, also ohne Aufforderung durch den Fahrer, bereitstellen, zählen sie zu den **passiven Sicherheitssystemen**.

Pyrotechnischer Treibsatz

▸1 ▸2

Der Wirkungsmechanismus des Airbags besteht darin, dass bei einer Fahrzeugkollision ein pyrotechnischer (feuerwerkstechnischer) Treibstoff gezündet wird, der in Sekundenbruchteilen einen **Luftsack** (Airbag) aufbläst. Dadurch ist der Airbag schon gefüllt, bevor Fahrer und Beifahrer den Sack berühren. Beim Aufprall des Insassen wird die Bewegungsenergie des Körpers aufgenommen und die zu schützende Person „weich" aufgefangen (Abb. 1), wobei sich der Airbag teilweise wieder entleert. Je nach Anordnung werden Frontairbag- und Seitenairbagsysteme eingesetzt.

Frontairbagsysteme verhindern den Kontakt der Fahrzeuginsassen mit dem Lenkrad und dem Armaturenbrett bei Aufprallgeschwindigkeiten unter 60 km/h und schützen damit vor Brust- und Kopfverletzungen. Für Fahrer und Beifahrer wird jeweils ein Airbag verwendet: Der Fahrerairbag verbirgt sich im Lenkrad, derjenige für den Beifahrer im Armaturenbrett oder Handschuhfach. Bei vielen Pkws lässt sich der Beifahrerairbag abschalten, falls ein rückwärtsgerichteter Kindersatz mitgeführt wird. Die Aktivierung der Airbags erfolgt durch einen Aufprallsensor, der wiederum mit einem elektronischen Auslösegerät verbunden ist. Normalerweise ist in diese Steuerungselektronik auch ein Gurtstraffer integriert, der den Sicherheitsgurt im Falle einer Kollision auf die Gurtrolle aufwickelt und damit stramm zieht. Ein derartiges kombiniertes **Insassen-Sicherheitssystem** zeigt Abb. 2.

Aufprallsensor

▸3

Der Aufprallsensor erfasst die bei einer Kollision auftretende Verzögerung durch ein oder zwei **Beschleunigungsmesser** und gibt bei Überschreiten eines bestimmten Schwellenwertes (Airbag: ca. 25 km/h, Gurtstraffer: etwa 15 km/h) den Befehl zur Auslösung des Sicherheitssystems, bestehend aus Airbag und Gurtstraffer. Der Beschleunigungsmesser beinhaltet im Wesentlichen ein Feder-Masse-System (Abb. 3), wobei die Masse bei einer Kollision zur Verbiegung der Feder führt. Dadurch ändern die auf die Feder aufgetragenen Dehnungsmessstreifen ihren elektrischen Widerstand und entsprechend auch die Stärke des durchfließenden Stromes. Diese Änderung wird laufend gemessen. Je nach Aufprallverzögerung und den dadurch erzeugten Widerstand wird ein Impuls zum Aufblasen des Airbags gegeben.

Zündpille

Der Treibstoff des Airbags wird durch Erwärmen einer Zündpille gezündet. Die anschließende Füllung des Airbags mit Stickstoff erfolgt beim Fahrerairbag in ca. 30 Millisekunden. Beim Beifahrerairbag sind etwa 50 Millisekunden vorgesehen, da der Abstand zwischen Beifahrer und dem im Armaturenbrett untergebrachten Airbag größer ist als derjenige zwischen Fahrer und Lenkradairbag. Wichtig für die Schutzwirkung ist die exakte Abstimmung der Airbagauslösung mit dem Aufprallzeitpunkt der Insassen auf den Airbag. Ein optimaler Schutz ergibt sich erst dann, wenn der Körper genau im Augenblick der größten Airbagfüllung auftrifft, also kurz vor dem auch ohne Berührung erfolgenden Entleeren und Zusammenfallen des Luftkissens. Bei mehrfachen Stößen kann ein Airbag keinen Schutz bieten, da er lediglich einmal ausgelöst werden kann.

Schutz des Brustkorbs

Seitenairbags sind eine Weiterentwicklung der Frontairbags und sollen beim Seitenaufprall die Gefahr von Verletzungen reduzieren. Dazu sind in der Tür oder der Sitzlehne, zum Kopfschutz aber auch entlang dem Dachausschnitt, Airbags eingebaut, die aufgrund der nicht vorhandenen Knautschzone in diesem Bereich extrem schnell in nur etwa 10 Millisekunden aufgeblasen werden müssen. Das vom Fahrzeughersteller Volvo eingesetzte System verwendet Fühler mit Aufschlagzündern („percussion cups") ohne eigene Diagnoselogik. Die Seitenairbags befinden sich in den Sitzlehnen und werden nach vorne aufgeblasen. Seitenairbags gehören inzwischen zur Standardausstattung in Pkws, Knie- und Kopfairbags setzen sich zunehmend durch.

Pflicht in den USA

Airbags waren bis Ende der 1980er-Jahre durch ihre aufwendige Konstruktion mit komplexer Elektronik nur gegen Aufpreis und in Fahrzeugen der Oberklasse zu erhalten. Inzwischen haben auch kleinere Fahrzeuge entsprechende Sicherheitssysteme. Da Airbags, insbesondere Frontsysteme, auch Insassen ohne angelegte Sicherheitsgurte schützen, sind sie in den USA seit 1993 in Pkws sowohl auf der Fahrer- als auch auf der Beifahrerseite gesetzlich vorgeschrieben.

▸1 Funktionsweise des Airbags

a Normalzustand

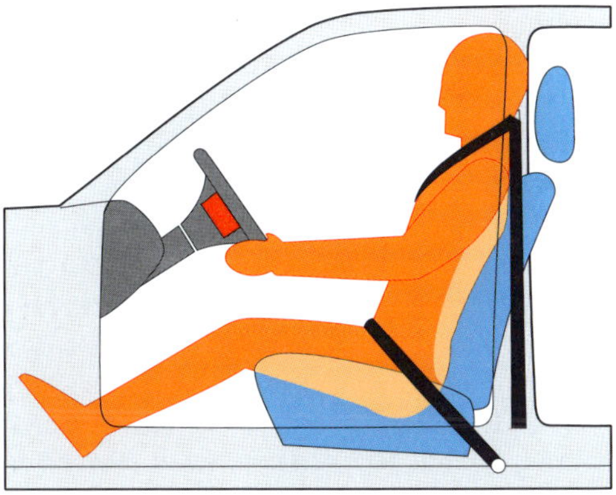

b Airbag im Augenblick des Aufpralls

▸2 Passives Insassensicherheitssystem mit Airbag und Gurtstraffer

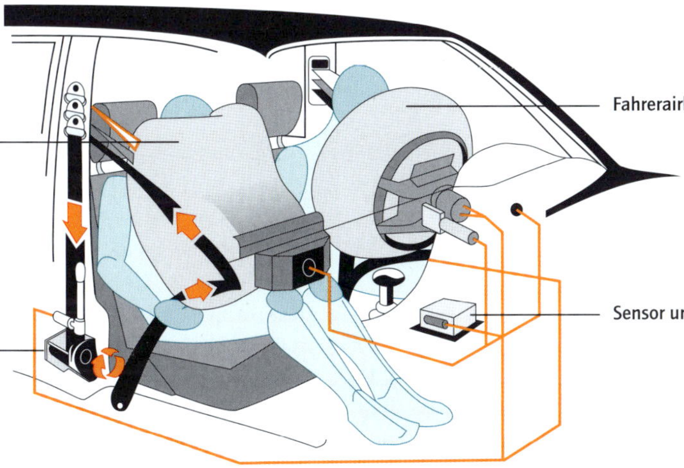

▸3 Beschleunigungsmesser für die Auslösung des Airbags

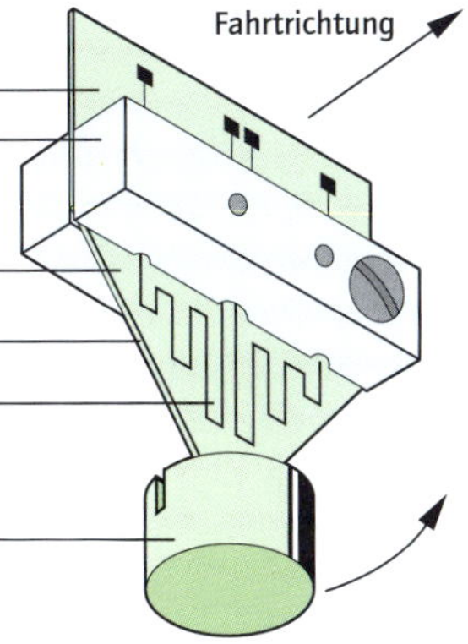

Autoelektronik

Die Autoelektronik bestimmt heute in weiten Teilen über den Betrieb eines Fahrzeuges. Neuere Entwicklungen in der Kfz-Technik wie Airbag (→), ABS/ASR oder ESP (→Bremsen II) wären ohne Mikroelektronik nicht realisierbar. Inzwischen sind in jedem Pkw zahlreiche Steuergeräte verteilt, die miteinander vernetzt sind. Sie dienen dazu, Wirtschaftlichkeit, Sicherheit, Komfort und Kommunikation von Kfz zu verbessern. Bei vielen Kfz gehören mikroprozessorgesteuerte elektronische Systeme (elektronische Zündung und Benzineinspritzung, Lambdaregelung und elektronische Getriebesteuerung, Zentralverriegelung, Wischintervallschaltung) zur Standardausrüstung. Zunehmend verbreitet sind auch Autoalarmanlagen und Diebstahlsicherungen (z. B. elektronische Wegfahrsperre). Im Bereich Kommunikation werden neben elektronischer Sprachausgabe und anderen neuen Anzeigetechnologien (digitale Anzeige der Geschwindigkeit, Drehzahl, Kraftstoffverbrauch, Uhrzeit, Temperatur u. a.) auch Leit- und Informationssysteme angeboten.

Scheinwerfer ▸1

Seit Einführung des elektrischen Autolichts im Jahre 1910 haben verschiedene Entwicklungen zu einer weiteren Verbesserung des Fahrlichts geführt:

- Einführung des **asymmetrischen Abblendlichts** (größere Sichtweiten an der rechten Fahrbahnseite)
- Einsatz von **Halogenlampen** mit ebenfalls asymmetrischen Abblendlicht (gesteigerte Leuchtdichte)
- Verwendung neuer Abblendscheinwerfer mit **Poly-Ellipsoid-System (PES**, bis zu 50% verbesserter Wirkungsgrad)
- Mitte der 1980er-Jahre Entwicklung von Scheinwerfersystemen mit PES und Xenon-Gasentladungslampen.

PES-Scheinwerfer (Abb. 1) haben gegenüber konventionellen Scheinwerfern die gleiche Lichtausbeute, allerdings bei deutlich verkleinertem Lichtaustrittsdurchmesser (Einbau in Fahrzeugen mit flacher Frontpartie). Statt des herkömmlichen Parabolspiegels hat ein PES-Scheinwerfer einen Reflektor, dessen Grundform zwei Ellipsen sind, der sehr weit um die Lampe herumgreift und dadurch fast dessen gesamtes Licht nutzt. PES-Scheinwerfer eignen sich nur für Abblendlicht, für Fernlicht werden zusätzlich normale Parabolspiegelscheinwerfer benötigt.

Seit 1991 ist auch Xenonlicht für Autoscheinwerfer verfügbar, zunächst nur als Abblendlicht, inzwischen auch als Fernlicht. Das Xenonlicht wird von einer Gasentladungslampe erzeugt. Zum Zünden des Lichtbogens ist ein Hochspannungsimpuls (10–20 kV) erforderlich, der von einem **e**lektronischen **V**orschalt**g**erät **(EVG)** geliefert wird. Das EVG beinhaltet neben dem Zündgerät auch ein Steuergerät, das den Lampenstrom in der Anlaufphase erhöht (damit die Lampe sofort aufleuchtet) und zudem Lampenstrom und Stromspannung für eine gleichmäßige Lichtausstrahlung regelt. Xenonlampen haben im Vergleich zu Halogenlampen eine deutlich höhere Farbtemperatur (kein „Gelbstich"), eine erheblich verbesserte Lichtausbeute bei gleichzeitig weiterer Reduzierung des Flächenbedarfs und eine 5-fach höhere Lebensdauer.

Leuchtdioden (LED) werden bisher vor allem im Pkw-Innenraum eingesetzt, aber auch für Rückleuchten, Seitenblinker und Tagscheinwerfer. Inzwischen hat sich die Lichtleistung von LED derart verbessert, dass auch Vollscheinwerfer auf LED-Basis verfügbar sind. Der Vorteil von LED liegt darin, dass sie eine sehr hohe Lebensdauer besitzen, robust sind und effizienter (deutlich weniger Wärmestrahlung) als andere Lichtquellen arbeiten.

Inzwischen werden auch Fernlichtassistenten angeboten, bei denen ein im Innenspiegel integrierter Kamerasensor das Verkehrsgeschehen registriert und selbsttätig das Ein- und Ausschalten des Fernlichts steuert. Dabei werden auch das Schweinwerfer- und Rücklicht anderer Fahrzeuge sowie die Umgebungsbeleuchtung der Straße erkannt.

Fahrerassistenzsysteme ▸3 ▸4

Eine Reihe elektronischer Systeme dienen dazu, den Fahrer in verschiedenen Systemen zu unterstützen oder ggf. zu warnen. Sie greifen zum Teil – beispielsweise beim ABS oder ESP – autonom bzw. teilautonom in Antrieb und Steuerung des Fahrzeugs ein. In der Regel bleibt die Verantwortung jedoch beim Fahrer. Zu den Frühwarnsystemen zählt die Reifendruckkontrolle. Indirekte Systeme schließen aus der Änderung der Drehzahl der Räder, die von den ABS-Sensoren erfasst wird, auf einen Druckverlust. Bei direkt messenden Systemen erfasst ein Drucksensor den Luftdruck und die Lufttemperatur eines Reifens. Diese Informationen werden drahtlos an ein Empfangsmodul übermittelt (Abb. 3). Der Rechner vergleicht die aktuellen Luftdruckwerte mit gespeicherten Sollwerten, die von der jeweiligen Geschwindigkeit des Fahrzeugs und seinem Beladungszustand abhängen. Die Sensoren werden innen am Ventil befestigt, bei Nachrüstungen auch auf dem Ventil oder an der Felge.

Neuere Entwicklungen wie der Spurwechselassistent, die Automatische Abstandskontrolle (ACC, Abb. 4) oder Abstandswarner werten auch Signale aus der Umgebung aus, wofür Radar, Ultraschall und Kameras genutzt werden.

▸1 Scheinwerfersystem

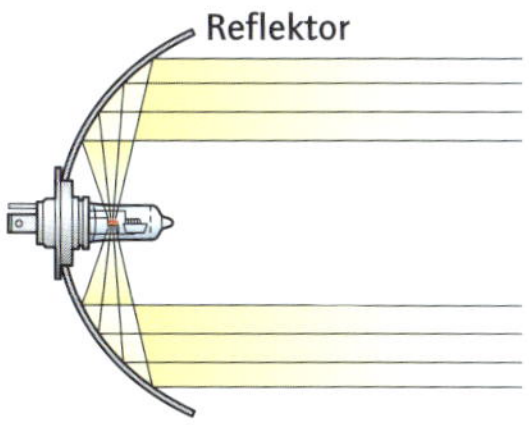

Herkömmliches Halogen
H4-Fernlicht

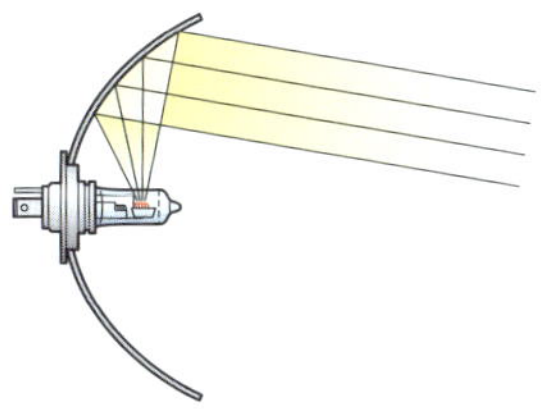

Herkömmliches Halogen
H4-Abblendlicht

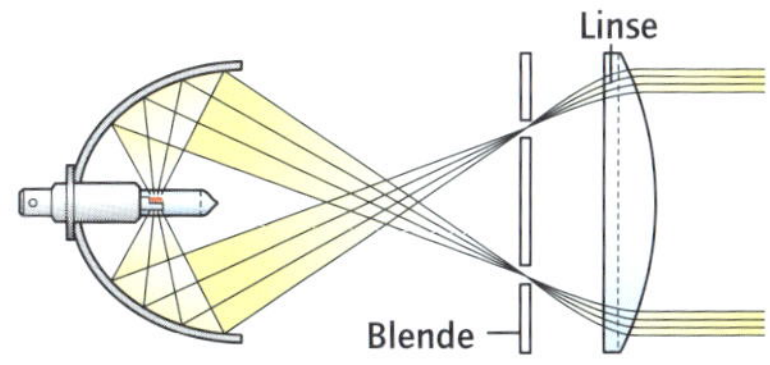

Abblendlicht mit
Poly-Ellipsoid-System (PES)

▸2 Head-Up-Display

Ein Head-Up-Display überträgt wichtige Informationen direkt in das Sichtfeld des Fahrers. Es besteht aus einer starken Lichtquelle, die das Bild über bewegliche Spiegel auf die Windschutzscheibe projiziert. Dadurch wird nicht nur die Krümmung der Scheibe ausgeglichen, sondern auch die jeweils individuelle Sitzposition des Fahrers berücksichtigt.

▸3 Automatische Reifendruckkontrolle

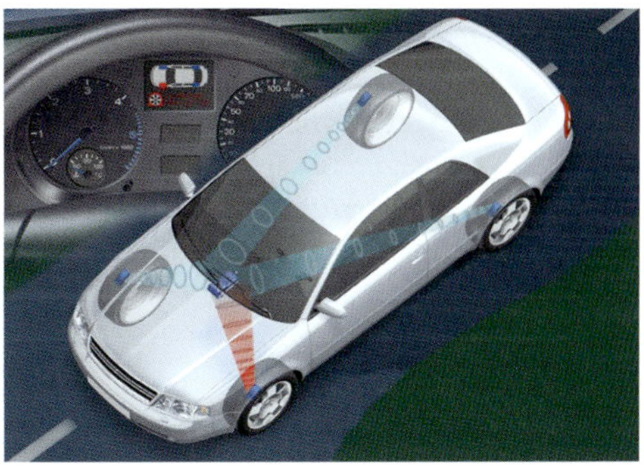

▸4 Abstandswarner und Einparkhilfe

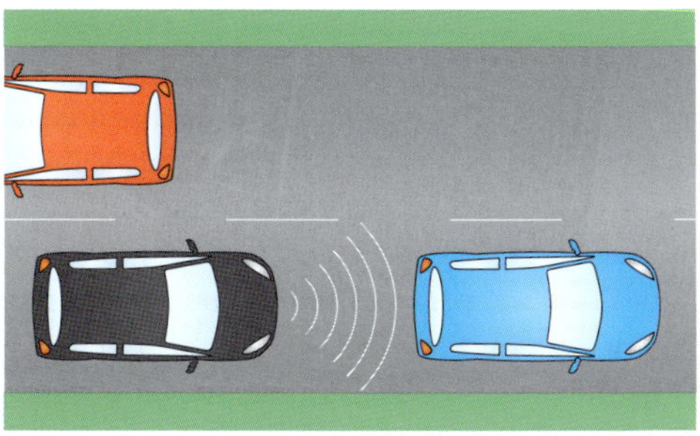

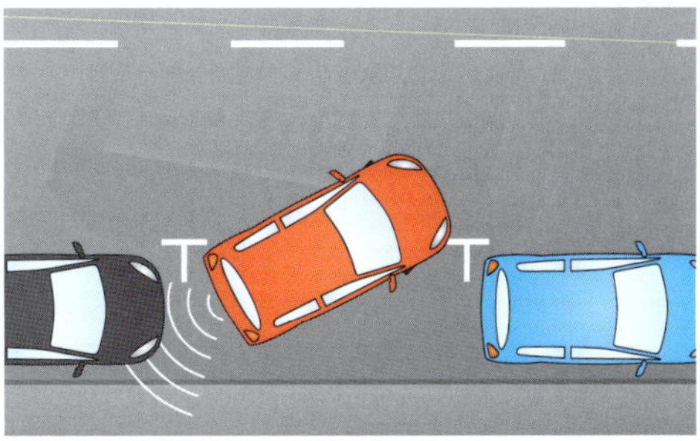

Elektroauto

Während Fahrzeuge mit Verbrennungsmotor beim Betrieb Emissionen erzeugen, die nur zum Teil durch Katalysatoren (→) reduziert werden können, entstehen bei Elektrofahrzeugen weder Abgase noch Lärm. Zu beachten ist allerdings, dass die Erzeugung elektrischer Energie, außer in Atomkraftwerken und in Kraftwerken, die regenerative Energiequellen nutzen (z. B. Wind oder Wasser), auch Abgase hervorruft.
Die wesentlichen Unterschiede eines Elektroautos gegenüber konventionellen Fahrzeugen bestehen in der Art des Antriebs und des „Tanks" (Batterie). Die **Batterie** (→ Batterien und Akkumulatoren) ist das „Herzstück" eines jeden Elektrofahrzeugs.

Generation mit Drehstrommotoren ▸1 ▸2

Der Antrieb besteht aus mehreren Komponenten (Abb. 1) und arbeitete bei der zweiten Generation von Elektroautos in den 1970er- und 1980er-Jahren mit einem Gleichstrommotor. Bei der heutigen Generation kommen dagegen vorwiegend Drehstromantriebe zum Einsatz. Gleichstrommotoren bieten zwar in Verbindung mit weiteren notwendigen Antriebskomponenten (Steuerung, Getriebe) insgesamt ein kostengünstiges Antriebssystem, besitzen jedoch gegenüber Drehstrommotoren ein höheres Gewicht, einen niedrigeren Wirkungsgrad und ein größeres Volumen. Bei Drehstrommotoren kann zwischen Synchron- und Asynchronmaschine unterschieden werden. Der Asynchronantrieb hat den einfachsten und preiswertesten Aufbau, weist allerdings im Vergleich mit dem Synchronmotor mit Permanentmagneten einen schlechteren Wirkungsgrad im Teillastbereich auf.

Blei-, NiMH- und Lithium-Batterien ▸3

Während die Entwicklung von Drehstrommotoren einen hohen Standard erreicht hat, sind die Energiedichten der Batterien für den Einsatz in reinen Elektroautos noch nicht mit herkömmlichen Verbrennungsmotoren vergleichbar. Anders als bei Verbrennungsmotoren, bei denen Dauerleistung und kurzfristig zur Verfügung stehende Leistung identisch sind, liegt bei Elektromotoren die Dauerleistung deutlich unter der Spitzenleistung. Wichtige Kenngrößen der Batterien (Abb. 3) sind die Energiedichte (→ Batterien), die Leistungsdichte sowie die Lebensdauer (meist in Zyklen angegeben, d. h. wie oft eine Batterie ladbar ist).
Die in Kraftfahrzeugen mit Verbrennungsmotor üblichen Bleibatterien, die als Starterbatterien dienen, eignen sich nicht als Energiespeicher für Elektrofahrzeuge. Eine Verbesserung bietet die Entwicklung von Hochenergiebatterien, z. B. **Nickel-Metallhydrid (NiMH)-Batterien.** NiMH-Akkumulatoren werden überall dort eingesetzt, wo hoher Strombedarf besteht, die Batteriekosten aber möglichst niedrig gehalten werden sollen. Aufgrund ihrer hohen Entladeleistung und schnellen Ladbarkeit eignen sie sich vor allem für Hybridantriebe (→). Für reine Elektrofahrzeuge werden hingegen **Lithiumionen (Li-Ionen)-Systeme** aufgrund ihrer hohen Energiedichte favorisiert. Natriumbatteriesysteme benötigen eine Betriebstemperatur von 260 bis 370 °C und sind daher für den Fahrzeugbereich nur begrenzt geeignet.

Perspektive ▸4

Obwohl die Entwicklung von NiMH-Batterien für den kommerziellen Einsatz erst um 1988 begann, konnte dieser Akkumulator Bleibatterien ersetzen und war Nachfolger der weit verbreiteten Nickel-Cadmium-Systeme: das Schwermetall Cadmium wird durch Wasserstoff ersetzt. Mit NiMH-Batterien lassen sich derzeit Reichweiten von 150 km erreichen (Elektrofahrzeug mit 1000 kg Gesamtgewicht inkl. 300 kg schwerer Batterie).
Noch leistungsfähiger als NiMH-Systeme sind Li-Ionen-Systeme, die gegenüber den in den 1970er-Jahren im Mittelpunkt der Entwicklung stehenden Lithium-Metall-Batterien eine wesentlich höhere Lebensdauer von über 1000 Lade-/Entladezyklen haben. Li-Ionen-Systeme bestehen aus Lithium-Kohlenstoff (LiC_6) und Lithiummanganoxid ($LiMn_2O_4$), wobei während des Lade-/Entladevorgangs beide Elektroden umkehrbar Lithium austauschen, ohne dass sich die „Wirtsstruktur" aus Manganoxid und Kohlenstoff ändert (Abb. 4). $LiMn_2O_4$ hat aufgrund seines geringeren Preises, höherer Umweltverträglichkeit und geringerer Toxizität die Elektrodenstoffe Lithiumcobaltoxid ($LiCoO_2$) und Lithiumnickeloxid ($LiNiO_2$) abgelöst und macht die Batterien wesentlich überladesicherer.
Die theoretischen Energiedichten betragen für $LiMn_2O_4$ ca. 150 mAh/g (Milliamperestunden pro Gramm) und für Kohlenstoff etwa 370 mAh/g, was, unter Abzug eines nicht umkehrbaren Verbrauchs von Lithium beim ersten Ladezyklus auf der Kohlenstoffseite, zu einer theoretischen Kapazität von 300 Wh/kg führt (aktuell erreichbar: 120 Wh/kg). Gegenwärtige Neuentwicklungen, z. B. sogenannte **Nano-Akkus** auf Basis von chemisch modifiziertem Lithiumeisenphosphat oder nanostrukturiertem Lithium-Titanat, haben zum Ziel, die Speicherkapazität von Akkumulatoren zu erhöhen, das Gewicht zu verringern und die Lebensdauer zu verlängern, insbesondere die Anzahl der möglichen Ent- und Aufladezyklen zu erhöhen.

▸1 Komponenten eines Elektroautos

Im Unterboden befindet sich die Batterie, die mit dem Motor im Hochvoltkreis angeordnet ist. Der Inverter (3) versorgt u. a. das konventionelle 12-V-Netz. Beim Bremsen läuft der Elektromotor als Generator und lädt die Batterie auf.

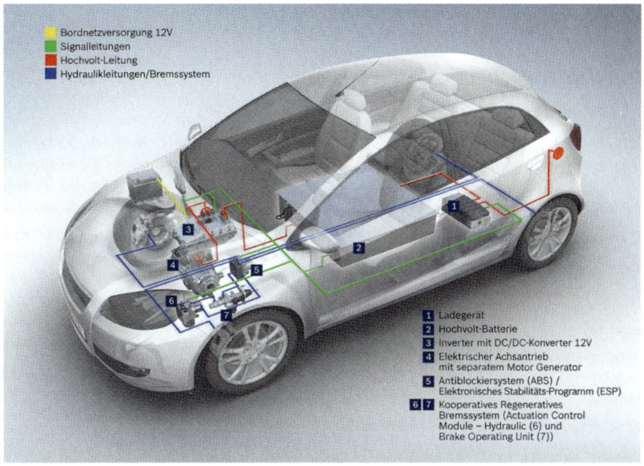

▸2 Motorcharakteristiken

Elektrische Antriebe liefern optimale Leistung (blau) und Drehmoment (rot) über einen viel breiteren Brehzahlbereich als der Verbrennungsmotor.

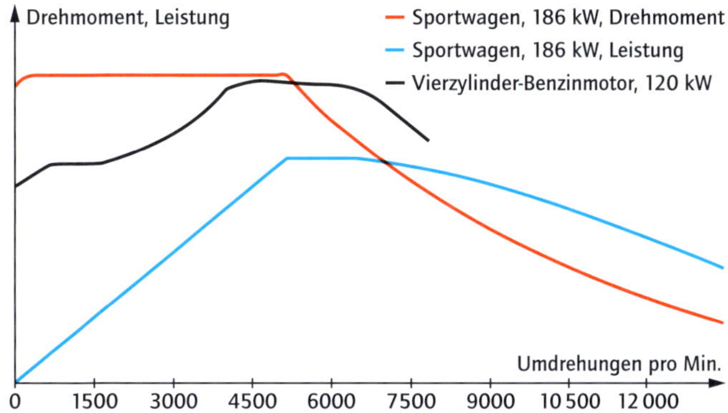

▸3 Stand der Batterietechnik

Batterietyp	Energiedichte (Wh/kg)	Leistungsdichte	Betriebstemperaturbereich (°C)	Selbstentladung (%/Monat)	Lebensdauer (Zyklen)	Nominale Spannung (V)	Ladezeit (h)
Blei	40	sehr hoch	–20 … +60	5	200 … 300	2,0	20
Nickel-Cadmium	45 … 60	sehr hoch	–40 … +60	20	1000 … 1500	1,2	11
Nickel-Metallhydrid	80	hoch	–20 … +60	30	300 … 500	1,2	5
Lithiumionen	120 … 200	niedrig	–20 … +60	5	500 … 1000	3,6	3
Phosphat	90 … 110	sehr hoch	–20 … +60	5	2000	3,3	1,5
Titanat	60 … 80	sehr hoch	–30 … +80	2	8000	2,3	1,5

▸4 Umkehrbarer Austausch von Lithium beim Laden und Entladen einer Lithiumionenbatterie

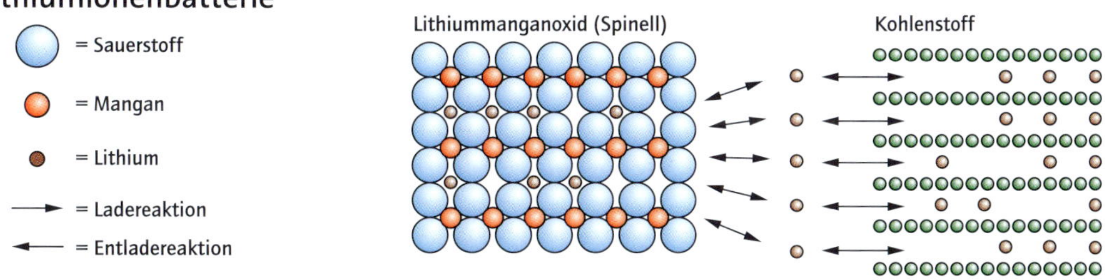

Hybridantrieb

Die hohe Leistungsfähigkeit und der geringe Platzbedarf des Verbrennungsmotors bei gleichzeitig großer Fahrreichweite, bezogen auf das verwendete Energiespeichermedium (Benzin, Diesel), konnten bislang von keiner anderen Antriebsart erreicht werden. Die Nachteile des Verbrennungsmotors liegen, neben dem niedrigen Wirkungsgrad im Teillastbereich, vor allem im Ausstoß von Schadstoffen als Folge des Verbrennungsprozesses. Verringern lassen sich diese negativen Effekte z. B. durch den Einsatz von Hybridantrieben, bei denen mehrere Antriebsquellen zum Einsatz kommen.

Hybridantriebe mit Verbrennungsmotor und Elektroantrieb ▸1 ▸2 ▸3

Bedeutung haben bislang nur solche Hybridantriebe erreicht, die aus einem elektrisch gespeisten Antrieb (Batterie) und einem Verbrennungsmotor bestehen. Diese Antriebsvariante erlaubt es, die oben genannten Vorteile des Verbrennungsmotors und die gut ausgebaute Tankstelleninfrastruktur mit den Vorteilen des emissionslosen und geräuscharmen Elektroantriebs zu kombinieren. Zu unterscheiden ist zwischen seriellen und parallelen Hybridantrieben (Abb. 1).

Serielle Anordnungen: Bei dieser Antriebsanordnung wird auf eine direkte Verbindung des Verbrennungsmotors mit den Rädern verzichtet. Der Motor erzeugt vielmehr über einen Generator elektrische Energie, die entweder in eine Batterie oder in den nachgeschalteten Elektromotor eingespeist wird. Diese mechanische Trennung des Verbrennungsmotors vom Antrieb ermöglicht es, dass der Motor mit konstanter Drehzahl bei optimalem Wirkungsgrad und gleichzeitig möglichst niedrigem Emissionsniveau läuft. Als nachteilig wirkt sich die mehrfache Energieumwandlung aus, sodass z. B. unter Berücksichtigung des Batteriewirkungsgrades (aufgenommene zu bereitstehender Energie) der Wirkungsgrad zwischen Verbrennungsmotor und Radantrieb bei maximal 55 % liegt.

Parallele Anordnung: Bei parallel geschalteten Antrieben ist eine Addition der Antriebsleistung beider Motoren vorgesehen. Es besteht also eine mechanische Kopplung beider Antriebe mit den Rädern, wobei der Einsatz der Motoren wahlweise oder auch gleichzeitig erfolgt. Das Lastschaltgetriebe kann dabei entweder Verbrennungs- und Elektromotor (Abb. 1, Variante 1) oder nur dem Verbrennungsmotor (Abb. 1, Variante 2) nachgeschaltet sein. Im Gegensatz zu Variante 1 besitzt Variante 2 zwar einen besseren Wirkungsgrad bei der Kraftübertragung, allerdings macht diese Anordnung eine Steuerung des Elektromotors erforderlich: Dieser muss den gesamten Drehzahlbereich zwischen null und Höchstdrehzahl abdecken. Zudem ist der Elektromotor für ein höheres Drehmoment auszulegen, da die Übersetzung durch ein Getriebe entfällt, was aufgrund des Zusammenhangs zwischen leistbarem Motormoment und Motorgewicht insgesamt zu einem höheren Fahrzeuggewicht führt. Bei einer Parallelanordnung (Abb. 3) wird der Elektromotor nur dann zum Fahrzeugantrieb eingesetzt, wenn weniger als fünf Kilowatt Leistung gefordert werden. Bei ausschließlichem Betrieb mit dem Verbrennungsmotor ist der Antrieb identisch mit dem eines „normalen" Fahrzeugs.

Mischhybride sind eine Kombination aus Parallelhybrid und seriellem Hybrid, wobei es vom Fahrzustand abhängt, wann zwischen beiden Antriebsarten automatisch umgeschaltet wird. Beim **leistungsverzweigten Hybridantrieb** wird die Leistung des Verbrennungsmotors in einen mechanischen und einen elektrischen Zweig aufgeteilt. Im elektrischen Fahrmotor wird sie wieder zusammengeführt. Wie groß die Anteile der Leistung in den beiden Pfaden sind, hängt vom jeweiligen Betriebszustand ab. Als Weiche zur Verteilung von mechanischer und elektrischer Leistung dient ein Planetengetriebe. Ein zentrales Steuergerät befehligt die komplizierte Technik. Der Verbrennungsmotor kann in diesem System in günstigen Betriebspunkten fahren, die elektrischen Maschinen können im Vergleich zum seriellen Hybrid kleiner sein. Ein Beispiel für Leistungsverzweigung ist der Toyota Prius, bei dem die Leistungsverzweigung und somit die Drehzahlen und die Übersetzung ausschließlich über die Ansteuerung der elektrischen Maschinen erfolgt.

Einfachere Hybrid-Ausführungen sind noch Mikro- und Mild-Hybrids. Hier kommen etwa Kurbelwellen-Start-Generatoren zum Einsatz, die als Start-Stopp-Automatik und gleichzeitig als Energiespeicher für weitere Anwendungen dienen können.

Perspektiven

Mehrere Hybridformen sind bereits in Serie oder Seriennähe, darunter auch Vollhybride, die in bestimmten Situationen (Anfahren, Stadtverkehr bei geringer Geschwindigkeit) vollelektrisch fahren können. Der Elektromotor dient gleichermaßen als Generator zum Aufladen der Batterie oder als Unterstützung des Verbrennungsmotors. Nachteile der Vollhybride sind das Mehrgewicht der Elektroausstattung und Batterien sowie der erhöhte Kostenaufwand. Hybridantriebe werden auch in verschiedenen Lastkraftwagen und Bussen eingesetzt, auch Diesel-Elektro-Hybridantriebe haben bereits Serienreife erlangt.

▸1 Betriebsarten von Hybridantrieben

VM = Verbrennungsmotor
EL = Elektroantrieb (motorische oder generatorische Betriebsart)
BA = Batterie bzw. externe Stromversorgung
LSG = Lastschaltgetriebe
M = Betriebsart Motor
G = Betriebsart Generator

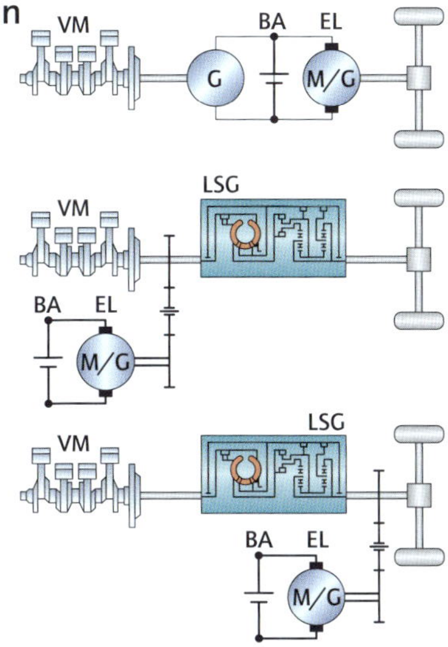

(a) Serielle Anordnung

(b) Parallele Anordnung Variante 1

Variante 2

▸2 Verschiedene Phasen beim Vollhybrid

Bei normaler Fahrt nutzt der Hybridantrieb sowohl den Elektromotor (grün) als auch den Benzinmotor (rot).

Beim Beschleunigen speist die Batterie zusätzliche Energie ins System ein.

Beim Bremsen wird der Elektromotor zum Generator des regenerativen Bremssystems und lädt die Batterie auf.

▸3 Schematischer Aufbau des VW-Hybrid-Golf mit elektrischem Antrieb und Verbrennungsmotor

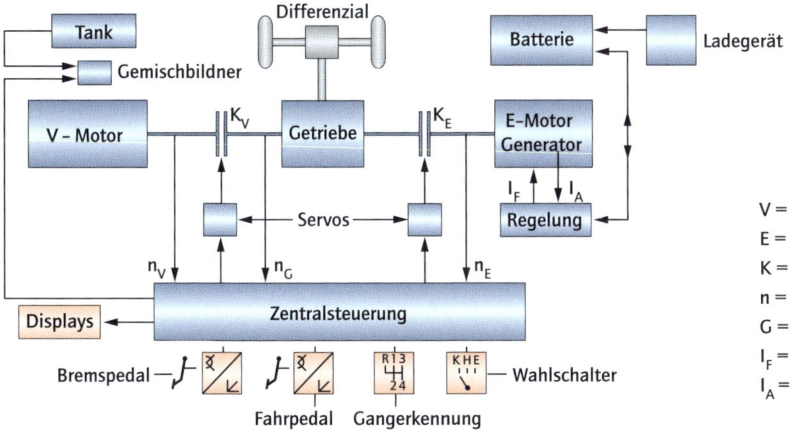

V = Verbrennungsmotor
E = Elektromotor
K = Kupplung
n = Drehzahl
G = Getriebe
I_F = Strom (Fahren)
I_A = Strom (Aufladen der Batterie)

Brennstoffzellenantrieb

Brennstoffzellen sind **elektrochemische Stromerzeuger**, welche die chemische Energie eines Brennstoffes und eines Oxidationsmittels direkt, ohne den Umweg einer Wärmeerzeugung, in elektrische Energie umwandeln. Die Technologie der Brennstoffzelle geht auf die Entdeckungen von William Robert Grove im Jahre 1835 zurück; erste Anwendungen fanden in den 1960er- und 70er-Jahren durch die Entwicklungen in der Raumfahrt statt.

Funktionsweise ▸1

Die Funktionsweise der Brennstoffzelle beruht auf der Umkehrung der **Elektrolyse** von Wasser. Während bei der Elekrolyse aus Wasser durch elektrischen Strom die Gase Wasserstoff und Sauerstoff hergestellt werden, wird die Reaktion bei der Brennstoffzelle umgedreht. Um die Aufspaltung des Wassers zu erreichen, besteht eine Brennstoffzelle aus der Dreierschicht Anode/Elektrolyt/Kathode, wobei die zwei Elektroden (Anode und Kathode) durch den Elektrolyten miteinander verbunden werden (Abb. 1). Die Anode wird dabei mit dem Brennstoff (Wasserstoff H_2) und die Kathode mit dem Oxidationsmittel (in Luft enthaltener Sauerstoff O_2) versorgt.
Die beiden Elektroden haben die Aufgabe, die „Verbindung" zwischen der Energie produzierenden chemischen Reaktion und der entstehenden Elektrizität herzustellen, d. h., an den Elektroden findet die Umwandlung der chemischen Energie (Brennstoff) in elektrische Energie statt. Der Wasserstoff oxidiert an der Anode und die gebildeten Protonen ($2H^+$) übertragen die elektrische Ladung durch den Elektrolyten zur Kathode, wo durch die Reaktion mit dem Luftsauerstoff als Endprodukt Wasser (H_2O) entsteht. Der dabei produzierte Strom ($2e^-$) fließt über den äußeren Stromkreis und kann in ein Versorgungsnetz eingespeist werden.

Hoher Wirkungsgrad

Grundsätzlich sind in einer Brennstoffzelle sämtliche oxidierbaren gasförmigen Brennstoffe einsetzbar. Heute wird hauptsächlich reiner Wasserstoff (H_2) verwendet. Die Gewinnung dieses Brenngases kann aber auch beispielsweise aus Erdgas, Methanol oder Biogas durch eine Reformierungsreaktion innerhalb oder außerhalb der Brennstoffzelle erfolgen.
Die Zellen zeichnen sich durch einen wesentlich höheren Wirkungsgrad (40–65 %) als thermische Systeme (Ottomotor: etwa 25 %, Dieselmotor: etwa 33 %) aus und haben im Vergleich mit herkömmlichen Verbrennungsmotoren deutlich niedrigere Schadstoffemissionen, die, wie z. B. Kohlendioxid (CO_2), nur bei der Verwendung fossiler Brennstoffe (z. B. Erdgas) entstehen. Beim Betrieb mit Wasserstoff als primärem Brennstoff und Sauerstoff wird hingegen nur Wasser bzw. Wasserdampf produziert.

Geringe Leistungsdichte ▸2

Aufgrund dieser Vorteile eignen sich Brennstoffzellen vor allem für die stationäre Stromerzeugung sowie als Energielieferant für Fahrzeuge. Bei Verkehrsmitteln ist für den Antrieb ein Motor wichtig, der mit einer gut speicherbaren Energiequelle arbeitet und eine kompakte, gewichtssparende Bauweise aufweist. Die größten Chancen werden dem Brennstoffzellentyp **PEM** (Abb. 2) eingeräumt, da dieser den Betrieb bei Umgebungstemperatur ermöglicht und keine zeitaufwendige Aufwärmphase auf eine höhere Betriebstemperatur (ca. 200 °C) erforderlich macht. Wichtigstes Bauteil von PEM-Brennstoffzellen sind die **Membran-Elektroden-Einheiten**, die gegeneinander durch Bipolarplatten getrennt sind. Sie bestehen aus einer etwa 0,1 mm dicken Protonen leitenden Elektrolytfolie, zwei auf den Seiten der Folie aufgebrachten Edelmetallkatalysatoren (z. B. aus Platin) und den beiden Elektroden.

Wasserstoff aus Methanol als Treibstoff ▸3

Die verwendeten Antriebe mit Wasserstoffzellen (Abb. 3) ermöglichen ein abgasfreies Fahrzeug bei allerdings eingeschränkter Reichweite und fehlender Tankstelleninfrastruktur. Neben diesen Wasserstoffzellenantrieben ist insbesondere bei Individualfahrzeugen auch ein Brennstoffzellenantrieb mit Methanolreformer denkbar. Das Methanol wird aus Erdgas oder zukünftig aus nachwachsenden Rohstoffen hergestellt und im Fahrzeug zur Erzeugung des Wasserstoffs verwendet. Wasserstoff kann auch aus normalem Benzin gewonnen werden, das aber hochrein und schwefelfrei sein muss.
Fahrzeuge mit Brennstoffzellen werden noch nicht in Großserie hergestellt, aber seit Mitte der 1990er-Jahre befinden sich unterschiedliche Modelle in Erprobung und Entwicklung. Einen großen Vorteil der Brennstoffzelle stellt die geringe Geräuschemission bei der Umwandlung von chemischer in mechanische Energie dar. Nachteilig hingegen ist, dass der Energiespeicher wesentlich größer als bei Benzin- und Dieselfahrzeugen ausfällt. Die Forschung sucht vor allem nach Möglichkeiten, Wasserstoff effektiv und sicher zu speichern, damit eine möglichst große Reichweite garantiert wird. Eine Variante ist die Verwendung von Metallhydriden, geforscht wird aber auch an Kohlenstoff-Nanofasern.

▸1 Prinzip einer Brennstoffzelle

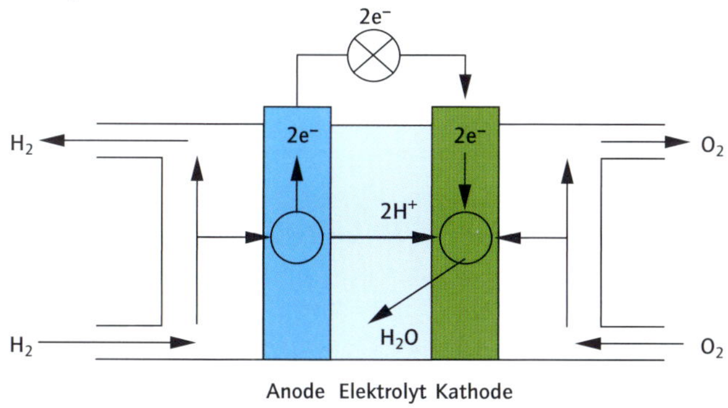

Anode:	$2\,H_2$	$\rightarrow$	$4H^+ + 4e^-$
Kathode:	$O_2 + 4H^+ + 4e^-$	$\rightarrow$	$2\,H_2O$
Gesamt:	$2\,H_2 + O_2$	$\rightarrow$	$2\,H_2O$

▸2 Aufbau einer PEM-Brennstoffzelle

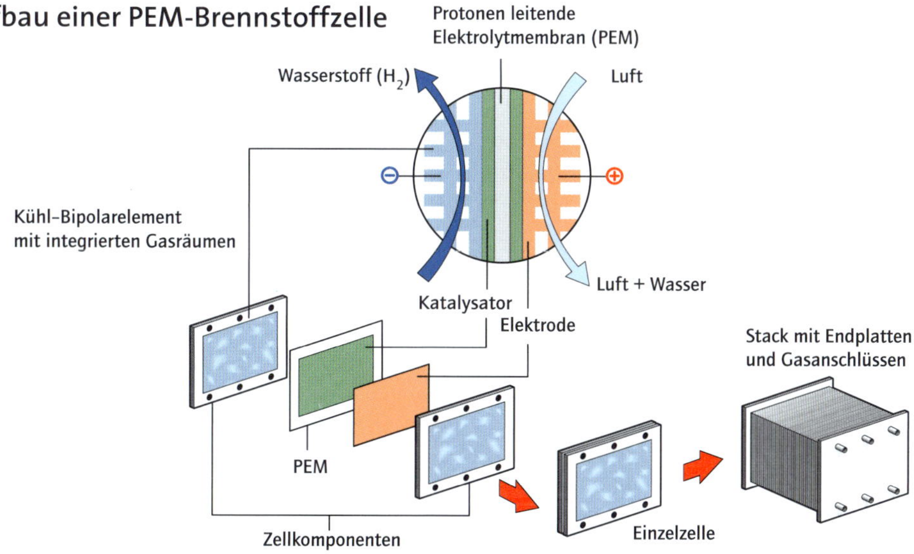

▸3 Prinzip des Fahrzeugantriebs mit Wasserstoff als Treibstoff

Merkmale eines Wasserstoff-Brennstoffzellen-Fahrzeugs:
- keine Emissionen („Zero emission vehicle")
- sehr hoher Wirkungsgrad
- eingeschränkte Reichweite
- Tankstelleninfrastruktur heute nicht vorhanden

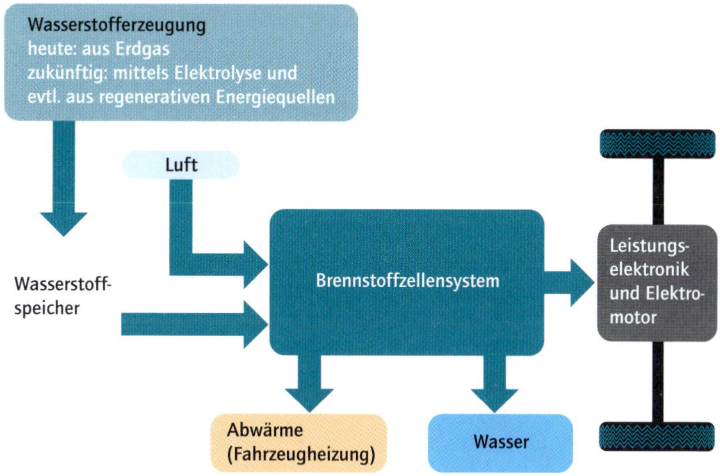

Erdgasantrieb

Die Anstrengungen der Industriestaaten zur Senkung der Schadstoffemissionen bzw. des klimabeeinträchtigenden Kohlendioxidausstoßes hat neben der Entwicklung von Elektro-, Hybrid- und Brennstoffzellenantrieben (→) auch zu Überlegungen geführt, herkömmliche Diesel- und Benzinmotoren mit alternativen Kraftstoffen zu betreiben. Eine Möglichkeit bietet die Verwendung kohlenstoffarmen Erdgases, dessen Vorteil u.a. darin liegt, dass herkömmliche Benzinmotoren ohne wesentlichen Bauaufwand auf diese Antriebsart umrüstbar sind. Derzeit sind weltweit über 5 Mio. Kraftfahrzeuge mit Erdgas im Einsatz (ca. 60 000 in Deutschland).

Unterschied zwischen Erdgas und Autogas ▸1

Der Kraftstoff Erdgas besteht überwiegend aus Methan (CH_4) und unterscheidet sich daher chemisch vom **Autogas**, das Mitte der 1980er-Jahre eine kurze Popularitätsphase erlebte und bei dem es sich um ein Gemisch aus Propan (C_3H_8) und Butan (C_4H_{10}) handelt. Der geringe Kohlenstoffanteil (C) führt dazu, dass bei der Verbrennung von Erdgas etwa 20–25% weniger Kohlendioxid (CO_2) entsteht als bei der Benzinverbrennung. Auch bei anderen Abgasemissionen (Kohlenmonoxid etc.) sowie bei Partikeln erweist sich Erdgas gegenüber Benzin oder Diesel als wesentlich günstiger (Abb. 1).
Methan zeichnet sich durch folgende Merkmale aus: Es ist ungiftig für den Menschen, es hat ein 80% niedrigeres Ozonbildungspotenzial als Benzin, jedoch einen 20-fach stärkeren Treibhauseffekt als CO_2 (dadurch müssen von der 20–25%igen CO_2-Reduktion im Vergleich mit Benzin etwa 5% abgezogen werden) und die CH_4-Umwandlung ist im Vergleich mit anderen Kohlenwasserstoffen (HC) schwieriger, was spezialbeschichtete Katalysatoren erforderlich macht.
Grundsätzlich bieten sich zur Speicherung des Erdgases der flüssige oder der gasförmige Zustand an. Technisch am ausgereiftesten ist die Speicherung in gasförmigem Zustand. Dazu wird das Erdgas auf ca. 20 MPa (200 bar) komprimiert. Bei einem 80-Liter-Gastank ergibt sich eine Reichweite von etwa 200–250 km. Eine größere Reichweite verspricht die flüssige Speicherung, wofür das Gas auf −163 °C gekühlt werden muss. In Europa kommt aufgrund der einfacheren Speichermöglichkeit vor allem die Druckgasspeicherung (gasförmig) zum Einsatz.

Bivalenter Benzin-Erdgasantrieb ▸2 ▸3

Der Nachteil bei der Druckgasspeicherung ist der Einsatz von großvolumigen Tanks, deren Energiegehalt nicht mit dem von Diesel- oder Benzintanks vergleichbar ist (der 80-Liter-Gastank entspricht etwa einem 25-Liter-Benzintank). Um dem entgegenzuwirken, werden erdgasbetriebene Fahrzeuge häufig mit bivalentem Benzin-Erdgasantrieb (Abb. 2) ausgestattet, d. h. sie können wahlweise mit Ottokraftstoff oder Erdgas betrieben werden.
Vom Gastank gelangt das Gas über eine Hochdruckleitung und einen elektrisch ansteuerbaren tanknahen Absperrhahn, der vom Fahrer zum Ein- und Ausschalten des Gasbetriebs genutzt wird, zum Hochdruckventil und von dort zum Hochdruckminderer. Diesem ist ein zweistufiger Niederdruckregler (Druckregler plus Niederdruckventil) nachgeschaltet, der den Druck auf 0,1 MPa (1 bar) über Saugrohrdruck reduziert. In der nachfolgenden Dosiereinheit wird der Gasstrom den Motorbedingungen entsprechend über vier Gasventile, die vor den Einspritzventilen des Benzinmotors angeordnet sind, den Saugrohren zugeführt (Abb. 3). Ein Gassteuergerät mit einer eigenen Lambdasonde und ein Saugrohrdrucksensor zur Lasterfassung ermöglichen die richtige Gemischzusammensetzung. Über einen Taster kann der Fahrer jederzeit zwischen den beiden Betriebsarten Erdgas und Benzin wählen.

Reiner Erdgasantrieb

Der Wirkungsgrad eines mit Erdgas betriebenen Motors entspricht ungefähr dem eines mit Benzin gefahrenen Motors; allerdings ergibt sich eine etwa 15%-ige Minderung der Motorleistung im Gasbetrieb. Während die Reichweite bei bivalentem Antrieb durch den zusätzlichen Gastank höher ist als beim ausschließlich benzinbetriebenen Fahrzeug, ist der Aktionsradius von reinen (monovalenten) Erdgasfahrzeugen eingeschränkt: ca. 380–460 km Reichweite mit 120-Liter-Gastank (Honda Civic GX). Bei fast allen Serienfahrzeugen werden die Erdgastanks unterflurig, d. h., unter dem Fahrzeugboden angebracht. Neben den Tanks werden weitere technische Elemente wie Druckgasbehälter, Druckregler, Einspritz- und Rückschlagventile sowie eine elektronische Motorsteuerung benötigt. Die Umrüstung von Ottomotoren auf Erdgasantrieb ist fast immer möglich, am Motor selbst müssen nur wenige Veränderungen vorgenommen werden. Sie betreffen in erster Linie den Ventiltrieb, der sich aufgrund des andersartigen Verbrennungsverhaltens von Erdgas als Schwachstelle bei herkömmlichen Benzinmotoren herausgestellt hat. Im Gegensatz zum Serienfahrzeug wird bei Nachrüstungen der Erdgastank meist im Kofferraum installiert, sodass Stauraum verloren geht. Bis 2020 soll Erdgas als alternativer Antrieb europaweit einen Marktanteil von 10 % erreichen.

▸1 Schadstoffemissionen beim Betrieb mit Benzin, Erdgas und Diesel

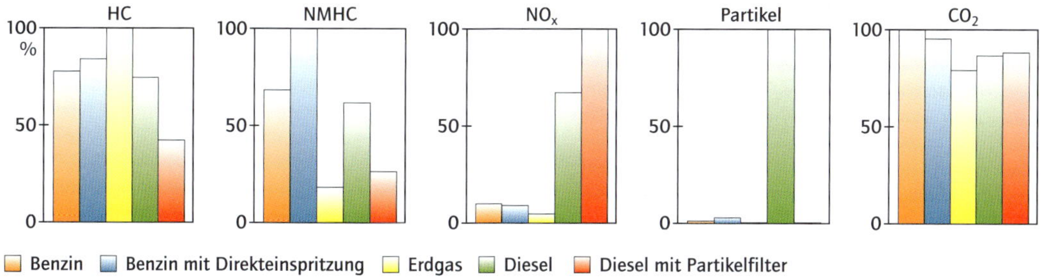

HC = Kohlenwasserstoff, NMHC = Nichtmethan-Kohlenwasserstoff, NO_x = Stickoxid, CO_2 = Kohlendioxid-Äquivalent

▸2 Benzin-Erdgasantriebssystem mit 20 Megapascal (200 bar) Hochdrucktank

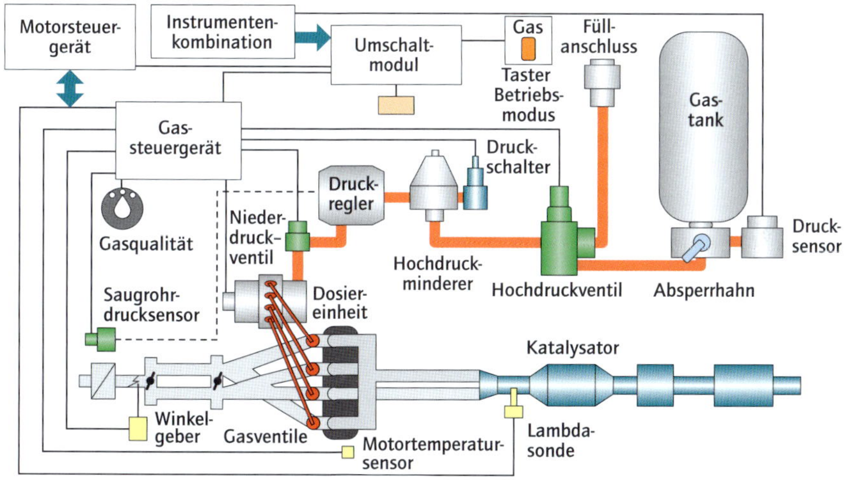

▸3 Erdgasfahrzeug mit unterflurigen Tanks

Motorräder

Das Motorrad ist ein einspuriges (mit Beiwagen auch zweispuriges) Fahrzeug, das zur Beförderung von Personen und/oder Gütern dient und dessen erste Serienfertigung 1894 begann. Neben dem Kraftrad mit festen Fahrzeugteilen im Kniebereich (z. B. Tank) unterscheidet man noch Motorroller ohne feste Bestandteile im Kniebereich und Fahrräder mit Hilfsmotor (Moped, Mofa).

Große Motoren für hohe Leistungen

Motorräder bestehen aus einem Antrieb mit Motor/Kraftübertragung, einem Fahrwerk und weiteren Bauelementen wie z. B. Tank. Von allen Zweiradfahrzeugen erreichen Motorräder die höchste Geschwindigkeit und haben die größte Motorleistung. Der Antrieb erfolgt meist durch einen über Lamellen vom Fahrtwind gekühlten Otto-Zweitakt- oder Viertaktmotor (→ Ottomotor). Die hohen Leistungen der Motoren, in Deutschland durch Selbstverpflichtung der Hersteller auf 73 kW/100 PS begrenzt, machte allerdings auch die Entwicklung von wassergekühlten Motoren notwendig.
Ihr Vorteil liegt im besseren Wärmeabtransport hoch belasteter Motorbereiche (z. B. dem Brennraum). Ab 100 cm^3 werden meist Zweizylinder-, bei größerem Hubraum bis Sechszylindermotoren gebaut, wobei die Zylinder in Parallel-, seltener in Boxer- oder V-Anordnung zueinander liegen.

Technischer Aufbau ▸1 ▸2 ▸3

Zwischen Motor und Rad sind für die Kraftübertragung Kupplung, Getriebe und Radantrieb eingebaut, wobei sich Erstere vom Prinzip her nicht wesentlich von den Ausführungen beim Pkw unterscheiden. Der Radantrieb erfolgt beim Motorrad ausnahmslos auf das Hinterrad, entweder durch einen **Gelenkwellenantrieb** (Kardanantrieb) oder einen **Zugmittelantrieb** (Ketten- oder Zahnradantrieb).
Beim **Kardanantrieb** (Abb. 1) ermöglicht eine Gelenkwelle mit zwei Kardangelenken Drehmomente vom vorn liegenden Motor auf die starre Hinterradachse zu übertragen. Die Kardangelenke können aufgrund ihres beweglichen Gelenkkreuzes die Drehkräfte zwischen den Wellenenden, die eine Abwinklung aufweisen, wie sie durch die Federbeinbewegung am Hinterrad entsteht, weiterleiten. Der Gelenkwellenantrieb ist wartungs- und verschleißfrei bei hoher Betriebssicherheit, aber durch seinen hohen Bauaufwand vergleichsweise teuer.
Am weitesten verbreitet ist der **Kettenantrieb**, bei dem eine aus gelenkigen Gliedern bestehende Kette die Drehmomente überträgt. Da bei hohen Geschwindigkeiten das Öl von der Antriebskette geschleudert wird, werden heute sogenannte O-Ringketten eingesetzt, die mit Dichtringen versehen sind. Gegenüber einer Kapselung in öldichten Kettenkästen wird diese Kette durch den Fahrtwind gekühlt, was bei hohen Geschwindigkeiten und Beschleunigungen wichtig ist. Zahnradriemen aus einer Gummimischung und verstärkendem Glasfasergeflecht kommen nur vereinzelt zum Einsatz, auch wenn Riemen leiser als Ketten laufen und weitgehend wartungsfrei sind.
Das Fahrwerk eines Motorrades besteht aus Rahmen, Radaufhängung und Rädern. Der Rahmen muss verwindungssteif sein, eine Verbindung zwischen Vorder- und Hinterrad schaffen und Eigenbewegungen des Motorrades verhindern. Für die Beanspruchung des Rahmens spielen hauptsächlich die Radkräfte (Abb. 2) und die sich daraus ergebenden Drehmomente eine Rolle.
Die am stärksten beanspruchten Rahmenbauteile sind die Vorderradführung, wo beim Bremsen die größten Kräfte auftreten, und der hintere Rahmenausleger, der das Gewicht des Fahrers trägt. Für die **Hinterradführung** nutzen viele Hersteller eine Zweiarmschwinge mit einem Federbein auf jeder Seite des Hinterrades. Bei unterschiedlichen Toleranzen und Einstellungen der beiden Federbeine kann es jedoch gegenüber der Zentralfederung mit nur einer Schwinge zu Problemen bei den Fahreigenschaften kommen.
Bei der **Vorderradführung** gilt seit Jahrzehnten die **Teleskopgabel** als Standardkonstruktion. Die Grundausführung besteht aus zwei ineinander laufenden Rohren (Standrohr und Gleitrohr), die das Rad in einer Geraden abfedern (Abb. 3). Zur Schmierung und hydraulischen Dämpfung sind die Rohre mit Öl gefüllt. Bei der klassischen Ausführung liegt das Gleitrohr oben im Lenkkopf bzw. in den Gabelbrücken, während das Standrohr die Vorderradachse aufnimmt und unten liegt.
Seit einigen Jahren werden jedoch verstärkt sogenannte **Upside-down-Gabeln** eingesetzt, bei der das Standrohr oben und das Gleitrohr unten liegt, sodass die Konstruktion eine erheblich größere Biegesteifigkeit aufweist. In den vergangenen Jahren zeigten sich jedoch immer häufiger die technischen Grenzen der Teleskopgabel, so z. B. beim Einsatz von ABS-Systemen mit schnell pulsierenden Bremsschüben. Hier konnten Entwicklungen verschiedener Hersteller neue Impulse geben, beispielsweise die **Telelever-Führung** (Abb. 4) oder die **Achselschenkellenkung**, bei der im Gegensatz zur Teleskopgabel Lenkung und Federung keinen gegenseitigen Einfluss mehr aufeinander haben.

▸1 Gelenkwellenantrieb (Kardangelenk)

ⓐ Bremssattel
ⓑ Federbein
ⓒ Kardangelenk
ⓓ Getriebegehäuse (rahmenfest)
ⓔ Gelenkwelle
ⓕ Abtriebswelle

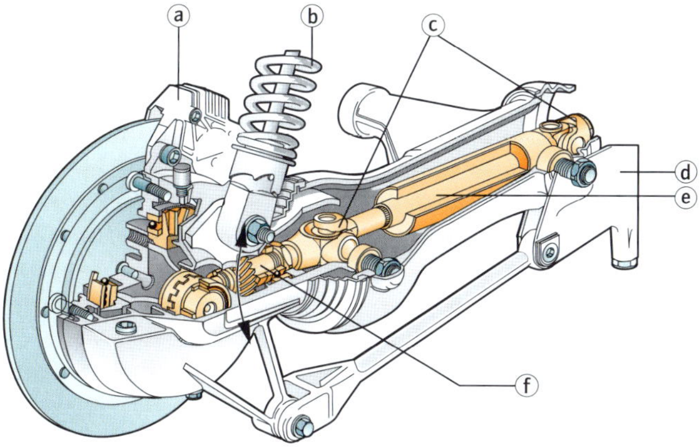

▸2 Kräfteverteilung am Motorrad bei der Geradeausfahrt

M_v = Drehmoment am Lenkkopf
B_v = Bremskraft am Vorderrad
G_v = Gewichtskraft am Vorderrad
R_h = Reibkraft am Hinterrad (Antrieb)
G_h = Gewichtskraft am Hinterrad
G = Gesamte Gewichtskraft (Motorrad + Fahrer)
$F_{träg}$ = Trägheitskraft

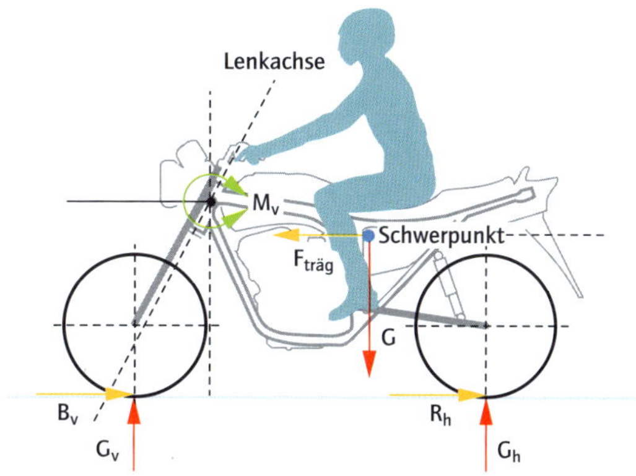

▸3 Moderne Teleskopgabel

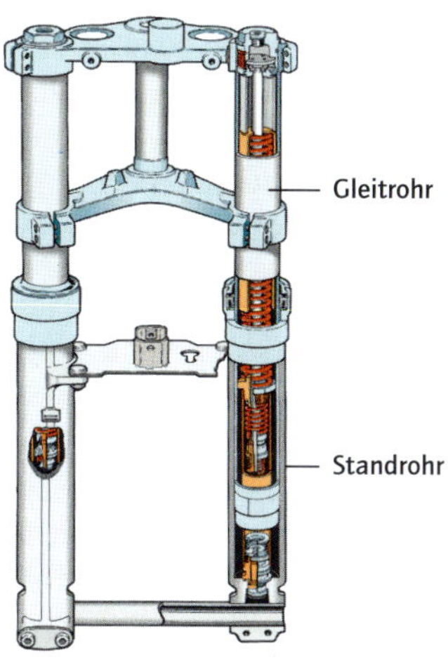

▸4 Telelever-Führung

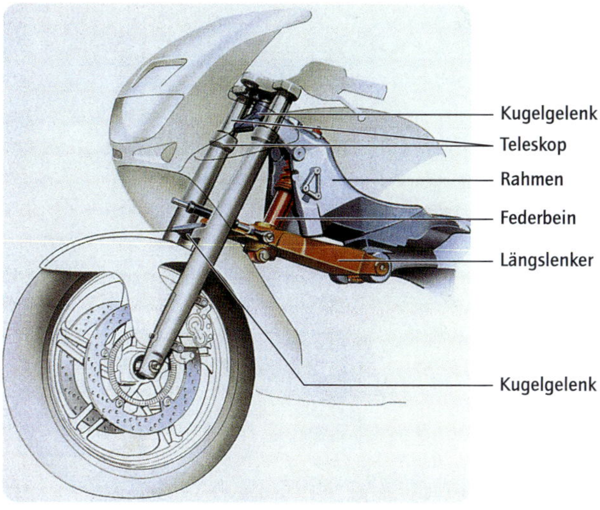

Fahrradschaltungen

Die Aufgabe der Fahrradschaltung besteht darin, das Übersetzungsverhältnis zwischen Tretkurbel und Hinterrad den Schwierigkeiten des Geländes anzupassen. Das **Übersetzungsverhältnis** ist die Zahl der Hinterradumdrehungen pro Tretkurbelumdrehung. Es bestimmt die Tretfrequenz und die Kraft, die notwendig sind, um bei vorgegebenem Widerstand eine bestimmte Geschwindigkeit zu erreichen. Um möglichst lange ermüdungsfrei fahren zu können, sollte die Kraft auf den Pedalen möglichst gering und die Tretfrequenz konstant bleiben. Dieses Ideal kann aufgrund der begrenzten Anzahl von Übersetzungsverhältnissen, welche eine Fahrradschaltung realisiert, nicht immer erreicht werden. Je nach Einsatzgebiet besitzt deshalb ein Fahrrad eine Schaltung mit unterschiedlich vielen Übersetzungsverhältnissen oder Gängen. Mountainbikes haben in der Regel 21–24, Rennräder 16 und Alltagsräder 3–7 Gänge. Man unterscheidet zwei Typen von Fahrradschaltungen: die **Kettenschaltung** und die **Nabenschaltung**.

Kettenschaltung ▸1 ▸2 ▸3

Bei der Kettenschaltung (Abb. 1) ist das Übersetzungsverhältnis direkt abhängig von den verwendeten unterschiedlich großen Zahnkränzen an der Tretkurbel (**Kettenblätter**) bzw. am Hinterrad (**Ritzel**), über die die Kette läuft. An der Tretkurbel befinden sich meist zwei oder drei Kettenblätter, am Hinterrad bis zu neun Ritzel. Die Übersetzungsverhältnisse werden geändert, indem die Kette jeweils auf ein anderes Kettenblatt oder Ritzel umgeschaltet wird. Da Kettenblätter und Ritzel fest mit der Tretkurbel bzw. dem Hinterrad verbunden sind, ist die Zahl der Umdrehungen des Hinterrades, bei einer Umdrehung der Tretkurbel, gleich der Anzahl der Zähne des Kettenblattes im Verhältnis zur Zahl der Zähne des Ritzels.

Zum Umlegen der Kette zwischen den Ritzeln dient der **hintere Umwerfer** (Abb. 2). Er führt die Kette mittels zweier Umlenkrollen im Führungskäfig. Beim Schalten der Gänge wird über einen Seilzug der Führungskäfig mithilfe des Parallelogramms seitlich verschoben. Dadurch springt die Kette auf ein größeres oder kleineres Ritzel. Etwas einfacher ist der **vordere Umwerfer** (Abb. 3) aufgebaut. Er führt die Kette im Kettenleitstück. Ebenfalls über eine Seilzug betätigt, drückt das Kettenleitstück beim Schalten die Kette auf das gewünschte Kettenblatt.

Der Vorteil der Kettenschaltung liegt in der großen Anzahl von Gängen und der Möglichkeit, Ritzel und Kettenblätter individuell auszuwählen. Nachteile sind der schlechte Schutz gegen Schmutz und Nässe und dass es nicht möglich ist, im Stand zu schalten.

Nabenschaltung ▸4

Bei der Nabenschaltung ermöglicht ein System von Zahnrädern, das **Planetengetriebe**, den Wechsel der Übersetzung. Das Planetengetriebe befindet sich in der Hinterradnabe. Eine 3-Gang-Schaltung besteht aus einem einfachen Planetengetriebe (Abb. 4). Auf der Hinterradachse befindet sich ein festsitzendes Zahnrad, das **Sonnenrad**. Auf diesem läuft ein Satz gegenseitig verbundener kleiner Zahnräder, die **Planetenräder**. Sie sind mit dem Planetenradträger verbunden. Über den Planetenrädern befindet sich das **Hohlrad**, das mit den Planetenrädern verzahnt ist. Über einen Kupplungsmechanismus, der durch einen Seilzug bedient wird, können bestimmte Teile des Systems miteinander verbunden werden. Der Kupplungsmechanismus besteht aus einem Kupplungsrad, das mithilfe eines Bolzens und einer Feder verschoben werden kann, und einem Antreiber, der fest mit dem Ritzel verbunden ist.

Im Normalgang (Abb. 4 a) sind Ritzel und Nabenschale miteinander verbunden. Die Nabe dreht sich also mit der gleichen Geschwindigkeit wie das Ritzel, das durch die Kette angetrieben wird.

Im Schnellgang (Abb. 4 b) wird das Ritzel mit dem Planetenradträger und das Hohlrad mit der Nabenschale verbunden. Bei einer Drehung des Ritzels bewegen sich die Planetenräder um das Sonnenrad und treiben dabei das Hohlrad an. Abhängig von der Anzahl der Zähne auf Sonnen- und Hohlrad dreht sich das Hohlrad um einen gewissen Betrag schneller als das Ritzel.

Im Berggang (Abb. 4 c) wird das Ritzel mit dem Hohlrad verbunden und die Nabenschale mit dem Planetenradträger. Bei Drehung des Hohlrades durch das Ritzel laufen die Planetenräder wieder um das Sonnenrad herum. Dabei wird nun aber der Planetenradträger angetrieben. Als Resultat dreht sich die Nabenschale langsamer als das Ritzel.

Neben der 3-Gang-Version lassen sich durch Kombination mehrerer Planetengetriebe auch 5- und 7-, neuerdings auch 12-Gang-Systeme realisieren. Außerdem kann zur Erhöhung der Ganganzahl die Nabenschaltung auch mit einer Kettenschaltung kombiniert werden. Ein Vorteil der Nabenschaltung ist der gute Schutz gegen Schmutz und Nässe, was sie relativ wartungsfrei macht. Nachteile gegenüber der Kettenschaltung sind das zumeist höhere Gewicht und die fehlende Möglichkeit der individuellen Gangabstufung.

▸1 Bestandteile einer Kettenschaltung

ⓐ Hinterer Umwerfer
ⓑ Ritzel
ⓒ Umlenkrollen
ⓓ Vorderer Umwerfer
ⓔ Kettenblatt
ⓕ Tretkurbel

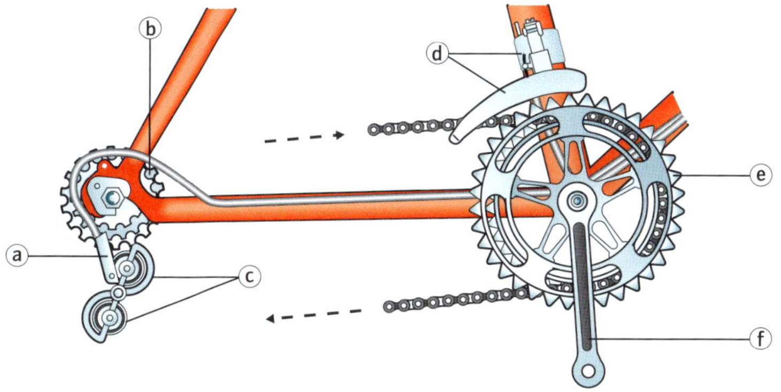

▸2 Hinterer Umwerfer mit geradem Parallelogramm

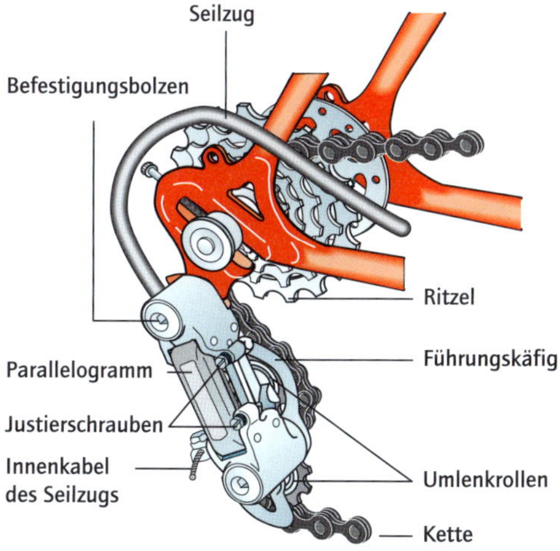

▸3 Vorderer Umwerfer

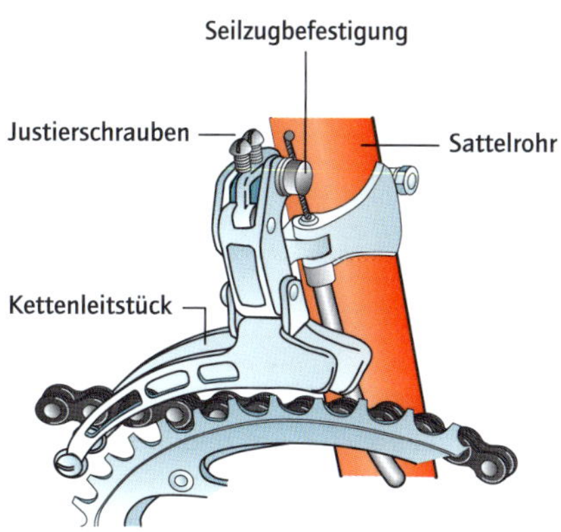

▸4 Funktionsweise der 3-Gang-Nabenschaltung

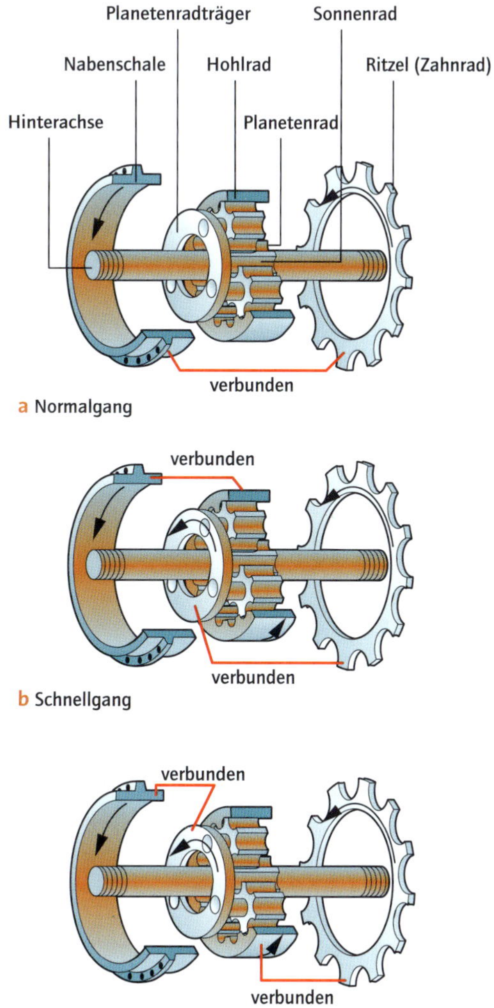

a Normalgang

b Schnellgang

c Berggang

Fahrradbremsen

Alle verwendeten Fahrradbremssysteme beruhen auf dem Prinzip der mechanischen Reibung. Die Bremswirkung wird durch Anpressen eines fixen Körpers an die Felge oder Teile der Nabe erreicht. Bewegungsenergie wird dabei in Wärme umgewandelt. Über einen Bremshebel kann die Kraft, mit der angepresst wird, durch den Fahrer geregelt werden. Die Reibungskraft zwischen zwei Körpern ist dabei unabhängig von der Berührungsfläche und nur durch die Anpresskraft und die Beschaffenheit der Oberflächen gegeben. Dennoch wird versucht, die Kontaktfläche nicht allzu klein zu machen, da die entstehende Wärme so auf einen größeren Bereich verteilt werden kann und der Abrieb aufgrund des kleineren Anpressdrucks (Anpresskraft pro Fläche) geringer wird.

Felgenbremse ▸1

Bei einer Felgenbremse drückt der Bremshebel über einen Seilzug zwei Bremsklötze aus abriebfestem Material gegen die Felgenflanke. Eine sehr verbreitete Felgenbremse ist die **Cantilever-Bremse** (Abb. 1). Sie besteht aus zwei Bremsarmen, die jeweils drehbar auf einem Lagerbolzen sitzen. Durch betätigen des Seilzugs werden die miteinander verbundenen Bremsarme zur Felge hin bewegt und somit die Bremsklötze an die Felge gepresst. Wird der Seilzug losgelassen, sorgen Federn auf den Lagerbolzen dafür, dass die Bremshebel in die Ausgangsstellung zurückkehren. Bei **V-Bremsen (V-Brake)** wird der Seilzug seitlich in einem Rohrwinkel herausgeführt. Sie haben sich als populärste Bremsenform am Markt durchgesetzt. Der Vorteil der Felgenbremse ist der einfache Aufbau und das damit verbundene geringe Gewicht. Da die ganze Felgenflanke als Bremsfläche dient, kann kaum eine Überhitzung eintreten. Der große Nachteil ist das Nachlassen der Bremsleistung bei Nässe.

Trommelbremse ▸2

Die Trommelbremse benutzt die Innenfläche der Radnabe als Bremsfläche (Abb. 2). Man bezeichnet diesen Teil der Radnabe auch als **Bremstrommel**. Wird der Bremshebel betätigt, dreht sich der über Seilzug oder Stangen und Hebel angeschlossene Nocken und drückt die Bremssegmente auseinander und gegen die Bremstrommel. Das Bremseninnere ist über einen Bremsgegenhalthebel am Rahmen abgestützt, da es aufgrund der Reibung sonst von der Bremstrommel mitgezogen würde. Die Lösefeder zieht nach dem Loslassen des Bremshebels die Bremssegmente von der Bremstrommel weg und gibt so das Rad wieder frei.

Trommelbremsen sind für ein Phänomen, das man **Fading** nennt, sehr anfällig. Man versteht darunter das Nachlassen der Bremswirkung infolge unzureichender Wärmeabfuhr. Dabei erhitzt sich die Bremstrommel so stark, dass sie sich ausdehnt. Aufgrund der Zunahme des Durchmessers passen nun Bremssegment und Trommel nicht mehr aufeinander, was zu einem stark verschlechterten Bremsverhalten führt. Erst nach dem Abkühlen der Bremstrommel wird die volle Bremsleistung wieder erreicht. Ein weiterer Nachteil ist das relativ große Gewicht. Der Vorteil der Trommelbremse ist, dass sie vor Nässe und Schmutz geschützt ist und so gleiches Bremsverhalten bei Trockenheit und Nässe aufweist. Außerdem lässt sie sich mit einem Planetengetriebe (→ Fahrradschaltungen) zu einer geschlossenen Brems- und Schaltnabe kombinieren.

Rücktrittbremse ▸3

Bei einfachen Alltagsrädern ist die **Hinterradbremse** oftmals als Rücktrittbremse konstruiert (Abb. 3). Mit dem Ritzel ist ein Gewinde verbunden, auf dem der Bremskonus sitzt. Wenn rückwärts getreten wird, schiebt das Gewinde den Bremskonus zwischen die beiden Hälften des Bremsmantels, die Bremssegmente. Diese spreizen sich auf, drücken gegen das Nabengehäuse und bremsen damit das Hinterrad ab. Der ganze Mechanismus wird durch den Bremsgegenhalthebel am Rahmen abgestützt. Wird die Pedalkraft weggenommen, drückt ein Sprengring, der die Bremssegmente umfasst, den Bremsmantel wieder zusammen und dreht dabei den Bremskonus auf das Gewinde zurück, die Bremse ist gelöst. Wenn nicht vorwärts getreten wird, entkoppelt ein Mechanismus, Freilauf genannt, das Nabengehäuse vom Ritzel.
Da auch die Rücktrittbremse eine **Nabenbremse** ist, besitzt sie die gleichen Vor- und Nachteile wie die Trommelbremse. Ein weiterer Nachteil ist, dass nicht gebremst werden kann, wenn sich die Tretkurbel im Totpunkt (senkrecht zur Längsachse des Fahrrades) befindet.

Entwicklungen ▸4

Neuere Entwicklungen auf dem Gebiet der Fahrradbremse sind die **hydraulische Felgenbremse**, welche es erlaubt, mit geringerer Handkraft eine größere Bremskraft zu erzielen, und die schon vom Motorrad bekannte **Scheibenbremse**, die sich beim Mountainbike durchgesetzt hat, da sie auch bei Nässe und Schmutz gut bremst. Eine Weiterentwicklung der Trommelbremse stellt die **Rollenbremse** dar, die anstelle von flächigen Bremssegmenten kippbare Rollen verwendet. Die Gefahr der Überhitzung ist bei ihr jedoch größer.

▸1 Funktionsprinzip einer Felgenbremse

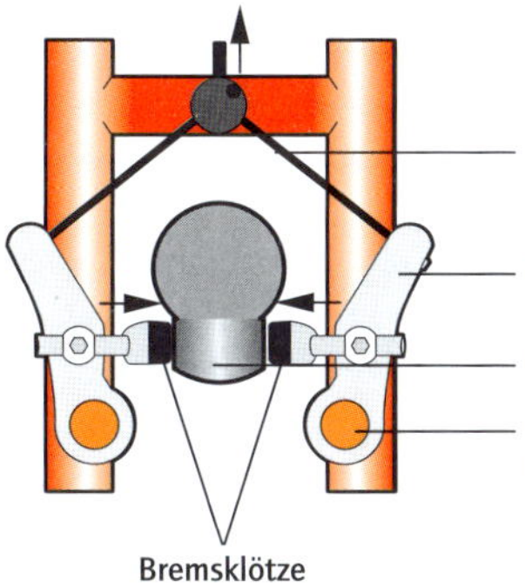

Durch ziehen des Seilzugs werden die Bremsklötze an die Felge gepresst.

▸2 Funktionsprinzip einer Trommelbremse

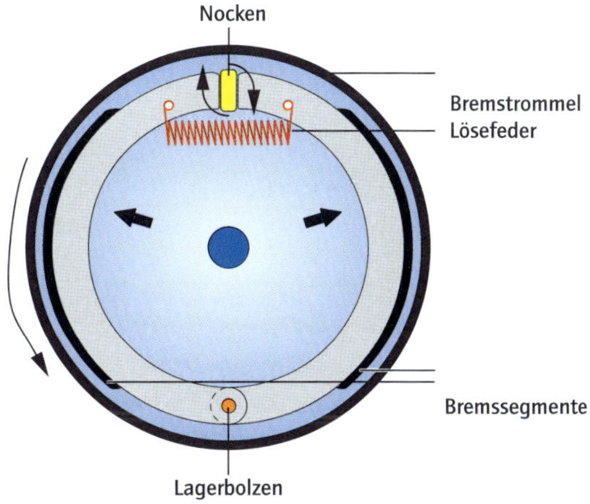

Beim Bremsen dreht sich der Nocken und presst die Bremssegmente gegen die Bremstrommel

▸3 Funktionsprinzip einer Rücktrittbremse

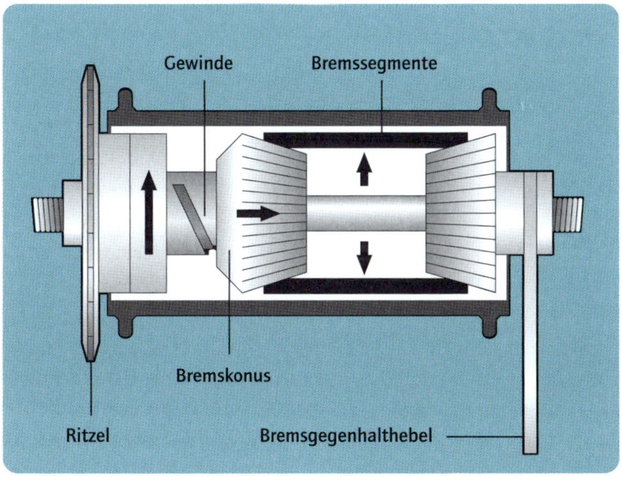

Wird rückwärts getreten, drückt das Gewinde den Bremskonus zwischen die beiden Hälften des Bremsmantels, der spreizt sich und presst sich gegen die Nabe.

▸4 Scheibenbremse eines Mountainbikes

Fahrräder

Bereits im 18. Jahrhundert waren muskelbetriebene Fahrzeuge auf den Straßen unterwegs – allerdings noch mit vier Rädern. Die Geschichte des lenkbaren Zweirades begann erst mit dem Mannheimer Karl Drais, der 1817 ein Laufrad erfand, das noch keine Pedale besaß und bei dem man sich mit den Füßen abstoßen musste. Durch den Zwang zum ständigen Balancieren wurde ein indirekter Fußantrieb lange nicht gewagt. Erst knapp 50 Jahre später waren die Fahrer sicher genug, die Füße dauerhaft vom Boden zu entfernen: Auf der Weltausstellung 1867 präsentierte Pierre Michaux – vermutlich der Erfinder des Pedals – ein Tretkurbelfahrrad mit großem Vorder- und kleinem Hinterrad; 1869 produzierte er bereits täglich 200 Stück. Nach dem Hochrad und weiteren Vorläufern bedeutete das Sicherheitsfahrrad „Rover" von John Kemp Starley 1885 den Durchbruch für das Niederrad mit Kettenantrieb auf das Hinterrad. Um diese Zeit kam auch der **Diamantrahmen** (Abb. 1) auf, bis heute die am häufigsten vorkommende Rahmenform, insbesondere bei Herrenrädern. Seine Dreicksform gilt als bester Kompromiss aus Gewicht und Stabilität. Der Hauptrahmen setzt sich aus Oberrohr, Sattelrohr, Unterrohr und Steuerrohr zusammen. Der Hinterbau wird aus Sattelstreben und Kettenstreben gebildet. Zur Aufnahme des Hinterrades dienen die Ausfallenden, an welchen, bei der Verwendung einer Kettenschaltung, auch der hintere Umwerfer (→ Fahrradschaltungen) befestigt wird. Die Stegplatte sorgt für eine zusätzliche Versteifung des Hinterbaus.

Rahmenrohre sind Zug- und Biegekräften ausgesetzt. Sie sollten daher eine hohe Festigkeit, d. h. einen großen Widerstand gegen Verformung und Bruch, aufweisen. Die Festigkeit ist dabei vom Material und Materialquerschnitt abhängig. Der Widerstand gegen Biegung vergrößert sich mit zunehmendem Außendurchmesser. Für hoch belastete Rahmen von Mountainbikes werden deshalb **OS-Rohre** (engl. oversized) mit größerem Durchmesser verwendet. Gleichzeitig ist es möglich die Wandstärke der Rohre zu verringern, sodass man einerseits eine höhere Stabilität gegen Biegung erhält und andererseits ein geringeres Gewicht des Rahmens erzielt. Die Wandstärke darf nicht zu gering werden, da dies, neben erhöhter Beul- und Knickgefahr, einen Festigkeitsverlust des Materials an den Schweiß- und Lötstellen mit sich bringt. Bei hochwertigen Rahmen werden deshalb **konifizierte Rohre** verwendet. Sie besitzen an den Rohrenden eine größere und zur Mitte hin eine geringere Wandstärke und erlauben es somit, bei gleicher Stabilität leichtere Rahmen zu bauen als bei Rohren mit einer konstanten Wandstärke.

Werkstoffe für Rahmen

Bei der Rohrherstellung kamen früher hauptsächlich Stahllegierungen zum Einsatz, vor allem **Chrom-Molybdän-Stähle.** Die Elemente Chrom und Molybdän verbessern dabei die Zugfestigkeit und Dauerhaltbarkeit. Nachteilig ist jedoch die hohe Dichte dieser Stahllegierungen und damit das Gewicht sowie die geringe Rostbeständigkeit.

Im Rahmenbau sind inzwischen **Aluminiumlegierungen** weit verbreitet. Aluminium hat eine kleinere Dichte als Stahl, aber auch eine geringere Zugfestigkeit. Aluminiumrahmen gleicher Belastungsfähigkeit wiegen daher im Vergleich zu Stahlrahmen etwa das gleiche, sind aber dicker und damit deutlich steifer bei Biegung und Torsion. Das wiederum führt zu einer geringeren Bruchdehnung und damit einer höheren Rissgefährdung.

Ein nur selten anzutreffender Rahmenwerkstoff ist **Titan, Kohlenstofffaser (Carbon)** hingegen ist bei Rennrädern und Mountainbikes immer beliebter. Dieser Werkstoff ermöglicht auch die Abkehr von der klassischen Rohrkonstruktion. Bei der sogenannten **Monocoque-Bauweise** besteht der Rahmen aus einem Stück bzw. aus zwei Hälften, sodass schwächende Verbindungsstellen wegfallen bzw. reduziert werden können.

Fahrradtypen ▸ 2

Für den Alltag eignen sich relativ schwere, aber bequeme **Touren-** oder **Cityräder** sowie **Trekkingräder,** die deutlich leichter sind, aber eine Bereifung aufweisen, die auch für unbefestigte Wege in leichtem Gelände geeignet ist. Zusammen mit einer 21-, 24-, 27- oder 30-Gang-Kettenschaltung kommt das Trekkingfahrrad meist auf langen Fahrradtouren zum Einsatz, zumal es mit Gepäckträgern ausgestattet werden kann. **Rennräder** zeichnen sich durch eine besonders leichte Bauweise aus und besitzen sehr schmale Felgen und Reifen, einen Bügellenker, mechanische Felgenbremsen und eine Kettenschaltung mit 2 x 10 Gängen im Profibereich; im Freizeitsport werden sie auch mit drei Kettenblättern angeboten. Das **Mountainbike** kam in den 1980er-Jahren in den USA auf und ist ein leichtes, geländegängiges Sportfahrrad mit robustem Rahmen und dicken Stollenprofilreifen. Je nach Verwendung haben sich verschiedene Typen herausgebildet, vom Touren-Mountainbike über das sportliche Cross-Country-Bike bis zum Downhill-Bike für schnelles Abfahren im extrem unwegsamen Gelände. Immer beliebter werden **Elektrofahrräder,** entweder als **E-Bike,** das einen zusätzlichen Elektromotor enthält und auch ohne Treten angetrieben werden kann, oder als **Pedelec,** bei dem der Motor ohne Treten keine Leistung abgibt. Die Energie für den Motor liefert ein Akkumulator, der über ein Ladegerät geladen wird.

▸1 Der Diamantrahmen (seit ca. 100 Jahren bewährt):

- (a) Tretlagergehäuse
- (b) Stegplatte
- (c) Ausfallenden
- (d) Kettenstreben
- (e) Sattelstreben
- (f) Sattelrohr
- (g) Unterrohr
- (h) Sattelmuffe
- (i) Oberrohr
- (j) Steuerrohr
- (k) obere und untere Steuerrohrmuffe

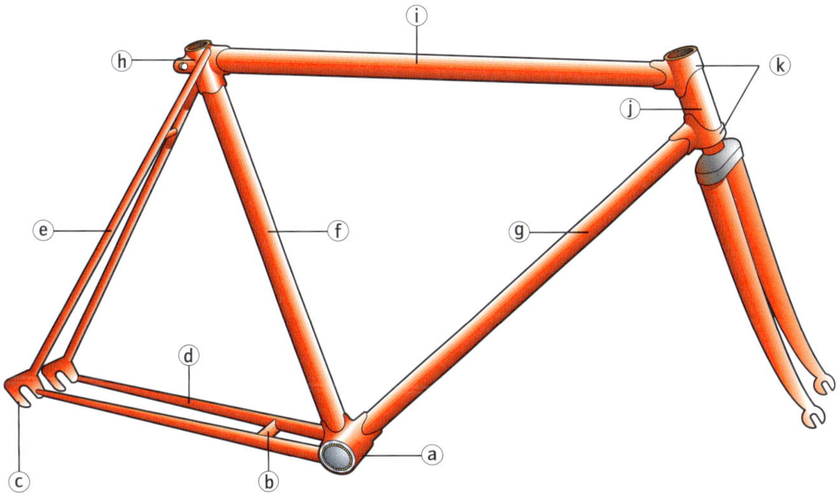

▸2 Fahrradtypen

Rennrad

Mountainbike

Elektrofahrrad mit Elektromotor in der Hinterradnabe und Lithium-Ionen-Akku

Lokomotiven

1829 schufen die Gebrüder Stephenson die erste wirklich brauchbare **Dampflokomotive** („Rocket"), die Urform aller Lokomotiven. Leistungsstarke und wirtschaftliche **Elektrolokomotiven (E-Loks)** haben die Dampflokomotiven längst abgelöst. Bei der Deutschen Bundesbahn fuhr die letzte Dampflokomotive planmäßig 1977, bei der ostdeutschen Reichsbahn (außer auf Schmalspur) 1988. E-Loks werden ständig von außen mit Energie versorgt und brauchen daher keine Brennstoffvorräte mit sich zu führen. Auf nicht elektrifizierten Strecken werden Lokomotiven mit Dieselmotoren (**Diesel-Loks**) eingesetzt, die unabhängig von einer ständigen äußeren Energiezufuhr sind.

Antriebsarten ▸1 ▸2

Lokomotiven müssen schwere Eisenbahnzüge aus dem Stand heraus beschleunigen. Diese Anforderung konnten Dampflokomotiven gut erfüllen, da bei Dampfmaschinen auch im Stillstand die volle Antriebskraft zur Verfügung steht. Dieselmotoren entwickeln dagegen wie alle Verbrennungsmotoren nur in einem bestimmten Drehzahlbereich die erforderlichen Drehmomente. Daher ist eine Leistungswandlung erforderlich. Die Leistung der mit Arbeitsdrehzahl rotierenden Kurbelwelle des Dieselmotors muss beim Anfahren möglichst ruckfrei und verlustarm auf die stehenden oder langsam drehenden Räder der Lokomotive übertragen werden. Dazu verfügen die meisten in Deutschland eingesetzten Diesellokomotiven über ein hydraulisches Wandlergetriebe, wie es ähnlich auch in Kraftfahrzeugen mit Automatikgetrieben (→ Getriebe) verwendet wird (**dieselhydraulischer Antrieb**). Es gleicht Drehzahlunterschiede zwischen dem antreibenden Dieselmotor und den Antriebsrädern der Lokomotive aus.
Beim **dieselelektrischen Antrieb** treibt der Dieselmotor zunächst einen elektrischen Generator an. Damit steht eine leistungsstarke Stromversorgung zur Verfügung, die zum Betrieb von elektrischen Fahrmotoren geeignet ist. Dieselelektrische Lokomotiven (Abb. 1) sind also E-Loks, die über ein bordeigenes dieselbetriebenes Kraftwerk verfügen.
Elektrische Antriebe eignen sich sehr gut für den Bahnbetrieb. Sie erzeugen aus dem Stillstand heraus ein hohes Drehmoment und haben selbst bei hoher Leistung ein relativ niedriges Gewicht und geringe Baumaße. Sie werden direkt in die Fahrgestelle von Lokomotiven eingebaut. Das Fahrgestell elektrisch angetriebener Lokomotiven besteht in der Regel aus zwei beweglichen Drehgestellen mit mehreren Achsen (Abb. 2). Jede Achse wird über einen eigenen Elektromotor angetrieben. Die Drehgestelle stellen komplette Antriebseinheiten dar, die ihre Antriebskraft über stabile Zug-Druck-Stangen auf den Lokomotivkörper übertragen. Im Lokomotivrumpf bleibt Platz für die Führerstände, elektrische Steuerungseinrichtungen und Hilfsaggregate.

Gleich- und Wechselstromlokomotiven

Für unterschiedliche Zuggeschwindigkeiten werden Elektromotoren mit veränderlichen Drehzahlen benötigt. Diese Forderung konnten bis zur Entwicklung der modernen Leistungselektronik in den 1970er-Jahren nur aufwendige Gleichstrommotoren oder Einphasenwechselstrommotoren erfüllen, die mechanische Stromwender („Bürsten") benötigen. Die unterschiedlichen Drehzahlen und Drehmomente ergeben sich dabei durch Umschalten von Stromwicklungen mit einem Schaltwerk. Der Lokomotivführer betätigt mit einem Handrad das Schaltwerk und verändert somit die Zuggeschwindigkeit. Die Nachteile dieser Technik sind der relativ hohe Wartungsaufwand durch Verschleiß an den Stromwendern und Schaltwerken sowie die eingeschränkte Verwendungsmöglichkeit. Herkömmliche Gleich- und Wechselstromlokomotiven sind stets nur für ein Stromnetz mit festgelegter Spannung und Frequenz ausgelegt. Dies behindert vor allem den grenzüberschreitenden Zugverkehr, da die Bahngesellschaften in Europa unterschiedliche Stromnetze unterhalten. In Deutschland hat man ein Einphasenwechselstromnetz (Spannung 15 000 V, Frequenz 16,67 Hz), wogegen z. B. in Italien ein Gleichstromnetz Verwendung findet.

Drehstromlokomotiven ▸3

Um den Einsatzbereich zu erweitern und den Wartungsaufwand zu reduzieren, werden bei modernen E-Loks **Drehstromasynchronmotoren** verwendet, die aufgrund der fehlenden Stromwender einfach aufgebaut und sehr verschleißarm sind. Dafür erfordern diese Motoren eine Versorgung mit Drehstrom, wobei die Frequenz des Stroms entsprechend der gewünschten Motordrehzahl variabel sein muss. Da dieser Drehstrom der Lokomotive nicht von außen zugeführt werden kann, muss er durch eine aufwendige Leistungselektronik, dem **Stromrichter** (Abb. 3), an Bord erzeugt werden. Dazu wird die über den Stromaufnehmer von außen aufgenommene Wechsel- oder Gleichspannung in dreiphasigen Drehstrom mit variabler Frequenz umgewandelt. Die Art des zugeführten Stroms ist dabei unerheblich, sodass Drehstromlokomotiven prinzipiell mit jedem Bahnstromnetz betrieben werden können.

▸1 Moderne dieselelektrische Lokomotive

▸2 Drehgestell einer elektrisch angetriebenen Lokomotive

Jede Achse wird über einen eigenen Motor angetrieben.

(1) Elektromotoren
(2) Zug-Druck-Stange

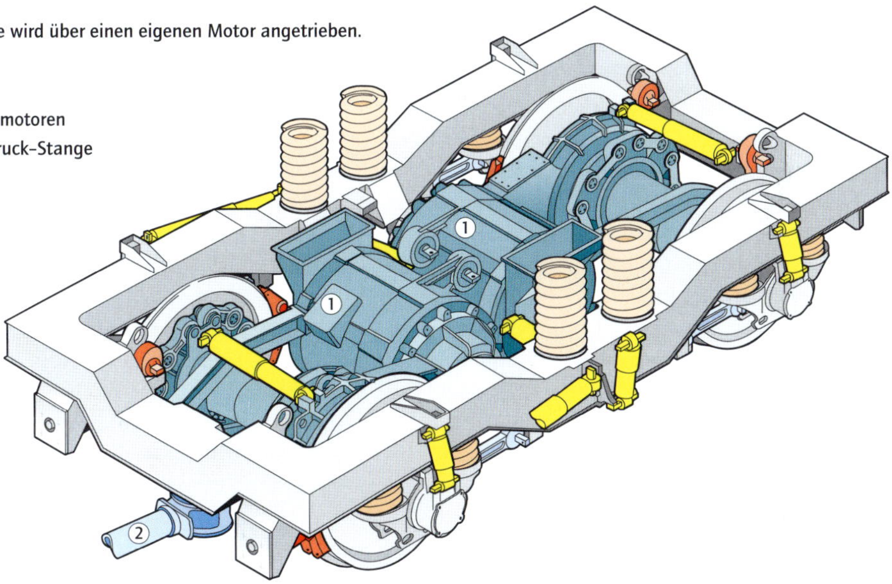

▸3 Stromrichter einer Drehstromlokomotive

ICE

Seit 1991 verkehrt in Deutschland der **InterCityExpress** (ICE). Die deutsche Bahn folgte damit der französischen Staatsbahn, die bereits einige Jahre vorher ihr Hochgeschwindigkeitsbahnsystem TGV (frz. train à grande vitesse) in Betrieb genommen hatte. Inzwischen sind bereits unterschiedliche Generationen des ICEs im Einsatz.

ICE 1

▸1

Der zuerst eingeführte ICE 1 ist ein Zug, bei dem statt einer Lokomotive **Triebköpfe** und statt herkömmlicher Waggons Mittelwagen verwendet werden. Triebköpfe können im Gegensatz zu Lokomotiven nur mit einer Seite an die Mittelwagen angespannt werden. Es ergibt sich eine Triebzugschlange, bestehend aus einem Triebkopf am Anfang des Zuges, zehn bis maximal vierzehn Mittelwagen und schließlich noch einem Triebkopf am Ende des Zuges. Alle Glieder sind fast übergangslos miteinander verbunden, sodass sich eine aerodynamisch sehr günstige Zugkontur ergibt. Zur Verminderung des Luftwiderstandes tragen auch die strömungsgünstig gestaltete Triebkopffrontpartie, die glatten Außenflächen ohne Kanten, die bündig eingeklebten Fensterscheiben und die tiefreichenden Seitenschürzen bei. Durch die beiden Triebköpfe am Anfang und am Ende des Zuges wird der ICE 1 gleichzeitig gezogen und geschoben. Jeder Triebkopf (Abb. 1) hat eine Dauerleistung von 4800 kW (6528 PS), wodurch der ICE 1 eine Höchstgeschwindigkeit von 280 km/h erreicht.

Wie bei modernen E-Loks (→ Lokomotiven) erfolgt der Antrieb des ICE 1 durch Drehstrommotoren, die in den Drehgestellen der Triebköpfe eingebaut sind und durch elektronische Stromrichter angesteuert werden. Beim Bremsen wirken die Motoren als Generatoren. Die zurückgewonnene Energie wird in das Stromversorgungsnetz eingespeist.

Für kleineres Fahrgastaufkommen wurde 1996 der **ICE 2** eingeführt, bei dem ein Triebkopf, sechs Mittelwagen und ein Steuerwagen (ohne Antrieb) einen Halbzug bilden, der allein eingesetzt werden kann. Da die Triebköpfe und die Steuerwagen mit Kupplungen ausgerüstet sind, können zwei ICE-2-Halbzüge miteinander verbunden werden.

ICE 3

▸2 ▸3

Bei der neuesten Ausführung des ICEs wird der beim ICE 1 eingeschlagene Weg der verteilten Antriebsleistung noch konsequenter weitergegangen. Nicht nur in den Endwagen mit den Führerständen sind elektrisch angetriebene Drehgestelle, sondern zusätzlich in jedem zweiten Mittelwagen.

Beim ICE 3 umfasst eine Zugeinheit (Halbzug) acht Wagen mit unterschiedlichen Aufgaben, wobei jeweils vier Wagen eine elektrische Einheit bilden (Endwagen, Transformatorwagen, Stromrichterwagen und einfacher Mittelwagen; Abb. 2). Zwei Halbzüge sind wiederum zusammenkuppelbar.

Die Transformatorwagen haben Oberleitungsstromabnehmer und Transformatoren zum Herabsetzen der Fahrdrahtspannung auf einen niedrigeren Wert. Während die Transformatorwagen keine angetriebenen Achsen haben, sind die Drehgestelle der Stromrichterwagen mit Fahrmotoren versehen. Die Stromrichterwagen nehmen also nicht nur die Leistungselektronik auf, die in Wechselcontainern im Fußbodenbereich untergebracht ist, sondern treiben zusammen mit den Endwagen den Zug an. Durch den Einbau der meisten Steuerungsgeräte und Hilfsaggregate in dem Bodenbereich des Zuges wird auch in den Endwagen (Abb. 3) Platz für Fahrgäste geschaffen.

Das Antriebskonzept des ICE 3 ermöglicht eine sehr leichte Bauweise des Zuges, da die Antriebsleistung auf viele Achsen verteilt ist und die einzelnen Antriebsräder nicht so fest an die Schiene gepresst werden müssen wie bei einer starken Einzellokomotive. Damit hat der ICE 3 ein großes Beschleunigungsvermögen sowie die Fähigkeit, starke Steigungen zu bewältigen. Die Höchstgeschwindigkeit liegt bei 330 km/h.

Während ICE 3-Züge für den innerdeutschen Verkehr nur für die bei der deutschen Bahn übliche Betriebsspannung (15 kV-Wechselstrom) ausgelegt sind (Einsystemvariante), ermöglicht die Viersystemvariante den grenzüberschreitenden Zugverkehr. Bei dieser können fast alle europäischen Bahnstromsysteme (Gleich- und Wechselspannungen unterschiedlicher Höhe und Frequenz) zur Versorgung der Stromrichter dienen, wodurch Hochgeschwindigkeitszüge auch international verkehren können.

Weitere Schnellbahnsysteme

Für den Einsatz auf Fahrstrecken mit engen Kurven wurde der **ICE-T** entwickelt. Um Kurven mit hoher Geschwindigkeit zu durchfahren, kommt hier Neigetechnik zum Einsatz. Die Wagen sind schwenkbar gelagert und werden in Kurven hydraulisch gekippt. Der für nicht elektrifizierte Strecken bestimmte Neige-ICE mit Dieselantrieb **(ICE-TD)** wurde schon nach zwei Jahren aus dem Einsatz zurückgezogen. Anlass war eine Serie technischer Mängel, außerdem die für einen wirtschaftlichen Einsatz zu geringe Platzzahl. Inzwischen wurde er für bestimmte Anlässe und als Ersatzzug reaktiviert.

▸1 Triebkopf des ICE 1

Höchstgeschwindigkeit: 280 km/h

▸2 Konfiguration des ICE 3

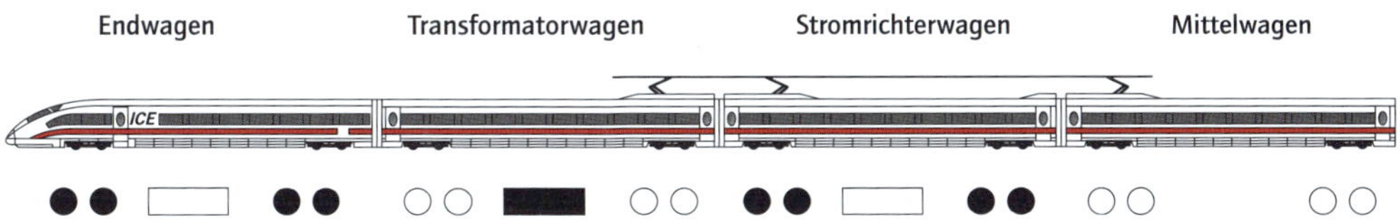

● = angetriebene Achsen (Traktion und E-Bremse), 2 Radbremsscheiben pro Achse

○ = nicht angetriebene Achsen, 3 Wellenbremsscheiben pro Achse, 2 Wirbelstrombremsmagnete pro Drehgestell

■ = Transformator

□ = Stromrichter

▸3 Der ICE-3-Endwagen

Magnetschwebebahnen

Magnetschwebebahnen sind räderlose Bahnen, die mithilfe von Magnetfeldern an oder auf eisernen Fahrschienen schwebend entlanggeführt werden. Sie erreichen Fahrgeschwindigkeiten bis zu 500 km/h. Man unterscheidet **e**lektro**d**ynamische und **e**lektro**m**agnetische Systeme (**EDS** bzw. **EMS**). Der **Transrapid** (Abb. 1) ist eine in Deutschland entwickelte Magnetschwebebahn, die auf dem EMS-Prinzip beruht.

Prinzip des EMS ▸2 ▸3

Bei der herkömmlichen Eisenbahn erfüllen Schiene und Räder drei Aufgaben: Sie tragen das Gewicht des Zuges, sorgen für seitliche Führung und übertragen die Antriebs- und Bremskräfte. Die gleichen Aufgaben werden beim Transrapid durch magnetische Kräfte übernommen, die berührungslos wirken (Abb. 2).
Im Fahrzeug sind starke **Elektromagnete** eingebaut, die anheben und seitlich führen. Die **Trag-** und **Führmagnete**, die über die gesamte Länge des Transrapidzuges verteilt sind, wirken auf die aus ferromagnetischem Material gefertigten Schienen am Fahrweg. Während die auf der linken und rechten Seite des Fahrzeuges angebrachten Führmagnete den Zug in die Mitte des Fahrweges zentrieren, ziehen die Tragmagnete das Fahrzeug von unten an den Fahrweg heran (Abb. 3), wodurch es angehoben wird. Durch ein elektronisches Regelsystem wird die Stärke der magnetischen Kräfte so angepasst, dass sich stets ein gleich bleibender Abstand (ca. 15 mm) zwischen dem Fahrzeug und dem Fahrweg einstellt. Der Transrapid kann somit kleinere Hindernisse sowie eine dünne Schnee- oder Eisdecke überwinden.
Auch der Antrieb des Transrapid erfolgt durch magnetische Kräfte. Dazu sind im Fahrweg Stromwicklungen eingelassen, die ein bewegliches magnetisches Feld erzeugen. Dieses **elektromagnetische Wanderfeld** schreitet mit einer Geschwindigkeit vorwärts, die der Zuggeschwindigkeit entspricht und zieht dabei das Fahrzeug an seinen Tragmagneten mit. Dabei wird gleichzeitig elektrische Leistung zum Fahrzeug übertragen, die den Strom für die Trag- und Führungsmagnete liefert sowie zum Aufladen der Bordbatterien und zum Betrieb der im Fahrzeug installierten elektrischen Geräte dient. Durch Verändern der Geschwindigkeit, mit der das magnetische Feld vorwärts wandert, wird das Fahrzeug beschleunigt. Eine Abbremsung erfolgt durch Umpolung des Magnetfeldes.
Das Antriebssystem des Transrapid kann als ein riesiger Elektromotor angesehen werden, der „aufgeschnitten" und über den gesamten Fahrweg gestreckt wird. Ein Teil des Motors (beim Elektromotor Stator genannt) befindet sich im Fahrweg, der andere (beim Elektromotor Läufer oder Rotor genannt) wird durch das Fahrzeug gebildet. Der schwere und aufwendige Teil des Antriebs ist fest im Fahrweg installiert. Das Transrapidfahrzeug selbst ist dadurch sehr leicht und relativ unkompliziert. Während eine herkömmliche Lokomotive stets einen Antrieb mit gleich bleibender Leistung mitführt, kann die Antriebsleistung des Transrapid den Streckengegebenheiten angepasst werden. So können auf Bergstrecken die Wicklungen im Fahrweg für höhere Leistung ausgelegt werden, wogegen auf ebenen Strecken geringere Antriebsleistung installiert wird.

Vorteile

Die Reisegeschwindigkeit des Transrapid liegt zwischen 300 und 500 km/h und ist damit deutlich höher als die von Hochgeschwindigkeitszügen wie dem ICE (→). Durch das gute Beschleunigungsvermögen des Transrapid können auch auf kurzen Streckenabschnitten hohe Geschwindigkeiten erreicht werden. Während bei schnell fahrenden Eisenbahnen die Schienen und Räder großen Belastungen ausgesetzt sind und schnell verschleißen, ist der Transrapid verschleißfrei. Durch das magnetische Schweben ergibt sich ein hoher Fahrkomfort für die Passagiere. Stöße und Rollgeräusche, die bei Radfahrzeugen unvermeidbar sind, entfallen beim Transrapid völlig. Geräusche entstehen ausschließlich als Windgeräusche bei hohen Fahrgeschwindigkeiten. Der Transrapid ist darüber hinaus ein Verkehrssystem mit hoher Sicherheit. Da das Fahrzeug den Fahrweg umfasst, ist ein Entgleisen ausgeschlossen. Auffahrunfälle oder gar Frontalzusammenstöße sind nicht möglich, da sich alle Fahrzeuge in einem Streckenabschnitt durch das vorgegebene magnetische Wanderfeld mit gleicher Geschwindigkeit in die gleiche Richtung bewegen.

Zukunftaussichten

Zum Jahreswechsel 2002/03 wurde in China die erste Transrapidstrecke offiziell eingeweiht, und zwar zwischen dem Zentrum von Schanghai und dem Flughafen der Stadt. In Deutschland sind die Zukunftsaussichten dagegen weiterhin zweifelhaft. Es gab Pläne, den Transrapid zunächst im Ruhrgebiet oder im Raum München einzusetzen, die jedoch wieder aufgegeben wurden. Lediglich ein Testbetrieb wird noch aufrecht gehalten. Nach einem Unfall am 22. 9. 2006, bei dem 23 Menschen ums Leben kamen, wurde jedoch auch dieser Testbetrieb vorübergehend eingestellt; ein Weiterbetrieb ist fraglich.

▸1 Magnetschwebebahn Transrapid

▸2 Prinzip des elektromagnetischen Schwebe- und Antriebssystems

Rad und Schiene

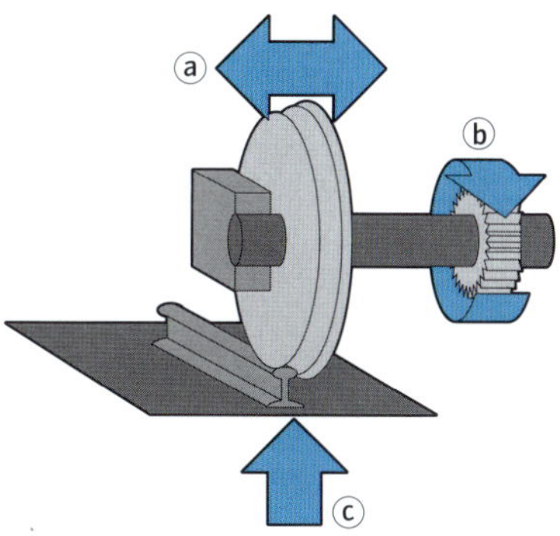

elektromagnetisches Schweben

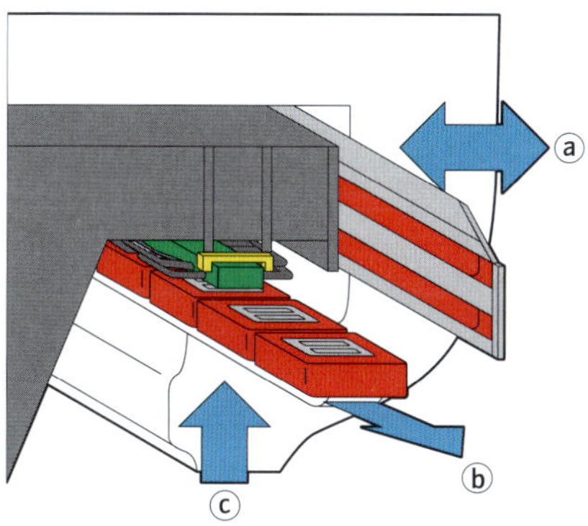

ⓐ führen
ⓑ antreiben
ⓒ tragen

▸3 Schwebesystem

Das Schwebesystem beruht auf den anziehenden Kräften der Elektromagnete im Fahrzeug und den ferromagnetischen Reaktionsschienen im Fahrweg

ⓐ Führschiene
ⓑ Statorpaket
ⓒ Antriebswicklung
ⓓ Tragmagnet
ⓔ Führmagnet

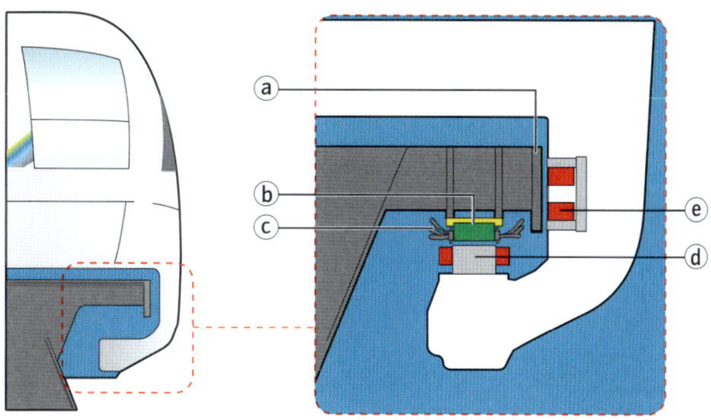

Schiffsprinzip

Die Sicherheit der Schifffahrt wird nach tragischen Schiffskatastrophen immer wieder neu infrage gestellt. Vor allem nach dem Untergang von mehreren großen Autofähren in jüngerer Zeit werden die Prinzipien, nach denen ein Schiff stabil und sicher schwimmt, neu diskutiert.

Warum schwimmt ein Schiff? ▸1

Wird ein Stück Holz ins Wasser geworfen, so ist niemand verwundert, wenn es schwimmt. Wie tief das Holz jedoch in das Wasser einsinkt, hängt von seiner Masse (in kg) bezogen auf den Rauminhalt (Volumen in dm^3) ab. Diese Eigenschaft von Materie nennt man Dichte. Jede Holzsorte hat eine andere Dichte. Und manche Holzsorten schwimmen nicht!

Wasser hat eine Dichte von ca. 1 kg/dm^3, d. h., 1 l Wasser hat eine Masse von 1 kg. Ein Würfel aus Holz mit einer Masse von 0,8 kg und einer Kantenlänge von 10 cm (= 1 dm^3) verdrängt 0,8 kg Wasser. D. h., 0,2 kg oder 20 % seiner Masse sinken nicht in das Wasser ein. Es entsteht eine Auftriebskraft, die genauso groß ist wie die Gewichtskraft des Holzwürfels (**Archimedisches Prinzip**) (Abb. 1).

Ein massiv-stählerner Block muss also untergehen, denn die Dichte von Stahl beträgt 7,85 kg/dm^3, also fast achtmal mehr als Wasser. Damit ein stählernes Schiff schwimmt, muss das Schiffsinnere sehr viel Luftraum enthalten, sodass seine durchschnittliche Dichte (wesentlich) geringer wird als die des Wassers. Wird das Luftvolumen durch einströmendes Wasser verdrängt, nimmt die durchschnittliche Dichte des Schiffes wieder zu, bis die stählernen Anteile das Schiff in die Tiefe ziehen.

Im Schiffbau wird dieses Problem durch Querabteilungen (**Schotten**) vermieden. Die Schotten verhindern, dass sofort das gesamte Schiff vom Wasser durchflutet werden kann. Autofähren haben meistens keine Querschotten, um Kraftfahrzeugen das ungehinderte Durchfahren der Fähre zu ermöglichen. Damit besteht die Gefahr, dass Fähren nach einem Wassereinbruch innerhalb kürzester Zeit voll laufen und damit instabil werden und kentern.

Schiffsstabilität ▸2

Ein seetüchtiges Schiff muss (auch nach Wassereinbruch) den Kräften auf See (Wind, Seegang) standhalten können. Dazu muss es sich (Abb. 2) aus einer Seitwärtsneigung (**Krängung**) wieder aufrichten können (**Längsstabilität**). Bei starken Seitenkräften führt dies zu einer ständigen schwingenden Drehbewegung um die Längsachse (Schlingern oder Rollen). Auch muss es sich aus einer Neigung um die Querachse (**Trimmung** oder **Trimm**) wieder aufrichten können (**Querstabilität**). Bei starkem Seegang oder Wind führt dies dazu, dass sich Vor- und Achterschiff der Fähre abwechselnd heben und senken (**stampfen**) bzw. abwechselnd nach beiden Seiten aus der Fahrtrichtung herausdrehen (**gieren**).

Die unangenehme Schlingerbewegung kann durch Dämpfungseinrichtungen reduziert werden.

Kentern eines Schiffes ▸3

Soll eine Fähre bei Krängung nicht kentern, d. h. seitlich umkippen, so muss eine gute Längsstabilität gewährleistet sein. Abb. 3 a zeigt ein Schiff in seiner Normallage. Die durch sein Gewicht G gegebene Gewichtskraft F_G greift am Schwerpunkt S des Schiffes an, die Auftriebskraft F_A hingegen am Formschwerpunkt S_F der verdrängten Wassermenge. In der Normallage liegen beide übereinander in der Mittschiffsebene.

Krängt ein Schiff (Abb. 3 b), so verlagert sich der Formschwerpunkt entsprechend der neuen Unterwasserform an eine andere Stelle (S_F). Die nunmehr hier angreifende Auftriebskraft F_A bildet zusammen mit der Gewichtskraft F_G ein Kräftepaar bzw. Drehmoment, das das Schiff um seine durch den Schwerpunkt gehende Längsachse zu drehen sucht. Auftriebs- und Gewichtskraft liefern ein wieder aufrichtendes Drehmoment (**Stabilitätsmoment**), solange der als Metazentrum bezeichnete Schnittpunkt M der Wirkungslinie der Auftriebskraft mit der Mittelachse oberhalb des Schiffsschwerpunktes S liegt. Das Schiff richtet sich dann wieder auf, die Schwimmlage ist stabil.

Gerät aber das Metazentrum bei zu starker Krängung (Seegang, eingedrungenes Wasser) oder zu hoch liegendem Schwerpunkt (z. B. bei zu schwerer und hoher Decksladung) unterhalb des Schwerpunktes S, so wirkt das von Auftriebs- und Gewichtskraft gebildete Drehmoment nicht mehr aufrichtend, sondern verstärkt die Krängung (Abb. 3 c): Die Schiffslage wird immer instabiler, und es kommt zum Kentern des Schiffes. Gegen die Kentergefahr wirkt eine besonders große Schiffsbreite (**Formstabilität**) oder ein Ballast im Kiel (**Gewichtsstabilität**).

Sichere Schiffskonstruktionen

Um Autofähren sicherer zu machen, sieht eine neue Konstruktionsidee dieses Schiffstyps ein gesteuertes Sinken bei Wassereinbruch vor. Durch große Auftriebskörper im Decksaufbautenbereich wird ein Kentern vermieden. Die unteren Autodecks laufen voll Wasser und stabilisieren (als Ballast) die Fähre.

▸1 Warum schwimmt ein Schiff?

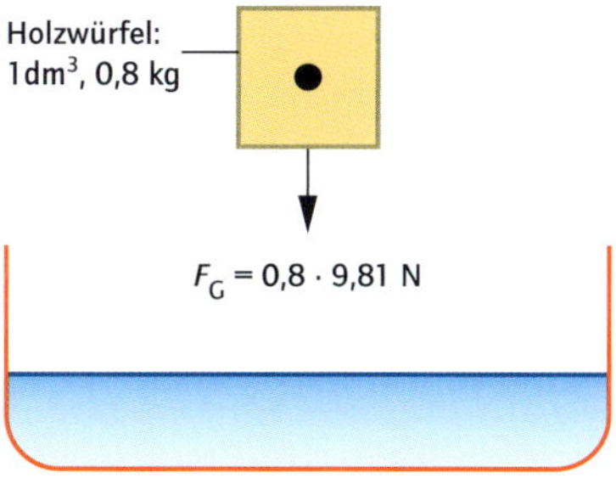

Schwimmen: Ein Körper schwimmt, wenn sein Gewicht gleich dem Gewicht der von ihm verdrängten Wassermenge ist und er eine geringere Dichte als die des Wassers hat.

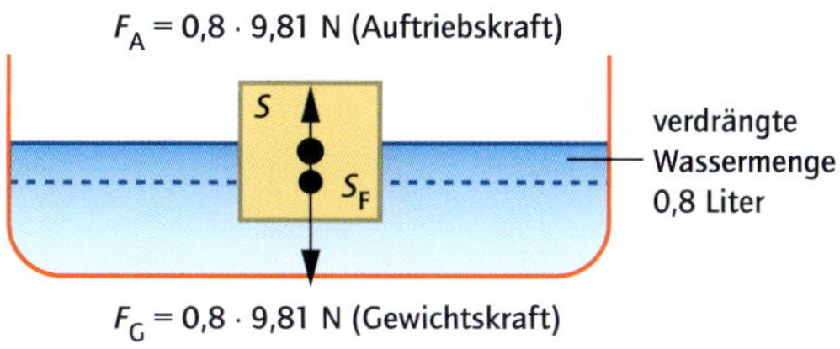

▸2 Schiffsachsen und Bewegungsarten eines Schiffes am Beispiel einer Autofähre

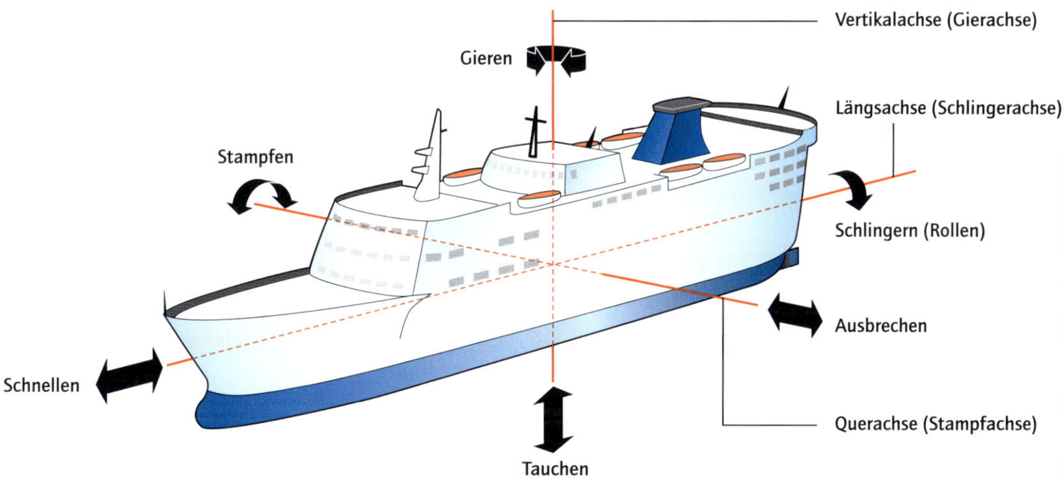

▸3 Stabilität und Kentern eines Schiffes

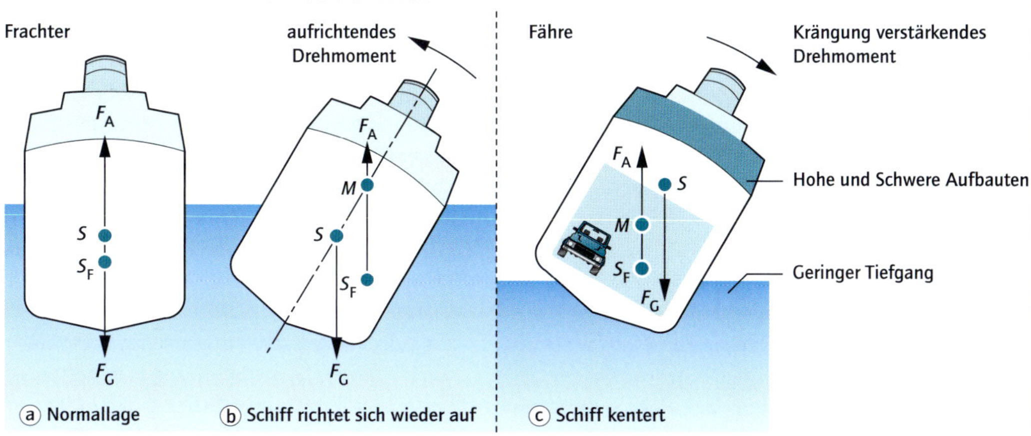

S = Schwerkraft; S_F = Formschwerpunkt; M = Metazentrum

Ro-ro-Fähren

Fähren sind Teil des Verkehrswegenetzes und dienen zur Überquerung von Meeren und Flüssen. Obwohl viele Küsten inzwischen über Brücken und Tunnel miteinander verbunden sind, haben Fähren nach wie vor große Bedeutung. Dabei werden heute neben Passagieren vor allem auch Kraftfahrzeuge, aber auch Eisenbahnen transportiert. Zu diesem Zweck werden vorzugsweise Fähren nach dem **Ro-ro-Prinzip** (engl. **r**oll- **o**n- **r**oll- **o**ff, fahr rein–fahr raus) eingesetzt.

Ladeprinzip ▸1

Bei den Ro-ro-Fähren ist das Ein- und Ausfahren sehr einfach, weil stets im Vorwärtsgang gefahren wird und das vor allem für Lkws schwierige Rückwärtsfahren nicht erforderlich ist (Abb. 1). Dies ist möglich, weil die Ro-ro-Fähren am vorderen (Bug) und hinteren Ende (Heck) mit Toren versehen sind. Fahrzeuge, die im Starthafen durch die Fronttore in die Fähre eingefahren sind, können im Zielhafen durch die Hecktore wieder hinausfahren. Dadurch ergibt sich für die Fähre, dass sie immer abwechselnd mit dem Heck oder mit dem Bug anlegen muss.
Beim Laden einer Ro-ro-Fähre wird eines der Tore geöffnet und zwei Einfahrrampen, die zur Hafenausrüstung gehören, werden auf die Fähre abgesenkt. Die Lkws fahren z. B. über eine untere Rampe, während gleichzeitig Pkws über eine obere Rampe einrollen können. Über bordeigene Auffahrrampen können Fahrzeuge auch in Zwischendecks gelangen.
Alle Fahrzeuge müssen mit eingelegtem Gang und angezogener Handbremse abgestellt werden, um ein Wegrollen bei Seegang zu verhindern. Lkws werden bei schlechten Wetterbedingungen zusätzlich festgezurrt.
Durch das Ro-ro-Prinzip kann die Hafenliegezeit einer Fähre unter einer Stunde liegen, sodass z. B. eine Ärmelkanalfähre im 24-Stunden-Betrieb ca. 10-mal die 42 km breite Ärmelkanalpassage queren kann.

Technischer Aufbau ▸2

Eine typische Ro-ro-Fähre, die im Fährdienst über den Ärmelkanal eingesetzt wird, ist in Abb. 2 dargestellt. Ihre Reisegeschwindigkeit beträgt 22 kn (ca. 40 km/h). Sie wird von drei Dieselmaschinen über Schiffsschrauben angetrieben. Stabilisierende Flügel an beiden Seiten in der Mitte des Schiffs verringern das Rollen im Seegang. Computergesteuert bewegen sich diese **Stabilisationsflügel** entgegen der Wellenbewegung, sodass das Schiff eine möglichst gleichmäßig aufrechte Position einhält. Da Fähren wegen der hohen Aufbauten und dem relativ geringen Tiefgang besonders anfällig für Seitenwind sind, haben sie meist zur besseren Manövrierfähigkeit neben dem normalen **Heckruder** ein zusätzliches **Bugruder** für die Rückwärtsfahrt und zwei leistungsfähige Bugstrahlruder zur seitlichen Steuerung. Ein **Bugstrahlruder** besteht aus einem Tunnel im Bug des Schiffes, in dem quer zur Fahrtrichtung ein Propeller angeordnet ist, der je nach Drehrichtung einen Querstrom zur normalen Fahrtrichtung erzeugen kann. Mit den Bugstrahlrudern ist gewährleistet, dass die Fähre z. B. auch bei starkem Seitenwind sicher am Pier an- und ablegen kann. Außerdem werden die oft erforderlichen Wendemanöver erleichtert.
Um den Passagieren eine möglichst angenehme und kurzweilige Überfahrt zu bieten, verfügen Ro-ro-Fähren über Restaurants und Geschäfte, sowie für längere Fahrten auch über Bordkinos und Schlafkabinen.

Sicherheit

Ro-ro-Fähren haben in den Autodecks keine Querabteilungen (Schotten), sodass bei einem Wassereinbruch die Fähre sofort vollständig voll laufen und kentern würde (→ Schiffsprinzip). Die meisten Fähren haben aber heute zumindest ein zusätzliches **Bug-** und **Heckschott**, um eine ähnliche Katastrophe wie bei der „Estonia" zu vermeiden, bei der die Bugklappe abriss und das Schiff ungehindert voll lief und schnell sank. Bei diesem schwersten Schiffsunglück der Nachkriegsgeschichte am 28. 9. 1994 kamen mindestens 852 Menschen ums Leben.

Flussfähren

Zum Transport von Kraftfahrzeugen und Personen über Flüsse werden wesentlich kleinere Fähren eingesetzt. Flussfähren sind kahnähnliche Wasserfahrzeuge mit einem nicht überdachten Deck. Sie gibt es als Ketten- oder Seilfähren, die sich an einer Kette (unter Wasser) oder einem Seil (über Wasser) vorwärts ziehen, als Gierfähren, deren Antrieb durch stromseitiges Pendelseil und Strömungsdruck erfolgt, als Schwebefähren, die unter Brückenkonstruktionen hängend angebracht sind, oder als Fähren mit dem üblichen Motor- und Propellerantrieb.

Fahrgastschiffe

Sie dienen ausschließlich der Beförderung von Personen. Man unterscheidet bei ihnen die im Liniendienst eingesetzten Schiffe und die **Kreuzfahrtschiffe**. Infolge der Entwicklung des Luftverkehrs ist der Linienverkehr jedoch weitestgehend eingestellt worden. Bei Kreuzfahrtschiffen steht der Erholungs- und Vergnügungscharakter im Vordergrund. Sie sind luxuriös ausgestattet.

▸1 Be- und Entladung einer Ro-ro-Fähre

Das einfahrende Fahrzeug rechts ist ein Spezialtransporter

▸2 Querschnitt durch eine Ro-ro-Fähre

ⓐ Heckruder
ⓑ Schiffsschrauben
ⓒ Maschinenraum mit Dieselmotoren
ⓓ Stabilisationsflügel
ⓔ Zwischendeck
ⓕ Bugstrahlruder
ⓖ Bugruder für Rückwärtsfahrt
ⓗ Kommandobrücke

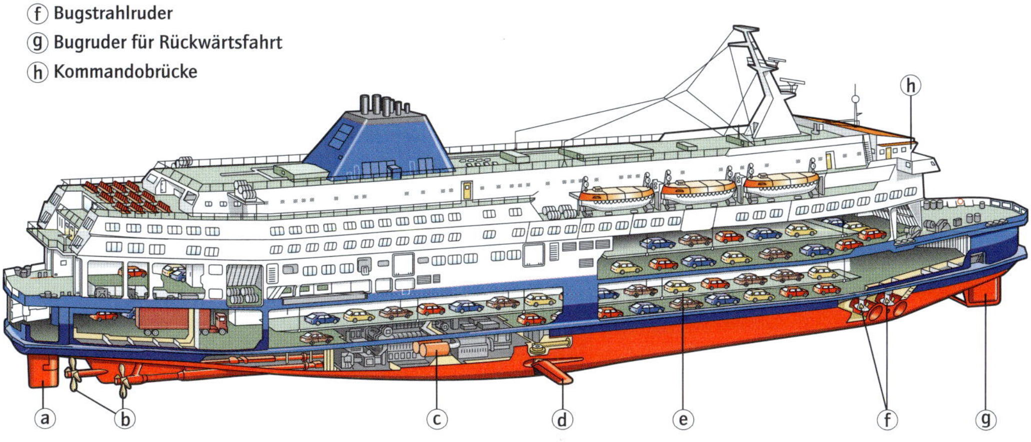

Frachtschiffe

Der moderne Frachter für den Transport von Waren (Stückgut) ist heute ein **Vollcontainerschiff.** Im Gegensatz zu Massengütern wie etwa Weizen oder Erz, die geschüttet oder gepumpt werden, werden die Güter in Behältern (Containern) eingelagert und transportiert. Der gebräuchlichste, international genormte Container ist der **20-Fuß-Container** (1 Fuß = ca. 0,33 m). Mit ca. 6 m Länge, 2,44 m Breite und 2,6 m Höhe entspricht er einer **TEU** (Twenty-Foot-Equivalent-Unit). Binnen- und Seeschiffe, aber auch Lkw und Eisenbahn, sind für die Aufnahme solcher Container konstruiert.

Transport der Container ▸1 ▸2

Die Beladung der Containerschiffe findet in Containerterminals statt (Abb. 1). Der Container wird mittels eines speziellen Heberahmens (**Spreader**) an weit auskragenden Ladekränen auf das Containerschiff gehoben (Abb. 2). Die Ladekräne sind im vorderen Teil abklappbar, damit das Schiff mit der hohen Schiffsbrücke ungehindert an die Ladepier fahren kann. Am Heberahmen befinden sich an den vier Ecken Drehzapfen (**Twist Locks**), die in die Öffnungen der Eckpfosten der Container eingeführt und ferngesteuert verriegelt werden können. Abklappbare Sicherungselemente (**Flipper**) führen den Container seitlich. Unter Deck werden die Container in ein stählernes Zellengerüst (**Cell-Guide**) eingeschoben. Auf Deck werden die Container in Vorrichtungen eingeklinkt und untereinander fest verbunden. Die Befestigungsvorrichtungen sind so konstruiert, dass sie selbst starken Seegang aushalten.
Die seegehenden Containerschiffe fahren eine bestimmte internationale Route ab, sodass die Güter schnell ihren Zielort erreichen. Wenn ein Container, der sich an unterster Stelle befindet, ausgeladen werden soll, müssen alle anderen darüber entladen und an Land zwischengelagert oder auf Deck umgelagert werden. Aufgrund der enormen Ladegeschwindigkeit ist dieses sogenannte **chaotische Lagerprinzip** immer noch effektiver und damit wirtschaftlicher als eine Zusammenstellung von Containern für bestimmte Zielorte.
Der Transport von Gütern mittels Containern hat zu einer völligen Umstrukturierung auch der Umschlagplätze geführt. Die alten Lagerhäuser (Docks) stehen leer und müssen abgerissen oder anders genutzt werden. Direkt an der See entstanden neue **Containerterminals** riesigen Ausmaßes, um die Anfahrwege für die Containerschiffe möglichst gering zu halten (z. B. Europort Rotterdam). Für das Laden und Löschen von 10 000 Tonnen Stückgut auf einem konventionellen Frachter brauchte man ca. zehn Tage, für die gleiche Menge benötigt man bei einem Vollcontainerschiff in Europa maximal zwei Tage.

Tankerschiffe

Für den Transport flüssiger Stoffe kommen Spezialschiffe, sogenannte **Tanker,** zum Einsatz. Meistens werden Erdöl und Erdölerzeugnisse, allerdings auch Speiseöl, Flüssiggas, Säuren usw. befördert.

Konstruktionsprinzip ▸3

Tankschiffe sind schon von weitem gut zu erkennen, denn sie haben keine Umschlagmittel (Ladekräne, Bäume usw.) auf dem Deck. Gleichzeitig sind sie relativ niederbordig, sodass bei hohem Seegang die Decksfläche überspült werden kann. Aus Sicherheitsgründen gibt es deshalb mittschiffs eine Laufbrücke mit hohem Geländer.
Entscheidend für die Stabilität eines Tankschiffs ist die Konstruktion der Tanks. Ihre Fläche darf nicht groß sein, weil bei Schlingerbewegungen das Hin- und Herfluten der Flüssigkeit das Schiff zum Kentern bringen würde. Aus diesem Grunde sind die Tanks durch **Schotten** stark unterteilt und mit Zwischenunterteilungen (**Schwallblechen**) versehen (Abb. 3). Neue Tanker haben eine doppelwandige Außenhaut, um die Gefahr des Leckschlagens zu verringern. Diese Vorschrift war eine Reaktion auf das Tankerunglück der Exxon Valdez, bei dem 40 000 t Rohöl ins Meer liefen.

Supertanker

Seit den 1950er-Jahren wurden immer größere Tanker gebaut, um den sehr schnell anwachsenden Bedarf an Erdöl befriedigen zu können. Bereits 1980 war eine Tragfähigkeit von einer halben Million Tonnen erreicht. Technisch gesehen sind noch größere Schiffe möglich, aber die Wassertiefe (max. 20 m) der wichtigsten Tankerrouten (Ärmelkanal, Straße von Malakka) beschränken dies.
Supertanker sind sehr schwierig zu manövrieren, können kaum noch ausweichen und haben einen „Bremsweg" von 10 km. Das Laden von z. B. Schweröl geschieht durch starke Pumpen von Land aus. Beim Löschen der Ladung (Entladung) muss das dickflüssige Schweröl erst mithilfe von Wasserdampfleitungen, die durch die Tanks verlegt werden, erwärmt werden, um es pumpfähig zu machen. Wenn das Schweröl dünnflüssig genug ist, müssen bordeigene Pumpen eingesetzt werden, da die Pumpen an Land nicht über genügend Saugleistung verfügen. Nach dem Löschen des Schweröls müssen die Tanks gründlich gereinigt werden, um die Gefahr von Explosionen durch Öldämpfe zu vermeiden.

▸1 Containerterminal in Yangzhou am Ufer des Jangtsekiang

▸2 Containerhebezeug

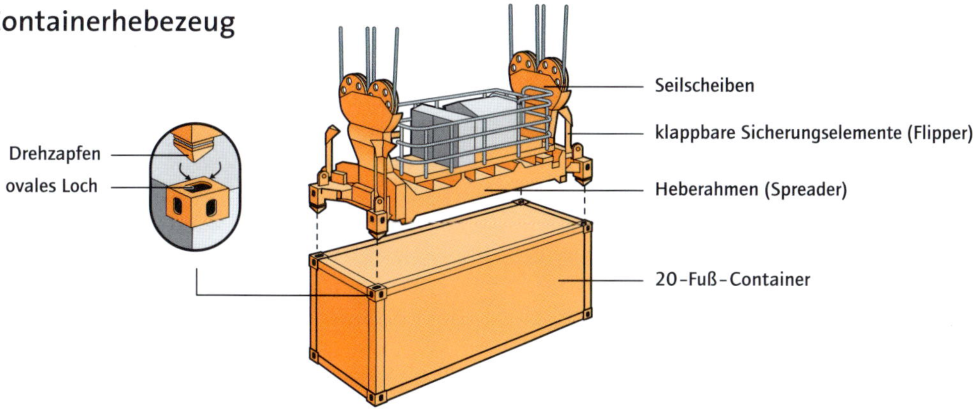

▸3 Erdöltanker

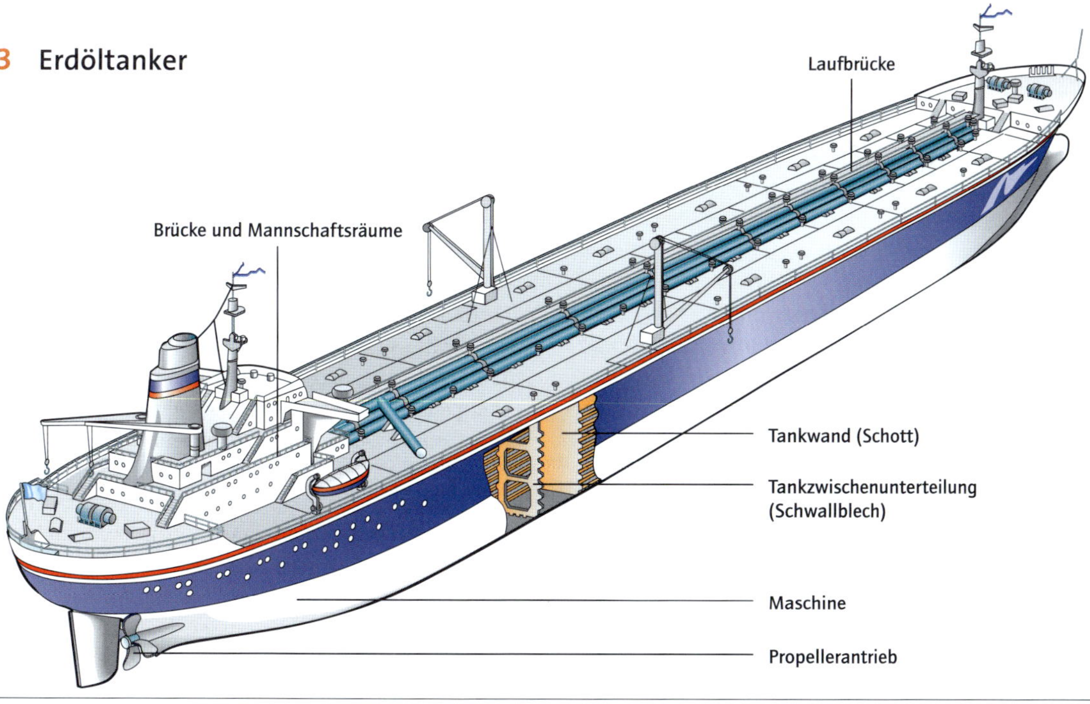

Tragflügelboote

Bei herkömmlichen Frachtern oder Passagierschiffen, deren Rümpfe voll im Wasser eingetaucht sind (Verdrängerprinzip), nimmt der Wasserwiderstand mit wachsender Geschwindigkeit stark zu. Solche Schiffe können kaum den Geschwindigkeitsbereich von 15 bis 25 Knoten (ca. 28 bis 45 km/h) überschreiten, auch wenn die Leistung der Antriebsmaschine weiter gesteigert wird. Erst wenn sich das Schiff aufgrund einer bestimmten Rumpfgestaltung aus dem Wasser herausheben kann, sind höhere Geschwindigkeiten möglich. Das Schiff gleitet dann, wie alle schnellen Motorboote, nur mit einem kleinen Teil des hinteren Rumpfes auf seiner eigenen Heckwelle (**Gleitprinzip**). Eine noch weitere Geschwindigkeitssteigerung ermöglichen Tragflügelboote.

Tragflügelprinzip ▸1

Beim Tragflügelboot wird das gleiche **Auftriebsprinzip** wie beim Flugzeug (→Flugzeugprinzip) genutzt, um das gesamte Boot ab einer bestimmten Grenzgeschwindigkeit aus dem Wasser zu heben. Die vom Wasser benetzte Fläche und somit der Wasserwiderstand werden dadurch sehr klein. Entsprechend hoch kann dann die Endgeschwindigkeit bei vergleichbar geringer Antriebsleistung werden.

Anders als bei Flugzeugen können die Tragflügel relativ klein sein, da das Medium Wasser, verglichen mit Luft, größere Auftriebskräfte pro Fläche ermöglicht. Daher ist auch die „Startgeschwindigkeit" im Vergleich mit Flugzeugen wesentlich kleiner, d. h., Tragflügelboote heben sich schon bei relativ geringen Geschwindigkeiten (ca. 15 kn = 25 km/h) aus dem Wasser.

Auf die Tragfläche wirkt im Wasserstrom eine **hydrodynamische Kraft** H (hydro = Wasser, Dynamik = Bewegung). Sie kann in die Widerstandskraft W und in die Auftriebskraft A zerlegt werden (Abb. 1). Sobald die Auftriebskraft durch die wachsende Geschwindigkeit größer wird als die Verdrängung (Gewichtskraft) des Schiffes, hebt sich der Rumpf aus dem Wasser. Beim Abheben wird die benetzte Fläche des Rumpfes kleiner, der Widerstand nimmt weiter ab und die Geschwindigkeit wird größer. Dies führt wiederum zu einer Zunahme der Auftriebskraft, die den Schiffsrumpf dann vollständig aus dem Wasser hebt, sodass nur noch die Tragflügel durch das Wasser gleiten.

Aufbau und Gestaltung eines Tragflügelbootes ▸2

Der Unterwasserrumpf eines Tragflügelbootes ist mit einem konventionellen Motorboot (flacher Boden und leicht angedeuteter Kiel) vergleichbar. Im Hafen und bei langsamer Fahrt liegt das Boot wie jedes andere Verdrängerschiff bis zur Wasserlinie im Wasser. Unter dem Rumpf sind stabile Stützen montiert, an denen quer zur Fahrtrichtung Tragflügel angebracht sind. Der Antrieb erfolgt entweder mittels **konventioneller Schiffspropeller** über lange und mehrfach abgestützte Propellerwellen (Abb. 2) oder mittels des **Rückstoßprinzips (Jet-Foil)**. Beim Rückstoßprinzip wird Wasser am Bug angesaugt und mit großem Druck über eine Düse am Heck wieder ausgestoßen.

Form und Gestaltung der Tragflächen bestimmen die Stabilität des Schiffes bei Seegang, in Kurvenfahrt und bei starkem Wind. Bei Kurvenfahrt müssen wiederaufrichtende Kräfte wirken können, ebenso müssen Stampf- und Tauchschwingungen bei Seegang vom Tragflügelsystem aufgefangen werden.

Als einfachste Systeme werden trapez-, v- oder bogenförmige Flügel eingesetzt. Diese Formen wirken selbststabilisierend. Wenn das Schiff sich nach einer Seite neigt oder vorne oder hinten tiefer eintaucht, dann wächst auch die eingetauchte Tragflügelfläche und somit der Auftrieb. Das Schiff richtet sich wieder auf. Darüber hinaus kommen noch Mehrfachflügel und im Anstellwinkel ansteuerbare Tragflügel zum Einsatz.

Grenzen der Tragflügelboote ▸3

Die Widerstandskräfte des Wassers beim plötzlichen Eintauchen der Flügel bei voller Fahrt und hohem Seegang können zum Abreißen der Tragflügelkonstruktion führen, sodass Tragflügelboote nur in ruhigen Gewässern abheben können und bei hohen Wellen wie normale Schiffe in Verdrängerfahrt (d. h. nicht aufgetaucht) fahren müssen. Aus Festigkeitsgründen ist auch die Größe der Tragflügelboote begrenzt. Die Befestigungsprobleme von Tragflügeln für sehr große Schiffe, z. B. für den Transatlantikverkehr, sind bisher nicht gelöst.

Ein weiteres Problem bei Tragflügelbooten ist die Entstehung eines zu großen Unterdrucks an den Tragflächen bei sehr hohen Geschwindigkeiten. Dadurch wird der Siedepunkt des Wassers so weit herabgesetzt, dass es explosionsartig verdampft und Werkstoffteilchen aus dem Tragflügel herausreißt. Diese Erscheinung nennt man **Kavitation**.

Aus diesen Gründen werden zurzeit nur Tragflügelboote mit beschränkter Größe und Verdrängung eingesetzt (maximal 250 t Gesamtgewicht). Sie dienen hauptsächlich für den schnellen Personenverkehr in Fluss- und Küstengewässern und erreichen Geschwindigkeiten bis zu 80 Knoten (ca. 150 km/h).

▸1 Kräfte an der Tragfläche

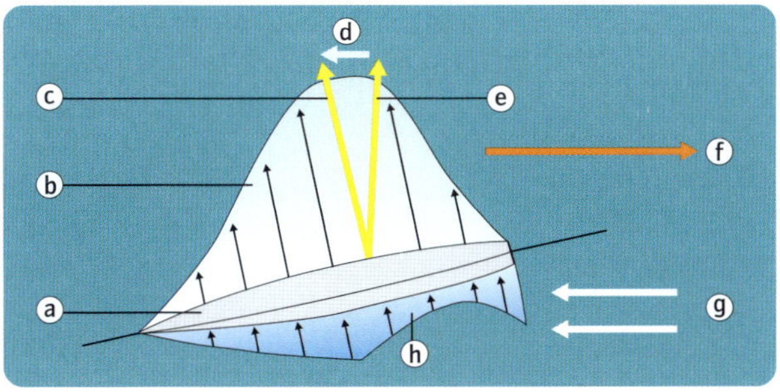

(a) Tragflügel
(b) Unterdruck
(c) Druckkraft *H*
(d) Widerstandskraft *W*
(e) Auftriebskraft *A*
(f) Fahrtrichtung
(g) Strömungsrichtung
(h) Überdruck

▸2 Aufbau eines Trägerflügelbootes

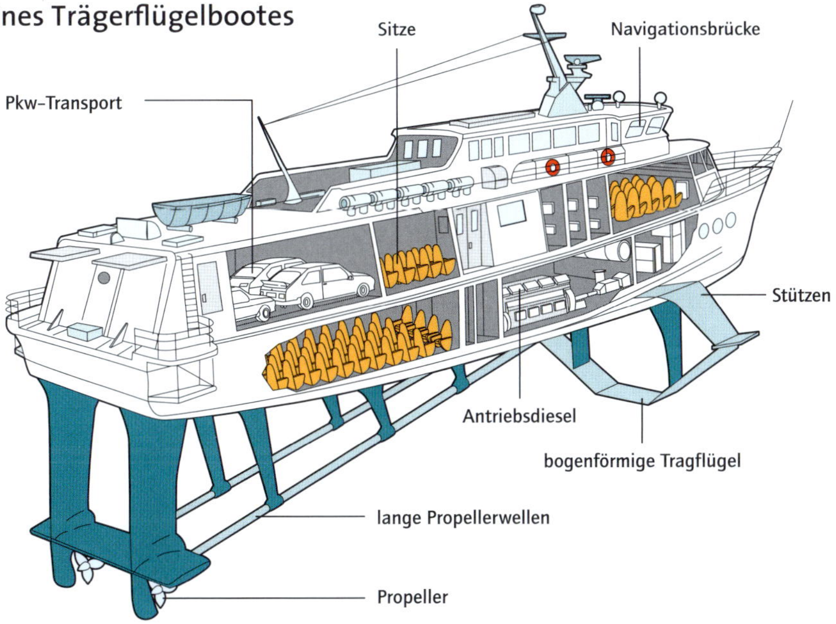

▸3 Tragflügelboot

Der Rheinjet verkehrte 1997–2000 zwischen Köln und Mainz mit einer Geschwindigkeit von bis zu 70 km/h

Segelboote

Die Nutzung der Windkraft war jahrtausendelang die einzige effektive Fortbewegungsmöglichkeit für Boote über längere Strecken, bis die Dampfmaschine erfunden wurde. Heute wird Segeln vor allem als Sport betrieben.

Aufbau von Einmastern ▸1

Heutige Segelboote sind High-Tech-Produkte. Neue Werkstoffe wie glasfaserverstärkte Kunststoffe mit Karbonverstärkung, Aluminiumleichtbauten und Verbundwerkstoffe (z. B. Kevlar) werden eingesetzt.
Ein modernes Segelboot (Abb. 1) ist zumeist ein Einmaster, das mit einem hohen dreieckigen **Großsegel** und einem **Vorsegel** (Sturmfock, Fock, Genua II, Genua I usw.) versehen ist. Diese Art der **Takelung**, d. h. das Prinzip der Takelage (alle Vorrichtungen die zum Ausnutzen der Windenergie an den Segeln notwendig sind) und deren Aufbau und Arbeitsweise, nennt man Sluptakelung. Der Mast wird durch ein Drahttauwerk stabilisiert, längsschiff durch die **Stagen** (Vorstag, Achterstag) und seitlich durch die **Wanten**, die durch ein Metallprofil oder Rundholz (**Saling**), welches am Mast befestigt ist, gespreizt werden. Groß- und Vorsegel werden mithilfe von Leinen (**Schoten**) bedient, ihre Stellung verändert und das Segelboot so auf Kurse gebracht (getrimmt). Durch Verkleinern der Segelfläche (reffen) und/oder durch Austausch der verschieden großen Vorsegel lassen sich die Windkräfte an Bord beherrschen.

Segeln gegen den Wind? ▸2

Durch den Luftwiderstand, den ein Segel dem Wind entgegenstellt, wird eine Kraft erzeugt (Staueffekt). Auf dem Wasser würde das Boot in Richtung des Windes abgetrieben. Einzig sein Widerstand im Wasser (Tiefgang, Größe der benetzten Fläche usw.) hindert ihn daran.
Alle Segelboote segeln mit Kursen „vor dem Wind“ oder „raumen Wind“ (der Wind kommt mehr oder weniger von hinten) mehr oder weniger schnell und gut. Anders dagegen bei den Kursen mit „halbem Wind“ bis „hart am Wind“ (der Wind kommt seitlich oder gar von vorne). Hier spielt das Profil des Segels – Aerodynamik – und die Form des Unterwasserschiffs (Kiel, Schwert) – Hydrodynamik – die entscheidende Rolle.
Ein Segelboot kann nur deshalb am Wind segeln, weil das Segel ähnlich den Tragflächen eines Flugzeugs wirkt. Die Luft legt auf der Außenseite des Segels eine längere Strecke zurück als auf der Innenseite. Entsprechend ist die Luftgeschwindigkeit außen höher als innen, es entsteht eine **Auftriebskraft**, d. h. innen entsteht ein Überdruck (mehr Luftteilchen pro Fläche) und außen ein Unterdruck (weniger Luftteilchen pro Fläche). Diese Auftriebskraft wirkt ca. 90 ° zur Segelstellung (Abb. 2). Nur ein kleiner Anteil dieser Kraft bewegt das Schiff nach vorne. Die andere Kraftkomponente (**Abdriftskraft**) würde das Boot seitlich weggleiten lassen, wenn nicht ein Kiel oder Schwert im Wasser dies verhinderte.
Entscheidend für die Segelstellung ist der sogenannte **scheinbare Wind**. Fährt eine Yacht mit 60 ° zum **wahren Wind**, so stellt sich an Bord des Segelbootes eine Windrichtung ein, die zwischen dem Fahrtwind (direkt von vorne) und dem wahren Wind liegt (Abb. 2). Dieser scheinbare Wind ist bei Am-Wind-Kursen stärker als der wahre Wind. Er ist maßgebend für die Segelstellung und die Geschwindigkeit des Segelbootes (Abb. 3). So erreicht ein Segelboot bei einer Windstärke 7 (12 km/h) die höchste Geschwindigkeit bei einem Kurs von 65° bis 85° zum wahren Wind, also bei leichtem Gegenwind.
Mit der Windkraft im Segel und der Reaktionskraft des Wassers am Kiel/Schwert entsteht ein Drehmoment über den Schwerpunkt des Schiffes – es legt sich auf die Seite (Kränung). Wenn das Segelboot nicht über einen genügenden Ballast verfügt, zum Beispiel in Form von Blei im Kiel oder bei Jollen durch das „Ausreiten“ der Besatzung (Verlagerung des Schwerpunktes), kann es umkippen (kentern). Die Stabilität eines Segelbootes hängt dabei im wesentlichen von der Höhe des Gewichtsschwerpunktes über der Wasserlinie, der Breite des Bootes und dem Ballast ab.

Segelmanöver ▸3

Da ein Segelboot nicht direkt gegen den Wind fahren kann, muss es in Windrichtung kreuzen. Dafür müssen Wenden gefahren werden. Das Boot wird dabei mit dem Bug in Windrichtung gesteuert (anluven), bis die Segel flattern (killen). Der Bug geht durch den Wind und das Boot wird solange vom Wind weggesteuert (abfallen), bis die Segel für den Am-Wind-Kurs auf dem anderen Bug richtig stehen.
Bei Kursen vor dem Wind werden **Halsen** gefahren, um die Richtung zu ändern. Beim Halsen wird der Kurs zunächst genau mit Wind von hinten gefahren. Der Großbaum wird mit den Schoten dichtgeholt. Nun wird das Ruder gelegt, das Heck geht durch den Wind. Gleichzeitig wird die Großschot vorsichtig geöffnet (gefiert). Bei Kursen vor dem Wind kann es aufgrund von Seegangsverhältnissen und Steuerfehlern zu unfreiwilligen Halsen (Patenthalsen) kommen. Solche Manöver können zu starken Schäden am Mast, am Baum und an den Wanten führen.

▸1 10m-Segelyacht mit Sluptakelung

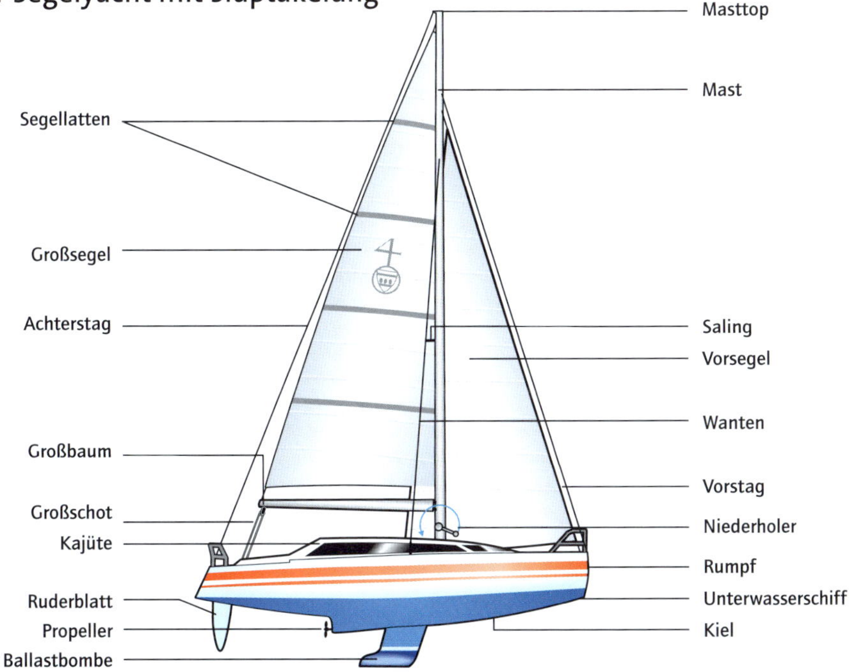

▸2 Winde und Kräfte am Segelboot

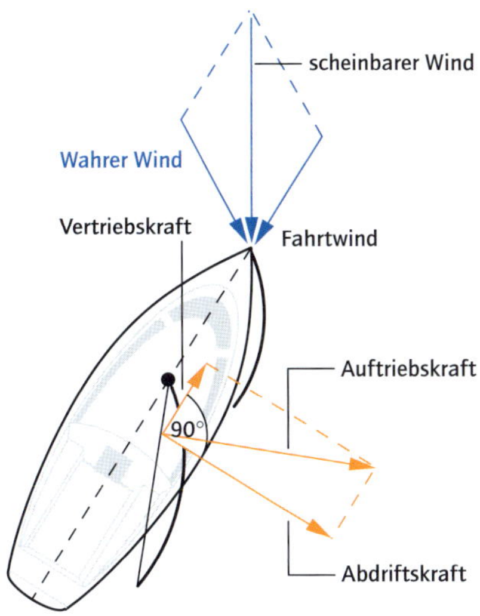

▸3 Segelgeschwindigkeiten bei verschiedenen Kursen

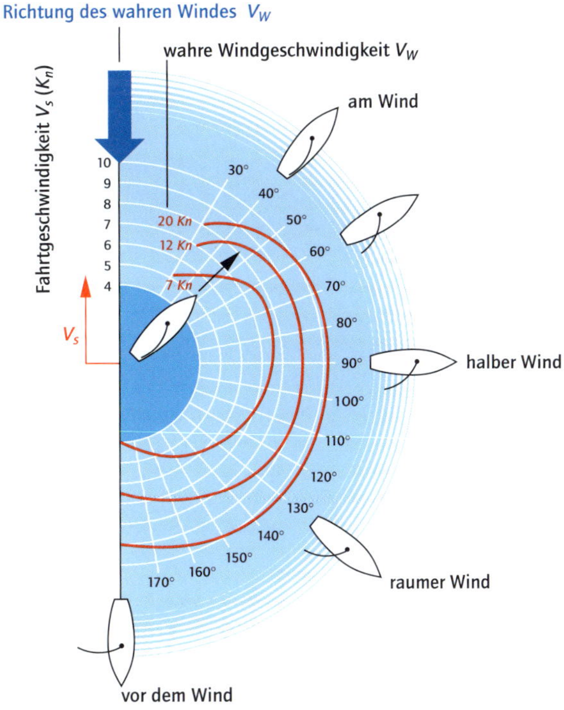

Unterseeboote

Abgesehen von Forschungsunterseebooten dienen Unterseeboote (**U-Boote**) – seit ihrer Entwicklung und Serienproduktion im späten 19. Jahrhundert – fast ausschließlich militärischen Zwecken. Getauchte U-Boote können nur schwer geortet werden. Große U-Boote operieren oft wochenlang ohne aufzutauchen unter Wasser und können z. B. unter dem Eis der Arktis hindurchtauchen. Unbemannte Such-U-Boote sollen Objekte auf dem Meeresgrund aufspüren und untersuchen.

Aufbau eines U-Bootes ▸1

Der Hauptteil eines U-Bootes (Abb. 1) ist der **Druckkörper**. Er besitzt meist einen kreisförmigen Querschnitt, weil diese Bauform gegen Druck am widerstandsfähigsten ist. Der gesamte Druckkörper ist durch Spanten ausgesteift, um dem großen Druck des ihn umgebenden Wassers Widerstand leisten zu können. Durch den Druckkörper hindurch gehen die verschiedenen Außenbordverschlüsse, die Torpedorohre, die Propellerwellenabdichtung (Stevenrohr) und die Luks, durch die man an Oberdeck oder in den etwas vor Schiffsmitte aufgesetzten Turm steigen kann. Vorne im Bug und hinten im Heck sind die **Tauchzellen** angeordnet. Die Rumpfform moderner U-Boote ist tropfenförmig, um bei Unterwasserfahrt dem Wasser möglichst wenig Widerstand zu bieten. Ein Turm auf dem Rumpf dient bei Überwasserfahrt als Bedienungs- und Beobachtungsstand (Brücke). Im Druckkörper befindet sich alles, was gegen den Wasserdruck geschützt werden muss, z. B. die Antriebsanlagen und die Geräte oder Waffen für die Aufgabe, für die das Boot vorgesehen ist.

Um den Aufenthalt von Menschen in einem U-Boot zu ermöglichen, müssen neben den Wohn-, Schlaf- und Aufenthaltsräumen auch Toiletten und Waschmöglichkeiten sowie eine Küche (Kombüse) vorhanden sein. Bei Überwasserfahrt wird die verbrauchte Luft ständig von außen her erneuert, bei Tauchfahrt wird die Lufterneuerung durch den Schnorchel vorgenommen. Bei Tieftauchfahrt wird die Luft vom Atemkohlendioxid durch einen chemischen Prozess gereinigt und mit frischem Sauerstoff angereichert, der in Druckflaschen mitgeführt oder durch Elektrolyse aus Meerwasser gewonnen wird.

Prinzip des U-Bootes ▸2

U-Boot-Fahren beruht auf dem archimedischen Prinzip (→ Schiffsprinzip). Solange ein U-Boot mehr Wasser verdrängt, als es wiegt, d. h., solange die Tauchzellen leer sind, schwimmt es an der Oberfläche (Abb. 2a). Das Tauchen eines U-Bootes ist ein kontrolliertes Sinken und erfolgt durch Fluten der Tauchzellen. Die Fahrt eines U-Bootes besteht aus verschiedenen Manövern:

- **Abtauchen** (Abb. 2b): Die Entlüftungen der Tauchzellen werden geöffnet, es dringt von unten Wasser ein, das die Luft heraus presst. Das U-Boot wird schwerer als das von ihm verdrängte Wasser und sinkt. Mithilfe von Regel- und Trimmzellen wird das U-Boot so ausgewogen, dass sein Gewicht möglichst genau dem des von ihm verdrängten Wassers entspricht. Es befindet sich somit im Schwebezustand. Zusätzlich helfen Tiefenruderbewegungen und Trimmzellen das U-Boot auf der gewünschten Tiefe zu halten.
- **Schnorchelfahrt** (Abb. 2c): Bei der Schnorchelfahrt werden die Tauchzellen nur soweit mit Wasser gefüllt, bis sich das U-Boot flach unter der Wasseroberfläche in Sehrohrtiefe befindet. Schnorchelfahrten dienen bei mit Dieselmotoren angetriebenen U-Booten zur Wiederaufladung der Batterien. Allgemein dienen sie zur Beobachtung des Seeraumes durch das Sehrohr (**Periskop**).
- **Tieftauchfahrt** (Abb. 2d): Je stabiler ein U-Boot gebaut ist, desto tiefer kann es tauchen. Durch seine Druckhülle ist es vor dem Wasserdruck in größerer Tiefe geschützt. Der Druck erhöht sich je 10 m Tauchtiefe um 1 bar, d. h., in 100 m Tiefe herrscht ein Druck von 10 bar, das entspricht 100 t pro 1 m^2. Nur sehr stabil gebaute Spezial-U-Boote können deshalb in große Tiefen vordringen (z. B. Forschungs-U-Boot „Trieste“ bis 11 000 m tief).
- **Auftauchen** (Abb. 2e): Mithilfe der Tiefenruder wird das Boot zum Auftauchen wieder an die Wasseroberfläche gebracht (dynamisches Auftauchen) und dann erst durch Ausblasen der Tauchzellen mit Druckluft so weit erleichtert, dass es an der Wasseroberfläche schwimmt.

Antriebe von U-Booten

Konventionelle U-Boote haben als Antrieb einen oder mehrere Dieselmotoren, die entweder direkt die Schraube(n) antreiben und/oder durch einen angekuppelten Elektrogenerator die Batterien mit Strom aufladen, aus denen der Fahrelektromotor gespeist wird. Große U-Boote verfügen über Atomreaktoren, in denen Heißdampf erzeugt wird, der wiederum eine Turbine antreibt.

Bei einem Schiffbruch besteht bei den atomgetriebenen U-Booten die Gefahr der großflächigen Verseuchung der Ozeane durch das radioaktive Material im Reaktor. In großen Meerestiefen oder unter dem Eis des Nordpolarmeeres kann eine Bergung technisch sehr schwierig oder unmöglich werden.

▸1 Unterseeboot

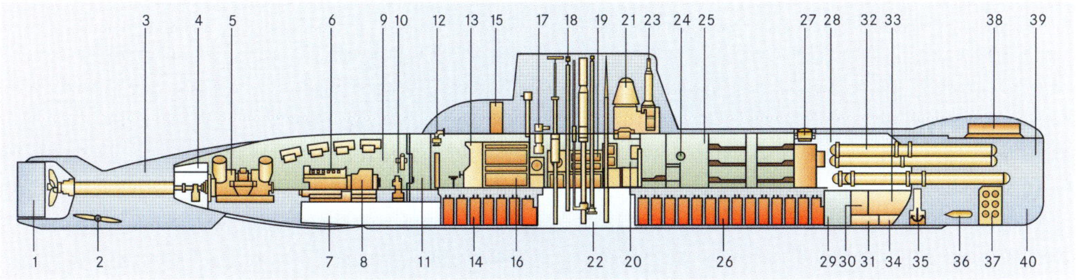

Unterseeboot: Längsschnitt durch ein modernes U-Boot mit dieselelektrischem Antrieb; 1 Seitenruder, 2 hinteres Tiefenruder, 3 hintere Tauchzelle, 4 hintere Trimmzelle, 5 Fahrmotor (Elektromotor), 6 Dieselmotor, 7 Treibstoffbunker, 8 Generator, 9 Maschinenraum, 10 Hilfsaggregate, 11 schiffstechnische Zentrale, 12 Abluftventil, 13 Überwachungsinstrumente, 14 Batterieraum, 15 Rettungsinsel, 16 Schalttafel, 17 Schnorchelanschluss, 18 Teleskopmasten (Radarantenne, Schnorchel, Sehrohr u.a.), 19 Funk- und Navigationssysteme, 20 Operationszentrale, 21 druckfester Einstiegsschacht, 22 Bilge, 23 Sonaranlage (Sender), 24 Aufenthaltsräume, 25 Kombüse, 26 Batterieraum, 27 Batterieluke, 28 Torpedostation, 29 Kühlraum (für Lebensmittel), 30 Lagerraum, 31 Torpedozelle, 32 Torpedorohre, 33 Bilge, 34 vordere Trimmzelle, 35 Anker, 36 vorderes Tiefenruder, 37 Druckluftzylinder, 38 Sonaranlage (Empfänger), 39 vordere Tauchzelle, 40 Treibstoffbunker

▸2 Tauchstufen eines U-Bootes

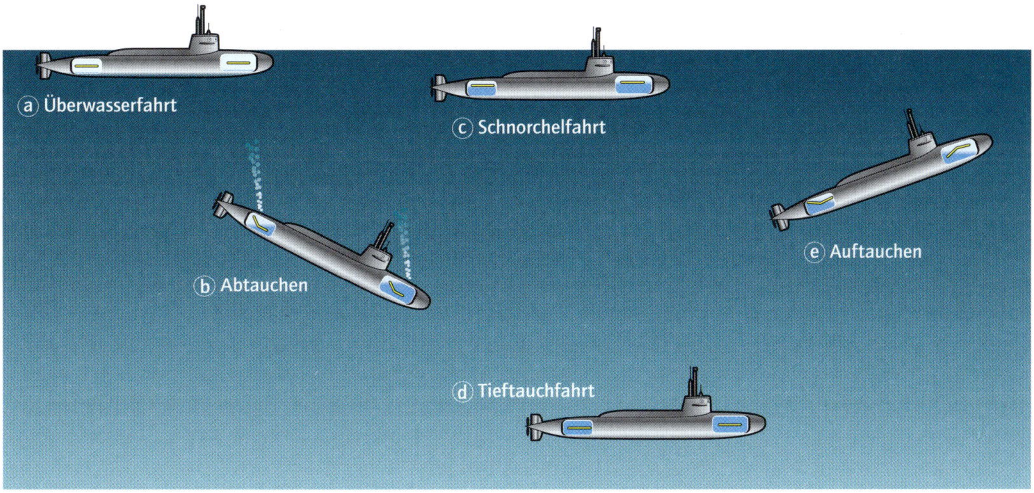

Flugzeugprinzip

Damit Flugzeuge, die „schwerer als Luft" sind, aufsteigen und Höhe gewinnen können, muss eine Kraft wirken, die der Gewichtskraft des Flugzeuges entgegengerichtet und mindestens ebenso groß ist. Diese Auftriebskraft (kurz **Auftrieb**) wird durch die Tragflächen („Flügel") erzeugt, die so gestaltet sind, dass durch die angeströmte Luft ein Unterdruck auf der oberen Tragflächenseite entsteht, der das Flugzeug gleichsam nach oben „saugt".

Erzeugung des Auftriebs ▸1

Zur Erzeugung von Unterdruck auf der Tragflächenoberseite ist das Profil der Tragfläche gewölbt. Wenn sich das Flugzeug vorwärts bewegt, strömt Luft von vorn gegen die Tragfläche (Abb. 1). Dabei teilt sich der Luftstrom auf. Die Unterseite der Tragfläche ist kaum gewölbt. Daher kann die Luft hier relativ ungestört vorbeiströmen. Auf der stark gewölbten Tragflächenoberseite wird die Luft verdrängt, muss ausweichen und dadurch einen längeren Weg zurücklegen, wodurch sich die Geschwindigkeit erhöht.

Nach einem Gesetz der Strömungslehre („Bernoulli-Gleichung") führt bei einem Gas die Zunahme der Geschwindigkeit zu einer Verringerung des Drucks. Wegen der höheren Luftgeschwindigkeit auf der Oberseite (**Saugseite**) stellt sich ein kleinerer Druck als auf der Unterseite (**Druckseite**) ein, der Flügel wird nach oben gehoben. Die **Auftriebskraft** F_A lässt sich mithilfe des **Auftriebsbeiwertes** c_A der eine dimensionslose Größe ist und von Form und Anstellwinkel des Tragflügels sowie der Anströmgeschwindigkeit abhängt, berechnen: $F_A = c_A \cdot \frac{\rho}{2} \cdot v^2 \cdot A_{TF}$, wobei ρ die Luftdichte, v die Anströmgeschwindigkeit und A_{TF} die den Auftrieb erzeugende Tragflügelfläche angibt.

Tragflächenprofile ▸2 ▸3

Die Form des Flügelprofils und der Anstellwinkel des Flügels gegenüber der Luftströmung sind beim Aufbau des Druckunterschiedes und des Auftriebes maßgebend. Durch stark gewölbte Tragflächen werden schon bei kleinen Strömungsgeschwindigkeiten relativ große Druckunterschiede zwischen Ober- und Unterseite erzeugt. Es entsteht der erforderliche Auftrieb, der bei entsprechend großen Tragflächen auch schwere Flugzeuge nach oben trägt.

Die Druckunterschiede und damit die Auftriebskräfte werden gesteigert, wenn die Geschwindigkeit des Flugzeugs zunimmt. Der Auftrieb nimmt mit dem Quadrat der Anströmgeschwindigkeit zu, das heißt, bei doppelter Geschwindigkeit steigt der Auftrieb auf den vierfachen Wert. Flugzeuge für große Geschwindigkeiten benötigen daher nur relativ kleine und nur gering gewölbte Tragflächen.

Die Wahl eines Tragflächenprofils richtet sich nach dem Einsatzzweck eines Flugzeugs. Flugzeuge für geringe Geschwindigkeiten (z. B. Segelflugzeuge und Propellerflugzeuge) werden mit „dicken", stark gewölbten Tragflächen versehen, die auch im Langsamflug einen großen Auftrieb erzeugen. Dicke Tragflächen haben allerdings den Nachteil eines großen Strömungswiderstandes und lassen keine hohen Geschwindigkeiten zu. Überschallflugzeuge haben daher nur dünne Tragflächen mit geringer Wölbung und geringem Strömungswiderstand. Sie müssen allerdings beim Start erst große Geschwindigkeiten erreichen, bevor sie vom Boden abheben.

Damit Flugzeuge gleichermaßen für hohe Reisegeschwindigkeiten und niedrige Start- und Landegeschwindigkeiten geeignet sind, muss das Profil der Tragflächen während des Fluges veränderbar sein. Eine Methode, die beispielsweise bei Düsenverkehrsflugzeugen angewandt wird, sind bewegliche **Klappen** an Stirn- und Rückseiten der Tragflächen (Abb. 2). Bei Start und Landung (Abb. 3) werden diese Klappen ausgefahren und erzeugen so eine starke Wölbung der Tragflächen. Für den normalen Reiseflug wird das Flügelprofil durch Einfahren der Klappen wieder gestreckt und verkleinert.

Lenkung von Flugzeugen ▸4

Ein Flugzeug muss nicht nur den notwendigen Auftrieb erzeugen, sondern es muss auch sicher lenkbar sein. Da es über drei Achsen beweglich ist, hat der Pilot drei Lenkeinrichtungen („Ruder"), die die Drehung des Flugzeugs um jede Achse herum getrennt beeinflussen (Abb. 4).

Um das Flugzeug auf dem gewünschten Kurs halten zu können betätigt der Pilot üblicherweise über Fußpedale das **Seitenruder**. Damit wird die Drehung um die Hochachse beeinflusst. Durch Ziehen oder Drücken eines Steuerknüppels oder Steuerhorns betätigt der Pilot die **Höhenruder**, mit denen die Bewegung um die Querachse gesteuert wird. Damit steigt oder sinkt das Flugzeug. Höhenruder und Seitenruder sind Teil des Leitwerks. Schließlich kann noch mit den **Querrudern** die Bewegung des Flugzeugs um die Längsachse beeinflusst werden. Die Querruder befinden sich an den Tragflügelenden und werden durch Schwenken des Steuerknüppels oder Steuerhorns betätigt. Sie ermöglichen es, das Flugzeug seitlich zu neigen. Durch gleichzeitige Betätigung von Seitenruder und Querruder lassen sich scharfe Flugkurven fliegen.

▸1 Luftströmung und Kräfte an einer Flugzeugtragfläche

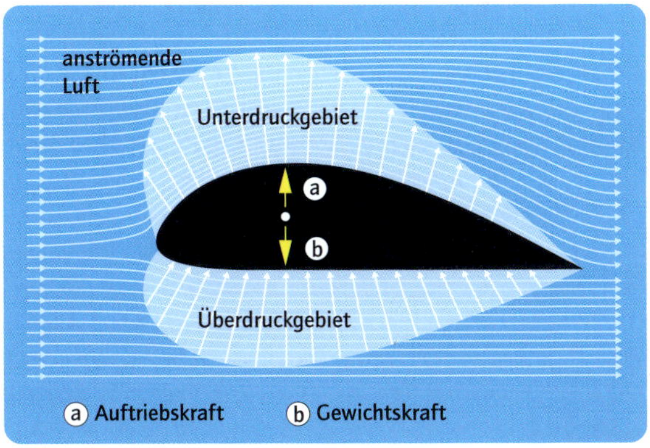

▸2 Änderung des Flügelprofils durch Klappen

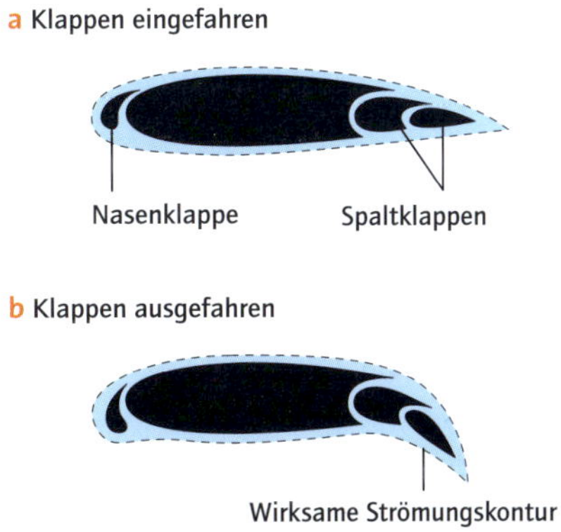

▸3 Flugzeug mit ausgefahrenen Landeklappen

▸4 Lenkeinrichtungen (»Ruder«) eines Flugzeuges

Bewegung um die Längsachse:
ⓐ rechtes Querruder
ⓑ linkes Querruder

Bewegung um die Querachse:
ⓒ rechtes Höhenruder
ⓓ linkes Höhenruder

Bewegung um die Hochachse:
ⓔ Seitenruder

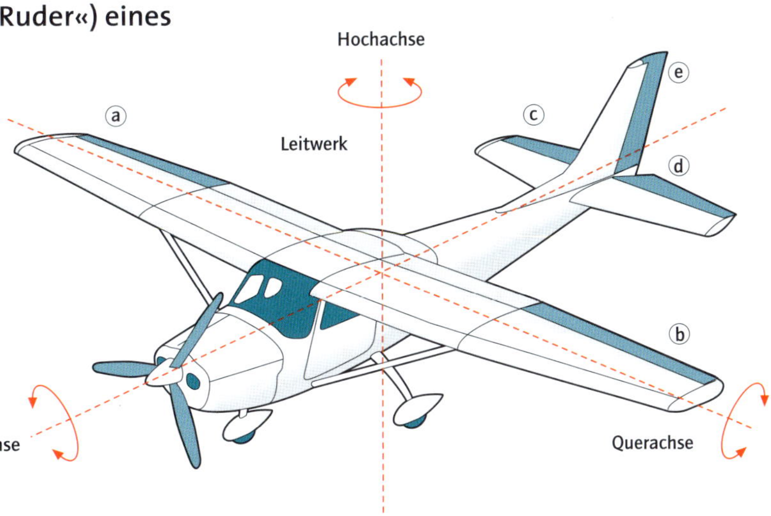

Propellerflugzeuge

Zum Antrieb von Flugzeugen werden seit dem ersten Motorflug der Brüder Wright im Jahr 1903 **Luftschrauben (Propeller)** verwendet. Abgesehen von den selten verwendeten Druckpropellern, die ähnlich wie bei einem Schiff an der Rückseite eines Flugzeugs wirken, sind Luftschrauben üblicherweise zusammen mit den Triebwerken an der Frontseite des Rumpfes oder an den Tragflächen zu finden. Man kann sich vorstellen, dass sich ein drehender Propeller gleichsam durch die Luft schraubt, daher Luftschraube.
Die rotierende Luftschraube erzeugt Luftdruckunterschiede, die das Flugzeug „vorwärts saugen". Tatsächlich funktioniert aerodynamisch gesehen ein Propeller ähnlich wie die Tragflächen eines Flugzeuges, die bei Anströmung durch die Luft einen Druck an der Unterseite und einen Sog an der Oberseite erzeugen. Nur richtet sich die an den Propellerflügeln durch die Rotation erzeugte Kraft nicht nach oben, sondern in Flugrichtung. Üblicherweise bestehen Propeller aus zwei bis fünf symmetrisch angeordneten einzelnen Propellerblättern.

Kolbentriebwerke

Zu Beginn der Motorfliegerei wurden ausschließlich Kolbenmotoren nach dem Ottoprinzip eingesetzt, ähnlich wie sie in Kraftfahrzeugen verwendet werden. Die Forderung nach immer größeren und schnelleren Flugzeugen führte zu leistungsstarken Kolbenflugmotoren mit sehr großen Hubräumen und vielen Zylindern.
Hochleistungskolbenmotoren für größere Verkehrs- und Transportflugzeuge sind sehr aufwendig, verschleißanfällig und erfordern intensive Wartung. Daher finden heute nur noch kleine Kolbentriebwerke in Reise- und Sportflugzeugen Verwendung.

Turboproptriebwerke (PTL-Triebwerke) ▸1 ▸2

Für Transport- und Kurzstreckenverkehrsflugzeuge (Abb. 1) im Geschwindigkeitsbereich bis ca. 800 km/h stehen heute **Turboproptriebwerke (Propeller-Turbinen-Luftstrahltriebwerke, PTL)** zur Verfügung. Diese sind leistungsstark, wirtschaftlich und wegen ihres relativ einfachen Aufbaus wartungsfreundlich.
Ein PTL-Triebwerk (Abb. 2) besteht aus Verdichter, Brennkammer, Turbine, Turbinenwelle mit Getriebe und Propeller. Der Verdichter saugt Luft aus der Umgebung an und presst sie mit hohem Druck in die Brennkammer. In der Brennkammer wird die Luft zusammen mit dem Brennstoff (Flugbenzin, Kerosin) verbrannt. Durch die Erwärmung dehnen sich die Verbrennungsgase aus und strömen mit hoher Geschwindigkeit in die Turbine. Diese wird dadurch in Drehung versetzt. Die Drehbewegung der Turbinenwelle wird über das Getriebe auf den Propeller übertragen. Damit wird der größte Teil der Turbinenleistung zum Vortrieb des Flugzeugs genutzt. Ein Teil der Bewegungsenergie der ausströmenden Gase muss aber zum Antrieb des meist aus mehreren Stufen bestehenden Verdichters verwendet werden.
Die hohe Betriebssicherheit von PTL-Triebwerken erklärt sich aus der im Vergleich mit Ottomotoren geringen Anzahl von beweglichen Teilen. Prinzipiell dreht sich nur die Welle mit den damit verbundenen Verdichter- und Turbinenrädern. Die Drehbewegung ist weitgehend gleichmäßig, d. h. ohne die beim Kolbenmotor typischen Vibrationen durch hin- und herbewegte Massen.

Flugzeugzelle ▸3

Stärker noch als im Automobilbau spielen im Flugzeugbau Gewicht und Strömungswiderstand eine bestimmende Rolle. Für die strömungstechnische Optimierung der Flugzeugzelle, bestehend aus Rumpf, Tragflächen und Leitwerk, wurden die ersten Windkanäle entwickelt.
Da jedes im Flugzeug wirkende Gewicht durch Auftrieb und damit durch Antriebsleistung kompensiert werden muss, ist die Zelle in Leichtbauweise ausgeführt. Dies bedeutet, dass fast ausschließlich Leichtmetalle und Kunststoffe Verwendung finden und massive Bauteile vermieden werden.
Fachwerk- oder **Schalenbauweise** (Abb. 3) ermöglichen hohe Stabilität bei geringem Gewicht. Bei der Schalenbauweise nimmt vorwiegend die Haut die Kräfte auf, bei der Fachwerkbauweise das innere Rohrgerüst.

Sicherheit durch Redundanz

In der Fliegerei wird größtmögliche Sicherheit angestrebt („safety first"). Sie wird vor allem dadurch erreicht, dass alle wichtigen sicherheitsrelevanten Einrichtungen mehrfach vorhanden sind. Man spricht von redundanten Systemen. Verkehrsflugzeuge haben vor allem aus Sicherheitsgründen meist mehrere Triebwerke. Daneben sind alle für die Steuerung wichtigen Einrichtungen (z. B. Anzeigeinstrumente, elektrische Generatoren, Hydraulikpumpen, Ventile usw.) mindestens zweimal vorhanden.
Um auch bei einmotorigen Sportflugzeugen Sicherheit gegen Triebwerksausfall zu erreichen, ist die Zündanlage doppelt ausgeführt, da sie der störungsanfälligste Teil eines Ottomotors ist.

▸1 Modernes PTL-Flugzeug

▸2 Schema eines Propeller-Turbinen-Luftstrahltriebwerks

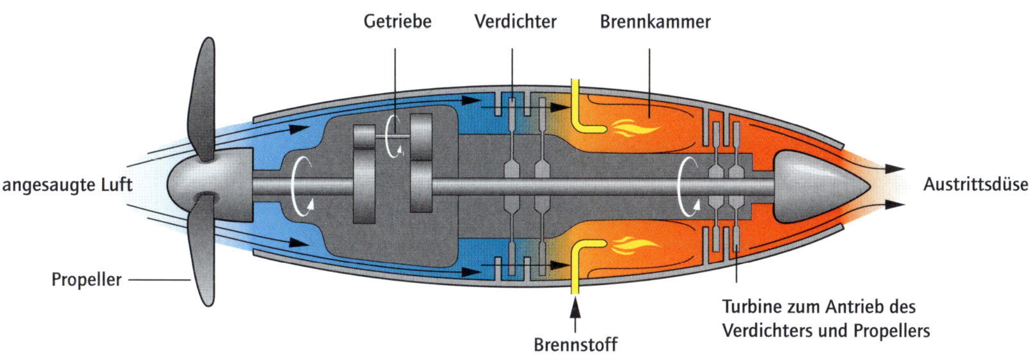

▸3 Bauweise von Flugzeugzellen

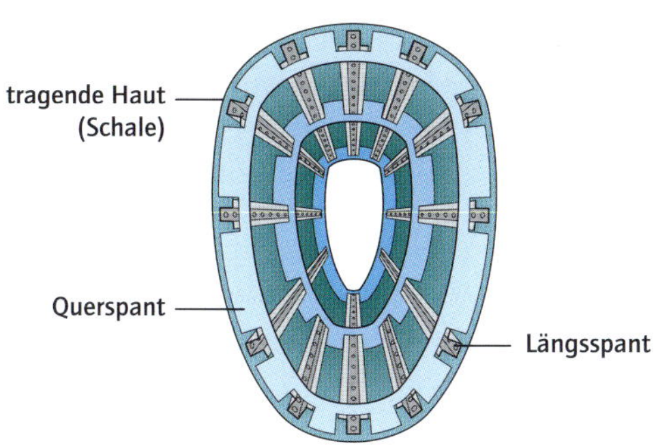

Schalenbauweise:
Kräfte werden durch die durch Längs- und Querspante versteifte Außenhaut aufgenommen.

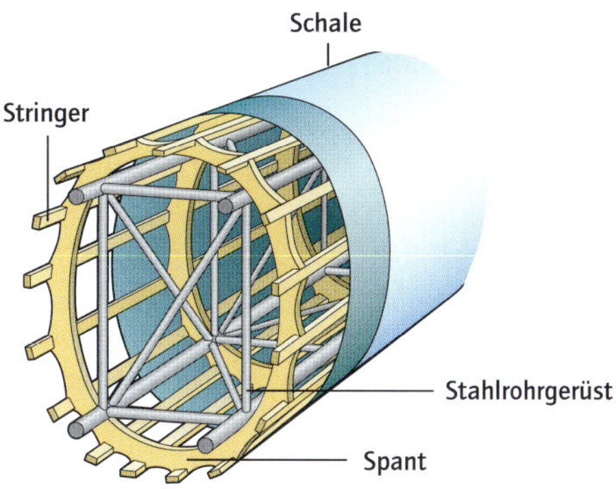

Fachwerkbauweise:
Kräfte werden durch ein Rohrgerüst aufgenommen, Spanten und Stringer dienen der Formgebung.

Düsenflugzeuge

In der Verkehrs- und Militärfliegerei haben heute die Düsenflugzeuge die größte Bedeutung. Sie sind mit **Turbinen-Luftstrahltriebwerken** (**TL-Triebwerken**) ausgerüstet und ermöglichen hohe Geschwindigkeiten. Verkehrsflugzeuge erreichen heute üblicherweise Geschwindigkeiten von fast 1000 km/h.

Antriebsprinzip

Bei Düsenflugzeugen wird der erforderliche Vortrieb durch einen Abgasstrahl erzeugt. Nach hinten aus dem Triebwerk strömende Verbrennungsgase üben eine nach vorne gerichtete Reaktionskraft auf das Flugzeug aus (Rückstoß, Schub). Als Brenngas wird Luft verwendet, die ständig aus der Umgebung angesaugt werden kann und in der Brennkammer mit dem Treibstoff verbrannt wird. Durch die Temperatursteigerung bei der Verbrennung kommt es zu einer starken Ausdehnung der Verbrennungsgase, die daher mit hoher Geschwindigkeit durch die Turbine und die Schubdüse ausströmen.

Ausführung von Turbinen-Luftstrahltriebwerken ▸1

Im Prinzip stellt das TL-Triebwerk eine Vereinfachung des Propeller-Luftstrahltriebwerks (PTL) dar. Da Propeller und Propeller-Getriebe entfallen, besteht ein TL-Triebwerk prinzipiell nur aus dem Verdichter, der Brennkammer und der Turbine. Die Luft wird angesaugt, verdichtet und in der Brennkammer zusammen mit Treibstoff verbrannt. Während beim PTL-Triebwerk die aus der Brennkammer ausströmenden Gase fast vollständig zum Antrieb des Propellers genutzt werden, haben TL-Triebwerke nur kleine Turbinen, die gerade genügend Antriebsleistung für den Verdichter sowie für einige Hilfsaggregate erzeugen. Daher können die ausströmenden Gase weitgehend ungehindert nach hinten durch die Düse ausströmen und den erforderlichen **Schub** erzeugen. Die hohe Ausströmgeschwindigkeit der Verbrennungsgase, die ein Mehrfaches der Schallgeschwindigkeit betragen kann, ermöglicht sehr schnelle Düsenflugzeuge.
Bei modernen TL-Triebwerken (Abb. 1) wird allerdings nicht die gesamte angesaugte Luft durch die Brennkammer zur Düse geleitet, sondern ein großer Teil wird in einem Ringkanal außen um die Brennkammer herumgeführt und erst in der Düse mit den Verbrennungsgasen gemischt. Es wird nur soviel Luft in der Brennkammer erhitzt, wie für den Antrieb der Turbine und somit des Verdichters notwendig sind. Diese **Zweikreistriebwerke** oder **Mantelstromtriebwerke** haben einen wesentlich verbesserten Wirkungsgrad gegenüber einfachen TL-Triebwerken. Für den Antrieb von Großraumflugzeugen werden **Fan-Triebwerke** (Mantelstromtriebwerke mit großem Nebenstromverhältnis) verwendet. Fan-Triebwerke, bei denen der Anteil der vorbeigeführten Luft sehr groß ist, sind erkennbar an großen Bläserrädern am Triebwerkseingang. Etwa 70–80 % der angesaugten Luft werden als kalter Sekundärstrom um das eigentliche Triebwerk herumgeführt und in einer Sekundärschubdüse hoch beschleunigt. Der überwiegende Teil des Schubes wird durch diesen Nebenstrom erzeugt. Neben gutem Wirkungsgrad und entsprechend reduziertem Treibstoffverbrauch ist auch die Lärmentwicklung durch den relativ langsam drehenden Bläser geringer als bei den Triebwerken älterer Bauart.

Überschallflug ▸2

Düsenstrahltriebwerke ermöglichen Fluggeschwindigkeiten, die schneller als der Schall sind. Die Schallgeschwindigkeit hat jedoch keinen konstanten Wert, sondern hängt vom Luftdruck und damit von der Temperatur ab, die mit zunehmender Höhe immer geringer wird. Der Mach-1-Wert (Mach-Zahl Ma = 1) gibt die höhenabhängige Schallgeschwindigkeit an.
So wie Schiffe um sich herum Wellen erzeugen, so entstehen auch bei einem Flugzeug Luftschwingungen, die als kugelförmige Schallwellen in alle Richtungen abgestrahlt werden (Abb. 2). Befindet sich das Flugzeug in Ruhe, so sind die abgestrahlten Schallwellen symmetrisch. Hat das Flugzeug eine Geschwindigkeit niedriger als die Schallgeschwindigkeit, so sind die Schallwellen unsymmetrisch. Ein entfernter Beobachter nimmt die erzeugten Luftdruckschwankungen dennoch als gleichmäßiges Geräusch wahr.
Bei einem Flugzeug, das sich der Schallgeschwindigkeit nähert, wird der Abstand der „Wellenberge" vor dem Flugzeug immer geringer, da das Flugzeug den abgestrahlten Wellen folgt. Bei Erreichen der Schallgeschwindigkeit konzentrieren sich die abgestrahlten Wellenberge zu einer einzigen Wellenfront mit hoher Energiedichte, der sogenannten „Schallmauer". Ein Beobachter, der sich vor der **Schallmauer** befindet, hört nicht, dass sich ein Flugzeug nähert. Er befindet sich in der „Zone des Schweigens". Beim Überschallflug ist der Schallbereich auf einen kegelförmigen Raum hinter dem Flugzeug beschränkt, den sogenannten machschen Kegel, dessen Öffnungswinkel μ von der jeweiligen Überschallgeschwindigkeit des Flugzeuges abhängt. Ein Beobachter nimmt den Schall als Knall erst wahr, wenn der Schallkegel über ihn hinweg zieht.

▸1 Schema eines Zweikreis-Turboluftstrahltriebwerks

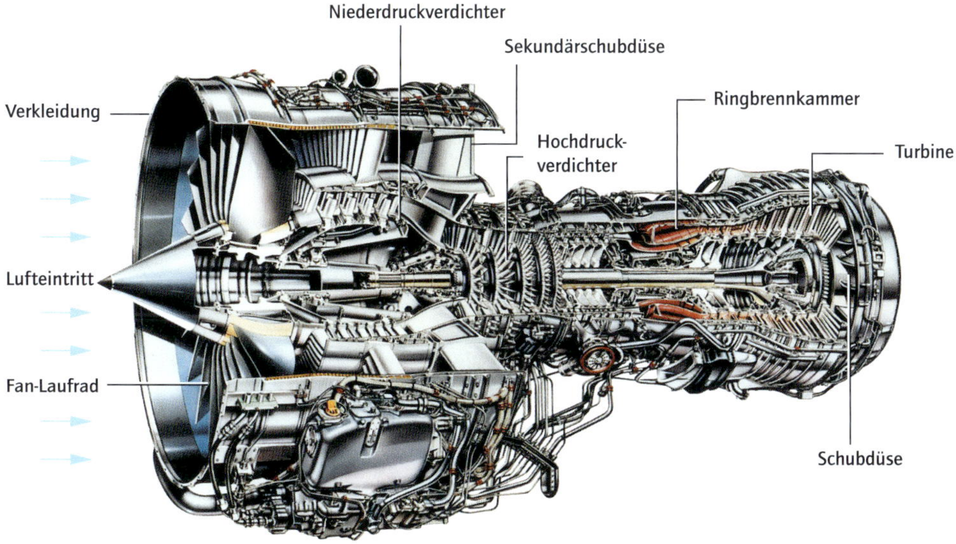

▸2 Ausbreitung des Schalls um ein Flugzeug bei verschiedenen Geschwindigkeiten

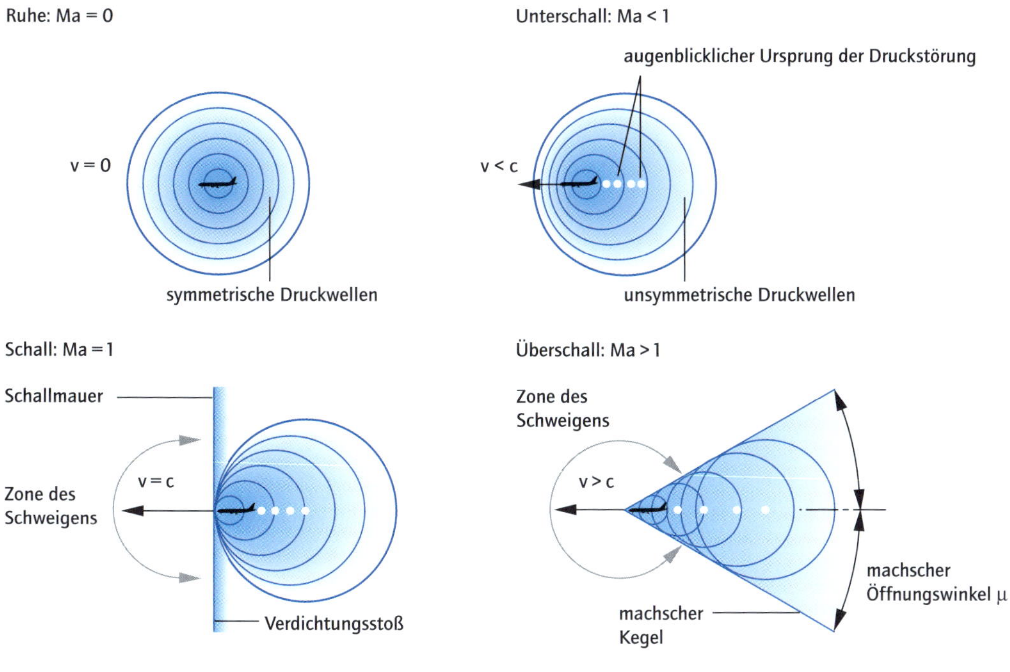

v = Fluggeschwindigkeit, c = Schallgeschwindigkeit, Ma = Mach-Zahl v/c

Hubschrauber

Während sich konventionelle Flugzeuge (Starrflügler) stets mit einer Mindestgeschwindigkeit vorwärts bewegen müssen, damit die Tragflächen den erforderlichen Auftrieb erzeugen, verfügen Hubschrauber über bewegliche Tragflächen, die auch ohne Vorwärtsbewegung des Hubschraubers Auftrieb erzeugen können. Damit können Hubschrauber sehr langsam fliegen, in der Luft stehen bleiben und sich sogar rückwärts bewegen. Als erster erfolgreicher Hubschrauber gilt die von L. Bréguet und R. Dorand konstruierte Bréguet-Dorand-Gyroplane (Erstflug 1935).

Auftriebsprinzip des Hubschraubers ▸1

Die bewegliche Tragfläche (**Rotor**) eines Hubschraubers besteht aus mehreren Rotorblättern, die ein ähnlich gewölbtes Profil aufweisen wie die Tragflächen eines Starrflüglers (→ Flugzeugprinzip). Wird der Rotor durch den Antrieb des Hubschraubers (heute meistens ein Turbinentriebwerk) in Drehung versetzt, entsteht durch die Luftströmung um die Rotorblätter eine Auftriebskraft, die den Hubschrauber senkrecht nach oben steigen lässt (Abb. 1). Dabei wird die Größe des Auftriebs außer von der Rotorprofilform und der Rotordrehzahl auch vom Rotoranstellwinkel der Rotorblätter gegen die Luft bestimmt. Über ein Hebelwerk kann der Anstellwinkel der Rotorblätter vergrößert oder verkleinert werden. So wird durch eine Vergrößerung des Anstellwinkels der Auftrieb und damit die Steiggeschwindigkeit des Hubschraubers erhöht.

Vortrieb ▸2 ▸3

Um nicht nur eine senkrechte Bewegung, sondern zusätzlich auch eine Vortriebsbewegung zu ermöglichen, muss der Hubschrauber so geneigt werden, dass die Rotorachse nicht mehr senkrecht, sondern schräg zur Erdoberfläche steht. Dann erzeugt der Rotor neben einer Auftriebskraft auch eine Vortriebskraft schräg nach vorne (Abb. 2). Die für eine Vorwärtsbewegung erforderliche Schrägstellung des Hubschraubers, also das Anheben des Hecks, wird dadurch bewirkt, dass jeweils das Rotorblatt, das sich gerade über der Heckseite dreht, einen größeren Auftrieb erzeugt. Einen großen Auftrieb auf der Heckseite und einen kleinen Auftrieb auf der Frontseite erreicht man dadurch, dass die Anstellwinkel der Rotorblätter dementsprechend verändert werden.
Die ständige Änderung des **Rotoranstellwinkels** während einer Drehung des Rotors erfolgt durch die **Taumelscheibe** (Abb. 3). Entsprechend zur gewünschten Flugrichtung stellt der Hubschrauberpilot über Steuerstangen den unteren Teil der Taumelscheibe in eine bestimmte Schrägstellung. Während der untere Teil der Taumelscheibe keine Drehbewegung ausführt, dreht sich der obere Teil der Taumelscheibe mit dem Rotor mit und gleitet dabei auf dem unteren Teil. Dabei führt die Schrägstellung der Taumelscheibe zu einer Auf- und Abbewegung der Schubstangen und damit im Verlauf einer Rotordrehung zu einem ständigen Wechsel des Rotoranstellwinkels.

Ausgleichsgelenke

Die beim Vorwärtsflug unterschiedlichen Auftriebskräfte an den einzelnen Rotorblättern würden bei starrer Verbindung der Rotorblätter an den Rotorkopf dazu führen, dass der Hubschrauber seitlich wegkippt und umschlägt. Diese Kippmomente könnten entstehen, wenn die Auftriebskräfte über die Rotorblätter eine Hebelwirkung auf den Rotorkopf erhalten.
Um dies zu verhindern, verbindet man bei vielen Hubschrauberkonstruktionen die starren Rotorblätter über Gelenke mit dem Rotorkopf. Dann wirken nur noch senkrechte Kräfte auf den Rotorkopf sowie die nach außen gerichteten Fliehkräfte der Rotorblätter, nicht jedoch Drehmomente, die den Hubschrauber wegkippen können und die auch zu einer starken Belastung des Rotorkopfes und der Blätter führen. Durch die gelenkige Befestigung machen die Rotorblätter schlagende Bewegungen (ähnlich wie ein Vogel seine Flügel schlägt), weil sich im Laufe einer Umdrehung die Kräfte auf die Rotorblätter ständig ändern und die Blätter entsprechend den wirkenden Kräften nach oben oder unten schwingen. Bei neueren Hubschrauberkonstruktionen verbindet man die Blätter zwar starr mit dem Rotorkopf, verwendet aber elastische Blätter, sodass sich ein ähnliches Bewegungsverhalten wie bei gelenkig angebrachten Rotorblättern ergibt.

Seitensteuerung ▸4

Nach dem newtonschen Prinzip „Actio = Reactio“ (→ Raketenprinzip) würde sich bei einem Hubschrauber mit nur einem Rotor der Rumpf in entgegengesetzter Richtung zum Rotor wegdrehen, wenn er nicht durch eine zusätzliche Kraft abgestützt und am Drehen gehindert würde. Dazu dient der seitlich angebrachte **Heckrotor** (Abb. 4).
Er wird mit ca. 10% der Triebwerksleistung angetrieben. Er hält den Kurs des Hubschraubers stabil, indem er dem wegdrehenden Drehmoment entgegenwirkt. Durch Ändern des Heckrotoranstellwinkels kann der Hubschrauberpilot den Hubschrauber nicht nur geradeaus fliegen, sondern auch gezielt um seine Hochachse drehen.

▸1 Senkrechter Start

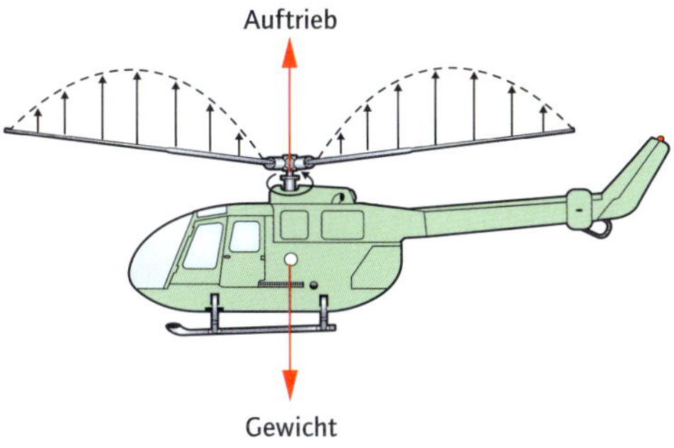

Die drehenden Rotorblätter erzeugen eine Auftriebskraft, die senkrecht nach oben wirkt

▸2 Vorwärtsflug

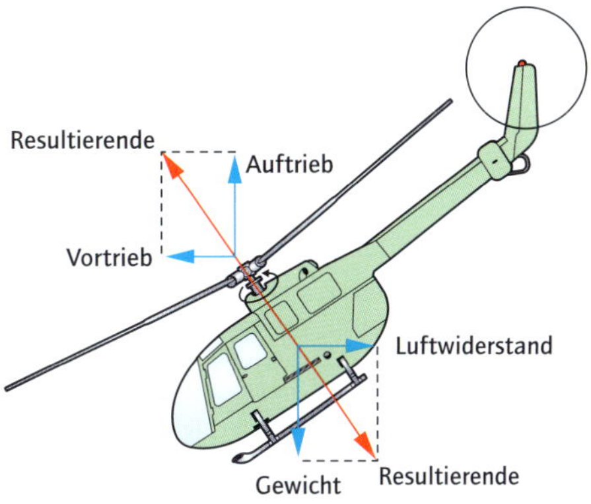

Durch Verstärkung des Heckauftriebs neigt sich der Hubschrauber nach vorne und fliegt vorwärts

▸3 Rotorkopf mit Taumelscheibe

Durch die Taumelscheibe und die Steuer- und Schubstangen wird der Anstellwinkel der Rotorblätter gesteuert.

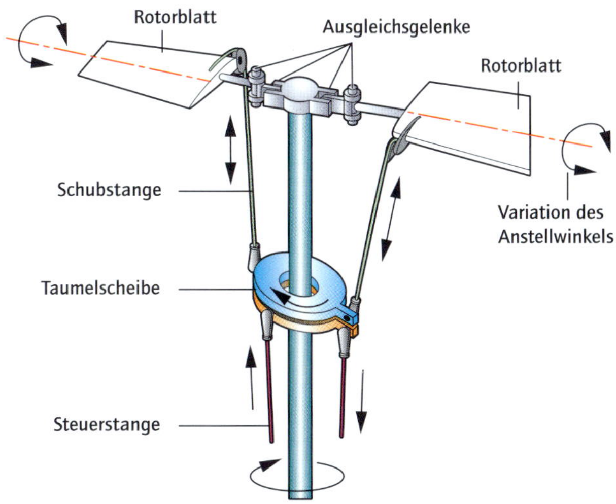

▸4 Hubschrauber

Der Heckrotor verhindert ein Wegdrehen und dient dazu, dass beim Flug der Kurs stabil gehalten werden kann.

Segelflugzeuge

Segelflugzeuge stellen eine Sonderbauform von Flugzeugen dar, da sie über kein Triebwerk verfügen. Sie werden vor allem als Sportgeräte genutzt. In ihrer Form gleichen sie normalen Flugzeugen, sie sind aber durch extrem geringes Gewicht und große Tragflächen gekennzeichnet.
Wegen des fehlenden Triebwerks können Segelflugzeuge nicht selbstständig vom Boden aus starten. Man setzt daher Motorschleppflugzeuge oder Seilwinden ein, um Segelflugzeuge zu beschleunigen und in die Höhe zu ziehen. Dabei erzeugen die Tragflächen des Segelflugzeugs den erforderlichen Auftrieb (→ Flugzeugprinzip).

Kräfte am Segelflugzeug ▸1

Der Flug eines Segelflugzeugs, das einmal Höhe und Geschwindigkeit erreicht hat, wird durch seinen Luftwiderstand gebremst. Um weiterhin genügend Auftrieb durch anströmende Luft zu erhalten, muss das Segelflugzeug einen nach unten gerichteten **Gleitflug** ausführen. Der „Antrieb" eines Segelflugzeugs ist die Erdanziehungskraft, sie hält das Segelflugzeug in Bewegung. Bei einem nach unten gerichteten Gleitflug wirkt die in Flugrichtung liegende Komponente V der Gewichtskraft G der Widerstandskraft W entgegen (Abb. 1). Diese Komponente wirkt in Flugrichtung und bewegt das Flugzeug vorwärts. Die zweite Komponente der Gewichtskraft wirkt senkrecht zur Flugrichtung und trägt nicht zur Bewegung des Flugzeugs bei. Sie muss durch den Auftrieb der Tragflächen ausgeglichen werden.

Gleitzahl ▸1 ▸2

Günstig gestaltete Segelflugzeuge haben großen Auftrieb bei kleinem Widerstand und ermöglichen einen sehr flachen Gleitflug. Damit kann bei geringem Höhenverlust eine große Flugstrecke erreicht werden. Das Verhältnis von Widerstand zu Auftrieb wird **Gleitzahl** genannt. Die Gleitzahl lässt sich aus dem Tangens des **Gleitwinkels** ε, d. h. des Winkels zwischen Flugbahn und Horizontalebene (Abb. 1), berechnen. Sie ist abhängig von der Formgebung des Flugzeuges und der Fluggeschwindigkeit. Bei der Geschwindigkeit des besten Gleitens hat die Gleitzahl einen Kleinstwert.
Moderne Segelflugzeuge haben neben geringem Gewicht auch eine sehr strömungsgünstige Form und große Spannweiten. So erreichen Hochleistungssegelflugzeuge (Abb. 2) heute eine Gleitzahl von 0,018. Der Kehrwert der Gleitzahl wird **Gleitverhältnis** oder **aerodynamische Qualität** genannt. Dieses beschreibt für das in ruhender Luft gleitende Flugzeug das Verhältnis von horizontaler Flugstrecke zum zugehörigen Höhenverlust. Ein Segelflugzeug mit einem Gleitverhältnis von 30 kann aus einer Höhe von 500 m 15 km weit fliegen.

Nutzung von Luftströmungen

In der Praxis setzen Segelflieger nicht einfach nur die beim Start gewonnene Flughöhe in eine Flugstrecke um, sondern versuchen durch Ausnutzung von nach oben gerichteten Luftströmungen Flugzeit und Flugstrecke zu verlängern. Aufwärts gerichtete Luftströmungen entstehen z. B. in bergigen Gebieten durch Wind. Segelflieger können durch geschickte Nutzung der Aufwärtswinde an der Windseite (Luvseite) eines Berges Höhe gewinnen. Nach oben gerichtete Luftströmungen entstehen aber auch durch Erwärmung der bodennahen Luft. Durch Sonneneinstrahlung heizen sich der Erdboden und die bodennahen Luftschichten stark auf und erwärmen die darüber liegende Luft, die dadurch aufsteigt (Aufwind). Diese sogenannte Thermik kann von Segelfliegern ausgenutzt werden, indem sie in der aufsteigenden Luft kreisen und Höhe gewinnen.

Motorsegler

Motorsegler gleichen in ihrer Form den reinen Segelflugzeugen und haben wie diese weit ausladende schlanke Tragflügel und einen leichten Aufbau. Um selbstständig starten zu können, verfügen Motorsegler über kleine Hilfsmotoren. Damit ist es möglich, auch beim Ausbleiben von aufwärts gerichteten Luftströmungen Höhe zu halten. Wenn der Hilfsmotor nicht benötigt wird, kann er bei einigen Motorseglertypen in den Rumpf eingezogen werden. Bei anderen Ausführungen werden zumindest die Propeller in möglichst strömungsgünstige Stellung gebracht.

Gleitschirme ▸3

Während herkömmliche Segelflugzeuge und Motorsegler weitgehend ähnlich wie Motorflugzeuge gestaltet sind und z. B. über die gleichen Steuerungseinrichtungen verfügen, haben die seit einiger Zeit im Luftsport verbreiteten Flugdrachen und Gleitschirme keine Steuerruder. Die rechteckige Schirmkappe des Gleitschirms füllt sich im Flug durch Stauluft und gewinnt dadurch ein tragflächenähnliches Profil, das den Auftrieb erzeugt. Kurs und Fluglage werden vor allem durch Gewichtsverlagerung des Piloten beeinflusst, oder es erfolgt eine Steuerung durch Ziehen von Steuerleinen, mit denen die Form und damit das Richtungs- und Auftriebsverhalten des Fluggerätes verändert wird (Abb. 3).

▸1 Kräfte im freien Gleitflug

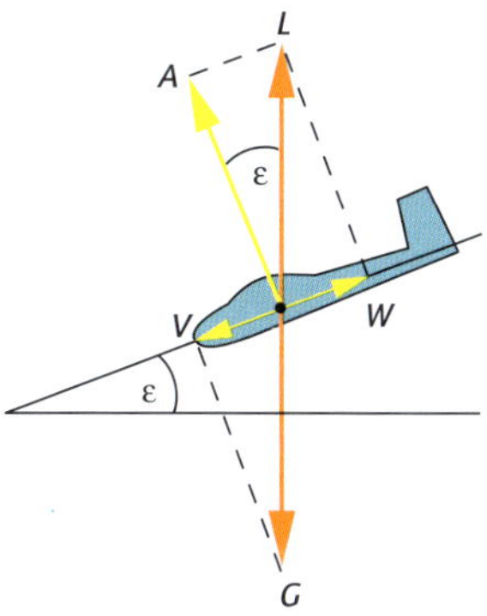

A Auftrieb
ε Gleitwinkel
G Schwerkraft
L Luftkraft
V Vortriebskraft (in Flugrichtung liegende Komponente von *G*)
W Widerstand

▸2 Modernes Segelflugzeug mit kleiner Gleitzahl (großem Gleitverhältnis)

▸3 Gleitschirm im Gleitflug

Ballone und Zeppeline

Ballone waren die ersten Fahrzeuge, mit denen sich Menschen in die Luft erhoben. Im Gegensatz zu der später entstandenen Fliegerei mit „Flugzeugen schwerer als Luft" entsteht bei Ballonen und Luftschiffen der Auftrieb durch das archimedische Prinzip (→ Schiffsprinzip).

Auftriebsprinzip

Ballone und Luftschiffe haben einen großen **Auftriebskörper**, der aus einer gasdichten Hülle mit einer **Traggasfüllung** besteht. Wenn die Dichte des Auftriebskörpers kleiner ist als die Dichte der umgebenden Luft, steigt der Ballon auf und kann gegebenenfalls sogar noch eine Nutzlast, z. B. eine Gondel mit Passagieren, tragen. Da Luft mit einer Dichte von ca. 1,3 kg/m^3 (bei einem Druck von 1 bar und einer Temperatur von 0 °C) bereits ein leichtes Gasgemisch ist, kommen als Füllung nur wenige Gase infrage. Im Wesentlichen ist dies reiner Wasserstoff, der rund 14-mal leichter als Luft ist, und Helium, das rund 7-mal leichter als Luft ist. Wasserstoff ist einfach herzustellen und relativ preiswert, hat aber den Nachteil, dass er zusammen mit Sauerstoff das hochexplosive Knallgas bildet. Das Edelgas Helium hingegen ist unbrennbar, aber teuer. Geringere Dichte als Luft unter Normalbedingungen hat auch erwärmte Luft, die ebenfalls als Traggas geeignet ist.

Gasballone ▸1

Gasballone haben eine kugelförmige, geschlossene Hülle, meist mit Wasserstoff- oder Heliumfüllung (Abb. 1). Über der Hülle befindet sich ein Netz, an dem der Korb hängt. Die Ballonfahrer können die Vertikalbewegung außer durch gezielten Abwurf von Ballast (Sandsäcke) auch mit dem Ventil an der Ballonoberseite beeinflussen. Durch Ablassen von Gas verringert sich das Volumen des Ballons und damit der Auftrieb, sodass der Ballon sinkt. Um nach dem Landen ein Schleifen des Ballons auf dem Boden zu verhindern, kann durch Ziehen einer Leine die **Reißbahn** geöffnet werden, sodass das Gas schnell entweicht und die Ballonhülle rasch in sich zusammenfällt.

Heißluftballone ▸2

Die modernen Heißluftballone, die als Sportgeräte große Verbreitung gefunden haben, unterscheiden sich kaum von jenem ersten Ballon, den die Brüder Montgolfier im Jahre 1783 bauten. Die Ballonhülle aus leichtem Stoff, der in Bahnen zusammengenäht ist, ist unten offen (Abb. 2). Unterhalb der Ballonöffnung befindet sich der Korb mit dem Propangasbrenner, mit dem die Ballonfahrer die Luft im Ballon erhitzen, um aufzusteigen. Ein Segel dient als Windschutz für den Brenner. Die Ballonhülle hat auf der Oberseite eine Öffnung (**Kalottenloch**), die normalerweise durch den inneren Ballondruck mit dem **Parachute** (Fallschirm) verschlossen wird. Über Betätigungsleinen kann der Parachute heruntergezogen werden, sodass heiße Luft entweichen kann und der Ballon sinkt.

Zeppeline ▸3

Ballone ohne eigenen Antrieb bewegen sich mit dem Wind und lassen sich kaum in ihrem Kurs beeinflussen. Erst ein angetriebener Ballon, ein Luftschiff, kann durch Ruder gesteuert werden. Nach Erfindung des Verbrennungsmotors und der Luftschraube entwickelte man die sogenannten **Starrluftschiffe** oder Zeppeline. Bei diesen wird der zigarrenförmige Auftriebskörper durch ein fachwerkartiges Metallgerüst gebildet, das mit Tuch bespannt und mit Wasserstoff in getrennten Gassäcken gefüllt ist. Am Ende des Auftriebskörpers befindet sich ein Leitwerk mit Seiten- und Höhenrudern. Für Besatzung und Passagiere ist eine Gondel fest mit dem Auftriebskörper verbunden. Die Triebwerke mit den Luftschrauben befinden sich in separaten Triebwerksgondeln.
Nach der Explosion des deutschen Zeppelins „Hindenburg" in Lakehurst, USA, 1937 ruhte der Bau von Starrluftschiffen über fünfzig Jahre lang. Heute werden wieder Starrluftschiffe entwickelt und gebaut. Sie können z. B. für lang dauernde Überwachungsflüge (z. B. im Küstenschutz) eingesetzt werden, wobei der geringe Treibstoffverbrauch vorteilhaft ist. Auch Touristenflüge zählen zu den Verwendungen. Die neuartigen Zeppeline wie der Zeppelin NT der 1996 in Friedrichshafen gegründeten Zeppelin Luftschifftechnik GmbH (Abb. 3) haben eine Heliumfüllung und bewegliche Propellertriebwerke, die eine größere Beweglichkeit des Luftschiffes ermöglichen.

Prallluftschiffe

Die Technik von Prallluftschiffen (**Blimps**) liegt zwischen der von Gasballonen und Zeppelinen. Sie haben einen zigarren- oder tropfenförmigen Auftriebskörper, jedoch ohne Metallgerüst. Die Stromlinienform ist nur bei prall gefülltem Auftriebskörper gegeben. Die Passagiergondel hängt dicht am Auftriebskörper. An der Gondel sind auch die Triebwerke befestigt. Gegenüber Starrluftschiffen ergibt sich damit eine schlechtere Manövrierbarkeit und ein höherer Geräuschpegel für die Passagiere. Prallluftschiffe werden seit langer Zeit in kleinen Stückzahlen gebaut und vor allem für Rundflüge und Werbung eingesetzt.

▸1 Gasballon

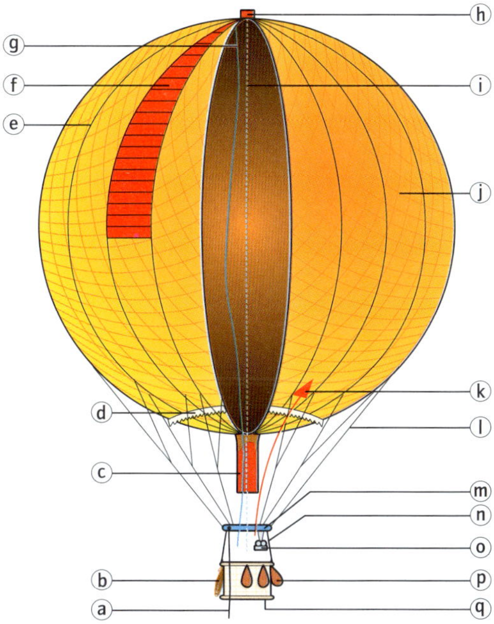

ⓐ Halteseil
ⓑ Schlepptau
ⓒ Füllansatz
ⓓ Regentraufe
ⓔ Ballonhülle, in Bahnen genäht
ⓕ Reißbahn
ⓖ Reißbahnleine
ⓗ Ventil
ⓘ Ventilleine
ⓙ Ballonnetz
ⓚ Notreißbahn
ⓛ Auslaufleinen
ⓜ Korbring
ⓝ Korbleinen
ⓞ Instrumente
ⓟ Ballastsäcke
ⓠ Korb

▸2 Heißluftballon

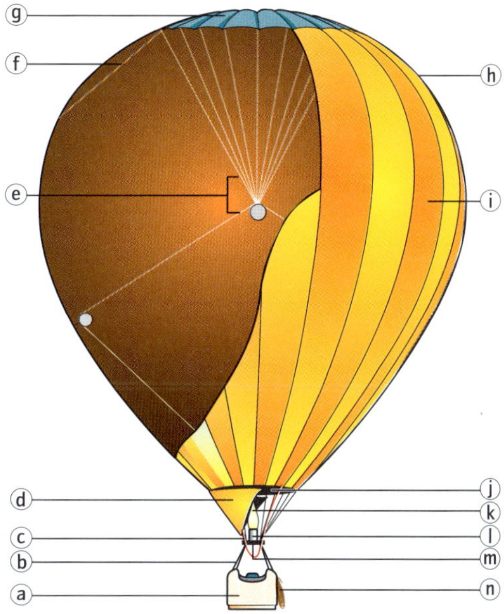

ⓐ Korb
ⓑ Gepolsterte Streben der Brennerplattform
ⓒ Ventilleine
ⓓ Segel
ⓔ Betätigungsleinen
ⓕ Zentrierleine
ⓖ Parachute
ⓗ Ballonhülle
ⓘ Stoffbahnen
ⓙ Füllöffnung
ⓚ Heizflamme
ⓛ Brenner
ⓜ Brennerplattform
ⓝ Schleppseil

▸3 Moderner Zeppelin

Kompass

Der Kompass dient zur Bestimmung des Standortes und zur Einhaltung des gewählten Kurses auf dem Land, in der Luft und auf See (**Navigation**). Mit einem Kompass ist z. B. auf einem Schiff die Ermittlung der Richtung des eigenen Kurses gegenüber der Nordrichtung möglich. Die ältesten Hinweise auf die Verwendung eines Kompasses in der Seefahrt stammen aus China (um 1100). Seine heutige Form erhielt er im 13. Jahrhundert.

Ablenkung des Kompasses ▸1 ▸2

Die Achse des erdmagnetischen Feldes ist um etwa 13° gegen die Rotationsachse der Erde (Erdachse) geneigt (Abb. 1). Die **magnetischen Pole** fallen somit nicht mit dem **geografischen Nord-** und **Südpol** der Erde zusammen. Eine Magnetnadel zeigt daher auch nicht in die Richtung des geographischen Nordpols, nach dem alle Karten ausgerichtet sind (rechtweisender Kurs), sondern in die Richtung des nördlichen Magnetpols.
An vielen Orten der Erde gibt es große Vorkommen an eisenhaltigen Stoffen, die zu sich ständig ändernden Ablenkungen der Kompassanzeige führen (**missweisend Nord**, in Deutschland zwischen 2° und 4°). Alle Navigationskarten werden aus diesem Grund mit einer **Missweisungsangabe** versehen. Um den Kartenkurs (**rechtweisend Nord**) zu erhalten, muss das vom Kompass angezeigte missweisend Nord um die jeweilige Missweisung (**Deklination**) korrigiert werden. Der Kompass wird auch durch die Eisenmassen des Schiffs, Fahr- bzw. Flugzeuges abgelenkt (**Deviation**). Zur Kompensation dieser Abweichungen befinden sich kleine Einstellmagnete am Gehäuse (Abb. 2). Die noch vorhandenen Restabweichungen werden in Tabellen (Deviationstabellen) aufgelistet, nach denen jede Kompassangabe (Kurs) entsprechend korrigiert wird.

Kugelkompass ▸2

Der in Öl gelagerte **Kugelkompass** (ein Magnetkompass) eines Schiffes (Abb. 2) nutzt die Richtwirkung, die das Magnetfeld der Erde auf eine leicht drehbar gelagerte Magnetscheibe (**Kompassrose**) ausübt. Die Kompassrose mit Angaben der Himmelsrichtungen und der Gradeinteilung kann sich gegenüber dem Fahrstrich (in Schiffsrichtung voraus) drehen, sodass der momentane Steuerkurs direkt abgelesen werden kann. Sie ist kardanisch (nach allen Seiten drehbar) aufgehängt und am Boden mit Blei beschwert, um eine möglichst ruhige Lage sicherzustellen.
In Nord- und Südpolnähe arbeitet der Kugelkompass allerdings nicht mehr verlässlich, da die fast senkrecht zur Erdoberfläche stehenden Magnetfeldlinien (Abb. 1) kaum Kraft auf den Magneten ausüben können.

Radar

Der Radar ist ein elektronisches Navigationshilfsmittel und **Ortungsgerät** für die Luft- und Schifffahrt. Er ermöglicht bei schlechter Sicht schon über große Entfernungen hinweg Landeanflüge oder das Durchfahren enger Schifffahrtsstraßen. Darüber hinaus dient der Radar u. a. als Hilfsmittel in der Meteorologie (z. B. zur Ortung und Beobachtung von Stürmen, Schlechtwetterfronten), der Astronomie (z. B. zur Oberflächenerforschung von Planeten) und zur Geschwindigkeitsmessung von Kraftfahrzeugen („Radarfalle").

Radar: Senden, Empfangen und Zeitmessen ▸3

Von einer Antenne mit parabolförmigem Reflektor werden stark gebündelte elektromagnetische Wellen (im Mikrowellenbereich; → Mikrowellengeräte) in Form kurzer Impulse abgestrahlt. Treffen sie auf ein Hindernis, so werden sie je nach Art des Materials mehr oder weniger stark reflektiert und in den Impulspausen von derselben Antenne wieder empfangen. Diese **Echoimpulse** werden auf einem Bildschirm sichtbar gemacht (Abb. 3). Dabei wird der Zeitabstand zwischen Abstrahlung und Echo gemessen. Da die Aussendung der Welle mit Lichtgeschwindigkeit erfolgt, kann so der genaue Abstand zum Objekt/Hindernis ermittelt werden. Durch zweimaliges, kurz nacheinander erfolgendes Vermessen des Ziels lässt sich aus der in der Zwischenzeit veränderten Position auch dessen Geschwindigkeit bestimmen.
Die Radarantenne wird mit konstanter Geschwindigkeit gedreht, sodass auf dem Bildschirm der eigene Standort in der Mitte liegt. Ringsum ergibt sich dann das Radarechobild der Umgebung. Auf dem Bildschirm sind in vorgegebenen Abständen (z. B. 5 Meilen) Kreise eingezeichnet, sodass die Entfernung zu den Objekten direkt abgelesen werden kann.
Während in der Schifffahrt sowohl die unbewegten (Küstenlinie, Seezeichen) als auch die bewegten Objekte (andere Schiffe) von Interesse sind, finden in der Luftfahrt hauptsächlich die Bewegungen der Flugzeuge untereinander Beachtung. Die **Festzielunterdrückung** (Ausblenden der unbeweglichen Objekte) liefert den Fluglotsen ein übersichtliches Bild der jeweiligen Verkehrslage im radarüberwachten Luftraum, in dem lediglich die Flugzeuge als helle Punkte erscheinen. Über einen Identifizierungsimpuls per Radar wird gleichzeitig vom Flugzeug eine Information (Transponder) über Flughöhe und Geschwindigkeit übermittelt und auf dem Bildschirm angezeigt.

▸1 Magnetfeld der Erde

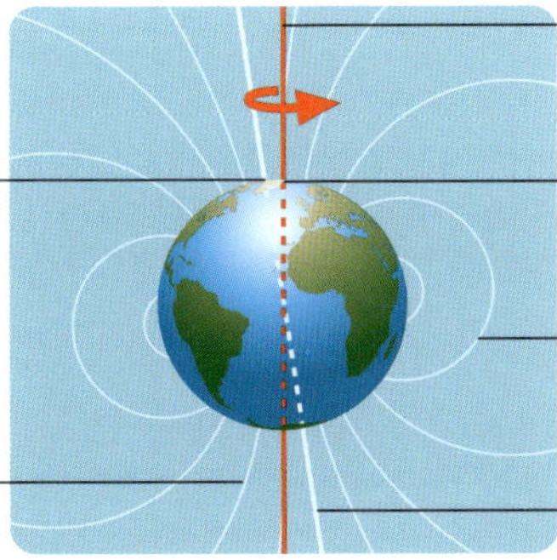

▸2 Kugelkompass

Ⓐ Glaskuppel
Ⓑ Kompassöl
Ⓒ Beleuchtung (rot)
Ⓓ Fahrstrich (voraus)
Ⓔ Kompassrose
Ⓕ Kardanische Aufhängung
Ⓖ Ausdehnungsmembran
Ⓗ Stellbolzen für die Kompensationsmagneten

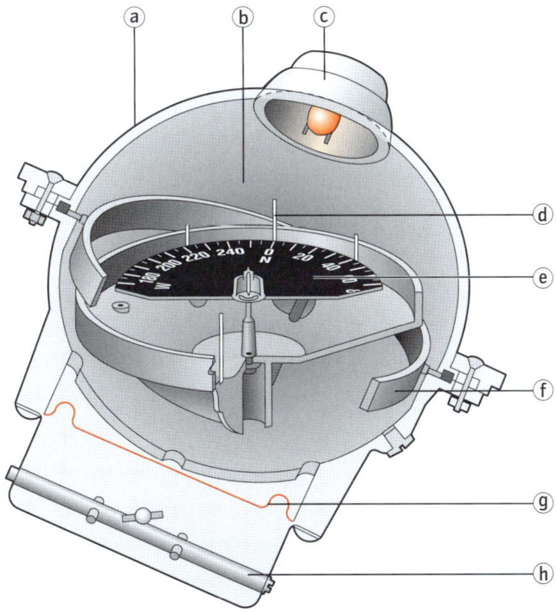

▸3 Radar

Radarechobild der Umgebung des eigenen Standortes (Mittelpunkt)

GPS

Das GPS (**Global Positioning System**) ist ein weltweit genutztes **Satellitennavigationssystem**, das für jeden Punkt auf der Erde eine sehr genaue Standortbestimmung möglich macht. So ist das System z. B. in der Schifffahrt bei schlechten Wetterverhältnissen (starke Stürme, schlechte Sicht etc.) und gleichzeitig schwierigen Ansteuerungsbedingungen von hohem Nutzen.

Militärischer Ursprung – ziviler Nutzen

Ursprünglich wurde das GPS für die militärische Nutzung von den USA eingeführt und z. B. im Golfkrieg zur Lenkung von Raketen eingesetzt. Für die zivile Nutzung in der Schifffahrt, aber auch für Verkehrsleitsysteme an Land und in der Luft wurde die Genauigkeit von den Vereinigten Staaten bis 2000 reduziert. Danach wurde die Genauigkeit ständig verbessert und liegt heute unter 10 m horizontal. Durch Zusatzsysteme mit landgestützten Ausgleichssendern wird die Genauigkeit für die zivile Nutzung noch weiter erhöht (**Differential-GPS**). Dabei wird genutzt, dass wirksame Fehler des GPS-Systems in der Differenz herausfallen.

Prinzip der Satellitennavigation ▸1 ▸2

Das Navigationssystem besteht aus 24 Satelliten, die auf sechs Bahnen mit je vier Satelliten in die Umlaufbahnen der Erde gebracht wurden (Abb. 1). Sie kreisen in ca. 20 200 km Höhe in 12 Stunden einmal um die Erde. In der Äquatorebene sind die 6 Satellitenbahnen um 60° gegeneinander versetzt (6 x 60° = 360°), sodass von jedem Punkt der Erdoberfläche aus ständig Daten von mindestens vier Satelliten empfangen werden können. Für eine Standortbestimmung auf See benötigt man mindestens drei Satelliten, für die Luftfahrt und die landgestützte Navigation vier Satelliten.

Das Prinzip der Satellitennavigation basiert auf der Messung von Laufzeitunterschieden der von den Satelliten gesendeten Signale. So ist es entscheidend, zu welcher Uhrzeit das Signal eines Satelliten auf der Erde empfangen wird. Für die genaue Zeitmessung gibt es an Bord eines jeden Satelliten vier Atomuhren. Zur Uhrzeit werden außerdem die Bahndaten des Satelliten und eine große Anzahl von Korrekturdaten kodiert mitgesendet. Mit einem **GPS-Empfänger** werden die Daten der einzelnen Satelliten auf der Erde empfangen und mit denen anderer Satellitenempfangsdaten verglichen. Aus der errechneten Distanz des Satelliten ergibt sich um seinen senkrecht zur Erdoberfläche liegenden (lotrechten) Punkt ein **Standkreis** (Abb. 2). Dieser markiert alle Punkte gleichen Abstands vom Satelliten zum Empfänger. Aus dem Standpunkt des Satelliten und den Schnittpunkten mit Standkreisen weiterer Satelliten ist eine Standortbestimmung des Empfängers möglich.

Die Empfängeruhr

Während im Satelliten vier Atomuhren angebracht sind, verfügt ein GPS-Empfänger nur über eine weniger genaue Quarzuhr. Diese reicht für eine genaue Standortbestimmung nicht aus, da schon Zeitdifferenzen von einer Hunderttausendstelsekunde eine Änderung von ca. 3 km bei der Ortsbestimmung ergeben. Um die Genauigkeit zu erhöhen, werden zusätzlich spezielle Satellitencodes empfangen und ausgewertet.

Standortbestimmung ▸3

Die Satelliten senden einen etwa 1 Millisekunde andauernden **Code**, der taktgleich auch vom Empfängergerät erzeugt wird. Beim Vergleich mit den empfangenen Satellitencodes wird der Empfängercode so lange variiert, bis er mit den übrigen empfangenen Satellitendaten (Bahndaten, Entfernung, Korrekturen der Erdoberfläche) übereinstimmt. Zur Korrektur der Empfängeruhr benötigt man die Daten von mindestens drei Satelliten. Die Standkreise der Satelliten bilden dann am Ort des Empfängers ein **Fehlerdreieck** (Abb. 3a), das durch Verschieben aller Standkreise korrigiert wird. Dadurch erhält man den tatsächlichen Standort des Empfängers (Abb. 3b).

Auswirkungen des GPS

Aufgrund der durch das GPS erreichten Genauigkeiten werden die bisherigen Verfahren der Ortsbestimmung immer unwichtiger. Andere Navigationssysteme (z. B. Decca) werden daher nicht mehr benötigt. Gleichzeitig wird die Anzahl der Seezeichen (Fahrwasserbetonnung, Leuchtfeuer etc.) aus Kostengründen abgebaut. Durch die so entstehende Abhängigkeit vom GPS-System wäre bei einem Ausfall (z. B. im militärischen Nutzungsfall) die Seeschifffahrt weitgehend stillgelegt. In Kombination mit einer computergestützten Navigation werden auch Seekarten zunehmend überflüssig. Sie werden mithilfe von Computern verarbeitet, die Position wird über Schnittstellen der GPS-Geräte direkt eingelesen, ggf. mit dem Radarbild gekoppelt und dokumentiert (elektronisches Logbuch).

An Land wird das GPS vielfältig genutzt, von Verkehrsleitsystemen über Flottenmanagement bis zur Navigation von Kraftfahrzeugen („Navi“) und im Outdoor-Bereich. Auch alle modernen Navigationssysteme für die Luftfahrt basieren inzwischen auf GPS.

▸1 Prinzip der Satellitennavigation

24 Satelliten umkreisen die Erde. Je vier bewegen sich gemeinsam auf einer der sechs Umlaufbahnen.

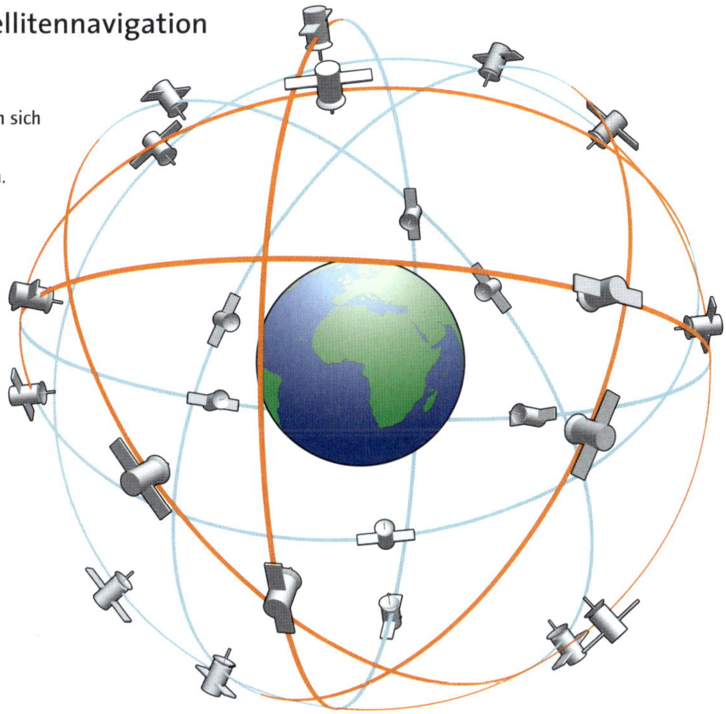

▸2 Standkreise der Satelliten auf der Erde

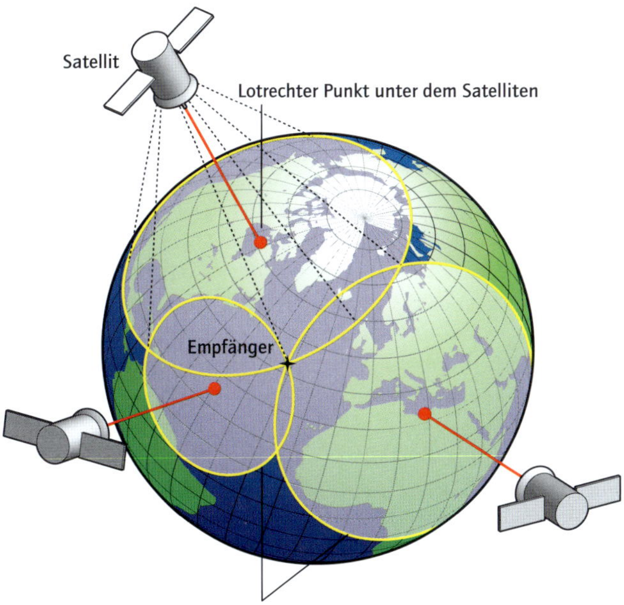

▸3 Verschiebung der Standkreise zur Korrektur der Empfängeruhr bzw. -position.

a vor der Korrektur

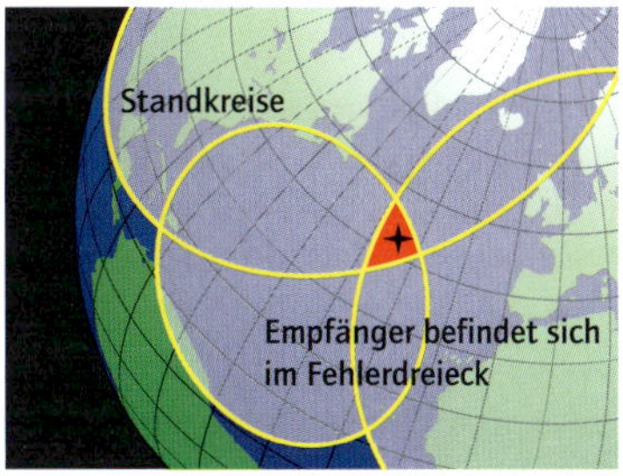

b nach der Korrektur

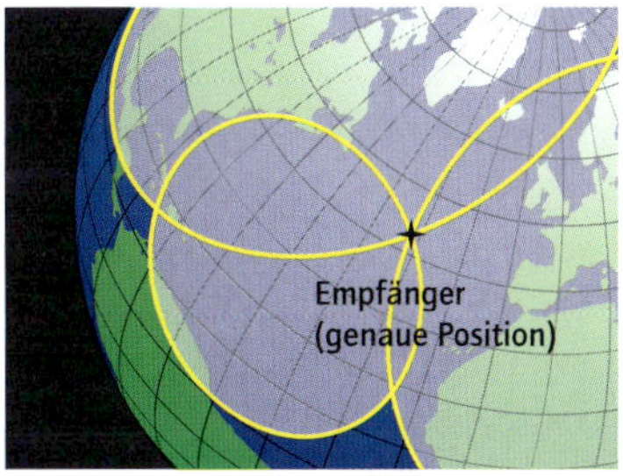

Raketen

Raketen sind Flugkörper, die durch das **Rückstoßprinzip** angetrieben werden. Dies ist das derzeit einzige bekannte Antriebsverfahren, das auch außerhalb der Erdatmosphäre funktioniert. Raketen können so eine Fluggeschwindigkeit bis zu 40 000 km/h erreichen.

Raketenprinzip und Raketenaufbau

Die Grundlage jedes Raketenantriebs ist das **newtonsche Gesetz**: „Actio = Reactio", d. h., jede Kraft (Actio) bewirkt eine gleich große entgegengesetzt gerichtete Kraft (Reactio). Bei einer Rakete wird eine sehr große Masse an kleinen Teilchen (meist Gasmoleküle) mit großer Geschwindigkeit nach hinten ausgestoßen, wodurch eine Kraft entsteht, die die Rakete nach vorne antreibt.
Um die jeweils zu beschleunigende Raketenmasse möglichst gering zu halten, bestehen Raketen im Allgemeinen aus mehreren Antriebseinheiten („Stufen"), die abgetrennt werden, nachdem sie ihren Treibstoff verbraucht haben. Eine **Antriebseinheit** besteht aus Treibstofftanks und **Triebwerk**, welches wiederum aus der **Schubkammer**, die sich aus Brennraum und Düse zusammensetzt, und dem Fördersystem für Treibstoff gebildet wird. Neben den Antriebseinheiten sind die Lenk- und Steuersysteme sowie der Nutzlastträger wichtige Bestandteile einer Rakete.

Raketenantrieb ▸1

Der Rückstoß beim Raketenantrieb wird meist durch den Ausstoß von heißen Gasen erzeugt, die beim Verbrennen des Treibstoffes, welcher aus Brennstoff und Oxidator (Sauerstoffträger) besteht, im Brennraum entstehen. Die Gase werden mit einer Düse durch allmähliche Expansion (Ausdehnung) auf Überschallgeschwindigkeit beschleunigt.
Beim **Feststoffraketenantrieb** befindet sich Brennstoff und Oxidator als Gemisch fester Substanzen in der Schubkammer. Dort wird der Treibstoff gezündet und verbrannt. Aufgrund der fehlenden Schubregulierung, der problematischen Wiederzündbarkeit, der kurzen Brenndauer und dem im Vergleich zu flüssigen Treibstoffen geringeren Energieinhalt fester Treibstoffe werden Feststoffantriebe nur als Starthilfe (sogenannte **Booster**) sowie als Antriebe für militärische Flugkörper eingesetzt.
Als Haupt- und Steuerantriebe für Weltraumraketen werden **Flüssigbrennstoffantriebe** eingesetzt. Die wichtigsten Brennstoffe sind Kerosin, Hydrazin und Wasserstoff, als Oxidationsmittel dienen u. a. flüssiger Sauerstoff oder Stickstofftetroxid. Da Wasserstoff und Sauerstoff bei Raumtemperatur gasförmig sind und erst bei Tiefsttemperaturen flüssig werden (Wasserstoff: −253 °C, Sauerstoff: −183 °C), ist eine sehr gute Isolation der Tanks notwendig. Trotz des Mehraufwandes lohnt sich aber ihr Einsatz, da sie ca. 40 % mehr Schub erzeugen als andere Treibstoffgemische. Mit Wasserstoff und Sauerstoff arbeitet auch die Schubkammer des Vulcain-Triebwerks (Abb. 1), das in der neuen europäischen Trägerrakete Ariane 5 eingesetzt wird. Über getrennte Einlässe und unter hohem Druck werden der flüssige Wasserstoff und Sauerstoff in die Schubkammer eingeleitet. Dabei wird der Wasserstoff nicht am Einspritzsystem, sondern an der Verbindungsstelle zur Düsenverlängerung eingelassen und strömt von dort durch 360 Kanäle im Mantel der Schubkammer in das Einspritzsystem. Dabei kühlt er die Schubkammer, die sonst der thermischen Belastung (Innentemperatur ca. 3 250 °C) nicht standhalten könnte. In der Düsenverlängerung, die ebenfalls durch flüssigen Wasserstoff gekühlt wird, erfolgt der größte Teil der Expansion der austretenden Gase.

Ariane-Raketen ▸2

Die **Ariane 5** ist die leistungsfähigste europäische Trägerrakete. Da sie ursprünglich als eine von drei Komponenten für die bemannte europäische Raumfahrt geplant war und hauptsächlich dafür vorgesehen war, einen Raumgleiter in eine erdnahe Bahn zu befördern, ist sie anders konzipiert als die mehrstufige Rakete Ariane 4, die bis 2003 im Einsatz war. Die Ariane 5 besitzt zwei Feststoffbooster, die jeweils 240 t Festtreibstoff fassen und 90 % des Startschubs erzeugen. Sie sind an die Hauptstufe angeflanscht und werden mit dieser gezündet. Die Brennzeit beträgt 140 s, danach werden sie abgeworfen. Die Hauptstufe, die aufgrund extremer Aluminium-Leichtbauweise nur 14,1 t Leergewicht besitzt, besteht aus einem Vulcain-Triebwerk, das 540 s lang einen Schub von 1350 kN liefert. Ohne den zusätzlichen Schub durch die Booster könnte die Rakete nicht abheben. Zurzeit sind zwei Ariane-Versionen im Einsatz: Die Ariane 5 ECA kann Nutzlasten bis 9,6 t befördern, während die Ariane 5 ES ATV zum Transport des europäischen Versorgungsschiffs Automated Transfer Vehicle (ATV) zur Internationalen Raumstation dient.

Zukunft der Raketentechnik

Eine interessante Neuentwicklung der Antriebstechnik ist der Ionenantrieb, der sich z. B. für die Lageregelung von Satelliten eignet. Hier wird der Schub nicht durch Verbrennung, sondern durch die Beschleunigung eines ionisierten Gasstromes in einem elektrischen Feld erzeugt.

▸1 Schubkammer eines Vulcain–Triebwerks

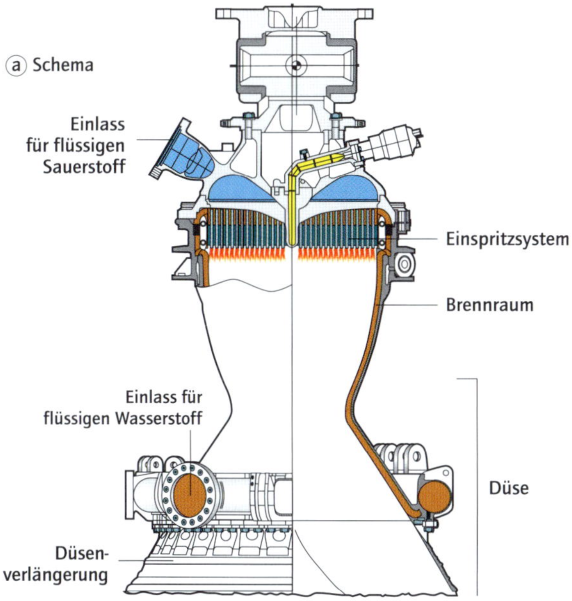

ⓐ Schema

ⓑ Gesamttriebwerk

▸2 Die europäische Weltraumrakete

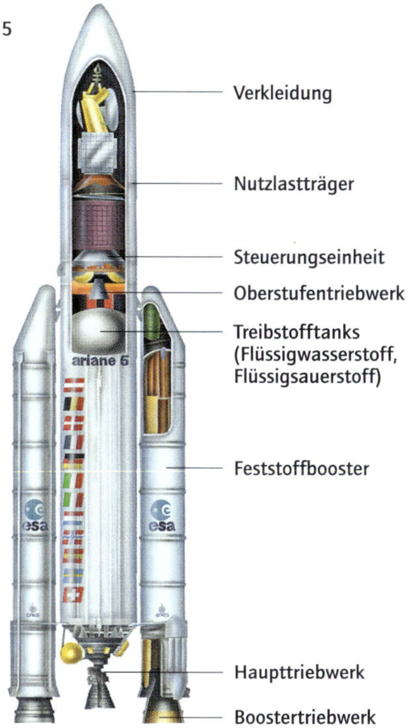

Ariane 5

Ariane 5 beim Start

Lenkung und Navigation von Raumflugkörpern

Zur Beeinflussung der Flugbahn besitzen Raumflugkörper immer ein Lageregelungs- und Lenkungssystem. Grundlage jeder Lage- und Flugbahnänderung (Raumflugmanöver) ist die Kenntnis der momentanen Position, Geschwindigkeit, Flugrichtung und Ausrichtung des Raumflugkörpers relativ zu seinem Bezugspunkt, z. B. der Erde oder der Sonne.

Trägheitsnavigation ▸1

Zur Lagebestimmung benötigt jeder Raumflugkörper ein raumfestes Bezugssystem. Dieses liefert eine um alle drei Raumrichtungen frei beweglich gelagerte **Trägheitsplattform** (vollkardanische Aufhängung; Abb. 1). Auf ihr befinden sich, jeweils um 90° versetzt, zwei oder drei rasch rotierende Kreisel. Ein Kreisel hat die Tendenz, seine Achsrichtung beizubehalten (**Raumstabilität**). Auf quer zur Drehachse gerichtete Kräfte reagiert er durch Schwenken der Drehachse senkrecht dazu (**Präzession**). Die Kreisel stabilisieren durch ihre Trägheit die Plattform, die dadurch ihre Orientierung beizubehalten versucht. Jede Bewegung des Raumflugkörpers wird aufgrund der Lagerreibung auf die Plattform übertragen. Überwiegt die Reibung, so bewegt sich die Plattform mit dem Raumflugkörper mit. Die Präzession der Kreisel löst dann ein Signal aus, das einem Regelkreis zugeführt wird. Dieser sendet wiederum Signale an die Elektromotoren an den Aufhängungen. Die Motoren drehen die Kardanaufhängung, bis die ursprüngliche Lage wiederhergestellt ist. Damit bleibt die Plattform immer in derselben Lage im Raum. Durch Messung der Orientierung des Raumflugkörpers relativ zur stabilisierten Plattform kann seine Lage bestimmt und mit der Solllage verglichen werden. Mithilfe von drei zueinander senkrecht stehenden Beschleunigungsmessern auf der Plattform lassen sich die Richtung und Gesamtbeschleunigung des Raumflugkörpers bestimmen. Aus der Integration der Beschleunigungen in allen drei Raumrichtungen ergeben sich die Flugrichtung und Geschwindigkeit. Eine zweite Integration liefert die Position. Die so gewonnenen Daten werden mit der vorausberechneten Sollflugbahn verglichen, und falls nötig werden Kurskorrekturen eingeleitet.

Reine Trägheitsnavigation erfordert aufwendige und teure Kreiselsysteme. Auch mit ihnen ist es nicht möglich, **Kreiseldriftfehler** so weit auszugleichen, dass bei Flügen über Wochen oder Monate hinweg eine ausreichende Lagereferenz gewährleistet ist. Deshalb wird die reine Trägheitsnavigation mit Zusatzsystemen wie Stern- oder Sonnenpeilern kombiniert. Durch Vergleich der aus beiden Verfahren gewonnenen Flugbahndaten und der Sollflugbahn im Bordcomputer können die Kreiseldriftfehler entweder sofort oder in Mittelkursmanövern ausgeglichen werden.

Lenkung ▸2

Als Lenkung bezeichnet man die Änderung der **Schwerpunktsbahn** eines Raumflugkörpers. Eng damit verknüpft ist die **Lageregelung**, d. h. die Winkeländerung um den Schwerpunkt. Im Bereich der Atmosphäre kann die Lenkung durch aerodynamische Hilfsmittel ähnlich wie bei Flugzeugen (→ Raumtransporter) erfolgen. Im leeren Raum findet die Lenkung nur durch Krafteinwirkung (Schub) in die gewünschte Richtung statt. Wegen der hohen Fluggeschwindigkeiten müssen die Steuerkräfte groß sein. Diese werden von den Haupttriebwerken bereitgestellt. Eine Methode ist das Schwenken der Haupttriebwerke. Bei größeren Lenkmanövern ist der Schwenkbereich jedoch nicht ausreichend, weshalb eine Lageänderung des gesamten Raumflugkörpers zum Ausrichten des Haupttriebwerkes erfolgen muss (Abb. 2). Hierzu setzt man kleine Hilfstriebwerke (Steuertriebwerke) ein.

Raumflugmanöver ▸3

Raumflugmanöver dienen zur Korrektur von Abweichungen zwischen der Sollflugbahn und der geflogenen Istflugbahn oder zur Anpassung an eine neue Flugphase (z. B. Eintritt in einen Orbit). Daneben gibt es auch reine Lagekorrekturmanöver, um z. B. bei Raumsonden die Antennen zur Erde und die Solarzellen zur Sonne auszurichten. Im Rahmen eines Flugprogramms unterscheidet man zwischen Anfangs-, Mittelkurs- und Endflugbahnmanöver. Unter **Anfangsflugbahnmanövern** werden diejenigen Manöver verstanden, welche zu möglichst genauen Ausgangswerten für die weiteren Flugphasen führen. Sie werden meist noch in der Atmosphäre und bei geringen Fluggeschwindigkeiten ausgeführt. **Mittelkursmanöver** (Abb. 3) werden dagegen grundsätzlich im luftleeren Raum vorgenommen. Wegen der hohen Fluggeschwindigkeiten ist der Energieaufwand bei Mittelkurslenkmanövern groß. Um Treibstoff zu sparen, wird deshalb nicht jede Bahnabweichung sofort korrigiert, sondern zu vorausgeplanten Zeitpunkten die summierten Fehler mit jeweils einem Manöver ausgeglichen. **Endflugbahnmanöver** dienen für letzte Flugbahnkorrekturen unmittelbar vor dem Ziel, um möglichst genaue Ausgangswerte für die End- oder Zielanflugphase zu erhalten.

▸1 Kardanisch aufgehängte Plattform für die Trägheitsnavigation

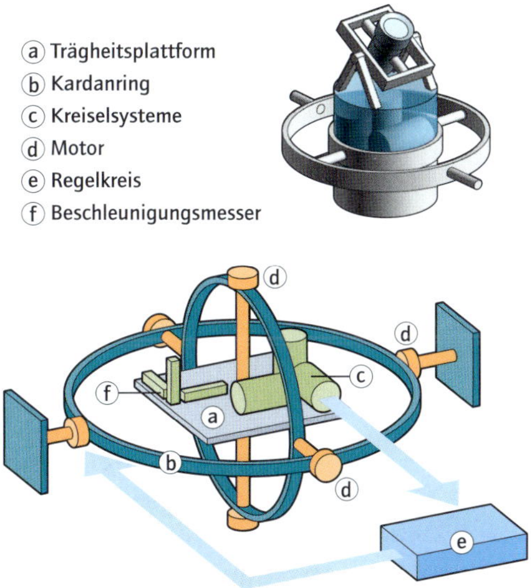

Bei Auslenkung aus der Ruhelage gibt die Kreiselpräzession ein Signal an den Regelkreis. Diese steuert über Motoren an den Aufhängungen die Plattform in die Ursprungslage zurück.

▸2 Einsatz der Steuertriebwerke beim Spaceshuttle zur Lageänderung

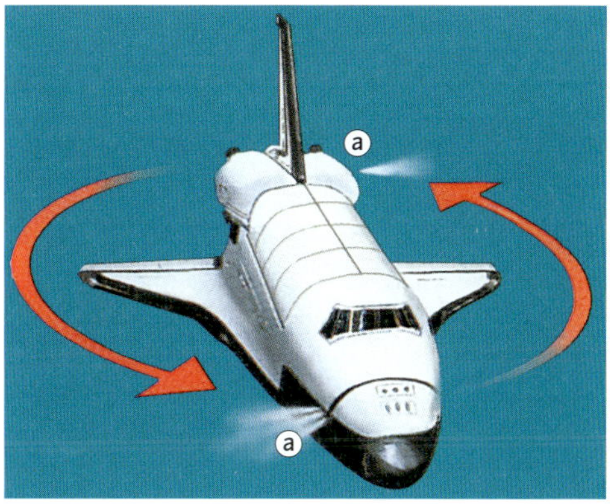

ⓐ Steuertriebwerke
Mit Schub aus den Steuertriebwerken kann das Spaceshuttle gelenkt werden

▸3 Mittelkursmanöver in Einzelphasen am Beispiel der Venus-Sonde »Mariner 2«

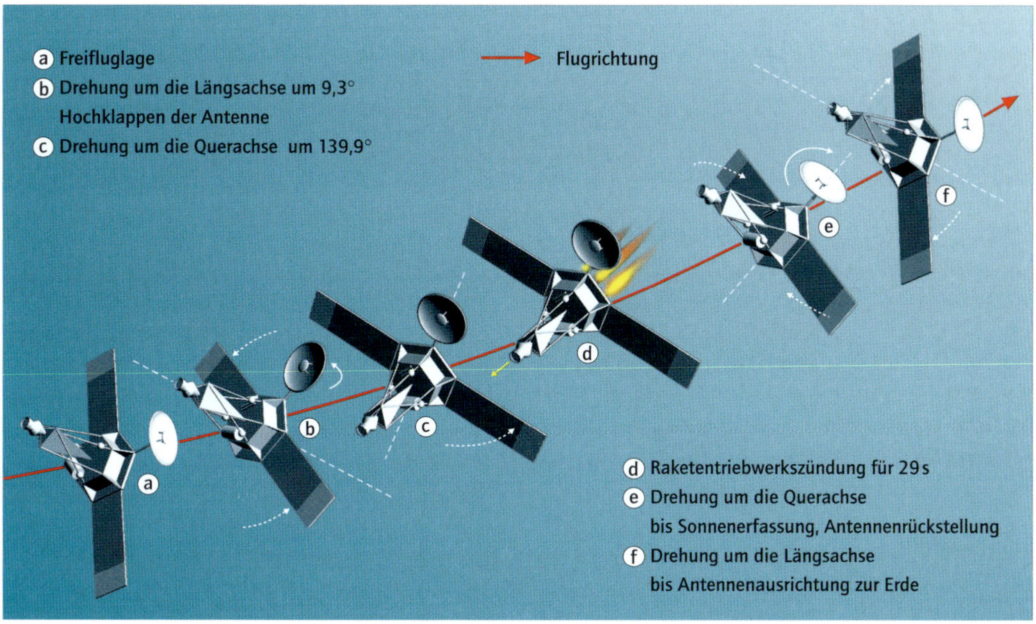

Raumtransporter

Die Entwicklung des zurzeit (2010) einzigen einsatzfähigen Raumtransportersystems, des **Spaceshuttles** der **NASA** (zivile Luft- und Raumfahrtbehörde der USA; **N**ational **A**eronautics and **S**pace **A**dministration), begann bereits in den 1970er-Jahren. Das Spaceshuttle ist ein bemanntes Raumfahrzeug, dessen wesentliche Bestandteile wiederverwendbar sind. Es ermöglicht die Durchführung der verschiedenartigsten Missionen in der Raumfahrt. Dabei kann es sich beispielsweise um den Transport, die Wartung oder Reparatur im Weltraum oder das Einfangen und Zur-Erde-Zurücktransportieren eines Satelliten oder die Durchführung wissenschaftlicher Experimente handeln. Die Zukunft des Spaceshuttles ist noch offen; ursprünglich sollte 2010 der letzte Flug stattfinden, die NASA prüft allerdings Verlängerungspläne.

Aufbau ▸1

Das Spaceshuttle (Abb. 1) besteht aus drei Hauptbestandteilen, dem Orbiter, dem großen Außentank und den beigeordneten Feststoff-Boostern (→ Raketen). Alle Bestandteile, bis auf den Außentank, sind wiederverwendbar.

Die beiden **Feststoff-Booster** (je 45,4 m hoch und 3,7 m im Durchmesser) liefern beim Start mit 13,8 MN den Hauptteil des Schubs. Nachdem der Brennstoff verbraucht ist, werden sie abgetrennt und fallen zur Erde. Bremsfallschirme reduzieren die Aufschlaggeschwindigkeit auf der Ozeanoberfläche auf etwa 90 km/h. Ein Booster kann bis zu 19-mal verwendet werden.

Der **Außentank** ist das größte Element des Spaceshuttles. Er ist 45 m lang und hat einen Durchmesser von 8,7 m. Im Inneren befinden sich die Tanks für den flüssigen Wasserstoff und Sauerstoff, den Treibstoff der drei Haupttriebwerke des Orbiters. Der vordere Tank enthält den flüssigen Wasserstoff und fasst ca. 500 000 Liter, der hintere Tank hat ein Fassungsvermögen von etwa 1,5 Mio. Liter und enthält den flüssigen Sauerstoff. Nach Brennschluss der Haupttriebwerke wird der Außentank vom Orbiter getrennt und fällt zur Erde, wobei er in der Atmosphäre verglüht.

Der **Orbiter**, das „Herzstück" des Spaceshuttles, lässt sich bis zu 100-mal wiederverwenden. Bei der Rückkehr aus dem All kann er mithilfe seiner Deltaflügel, des Höhenquerruders und des Seitenruders innerhalb der Atmosphäre wie ein Flugzeug gesteuert werden. Auf dem Flugdeck im vorderen Teil des Orbiters befindet sich die Flugkontrolle. Darunter liegt das Mitteldeck, das als Schlaf- und Essraum für die Mannschaft dient. Nur in diesem vorderen Bereich herrscht eine Atmosphäre wie auf der Erde, sodass keine Raumanzüge getragen werden müssen. Im mittleren Teil des Orbiters befindet sich die 18,3 m × 4,6 m große Nutzlastbucht. In ihr wird die zu transportierende Nutzlast platziert, die bis zu 22 680 kg wiegen darf. An der Längsseite der Nutzlastbucht kann ein Greifarm montiert werden, mit dem sich z. B. Satelliten einfangen lassen, die zur Reparatur auf die Erde zurückgebracht werden sollen.

Am Heck des Orbiters befinden sich die drei **Haupttriebwerke** und die sogenannten **OMS-Triebwerke** (engl. **o**rbital **m**aneuvering **s**ystem, Orbitalmanöversysteme). Die Haupttriebwerke werden gleichzeitig mit den Zusatz-Boostern gezündet und liefern mit je 1,73 MN ein Drittel des Schubs beim Start. Nach dem Abschalten der Haupttriebwerke dienen allein die OMS-Triebwerke dem Erreichen des endgültigen Orbits (Umlaufbahn), der Änderung und dem Verlassen des Orbits. Als Brennstoff werden Hydrazin und Distickstofftetraoxid verwendet. Mit in das Gehäuse der OMS-Triebwerke sind die hinteren Triebwerke des **RCS** (engl. **r**eaction **c**ontrol **s**ystem, „Rückstoßsteuerungssystem") integriert. Zum RCS gehören noch weitere Triebwerke in der „Nase" des Orbiters. Die RCS-Triebwerke dienen der Lageregelung und kleinen Geschwindigkeitsänderungen.

Typischer Flug ▸2

Einen typischen Flug des Spaceshuttles zeigt Abb. 2. Nach dem Start werden in ca. 5,8 km Höhe die Booster abgeworfen. In einer Höhe von ca. 114 km werden die Haupttriebwerke abgestellt, und der Außentank trennt sich vom Orbiter. Jetzt wird der Orbiter mithilfe der OMS- und RCS-Triebwerke bewegt, erreicht seinen vorgesehenen Orbit und kann seine geplanten Arbeiten durchführen. Der kritische Teil des Flugs, die Landung, beginnt mit dem Drehen des Orbiters und dessen Abbremsung mithilfe der OMS-Triebwerke. Der Orbiter „fällt" dadurch zur Erde zurück.

Für den Eintritt in die Atmosphäre muss der Orbiter so ausgerichtet werden, dass die Hitzeschilde an der Unterseite der Atmosphäre zugewandt sind. Aufgrund der zu Anfang noch sehr hohen Geschwindigkeit wird die den Orbiter umgebende Luft ionisiert und unterbindet so den Funkkontakt. Im Weiteren bremst der wachsende Luftwiderstand den Orbiter und heizt seine Unterseite sehr stark auf. Mit sinkender Höhe kann der Orbiter mit seinen Höhenquer- und Seitenrudern gelenkt werden. Durch den Kurvenflug bremst er immer weiter ab und landet dann im Gleitflug. Nach eingehender Wartung kann der Orbiter für neue Raumflüge verwendet werden.

▸2 Flug des Spaceshuttles vom Start bis zur Landung

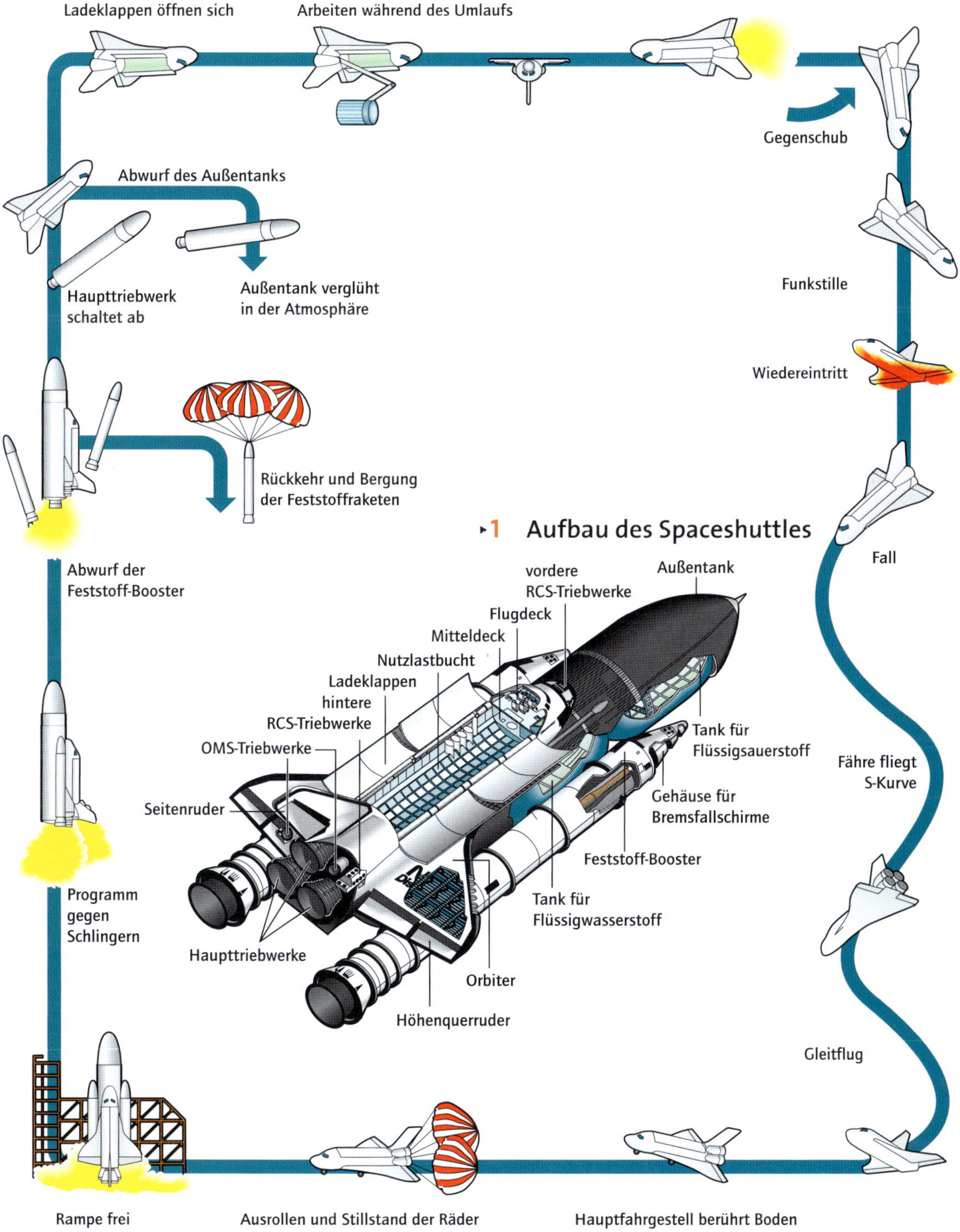

▸1 Aufbau des Spaceshuttles

Satelliten

Satelliten sind unbemannte Raumflugkörper, die sich auf einer festen Umlaufbahn (**Orbit**) um die Erde bewegen. **Wissenschaftliche Satelliten** dienen der Erforschung der unmittelbaren Erdumgebung, z. B. der hohen Atmosphäre (das heißt, ab einer Höhe von etwa 200 km), des Erdmagnetfeldes, des Solarwindes, aber auch des Weltalls aus einer Erdumlaufbahn heraus, z. B. mit dem Hubble-Teleskop.
Anwendungssatelliten werden für die Wetterbeobachtung, Navigation (→ GPS) und Kommunikation (Übermittlung von Telefongesprächen, Fernsehübertragungen usw.) eingesetzt.

Umlaufbahnen ▸1 ▸2

Jeder Körper, der die Erde unter dem Einfluss der Schwerkraft umkreist, bewegt sich auf einer elliptischen Bahn (Abb. 1), die nur von der Geschwindigkeit und dem Startwinkel abhängt. Der erdnächste Bahnpunkt heißt **Perigäum**, der am weitesten entfernte **Apogäum**. Die Bahnneigung wird durch den Winkel (**Inklination**) angegeben, den die Bahnebene mit der Äquatorialebene bildet. Bei einer Inklination von 0° spricht man von einer äquatorialen Bahn, bei 90° von einer Polarbahn. Inklination und Startort eines Satelliten hängen eng zusammen. Polare Bahnen können von jedem beliebigen Startort aus erreicht werden. Für Bahnen mit einer Inklination kleiner 90° gilt, dass die Inklination, falls nach dem Start keine Bahnkorrekturen vorgenommen werden, nie kleiner als der Breitengrad des Abschussortes wird. Für äquatoriale oder schwach geneigte Bahnen ist deshalb ein Startplatz nahe dem Äquator günstig. Außerdem ist es bei diesen Bahnen vorteilhaft, Satelliten in östliche Richtung zu starten. Man erhält so die Erdrotationsgeschwindigkeit des Startplatzes als zusätzliche Satellitengeschwindigkeit „geschenkt". Die Rotationsgeschwindigkeit ist am Äquator am größten (463 m/s) und nimmt zu den Polen hin ab.
Eine besonders wichtige Bahn ist die äquatoriale Kreisbahn in ca. 35 800 km Höhe, die sogenannte **geostationäre Bahn**. Auf ihr ist die Umlaufzeit eines Satelliten gleich der Dauer einer Erdumdrehung. Dies bedeutet, dass der Satellit für einen irdischen Beobachter am Himmel fixiert ist. Vorteile einer solchen Umlaufbahn sind, dass z. B. Kommunikationssatelliten 24 Stunden für ein festes Gebiet zur Verfügung stehen und Empfänger und Sender von Telefongesprächen oder Fernsehprogrammen fest ausgerichtet werden können und nicht nachgeführt werden müssen. Geostationäre Satelliten werden nicht direkt auf ihre Umlaufbahn gebracht. Bei z. B. einem Start vom Startplatz Kourou (Abb. 2) aus gelangt der Satellit zunächst auf eine sogenannte Transferbahn, eine stark elliptische Bahn mit einem Perigäum von 200 km und einem Apogäum von ca. 35 800 km. Im Apogäum wird ein Zusatztriebwerk (Apogäumstriebwerk) gezündet, wodurch die elliptische Bahn zu einer geostationären Kreisbahn aufgeweitet und die startplatzbedingte Anfangsinklination eliminiert wird.

Satellitenaufbau ▸3 ▸4

Die Grundbestandteile eines Satelliten sind die Systeme zur Energieversorgung, für die Kommunikation und die Lageregelung. Das Energieversorgungssystem besteht i.d.R. aus Solarzellen und aufladbaren Batterien. Die Batterien sind notwendig, um die Energieversorgung aufrechtzuerhalten, wenn die Sonne von der Erde verdeckt wird. Die Antennen dienen dazu, die Telekommunikations- oder Fernsehsignale zu empfangen und weiterzuleiten oder, im Fall von Beobachtungssatelliten, gemessene Daten zur Erde zu senden.
Eine weitere wichtige Aufgabe der Antennenanlage ist es, Daten über Zustand (Temperatur, Stromversorgung usw.) und Position des Satelliten (**Telemetrie**) zu übermitteln und Kommandosignale zu empfangen. Aufgrund der Einwirkung von Störkräften, wie z. B. des Gravitationsfeldes der Sonne oder des Mondes, würde ein Satellit mit der Zeit seinen Orbit und seine Ausrichtung verändern. Deshalb ist ein System zur Lagestabilisierung und Lageregelung notwendig. Die meisten geostationären Satelliten besitzen eine **Dreiachsenstabilisierung** (zum Erdmittelpunkt hin, senkrecht zur Äquatorebene und in Bahnrichtung), die auf der stabilisierenden Wirkung eines oder mehrerer schnell rotierender Schwungräder bzw. Kreisel beruht (→ Trägheitsnavigation). Zur Lageregelung dienen Steuerdüsen, welche an der Außenseite des Satellitengehäuses angebracht sind. Die notwendige Treibstoffmenge begrenzt die maximale Lebensdauer eines Satelliten auf ca. 10 Jahre.
Moderne Satelliten wie der Fernsehsatellit Astra (Abb. 4) sind modular aufgebaut. Sie bestehen aus vier Modulen: **Antriebsmodul** mit Treibstofftanks, Steuerdüsen und Apogäumstriebwerk, **Servicemodul** mit Kommando- und Kontrollsystem, Batterien, Stabilisierungsschwungrad und Stromverteilungssystem, **Kommunikationsmodul** zur Verstärkung und Konvertierung (Umwandlung) von Fernsehsignalen und **Antennenmodul** mit Antennenturm und parabolischen Reflektoren. Das Antennenmodul muss immer auf die Erde ausgerichtet sein. Der modulare Aufbau ermöglicht es, auf spezielle Anforderungen einzugehen.

▸1 Satellitenbahnen

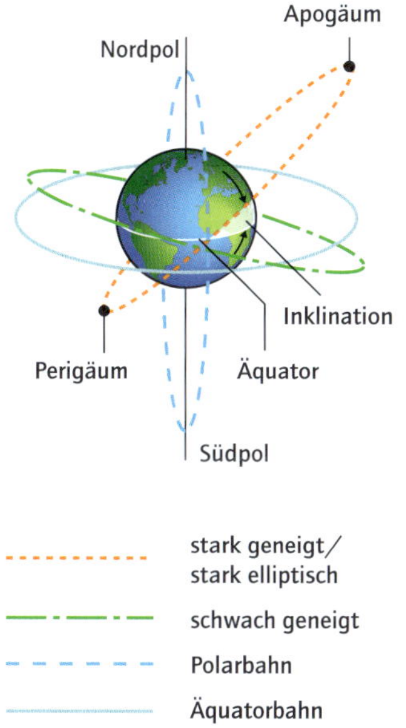

▸2 Einbringen eines Satelliten in die geostationäre Umlaufbahn

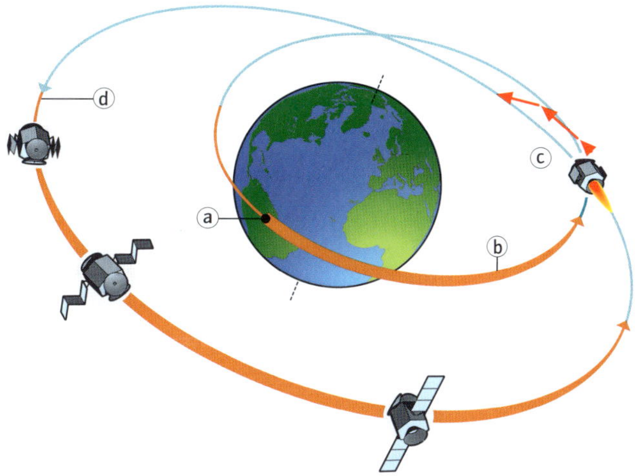

ⓐ Startplatz Kourou in Guayana
ⓑ 10,53° Inklination – 200/35 800 km Transferbahn
ⓒ Zünden des Apogäumstriebwerkes – $\Delta v = 1532\,m/s$
ⓓ 35 800 km geostationäre Umlaufbahn

▸3 Aufbau eines Satelliten

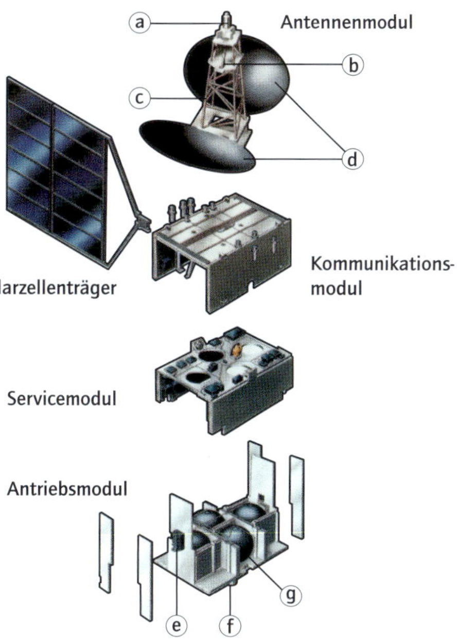

ⓐ Telemetrie-/Kommandoantenne
ⓑ Sende-/Empfangsantenne
ⓒ Antennenturm
ⓓ Reflektoren
ⓔ Steuertriebwerk
ⓕ Apogäumstriebwerk
ⓖ Treibstofftank

▸4 Satellit der Astra-Reihe

Raumstationen

Raumstationen ermöglichen es Astronauten, sich über mehrere Monate im Weltraum aufzuhalten. In der Raumstation wird eine der Erde ähnliche Atmosphäre und Temperatur geschaffen, sodass die Astronauten keine Raumanzüge tragen müssen.
Die **Schwerelosigkeit** in der Raumstation ermöglicht eine Reihe von speziellen Untersuchungen, wie z. B. zum Kristallwachstum oder zum Einfluss der fehlenden Gravitation auf Lebewesen. Ein besonders interessantes Studienobjekt stellen dabei die Astronauten selbst dar. Die Körperfunktionen der Astronauten werden während des Aufenthaltes in der Raumstation ständig kontrolliert. Darüber hinaus bietet die besondere Lage einer Raumstation in der Erdumlaufbahn Möglichkeiten zu Erd- und Weltraumbeobachtungen.
Die erste Raumstation war 1971 die russische Station Saljut 1. Sie hatte eine Lebensdauer von nur sechs Monaten. Ihr folgten die Stationen Saljut 2 bis 5. Die sog. zweite Generation von Raumstationen (Saljut 6 und 7) war betankbar und konnte sich so länger im Orbit halten. Saljut 6 war von 1977–1982 (davon zwei Jahre bemannt) und Saljut 7 von 1982–1988 im All. Auch die amerikanische NASA betrieb ab 1973 mit Skylab eine Raumstation. Sie war allerdings nur bis 1974 bemannt. Danach bewegte sich die Station auf immer engeren Bahnen um die Erde, bis sie schließlich 1979 in die Erdatmosphäre eintrat und verglühte.

Die Raumstation MIR

Die erste auf einen dauerhaften Einsatz ausgelegte Raumstation war die russische Station Mir („Frieden"). Obwohl ursprünglich nur für eine Lebensdauer von fünf Jahren konzipiert, umflog sie die Erde von 1986 bis 2001 in einer Entfernung von 350–400 km, mit einer Inklination (→ Satelliten) von 51,6° und mit einer Umlaufzeit von ca. 90 Minuten.
Die Mir bestand aus dem 1986 gestarteten **Basismodul** und den nachträglich angekoppelten Modulen Kvant 1, Kvant 2, Kristall, Spektr und Priroda. Große Solarzellenträger an den einzelnen Modulen lieferten die benötigte Energie, solange sich die Station außerhalb des Erdschattens befand. Gleichzeitig luden sich die Batterien auf, die die Energieversorgung sicherstellen, wenn sich die Station im Erdschatten bewegt.
Die Besatzung bestand normalerweise aus drei Personen. Der Sauerstoff an Bord wurde durch Elektrolyse aus Wasser erzeugt, das in Tanks mitgeführt sowie durch Luftentfeuchtung und Aufbereitung aus Duschwasser und Urin gewonnen wurde. Den Transport der Besatzung übernahm eine Sojus-TM-Raumkapsel. Eine weitere Ankoppelmöglichkeit gab es am Modul Kristall. Sie diente als Anlegestelle für ein US-Spaceshuttle (→ Raumtransporter) oder eine Sojus-TM-Raumkapsel.

Die Internationale Raumstation ISS ▸1 ▸2

Die Erfahrungen der Mir sind in den Bau und Betrieb der internationalen Raumstation ISS eingeflossen, die als internationales Gemeinschaftsprojekt unter Beteiligung von 15 Staaten betrieben wird. Mit dem Aufbau der in der Endphase 107 m × 80 m großen, aus sechs Labors, zwei Wohneinheiten, drei Verbindungselementen und vier Versorgungsmodulen bestehenden Station wurde Ende 1998 begonnen; am 11. 12. 1998 wurde die Station erstmals betreten. Weitere Module wurden 1999 und 2000 angebracht. Am 31. 10. 2000 startete die ständige, aus amerikanischen und russischen Astronauten zusammengesetzte Mannschaft mit einer Sojus TM von Baikonur aus zur ISS. Im Oktober 2001 flog die erste Europäerin zur ISS. Wegen des Absturzes des Spaceshuttles »Columbia« 2003, bei dem alle sieben Astronauten ums Leben kamen, verzögerte sich die ursprünglich geplante Fertigstellung der ISS jedoch erheblich. Die erste bemannte Mission nach dem Unglück startete am 26. 4. 2003 von Baikonur aus mit einer Sojus TMA-2 zur ISS, die NASA nahm den Shuttlebetrieb erst 2005 wieder auf. In den nachfolgenden Jahren wurden weitere Transport- und Versorgungsflüge der Spaceshuttles durchgeführt und u. a. im Oktober 2007 das Modul »Harmony« zur ISS gebracht, das dazu dient, die drei Weltraumlabore der USA, Europas und Japans miteinander zu verbinden.
Nachdem die Besatzungen der ISS in den ersten Jahren hauptsächlich mit dem Vergrößern der Station sowie Wartungs- und Reparaturarbeiten beschäftigt waren, rückte nach dem Andocken des europäischen Weltraumlabors **Columbus** (Abb. 1) im Jahr 2008 die Forschung stärker in den Vordergrund. Dieses Labor ist knapp 7 m lang, der Durchmesser beträgt 4,5 m. Mehrere Experimentiereinrichtungen dienen u. a. für Untersuchungen an Gewebekulturen und zum Einfluss der Schwerelosigkeit auf den menschlichen Organismus. 2008/09 wurde das japanische Labor **Kibo** montiert, in dessen zentralem Modul vier Astronauten arbeiten können. Kibo besitzt außerdem eine Luftschleuse zur geplanten Außenplattform der ISS, einen zehn Meter langen Roboterarm sowie einen Lagerraum, der ggf. wieder zur Erde transportiert werden kann. Im Februar 2010 wurden die letzten größeren Bauteile zur ISS befördert, das Verbindungsmodul »Tranquility« und die »Cupola«, eine Rundumsichtkuppel, die von der Europäischen Raumfahrtbehörde ESA entwickelt wurde.

▸1 Aufbau des Columbus-Moduls der ISS

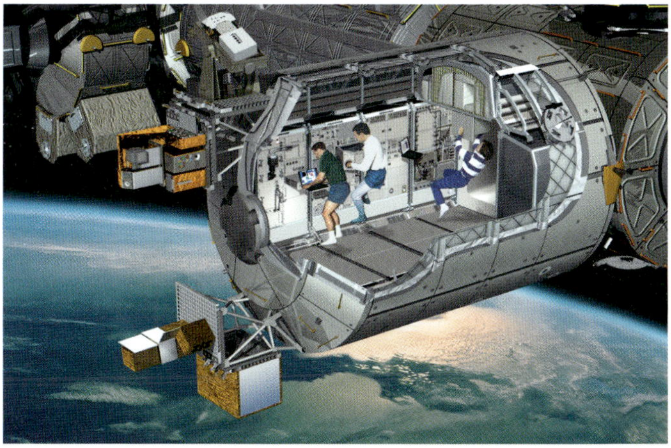

▸2 Die Internationale Raumstation (ISS)

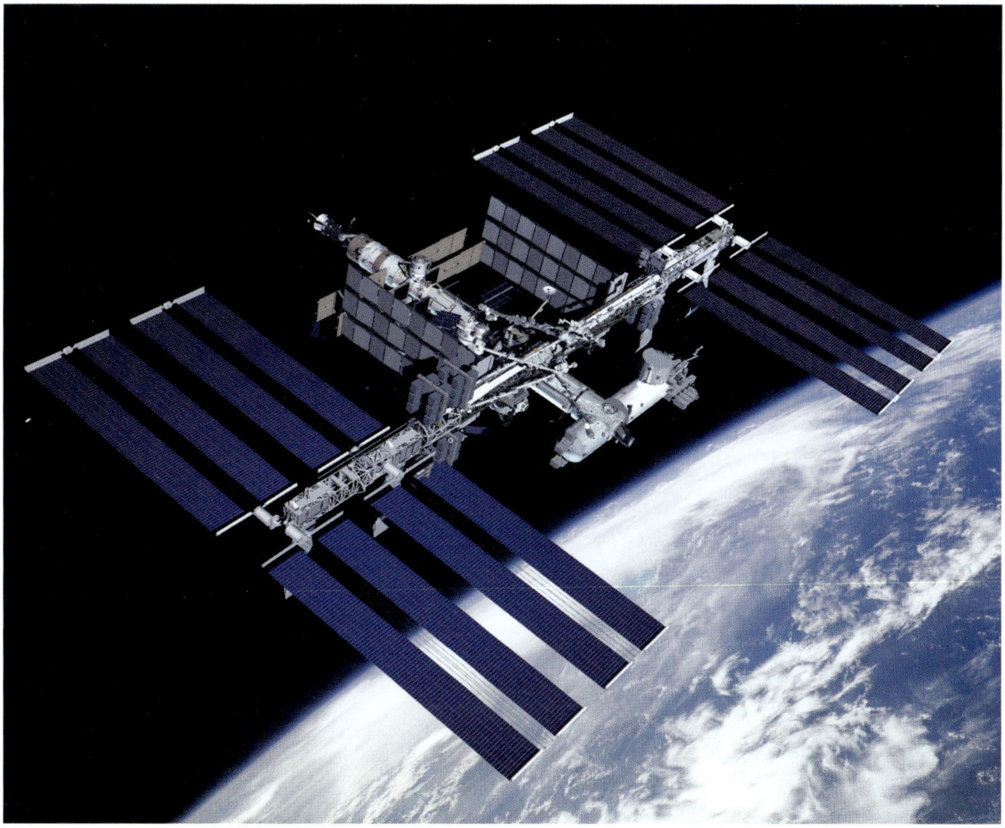

Raumsonden

Raumsonden sind unbemannte Raumflugkörper zur Erforschung der Planeten und der Sonne. Missionsziele können der Vorbeiflug, das Einschwenken in eine Umlaufbahn oder die Landung auf dem Zielobjekt (z. B. Planet oder Mond) sein. Raumsonden ermöglichen Beobachtungen, die von der Erde aus nicht möglich sind. So lieferte beispielsweise 1959 die Mondsonde Luna 3 die ersten Bilder von der erdabgewandten Seite des Mondes. Solche Beobachtungsmissionen liefern die Planungsgrundlagen (Landeplätze, atmosphärische Verhältnisse etc.) für Missionen, die eine Landung (bemannt oder unbemannt) auf dem jeweiligen Planeten vorsehen.

Flug einer Raumsonde ▸1

Die vorgesehene Flugbahn der Raumsonde wird unter Berücksichtigung der Gravitationswirkung der Sonne und der Planeten berechnet. Nachdem die Sonde die Anziehung der Erde überwunden hat, bewegt sie sich auf einer Umlaufbahn um die Sonne. Diese Bahn wird durch die Gravitation der nahe gelegenen Planeten beeinflusst. Bei einem Vorbeiflug an einem Planeten kann die Sonde je nach Größe des Gravitationsfeldes und der Eigenbewegung des Planeten eine zusätzliche Beschleunigung erhalten. Man bezeichnet dies als **Swing-by-Manöver**. Es ermöglicht, bei gleicher Treibstoffmenge die wissenschaftliche Nutzlast der Sonde erheblich zu erhöhen oder ihre Reisezeit zu reduzieren, was insbesondere bei Reisen zu den äußeren Planeten unseres Sonnensystems vorteilhaft ist. So nutzte die Raumsonde Galileo das Gravitationsfeld der Venus und der Erde, um sich auf ihre sechsjährige Reise zum Jupiter zu „katapultieren". Dabei konnte sie vor Erreichen ihres eigentlichen Zieles noch etliche Untersuchungen vornehmen (Abb. 1).
Eine solche Kursplanung erfordert beim Start eine bestimmte Planetenkonstellation. Die Zeitspanne, in der diese gegeben ist, bezeichnet man als **Startfenster**. Es kann für mehrere Wochen offen und danach für mehrere Jahre geschlossen sein.

Aufbau einer Raumsonde

Die wissenschaftliche Nutzlast wird durch die durchzuführenden Untersuchungen und das Missionsziel bestimmt. Für Beobachtungen aus dem Orbit oder beim Vorbeiflug an Planeten werden CCD-Kameras (→ Videokameras) verwendet. Die chemische Zusammensetzung der Oberfläche oder der Atmosphäre lässt sich mit Spektrometern bestimmen. Für genauere Untersuchungen ist dabei eine Landung bzw. ein Durchfliegen der Atmosphäre notwendig. Eine Alternative zur Landung der ganzen Raumsonde ist das Aussenden einer kleinen Landesonde. Andere Messgrößen wie z. B. Magnetfelder oder geladene Teilchen können mit entsprechenden Sensoren von der Raumsonde direkt bestimmt werden.
Die Grundbestandteile des nicht-wissenschaftlichen Teils einer Raumsonde sind ein Energieversorgungssystem, ein Navigationssystem, Antennen zur Übermittlung von Telemetrie- und Messdaten und zum Empfang von Kommandosignalen sowie je ein System zur Lageregelung und Lagestabilisierungs (→ Trägheitsnavigation, → Satelliten).

Die Huygens-Cassini-Mission ▸2

Dieses gemeinsame Projekt von NASA, ESA und der italienischen Weltraumagentur ASI dient zur Erforschung des Saturnsystems. Die Mission besteht aus zwei Komponenten, der Raumsonde **Cassini** (Masse 5,6 t, Länge 6,8 m, Durchmesser 4 m) und der Landesonde **Huygens** (Masse 343 kg, Durchmesser 2,7 m). Zur Energieversorgung dienen drei Radioisotopengeneratoren mit insgesamt 33 kg Plutoniumdioxid, die wissenschaftliche Nutzlast besteht u. a. aus mehreren Spektrometern, Fernsehkameras, Radar, Funkempfänger, Detektoren für kosmischen Staub und einem Magnetometer. Die Raumsonde flog zunächst an Venus, Erde und Jupiter vorbei, durch deren Gravitation sie beschleunigt wurde. Im Juli 2004 trat die Raumsonde als erste Sonde überhaupt in eine Umlaufbahn um den Saturn ein und übermittelt seitdem Nahaufnahmen vom Saturn und seinen Satelliten. Zwar dauerte die Primärmission nur bis Juli 2008, doch inzwischen wurde eine Verlängerung bis 2017 beschlossen.
Hauptziel von Cassini-Huygens war **Titan**, der größte Satellit des Saturn. Er ist von großem wissenschaftlichem Interesse, da viele seiner Eigenschaften denen der Planeten des inneren Sonnensystems ähneln. Am 25. 12. 2004 trennte sich die Sonde Huygens von Cassini, drang am 14. 1. 2005 in die Atmosphäre des Titans ein und landete auf dessen Oberfläche. Während des gesamten zweieinhalbstündigen Durchgangs durch die Atmosphäre wurden chemische, physikalische und meteorologische Messungen ausgeführt und schließlich Bilder von der Oberfläche übermittelt.
Raumsonden werden auf längere Zeit die einzige Möglichkeit sein, den anderen Planeten unseres Sonnensystems einen „Besuch" abzustatten, wobei die immensen Kosten Kooperationen mehrerer Staaten erforderlich machen. Dies ist einer der Gründe, warum Raumsonden in den nächsten Jahren vornehmlich den Mars untersuchen werden: Die kürzere Entfernung von der Erde und die nicht zu extremen Umweltbedingungen bedeuten weniger Aufwand.

▸1 Interplanetarische Flugbahn am Beispiel der Raumsonde Galileo

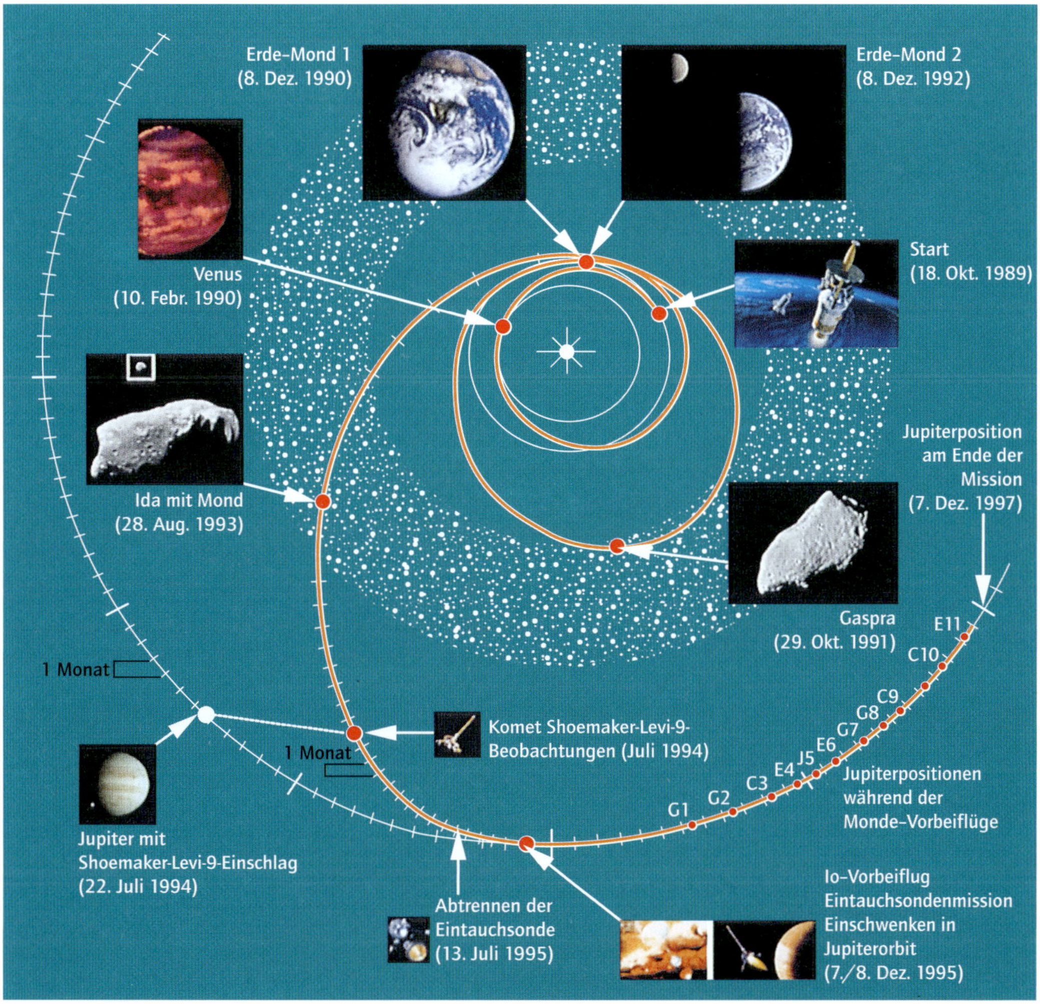

▸2 Die Raumsonde Cassini-Huygens

Marssonde und Marsfahrzeug

Bei Marsmissionen kommen spezielle Marssonden und -fahrzeuge zum Einsatz. Hauptzweck der Pathfinder-Mission 1997 war es, neue Technologien, z. B. den Einsatz eines kleinen, frei beweglichen Fahrzeugs, zu erproben. Der wissenschaftliche Teil der Mission umfasste neben Untersuchungen des Wetters auf dem Mars auch mineralogische Studien. Zu diesem Zweck brachte ein kleines, von der Erde ferngesteuertes Fahrzeug, der Marsrover Sojourner, das Untersuchungsgerät AXPS zu mehreren Gesteinsbrocken in der Nähe von Pathfinder. Die Erforschung der Marsoberfläche setzten mehrere amerikanische Sonden und die europäische Mars Express aus der Umlaufbahn fort; sie erreichte ihren vorläufigen Höhepunkt mit der Landung der beiden Marsrover Spirit und Opportunity der Mission Mars Exploration Rover. Die 2005 gestartete NASA-Sonde Mars Reconnaissance Orbiter sandte Tausende Marsfotos zur Erde, der 2008 auf dem Mars gelandeten Sonde Phoenix gelang es, eine Probe des Permafrostbodens im Nordpolargebiet des Planeten zu analysieren.

Marssonde ▸2

Die am 12. 8. 2005 gestartete NASA-Sonde **Mars Reconnaissance Orbiter (MRO)** verfolgt das Ziel, die Marsoberfläche detailliert zu erforschen. Sie erreichte den Planeten im März 2006.

Zu den wichtigsten Aufgaben der Marssonde zählen dabei die Erfassung der gegenwärtigen klimatischen Bedingungen und der Mechanismen der jahreszeitlichen Änderungen, die Identifizierung von Landschaftsformen, die auf die Einwirkungen von Wasser zurückgehen, die Suche nach hydrothermalen Quellen und die Auswahl von geeigneten Landeplätzen für künftige unbemannte und bemannte Missionen. Die Sonde ist mit sechs Instrumenten ausgestattet, darunter drei Kamerasysteme zur Untersuchung der Atmosphäre, der Oberfläche und des Untergrundes.

Mit dem **High Resolution Imaging Science Experiment (HiRISE),** der hochauflösendsten Kamera, die je auf einer Planetenmission eingesetzt wurde, kann die Sonde aus 300 km Höhe Aufnahmen mit einer maximalen vertikalen Auflösung von 20–30 cm pro Pixel zu erzeugen. Eine typische Aufnahme der HiRISE-Kamera ist 20 000 × 40 000 Pixel groß, also ca. 800 Megapixel, und wird zunächst auf dem 28-GBit-Speicher der Kamera zwischengespeichert. Die Übertragung zur Erde benötigt dann in Abhängigkeit von der Erde-Mars-Entfernung und des Kompressionsfaktors 4 bis 48 Stunden.

Marsfahrzeug (Rover) ▸1 ▸3

Der **Marsrover Sojourner** war während der Reise zum Mars auf eine Höhe von nur 18 cm zusammengefaltet (Abb. 1). Nach dem Ausklappen konnte sich Sojourner mit einer Fahrgeschwindigkeit bis zu 1 cm/s auf dem Mars fortbewegen.

Die Mission **Mars Exploration Rover** setzte im Januar 2004 die beiden baugleichen Rover Spirit und Opportunity (Abb. 3) auf jeweils entgegengesetzten Halbkugeln des Mars ab. Die Abbremsung erfolgte einerseits durch die Reibung der dünnen Marsatmosphäre, andererseits durch den Einsatz von Fallschirm, Bremsraketen und Airbags. Die Fahrzeuge sind zur Stromversorgung mit Solarpaneelen und u. a. mit verschiedenen Spektrometern und Hochleistungskameras ausgestattet. Eine hochauflösende Panoramakamera bildet für jeden neu angefahrenen Ort das umgebene Gelände ab und hilft dabei, Steine und Böden als Untersuchungsziele auszuwählen und neue Fahrziele für die Rover zu definieren. Ein **Mößbauer-Spektrometer** dient zur Bestimmung eisenhaltiger Mineralien. Es ist am Roboterarm angebracht und wird auf Steine oder an den Boden gehalten. Das Instrument benutzt zwei Kobalt-57-Quellen zur Kalibrierung seiner Messungen. Es ist eine verkleinerte Version von Spektrometern, die Geologen auch verwenden, um Steine und Böden auf der Erde zu untersuchen. Da Kobalt-57 eine Halbwertszeit von 271 Tagen hat, dauern Untersuchungen hiermit inzwischen erheblich länger als zu Beginn der Mission. Das Spektrometer kann auch die magnetischen Eigenschaften von Oberflächen bestimmen. Mit dem **APX-Spektrometer,** einer verbesserten Version eines schon bei Sojourner benutzten Instruments, wird die Zusammensetzung von Steinen analysiert. Hierzu wird das Objekt mit Alphateilchen aus einer Curium-244-Quelle beschossen. Sie können an den Atomen des Objekts zurückgestreut werden oder die Emission von Röntgenstrahlen oder Protonen bewirken. Die Energie der emittierten oder rückgestreuten Teilchen ist charakteristisch für jedes Atom. So lässt sich aus der Zahl der detektierten Teilchen bei einer bestimmten Energie auf die Häufigkeit des entsprechenden Elements im Objekt schließen. Jeder Rover fährt auf sechs Aluminiumrädern von jeweils 26 cm Durchmesser. Das speziell entwickelte Fahrgestell kann über Steine rollen, die höher als der Durchmesser eines Rades sind. Spirit blieb im Mai 2009 endgültig im Sand stecken und dient nun als stationäre Forschungsstation. Beide Rover fanden Anzeichen dafür, dass es vor langer Zeit einmal eine längere feuchte Periode auf dem Mars gegeben haben muss. Sie entdeckten auch Veränderungen durch Wasser an Gesteinen und Mineralien.

‣1 Der zusammengefaltete Marsrover Sojourner

‣2 Der Mars Reconnaissance Orbiter (MRO) über dem Marspol

‣3 Der Mars Exploration Rover mit Panoramakamera

Grundlagen der Gentechnik

Die Erbsubstanz beinahe aller Lebewesen, vom einfachen Bakterium bis zum Menschen, besteht aus doppelsträngiger **DNA** (engl. **d**eoxyribo**n**ucleic **a**cid = Desoxyribonukleinsäure) und enthält die sogenannten Gene. Diese sind für die Ausbildung der Merkmale, in den meisten Fällen durch die Produktion von Proteinen (Eiweißen), verantwortlich. Die Umsetzung eines Gens in das von ihm kodierte Protein erfolgt bei allen Lebewesen über zwei Schritte: die **Transkription** (Übertragung) der DNA in die **Boten-RNA** (Messenger-RNA, mRNA; engl. **r**ibo**n**ucleic **a**cid, Ribonukleinsäure) und die **Translation** (Umsetzung) der Boten-RNA in das entsprechende Protein (Abb. 1). Diese Gemeinsamkeiten aller Lebewesen macht Gentechnik erst möglich.
Alle gentechnischen Methoden dienen der gezielten Veränderung von Erbgut und dem Einbringen des neu kombinierten (rekombinierten) genetischen Materials in lebende Zellen, um es dort wirken zu lassen. Diese **Wirtszellen** erhalten durch den Einbau der gewünschten genetischen Informationen die Fähigkeit, Proteine zu produzieren, die sie normalerweise nicht herstellen würden. Wirtszellen werden entweder als Vervielfältigungsmaschinen für die rekombinierte DNA eingesetzt oder sie dienen als „Fabriken" für die Produktion der Proteine, deren Gene übertragen wurden.

Die Geburtsstunde der Gentechnik ▸2

1973 hatte Stanley Cohen, der gemeinsam mit Herbert Boyer DNA neu kombinierte, bei seinen Arbeiten sogenannte **Plasmide** entdeckt. Diese kleinen Ringe aus DNA findet man in Bakterien, wo sie Träger von Erbinformation sind. Mithilfe der Gene von Plasmiden sind Bakterien beispielsweise in der Lage, für sie schädliche Antibiotika abzubauen und somit resistent (widerstandsfähig) gegen diese Medikamente zu werden. Cohen und Boyle „zerschnitten" zwei Plasmide, die Bakterien gegen verschiedene Antibiotika widerstandsfähig machten, und rekombinierten diese im Reagenzglas (Abb. 2). Die so entstandenen Plasmide wurden in Bakterien übertragen, die anschließend gegen beide Antibiotika resistent waren.

Rekombination von DNA ▸3

Die „Werkzeuge", die Cohen und Boyle 1973 verwendeten, sind auch heute noch die wichtigsten Hilfsmittel der Gentechniker: **Restriktionsenzyme** (Restriktionsendonukleasen). Diese Enzyme können das Rückgrat der DNA aus Zucker- und Phosphorsäuremolekülen an genau definierten Stellen zerschneiden. Jedes Restriktionsenzym erkennt seine Schnittstelle anhand einer charakteristischen Abfolge der DNA-Bausteine (Abb. 3). Dem Gentechnologen stehen heute Hunderte dieser sehr spezifischen „kleinen Helfer" zur Verfügung. Die Namen der meisten Restriktionsenzyme leiten sich vom Namen des Bakteriums ab, in dem das Protein natürlicherweise vorkommt.
Zur Rekombination von DNA müssen die zerschnittenen Fragmente wieder miteinander verklebt werden. Diese Aufgabe nehmen **Ligasen** wahr, die als Enzyme in jedem Lebewesen vorkommen. Sie sorgen dafür, dass Lücken im Rückgrat der DNA geschlossen werden (Abb. 3). Neben den winzigen Scheren (Restriktionsenzymen), mit denen der Gentechniker DNA zerschneidet, und dem molekularen Kleber (Ligasen), mit dessen Hilfe DNA-Stücke wieder verbunden werden können, benötigt man in der Gentechnik Zellen, die rekombinierte DNA aufnehmen und vervielfältigen können. Für diese Aufgabe werden Einzeller, wie Bakterien (z. B. das Darmbakterium *E.-coli*) und Hefen (z. B. die Bierhefe), oder Zellkulturen von tierischen oder menschlichen Zellen verwendet.

Methoden zur Übertragung der DNA ▸2

Die Übertragung der rekombinierten DNA in die vorbereiteten Wirtszellen, die Transformation der DNA, kann durch verschiedene Methoden vorgenommen werden. Die bei Mikroorganismen wie Bakterien und Hefezellen am häufigsten verwendete Methode ist die **Elektroporation**. Dabei werden die vorbehandelten Mikroorganismen mit der rekombinierten DNA in spezielle Gefäße gegeben und in ein starkes elektrisches Feld gebracht. Durch das anliegende elektrische Feld werden die Zellmembranen für große Moleküle durchlässig, und die rekombinierte DNA kann in die Zelle eindringen. Die Übertragung von rekombinierter DNA in tierische Zellen erfolgt zum Teil durch direktes Einspritzen der DNA in die Zellen.
Da nicht alle Zellen bei der Transformation die rekombinierte DNA aufnehmen, muss anschließend eine Trennung (Selektion) zwischen transformierten und nicht transformierten Zellen durchgeführt werden (Abb. 2). Die Zellen werden dazu auf ein **Selektionsmedium** gegeben. Zur Selektion dienen meist Antibiotikaresistenzen, die durch die rekombinierten Plasmide vermittelt werden. Nur Zellen, die rekombinierte DNA tragen, können die im Selektionsmedium enthaltenen Antibiotika unschädlich machen und überleben. Alle nicht transformierten Zellen sind empfindlich gegenüber den eingesetzten Antibiotika und sterben ab.

▸1 Die Umsetzung der Erbinformation

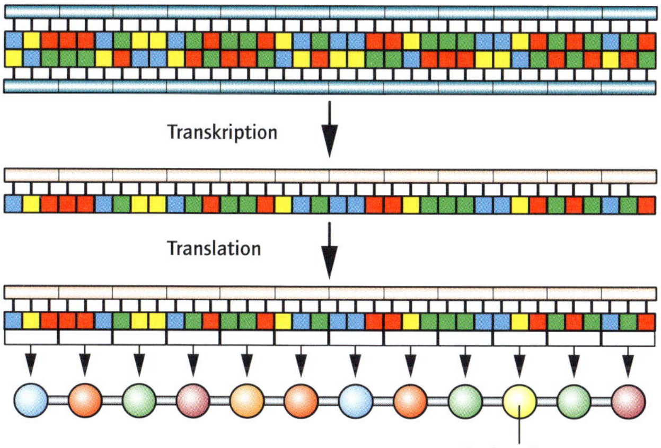

▸2 Rekombinierte DNA

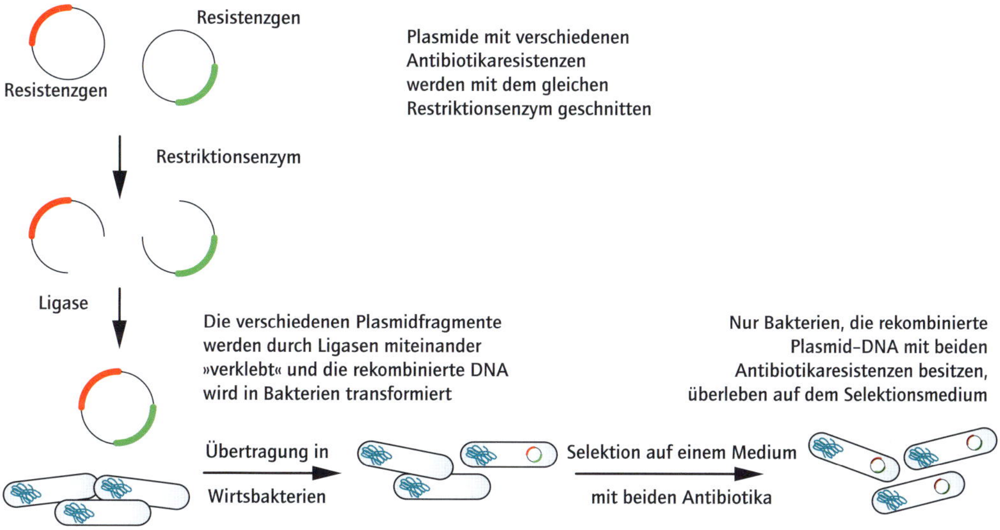

▸3 Die Werkzeuge der Gentechnik

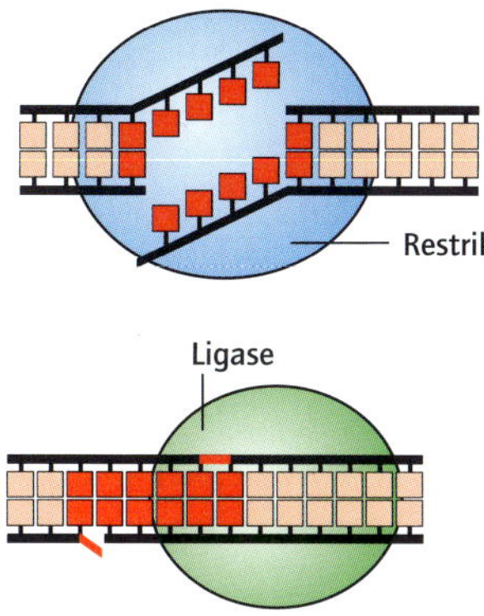

Gentechnik im Lebensmittelbereich

Die Anwendung gentechnischer Methoden in der Lebensmittelproduktion konzentriert sich heute auf die Produktion von Lebensmittelhilfsstoffen und die Z üchtung von Nutzpflanzen mit neuen Eigenschaften. Die Forschung versucht mithilfe der Gentechnik Pflanzen zu züchten, die gegen Krankheiten und Herbizide (Mittel zur Unkrautvernichtung) widerstandsfähig sind oder als nachwachsende Rohstoffe industriell verwertet werden können.

Lebensmittelhilfsstoffe

Lebensmittelhilfsstoffe werden u.a. zur Herstellung von Lebensmitteln benötigt wie z.B. das Enzym Chymosin (**Labferment**), das zum Dicklegen von Milch bei der Käseherstellung genutzt wird. Chymosin kann auf natürlichem Wege aus den Mägen von geschlachteten Kälbern oder gentechnisch durch **heterologe Expression** (→Gentechnik in der Medizin) hergestellt werden. Beide Enzyme sind absolut identisch. Neben Chymosin gibt es eine Reihe weiterer Enzyme, die gentechnisch produziert werden. Man findet sie als Fett abbauende **Lipasen** in Waschmitteln ebenso wie als **Glucoseoxidase** in Teststreifen zur Blutzuckerbestimmung.

Pflanzenzüchtung ▸1 ▸2 ▸3

Eine weit größere Rolle spielt die Gentechnik bei der Züchtung von Nahrungs- und Nutzpflanzen. Durch den Einsatz der Gentechnik in der Pflanzenzüchtung wird versucht, den wichtigsten Nutzpflanzen neue Eigenschaften zu geben.

Einer der wichtigsten Helfer in der „grünen Gentechnik" ist ein Bodenbakterium mit dem Namen Agrobacterium tumefaciens. Dieser Mikroorganismus ist in der Lage, einen Teil seines Erbgutes, die sogenannte T-DNA, in Pflanzenzellen zu übertragen. Diese Übertragung löst bei Pflanzen das Wachstum von tumorartigen Geschwulsten, den sogenannten Wurzelhalsgallen aus. Anstelle der tumorauslösenden Gene können andere Gene mit speziellen Eigenschaften in die T-DNA eingebaut und so in die Pflanze übertragen werden (Abb. 1). Diese Methode ist sehr effektiv, kann aber nicht bei allen Pflanzen angewendet werden.

Eine weitere Methode zur DNA-Übertragung ist die Protoplasten-Transformation. Aus Pflanzenzellen werden durch Behandlung mit Enzymen Protoplasten, d. h. Zellen ohne Zellwand, hergestellt. Diese Protoplasten werden mit der rekombinierten DNA vermischt. Dabei dringt ein geringer Teil der DNA in die Zellen ein. Die Effektivität dieser Methode ist gering. Eine weitere Übertragungsmethode ist der Beschuss mit DNA.

Inzwischen wurde eine Vielzahl von Genen durch die eine oder andere Methode in Pflanzen eingebracht, so z.B. ein Gen, das die Widerstandsfähigkeit gegen ein nichtselektives Herbizid mit dem Markennamen BASTA vermittelt. Bei BASTA handelt es sich um Phosphinotricin, einen Stoff, der das pflanzliche Enzym Glutaminsynthetase hemmt, wodurch der Stickstoffstoffwechsel der Pflanze gestört wird und diese abstirbt (Abb. 2). Um eine Nutzpflanze gegen BASTA resistent zu machen, wird das Gen der Phosphinotricin-Transacetylase (PPT-Transacetylase) aus einem Bodenbakterium in die Pflanze eingebracht. In der entstandenen transgenen Pflanze wird nun die bakterielle PPT-Transacetylase produziert, wodurch das Phosphinotricin so verändert wird, dass es die Glutaminsynthase nicht mehr hemmen kann. Das Resultat ist, dass die transgene Pflanze trotz des Einsatzes von Phosphinotricin überlebt. In den Vereinigten Staaten werden BASTA-resistente Pflanzen wie Sojabohnen und Baumwolle bereits auf großen Flächen angebaut.

Ein bekanntes Beispiel für eine gentechnisch veränderte Pflanze ist die **Flavr-Savr** oder „Anti-Matsch"-Tomate (Abb. 3). In diese Tomate wird ein sogenanntes **Antisens-Konstrukt** (Gegensinnkonstrukt) für das Enzym Polygalacturonase (PG) eingebracht. Normalerweise zerstört die PG in reifenden Tomaten die stabilisierenden Zellwände; die Tomate wird entsprechend matschig und unansehnlich. Um diesen Prozess aufzuhalten, wird das Gen für die PG in umgekehrter Orientierung in die DNA der Tomatenpflanzen eingebracht. Die Transkription (Umsetzung) dieses Antisense-PG-Genduplikats führt zu einer Antisense-mRNA (→ Grundlagen der Gentechnik), die ergänzend zur natürlichen mRNA der PG ist. Die Folge ist, dass beide RNA-Stränge miteinander verkleben und in dieser Form nicht mehr in Proteine übersetzt werden können. Die Tomate bildet daher keine aktive PG und bleibt auch im vollreifen Zustand lange fest. Diese Tomate wurde allerdings 1997 in den USA wieder vom Markt genommen, vor allem weil sie vom Verbraucher nicht gekauft wurde.

In der Pflanzenzüchtung versucht man, wichtige Nutzpflanzen wie Kartoffeln, Zuckerrüben oder Getreidepflanzen mithilfe gentechnischer Methoden resistent gegen Schädlinge zu machen. Ziel dieser Bemühungen ist es, den heutigen Nutzpflanzen wieder Abwehrmechanismen gegen Pflanzenschädlinge zu geben.

Der Einsatz gentechnischer Methoden ist besonders im Bereich der Lebensmittelproduktion umstritten.

▸1 Neue Methoden der Pflanzenzüchtung

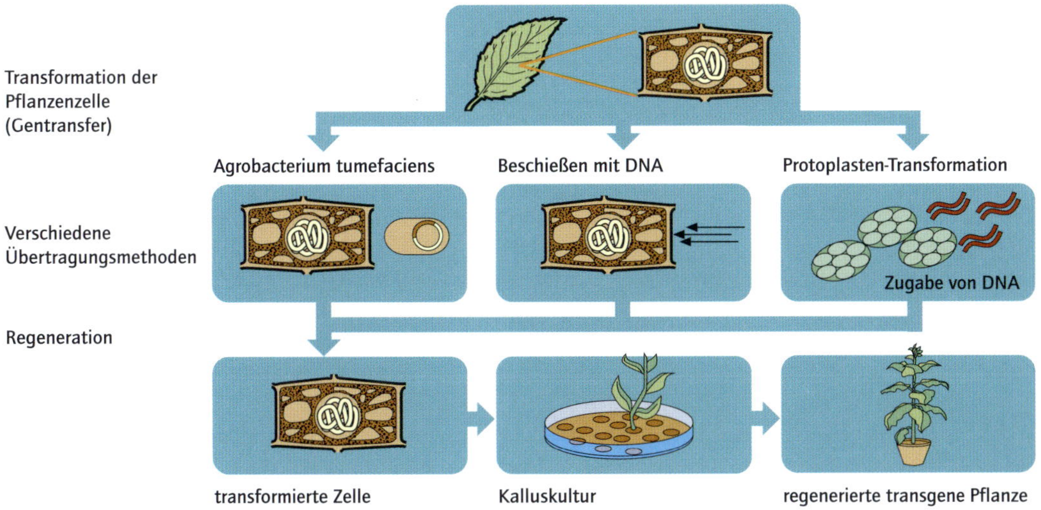

▸2 BASTA-Resistenz

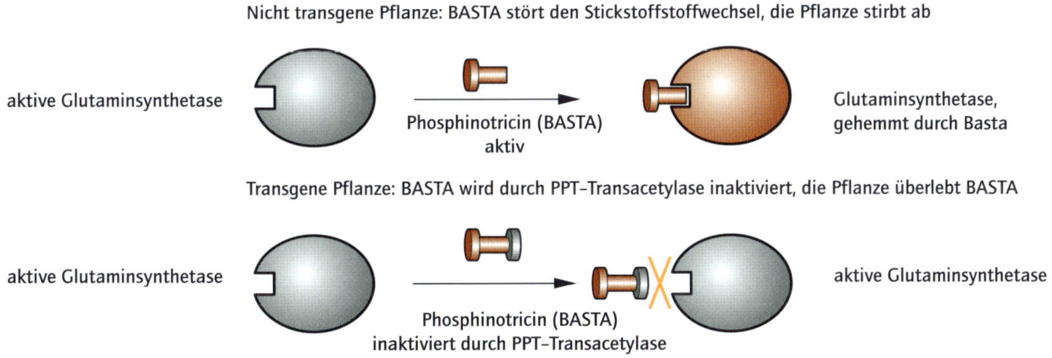

▸3 Die »Flavr-Savr«-Tomate

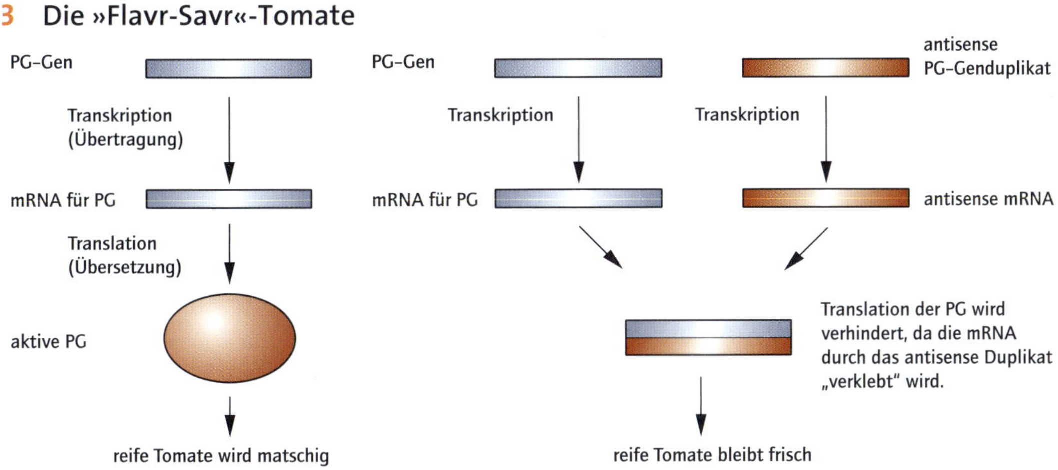

Gentechnik in der Medizin

Auf dem medizinischen Sektor gilt die Gentechnik mittlerweile als unverzichtbares „Werkzeug“ sowohl bei der Produktion von neuen Medikamenten als auch bei der einfachen und schnellen Diagnose von Erb- und Infektionskrankheiten.

Herstellung gentechnischer Produkte ▸1

Eine ganze Reihe von pharmazeutisch wirksamen **Proteinen** wird heute mithilfe gentechnisch veränderter Mikroorganismen in großen Anlagen produziert. Mithilfe der Gentechnik kann man heute menschliches Insulin durch **heterologe Expression** in Mikroorganismen herstellen (Abb. 1). Im ersten Schritt dieses aufwendigen Prozesses wird Boten-RNA (mRNA, → Grundlagen der Gentechnik) aus den Zellen isoliert, die normalerweise Insulin produzieren. Die gesamte mRNA wird über reverse Transkription (umgekehrte Umsetzung) in eine doppelsträngige DNA-Kopie (copyDNA, cDNA) umgeschrieben, die für die folgenden Arbeitsschritte notwendig ist. Anschließend wird die cDNA in **Plasmide** (→ Grundlagen der Gentechnik) eingebaut (rekombiniert) und die rekombinierte DNA in Mikroorganismen (E.-coli-Bakterien) transformiert. Es folgen mehrere Trennungsschritte, um den Mikroorganismus zu isolieren, der die cDNA für das menschliche Insulin enthält. Dieser **Klon** wird in bestimmte Nährmedien gebracht und beginnt mit der Produktion des rekombinanten Humaninsulins. Das Insulin wird über mehrere Arbeitsschritte aus den Mikroorganismen isoliert und aufgereinigt, bis es schließlich verwendet werden kann.

Gendiagnose und -therapie ▸2 ▸3

Ein weiteres wichtiges Anwendungsgebiet ist die **Gendiagnostik**. Die Ursachen vieler Erbkrankheiten sind heute bis ins Detail verstanden, und man kann mithilfe von DNA-Sonden („DNA-Sucher“) nach fehlenden oder beschädigten Genen suchen, die für die Ausbildung der Krankheit verantwortlich sind. Als DNA-Sonden bezeichnet man kleine Stückchen DNA, die komplementär mit dem gesuchten Gen oder Teilen davon sind. Um die DNA-Sonden nach ihrer Bindung wieder zu finden, sind diese radioaktiv oder fluoreszierend markiert. Für die Untersuchungen (Abb. 2) wird eine winzige Menge DNA aus Blutproben oder Fruchtwasser der Testperson isoliert und mithilfe von **Restriktionsenzymen** (→ Grundlagen der Gentechnik) in kleine Fragmente zerschnitten. Diese werden nach ihrer Größe auf einem elektrisch neutralen Gel (meist Agarose-Gel) durch Gelelektrophorese, ein biochemisches Trennverfahren, getrennt. Anschließend wird die doppelsträngige DNA durch chemische Behandlung in ihre Einzelstränge aufgeteilt und diese auf einen DNA-bindenden Filter (z. B. aus Nitrozellulose) übertragen. Dieses Verfahren nennt man **Southern-Blot**. Nun kann mithilfe von DNA-Sonden, die die DNA-Sequenz des gesuchten Gens erkennen, nach einem Defekt gesucht werden.

Eine zweite Technik, die in der Gendiagnostik häufig angewendet wird, ist die **Polymerase-Kettenreaktion** (**PCR**, engl. **p**olymerase **c**hain **r**eaction). Mithilfe dieser Technik ist es möglich, bestimmte Gene aus dem Erbgut zu vervielfältigen. Dazu benötigt man nur zwei kurze DNA-Stücke vom Anfang und vom Ende des gesuchten Gens, die sogenannten **Primer**, und ein Enzym, die **DNA-Polymerase**, das in der Lage ist, DNA zu vervielfältigen. Anhand der Abweichungen zwischen bei der Vervielfältigung erzieltem und berechnetem PCR-Produkt kann eine **Insertion** (Einfügung von zusätzlicher DNA im Gen) oder eine **Deletion** (Verkürzung) nachgewiesen werden.

Klinische Studien zu **somatischen Gentherapien** beschränken sich derzeit noch auf Zellen, die außerhalb des menschlichen Körpers kultiviert und transformiert werden können, wie z. B. die Zellen des menschlichen Blutes. Dabei werden im ersten Schritt dem Patienten Zellen entnommen, die das defekte Gen tragen (Abb. 3). Diese werden außerhalb des Körpers kultiviert und mithilfe eines speziellen Vektors (Nukleinsäuremolekül, das als Träger dient) mit einer intakten Kopie des defekten Gens transformiert. Die so erhaltenen „geheilten“ Zellen werden dem Patienten per Infusion verabreicht. Im Körper erzeugen die transformierten Zellen dann das dem Patienten fehlende Protein.

In Zukunft soll durch somatische Gentherapie ein intaktes Gen direkt in genetisch defekte Zellen geschleust werden. Dazu müsste z. B. im Falle von Diabetes ein intaktes Insulin-Gen direkt in die langerhansschen Zellen der Bauchspeicheldrüse des Patienten eingebracht werden und dort dauerhaft für die Expression des lebenswichtigen Hormons sorgen. Leider stehen bisher nicht die geeigneten Mittel zur Verfügung, um einen so gerichteten Gentransfer zu bewerkstelligen.

Die moderne Medizin ist ohne die Anwendung gentechnischer Methoden praktisch nicht mehr denkbar. Die Produktion vieler pharmazeutisch wirksamer Proteine ermöglicht es, gezielt wirkende Medikamente herzustellen. Umstritten ist die Anwendung der Gentechnik in der medizinischen Diagnostik, da viele Erbkrankheiten mithilfe dieser Methoden zwar diagnostiziert, nicht aber geheilt werden können.

▸1 Die gentechnische Produktion

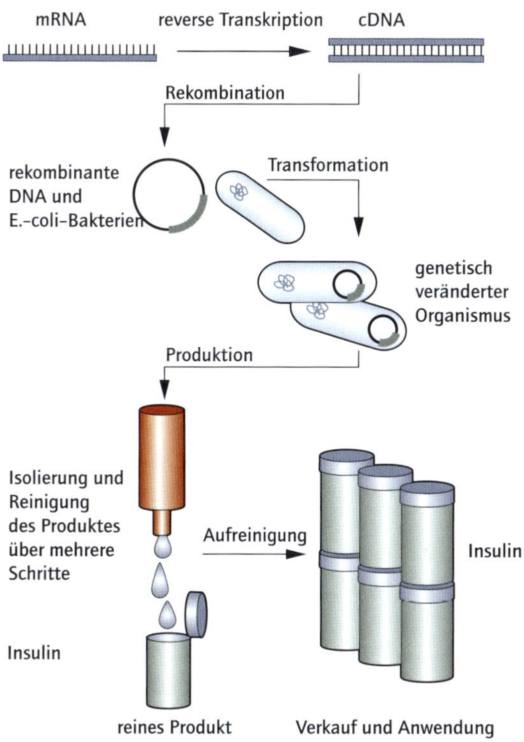

▸2 Gendiagnose durch Southern-Blot

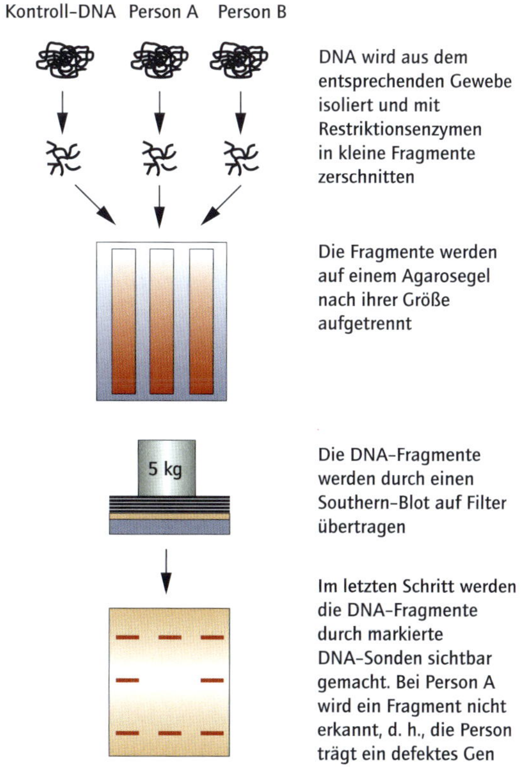

▸3 Prinzip der somatischen Gentherapie

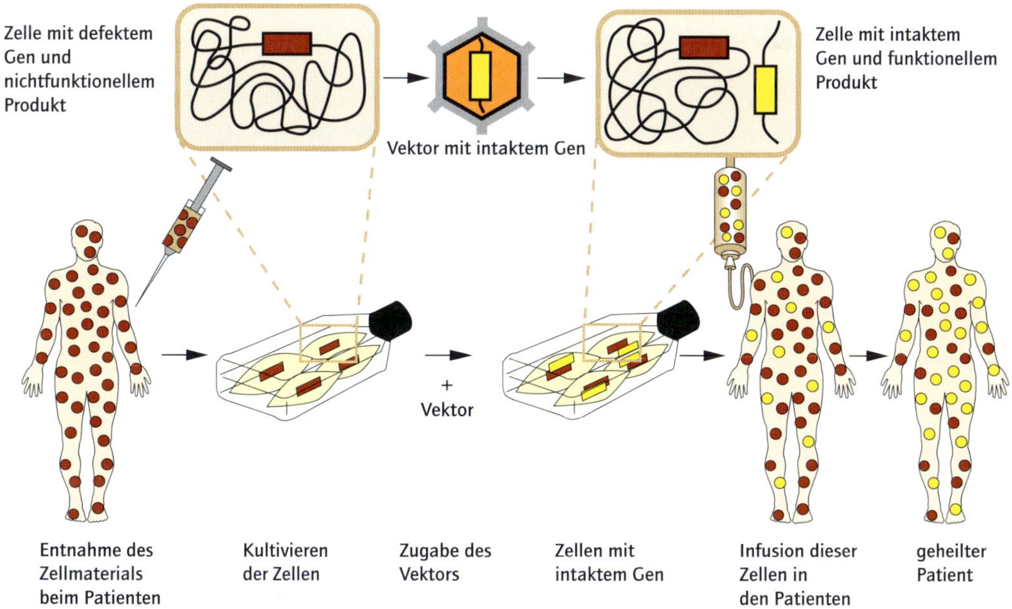

Bioverfahrenstechnik

Verfahrenstechnik ist jene Teildisziplin innerhalb der Ingenieurswissenschaften, die sich mit der Umwandlung von Stoffen beschäftigt. Der Bogen reicht dabei von Bergbau und Rohstoffaufarbeitung über Chemieindustrie und Lebensmitteltechnik bis hin zu Umwelt-, Abwasser- und Entsorgungstechnologien. Klassisch geht es darum, physikalische und chemische Prinzipien in technische Funktionen umzusetzen. Die Bioverfahrenstechnik speziell betrachtet Prozesse der Biotechnologie, d. h. Prozesse, die auf biologischen Prinzipien beruhen, und setzt sie in den industriellen Maßstab um (Abb. 1).

Biotechnologie und Mikroorganismen

In entscheidenden Verfahrensschritten arbeitet die Biotechnologie mit Mikroorganismen (Bakterien, Hefen u. a. Pilzen). Dabei spielt es zunächst keine Rolle, ob sie gentechnisch verändert sind oder ihre natürlichen Eigenschaften genutzt werden. Ihre gezielte genetische Veränderung mit dem Ziel verbesserter Eigenschaften ist die Domäne der Gentechnik (→), die auch eine Teildisziplin der Biotechnologie ist.
Der Einsatz von Mikroorganismen erlaubt den Ablauf von biochemischen Reaktionen unter „normalem" Druck und bei „normaler" Temperatur. Chemische Produktion dagegen spielt sich oft bei hohen Drücken und Temperaturen ab. Deshalb ist sie sehr energieintensiv. Zudem sind häufig aggressive oder giftige Substanzen in den Verfahren beteiligt, etwa Säuren oder Lösungsmittel. Dies alles macht unter Sicherheitsaspekten einen hohen apparativen Aufwand erforderlich. Mikroorganismen arbeiten dagegen in der Regel in wässrigem Milieu.

Bioreaktoren ▸2

Die Bioverfahrenstechnik setzt einen Prozess aus dem Labor- in den industriellen Produktionsmaßstab um. Da die Stoffwandlungsraten von Mikroorganismen gering im Vergleich zu den benötigten Mengen sind, muss für eine sehr große Zahl von Mikroorganismen das optimale Lebensumfeld geschaffen werden, denn es ist deren natürlicher Stoffwechsel, der die erwünschte Biosynthese vollzieht. Ein seit Jahrzehnten routinemäßig betriebenes Beispiel für Anlagen der Bioverfahrenstechnik sind **Fermenter** (Bioreaktoren) mit häufig mehr als 100 000 l Inhalt, in denen Pilze der Gattung Penicillium das Penicillin produzieren.
Bei der chemischen Synthese steuern katalytische Prozesse das Geschehen. Auch die Biosynthese kann man als katalytischen Prozess auffassen. Allerdings wirken hier enzymatische Systeme. Je nach Komplexität des Zielmoleküls können dabei viele Enzyme in einer langen Reaktionskette beteiligt sein. Sie entfalten ihre Aktivität innerhalb lebender Zellen, d. h. innerhalb der Bakterien.
Chemische Reaktionen werden oft bei hohen Temperaturen gefahren, weil die verwendeten Katalysatoren dort besonders effektiv arbeiten. Verlässt man das Optimum, arbeiten sie oft immer noch, nur eben schlechter. Ganz anders hingegen die Enzyme: Ihr Arbeitsoptimum ist sehr eng begrenzt. Für viele Mikroorganismen liegt die optimale Temperatur zwischen 30 °C und 50 °C. Schon kleine Abweichungen können die Synthese ganz zum Erliegen bringen.
Die zum Teil sehr spezifischen Bedingungen für Mikroorganismen schafft man in Fermentern (Abb. 2). Sie lassen sich nach zwei grundsätzlich verschiedenen Verfahren betreiben: Bei **diskontinuierlichen Chargenverfahren** muss das Reaktionsgefäß für jede Produktion neu mit den Ausgangsstoffen und Mikroorganismen beladen werden. Nach vollendeter Synthese lässt man die Brühe ab und isoliert das in ihr enthaltene Produkt. Dieses Be- und Entladen für die Produktionszyklen entfällt bei **kontinuierlichen Prozessen**, die in einem Fließgleichgewicht arbeiten. Ausgangsstoffe und Produktlösung (Gemisch aus Endprodukt, Biomasse etc.) fließen kontinuierlich zu und ab, im Einklang mit der Syntheseleistung des jeweils verwendeten Organismus. Das eigentliche Produkt muss aus der Produktlösung noch isoliert werden. Diese Betriebsart hat viele Vorteile, doch der Aufwand ist oft hoch. Neben genügender Nährstoffzufuhr brauchen viele Kulturen Sauerstoff, und der pH-Wert muss stabil gehalten werden. Zum Durchmischen sind die Reaktoren mit Rührwerken ausgestattet. Für andere Kulturen ist Sauerstoff wiederum sogar giftig. Die optimalen Wachstumsbedingungen für den jeweiligen Mikroorganismus stimmen nicht immer mit denen überein, bei denen am meisten Zielprodukte synthetisiert werden.

Aufbereitung des Produkts ▸3

Der Bioreaktor ist aber nur eine wichtige Komponente im Produktionsprozess (Abb. 3). Über die Wahl der technischen Realisierung eines Verfahrens entscheidet die Aufarbeitung der Produkte mit, die im Fermenter gebildet werden. Diese müssen abgetrennt und gereinigt werden, was bei einigen Produkten ihrer Instabilität wegen schwierig ist. Verdampfen oder Destillieren scheiden da meist aus. Als schonende Verfahren können in solchen Fällen Membranfiltration oder Lösungsmittelextraktion eingesetzt werden.

▸1 Einordnung der Bioverfahrenstechnik

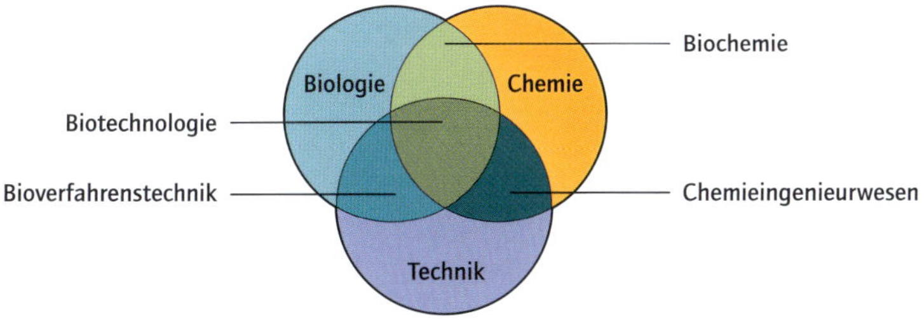

▸2 Aufbau eines Bioreaktors, der im diskontinuierlichen Chargenverfahren betrieben wird

Damit die Umsetzung ungehindert ablaufen kann, müssen pH-Wert, Sauerstoffkonzentration und Temperatur auf Idealwert geregelt werden; der Rührer sorgt für eine gute Durchmischung und verhindert ein Verklumpen der Mikroorganismen.

- ⓐ Dampf
- ⓑ Zulauf für die Nährlösung
- ⓒ Motor
- ⓓ Pumpe
- ⓔ Säure/Base-Reservoir
- ⓕ Druckkontrolle
- ⓖ Überdruckventil
- ⓗ Gerät zum Aufzeichnen und Steuern des pH-Werts
- ⓘ Kühlwasserablauf
- ⓙ Luftfilter
- ⓚ Belüftungskontrolle mit Anzeige
- ⓛ Belüftung
- ⓜ Produktentnahme
- ⓝ Kühlwasserzulauf
- ⓞ Temperaturkontrolle mit Anzeige
- ⓟ Schaufelrad
- ⓠ Kühlmantel
- ⓡ Probenentnahme

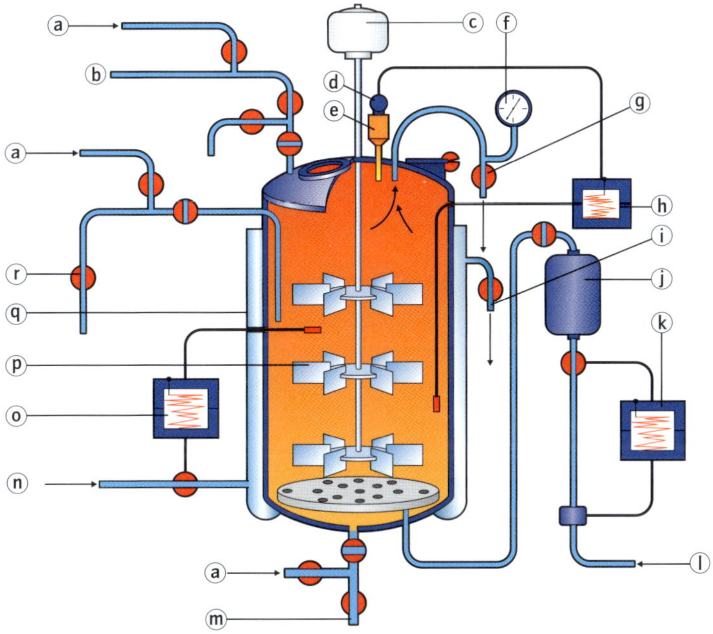

▸3 Aufbau eines biotechnologischen Prozesses

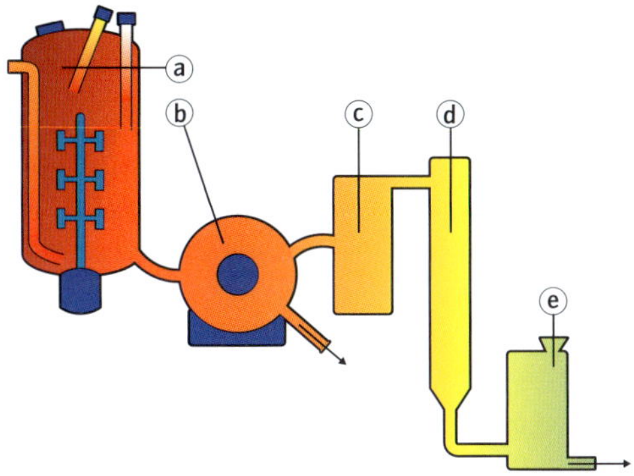

ⓐ Bioreaktor, hier findet die Stoffproduktion statt

ⓑ–ⓔ Produktaufarbeitung, Trennung von Bakterienmasse und Kulturbrühe sowie Produktkonzentration mithilfe verschiedener Verfahren (z. B. Zentrifugation, Extraktion, Filtration).

Ultraschalldiagnostik

Der Einsatz von Ultraschall hat in der medizinischen Diagnostik einen hohen Stellenwert erlangt. Ein wesentlicher Vorteil gegenüber Röntgenstrahlung liegt bei richtiger Dosierung in der Unschädlichkeit des Ultraschalls und in der einfachen Handhabung. Mit diagnostischen Ultraschallgeräten werden Laufzeiten von Schallwellen gemessen, die im Körper reflektiert wurden. Auf diese Weise erhält man räumliche Informationen über das Körperinnere. Ermittelt man die Frequenzänderung der zurückkehrenden Welle, so können Bewegungen im Körper vermessen werden (**Doppler-Verfahren**).

Ultraschallwellen

Schallwellen sind schnelle periodische Druck- bzw. Dichteschwankungen, deren Ausbreitungsgeschwindigkeit vom Medium abhängt. Als Ultraschall bezeichnet man Schallwellen mit einer Frequenz über 16 kHz (1 Hz = 1 Schwingung pro Sekunde), die vom menschlichen Gehör nicht mehr wahrgenommen werden. Medizinischer Ultraschall liegt im Bereich zwischen 1 und 10 MHz. Er lässt sich gut bündeln und kann so als Strahl eingesetzt werden.

Die Wechselwirkung von Ultraschallstrahlen mit biologischem Gewebe beruht, ähnlich wie bei Licht in Glas, auf Absorption (Schwächung), Reflexion und Brechung. Reflexion und Brechung treten an der Grenzfläche zwischen zwei Stoffen mit verschiedenen physikalischen Eigenschaften auf, z. B. an der Außenhaut eines Organs oder Tumors. Da diese Unterschiede im Gewebe oft gering sind, ist eine hohe Empfindlichkeit des Empfangsgerätes Voraussetzung.

Ultraschallaufnahmen ▸1 ▸2

Ein Ultraschallbildaufnahmegerät erzeugt Schnittbilder des Körperinneren. Das vom Ultraschallstrahl überstreifte Gebiet wird anschließend als zweidimensionales Bild dargestellt. Solche Bilder werden oft zur Untersuchung von Ungeborenen oder Tumoren verwendet. Das Ultraschallgerät besteht aus einem Ultraschallwandler, mechanischen Sensoren, einem Rechner mit Monitor und Speichermedium und einem entsprechenden Bildverarbeitungsprogramm.

Der Ultraschall wird in dem Ultraschallwandler erzeugt. Kernstück eines solchen Wandlers ist eine piezoelektrische Keramik, die eine angelegte hochfrequente Wechselspannung in mechanische Eigenschwingungen umwandelt. Diese werden als Schallwellen in die Umgebung abgestrahlt. Umgekehrt wird der Wandler auch als „Mikrofon" verwendet, um eine auftreffende Schallwelle in ein elektrisches Signal umzuwandeln.

Wird der Wandler zunächst an einem Ort festgehalten, so bewegt sich der von ihm ausgesandte Ultraschallstrahl auf einer Geraden im Körper und wird von verschiedenen Grenzflächen (z. B. Knochen–Gewebe) reflektiert. Um den Wandler als Sender und Empfänger zu nutzen, wird in kurzen Zeitabständen Ultraschall ausgesandt und in den Pausen der reflektierte Ultraschall empfangen. Misst man die unterschiedlichen Laufzeiten der zurückkehrenden Signale, so kann man mithilfe der Schallgeschwindigkeit die Entfernung der Grenzflächen bestimmen. Stellt man die reflektierten Signale auf einer Geraden proportional zu Laufzeit und -weg durch helle Punkte dar, so entsteht ein eindimensionales Bild (Abb. 2).

Um ein zweidimensionales Schnittbild zu erhalten, werden viele solcher eindimensionaler Bilder zusammengesetzt (Abb. 2). Dabei wird der Schallwandler auf dem Körper entlang einer geraden Linie gefahren oder an einem Punkt festgehalten und geschwenkt. In beiden Fällen überstreicht der Schallstrahl eine Fläche, deren Reflexionssignale im Rechner zu einem Bild zusammengefügt und meistens auf einem Monitor dargestellt werden. Die Richtung und Position des Wandlers wird mittels mechanischer Sensoren bestimmt, die seine jeweilige Lage an den Rechner übermitteln.

In den letzten Jahren wurde zudem der 3D-Ultraschall entwickelt. Dabei wird zusätzlich zum Scan in einer Ebene ein Schwenk der Ebene vollzogen und der Flächenscanwinkel gleichzeitig mit dem zweidimensionalen Bild abgespeichert.

Doppler-Verfahren ▸3

Das Doppler-Verfahren basiert auf dem gleichnamigen Effekt und wird zur Bestimmung von Bewegungsabläufen im Körper verwendet. Bekannt ist der Doppler-Effekt von vorbeifahrenden Krankenwagen mit eingeschaltetem Martinshorn. Dabei erhöht sich die Frequenz des Tons, wenn sich der Wagen nähert, und erniedrigt sich, wenn er sich entfernt. Die Frequenzänderung ist proportional zur Geschwindigkeit des Wagens und zur Frequenz des Tones. Analog dazu ändert sich die Frequenz eines Ultraschallsignals, wenn es an einer bewegten Struktur im Körper reflektiert wurde. Aus der Frequenzverschiebung können Rückschlüsse auf die Bewegung gemacht werden.

Auf diese Weise lassen sich zum Beispiel die Herzfrequenz eines Ungeborenen oder auch die Strömungsgeschwindigkeit des Blutes im Körper ermitteln.

▸1 Untersuchung des Brustraumes mithilfe eines Ultraschallgerätes

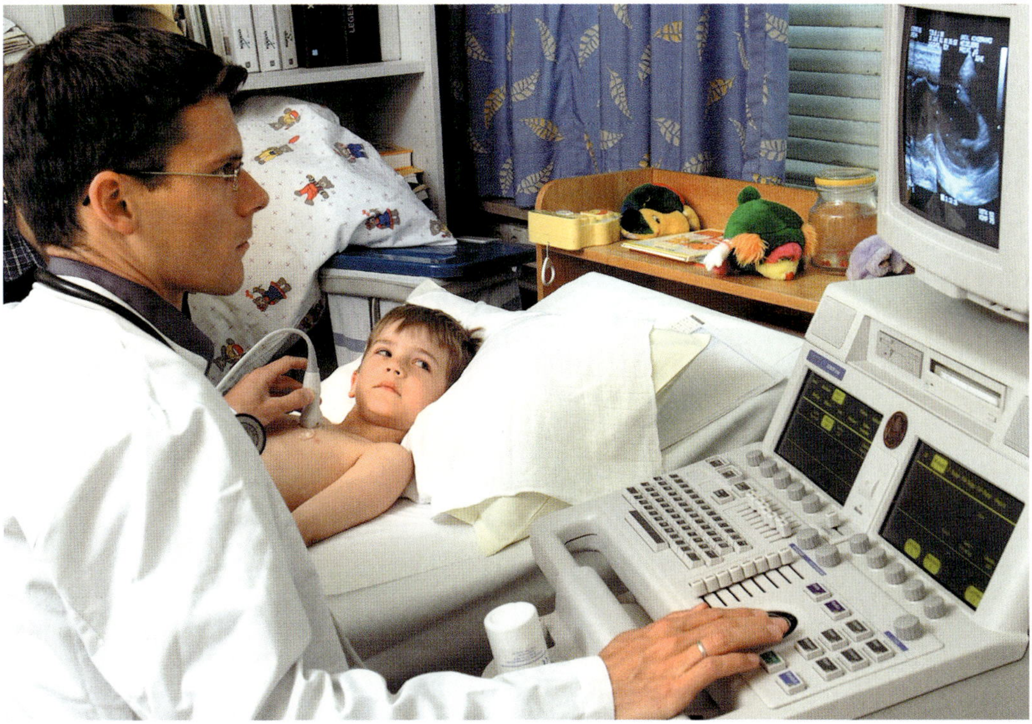

▸2 Erzeugung von Ultraschallbildern

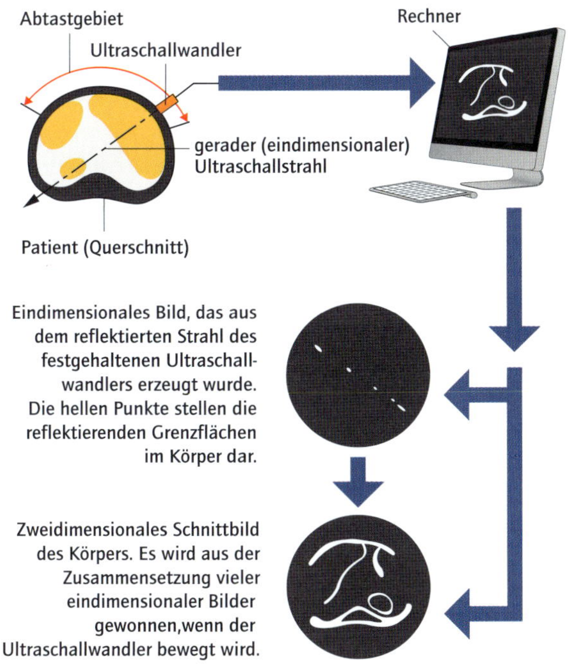

▸3 Doppler-Verfahren

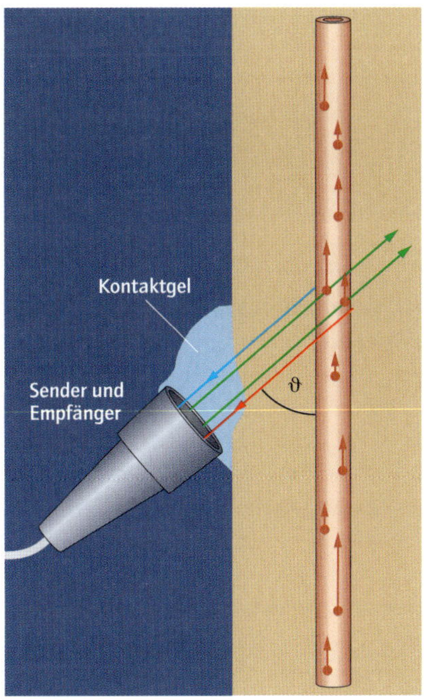

Röntgengeräte

Röntgengeräte sind ein unerlässliches Hilfsmittel der heutigen Medizin. Die bekannteste Anwendung liegt in der Röntgendiagnostik, bei der Abbildungen des Körperinneren erzeugt werden (→ Computertomografie). Bewegte Vorgänge im Körper werden mit einer Durchleuchtung sichtbar gemacht. Neben der Diagnostik werden Röntgenstrahlen auch für therapeutische Zwecke benutzt, z. B. um bösartige Zellen im Körper (Tumore, Krebs) zu zerstören. Röntgenstrahlung ist radioaktive elektromagnetische Strahlung mit einer Wellenlänge $\lambda \approx 100 - 0{,}03 \cdot 10^{-12}$ m und entspricht einer Strahlungsenergie $E \approx 12 - 400$ keV (10^3 Elektronenvolt).

Die Röntgenröhre ▸1

Kernstück eines Röngtenapparates ist die Röntgenröhre, in der die Röntgenstrahlung erzeugt wird. Sie besteht aus einem luftleeren Glaskolben mit einer Glühkathode (negativer Pol) und einer durch einen Motor drehbaren Anode (positiver Pol) mit Wasserkühlung (Abb. 1). Zwischen den beiden Polen wird eine Beschleunigungsspannung $U \approx 12 - 400$ kV angelegt. Die heiße Glühkathode sendet Elektronen aus, die von einem nachfolgenden Zylinder gebündelt und in Richtung der positiven Anode beschleunigt werden. Die Elektronen werden beim Auftreffen auf die Anode gebremst und wandeln einen Teil ihrer Bewegungsenergie in den Atomen der Anode in Röntgenstrahlung um. Die maximale Energie der Röntgenstrahlung ist proportional zur Beschleunigungsspannung der Elektronen und umgekehrt proportional zur Wellenlänge der Strahlung. Da beim Auftreffen der Elektronen auf die Anode auch Wärme entsteht, wird diese mit Wasser von innen gekühlt. Zur gleichmäßigen Abnutzung wird die Anode mithilfe eines Motors gedreht.

Röntgendiagnostik ▸2 ▸3

Das bekannteste Verfahren der Röntgendiagnostik ist eine momentane Röntgenaufnahme auf einem fotografischen Film. Der dazu benötigte **Röntgenapparat** (Abb. 2) besteht aus einer Röntgenröhre, deren Stromversorgung und Hochspannungstransformator, einem Aufnahmetisch, einer Filmkassette, einem Rechner und einer separaten abgeschirmten Kammer mit Bleiglasfenster.

Das zu untersuchende Körperteil befindet sich auf dem Aufnahmetisch zwischen der Röntgenröhre und der Filmkassette. Die Röntgenstrahlung durchdringt den Körper und wird von diesem proportional zu seiner Dichte absorbiert, d. h. geschwächt. Für die Absorption der Röntgenstrahlung im Körper sind der Foto- und der Comptoneffekt verantwortlich. Beim **Fotoeffekt** wird die gesamte Energie eines Röntgenphotons (kleinstes Teilchen einer Strahlung) an ein Elektron übertragen und dieses aus seinem Atom gelöst. Beim **Comptoneffekt** wird nur ein Teil der Energie an Elektronen übertragen und das Röntgenphoton geschwächt und abgelenkt. Die verbleibende Röntgenstrahlung wird zur Schwärzung eines fotografischen Materials genutzt. Auf diese Weise können auf einem Film Körperteile verschiedener Dichte dargestellt werden. Hierbei werden Körperteile größerer Dichte, wie z. B. Knochen, heller dargestellt. Beim Magen, Darm oder den Blutgefäßen wird ein Kontrastmittel verabreicht, damit das entsprechende Organ eine andere Dichte als das es umgebende Gewebe aufweist (Abb. 3).

Die Filmkassette enthält den Film und eine darüber liegende Verstärkerfolie, in deren Leuchtstoffschicht ein großer Teil der Röntgenstrahlung in sichtbares Licht umgewandelt wird. Dadurch kann die Intensität der Röntgenstrahlung verringert werden. Die separate Kammer mit einem Bleiglasfenster enthält die zur Steuerung notwendigen Bedienungselemente und dient zum Schutz des Personals während der Aufnahme. Moderne Anlagen benutzen anstatt des Films CCD-Kameras (CCD = charge coupled device), die die Strahlung punktweise in elektronische Signale umwandeln und über einen Rechner auswerten.

Strahlenschutz

Röntgenstrahlung ist radioaktiv, d. h., sie wirkt ionisierend. Ionisation bezeichnet das Abtrennen von Elektronen an einem Atom. Das absorbierende Gewebe wird dadurch in seiner chemischen Struktur verändert. Eine biologische Veränderung des Erbgutes ist die mögliche Folge, wodurch Krebs ausgelöst werden kann. Die Gefährlichkeit der Strahlung wird in der sogenannten **Äquivalentdosis** gemessen (Einheit: Sievert Sv). Bei einer Röntgenaufnahme nimmt der Körper je nach Verfahren 0,5 bis 2mSv auf. Zum Vergleich: Die Belastung durch natürlich vorkommende Radioaktivität beträgt rund 1 mSv pro Jahr. Eine Ganzkörperdosis von 4 000 mSv wäre nach kurzer Zeit tödlich. Da die Strahlung einer Röntgenröhre sehr stark ist, werden bei Aufnahmen die nicht bestrahlten Körperteile durch Blei abgeschirmt. Eine 1 mm dicke Bleiplatte reduziert die Belastung einer 100 kV Röhre auf 0,4 %. Um die Belastung des Körpers weiter zu senken, versucht man, die Strahlendosis durch geeignete Aufnahmeverfahren (z. B. Verstärkerfolien) zu verringern.

▸1 Prinzip einer Röntgenröhre

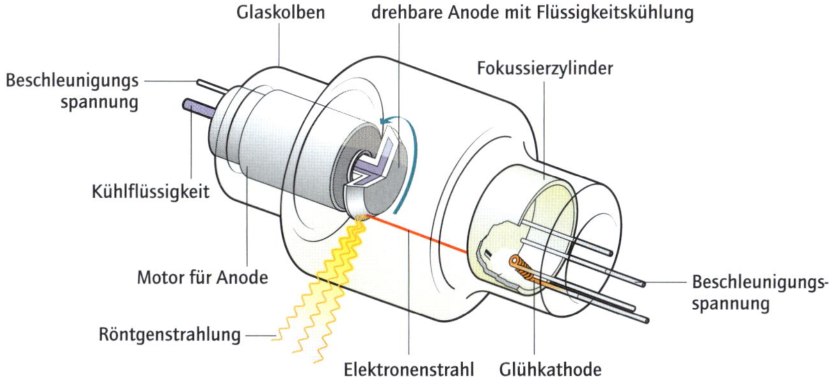

▸2 Aufbau einer Röntgenapparatur

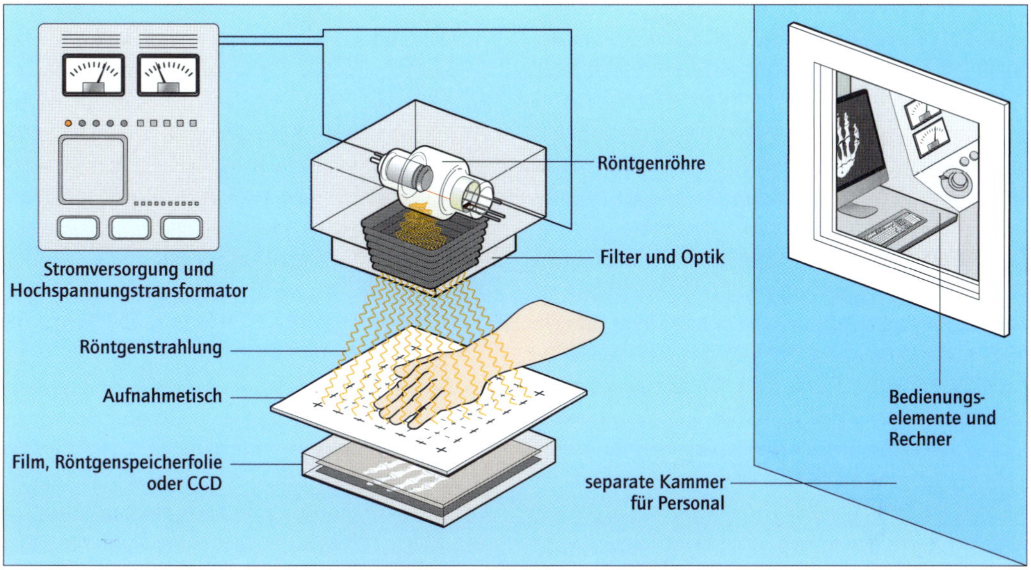

▸3 Röntgenaufnahme des Dickdarms unter Zuhilfenahme eines Kontrastmittels

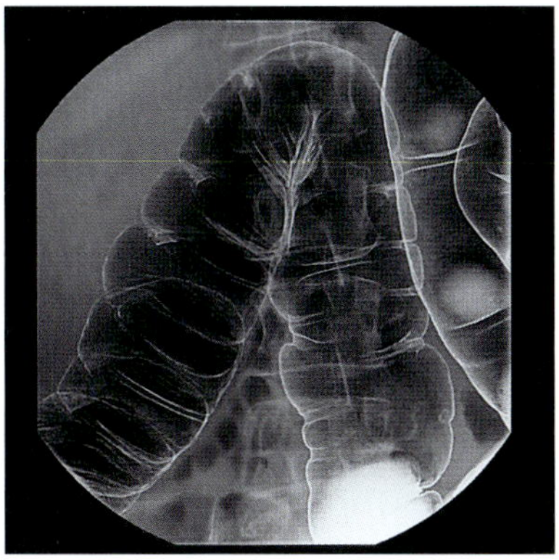

Computer- und Kernspintomografie

Unter Tomografie versteht man die bildliche Darstellung von Körperschnitten, wobei im Gegensatz zu einer herkömmlichen Röntgenaufnahme auch verdeckte Objekte sichtbar werden. Mehrere parallele Schnittbilder können zu einem dreidimensionalen Bild zusammengesetzt werden.

Die Kernspintomografie nutzt die sogenannte Kernspinresonanz von Atomkernen in einem magnetischen Feld unter Einstrahlung elektromagnetischer Wellen. Computertomografie kennzeichnet ein Verfahren, bei dem in Analogie zur herkömmlichen Röntgenaufnahme die Absorption (Abschwächung) von Röntgenstrahlung im Körper gemessen wird.

Was ist Kernspinresonanz? ▸1

Ein Atom besteht aus einem Kern mit Protonen und Neutronen und ihn umgebende Elektronen. Atomkerne mit einer ungeraden Anzahl Protonen oder Neutronen können in einem äußeren Magnetfeld B zwei Zustände eingehen. Diese unterscheiden sich in ihrer Energie und können ineinander übergehen (Abb. 1). Die Energiedifferenz ΔE ist dabei proportional zur Stärke dieses Magnetfeldes. Strahlt man eine elektromagnetische Welle der Energie ΔE mit einer Frequenz von einigen MHz ein, so kann der Atomkern von dem niedrigeren in den höheren Energiezustand angeregt werden. Nach kurzer Zeit kehrt der Atomkern unter Aussendung einer elektromagnetischen Welle der gleichen Energie in seinen Ausgangszustand zurück. Diese ausgesandte Welle, die **Kernspinresonanz**, liefert Informationen über die Dichte und die chemische Verbindung des Stoffes, der den aussendenden Atomkern enthält. Die wichtigen Daten sind die Stärke, die Frequenzverschiebung und die Dauer der ausgesandten Welle.

Kernspintomografie ▸2 ▸3

Abb. 2 zeigt das Schema eines Kernspintomographen. Der Patient wird in eine Untersuchungsröhre geschoben, die von großen Elektromagnetspulen umgeben ist, welche ein konstantes Magnetfeld erzeugen.

Die zur Anregung der Atomkerne erforderlichen elektromagnetischen Wellen werden von den Hochfrequenzspulen erzeugt, die gepulste Wellen aussenden. In den Pausen empfangen sie die von den angeregten Atomkernen ausgesandte Kernspinresonanz. Um mehrdimensionale Körperschnitte bildlich darstellen zu können, muss der Ort des Ursprungs der ausgesandten Welle bestimmt werden. Dazu addiert man zu dem bestehenden konstanten Magnetfeld ein weiteres Magnetfeld, das an jedem Ort eine andere Größe besitzt. Dieses Feld wird von den Gradientenspulen erzeugt. Strahlt man gleichzeitig Wellen verschiedener Energie ein, so besitzen auch die ausgesandten Wellen unterschiedliche Energien. Weil jede Energie ΔE der ausgesandten Wellen abhängig vom Magnetfeld B ist und dieses Magnetfeld an jedem Ort im Körper verschieden ist, kann die ausgesandte Welle so einem bestimmten Ort im Körper zugeordnet werden. Die Berechnungen werden von einem Computer durchgeführt, der anschließend die Daten zu einem Bild zusammenfügt. Neben dieser Bildverarbeitung übernimmt der Computer auch die Steuerung der Magnetfeld- und Hochfrequenzspulen und die Verwaltung und Speicherung der Daten.

Meist werden durch die Kernspintomografie die Atome des im körpereigenen Wasser vorhandenen Wasserstoffs angeregt. Durch Auswertung der Stärke oder Dauer der ausgesandten Welle erhalten die Bilder Informationen über die Dichte des körpereigenen Wasserstoffs. Bei Auswertung der Frequenzverschiebung bekommt man Informationen über die vom Wasserstoff eingegangenen chemischen Verbindungen. Damit lassen sich verschiedene Gewebearten, wie z. B. Fett, Muskeln oder Tumore, gut differenzieren.

Computertomografie

Ein Computertomograf ist äußerlich ähnlich aufgebaut wie der Kernspintomograf. Er durchstrahlt den interessierenden Körperschnitt mit einem feinen in der Ebene aufgefächerten Röntgenstrahl und misst die Absorption der Strahlung über ringförmig angeordnete Detektoren. Die Röntgenstrahlung wird von einer Röntgenröhre erzeugt. Um vollständige Informationen über den Körperschnitt zu erhalten, wird die Röntgenröhre um den Patienten gedreht und viele Messungen hintereinander ausgeführt. Die Auswertung der Daten und das Zusammenfügen des Bildes geschieht auch hier durch einen Rechner.

Vorteile der Kernspintomografie ▸3

Ein wesentlicher Vorteil der Kernspintomografie ist die fehlende Strahlenbelastung durch Röntgenstrahlung. Ein Kernspintomogramm besitzt mehrere Parameter, die zur Auswertung dienen. So können Hirnstrukturen wie z. B. luft- oder wassergefüllte Gefäße, graue und weiße Hirnsubstanz oder Tumore differenziert werden (Abb. 3), die sich mittels Röntgenstrahlung nicht mehr unterscheiden lassen.

▸1 Energiezustandsänderung eines Elektrons bei der Kernspinresonanz

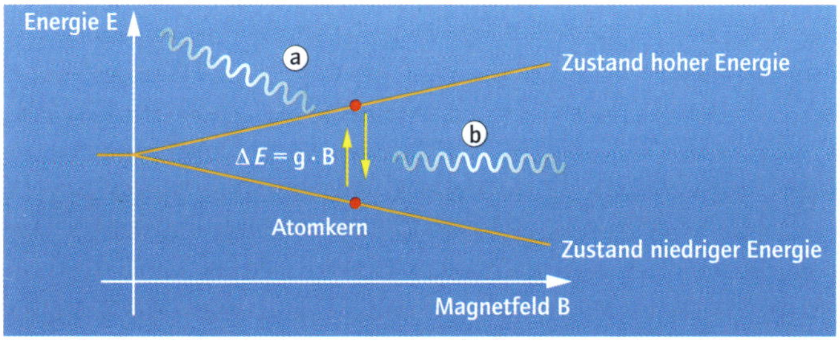

ⓐ eingestrahlte elektromagnetische Welle der Energie ΔE

ⓑ ausgestrahlte elektromagnetische Welle der Energie ΔE (= Kernspinresonanz)

▸2 Aufbau eines Kernspintomografen

ⓐ Öffnung der Untersuchungsröhre
ⓑ Elektromagnetspulen
ⓒ Gradientenspulen
ⓓ Patient
ⓔ Patientenliege
ⓕ Untersuchungsröhre
ⓖ Hochfrequenzspule
ⓗ Elektromagnetspulen
ⓘ Monitor
ⓙ Datentransfer
ⓚ Hochleistungsrechner

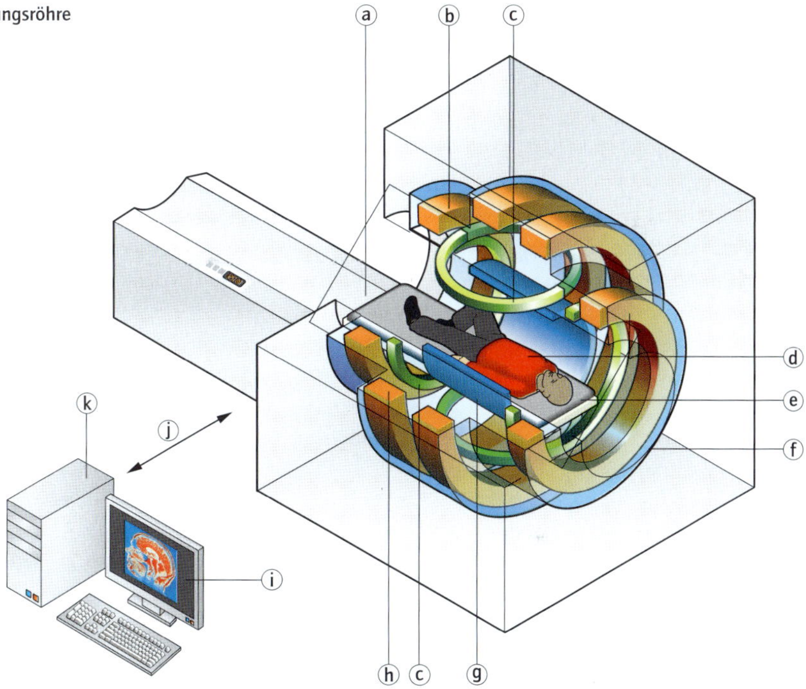

▸3 Kernspintomografie des Schädels

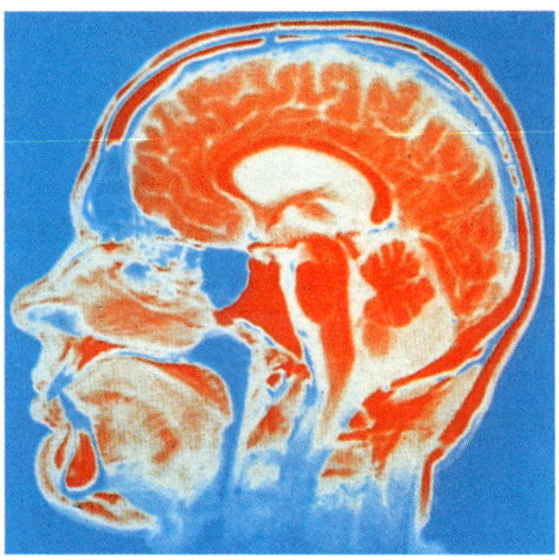

Herzschrittmacher

Herzschrittmacher verhelfen heute vielen Menschen, deren Herz zu schnell, zu langsam oder unregelmäßig schlägt, zu einem annähernd normalen Leben. Ohne dieses ca. 100 g schwere Kästchen von der Größe eines Zweieurostückes (Abb. 1) wären sie oft nicht mehr lebensfähig. Ein Herzschrittmacher wird in einer knapp halbstündigen Operation in den Brustkorb „eingepflanzt" und danach nur noch ca. alle 10 Jahre zum Batteriewechsel gewartet. Während die ersten Schrittmacher reine Taktgeber waren, die wegen erschöpfter Batterie oft operativ gewechselt wurden, sind die heutigen Geräte ohne operativen Eingriff programmierbar und passen sich an die natürliche Aktivität des Herzens und des Körpers an.

Wann ist ein Herzschrittmacher notwendig?

Das **Herz** ist ein muskulöses Hohlorgan, aufgebaut aus dem rechten und linken Vorhof sowie der rechten und linken Kammer, welches das Blut durch **Kontraktion** (Zusammenziehen) der Herzmuskulatur durch den Körperkreislauf pumpt. Diese regelmäßige Kontraktion wird durch einen „natürlichen" Schrittmacher, den **Sinusknoten**, ausgelöst. Dieser befindet sich an der Außenwand des rechten Vorhofs und sendet regelmäßig elektrische Impulse aus. Ein solcher Impuls regt zunächst die Muskulatur der beiden Vorhöfe an und wird dann über ein elektrisches Leitsystem auf der Herzaußenhaut zu beiden Kammern weitergeleitet, wo es dann zu deren Kontraktion kommt. Dadurch füllen sich zunächst die Vorhöfe und anschließend die Kammern mit Blut, das von dort in den Kreislauf gepumpt wird. Dieser Prozess, der natürliche Herzschlag, wiederholt sich beim ruhenden Menschen ca. 70 mal pro Minute. Zusätzlich wird die Herzfrequenz bei körperlicher oder geistiger Belastung über das vegetative (unbewusst wirkende) Nervensystem gesteuert, d. h. erhöht oder erniedrigt. Ist das elektrische Leitsystem gestört oder blockiert, dann schlägt das Herz zu schnell, zu langsam oder nicht rhythmisch. Hier wird ein Herzschrittmacher eingesetzt, der die zur Kontraktion der Herzmuskeln notwendigen elektrischen Impulse liefert.

Wie arbeitet ein Herzschrittmacher? ▸2 ▸3

Ein moderner Herzschrittmacher (Abb. 2) besteht aus einem kleinen Computer und einer Batterie, die gemeinsam in einem Titangehäuse untergebracht sind. Daran angeschlossen sind zwei Kabel, an deren Enden sich je eine Elektrode befindet. Eine der Elektroden wird am rechten Vorhof, die andere an der rechten Herzkammer mit einem kleinen Widerhaken an der Herzaußenwand befestigt (Abb. 3). Über diese Elektroden werden die vom Computer erzeugten Impulse (Spannung: 1–2 V, Impulsdauer: wenige ms) an die Herzmuskeln abgegeben. Schlägt das Herz des Patienten unregelmäßig oder zu langsam, so wird der natürliche Herzschlag mit genutzt. Die Elektroden empfangen die natürlichen Impulse des Herzens, werten diese mittels Computer aus und geben nur dann einen künstlichen Impuls ab, wenn der natürliche Schlag aussetzt. Dies kann für Vorhof und Kammer separat gesteuert werden. Arbeiten z. B. Vorhöfe und Sinusknoten noch selbstständig, ist aber das natürliche Leitsystem zu den Kammern defekt, so benötigen nur die Kammern, nicht aber die Vorhöfe, künstliche Impulse.

Bei einer Funktionsstörung des Sinusknoten ist zusätzlich eine Anpassung der Herzfrequenz an die körperliche Belastung notwendig. Dies geschieht über zusätzliche Sensoren, welche Muskelaktivität und Atmung überwachen. Erhöhte Muskelaktivität, z. B. beim Sport, erzeugt im Körper mechanische Schwingungen, die im Schrittmacher mittels eines Piezokristalls in elektrische Schwingungen umgewandelt und gemessen werden. Ein zweiter Sensor ermittelt Stärke und Frequenz der Atmung. Der Einfluss der gemessenen Größen auf die Herzfrequenz wird vom Computer gesteuert, wobei das Steuerungsprogramm vom Arzt in den Herzschrittmacher einprogrammiert wird. Die Programmierung wird ohne operativen Eingriff individuell angepasst. Dazu setzt der Arzt eine mit einem Rechner gekoppelte Sender- und Empfängereinheit auf den Brustkorb, sodass er die Herzschrittmacherfunktionen überwachen und/oder verändern kann.

Komplikationen

Die häufigsten Komplikationen treten durch verrutschte Elektroden auf, die statt des Herzmuskels einen anderen Muskel erregen oder falsche Impulse empfangen. Im Laufe der Zeit wurden jedoch die Elektrodenhalterungen optimiert. Ein weiteres Problem stellen die in den Organismus eingebrachten Fremdkörper dar. Deswegen werden heute in der Regel Titangehäuse und gewebefreundliche Kunststoffkabel verwendet, die meist gut verträglich sind. Auch die Messung der körperlichen Belastung ist nicht immer ganz unproblematisch. So reagiert der Piezokristall auch auf die mechanischen Schwingungen, denen z. B. ein Autofahrer in seinem Fahrzeug ausgesetzt ist. Der Schrittmacher erhöht daraufhin die Herzfrequenz (s. o.), was für den ruhig sitzenden Fahrer unangenehm sein kann.

▸1 Moderner Herzschrittmacher

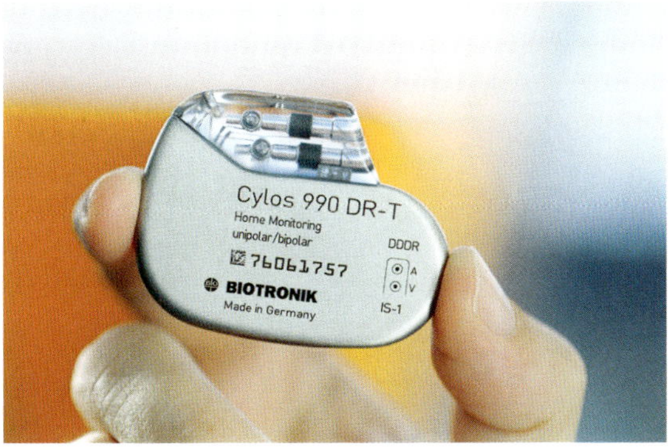

▸2 Herzschrittmacher

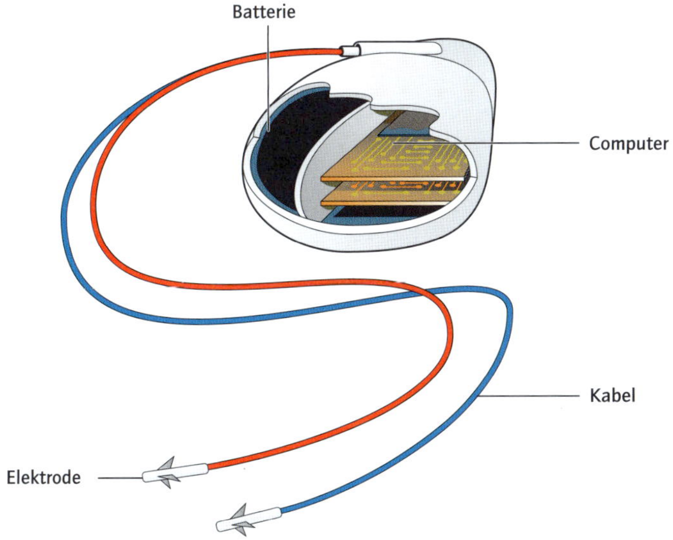

▸3 Steuerung der Herzmuskulatur durch einen Herzschrittmacher

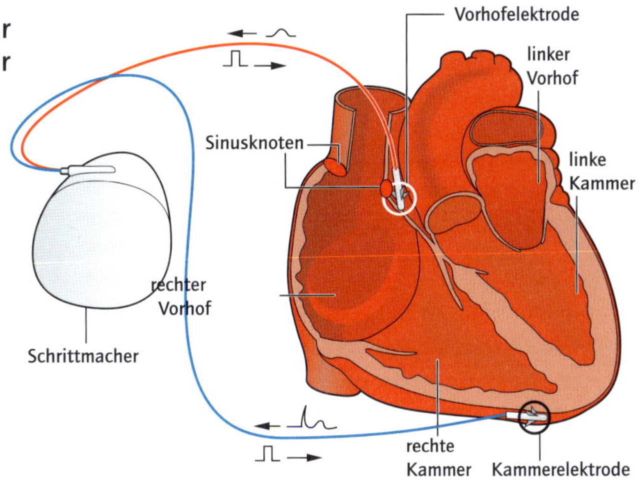

Dialyse

Eine gesunde Niere filtert Wasser, Stoffwechselendprodukte (z. B. Harnstoff) und andere Gifte aus dem Blutstrom des menschlichen Organismus. Gleichzeitig sorgt sie dafür, dass der Körper mit lebensnotwendigen Substanzen wie Mineralien, Hormonen und Eiweißbestandteilen versorgt wird. Der Körper scheidet täglich rund eineinhalb Liter Wasser und Gifte über den Urin aus. Bei Nierenkranken kann dieser Wert bis auf null zurückgehen. Ohne eine sogenannte Dialyse wäre der Patient nicht mehr lebensfähig. Bei der Dialyse wird das Blut des Patienten drei- bis viermal wöchentlich für rund vier Stunden durch eine **Dialysemaschine** geleitet, die das Blut außerhalb des Körpers reinigt und entwässert. Während dieses Prozesses strömt die gesamte Blutmenge des Patienten (bei Erwachsenen ca. 5 l) etwa sechsmal durch das Gerät.

Wie funktioniert ein Dialysegerät? ▸1 ▸2

Ein **Dialysegerät** besteht aus einem Blut- und einem Dialysatkreislauf, die über den Dialysator miteinander gekoppelt sind (Abb. 1). Für die Dialyse wird dem Patienten das Blut meist durch einen dauerhaft gelegten Zugang aus einer Arterie entnommen und nach der Reinigung in eine Vene zurückgeführt. Für den Reinigungsprozess wird das Blut mittels einer Rollerpumpe vom Körper zum Dialysator gefördert. Im **Dialysator** findet dann die eigentliche Entgiftung und Entwässerung des Blutes statt. Anschließend wird das Blut über ein Manometer zur Blutdruckmessung und einen Blasenfänger zurück in den Körper geleitet. Erkennt der Blasenfänger Luftblasen oder Schaum im Blut, so unterbricht er den Blutkreislauf sofort, da diese für den Patienten tödlich wären.
Als **Dialysat** wird entionisiertes Wasser verwendet. Dieses nimmt im Dialysatkreislauf im Dialysator Gifte und Wasser aus dem Blut auf. In der Bilanzkammer wird die Differenz des zugeflossenen und abgeflossenen Dialysatstroms gemessen und somit die dem Blut entzogene Wassermenge bestimmt. Diese kann über eine Pumpe im Dialysatkreislauf genau geregelt werden. Damit dem Blut keine lebenswichtigen Stoffe (z. B. Elektrolyte) entzogen werden, muss das Dialysat mit diesen Nährstoffen angereichert werden. Dies geschieht mittels eines separaten Vorratsbehälters und einer Mischpumpe.
Gemessen wird der Anteil dieser Nährstoffe über einen Leitfähigkeitsmesser im Dialysatstrom. Um einen Wärmeentzug des Blutes zu verhindern, wird der Dialysatkreislauf auf Körpertemperatur gehalten. Ein Thermometer bestimmt die zugehörige Temperatur. Da auch im Dialysatkreislauf Luftblasen die Funktion des Kreislaufs beeinträchtigen, werden sie mithilfe einer Entgasungspumpe, die einen Unterdruck erzeugt, entfernt. Weiterhin überwacht ein Blutleckdetektor das Dialysat auf eventuelle Blutspuren, die auf einen fehlerhaften Dialysator hinweisen. Schließlich überwacht ein Manometer den Druck des Dialysatkreislaufs.
Die Steuerung und Überwachung des Dialyseprozesses erfolgt mithilfe der Bedienkonsole des Dialysegerätes (Abb. 2). Der Arzt kann auf ihr alle gemessenen Stoff- und Kreislaufgrößen ablesen und falls notwendig die Pumpen regeln.

Der Dialysator ▸3

Hauptbestandteil des Dialysators (**künstliche Niere**) ist eine **semipermeable** (halbdurchlässige) **Membran** (Abb. 3). Diese Membran ist nur durchlässig für Wasser und kleine Teilchen bis zu einer bestimmten Größe. Größere Teilchen wie Blutzellen oder Makromoleküle werden von der Membran zurückgehalten. Die Membran wird im Gegenstromprinzip auf der einen Seite von dem zu reinigenden Blut und auf der anderen Seite vom Dialysat überströmt. Da alle beweglichen Teilchen das Bestreben haben, sich gleichmäßig zu verteilen (Diffusion), passieren die kleineren Partikel, nämlich die sich im Blut befindlichen giftigen Stoffe, die Membran und gelangen so in das Dialysat. Die treibende Kraft für diese einseitig verlaufende Diffusion (**Osmose**) ist der Konzentrationsunterschied der gelösten Stoffe in beiden Flüssigkeiten.
Eine häufig eingesetzte Dialysatorbauart besteht aus einem Bündel von rund 10 000 Hohlfasern, in deren Innenraum das Blut und im Gegenstrom außen das Dialysat fließt (**Kapillardialysator**). Die Hohlfasern, die sich in einem zylindrischen Rohr befinden, sind ca. 0,2 mm dick und bestehen aus schaumartigen Polymeren. Die Wand dieser Fasern bildet die Membranoberfläche.

Nachteile und Risiken

Trotz der lebenserhaltenden Funktion der Dialyse hat dieses Verfahren langfrisitig gravierende Nebenwirkungen. Weit verbreitet sind Knochen- oder Gelenkschmerzen. Außerdem steigt das Risiko eines Herzinfarktes bzw. Schlaganfalls durch den erhöhten Blutdruck und einen gestörten Fettstoffwechsel.
Die Lebenserwartung hängt vom Lebensalter zu Beginn der Dialyse ab. Die Dialyse ist in den meisten Fällen nicht als Dauerlösung gedacht. Sie ist aber notwendig, um die häufig recht lange Wartezeit bis zu einer Nierentransplantation zu überbrücken.

▸1 Prinzipskizze eines Dialysegerätes

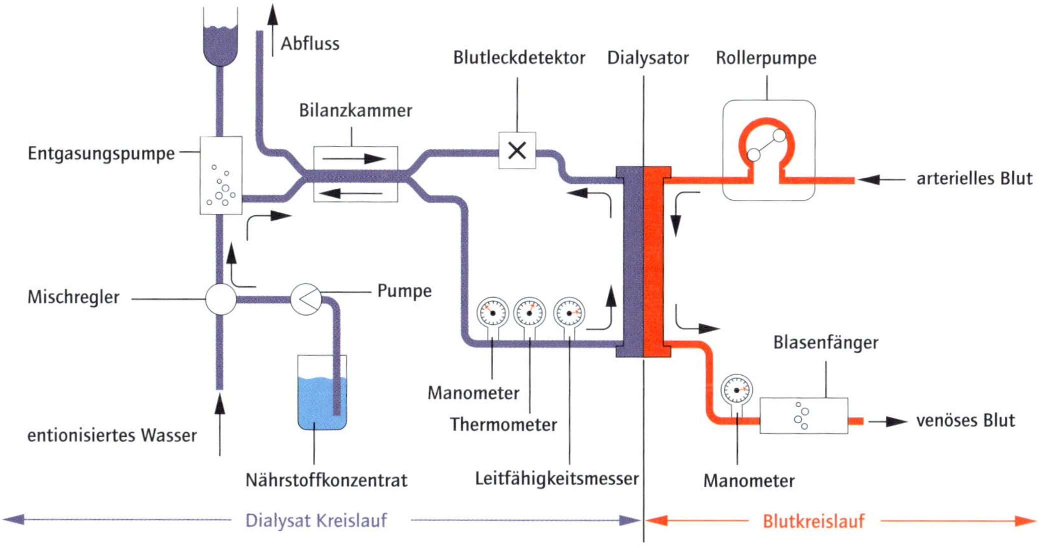

▸2 Bedienkonsole eines Dialysegerätes

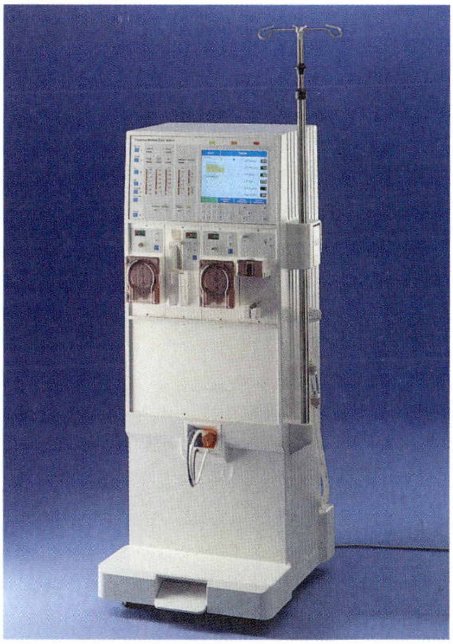

▸3 Dialysator: Diffusion durch eine semipermeable Membran

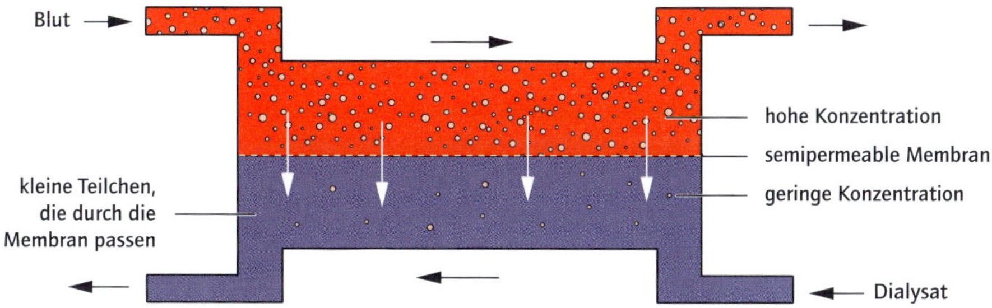

EEG und EKG

Als EEG (Elektroencephalogramm) wird die Messung der vom Gehirn, als EKG (Elektrokardiogramm) die Messung der vom Herzen hervorgerufenen elektrischen Spannungen bezeichnet. Bei beiden Methoden werden die Spannungen über Elektroden auf der Haut abgeleitet, verstärkt und von einem Monitor oder Schreiber dargestellt. So kann der Arzt Aussagen über den Zustand des Gehirns bzw. des Herzens machen, um z. B. eine Epilepsie, einen Gehirntumor oder einen Herzinfarkt zu untersuchen.

Elektrische Ströme im Körper werden über das Nervensystem in Form kurzzeitiger Impulse transportiert und dienen zur Informationsübermittlung zwischen Sinnesorganen und Gehirn und zur Steuerung der Muskulatur. Berührt man z. B. versehentlich einen heißen Gegenstand, so erzeugt ein temperaturempfindlicher Rezeptor unserer Haut ein elektrisches Signal, das über das Nervensystem in das Gehirn transportiert wird. Dort wird im Allgemeinen entschieden, den heißen Gegenstand loszulassen. Daraufhin wird wiederum ein Signal über das Nervensystem an die entsprechende Muskelgruppe geschickt, die das Loslassen bewirkt. Elektrischer Strom kann in elektrisch leitfähigem Material zwischen zwei Punkten fließen, wenn zwischen diesen eine elektrische Spannung anliegt. Elektrisch leitfähig sind Metalle und wässrige Salzlösungen, Letztere transportieren im Körper den Strom. Die auf der Haut messbaren Spannungen sind sehr klein und liegen im Bereich unter 0,3 mV.

EEG

▸1 ▸2

Wird ein elektrischer Impuls über einen Nerv transportiert, so entsteht eine sich fortpflanzende Strom- und Spannungsänderung in diesem Nerv. Die Geschwindigkeit dieses Impulses liegt bei 1–120 m/s. Beim EEG werden die auftretenden elektrischen Spannungen an der Kopfhaut gemessen (Abb. 1) und als Summe der elektrischen Aktivität des Nervensystems im Gehirn dargestellt. Die Spannungen sind nicht konstant, sondern schwanken wellenförmig mit einer Frequenz von 1–30 Hz.

Für die Messung werden münzförmige Metallelektroden gleichmäßig über den Kopf verteilt, mit Kabeln verbunden und mittels einer Gummihaube auf dem Kopf angedrückt. Um die Leitfähigkeit zwischen Kopfhaut und Elektroden zu verbessern, werden diese mit einer Salzlösung eingerieben. Man unterscheidet zwischen **monopolarer** und **bipolarer Schaltung**. Bei monopolarer Schaltung werden die Spannungen zwischen je einer Elektrode und einer festen Referenzelektrode (Bezugselektrode, z. B. am Ohrläppchen) gemessen. Bei bipolarer Schaltung misst man die Spannungen zwischen je zwei Elektroden auf der Kopfhaut.

Die von den Elektroden gemessenen Impulse werden über Kabel zu einem Verstärker geleitet und wurden früher ausgedruckt, heute wird das Signal digitalisiert und gespeichert. Die Leitungen müssen abgeschirmt werden, um sie vor äußeren elektrischen Einflüssen, wie z. B. anderen elektrischen Geräten, zu schützen.

Bei der Auswertung eines EEG unterscheidet man nach Frequenz und Form der gemessenen Wellen (Abb. 2). Bei einer Frequenz von 8–13 Hz spricht man von **α-Wellen**, sie treten bei geschlossenen Augen im entspannten Zustand auf. Öffnet man die Augen, gehen die α-Wellen in **β-Wellen** mit einer Frequenz von 14–32 Hz über, die Aktivität und Denken kennzeichnen. Langsamere ϑ- und **δ-Wellen** haben eine Frequenz von 4–8 Hz bzw. 1–4 Hz und treten bei Kindern, zeitweise im Schlaf oder bei Gehirnstörungen auf.

EKG

▸3 ▸4

Das Herz ist ein muskulöses Hohlorgan, welches das Blut in einem Kreislauf durch Körper und Lunge pumpt. Wie jeder Muskel, so wird auch das Herz durch elektrische Ströme zur Kontraktion angeregt. Die dazu notwendigen elektrischen Impulse erzeugt der Sinusknoten (→ Herzschrittmacher). Ähnlich wie beim EEG kann eine Summe dieser Spannungen auf der Körperoberfläche mittels Elektroden gemessen werden. Auch hier unterscheidet man **mono-** und **bipolare Schaltung**. Bei bipolarer Schaltung wird die Spannung zwischen je zwei Extremitäten gemessen (Abb. 3a), im monopolaren Fall werden je zwei Extremitäten zu einer Referenzelektrode zusammengeschaltet und die Spannung gegenüber einer dritten Extremität gemessen (Abb. 3b). Die Messgrößen werden analog zum EEG mittels eines Verstärkers und eines Schreibers oder Monitors angezeigt.

Ein typisches EKG ist periodisch zum Puls und enthält eine große und mehrere kleine Zacken je Periode (Abb. 4). Diese unterschiedlich bezeichneten Zacken geben jeweils einen bestimmten Moment des Herzschlages wieder. Mit der P-Zacke beginnen die beiden Vorhöfe Blut in die Herzkammern zu pumpen. Die Herzkammern beginnen sich mit der Q-Zacke zusammenzuziehen. Die R- und S-Zacke zeigen, wie die Erregung den ganzen Muskel erfasst. Mit der T-Spitze erschlafft schließlich das Herz, um nach kurzer Zeit den Prozess zu wiederholen.

▸1 Elektrodenverteilung auf dem Kopf beim EEG

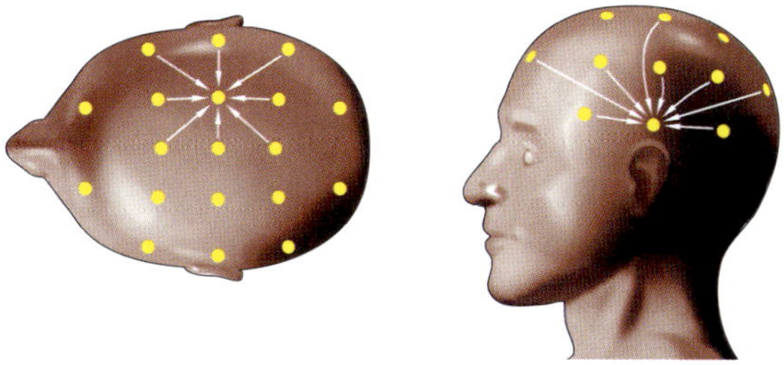

▸2 Auswertung des EEG: Verschiedene Wellentypen

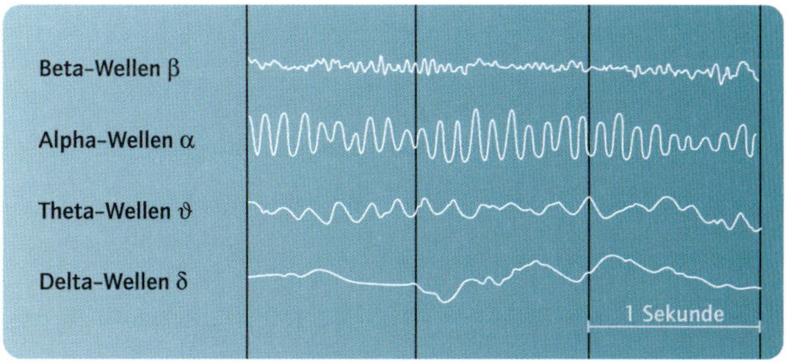

▸3 Mögliche Elektrodenschaltungen beim EKG

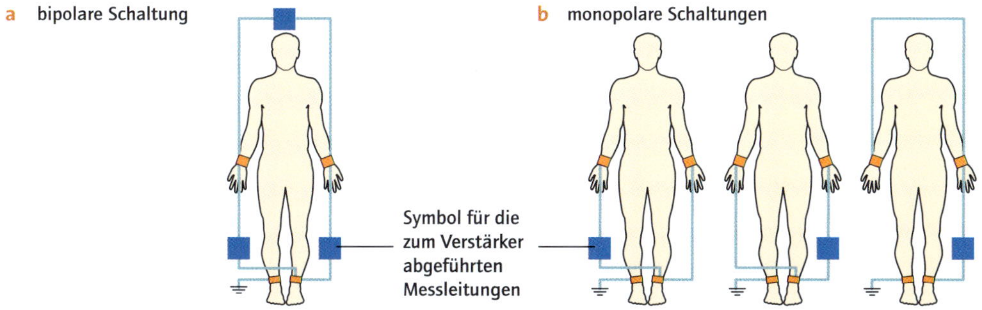

▸4 Typische EKG-Periode

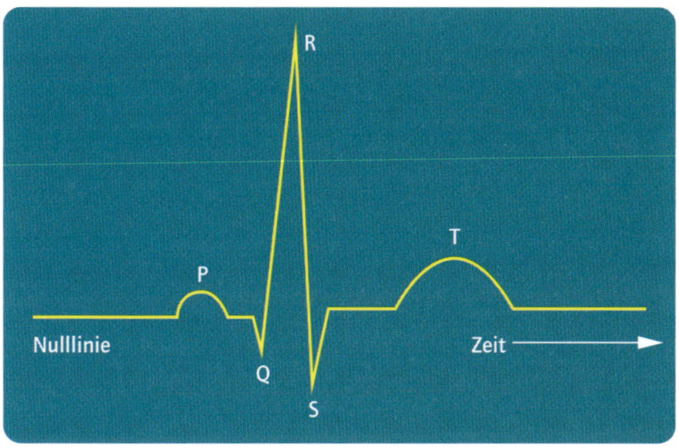

Stoßwellenlithotripsie

Stoßwellenlithotripsie ist ein **minimalinvasives** Verfahren (→ minimalinvasive Chirurgie) zur Entfernung von Nieren-, Harnleiter- oder Gallensteinen. Diese Steine stellen die häufigste Erkrankung der genannten Organe dar. Die meisten dieser Steine werden durch den Harn selbstständig wieder ausgespült. Wachsen sie jedoch über eine gewisse Größe, können sie für den Patienten sehr schmerzhaft werden und müssen mit ärztlicher Hilfe entfernt werden. Die Steine entstehen durch kristalline Ablagerungen verschiedener Art in den harnleitenden Organen. Nierensteine können beispielsweise aus Kalziumoxalat oder -phosphat gebildet werden. Bei gesunden Menschen existieren bestimmte Stoffe im Harn, die die Abscheidung dieser Kristalle verhindern.

Ultraschallstoßwellenlithotripter ▸1 ▸2

Ein Stoßwellenlithotripter (Abb. 1) erzeugt **Ultraschallstoßwellen** mit einer Frequenz im Bereich von 100 kHz und sehr hoher Intensität, welche die harten Steine durch die übertragenen mechanischen Schwingungen zerstören. Solche Stoßwellen lassen sich gut fokussieren (bündeln) und können deshalb als gepulster Strahl angesehen werden. Während einer 20-minütigen Behandlung werden dem Patienten rund 1000 Stoßwellen verabreicht. Die Apparatur eines Stoßwellenlithotripters besteht aus einem Röntgen- oder Ultraschalldiagnosegerät zur Ortung des Steines, mehreren Ultraschallwandlern, die den Ultraschall erzeugen (→Ultraschallgeräte), einer Vorrichtung zur Fokussierung des Ultraschalls, einem Medium zur wirkungsvollen Übertragung des Schallstrahls in den Körper und einer rechnergestützten Steuerungseinheit (Abb. 2).

Um einen Stein effizient in viele kleine Bruchstücke zerlegen zu können und umliegendes Gewebe zu schonen, ist es notwendig, den Stein genau zu orten, d. h. seine räumliche Position zu kennen. Dazu verwendet man zwei sich kreuzende Röntgenstrahlen. Werden beide Strahlen durch den Stein geschwächt, liegt der Stein im Kreuzungspunkt der Strahlen. Alternativ kann auch eine Ultraschalldiagnose verwendet werden. Um eine möglichst hohe Intensität der Schallstrahlen für die Behandlung zu erreichen, wird der Ultraschall durch viele einzelne **Ultraschallwandler**, welche auf einer parabolisch halbrunden Fläche angeordnet sind, fokussiert (Abb. 2).

Der Fokussierpunkt wird so ausgerichtet, dass er genau auf den Stein trifft, der so die maximale Energie des Strahls absorbiert (aufnimmt). Da das weiche Körpergewebe andere physikalische Eigenschaften als der Stein besitzt und die Stoßwellen im Stein fokussiert werden, wird das umliegendes Gewebe nicht beschädigt. Die Stoßwellen bauen im Stein mechanische Schwingungen auf, die so stark werden, dass dieser aufgrund seiner Sprödigkeit in Bruchstücke zerspringt. Die Bruchstücke werden dann durch den Harnleiter abgeführt.

Bei der Behandlung ist es wichtig, für eine gute Übertragung der Stoßwellen in den Körper zu sorgen. Dies geschieht, indem man den Patienten in eine Wanne mit Wasser oder auf Gelkissen legt und den Ultraschall vom Wandler über dieses Medium direkt in den Körper leitet. Bei diesem Verfahren treten beim Übergang vom Medium in das Körpergewebe weniger Reflexionen auf als beim Übergang von Luft in Gewebe.

Laserinduzierter Stoßwellenlithotripter ▸3

Ein **Laserlithotripter** besteht aus einem Laser und einem ca. 0,5 mm dicken Quarzfaserlichtwellenleiter. Der Laser ist eine Lichtquelle, die einen sehr stark gebündelten Lichtstrahl mit einer sehr genauen Frequenz und Wellenlänge aussendet (→Laser). Der Laserstrahl wird durch den Lichtleiter, der in das zu behandelnde Organ eingeführt wird, geleitet. Am Leiterausgang wird das Laserlicht fokussiert. Durch die dadurch entstehende Wärme verdampft ein Teil der Körperflüssigkeit zu einer heißen Gasblase. Diese dehnt sich zunächst aus und zieht sich durch Abkühlung wieder zusammen. Dieses Pulsieren der Gasblase erzeugt mechanische Stoßwellen, die in wenigen Minuten den Stein zertrümmern (Abb. 3).

Risiken und Nachteile des Verfahrens

Sind die zerfallenen Bruchstücke zu groß, kann es durch deren Transport im Harn beim Patienten zu starken Schmerzen kommen. Manchmal müssen große Fragmente (Bruchstücke) des Steins mithilfe eines Katheters aus der Harnblase befördert werden.

Viele Patienten haben nach einer Lithotripsiebehandlung Blut im Urin. Deshalb werden bereits längere Zeit vor der Behandlung alle blutverflüssigenden Mittel wie z. B. Aspirin abgesetzt. Weiterhin ist es wichtig, für ausreichende Abschirmung der Umgebung des Bestrahlungsfeldes zu sorgen. Die schädliche Wirkung des Ultraschalls hängt von der Intensität und der Einwirkdauer, nicht aber von der Frequenz ab. Bereits ab einer Leistungsdichte von 1 W/cm^2 werden Zellen und Erbmaterial zerstört, was zu irreparablen Schäden des bestrahlten Gewebes führt.

▸1 Ultraschallstoßwellenlithotripsiegerät

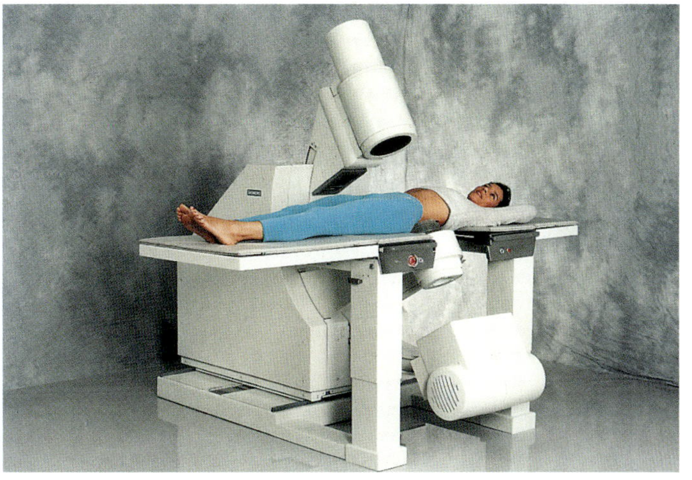

▸2 Prinzip der Ultraschallstoßwellenlithotripsie

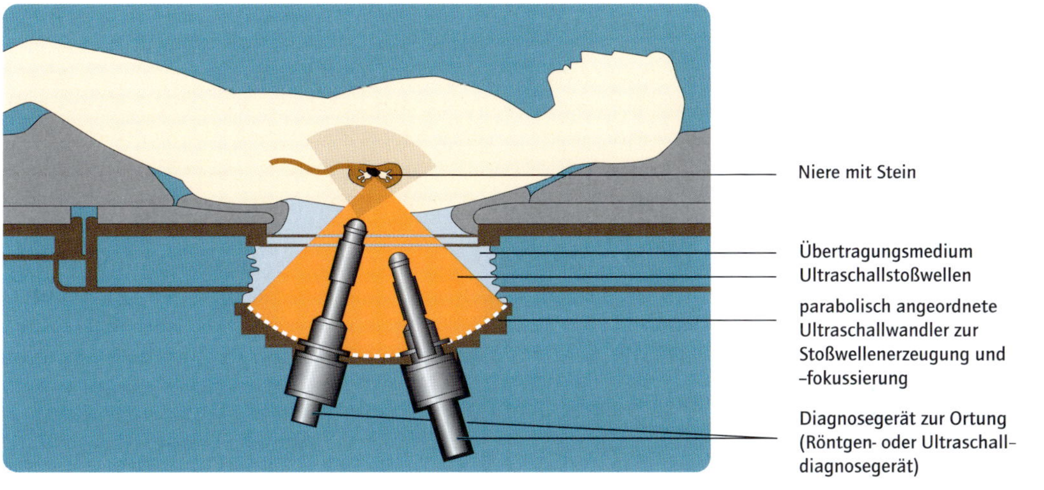

▸3 Prinzip der laserinduzierten Stoßwellenlithotripsie

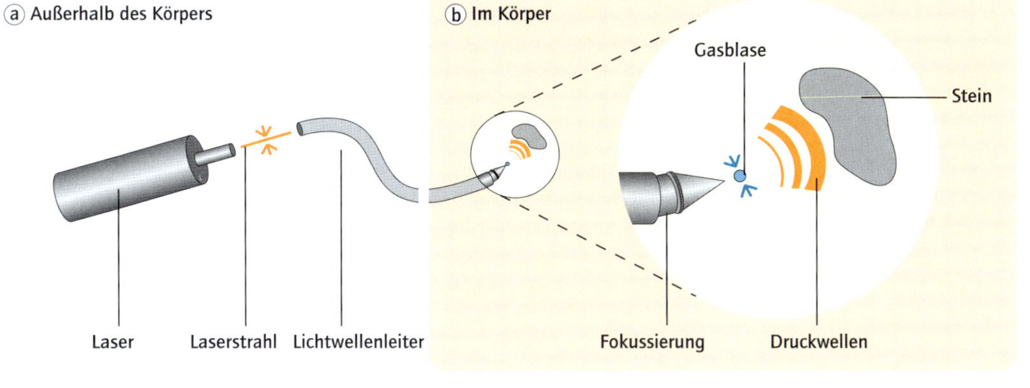

Minimalinvasive Chirurgie

Minimalinvasive Chirurgie bezeichnet im allgemeinen Operationen, bei denen die Verletzung gesunder Organe auf ein Minimum reduziert wird. So wird angestrebt, ohne den für die konventionelle Operation üblichen Schnitt auszukommen, um ein erkranktes Organ zu behandeln oder zu entfernen. Ein weites Gebiet der minimalinvasiven Chirurgie wird durch die **Endoskopie** abgedeckt. Jedoch gehören auch andere schonende Eingriffstechniken, wie die Stoßwellenlithotripsie (→) oder **Ballondilatation** dazu.

Endoskopie ▸1 ▸2

Die Endoskopie umfasst die Betrachtung des Körperinneren, die Entnahme von Gewebeproben für die Diagnose und den chirurgischen Eingriff mithilfe eines Endoskops (Abb. 1). Fast alle Körperhöhlen, Gefäße, Gelenkinnenräume sowie die Oberflächen innerer Organe lassen sich damit untersuchen.

Das **Endoskop** (Abb. 2) besteht aus einem starren oder flexiblen Rohr (Durchmesser: ca. 1 cm), das eine Optik und meist eine Spül- und Saugvorrichtung sowie einen sogenannten Biopsiekanal, der zur Aufnahme spezieller chirurgischer Instrumente wie Zange oder Metallschlinge dient, enthält. Das Endoskop wird entweder durch natürliche Körperöffnungen eingeführt, z. B. in den Mund oder in den After zur Untersuchung des Magen-Darm-Traktes, oder durch einen kleinen Schnitt in den Körper eingebracht. Flexible Endoskope sind durch ihre Beweglichkeit den starren überlegen, jedoch ist ihr Aufbau komplexer und ihre Störanfälligkeit höher.

Um mittels der Optik in das Körperinnere sehen zu können, muss eine Lichtquelle mit dem Endoskop eingeführt werden. Dies geschieht über ein Glasfaserbündel, durch dessen Fasern das Licht durch Reflexion an den Faserwänden geleitet wird (→ Lichtwellenleiter). Als Optik besitzen starre Endoskope ein Linsensystem ähnlich dem eines Mikroskopes. Der Arzt kann das Vorgehen entweder durch ein Okular (Linse) betrachten oder eine Kamera anschließen, die das Bild auf einen Monitor überträgt und ggf. per Video aufzeichnet. Flexible Endoskope besitzen einen CCD-Chip (einen Lichtsensor, der aus vielen lichtempfindlichen Halbleiterbauelementen besteht). Dieser wandelt das Bild in elektrische Signale um, die dann in einem Rechner verarbeitet und zu einem Bild zusammengesetzt werden (→ digitale Fotografie). Endoskopische Methoden werden häufig mit Röntgen- oder Ultraschallgeräten kombiniert. So gibt es z. B. Endoskope mit einem Ultraschallkopf, die zur Untersuchung von Erkrankungen im Bauchraum eingesetzt werden.

Operationen mittels Endoskopie ▸3

Der **Biopsiekanal**, der die Aufnahme des benötigten Instrumentes ermöglicht, bestimmt im Wesentlichen auch den Durchmesser des Endoskops. Als Instrumente stehen Miniaturausführungen aller bekannten chirurgischen Werkzeuge zur Verfügung, u. a. Scheren, Zangen, Nadeln, Klammern, Pinzetten und Schlingen. Diese werden durch den Biopsiekanal geschoben. Am Ende des Endoskops lassen sich die Instrumente abwinkeln und bewegen, um die gewünschte Position zu erreichen. Mittels Endoskopie lassen sich so z. B. Blinddärme, Nierensteine oder kleine Unterleibsgeschwulste entfernen (Abb. 3). Auch die Entfernung eines größeren Tumors ist möglich: Dazu wird zunächst die Umgebung des Tumors mit Kohlendioxid aufgeblasen und anschließend werden die versorgenden Blutgefäße mit einer Schlinge abgedrückt. In dem so geschaffenen blutleeren „Arbeitsraum" kann der Arzt den Tumor Stück für Stück zerkleinern und nach außen befördern.

Ballondilatation

Diese mit der Endoskopie verwandte Methode ermöglicht die Erweiterung eines verstopften Blutgefäßes ohne die übliche gefäßchirurgische Operation. Dabei wird zunächst ein Draht durch die Arterien bis zu dem erkrankten Gefäß eingeführt. Er dient als Führung für einen Ballon, der in das Gefäß eingeschoben wird. Vor Ort wird der Ballon auf einer Länge von einigen Zentimetern auf einen festen Durchmesser aufgeblasen, um so das verengte Blutgefäß zu erweitern. Das Geschehen betrachtet der Arzt auf einem Monitor mittels Röntgengerät, die Blutgefäße werden mit einem injizierten Kontrastmittel dargestellt.

Vorteile der minimalinvasiven Chirurgie

Der entscheidende Vorteil der minimalinvasiven Chirurgie liegt im Empfinden des Patienten. Für ihn ist der Eingriff weniger schmerzhaft, er erholt sich schneller und kann früher aus der Klinik entlassen werden. Während diese Chirurgie früher nur bei kleineren Eingriffen (z. B. Entnahme von Gewebeproben) sinnvoll war, kommt sie inzwischen auch bei größeren Operationen (z. B. Gallenblasenentfernungen) zum Einsatz und hat sich als Operationstechnik fest etabliert. Auch in der Schönheitschirurgie hat sich ein weiteres Arbeitsfeld für die minimalinvasive Chirurgie ergeben, da hier der Vorteil der kleinen Narben zum Tragen kommt.

▸1 Minimalinvasiver Einsatz eines Magenbands

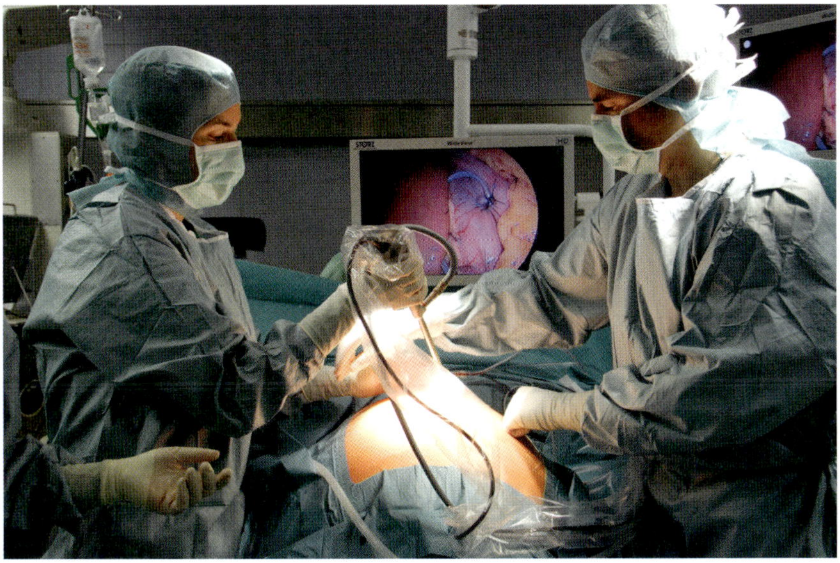

▸2 Endoskopie

a Starres Endoskop

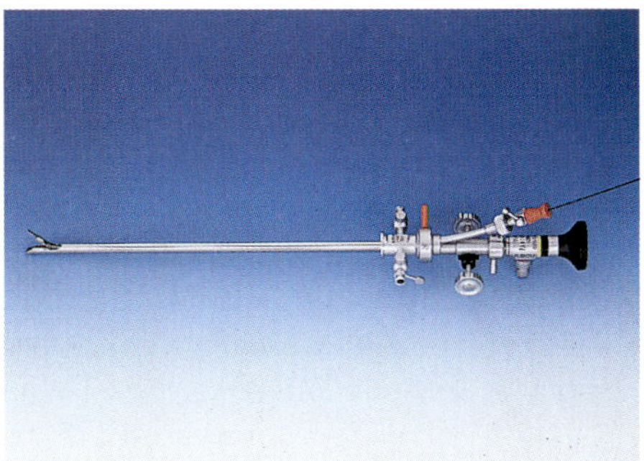

b Flexibles Endoskop

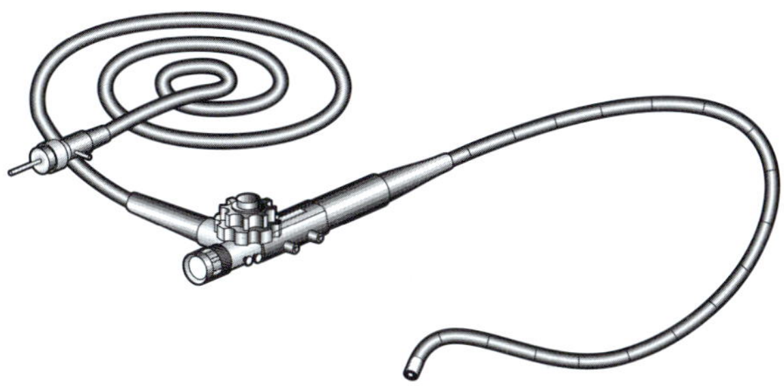

▸3 Endoskopischer Eingriff

Entfernung eines »Steins« mittels Endoskop, ein zweites Endoskop filmt den Vorgang und stellt dieses Bild auf dem Monitor dar.

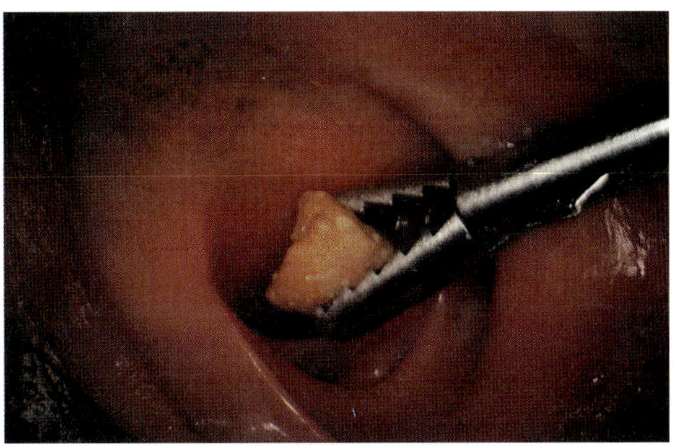

Laser in der Medizin

Der Laser (→) zeichnet sich gegenüber konventionellen Lichtquellen durch folgende Vorteile aus: spektrale Reinheit, d. h., Laserlicht hat eine feste Wellenlänge, Parallelität der Strahlung, welche daher gut fokussierbar (bündelbar) ist, und die Erzeugung kurzer energiereicher Pulse. Dadurch eignet er sich besonders gut für Anwendungen in der Medizin. Laser werden vor allem in den Bereichen Chirurgie, Augenheilkunde, Tumortherapie, Gynäkologie, Urologie, Dermatologie und HNO-Heilkunde eingesetzt. In der Medizin werden sowohl Gas- als auch Festkörperlaser verwendet. Grundsätzlich muss bei jeder Anwendung eines Lasers geklärt werden, ob der Einsatz im Gegensatz zu einer konventionellen Methode rentabel und weniger komplikationsbehaftet ist.

Wirkungsmechanismen medizinischer Laserstrahlung ▸1

In der Medizin wird die Wirkung von Laserstrahlung, die auf Reflexion, Brechung und insbesondere Streuung und Absorption (Aufnahme) der Strahlung in biologischem Gewebe beruht, genutzt. **Absorptionseffekte** können nach Intensität und Einwirkzeit der Strahlung gegliedert werden (Abb. 1).

Der **thermische Effekt**, der eine Erwärmung des Gewebes bewirkt, wird in der Lasermedizin am häufigsten benutzt. Ab etwa 60 °C tritt eine Abtötung der Zellen und Gerinnung des Eiweiß (Koagulation) ein. Dieser Effekt verhindert Blutungen und sorgt für einen aseptischen (keimfreien) Wundverschluss. Bei 100 °C tritt durch Verdampfung von Wasser die Austrocknung des Gewebes ein, bei höheren Temperaturen wird das Gewebe schließlich verkohlt und ab 300 °C durch Vergasung abgetragen. Wird ein solcher Laserstrahl bewegt, erzeugt er einen Schnitt. Bei der Verdampfung und Vergasung ist eine höhere Intensität, dafür aber geringere Einwirkzeit der Laserstrahlung als bei der Koagulation erforderlich. Ein anderer Absorptionseffekt ist die **Ablation**. Dabei wird das bestrahlte Gewebe durch kurze Hochleistungspulse in den gasförmigen Zustand überführt, verdampft und dadurch abgetragen. Die **Disruption** ist ein Absorptionseffekt, der bei noch höheren Intensitäten stattfindet. Die Strahlung ist dabei so stark, dass Elektronen einzelner Atome gelöst werden. Somit entsteht ein sich ausdehnendes Plasma (Gemisch aus freien Elektronen, positiven Ionen und Neutralteilchen eines Gases), das wiederum eine Druckwelle erzeugt, die eine Amplitude bis zu 600 bar haben kann. Plasma und Druckwelle eignen sich zum Zerstören harter Stoffe (→Stoßwellenlithotripsie). Ein weiterer Absorptionseffekt ist die **photochemische Reaktion**, bei der schwache Strahlung zur Auslösung chemischer Reaktionen im Gewebe benutzt wird.

Die Absorption ist abhängig von der Wellenlänge und der Art des Gewebes. Je größer die Absorption, desto geringer ist die Eindringtiefe der Strahlung und desto größer die Wirkung in einem bestimmten Volumen. Je nach Gewebeart und gewünschter Eindringtiefe ist somit die Wellenlänge und Intensität des Lasers zu wählen.

Laserchirurgie ▸2

Das Schneiden von Gewebe mit einem Laserstrahl beruht auf dem thermischen Effekt oder der Ablation. Ein typischer **Schneidlaser** ist der CO_2-Laser (Kohlendioxidlaser). Er hat eine geringe Eindringtiefe und erzeugt deshalb einen präzisen Schnitt. Die Schnitttiefe beträgt je nach Leistung und Geschwindigkeit bis zu 10 mm. Um den Schnitt entsteht eine die Wunde verschließende Gerinnungszone.

Ein typisches CO_2-Lasersystem (Abb. 2a) besteht aus einem Netzgerät, Gasvorratsflaschen für den Laser, dem eigentlichen Laserrohr mit Wasserkühlung, einem Spiegelgelenkarm zur Strahlführung, einem Handstück (Abb. 2b), einem Fußschalter und einem Rechner mit Bedienkonsole. Im Laserrohr wird der Laserstrahl erzeugt, der danach durch das Spiegelgelenksystem zum Handstück geführt wird. An der Bedienkonsole lässt sich die Leistung des Lasers und die Pulsdauer einstellen. Da der Infrarotstrahl des CO_2-Lasers unsichtbar ist, wird parallel ein roter Strahl eines schwachen Helium-Neon-Lasers mitgeführt.

Laser in der Augenheilkunde ▸3

Ein Lasersystem in der Augenheilkunde besteht aus drei Strahlengängen: Im ersten Strahlengang wird konventionelles Licht in das Innere des Auges gebracht, mit dem zweiten beobachtet der Arzt das innen ausgeleuchtete Auge und im dritten Strahlengang wird der eigentliche Laserstrahl parallel zum ersten oder zweiten eingekoppelt. Mithilfe von Lasern lassen sich z. B. Ablösungen der Netzhaut von der Lederhaut verhindern. Dazu wird die Netzhaut um eine Stelle, die sich bereits zu lösen beginnt, mittels mehrerer kleiner Punkte mit der Lederhaut durch Gerinnung „verschweißt" (Abb. 3). Auch der graue Star, bei dem die Linse eingetrübt und verhärtet ist, kann mittels Lasertechnik behandelt werden. Die harte Linse wird mittels Ablation zerstört und durch ein künstliches Implantat ersetzt.

▸1 Absorptionseffekte bei der Wirkung von Laserstrahlung auf biologisches Gewebe

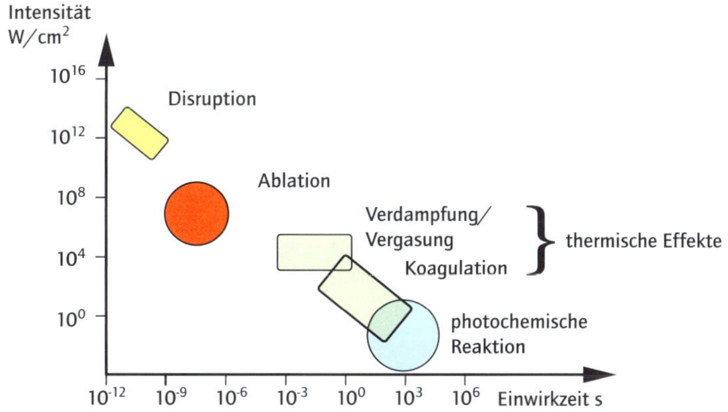

▸2

a Chirurgisches CO2–Lasersystem

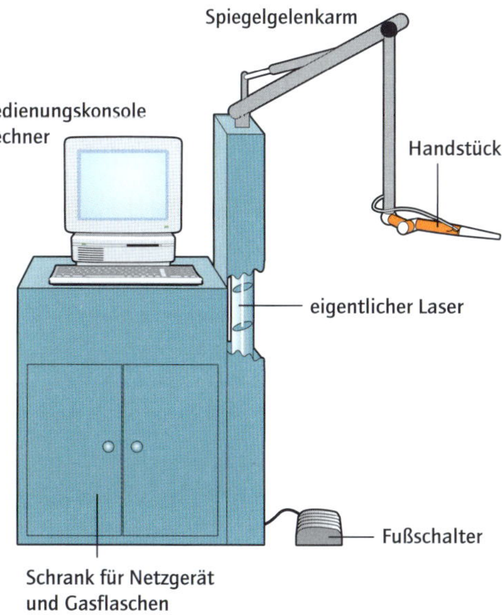

b Handstück

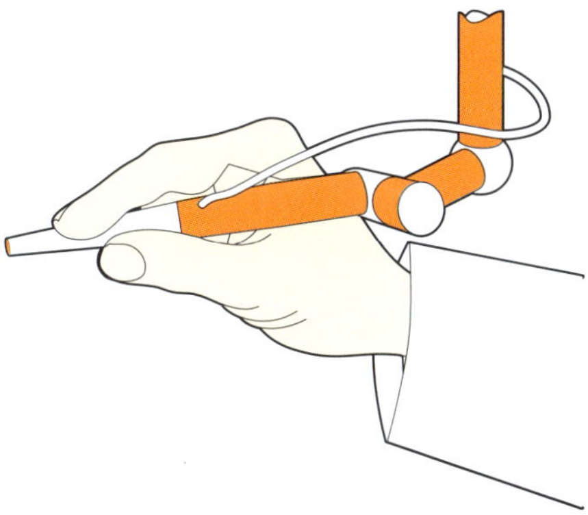

▸3 Einsatz von Laser in der Augenheilkunde (Modell)

Kühl- und Gefrierschränke

Kühl- und Gefriergeräte haben die Aufgabe, in ihrem Innenraum eine gegenüber der Umgebung niedrigere Temperatur zu erzeugen und aufrechtzuerhalten. Bei einer Innentemperatur von 0 °C bis + 8 °C dienen Kühlschränke zur kurzfristigen Lagerung von verderblichen Waren, während Gefrierschränke bei Temperaturen unter – 18 °C zum Gefrieren und langfristigen Lagern von Gefriergut und Tiefkühlkost eingesetzt werden.

Kühlvorgang ▸1

Dem Kühlvorgang der Geräte liegen verschiedene physikalische Gesetzmäßigkeiten zugrunde:
Jede Flüssigkeit nimmt beim Übergang vom flüssigen in den dampfförmigen Zustand Wärme auf (wird erhitzt) und gibt diese beim Übergang vom dampfförmigen in den flüssigen Zustand wieder ab. Während des Verdampfungsprozesses bleibt die Temperatur der Flüssigkeit konstant. Unter Druck steigt diese Temperatur (Siedetemperatur) an, eine Druckminderung bewirkt ein Absinken der Temperatur.
Die in Kühl- und Gefriergeräten eingesetzten Flüssigkeiten bezeichnet man als **Kältemittel** (z. B. Ammoniak, Kohlenwasserstoffe). Ihr Siedepunkt liegt bei normalem Atmosphärendruck (1013 hPa = 1,013 bar) zwischen etwa – 100 °C und +25 °C. Sie werden in einem Kreislauf geführt (Abb. 1) und die o. a. Eigenschaften genutzt. Das Kältemittel wird durch Aufnahme von Wärme aus dem Kühlschrankinneren erhitzt und der entstehende Dampf verdichtet, d. h., der Druck wird erhöht. Aufgrund der Druckerhöhung verflüssigt sich der Dampf unter Abgabe von Wärme an die Umgebung. Der Druck des wieder flüssigen Kältemittels wird gedrosselt, und der Prozess kann neu beginnen. Die heute üblichen Verfahren bei Kühl- und Gefriergeräten sind das **Kompressions-** und das **Absorptionsverfahren**. Sie unterscheiden sich in der Druckerzeugung im Kältemittelkreislauf.

Kompressionsverfahren ▸2

Die eigentliche Kälteerzeugung findet im Verdampfer statt, wo das Kältemittel bei niedrigem Druck verdampft und der Umgebung (im Gefrierfach) Wärme entzieht. Der Dampf wird vom Kompressor angesaugt und auf den Kondensator-(Verflüssiger)druck verdichtet. Im Kondensator wird der verdichtete Dampf unter Wärmeabgabe an die Umgebung verflüssigt. Das Kältemittel strömt anschließend durch ein Drosselorgan (Kapillarrohr), welches den Druckausgleich zwischen Kondensator und Verdampfer verhindert und in dem das Kältemittel auf den niedrigen Druck entspannt wird. Das flüssige Kältemittel fließt zurück in den Verdampfer. Die Innentemperatur des Kühl- bzw. Gefrierschranks wird von einem Temperaturregler konstant gehalten, über den der Kompressormotor ein- bzw. ausgeschaltet wird (Abb. 2).

Absorptionsverfahren ▸3

Unter Absorption versteht man das Auflösen eines Dampfes oder Gases in einer Flüssigkeit. Kühlgeräte, die nach diesem Verfahren arbeiten, enthalten das Kältemittel Ammoniak, das vom Wasser leicht aufgenommen (absorbiert) wird. Der Druck wird hier durch Erhitzen eines mit stark ammoniakhaltigem Wasser gefüllten Kochers erzeugt. Das Ammoniak dampft aus, und das Wasser bleibt zurück. Im kontinuierlich arbeitenden Ausdampfungsprozess steigt der Druck so lange an, bis der Ammoniakdampf im Verflüssiger kondensiert und die aufgenommene Wärme abgibt. Wie beim Kompressionsverfahren strömt das Kältemittel durch ein Drosselorgan und nimmt im Verdampfer (Gefrierfach) bei niedrigem Druck wieder Wärme auf. Das schwach ammoniakhaltige und noch warme Wasser aus dem Kocher läuft über einen Wärmeaustauscher, wo es einen Teil seiner Wärme abgibt, in den Absorber. Hier nimmt es den reinen Ammoniakdampf, der aus dem Verdampfer strömt, wieder auf und sättigt sich ab. Eine kleine Umwälzpumpe fördert die entstandene Ammoniaklösung über den Wärmetauscher in den Kocher zurück (Abb. 3).
Absorberkühlgeräte sind kompakt und durch den fehlenden mechanischen Kompressor relativ geräuschlos. Sie werden daher vorwiegend als Kleingeräte gebaut und z. B. beim Camping eingesetzt.

Rechtliche Entwicklungen

Bis 1995 wurden als Kälte- und Isoliermittel sogenannte Fluorchlorkohlenwasserstoffe (FCKW) und Fluorkohlenwasserstoffe (FKW) verwandt. Aufgrund der stark ozonschädigenden Wirkung und der Entstehung des „Treibhauseffektes“ dürfen diese Kohlenwasserstoffe nicht mehr eingesetzt werden. Durch weitere Entwicklungsmaßnahmen, z. B. stärkere Isolierung, Abtauautomatik, Spartasten bei halber Beladung, konnte in den letzten Jahren der Energieverbrauch von Kühlgeräten deutlich vermindert werden. Inzwischen sind die Hersteller von Kühl- und Gefriergeräten verpflichtet, ihre Geräte mit dem Eurolabel zu kennzeichnen. Dieses teilt die Geräte in sogenannte Energieeffizienzklassen von A bis G ein.

▸1 Kältemittelkreislauf

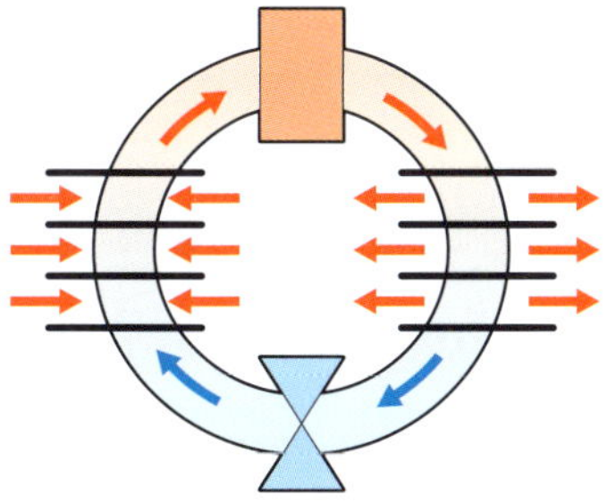

▸2 Kühlschrank nach dem Kompressionsverfahren

ⓐ Verdampfer (nimmt Wärme auf)
ⓑ Luftaustritt
ⓒ Drosselorgan (Kapillarrohr)
ⓓ Druckseite
ⓔ Saugseite
ⓕ Kondensator (Verflüssiger; gibt Wärme ab)
ⓖ Trockner
ⓗ Kompressor (Verdichter)
ⓘ Temperaturregler
ⓙ Lufteintritt

Aggregatzustand des Kühlmittels:
■ = dampfförmig, ■ = flüssig

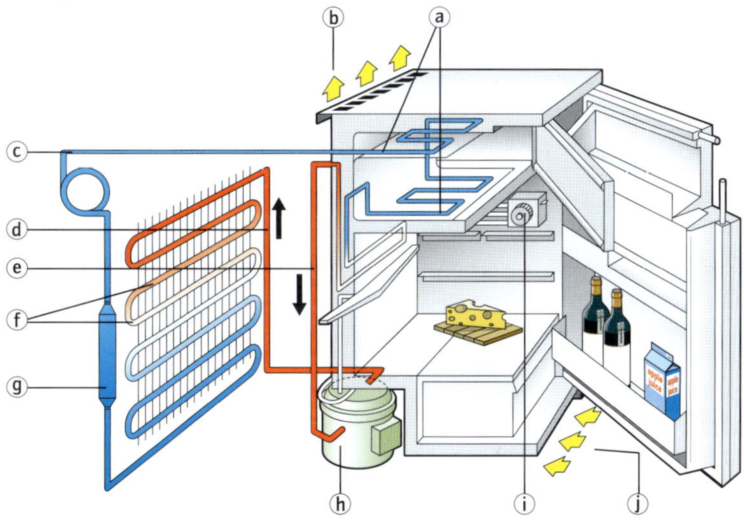

▸3 Rückwand eines Kühlgerätes mit Absorptionssystem

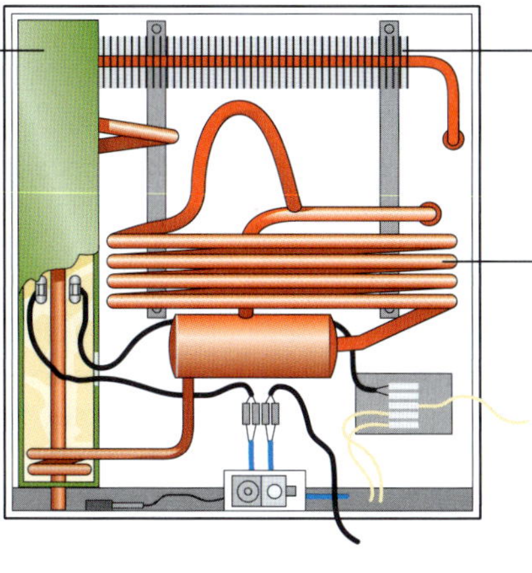

Herde

Herde gehören zu den Großgeräten im Haushalt und dienen zum Kochen, Braten, Backen oder auch Grillen von Lebensmitteln. Man unterscheidet drei Herdtypen: Elektro-, Gas- und Induktionsherde.

Das Kochfeld ▸1

Der **Elektroherd** ist mit einer emaillierten Kochmulde mit Kochplatten oder einem Glaskeramikkochfeld ausgestattet. Man unterscheidet drei Plattentypen: die Standardkochplatte, die Blitz- und die Automatikkochplatte. Die Kochplatte (Abb. 1) besteht aus wärmeleitfähigem Gusseisen. In den Plattenkörper sind mehrere Heizleiter, die von einer keramischen Isoliermasse umgeben sind, eingegossen. Die Mitte der Platte ist ungeheizt, um Wärmestau und Überhitzung auszuschließen. Bei der Blitzkochplatte, die durch einen roten Punkt in der Plattenmitte erkennbar ist, wird die höhere Heizleistung in der höchsten und niedrigsten Einstellung wirksam. Damit diese Kochplatte nicht überhitzt, befindet sich in der Mitte ein Überhitzungsschutz (Bimetallregler). Bei der Automatikplatte erfolgt das Umschalten von hoher auf niedrigere Leistung selbsttätig durch eine zeitabhängige Steuerung oder eine temperaturabhängige Regelung. Ein **Glaskeramikkochfeld** besitzt statt ausgeprägter Kochplatten Kochzonen, unter denen sich die Heizleiter befinden.

Beim **Induktionsherd** werden Induktionsspulen, die sich unter der Kochzone befinden, mit mittelfrequenten Wechselströmen gespeist. Sie erzeugen magnetische Wechselfelder, die die Energie direkt in den Topfboden übertragen. Zum Kochen eignet sich nur magnetisch leitendes Geschirr aus Gusseisen oder emailliertem Stahl, bei dem die magnetischen Wechselfelder Wirbelströme im Geschirrboden und damit Wärme erzeugen. Die Glaskeramikplatte selbst bleibt hier kalt und wird nur indirekt über das Kochgeschirr erwärmt.

Das Kochfeld des klassischen **Gasherdes** ist mit einem Topfgitter und offenen Brennern ausgestattet, aus denen das Gas austritt. Eine elektrische Funkenzündung stellt die Flamme in gewünschter Größe bereit. Sollte die Flamme verlöschen (z. B. durch Überkochen), dann stoppt eine eingebaute Zündsicherung die Gaszufuhr sofort. Ein moderner Gaskocher benötigt ungefähr 50 % weniger Energie als ein elektrischer Herd.

Der Backofen ▸2 ▸3

Der Backofen ist durch seine gleichmäßige und fein regulierbare Wärmezufuhr für die Wärmezubereitung vielseitig nutzbar. Die Wärmeübertragung von einem Ort höherer Temperatur zu einem Ort tieferer Temperatur erfolgt durch **Wärmeleitung**, **Wärmeströmung** und **Wärmestrahlung** sowie durch Kombination dieser drei grundsätzlichen Wärmeübertragungsarten. Beim Standardbackofen findet die Wärmeübertragung durch Hitzestrahlung und natürliche Wärmeströmung (**Konvektion**) statt. Die Wärme wird durch Gase (Luft) transportiert, die aufgrund von Temperaturunterschieden strömen. Dabei können erheblich größere Wärmemengen übertragen werden als von ruhenden Medien durch Wärmeleitung, wie z. B. bei den Herdkochplatten. Die Heizstäbe befinden sich außerhalb des Ofengarraumes: unterhalb des Bodens (Unterhitze) und oberhalb der Decke (Oberhitze). Bei Backöfen mit Grillvorrichtung sind zusätzliche Heizstäbe im Innenraum eingebaut. Die Backtemperatur (zwischen 50 und 250 °C) wird über einen oder mehrere Temperaturregler konstant gehalten. Die Wärmeübertragung beim **Umluftherd** erfolgt durch eine **Zwangskonvektion** (Abb. 2). Dazu befindet sich ein Ventilator in der Rückwand des Backraumes, der von einem ringförmigen Heizkörper umgeben ist. Der Ventilator saugt die Luft aus dem Backraum an, drückt sie um den Heizkörper herum und in den Ofen zurück. Dadurch wird eine gleichmäßige Temperaturverteilung im Backraum erreicht. Die Temperaturregelung erfolgt über einen stufenlos einstellbaren Regler bei 50 – 200 °C. Im Umluftbetrieb kann auf mehreren Blechen gleichzeitig gebacken werden. Moderne Geräte besitzen zusätzlich ein eingebautes Gebläse, das den Herd nach außen hin kühl hält. Die niedrigen Außentemperaturen schonen die angrenzenden Möbel und die elektronischen Bauteile (Abb. 3).

Reinigungssysteme ▸3

Die meisten Backöfen sind mit einer Selbstreinigungsfunktion ausgestattet. Man unterscheidet dabei zwischen der pyrolytischen und der katalytischen Reinigung. Bei der **pyrolytischen Selbstreinigung** werden Verunreinigungen bei hohen Temperaturen von ca. 500 °C verschwelt. Eine temperaturabhängig gesteuerte Türverriegelung verschließt die Tür bei ca. 300 °C automatisch, um Unfällen vorzubeugen. Backöfen mit **katalytischer Selbstreinigungsfunktion** verfügen über emailbeschichtete Seitenwände, in die Katalysatoren eingelegt sind. Sie wirken schon bei 200 °C und der Reinigungsvorgang findet während des Bratens oder Grillens statt. Beide Selbstreinigungsverfahren haben ihre Grenzen bei starken Verschmutzungen, speziell durch zuckerhaltige Stoffe oder Säuren.

▸1 Aufbau der Kochplatte

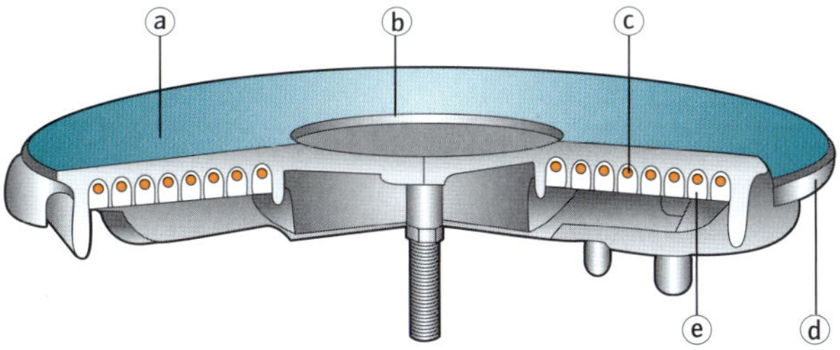

ⓐ Beheizter Plattenteil
ⓑ Unbeheizter Plattenteil
ⓒ Heizleiter
ⓓ Überfallrand
ⓔ Keramische Isoliermasse

▸2 Umluftbackofen

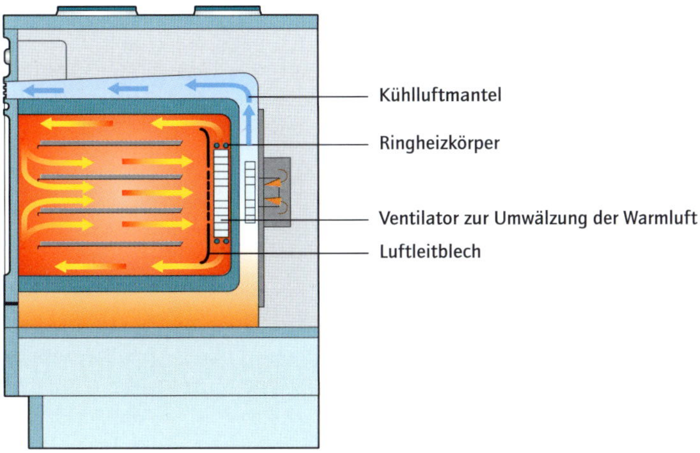

▸3 Luftführung im Backofen

ⓐ Kühlgebläse
ⓑ Luftkühlung
ⓒ Backraum

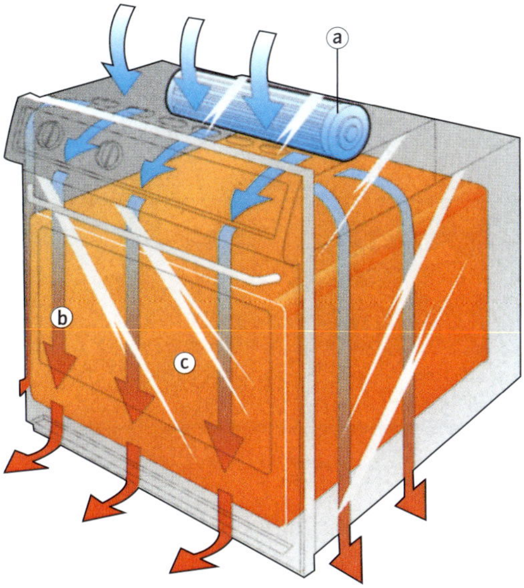

Mikrowellengeräte

Mikrowellengeräte dienen dem schnellen Auftauen, Erhitzen oder auch Garen von Lebensmitteln. Sie eignen sich bevorzugt zum Erwärmen bereits vorgefertigter Gerichte und zum Auftauen von Tiefkühlkost.

Mikrowellenerzeugung ▸1 ▸2

Als **Mikrowellen** bezeichnet man das Frequenzgebiet elektromagnetischer Strahlen, welches sich im Bereich von 1 GHz (10^9 Hz) bis zu 1 THz (10^{12} Hz) bewegt. Die Mikrowellen nehmen somit das Grenzgebiet zwischen den Radiostrahlen (< 1 GHz) und den Infrarotstrahlen (> 1 THz) ein.
Die elektromagnetischen Strahlen werden von einem Mikrowellengenerator, dem sogenannten **Magnetron**, erzeugt. Er besteht aus einer Vakuumröhre mit einer stabförmigen Glühkathode und einer dazu konzentrisch angeordneten Anode, die an eine Spannungsquelle angeschlossen sind. Die Röhre befindet sich in einem kontinuierlich magnetischen Feld, das von einer stromdurchflossenen Spule erzeugt wird (Abb. 1). Die Kathode ist eine negativ geladene Elektrode, an der Elektronen austreten. Diese werden vom Magnetfeld abgelenkt und in Bahnen gezwungen, die um die Kathode laufen. Dabei beeinflusst die Stärke des Magnetfeldes die Bahnkrümmung und die Umlauffrequenz der Elektronen (Abb. 2). Treffen nun die Elektronen auf die Anode, so entsteht ein Elektronenstrom, der die Quelle der im Magnetron erzeugten elektromagnetischen Strahlung darstellt. Die Frequenz der Strahlung entspricht der Umlauffrequenz der Elektronen im Magnetfeld.

Strahlungsgang in Mikrowellengeräten ▸3 ▸4

Die im Magnetron erzeugten Mikrowellen werden von einer Antenne, dem sogenannten Koppelstift, über einen Hohlleiter in den Garraum eingespeist, um dort das Gargut zu erwärmen (Abb. 3). Vor der Einkopplung befindet sich ein Reflektor, dessen Flügel aus Blech bestehen. Ist das Mikrowellengerät eingeschaltet, so dreht sich auch der Rotor im kontinuierlichen Betrieb. Die Mikrowellen, die vom Magnetron aus in den Garraum eingespeist werden, werden beim Auftreffen auf die Flügel ständig unterschiedlich reflektiert, sodass sich die elektromagnetischen Strahlen gleichmäßig im Garraum verteilen.
Der aus Metall bestehende Garraum wirkt wie ein **Hohlraumresonator**, denn die Innenmaße sind auf die Wellenlänge der Mikrowellen abgestimmt. Die von den Wänden reflektierten Wellen unterstützen jeweils die ankommenden.

Das Gargut verhält sich im Mikrowellengerät wie ein **Dielektrikum** zwischen den Platten eines Kondensators, der an eine Hochfrequenzspannung angeschlossen ist (Abb. 4). Ein Dielektrikum ist ein elektrischer Nichtleiter, der beim Einwirken eines elektrischen Feldes durch Ladungstrennung ein Gegenfeld aufbaut. Die Moleküle des Dielektrikums werden infolge des zwischen den Kondensatorplatten wirkenden elektrischen Feldes laufend elektrisch umpolarisiert und fangen im Frequenzbereich der Mikrowelle an zu schwingen. Als Folge der Molekülbewegung entsteht Wärme. Die Aufgabe des Plattenkondensators übernehmen im Mikrowellengerät die Wände, an denen die Strahlen reflektiert werden. Bei der Umwandlung der Mikrowellenenergie in Wärme schwächen sich die Mikrowellen ab, dringen aber dennoch ins Innere des Gargutes vor. So entsteht gleichzeitig Wärme in den äußeren und tiefer liegenden Schichten des Lebensmittels. Die Erwärmung der tieferen Schichten sowie des Kerns erfolgt zusätzlich durch Wärmeleitung von außen nach innen.

Eigenschaften

Bei Mikrowellengeräten werden verschiedene Eigenschaften der elektromagnetischen Strahlung ausgenutzt. So werden Mikrowellen von metallischen Flächen reflektiert, ohne dass es dabei zu einer wesentlichen Erwärmung kommt. Behälter aus Glas, Keramik oder Kunststoff werden durchdrungen, und auch hier findet keine direkte Erwärmung der Materialien statt. Speisen und Wasser (elektrische Nichtleiter) hingegen nehmen Mikrowellen auf (Absorption) und wandeln sie in Wärme um. Je größer der Wasservorrat ist, desto schneller werden die Speisen erwärmt. Die Leistung der Mikrowellengeräte (maximal 500 W – 1000 W) lässt sich vom Benutzer über verschiedene Bedienelemente entsprechend der Funktionen Auftauen, Erhitzen oder Garen einstellen.
Die Behälter für Lebensmittel, die im Mikrowellengerät erwärmt werden sollen, müssen aus Glas, Keramik oder Kunststoff bestehen. Metalltöpfe und -folien sind ungeeignet, da sie die Strahlen und damit die Energie reflektieren und nicht an das Gargut heranlassen.
Zur Vermeidung von Gesundheitsschäden und Funkverkehrsstörungen muss ein sauberes Schließen der Gerätetür gewährleistet sein, damit möglichst wenig Strahlung nach außen dringt. Das Sichtfenster in der Tür ist zum Garraum hin mit einem Lochblech versehen, sodass in jedem Fall gewährleistet ist, dass die Mikrowellen vollständig reflektiert werden. Außerdem sind die Geräte gegen Öffnen der Tür geschützt.

▸1 Magnetron

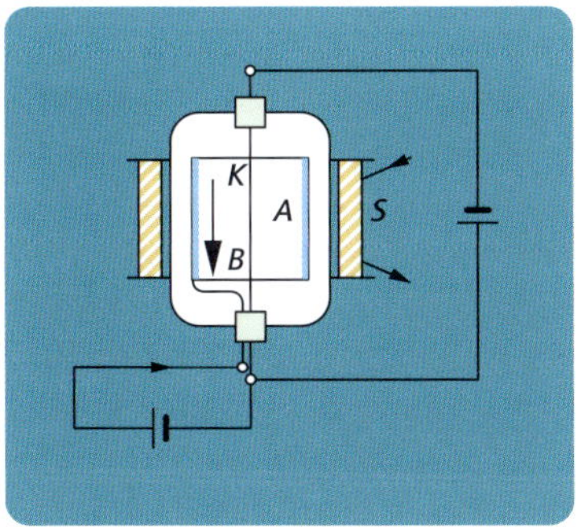

A = Anode, *K* = Kathode,
S = Stromdurchflossene Spule, *B* = Magnetfeld

▸2 Elektronenlaufbahn unter dem Einfluss eines elektrischen und eines magnetischen Feldes in einem Magnetron

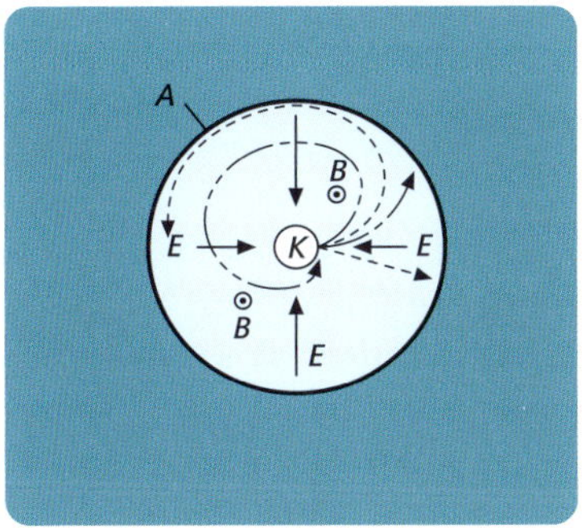

A = Anode, *K* = Kathode,
B = Magnetfeld senkrecht zur Bildebene, *E* = elektrisches Feld

▸3 Schnittbild eines Mikrowellengerätes

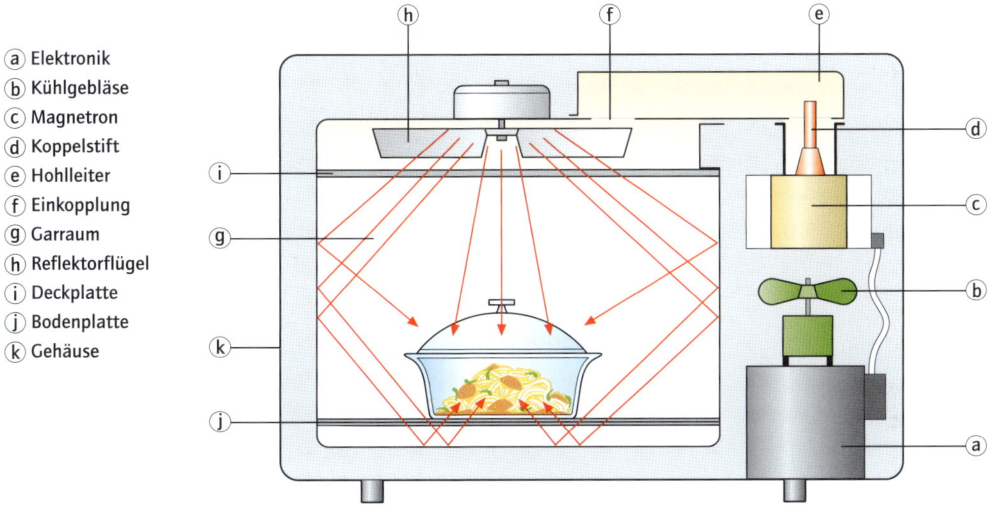

▸4 Dielektrikum (Gargut) im Hochfrequenzspannungsfeld

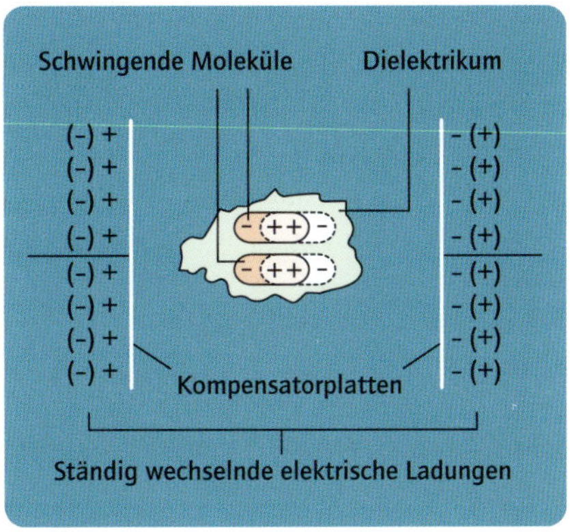

Geschirrspüler

Geschirrspülmaschinen gehören heute in vielen Haushalten zur Grundausstattung. Sie nehmen dem Benutzer Arbeit ab und sind bei häufig anfallenden großen Geschirrmengen auch energiesparender als das Spülen von Hand.

Aufbau und Funktionsweise ▸1 ▸2 ▸3

Im **Spülraum** der Maschine befinden sich zwei Geschirrkörbe (Ober- und Unterkorb), die nach vorne herausgezogen werden, und mindestens ein Besteckkorb oder eine Besteckschublade (Abb. 1). Das Fassungsvermögen beträgt dabei je nach Gerätegröße zwischen 8 und 14 Maßgedecke. Zum Betrieb werden ein Wasserzu- und -abfluss und ein Stromanschluss (um 3 kW Anschlussleistung) benötigt. Ist zusätzlich ein Warmwasseranschluss vorhanden, so können durch die kürzeren Aufheizzeiten im Reinigungs- und Klarspülvorgang erhebliche Einsparungen in der Laufzeit und im Stromverbrauch erreicht werden.

Geschirrspülmaschinen arbeiten mit der mechanischen Wirkung von Wasserstrahlen, die jede Stelle auf der Geschirroberfläche erreichen, Speisereste ablösen und fortspülen. Mithilfe eines **Sprühsystems** wird das Wasser umgewälzt und dem Geschirr zugeführt. Das System besteht aus zwei bis drei rotierenden **Sprüharmen** mit zahlreichen gerichteten Düsen, die das Wasser fächerförmig in den Spülraum spritzen (Abb. 2). Das vom Geschirr abtropfende Wasser fließt durch ein Sieb auf die Umwälzpumpe (Kreiselpumpe). Sie pumpt das Wasser während des Spülvorgangs kontinuierlich zurück in den Spülraum, wobei es erst durch eine Heizung wieder erwärmt wird. Die abgespülten Speisereste werden zum Schutz der feinen Düsen vom Sieb am Boden zurückgehalten oder in ein trichterförmiges Sieb (Siebkombination, Abb. 3) vor der Laugenpumpe gespült. Die Laugenpumpe auch Ablaufpumpe genannt, fördert das Spülwasser dann in den Abfluss. Moderne Geräte sind mit einer Filterkombination ausgerüstet, die eine weit reichende Selbstreinigung des Wassers erzielen. Auf der Innenseite der Gerätetür befinden sich Einspülkammern für das Reinigungsmittel und den Klarspüler. Die wasserdicht schließenden Kammerdeckel werden programmgesteuert geöffnet. Eine elektromagnetisch betätigte Dosiereinrichtung gibt beim letzten Spülgang eine einstellbare Menge an Klarspüler in den Spülbehälter. Der Klarspüler setzt die Oberflächenspannung des Wassers herab und verhindert so die Tropfenbildung. Dadurch liegt nur ein hauchdünner Wasserfilm auf dem Geschirr, der schnell verdunstet.

Ionentauscher

Weiches Wasser ist eine Voraussetzung für eine gute, „glänzende" Reinigungswirkung, denn hartes Wasser hinterlässt mit der Zeit einen milchig weißen Belag auf dem Geschirr. Verantwortlich für die Wasserhärte sind in Wasser gelöste Calcium- und Magnesiumteilchen in Form positiver Ionen (Ca^{++} und Mg^{++}). Ein sogenannter Ionenaustauscher, der in der Spülmaschine eingebaut ist, entzieht dem Wasser diese Ionen und tauscht sie gegen Natriumionen (Na^{+}) aus; damit bleibt das Wasser elektrisch neutral. Über ein Regeneriersalz auf Kochsalzbasis (NaCl) werden dem Ionenaustauscher regelmäßig Na^{+}-Ionen zugeführt. Nach jedem Spülgang wird der Austauscher mit der konzentrierten Regeneriersalzlösung umspült, wobei er die Ca^{++}- und die Mg^{++}-Ionen abgibt und wieder Na^{+}-Ionen aufnimmt. Die Spülung wird anschließend abgepumpt. In der Spülmaschine befindet sich ein Salzbehälter, der vom Benutzer je nach Bedarf aufgefüllt werden muss. Der Verbrauch des Regeneriersalzes richtet sich nach der jeweiligen Wasserhärte und wird vor der ersten Inbetriebnahme des Gerätes mithilfe eines Schalters von Hand eingestellt.

Spülvorgang

Ein Spülvorgang besteht aus mehreren Programmschritten:

- Vorspülen: Absprühen mit kaltem Wasser
- Hauptspülen: Abspritzen mit warmer Lauge (45 °C bis 65 °C)
- Zwischenspülen: Entfernen der Laugenreste mit warmem Wasser
- Klarspülen: Abspülen unter Verwendung von Klarspüler und warmem Wasser
- Trocknen: Erhöhen der Lufttemperatur

Je nach Gerät und Hersteller kann der Benutzer zwischen mehreren Spülvorgängen wählen. Neben dem Universalprogramm für normal verschmutztes Geschirr werden auch Spar-, Fein- und Kurzprogramme für leicht verschmutztes Geschirr oder halbvolle Spülmaschinen angeboten. Kurzprogramme arbeiten ohne Vorspül- und Trockengang.

Der Strom- und Wasserverbrauch der Spülmaschinen wurde in den letzten Jahren erheblich reduziert: Im Universalprogramm verbraucht ein altes Modell ca. 50 Liter Wasser bei ca. 2,5 kWh Leistung, ein neues Gerät benötigt z. B. nur noch 15 Liter Wasser bei 1,05 kWh Leistung. Moderne Geschirrspüler sind mit einer programmierbaren Elektronik ausgestattet, deren „intelligente" Programme man neuen Erkenntnissen anpassen kann.

▸1 Innenausstattung einer Spülmaschine

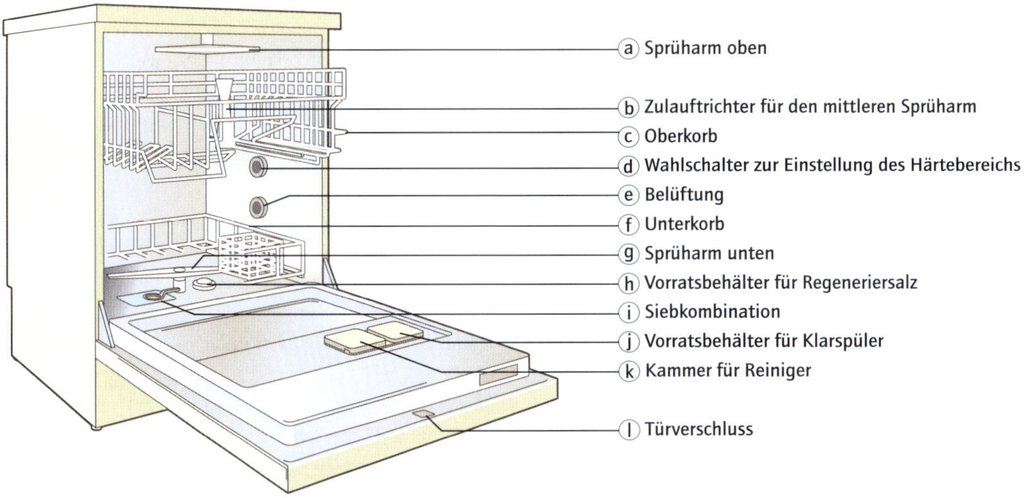

▸2 Einblick in einen Geschirrspülautomaten während des Spülvorganges

▸3 Siebkombination zum Auffangen von Speiseresten

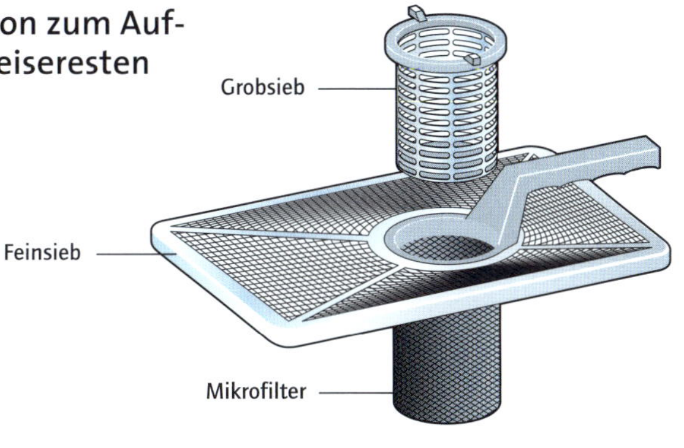

Waschmaschinen und Wäschetrockner

Waschmaschinen dienen dem Reinigen verschmutzter Wäsche in erwärmtem Wasser unter Zugabe von Waschmitteln. Zum anschließenden Trocknen der ausgeschleuderten Wäsche kann ein Wäschetrockner benutzt werden.

Waschmaschinen ▸1

Bei den **Waschvollautomaten** (Abb. 1) werden die Arbeitsgänge Waschen, Spülen und Schleudern unter Zugabe aller Waschmittel automatisch gesteuert. **Frontlader** sind von vorne zu beschicken, **Toplader** von oben. Die **Wäschetrommel** aus korrosionsbeständigem Edelstahl ist waagerecht im Laugenbehälter gelagert, an der Innenseite gelocht und mit quer laufenden Mitnehmerrippen versehen. Sie wird abwechselnd nach beiden Seiten gedreht, wobei der Laugenbehälter je nach Programmzustand mit Waschlauge oder Spülwasser gefüllt ist. Über Magnetventile wird die Frischwasserzufuhr und die Waschmitteleinspülung freigegeben. Die unterschiedlichen Wasserstände zum Waschen und Spülen werden über das Wasserstandssteuergerät gesteuert, welches über ein Steigrohr mit dem Laugenbehälter in Verbindung steht. Beim Wassereinlauf steigt die Waschlauge im Steigrohr und komprimiert die eingeschlossene Luft im Steuergerät, bis der zunehmende Druck einen Membranschalter betätigt. Der Wasserzulauf wird sodann unterbrochen, und die Heizung, die sich unterhalb des Laugenbehälters befindet, wird eingeschaltet. Die Temperatur wird von einem (elektrischen) Temperaturregler (Kapillarrohr, Heißleiter, NTC-Fühler) überwacht und auf den vorgegebenen Wert eingestellt.
Als Antrieb für die Waschtrommel dient meist ein polumschaltbarer Motor für langsame und schnelle Umdrehungsfrequenzen; in einigen Geräten werden auch Doppelmotoren eingesetzt. Neu ist der Einsatz von Gleichstrommotoren, die im Schleudergang eine stufenlose Umdrehungsfrequenzänderung erlauben. Die typischen Umdrehungsfrequenzen liegen im Schongang bei 25 l/min, beim Waschen oder Spülen bei 50 l/min und beim Schleudern bis zu 1600 l/min. Die Laugenpumpe fördert 30–50 l/min. Ein Flusensieb schützt sie vor Fremdkörpern aus dem Spülwasser.
Das Waschprogramm wird von einem **Programmsteuergerät** bestimmt, das aus einem Wahlschalter, einem Programm- und einem Steuerteil (Schrittschaltwerk oder elektronische Steuerung) besteht. Ein Schrittschaltwerk ist ein mechanischer Schalter mit mehreren Kontakten, der von einem Asynchronmotor angetrieben wird. Die Kontakte werden in unterschiedlicher Folge geöffnet oder geschlossen und das Schaltwerk wird im Abstand von einigen Sekunden jeweils einen Schritt weitergeleitet. Bei der elektronischen Steuerung überwacht ein Mikrocomputer alle Funktionen des Programmablaufs.
Technische Neuerungen auf dem Gebiet der Waschvollautomaten sind unter anderem die elektronische Unwuchtüberwachung beim Schleudergang, die Mengenautomatik mit elektrischer Beladungserkennung und Sicherungssysteme (Waterproofsystem, WPS), die den unkontrollierten Wasserzulauf verhindern und die Wasserzufuhr stoppen, wenn kein Wasser benötigt wird.

Wäschetrockner ▸2 ▸3

Nach dem Ausschleudern der Wäsche bietet ein Wäschetrockner die Möglichkeit, die Kleidung innerhalb relativ kurzer Zeit zu trocknen. Die Trockenzeiten liegen zwischen 30 Minuten und 2 Stunden und sind abhängig von der Umdrehungsfrequenz im Schleudergang und dem gewünschten Trockengrad, der mittels eines Wahlschalters eingestellt werden kann. Die Geräte sind ähnlich aufgebaut wie Waschmaschinen und bestehen aus einer horizontal gelagerten, gelochten Trockentrommel, die sich im ständigen Wechsel rechts- und linksherum dreht. Von einem Gebläse wird ein kräftiger Warmluftstrom durch die Wäsche geblasen. Die gewünschte Trockendauer wird über einen elektronischen Feuchtigkeitsfühler oder bei einfacheren Geräten über eine Zeitschaltuhr bestimmt.
Man unterscheidet zwischen einem Ablufttrockner und einem Kondensationstrockner. Ein **Ablufttrockner** (Abb. 2) saugt fortwährend Luft aus der Umgebung an, erwärmt sie und führt sie der Trockentrommel zu. Über ein Flusensieb und einen Abluftschlauch wird dann die feuchte Luft ins Freie geblasen. **Kondensationstrockner** (Abb. 3) arbeiten mit einem Luftkreislauf, in dem die Luft ständig umgewälzt, erwärmt und nach Aufnahme von Feuchtigkeit aus der zu trocknenden Wäsche abgekühlt und dabei entfeuchtet wird, denn die Wasseraufnahmefähigkeit nimmt mit fallender Temperatur ab. Die Luftkühlung erfolgt in einem Kondensator, der seinerseits durch Wasser oder Luft gekühlt wird. Die anfallende Feuchtigkeit (Kondensat) wird in einem Auffanggefäß, das regelmäßig geleert werden muss, gesammelt oder mithilfe einer Ablaufpumpe in den Abfluss befördert. Zu den reinen Wäschetrocknern werden auch **Vollwaschtrockner** angeboten, die einen Waschvollautomaten und Trockner in einem Gerät vereinen.

▸1 Vollautomatische Trommelwaschmaschine

ⓐ Türschloss
ⓑ Programmsteuergerät
ⓒ WPS-Schalter
ⓓ Heizung
ⓔ NTC-Fühler
ⓕ Motor
ⓖ Flusenfiltergehäuse
ⓗ Laugenpumpe
ⓘ Stoßdämpfer
ⓙ Rücklaufsicherung
ⓚ Innentrommel
ⓛ Kontergewicht
ⓜ Einspülkammer
ⓝ Laugenbehälterentlüftung
ⓞ Wasserzulaufventile
ⓟ WPS-Ventil
ⓠ Wasserstandssteuergerät
ⓡ Steuerelektronik
ⓢ Drucktastenschalter

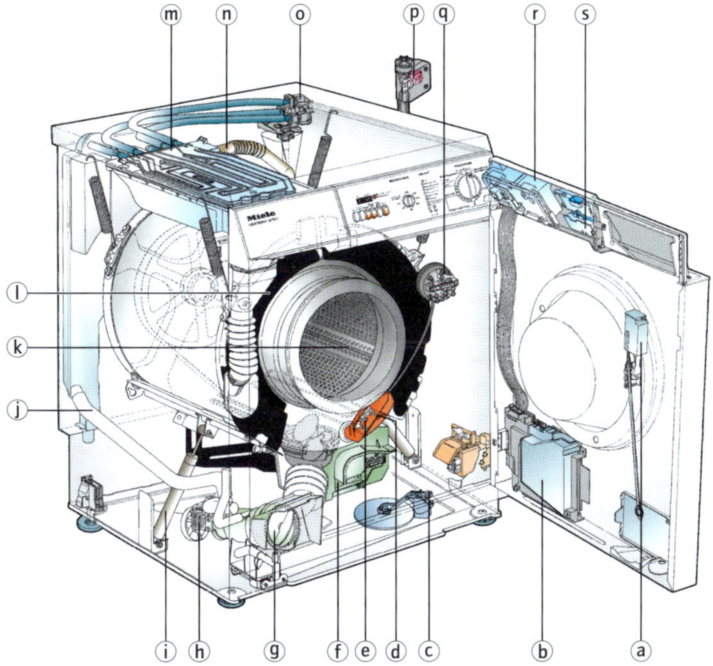

▸2 Ablufttrockner

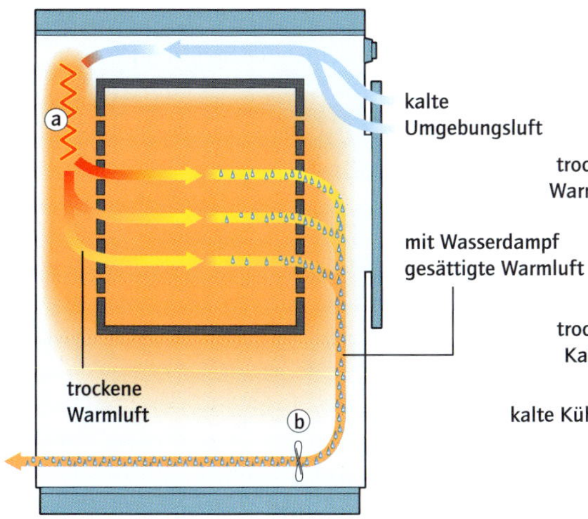

ⓐ Heizung
ⓑ Ventilator

▸3 Kondensationstrockner mit Luftkühlung

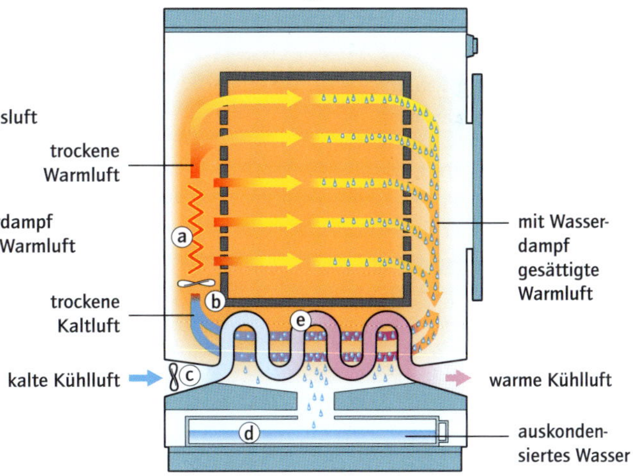

ⓐ Heizung
ⓑ Ventilator für »Trocknungsluft«
ⓒ Ventilator für »Kühlluft«
ⓓ Kondensatauffanggefäß
ⓔ Kondensator

Kleingeräte

Im Haushalt finden viele elektrische Kleingeräte ihren Einsatz. Nur selten ist einem aber bewusst, wie diese „technischen Helfer“ eigentlich funktionieren.

Bügeleisen ▸1

Bügeleisen dienen dem Glätten und in Form bringen von Wäschestücken unter der Anwendung von Wärme, Feuchtigkeit und Druck. Sie besitzen eine spitz zulaufende Sohle aus Aluminium, Stahlblech oder Keramik, die zur Verbesserung der Gleiteigenschaften geschliffen und poliert oder Kunststoff beschichtet ist. An einem Temperaturwähler wird mittels eines Bimetallreglers die Bügeltemperatur stufenlos eingestellt. Als Heizelemente dienen z. B. in die Sohle eingepresste oder aufgelötete Rohrheizkörper oder Heizwendel aus Widerstandsdraht, die in eine Isoliermasse eingebettet sind. Ein **Dampfbügeleisen** (Abb. 1) besitzt zusätzlich einen Wassertank mit bis zu 0,36 Litern Inhalt. Durch Herunterdrücken des Dampfmengenwählers fließt eine kleine Wassermenge in eine Dampfkammer zwischen der Beheizung, verdampft, strömt durch Dampfkanäle und tritt durch Düsen auf der Unterseite der heißen Bügelsohle (mindestens 130 °C) aus. Bei einer Dampfautomatik mit stufenloser Regulierung wird die Dampfmenge den unterschiedlichen Textilien angepasst. Durch die Sprühdüse kann durch Herunterdrücken der Dampfstoßtaste ein feiner Wasserstrahl aus der Dampfstoßkammer auf die Wäsche gespritzt werden.

Staubsauger ▸2

Staubsauger dienen dem Aufnehmen von Staub, Fäden oder Flusen; mit Nass-Trocken-Saugern können auch Flüssigkeiten aufgenommen werden. Innerhalb des Staubsaugergehäuses (Abb. 2) befindet sich eine Gebläsekapsel mit einem Universalmotor, mindestens einem Luftförderrad und Einrichtungen für die Luftführung. Der Motor treibt die Luftförderräder mit bis zu 30 000 Umdrehungen pro Minute an. Zur Ableitung der entstehenden Wärme wird Kühlluft über den Motor geleitet. Über ein Ausblasrohr wird die Luft aus der Gebläsekapsel und aus dem Gehäuse herausgedrückt. Dadurch entsteht ein Unterdruck, sodass über den Saugschlauch Außenluft mit Verschmutzungen in das Gehäuse einströmt. Der Luftstrom wird über ein (Mikro-)Filtersystem geführt und verlässt das Gerät über einen Ausblasfilter. Verschmutzungen bleiben im austauschbaren Papierfilter zurück. Moderne Geräte sind mit einer elektronischen Saugkraftregulierung ausgestattet, ein Temperaturbegrenzer schützt sie vor Überhitzung, und sie haben als Ausblasfilter ein Aktivfiltersystem, mit dem die Abluft sauberer als die Außenluft und weitestgehend geruchsfrei gereinigt wird.

Kaffeemaschine ▸3

Die wichtigsten Bauteile der Kaffeemaschine sind Heizung, Wassertank, Steigrohr, Kaffeefilter und -gefäß. Das Wasser wird im Wassertank erhitzt und durch den entstehenden Dampfdruck über ein Steigrohr nach oben getrieben, von wo aus es in den Filter tropft und das Kaffeepulver überbrüht. Der trinkfertige Kaffee fließt dann in die auf einer Wärmplatte stehende Kanne unterhalb des Filters. Beim **Espresso-Verfahren** wird heißes Wasser unter Druck durch das Kaffeemehl, das sich in einem speziellen Filter befindet, gepresst (Abb. 3).

Weitere Kleingeräte

Ein **Mixer** wird von einem Universalmotor angetrieben und hat meist zwei Antriebsstellen zur Werkzeug- und Zusatzgeräteaufnahme. Für die unterschiedlichen Umdrehungsfrequenzen werden stufenlose Frequenzwähler eingesetzt. Der Motor treibt über ein Schneckengetriebe zwei gegenläufige Wellen an, in die die Rühr- und Knetwerkzeuge eingerastet werden. An der zweiten Antriebsstelle können Zusatzgeräte wie Zerkleinerer, Mixstab oder Dosenöffner angeschlossen werden.

Das Heizsystem eines **Eierkochers** besteht aus einer Stahlschale, unter der eine Heizspirale und ein Temperaturfühler angebracht sind. Mit einem Messbecher wird eine definierte Menge Wasser in die Schale gefüllt. Bevor das Gerät eingeschaltet wird, werden die Eier in den dafür vorgesehenen Einsatz gesetzt und der Kocher mit einem Deckel geschlossen. Die Eier sind fertig, wenn alles Wasser in der beheizten Schale verdunstet ist. Die Temperatur in der Schale steigt an, und der Temperaturfühler schaltet einen Summer ein.

Bei einem **Toaster** wird die Heizfunktion der Heizdrähte von einer Thermostatsteuerung geregelt. Drückt man den Griff herunter, so werden die Hauptheizung (Heizdrähte) und ein Bimetallthermostat eingeschaltet. Über einen Drehknopf kann man die Röstdauer und damit die Zeit einstellen, nach der das Thermostat auslöst und das Gerät selbsttätig abschaltet.

Ein **Fön** besteht aus einem Gebläse, das von einem Universal- oder Niederspannungsgleichstrommotor angetrieben wird. Die austretende Luft wird durch Heizdrähte erwärmt, wobei Luftstrom und -temperatur über die Heiz- und Motorleistung geregelt werden können.

▸1 Aufbau eines Dampfbügeleisens

ⓐ Zuleitung
ⓑ Kontrollleuchte
ⓒ Dampfmengenwähler
ⓓ Dampfstoß- und Spritztaste
ⓔ Sprühdüse
ⓕ Tropfventil
ⓖ Dampfstoßkammer
ⓗ Heizstab
ⓘ Dampfkammer
ⓙ Düsen
ⓚ Bimetallregler
ⓛ Bügelsohle
ⓜ Schutztemperaturbegrenzer
ⓝ Temperaturwähler

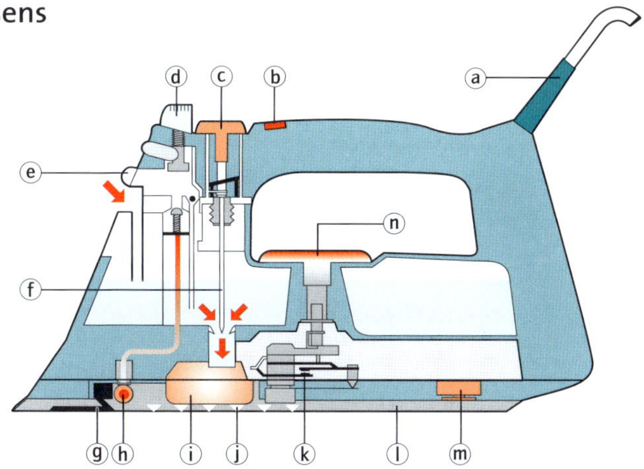

▸2 Luftführung im Staubsauger

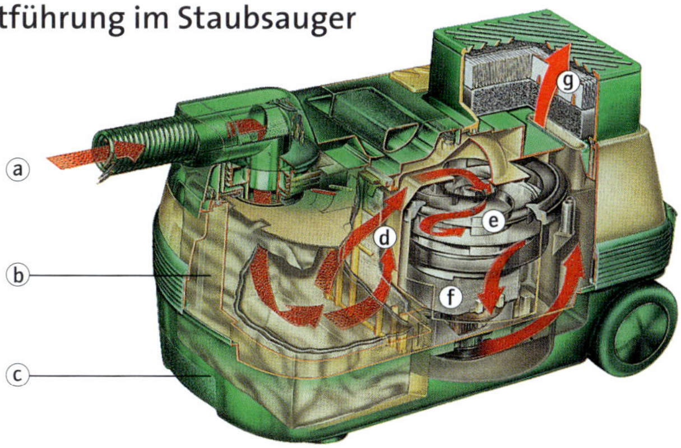

ⓐ Saugschlauch
ⓑ Papierfilter
ⓒ Gehäuse
ⓓ Motorschutzfilter
ⓔ Gebläsekapsel
ⓕ Universalmotor
ⓖ Ausblasfilter

▸3 Kombinierte Kaffee- und Espressomaschine

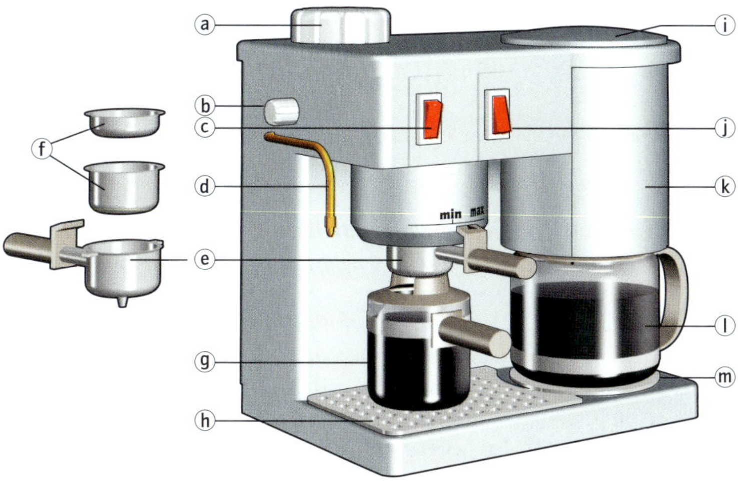

Espresso/Cappuccino
ⓐ Boilerdeckel
ⓑ Dampfknopf
ⓒ Ein/Aus- Schalter
ⓓ Dampfdüse
ⓔ Filterträger mit Siebhalter
ⓕ Filtersiebe unterschiedlicher Größe
ⓖ Glaskanne
ⓗ Abtropfgitter

Kaffeemaschine
ⓘ Klappdeckel mit sich darunter befindlichem Wassertank
ⓙ Ein/Aus- Schalter
ⓚ Schwenkfilter
ⓛ Glaskanne
ⓜ Warmhalteplatte

Klimaanlagen

Klimaanlagen haben die Aufgabe, während des ganzen Jahres angenehme Aufenthaltsbedingungen in geschlossenen Räumen zu schaffen. Sie gestatten es, unabhängig von äußeren Einflüssen ein bestimmtes Raumklima (Temperatur, Luftfeuchte, Luftreinheit und Luftumwälzgeschwindigkeit) einzustellen und beizubehalten.

Funktionsweise ▸1 ▸2 ▸3

Grundbestandteil der meisten Klimaanlagen ist der Kühlkreislauf mit Kompressor, Kältemittel, Verdampfer, Verflüssiger, Expansionsventil und Ventilator (Abb. 1). In einem geschlossenen Kreislauf verdampft und kondensiert das Kältemittel (meist Ammoniak oder ein Halogenkohlenwasserstoff) und folgt dabei verschiedenen physikalischen Gesetzmäßigkeiten (→ Kühlschrank). Im Verdampfer wird die Raumluft durch Wärmeaustausch mit dem Kältemittel abgekühlt. Das Kältemittel verdampft im Verdampfer bei niedrigem Druck und entzieht dadurch der Raumluft Wärme. Der Dampf wird dann vom Kompressor angesaugt und verdichtet. Im Verflüssiger wird der verdichtete Kältemitteldampf unter Wärmeabgabe an die Umgebung verflüssigt und strömt anschließend durch ein Expansionsventil. Dort wird das Kältemittel auf niedrigen Druck entspannt und fließt wieder in den Verdampfer. Mithilfe eines Filters wird die Luft im Verdampfer von Schwebestoffen gereinigt; Ventilatoren am Ein- und Auslass sorgen für die Luftzirkulation. Für eine normale Kühlleistung reicht der Luftbetrieb aus; höhere Leistungen werden mit dem Wasserbetrieb erzielt, bei dem die Luft zusätzlich durch Wasser abgekühlt wird, das sich in einem Tank befindet.

Im Gegensatz zu den **Kompaktanlagen** sind **zweiteilige Klimaanlagen** mit Außen- und Inneneinheit (Abb. 2) leistungsstärker, da sie mehr Wärme abgeben können. Beim Kühlen wird die aus dem Raum abzuführende Wärme im **Innenteil** vom Kältemittel aufgenommen, über ein geschlossenes Rohrleitungssystem transportiert und bei der **Außeneinheit** an die Umgebungsluft abgegeben. In der Außeneinheit befindet sich der Kompressor, der diesen Kreislauf antreibt. Der Prozess wird so lange wiederholt, bis die gewünschte Raumtemperatur erreicht ist. **Wärmepumpen** können diesen Prozess auch umkehren. Dabei wird die Außenluft abgekühlt und die so entzogene Wärme durch die Inneneinheit an den zu beheizenden Raum abgegeben (Abb. 3).

Klimaanlagen werden von Mikroprozessoren überwacht und gesteuert; Raumtemperatur, Luftmenge, Be- und Entfeuchtung werden automatisch oder individuell geregelt. Während die Raumtemperatur im Bereich von 20 bis 26 °C auf jede gewünschte Temperatur einzustellen ist, wird die Luftfeuchte weitgehend nach wirtschaftlichen Gesichtspunkten gewählt.

Klimatisierung größerer Gebäude ▸4

Bei den beschriebenen Klimaanlagen handelt es sich um mobile Anlagen, die in den zu klimatisierenden Räumen selbst oder in deren Nähe aufgestellt sind. In größeren Einrichtungen (z. B. Bürogebäude, Rechenzentren, Museen oder Krankenhäuser), wo mehrere Räume gleichzeitig gekühlt und/oder geheizt werden sollen, setzt man Klimaanlagen mit einer Außeneinheit und mehreren Inneneinheiten ein (Abb. 4). Über Luftkanäle wird die aufbereitete Luft (Zuluft) den Räumen zugeführt und die verbrauchte Luft (Abluft) abgeführt. Die Klimazentrale, mit der die Außen- und Inneneinheit verbunden ist, enthält alle für eine umfassende Luftaufbereitung erforderlichen Anlagenteile und regelt das Zusammenwirken. In einer Mischkammer werden Außenluft und Umluft miteinander vermischt und im Luftfilter anschließend von Verunreinigungen befreit. Der Vorwärmer dient zur Erwärmung der gereinigten Mischluft mit dem Ziel, die Luft für die anschließende Befeuchtung ausreichend aufnahmefähig für Wasserdampf zu machen. Im Sommerbetrieb wärmt man die Luft nicht vor, sondern erniedrigt ihre Temperatur im Luftkühler. Im Befeuchter wird die Luft durch Wasserzerstäubung befeuchtet und teilweise gereinigt und gekühlt. Im Nachwärmer wird die gewünschte Temperatur eingestellt. Zu- und Abluftventilatoren sorgen für den Transport der Luft in den entsprechenden Kanalleitungen.

Bei modernen Anlagen mit Frequenzregelung und Mikroprozessoren werden nur Räume mit tatsächlichem Bedarf gekühlt oder beheizt. Auch eine **Wärmerückgewinnung** ist möglich, indem Wärme von im Kühlbetrieb befindlichen Inneneinheiten an diejenigen Bereiche abgegeben wird, die beheizt werden sollen.

Gesundheitliche Probleme durch Klimaanlagen

Viele Menschen, die täglich in vollklimatisierten Gebäuden arbeiten oder leben, klagen über Kopfschmerzen, trockene Augen und häufige Erkältungen. Verursacht werden diese Beschwerden einerseits durch zu trockene Raumluft, andererseits durch die zum Teil hohen Temperaturunterschiede zwischen Raum- und Außenluft. Bei schlechter Wartung können die Wassertanks von Klimaanlagen auch zu Brutstätten für Krankheitserreger werden.

▸1 Kompaktklimaanlage

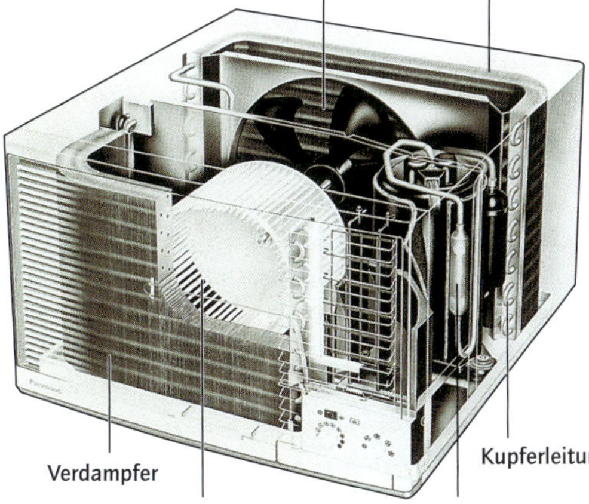

▸2 Zweiteiliges Klimagerät, Kühlbetrieb

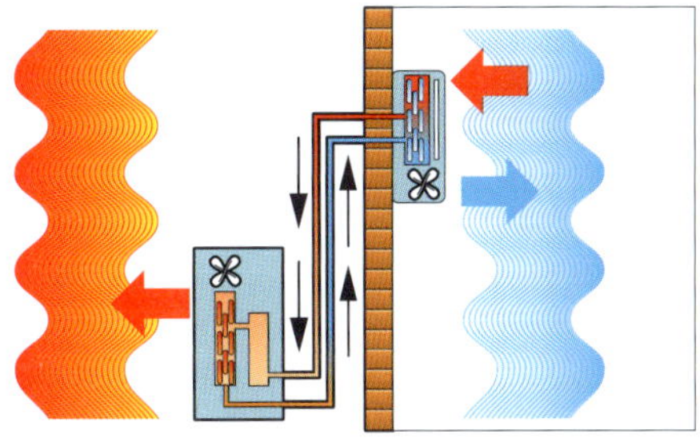

▸3 Wärmepumpe

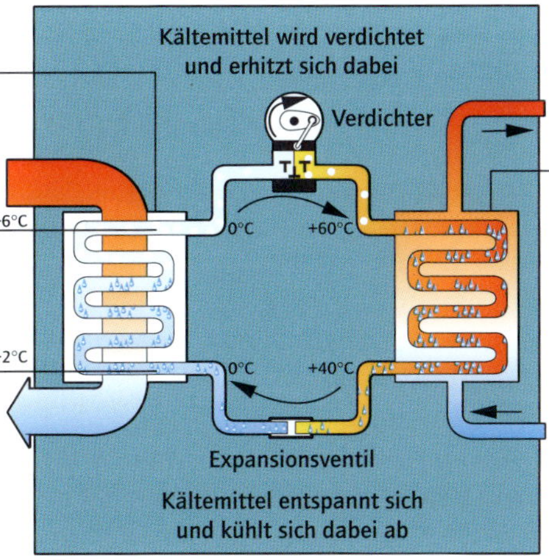

▸4 Klimatisierung mehrerer Räume

ⓐ Außeneinheit
ⓑ Inneneinheit
ⓒ Luftkanäle

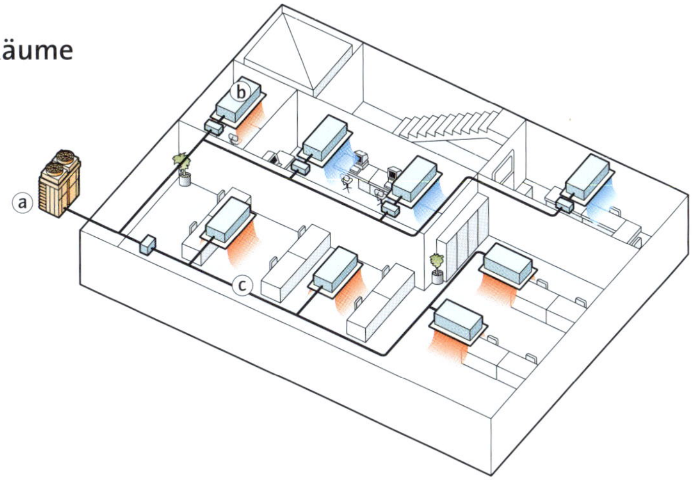

Kohlekraftwerke

Zwar gilt Kohle nicht mehr als Schlüsselfaktor der Volkswirtschaft, und gerade im Energiebereich wurde die einstige Vormachtstellung der Kohle in den letzten Jahrzehnten vom Erdöl und Erdgas ausgehöhlt, dennoch bleibt sie vorerst mit einem Anteil von 80% der Weltenergiereserven der Primärenergieträger Nummer Eins. Auch der Verbrauch dürfte weiter ansteigen, denn manche aufstrebenden Länder mit rasant wachsender Industrie wie China sind klassische Kohleländer.

Weltweit stammen fast 40% der Stromerzeugung aus Kohle. In Deutschland deckt sie etwa die Hälfte des Stromverbrauchs. **Braunkohlekraftwerke** liefern vor allem Grundlaststrom. Den Brennstoff gewinnt man billig im Tagebau. Da die Kohle gleich am Abbauort verstromt wird, entfällt teurer und aufwendiger Transport. Die Stromgestehungskosten sind somit im Vergleich geringer als bei anderen Energieträgern, und so laufen die Kraftwerke rund um die Uhr. **Steinkohlekraftwerke** liefern neben Grundlaststrom auch Mittellaststrom.

Komponenten eines Kohlekraftwerkes ▸1

Die wesentlichen Komponenten zur Stromerzeugung in Kohlekraftwerke sind (Abb. 1): Dampferzeuger, Turbine und Generator.

Als **Dampferzeuger** dient ein Kessel von besonderer Bauart: Die Flammen und heißen Rauchgase übertragen ihre Wärme auf ein umfangreiches Rohrsystem direkt im Feuerraum und heizen so das in den Rohren fließende Wasser (Kesselspeisewasser) auf. Dabei bildet sich überhitzter Dampf, der unter Druck steht. Zur Verbrennung der Kohle nutzt man verschiedene Feuerungsanlagen (→). Im Brennraum findet eine Energieumwandlung von chemischer Energie zu Wärmeenergie statt. Dabei entstehen Rückstände in großen Mengen. Die festen (z.B. Asche) lassen sich direkt im Feuerraum abziehen, die Rauchgase werden vor dem Einleiten in den Kamin gereinigt (→ Rauchgasreinigung).

Die nächste Energieumwandlung erfolgt in der **Turbine** (→ Dampf- und Gasturbinen). Der Hochdruckdampf – er hat eine Temperatur von etwa 540 °C und einen Druck von bis zu 180 bar – strömt auf die Laufräder, gibt dort Energie ab und entspannt sich. Dabei geht die Wärmeenergie des Dampfes in Rotationsenergie der Turbinenwelle über. Bei großen Anlagen setzt sich die Turbine aus mehreren Teilen (Hochdruck-, Mitteldruck- und Niederdruckteil) zusammen, um den Druck kontinuierlich abzubauen. Hinter der Turbine gelangt der entspannte Dampf in den **Kondensator**, wo er sich vollends abkühlt und wieder verflüssigt. Auch hier dient ein Rohrleitungssystem als Kern der Anlage, das aber in diesem Fall von Kühlwasser durchflossen wird. Der Dampf kondensiert an den Rohren und gibt Wärme an das Wasser, das sich in ihnen befindet, ab. Während das Kühlwasser den Kondensator durchläuft, nimmt seine Temperatur um etwa 10 °C zu. Das kondensierte Kesselspeisewasser wird erneut durch die Speisewasserpumpe dem Dampferzeuger zugeführt. Es handelt sich also um einen geschlossenen Wasser-Dampf-Kreislauf.

Die Rotationsenergie der Turbine treibt den **Generator** an. Turbinenläufer und Rotor des Generators drehen sich dabei mit rund 3000 Umdrehungen/min. In der Statorspule des Generators wird diese mechanische Rotationsenergie durch Induktion in elektrische Energie umgewandelt, d.h. Strom erzeugt.

Umwelteinfluss ▸2 ▸3

Bei der Verbrennung von Kohle entstehen in großen Mengen Schadstoffe (Abb. 2). Die „klassischen" Schadstoffe wie Schwefeldioxid und Stickoxide, Flugstaub und Schlacke hat man „im Griff". Als Reaktion auf entsprechende Verordnungen wurden alte Kraftwerke mit modernen Reinigungsanlagen (→ Rauchgasreinigung) aufgerüstet, die bei neuen Kraftwerken gleich mit eingebaut werden. Problematisch bleibt allerdings die Emission von Kohlendioxid. Es entsteht zwangsläufig beim Verbrennen fossiler Stoffe und gilt als Treibhausgas, das die Erdatmosphäre aufheizt. Da man es bislang weder ausfiltern noch binden kann, lässt es sich nur durch effizienten Brennstoffeinsatz reduzieren, z.B., indem man aus der gleichen Menge Kohle mehr Strom gewinnt (Abb. 3). Derzeit liegen die Spitzenwerte für den Wirkungsgrad eines Kohlekraftwerks bei gut 45%. Sehr viel besser lässt sich der Brennstoff ausnutzen, wenn man nicht nur Strom produziert, sondern die Abwärme gleichzeitig für Heizzwecke nutzt (Kraft-Wärme-Kopplung).

Zukunftsaussichten

Im Mittelpunkt der weiteren Entwicklung bei Kohlekraftwerken wird die Reduzierung des CO_2-Ausstoßes stehen. Derzeit liegt er bei knapp unter 1000 g CO_2 pro kWh für Steinkohle. In mehreren Politprojekten wird erprobt, ob sich das Kohlendioxid aus dem Rauchgas abspalten lässt **(CO_2-Sequestrierung)**, um es dann beispielsweise in unterirdischen Speicherstätten wie Kohleflözen und Erdgaslagerstätten zu deponieren. Auch die Tiefsee als Lagerstätte wird diskutiert. Die Abtrennung vom Rauchgas kann mit unterschiedlichen Verfahren erfolgen, z.B. nach einer Kohlevergasung.

▸1 Komponenten zur Energieumwandlung im Kohlekraftwerk

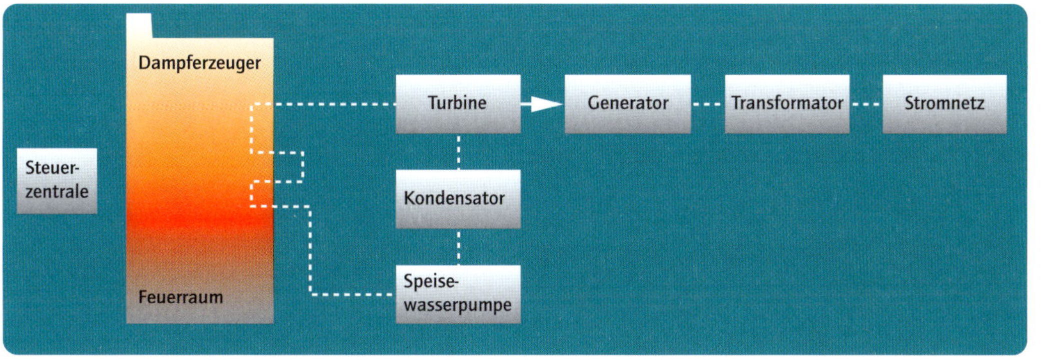

▸2 Stoffumsätze im Kohlekraftwerk

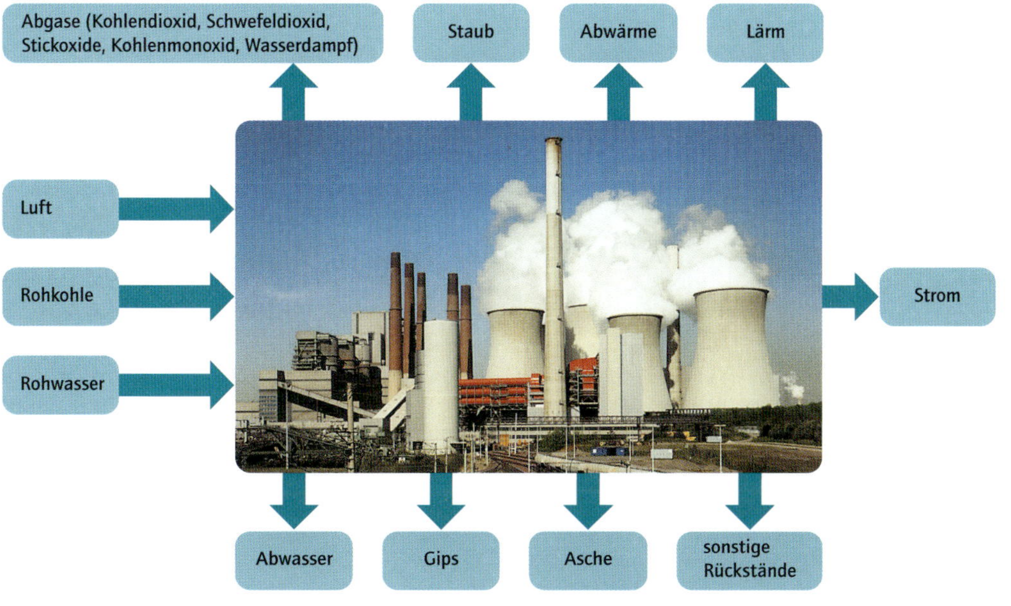

▸3 Wirkungsgrad von steinkohlebefeuerten Kraftwerken

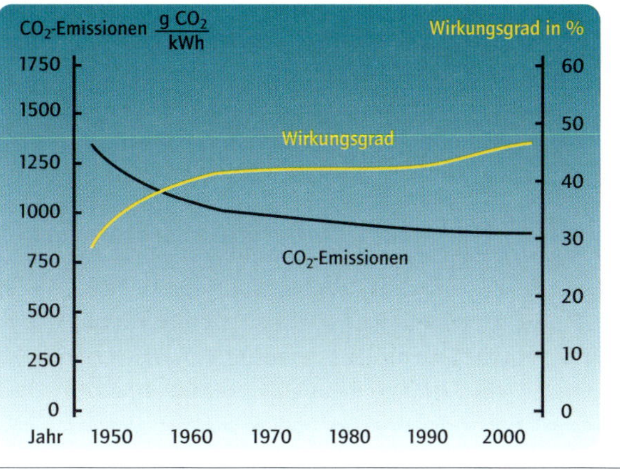

Feuerungsanlagen

Jede Feuerungsanlage erzeugt Wärme. Als Energielieferanten dienen in erster Linie Kohle, Erdöl und Erdgas, aber auch Biomasse wie Holz oder Stroh. Für gasförmige und flüssige Brennstoffe gibt es viele verschiedene Brennertypen. Sie alle sollen Brennstoff und Verbrennungsluft gut durchmischen. Flüssige Brennstoffe werden deshalb z. B. zerstäubt und dadurch homogen verteilt, um sie optimal zu nutzen. So entstehen auch weniger Schadstoffe. Die gängigen Feuerungsanlagen für feste Brennstoffe eignen sich prinzipiell für Kohle wie Biomasse gleichermaßen. Bei Kohlekraftwerken sind heute vor allem zwei Arten verbreitet: die **Rostfeuerung** für stückige Kohle und die **Staubfeuerung** für gemahlenen Kohlenstaub. Zunehmend gewinnt aber auch die **Wirbelschichtfeuerung** an Bedeutung, bei der die Brennkammer mit feinkörniger Kohle beschickt wird. Alle Verfahren nutzen die bei der Verbrennung entstehenden heißen Rauchgase um in Verdampfern Dampf zu erzeugen, der z. B. Turbinen zur Stromerzeugung antreibt. Die Verdampfer sind meist im oberen Teil des Brennraumes angeordnet.

Staubfeuerung

Mit einem Anteil von über 90% dominiert in den deutschen Kraftwerken die Staubfeuerung. Hierbei wird die Kohle zunächst fein gemahlen und dann mit der vorgewärmten Verbrennungsluft in den Feuerungsraum geblasen. Die Verbrennung ist mit dieser Methode gut regelbar, und die Leistung liegt höher als in anderen Verfahren. Zwei Varianten sind gebräuchlich: Trocken- und Schmelzfeuerungen. Bei Braunkohle wird ausschließlich die **Trockenfeuerung** verwendet, bei der die Feuerraumtemperatur unter der Schmelztemperatur der Asche liegt. Asche und Schlacke fallen als Staub an. Bei Steinkohle dagegen werden meist **Schmelzfeuerungen** (Feuerraumtemperatur 100–200 °C über der Ascheschmelztemperatur) eingesetzt, wobei Asche und Schlacke in geschmolzenem Zustand abgezogen und im Wasserbad granuliert werden.

Rostfeuerung

▸1

Für stückige Brennstoffe (z. B. Kohle und Biomasse, aber auch Müll) sind Rostfeuerungen geeignet. Mit dieser Technik lassen sich selbst sehr schlechte Brennstoffqualitäten bewältigen, denn Luftzufuhr und Verweilzeit des Brennstoffs können weitgehend auf dessen Güte eingestellt werden. Der Brennstoff wird lose auf ein Feuerrost geschüttet, zwischen dessen Stäben von unten hindurch Luft strömt (Abb. 1). Der Brennstoff wird zunächst getrocknet und dann in hohem Maße verbrannt. Meist kommen **Wanderroste** zum Einsatz, die sich mit rund 1 mm/s durch den Brennraum bewegen. Dadurch kann kontinuierlich Brennstoff zu- und Asche abgeführt werden.

Wirbelschicht

▸2 ▸3

Bei der Wirbelschichtfeuerung (Abb. 2) wird feinkörnige Kohle oder geschnittenes Stroh in einer schwebenden Schicht verfeuert. Das Verfahren kann auch dürftige Brennstoffqualitäten verarbeiten. Bei der **stationären Wirbelschicht** (Abb. 3) reißt die von unten in den Brennraum einströmende Luft die Brennstoffteilchen mit sich und lässt sie im Brennraum schweben. Der Brennstoffanteil im Brennraum beträgt nur etwa 3%. Er verbrennt sehr gleichmäßig und fast vollständig. Die Wirbelschicht besteht vor allem aus rot glühender Asche. Da die Temperaturen niedrig sind (850 °C, konventionell befeuerte Kohlekraftwerke 1200 °C–1600 °C), entstehen kaum Stickoxide. Zugleich bindet direkt in die Wirbelschicht eingegebener Kalk entstehendes Schwefeldioxid schon während der Verbrennung zu Gips. Dem Vorteil niedriger Emissionen steht der hohe Energiebedarf zum Lufteinblasen gegenüber. Zudem fallen relativ viel Aschen mit besonderer Zusammensetzung an. Bei der **zirkulierenden (instationären) Wirbelschicht** wird die Luft mit größerer Geschwindigkeit eingeblasen (bis 8 m/s statt sonst 3 m/s). Dadurch wirbeln die Stoffe in der Brennkammer 40 m hoch. Unvollständig verbrannte Schwebeteilchen werden wieder in die Wirbelschicht zurückgeführt, was den Ausbrand verbessert. Die **aufgeladene Wirbelschicht** (Wirbelschichtverbrennung unter Druck) verbessert die Reaktionsabläufe im Feuerraum, wobei die Emissionen mit zunehmendem Druck abnehmen.

Verbesserung des Wirkungsgrads

Da es bislang keine praktikable Technik gibt, das Treibhausgas Kohlendioxid (CO_2) aufzufangen, ist optimale Brennstoffnutzung derzeit der einzige Weg, die Emission von CO_2 zu begrenzen. Mit einer Reihe von Ansätzen will man die Wirkungsgrade steigern, z. B. lässt sich die Verbrennung über die Dampfparameter (höherer Druck und Temperatur) verbessern. Bei einer andern Variante wird Kohle unter Druck vergast. Das gereinigte Synthesegas und der ebenfalls entstandene Hochdruckdampf dienen dann zum Beaufschlagen kombinierter Gas- und Dampfturbinen. Auch die Verbrennung in einer Druckstaubfeuerung kann den Wirkungsgrad heben.

▸1 Rostfeuerung

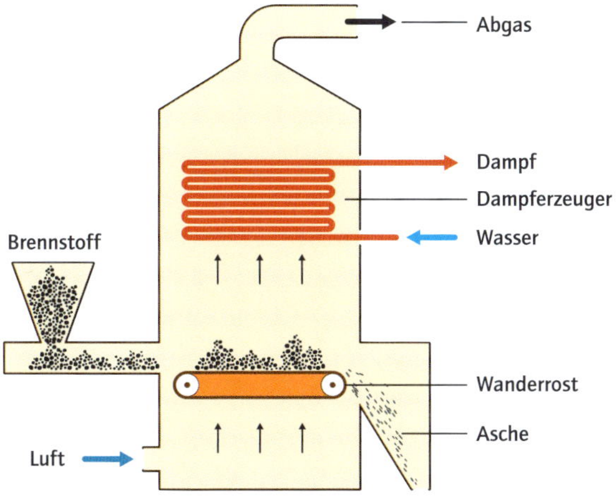

▸2 Wirbelschichtkessel

Brennkammer (im Bau) eines Wirbelschichtkessels mit Düsenboden

▸3 Stationäre Wirbelschicht

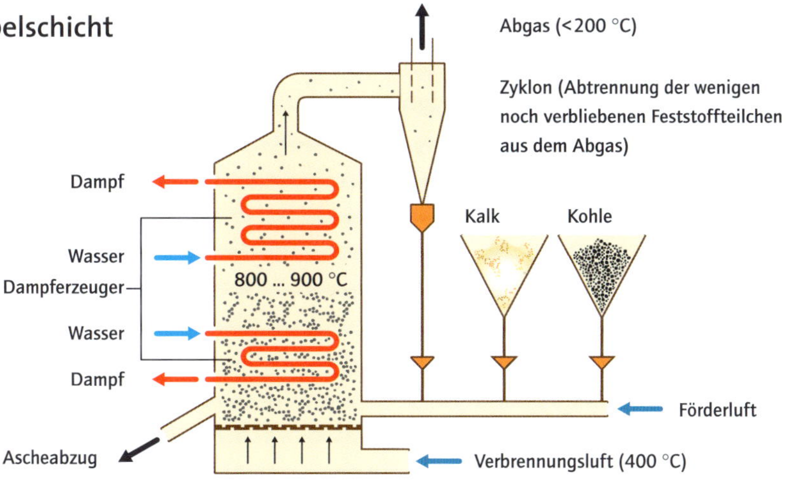

Dampf- und Gasturbinen

Dampfturbinen sind die „Arbeitstiere" der Stromerzeugung. Mit ihrer Hilfe wird etwa 90% des Strombedarfs gedeckt. In Kohle- und Kernkraftwerken setzen sie die in Brenner und Kessel erzeugte thermische Energie in mechanische zum Betrieb der Generatoren um, welche die Drehbewegung fast vollständig in elektrische Energie umwandeln.

Dampfturbinen ▸1 ▸2

Vom Prinzip her sind Dampfturbinen mit Dampfmaschinen verwandt. Allerdings verfügen sie statt über einen Kolben über ein Schaufelrad, wodurch nicht das Auf und Ab eines Kolbens in eine Kreisbewegung umgesetzt werden muss. Der heiße Dampf strömt die Schaufeln an und lässt sie direkt rotieren. Ein zweiter Vorteil beruht auf den hohen Drücken und Temperaturen, denen man eine Dampfturbine aussetzen kann; sie ermöglichen einen hohen Carnot-Wirkungsgrad. Der Carnot-Wirkungsgrad gibt den theoretisch maximalen Wirkungsgrad einer Wärmekraftmaschine an und hängt theoretisch nur von der Temperaturdifferenz zwischen Eingang und Ausgang der Maschine ab (Abb. 1). Der eigentliche Wirkungsgrad liegt wegen der Verluste darunter.

Eine Dampfturbine setzt sich zusammen aus Laufrädern auf der Turbinenwelle und fest stehenden Leiträdern (Düsen), die aus Schaufeln bestehen. Der Dampf durchströmt die Turbine längs der Läuferachse (Abb. 2). Er strömt erst durch das Leitrad, in dem er umgelenkt und durch die Druckerniedrigung beschleunigt wird, Anschließend kommt er auf das **Laufrad**, wo seine kinetische Energie in mechanische umgewandelt wird, wodurch sich seine Geschwindigkeit verringert. Moderne Dampfturbinen haben mehrere **Druckstufen**, in denen sich der Dampf nacheinander entspannt. Aus dem Überhitzer des Feuerraums gelangt der Dampf mit einem Druck von 160–180 bar und einer Temperatur von rund 540 °C zunächst in den Hochdruckteil der Turbine. Dort wird er, je nach Auslegung der Anlage, auf etwa 40 bar abgebaut und danach in den Mitteldruckteil weitergeleitet. Diesen verlässt er dann mit rund 10 bar, um im anschließenden Niederdruckteil bis etwa 0,04 bar entspannt zu werden.

Gasturbinen ▸3

Zwar werden Gasturbinen (Abb. 3) meist mit Erdgas betrieben; der Name verweist aber auf das Funktionsprinzip, bei dem die Verbrennungsgase eine wichtige Rolle spielen. Zunächst komprimiert ein Verdichter Luft auf einige bar, die danach in einer Brennkammer erhitzt wird. Das Gemisch aus Luft und Verbrennungsgasen dehnt sich aus und dreht eine Turbine. Da rund zwei Drittel der erzeugten Leistung allein schon zum Antrieb des Verdichters nötigt werden, liegt der Wirkungsgrad bei etwa 33%. Der Wirkungsgrad lässt sich allerdings steigern, indem man die heißen Gase nach Verlassen der Turbine dazu nutzt, die verdichtete Luft vor der Verbrennung in einem Wärmetauscher (Rekuperator) vorzuwärmen.

Gasturbinenprozesse sind i. d. R. **offene Kreisläufe**, d. h., die Luft wird aus der Umgebung vom Verdichter angesaugt und nach Durchströmen der Turbine wieder an sie abgegeben. Vom technischen Prinzip ist die Gasturbine mit dem Flugzeugstrahltriebwerk verwandt (→ Propeller-Flugzeuge). Sie ist aber einfacher gebaut, braucht jedoch mehr Zeit, um auf volle Leistung zu kommen. In Kraftwerken erzeugen Gasturbinen Strom, früher vornehmlich für die Spitzenlast, heute zunehmend auch für die Grundlast. Das hat vor allem ökonomische Gründe: Solche Anlagen sind in zwei Jahren zu planen und zu bauen, und sie sind um gut die Hälfte billiger als andere thermische Kraftwerke.

Kombiprozesse ▸4

Gasturbinen können auch für rationellen Energieeinsatz interessant sein, wenn man sie mit einer Dampfturbine kombiniert. Dann fallen die prinzipiellen Nachteile der Gasturbine nicht so ins Gewicht. Denn obwohl sie mit 1100 °C hohe Gastemperaturen aufweist, sind die Abgastemperaturen von 500 °C ebenfalls sehr hoch, was für den Wirkungsgrad ungünstig ist.

Beim Kombiprozess nutzt man die heißen Abgase dazu, in einem Wärmetauscher Dampf zum Antrieb einer Dampfturbine zu erzeugen. Beide Turbinen treiben Generatoren an, wodurch der Wirkungsgrad der Stromerzeugung auf mehr als 50% gesteigert werden kann. Abb. 4 zeigt das Schema eines solchen Kombikraftwerks. Legt man die Anlage als Heizkraftwerk aus, entnimmt also einen Teil der Wärme für Heizzwecke, dann ist sogar ein Gesamtwirkungsgrad von 85% und mehr zu erreichen.

Im Vergleich zu der getrennten Erzeugung gleicher Mengen an Strom durch Gas- und Dampfturbinen benötigen Kombiprozesse weniger Brennstoff wodurch sie also wesentlich ökonomischer arbeiten. Weil sie deshalb bei gleicher Stromerzeugung auch weniger Schadstoffe freisetzen, sind sie zudem ökologisch günstiger, und dies umso mehr, da derzeit in Kombikraftwerken meist Erdgas verfeuert wird.

▸1 Wirkungsgrad verschiedener Kraftwerksprozesse

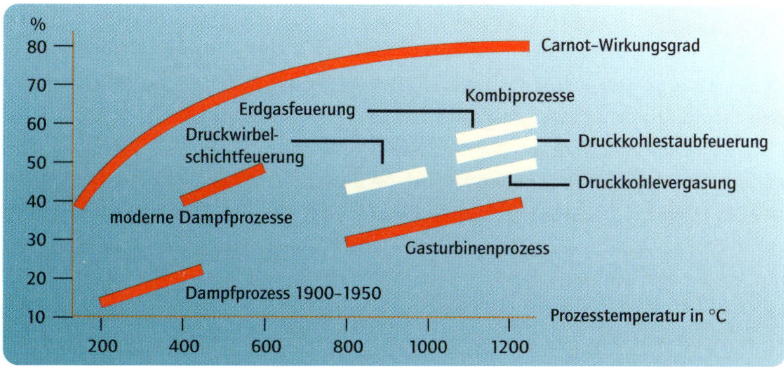

▸2 Schematischer Aufbau einer Dampfturbine

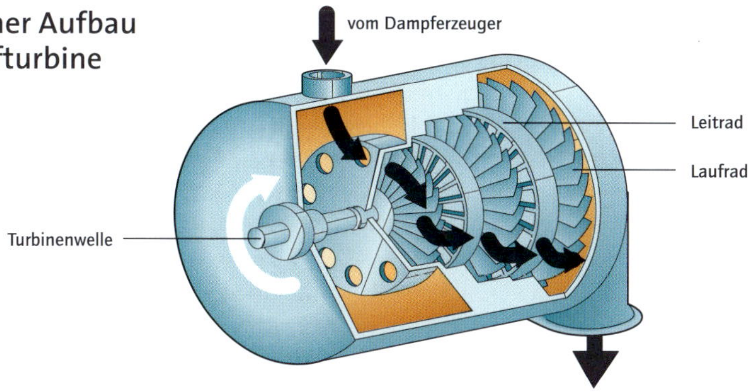

▸3 Zusammenbau einer Gasturbine

▸4 Prinzip eines Gas- und Dampfturbinen-Prozesses

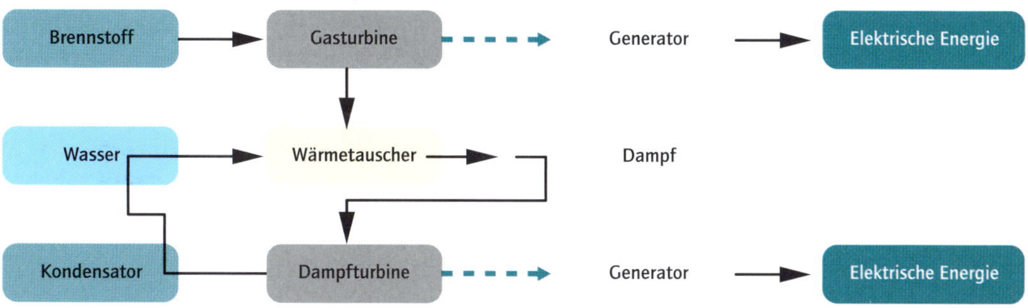

Rauchgasreinigung

Die Verbrennung fossiler Brennstoffe setzt nicht nur Energie frei, sondern auch Schadstoffe. Neben festen Abfällen wie Asche und Schlacke fallen vor allem Rauchgase an. Ungereinigt belasten sie die Umwelt stark. Rauchgase enthalten hauptsächlich Kohlen- und Schwefeldioxid, Stickoxide, Staub und Ruß. Bei Anlagen zur Müllverbrennung kommen noch Schwermetalldämpfe und unverbrannte Kohlenwasserstoffe hinzu. Für einzelne Schadstoffe wurden verbindliche Grenzwerte festgeschrieben, und fossil befeuerte Verbrennungsanlagen brauchen seither eine Rauchgasreinigung.

Reinigungsmaßnahmen ▸1 ▸2

Neben der **Rauchgasentstaubung** handelt es sich dabei um technische Einrichtungen zur **Rauchgasentschwefelung** und **Rauchgasentstickung**. Die meisten Verfahren haben gemein, dass dabei erneut Rückstände oder Abwässer entstehen, die ihrerseits zu beseitigen oder, wenn möglich, zu verwerten sind.

Prinzipiell gibt es zwei unterschiedliche Herangehensweisen. Einerseits wird man über **Primärmaßnahmen** versuchen, schon die Verbrennung selbst möglichst schadstoffarm zu gestalten. So lässt sich beispielsweise Schwefeldioxid durch das Trockenadditivverfahren begrenzen. Dabei wird mit dem Brennstoff zugleich Kalk in den Verbrennungskessel geblasen. Meist sind auf solchen Wegen die Grenzwerte für Schwefeldioxid und Stickoxide aber nicht einzuhalten. Keine Mühe damit hat die Wirbelschichtfeuerung, bei der auf diese Art entschwefelt wird (→ Feuerungsanlagen). Die **Sekundärmaßnahmen** sind dem Verbrennungsprozess nachgeschaltet, dienen also dazu, das bereits entstandene Rauchgas zu reinigen. Art und Anwendung sind vom Kraftwerkstyp und dem Brennstoff abhängig. Bei Steinkohlekraftwerken reinigt man die Rauchgase in drei Schritten, meist in der Reihenfolge Entstickung–Entstaubung–Entschwefelung (Abb. 1). Dabei strömen die noch heißen Rauchgase zuerst in einen Katalysator, dessen Arbeitsoptimum bei 350 °C liegt. Die Temperaturen sind nach der Entschwefelung so weit abgesunken, dass die gereinigten Abgase erst wieder auf mindestens 72 °C aufgeheizt werden müssen, bevor man sie mit genügend thermischem Auftrieb in den Kamin (Abb. 2) entlassen kann.

Rauchgasentstickung ▸3

In Braunkohlekraftwerken lässt sich der vorgeschriebene Grenzwert für Stickoxide mit Primärmaßnahmen erreichen. Bei Steinkohlekraftwerken sind dagegen sekundäre Maßnahmen zur Rauchgasentstickung nötig. Besonders verbreitet ist das **SCR-Verfahren**, die selektive katalytische Reduktion (Abb. 3). Darunter versteht man die Entfernung von Sauerstoff aus einer sauerstoffhaltigen Verbindung (hier die Stickoxide) mithilfe von Katalysatoren (sie ermöglichen oder beschleunigen chemische Reaktionen, ohne dabei selber verbraucht zu werden). Die verwendeten Katalysatoren bestehen überwiegend aus Titanoxid, dem andere Komponenten wie Eisenoxid, Nickel, Kupfer und Silber in kleinen Mengen beigemischt sind. Die Stickoxide werden mit Ammoniak reduziert, das in den Rauchgasstrom eingedüst wird. Als Reaktionsprodukte entstehen molekularer Stickstoff und Wasser.

Rauchgasentstaubung ▸4

Auch zur Minderung der Staubemissionen gibt es verschiedene Verfahren; verbreitet sind neben Elektrofiltern vor allem **Fliehkraftabscheider** und **Gewebefilter** (→ Luftreinhaltung).

Die **Elektroentstauber** („E-Filter") nutzen die elektrostatische Aufladung von Staubteilchen in einem starken elektrischen Feld, die sich an Elektroden niederschlagen. Aufgebaut sind E-Filter (Abb. 4) aus meist plattenförmigen positiv geladenen Niederschlagselektroden (Anode) und senkrechten, oft gezackten Drähten, die als negativ geladene Sprühelektroden (Kathode) dienen. Die Sprühelektroden senden Elektronen aus, die von Gasteilchen aufgenommen werden. Die aufgeladenen Gasmoleküle lagern sich an die Staubteilchen, die somit auch negativ aufgeladen werden. Dadurch wandern sie zur Niederschlagelektrode, an der sie sich abscheiden. E-Filter können deutlich über 99 % des Staubs zurückhalten.

Rauchgasentschwefelung

Zur Rauchgasentschwefelung sind mehrere Verfahren geeignet. Bei großen Kohlekraftwerken ist aber meist das **Nasswaschprinzip** im Einsatz. Das schwefelhaltige Rauchgas tritt in den Waschturm der **R**auchgas-**E**ntschwefelungs-**A**nlage (**REA**) und wird mit einer kalkhaltigen Suspension besprüht. Dabei geht das gasförmige Schwefeldioxid zunächst in Lösung und reagiert danach zu Kalziumsulfit. Nach weiterer Oxidation entsteht daraus Gips, der prinzipiell für Bauzwecke verwendbar ist. Durch moderne Nassverfahren lässt sich ein Entschwefelungsgrad von über 95 % erzielen.

Die Rauchgasentschwefelung und -entstickung sind auch in einem Katalysatorraum möglich; man spricht dann von Simultanverfahren. Auch von ihnen gibt es unterschiedliche Ausführungen.

▸1 Stufen der Rauchgasreinigung

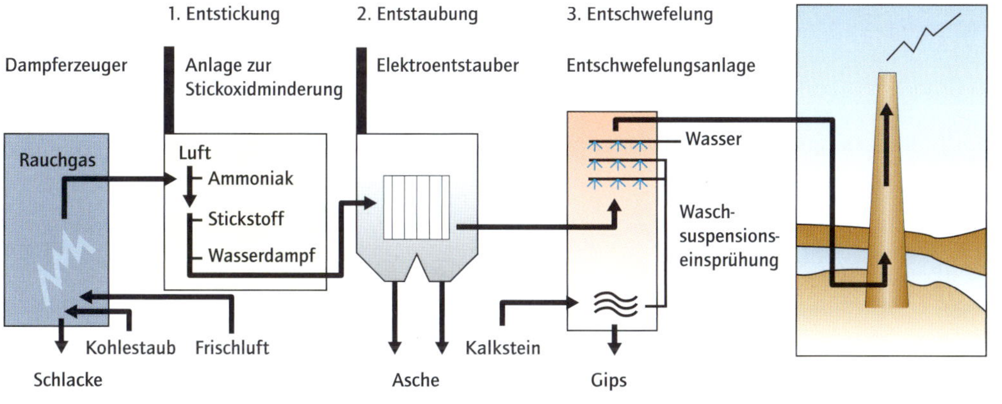

▸2 Kühlturm zur Rauchgasableitung

▸3 Prinzip einer Katalysatoranlage zur Stickstoffminderung (SCR-Verfahren)

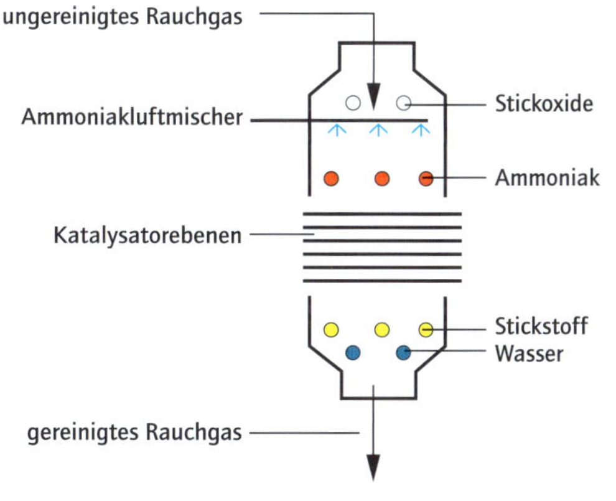

▸4 Prinzip der elektronischen Abscheidung in einem Elektrofilter

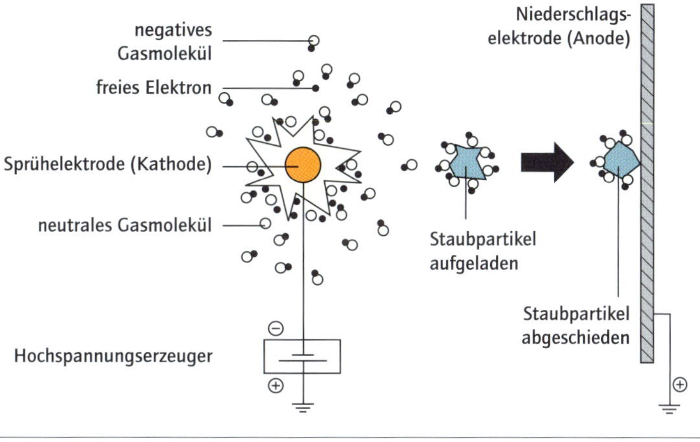

Nah- und Fernwärme

Bei der Nah- und Fernwärme wird die eingesetzte Primärenergie (→ Kohlekraftwerk) sehr viel effizienter genutzt als bei der getrennten Erzeugung von Strom und Wärme. Auch ist der Ausstoß an Schadstoffen und Kohlendioxid wesentlich geringer. Allerdings zeigen sich Vorteile nur bei richtiger Auslegung der Systeme, die jedoch technischen und ökonomischen Grenzen unterliegt.

Fernwärmenetz ▸1

Eine Schlüsselrolle ist die Zahl der Anschlüsse. Zentrale Versorgung mit Heizenergie und Warmwasser über ein Verteilnetz ist nur bei genügend hoher Abnehmerdichte sinnvoll, was den Aufbau von Fernwärmenetzen auf Ballungsräume begrenzt. Wirtschaftliche Gründe erfordern zudem einen über das Jahr möglichst konstanten Wärmebedarf. Deshalb sollten zu den Kunden nicht nur Haushalte gehören, sondern auch Großabnehmer wie Krankenhäuser, Gewerbe und Industrie. Auch die sinnvolle Ausdehnung von Verteilnetzen ist beschränkt. Zwar ist es mit moderner Wärmedämmung möglich, die Übertragungsverluste im Schnitt unter 10% zu halten, doch selbst das bedeutet den Verlust beträchtlicher Energiemengen. Vakuumisolierte Rohre können die Verluste zwar weiter drücken, sie sind aber sehr teuer. Deshalb sind Transportentfernungen von mehr als 50 km ökonomisch meist nicht zu vertreten.

Während die Versorgungsnetze früher überwiegend mit bis zu 250 °C heißem Dampf versorgt wurden, fließt heute fast ausschließlich heißes Wasser durch die Rohre. Es steht unter hohem Druck (etwa 20 bar), um Dampfbildung zu vermeiden, und hat gewöhnlich Temperaturen um 140 °C. Das Verteilnetz besteht meist aus zwei Rohrsystemen: Der Vorlauf bringt das heiße Wasser zu den Verbrauchern, der Rücklauf das abgekühlte wieder zur Heizzentrale, wo es erneut erwärmt wird (Abb. 1). Fernwärmeleitungen liegen entweder in der Erde oder aber auf Stützen (z. B. in Berlin), wobei Wärmedehnungsbögen mit eingebaut werden müssen. Außerdem sind Pumpen im Fernwärmenetz notwendig, um Druckverluste wieder ausgleichen zu können. Beim Verbraucher wird über einen zentralen Wärmetauscher das Heizungs- oder Brauchwasser erwärmt.

Erzeugung von Heizwasser ▸1 ▸2

Zur Erwärmung des Heizwassers für das Fernwärmesystem nutzt man einen Wärmetauscher, oftmals einen Heizkondensator. In konventionellen Kraftwerken wird Dampf erzeugt, in einer Turbine entspannt und anschließend in einem Kondensator abgekühlt und wieder verflüssigt. Dabei gibt der Dampf Wärme an das Kühlwasser ab und erwärmt es auf 20–30 °C, also nicht hoch genug für Heizwasser. Um eine höhere Temperatur zu erhalten, darf der Dampf in der Turbine nicht vollständig entspannt werden. So kann der Wärmeaustausch zwischen Dampf und Wasser bei höherer Temperatur und Druck stattfinden und Heizwasser liefern. Kraftwerke, die nach diesem Prinzip arbeiten und primär Heizwärme erzeugen, nennt man **Gegendruck-Heizkraftwerke**. Eine andere Möglichkeit besteht darin, einen Teil des Dampfes vor dem Niederdruckteil der Turbine zu entnehmen und ihn dem Heizkondensator zuzuführen (**Entnahmebetrieb**). Werden gleichzeitig in einem Kraftwerk Strom und Wärme produziert, so spricht man von **Kraft-Wärme-Kopplung** (Abb. 1). Die Entnahme von Dampf zur Erwärmung von Heizwasser verringert allerdings den Wirkungsgrad der Elektrizitätserzeugung. Dennoch ist Kraft-Wärme-Kopplung vorteilhaft, da die eingesetzte Primärenergie insgesamt besser genutzt wird (Abb. 2). Dieses Verfahren kann nicht nur in Kohlekraftwerken, sondern auch in Kernkraftwerken zur Heizwärmegewinnung eingesetzt werden.

In der Praxis unterscheidet man von der Fernwärme die **Nahwärme**. Sie wird in **Blockheizkraftwerken** erzeugt, die nur einen kleinen Kreis von Abnehmern versorgen. Auch sie funktionieren nach dem Prinzip der Kraft-Wärme-Kopplung; hier sind es aber Verbrennungsmotoren oder Gasturbinen, die die Generatoren zur Stromerzeugung antreiben. Die dabei entstehende Abwärme wird über Wärmetauscher in den Heizkreislauf gespeist. Die Leistung solcher Blockheizkraftwerke ist mit einigen Hundert Kilowatt bis zu wenigen Megawatt viel kleiner als die der Heizwerke oder Heizkraftwerke.

Auswirkungen auf die Umwelt

Die Umweltbilanz der Fernwärmesysteme hängt von der Wahl des Brennstoffes ab. So werden manche Blockheizkraftwerke mit Deponiegas betrieben, das beim Verrotten von Müll in Deponien entsteht. Dadurch kann dies klimabelastende Gas noch sinnvoll zur Energieversorgung genutzt werden. Ähnliches gilt, wenn Müll als Brennstoff in **Müllheizkraftwerken** eingesetzt wird. In den letzten Jahren wurden verstärkt Biomassekraftwerke (→) für Holz, Stroh oder organische Abfälle als Komponenten in Fernwärmenetzen eingesetzt. Auch kann man teilweise die bei industriellen Prozessen anfallende Abwärme zur Erzeugung von Fernwärme nutzen.

▸1 Fernwärmenetz mit Heizwassererzeugung durch Kraft-Wärme-Kopplung im Entnahmebetrieb

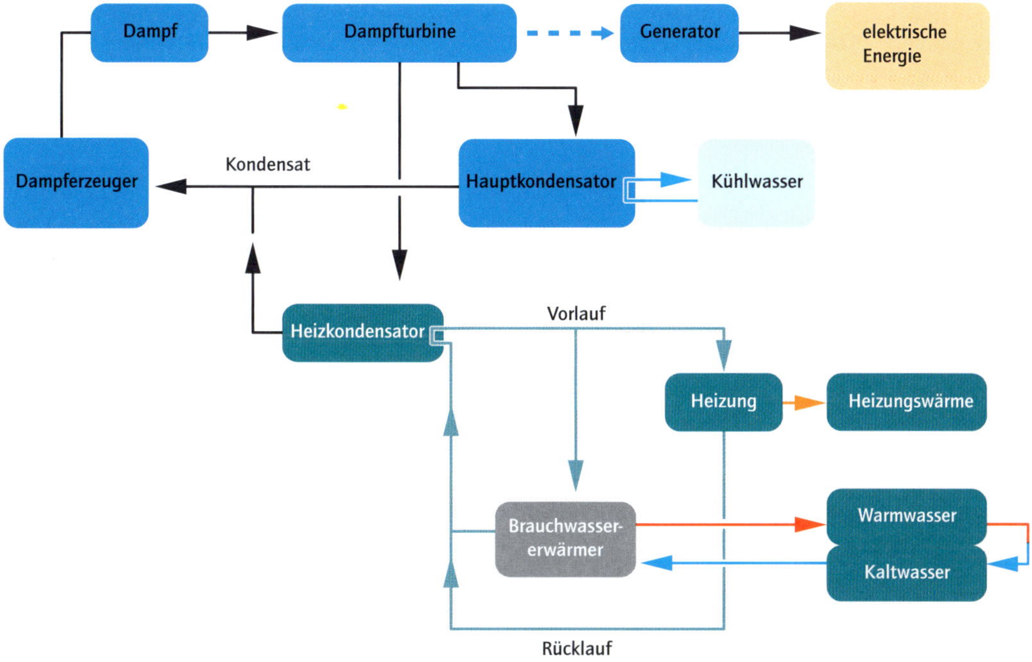

▸2 Brennstoffausnutzung verschiedener Kraftwerktypen

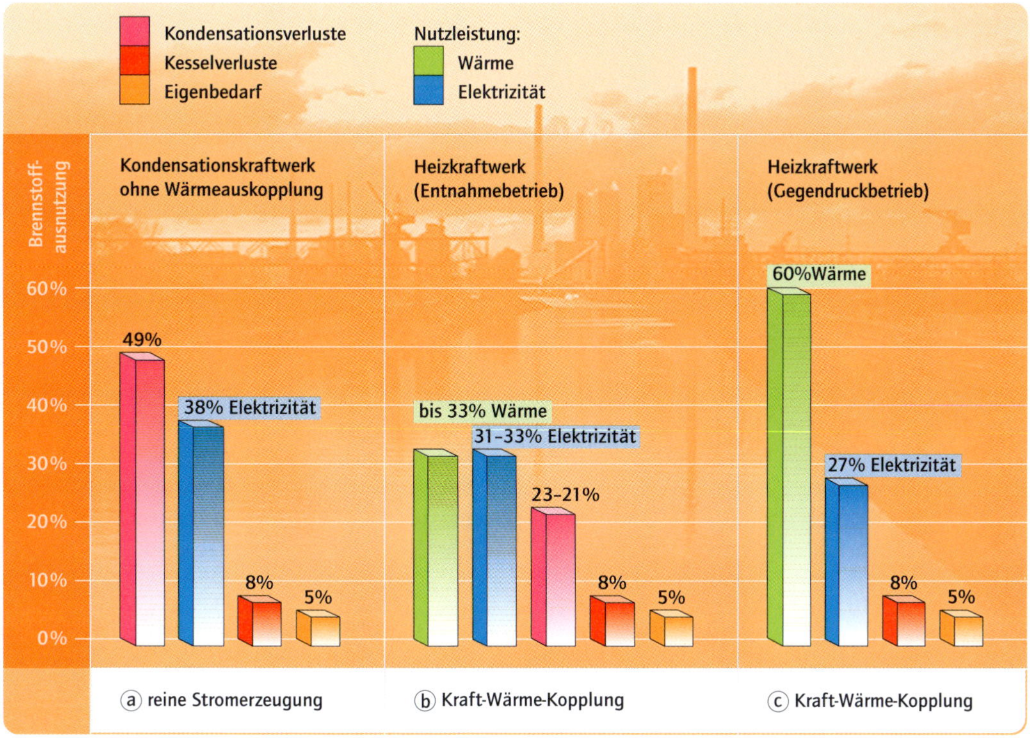

Umwandlung und Transport von Energie

Energie tritt in vielen Formen auf, aber nicht jede eignet sich gleich gut für technische Verwendungen. Meist ist es nötig, Energie von einer Form in eine andere umzuwandeln, bevor sie nutzbar ist.

Energieformen

Kohle enthält chemische Energie, die jedoch in der molekularen Struktur gebunden und in dieser Form unbrauchbar ist. Beim Verbrennen der Kohle wird die chemische Energie umgewandelt in Wärmeenergie und ist damit nutzbar: Die Wärmeenergie kann man zum Heizen oder Erhitzen verwenden. Mit durch Erhitzen von Wasser entstandenem Dampf lassen sich Turbinen und über diese Generatoren antreiben. Dabei geht die Wärmeenergie erst in mechanische und diese dann in elektrische Energie über. Neben chemischer und Wärmeenergie tritt Energie in der Natur zudem als mechanische Energie auf, wenn z. B. Wind oder Wasser Rotoren oder Turbinen dreht, als elektrische Energie beim Austausch elektrischer Ladungen oder in Form elektromagnetischer Energie, z. B. als sichtbares Licht. Aber nicht alle Formen sind für die Energieversorgung gleich wichtig.

In der Energieanwendung haben sich eine Reihe von Begriffen eingebürgert, die für technische Zwecke griffiger sind als die physikalisch korrekte Bezeichnung der Energieformen. Als **Primärenergie** werden alle Energiequellen und -rohstoffe vor einer Umwandlung, also in ihrer natürlichen Erscheinungsform, zusammengefasst: Wasserkraft und Sonnenstrahlung, Wind und Erdwärme, Kohle, Öl, usw. **Sekundärenergie** bezeichnet Energieformen und -rohstoffe, die durch Umwandlung von Primärenergien entstehen, z. B. Benzin, Strom oder Fernwärme. Der Verbraucher bezieht sie als **Endenergie**, etwa Strom aus dem Netz oder Benzin von der Tankstelle, und macht sie als **Nutzenergie** für seine Zwecke dienstbar. Bei all diesen Umwandlungen kommt es zu Verlusten. So stellt z. B. die Nutzenergie nur einen Teil der Endenergie dar.

Wirkungsgrad ▸1

Unter realen Bedingungen geht mit jeder Energieumwandlung ein Verlust einher: Die eingesetzte Energie (z. B. Kohle) wird nicht vollständig in die erwünschte Form umgesetzt (z. B. Heizung oder Strom). Ein Teil bleibt immer ungenutzt, z. B. als Abwärme oder sonstige Verluste (Abb. 1).

Der **Wirkungsgrad** eines energiewandelnden Systems gibt an, wie effizient die Energieumwandlung erfolgt. Dazu setzt man die abgegebene Energiemenge ins Verhältnis zu der aufgenommenen. Für ein Kohlekraftwerk ist der Gesamtwirkungsgrad also das Verhältnis aus der elektrischen Energie, die vom Generator abgegeben wird, zur chemischen Energie, die aus der Kohle aufgenommen wird. Analog kann man für jede Komponente des komplexen Gesamtsystems Kraftwerk (z. B. Kessel, Turbine oder Generator) einen eigenen Wirkungsgrad definieren. Der Wirkungsgrad ist wegen der unvermeidlichen Verluste stets kleiner als 100 %. Der Wirkungsgrad eines modernen, reinen Kohlekraftwerkes liegt heute bei gut 40 %.

Transport ▸2

Energie, sei es Primärenergie vor oder Sekundärenergie nach der Umwandlung in einer technisch günstigeren Form, muss vor der Nutzung zum Verbraucher transportiert werden: z. B. elektrischer Strom in Hochspannungsleitungen; Kohle per Schiff oder Bahn ins Kraftwerk; Öl und Gas über Pipelines von den Förderfeldern in Aufbereitungsstationen oder Holz, Brikett und Heizöl mit Lastkraftwagen zum Endverbraucher. Dabei treten Verluste auf, wie z. B. Reibungsverluste beim Stromtransport. Auch die Logistik selbst benötigt Energie. Die Verluste spielen nicht nur für den Preis eine Rolle, sondern dienen auch als Grundlage für die Beurteilung der Umweltbelastung durch unterschiedliche Energieoptionen.

Eine besondere Bedeutung hat der Transport elektrischer Energie von den Kraftwerken zu den Verbrauchern. Dafür sorgt ein dichtes Netz von Stromleitungen (Abb. 2). Die Netze der einzelnen Anbieter sind miteinander verknüpft und bilden so ein äußerst flexibles Instrument zum Verteilen von Energie. Die internationale Verflechtung ermöglicht weiträumigen Stromaustausch über Grenzen, etwa bei Ausfall oder ungenügender Kapazität während Verbrauchsspitzen. Die **Übertragungsverluste** sind umso geringer, je höher die elektrische Spannung ist. Daher verwendet man zur Übertragung hoher Leistungen über große Entfernungen Höchstspannungsnetze von 380 kV oder 220 kV. Von diesen laufen **Hochspannungsnetze** mit 110 kV zu den Verbrauchszentren. Das Mittelspannungsnetz mit 10 kV oder 20 kV besorgt die weitere Verteilung zu den örtlichen Transformatorstationen. Von dort schließlich liefert das Niederspannungsnetz mit 230 V und 400 V Strom in Haushalte und Gewerbe. Zwischen den einzelnen Netzen liegen Umspannwerke, die den Übergang vom einen zum andern Spannungsbereich herstellen. Die Übertragungstechnik arbeitet meist mit Drehstrom, d. h. Dreiphasen-Wechselstrom.

▸1 Verlust bei der Energieumwandlung

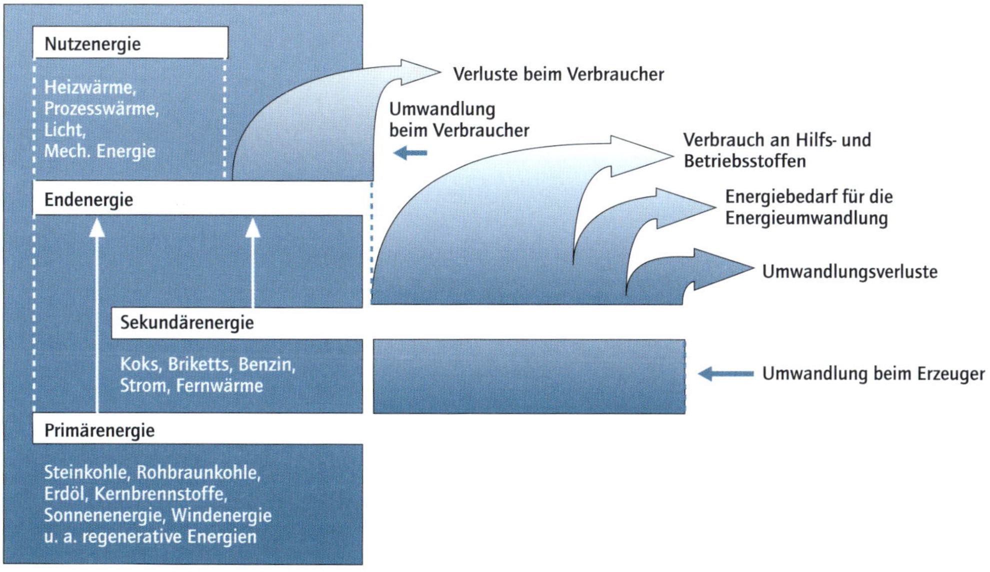

▸2 Organisation des Stromnetzes

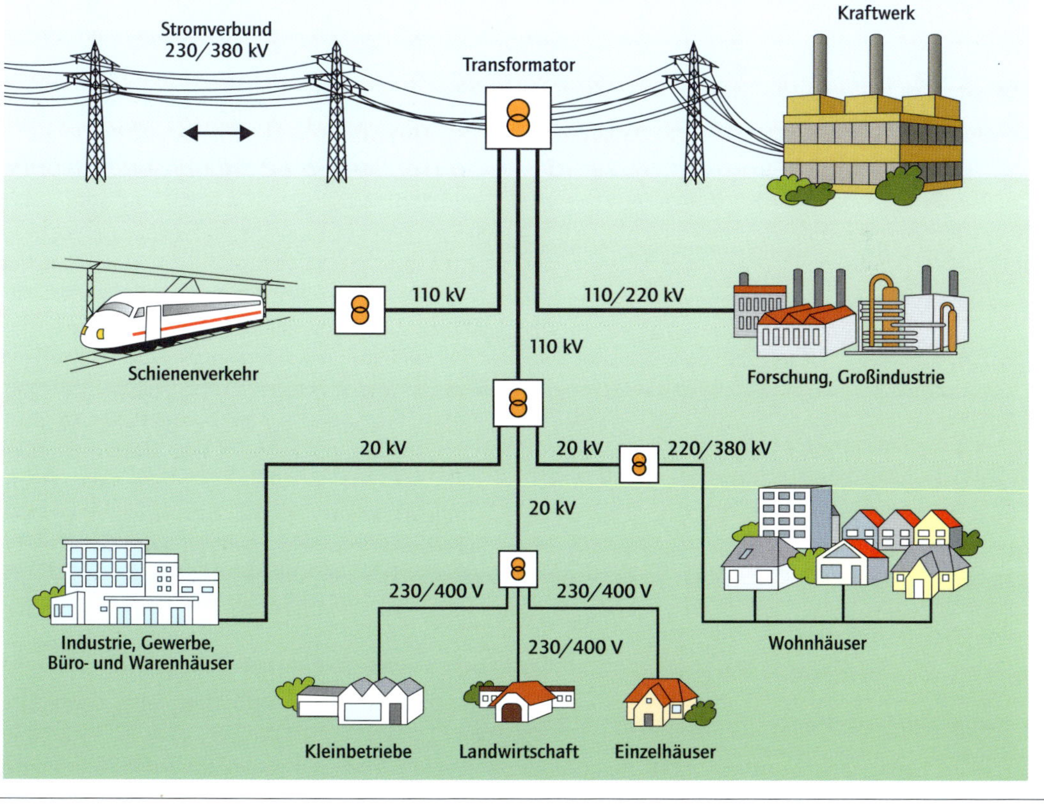

Batterien und Akkumulatoren

Die Funktion von Akkumulatoren und Batterien beruht auf der direkten Umwandlung von chemischer in elektrische Energie. Der Vorgang ist bei Batterien (Primärzellen) nicht umkehrbar, während Akkumulatoren (Sekundärzellen) wieder aufgeladen werden können.
Es war Alessandro Volta, der im Jahre 1800 das erste galvanische Element entwickelte und die Spannungsreihe der Elemente aufstellte. In ihr sind die Metalle nach zunehmendem elektrischen Potenzial gegenüber einem Bezugselement (üblich Wasserstoff) geordnet. Die Potenzialdifferenz zwischen beiden entspricht der elektrischen Spannung zwischen ihnen. Metalle mit einem kleinen Potenzial werden als unedel, solche mit einem großen als edel bezeichnet. Unedle Metalle geben leicht Elektronen ab, edle nehmen leicht Elektronen auf.

Batterien ▸1

Alle **galvanischen Zellen** funktionieren nach dem gleichen Prinzip: Zwei Elektroden mit unterschiedlichem elektrischem Potenzial (z. B. Zink und Kupfer) tauchen in einen Elektrolyten (Ionen leitende Flüssigkeit, meist Salz- oder Säurelösung, z. B. Kupfersulfatlösung) ein, der im Innern der Zelle eine leitende Verbindung zwischen den Elektroden herstellt. Die Materialien sind so gewählt, dass sich zwischen den beiden Leitern eine Potenzialdifferenz aufbaut. Verbindet man sie über einen äußeren Leiter, so bewegen sich Elektronen von der einen zur anderen Elektrode, d. h., es fließt ein Strom. Beispiel Abb. 1: Von der unedleren Zinkelektrode gehen Zinkionen in Lösung, an der Kupferelektrode werden Kupferionen aus der Lösung mittels freier Elektronen zu Kupfer reduziert. Ein Strom fließt so lange, bis alle gespeicherte chemische in elektrische Energie umgewandelt ist, d. h., bis alle Kupferionen aus der Lösung verbraucht sind.
Die beiden Elektroden bilden den positiven und den negativen Pol der Zelle, zwischen denen eine Spannung messbar ist. Typische Werte liegen zwischen 1,2 V und 4 V. Die Spannung hängt nicht von der Größe der Elektroden, sondern nur von den verwendeten Materialien ab. Zwar ist eine große Zahl an Kombinationen verschiedener Elektroden denkbar, aber nur wenige Systeme sind von praktischer Bedeutung.
Die Bezeichnung Batterie steht ursprünglich für einen Verbund mehrerer Primärelemente. Da die Zellenspannung begrenzt ist, muss man eine passende Anzahl Zellen elektrisch in Reihe schalten, um zu höheren Spannungen zu gelangen und Verbraucher mit unterschiedlichen Betriebsspannungen geeignet zu versorgen. Im Sprachgebrauch hat sich der Begriff Batterie aber auch für die Zellen selbst eingebürgert.
Sehr verbreitet sind die zylinderförmigen Rundzellen vom Typ der Zink-Kohle-Batterien. Diese „Veteranen“, erfunden im letzten Jahrhundert, verwenden Kohle- und Zink-Elektroden und Kalilauge als Elektrolyt. Etwas leistungsfähiger sind Alkali-Mangan-Batterien. Sie werden z. B. in Kofferradios und Taschenlampen verwendet. Quecksilberoxidzellen kommen in Uhren, Taschenlampen und Taschenrechnern zum Einsatz. Nur wenige Systeme kamen zu diesen etablierten hinzu, vor allem die Lithium-Zellen. Sie werden z. B. in Herzschrittmachern und Kameras verwendet.

Akkumulatoren ▸2 ▸3

Im Gegensatz zu Batterien sind Akkumulatoren wieder aufladbar, weil das Lade- und Entladeverhalten umkehrbar ist. Im Idealfall sind die grundlegenden elektrochemischen Vorgänge an den Elektroden während des Lade- und Entladebetriebs gleichermaßen reversibel. In der Realität bleibt die Anzahl möglicher Lade-Entlade-Zyklen (je nach Typ) auf einige Tausend beschränkt, da die chemischen Prozesse während des Beladens beim Entladen nicht vollständig zurückzunehmen sind.
Am bekanntesten ist der **Bleiakkumulator**, in Autos als Starterbatterien millionenfach verbreitet (Abb. 2). Als Elektrolyt dient verdünnte Schwefelsäure. Im geladenen Zustand besteht die Kathode (Minus) aus reinem Blei (Pb), die Anode (Plus) aus Bleioxid (PbO_2). Beim Entladen diffundieren Bleiionen in den Elektrolyten und reagieren dort zu Bleisulfat ($PbSO_4$); die frei werdenden Elektronen fließen über den Verbraucher zur Anode (Abb. 3a). Beim Wiederaufladen kehrt sich die Reaktion um, aus Bleisulfat und Wasser entstehen wieder Blei, Bleioxid und Schwefelsäure (Abb. 3b). Die Zellenspannung beträgt rund 2 V, weshalb man mehrere Zellen zu einer Batterie zusammenfasst, um höhere Spannungen zu erreichen.
Eine wichte Kenngröße von Batterien und Akkumulatoren ist die Energiedichte. Sie gibt an, welche Energiemenge je Liter Batteriegröße gespeichert werden kann. Die Energiemenge ist bestimmt durch das Produkt der entnommenen Kapazität und der mittleren Entladespannung.
Neben Bleiakkumulatoren sind der Nickel-Cadmium- und der Nickel-Hydrid-Akku gebräuchlich. Für Mobiltelefone u. a. elektronische Geräte, aber auch für Elektroautos (→), haben sich aufgrund ihrer hohen Energiedichte Lithium-Ionen-Akkumulatoren etabliert.

▸1 Funktionsprinzip einer Zink-Kupfer-Batterie

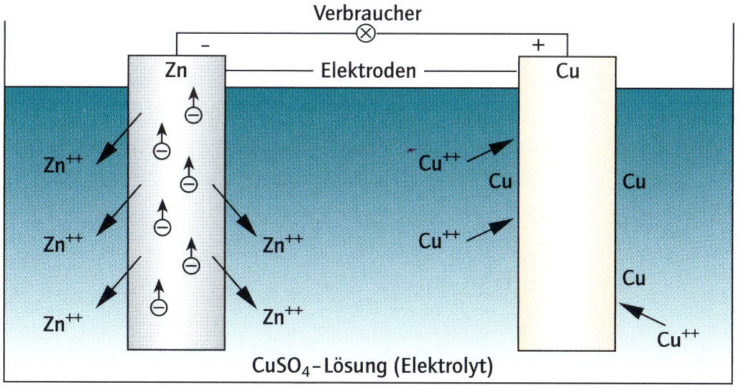

▸2 Bleiakkumulator (Starterbatterie)

ⓐ Verschlussstopfen
ⓑ Endpol
ⓒ Blockdeckel
ⓓ Säurestandmarke
ⓔ Direktzellenverbinder
ⓕ Blockkasten
ⓖ Bodenleisten
ⓗ Zelltrennwand
ⓘ Plusplatte
ⓙ Kunststoffseparator
ⓚ Minusplatte
ⓛ Polbrücke

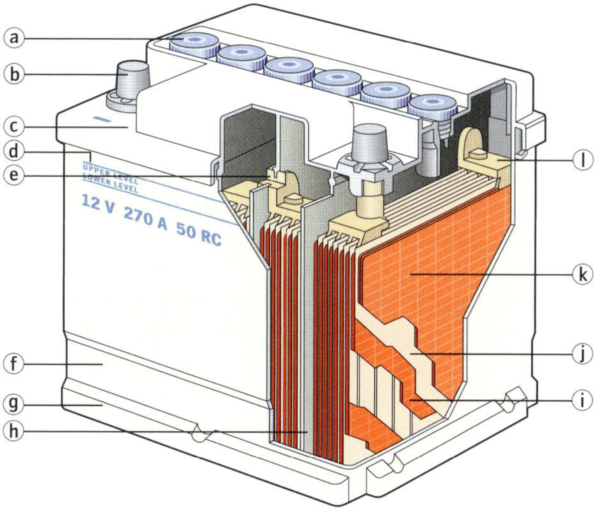

▸3 Chemische Reaktionen beim Bleiakkumulator

a Ablauf der Entladereaktion

$Pb + H_2SO_4 \rightarrow PbSO_4 + 2\,e^- + 2H^+$

$2\,H^+ + 2\,e^- + PbO_2 + H_2SO_4 \rightarrow PbSO_4 + 2\,H_2O$

b Ablauf der Ladereaktion

$PbSO_4 + 2\,e^- + 2H^+ \rightarrow Pb + H_2SO_4$

$PbSO_4 + 2\,H_2O \rightarrow 2\,H^+ + 2\,e^- + PbO_2 + H_2SO_4$

$$PbO_2 + Pb + 2H_2SO_4 \underset{\text{Auf}}{\overset{\text{Ent}}{\rightleftharpoons}} 2PbSO_4 + 2H_2O$$

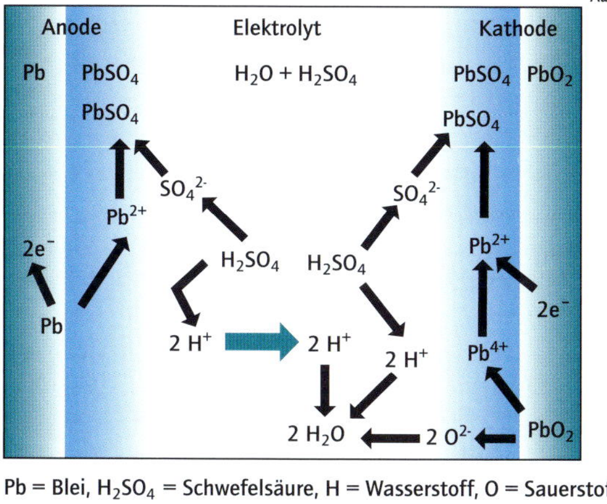

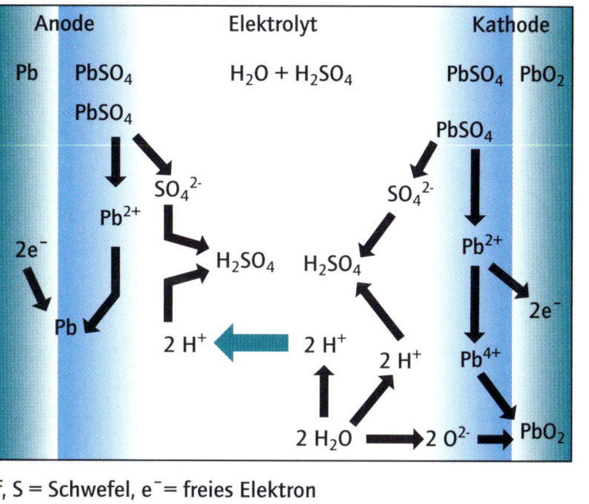

Pb = Blei, H_2SO_4 = Schwefelsäure, H = Wasserstoff, O = Sauerstoff, S = Schwefel, e^- = freies Elektron

Kernkraftwerke

Auch Kernkraftwerke sind thermische Kraftwerke, die sich aber von anderen Wärmekraftwerken durch den Brennstoff unterscheiden: Statt der sonst verwendeten fossilen Brennstoffe wie Kohle oder Erdöl ist es hier Uran oder ein anderer Kernbrennstoff. Bei der Kernspaltung wird die Kernbindungsenergie im Reaktor freigesetzt. Mit dieser Wärme kann man Dampf erzeugen, der dann Turbinen und Generatoren zur Stromerzeugung antreibt. Ein Kernkraftwerk (Abb. 1) gliedert sich in einen Anlagenteil mit konventioneller Technik sowie den **Nuklearteil** mit dem Reaktor (Abb. 2; → Kernreaktoren). Das Reaktorgebäude enthält auch die Strahlenschutz- und Sicherheitseinrichtungen wie den **Reaktordruckbehälter**, die Rückhalteanlagen zur Verminderung der Aktivität abgebrannter Brennstäbe und den gas- und druckfesten **Sicherheitsbehälter** (**Containment**).

Kernenergie

Die Bausteine der Atomkerne, die Nukleonen, sind durch die innere Bindungsenergie der Kerne aneinander gebunden, und zwar je nach Atomsorte unterschiedlich stark. Dabei liegt die maximale Bindungsenergie pro Nukleon etwa bei der Massenzahl 60. Daraus folgen zwei mögliche Wege der Kernumwandlung: Kernenergie kann freigesetzt werden entweder durch Spaltung schwerer Kerne wie Uran (**Kernspaltung**) oder durch Verschmelzen von leichten Kernen wie Wasserstoff (**Kernfusion**). Die Fusion von Deuterium und Tritium zu 1 kg Helium setzt rund 120 Mio kWh frei, die Spaltung von 1 kg Uran (U-235) ca. 23 Mio kWh. Zum Vergleich: Die Verbrennung von 1 kg Steinkohle liefert eine Energie von etwa 10 kWh.

Kernfusion und Kernspaltung ▸3 ▸4

Theoretisch sind mehrere Fusionsreaktionen denkbar. Aus heutiger Sicht scheint die Reaktion von **Deuterium** (schwerer Wasserstoff, D) und **Tritium** (überschwerer Wasserstoff, T), wenn überhaupt, technisch am einfachsten realisierbar. Das Grundproblem der Fusion besteht darin, Atomkerne so nahe zusammenzubringen, dass sie verschmelzen (Abb. 3). Dem wirkt die elektrische Kraft der Kernladung entgegen, da beide Kerne positiv sind und sie sich dadurch abstoßen. Die Abstoßung lässt sich überwinden, wenn die Teilchen sehr schnell sind, was bei einer sehr hohen Temperatur der Fall ist (Teilchentemperatur etwa 100 Mio °C). Solch heiße Plasmen kann man nur durch elektrische und magnetische Felder einschließen. Wegen der dabei auftretenden technischen Schwierigkeiten gibt es bislang kein Verfahren, die Fusionsreaktion kontrolliert zur Energiegewinnung zu nutzen.

Bei der Kernspaltung entstehen aus einem schweren Kern in der Regel zwei etwa gleich große Folgekerne, ausgelöst meist durch den „Einfang" eines Neutrons. Neben den Spaltprodukten werden dabei zwei bis drei Neutronen und Energie (ca. 210 MeV) frei. Die freigesetzten Neutronen können weitere Kerne zur Spaltung anregen, also eine Kettenreaktion aufrechterhalten (Abb. 4). Genau das geschieht kontrolliert in Kernreaktoren (→).

Mögliche Kernbrennstoffe sind die radioaktiven Schwermetalle **Uran** (U) und **Thorium** (Th). Allerdings besteht Natururan nur zu rund 0,7 % aus dem spaltbaren Isotop U-235, der Rest aus dem praktisch nicht spaltbaren U-238. Für eine kontrollierte Kettenreaktion muss im Mittel eines der bis zu drei bei einer Kernspaltung freigesetzten Neutronen eine weitere Kernspaltung auslösen (kritische Kernreaktion). Dafür reicht der natürliche Gehalt an U-235 nicht aus. Deshalb muss man den Spaltstoff auf etwa 3 % anreichern.

Bau und Funktion von Kernkraftwerken

In den meistverbreiteten Kernkraftwerken mit Leichtwasserreaktoren (→ Kernreaktoren) dient vor allem Uran als Brennstoff. Kühlmittel ist gewöhnliches, leichtes Wasser (H_2O). Der Brennstoff befindet sich in langen, dünnen Brennstäben, die zu **Brennelementen** zusammengefasst sind. Dazwischen sind **Steuerelemente** aus Neutronen absorbierendem Material (Bor, Cadmium o. Ä.) angebracht. Brenn- und Steuerelemente bilden den Reaktorkern, der von einem mit Wasser gefüllten stählernen Druckbehälter umschlossen ist. Eine Betonkammer mit rund zwei Meter dicken Wänden umgibt das Reaktordruckgefäß, um mögliche radioaktive Strahlung abzuschirmen. Das Wasser hat als Moderator und Kühlmittel eine zweifache Funktion. Als **Moderator** bremst es die Geschwindigkeit der schnellen Neutronen aus der Kernspaltung ab, wodurch diese andere Kerne zur Spaltung anregen und eine Kettenreaktion in Gang setzen können (→ Kernreaktoren). Als Kühlmittel nimmt es die Energie der Spaltprodukte (meist Krypton- und Bariumkerne) als Wärme auf. Der damit erzeugte Wasserdampf dreht Turbine und Generator.

Als erstes kommerzielles Kernkraftwerk ging 1956 „Calder Hall" in England ans Netz. 2010 sind weltweit knapp 440 Kernkraftwerke mit einer installierten elektrischen Gesamtleistung von ca. 372 Mio. MW in Betrieb. In Deutschland wurde 2002 der Ausstieg aus der Kernenergienutzung beschlossen.

▸1 Kernkraftwerk

Kernkraftwerk Brunsbüttel mit Verwaltungsgebäude, Reaktorgebäude (Siedewasserreaktor), Turbinenhalle und Nebengebäude.

▸2 Reaktorgebäude eines Druckwasserreaktors

- (a) Reaktordruckbehälter mit Rohrstutzen für Verbindungsleitungen zum Dampferzeuger
- (b) Dampferzeuger
- (c) Hauptkühlmittelpumpe
- (d) Lager für neue Brennelemente
- (e) Lagerbecken für abgebrannte Brennelemente
- (f) Lademaschine
- (g) Biologischer Schild gegen Strahlung
- (h) Sicherheitsbehälter
- (i) Reaktorgebäude
- (j) Materialschleuse
- (k) Frischdampfleitung zur Turbine

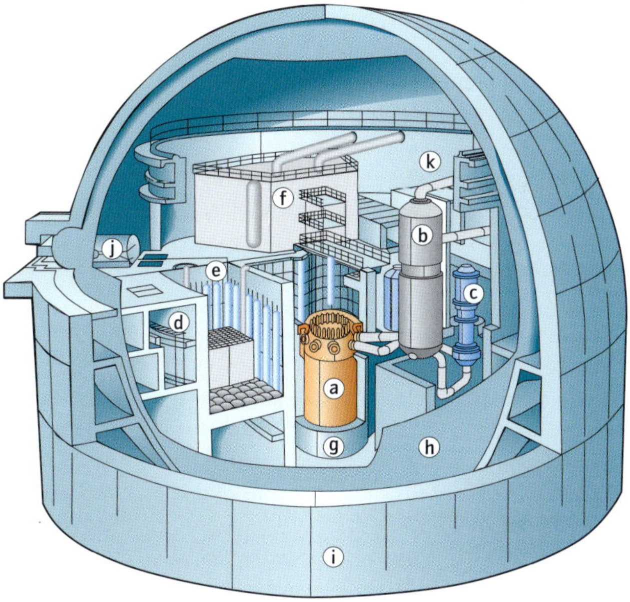

▸3 Prinzip der Kernfusion

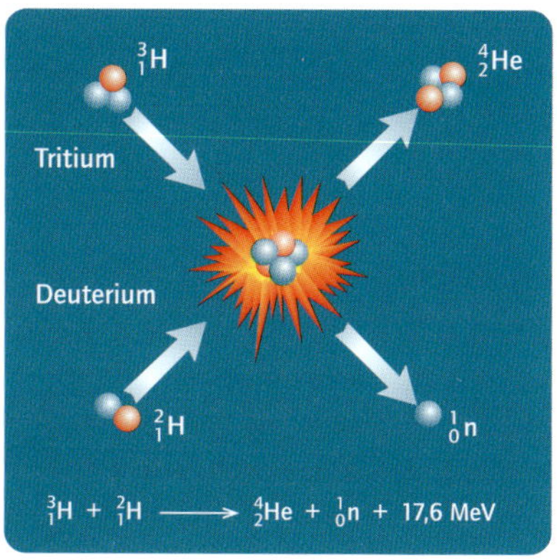

H = Wasserstoff, He = Helium, n = Neutron

▸4 Prinzip der Kernspaltung und der Kettenreaktion in Uran-235

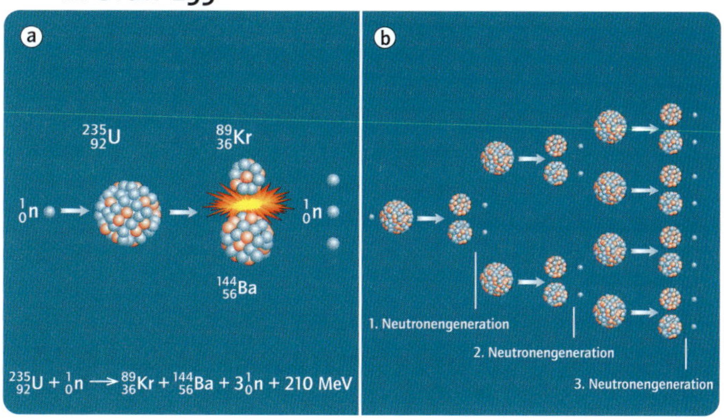

Kr = Krypton, Ba = Barium, U = Uran, n = Neutron

Kernreaktoren

Im Jahre 1938 entdeckten Otto Hahn und Fritz Straßmann, dass Urankerne von langsamen Neutronen gespalten werden können. Lise Meitner erklärte den Vorgang 1939 theoretisch. Sie stellte fest, dass bei der Spaltung („Fission") weitere Neutronen entstehen, dass es also zu einer **Kettenreaktion** kommen kann, und berechnete die frei werdende Energie. Die technische Umsetzung gelang Enrico Fermi, der im Dezember 1942 mit seiner Arbeitsgruppe bei Chicago den ersten Kernreaktor in Betrieb nahm.

Spaltstoffe und Brutstoffe

Alle schweren und mittelschweren Atomkerne sind durch Kollision mit langsamen (abgebremsten) Neutronen spaltbar. Doch verhalten sich dabei nicht alle gleich. Einen entscheidenden Unterschied zeigen die Uran-Isotope 233 und 235 (U-233, U-235) ebenso wie die Plutonium-Isotope 239 und 241 (Pu-239, Pu-241). Während nämlich andere Kerne nur ein Neutron freisetzen oder auch gar keines, emittieren diese gleich zwei oder drei sogenannte schnelle Neutronen. Nur so kann überhaupt eine Kettenreaktion in Gang kommen. Deshalb sind allein diese Kerne als Brennstoffe für Kernreaktoren geeignet. Man nennt sie **Spaltstoffe**, im Unterschied zu **Brutstoffen** wie Thorium-232 (Th-232) und Uran-238 (U-238), die sich durch Einfang schneller (unabgebremster) Neutronen in Spaltstoffe umwandeln können. Technisch lässt sich das in Brutreaktoren nutzen.

Kernbrennstoffe zerfallen bei der Spaltung in (meist zwei) leichtere Folgekerne. Gleichzeitig setzt das Spaltmaterial Neutronen (Spaltneutronen) frei: entweder sofort als prompte Neutronen oder nach wenigen Sekunden als verzögerte Neutronen. Die verzögerten Neutronen spielen für die Reaktorregelung eine wichtige Rolle. Die Masse der Spaltprodukte ist immer etwas kleiner als die Masse des Ausgangskerns. Dieser **Massedefekt** entspricht der Energie, die bei der Spaltung entsteht.

Thermische und schnelle Reaktoren

Das Prinzip der Wärmeerzeugung durch Kernenergie nutzt man in Kernkraftwerken aus, deren zentrale Komponente der Reaktor ist. In ihm ist es möglich, eine Kettenreaktion in Gang zu setzen und kontrolliert aufrechtzuerhalten. Ein Reaktor besteht aus der **Spaltzone**, die den Kernbrennstoff enthält, aus einer Abschirmung und Regeleinrichtungen. Bestimmte Typen haben auch einen **Moderator** zum Abbremsen von schnellen Neutronen. Hierfür wird z. B. leichtes oder schweres Wasser verwendet, aber auch Graphit. Während der Moderierung geben die energiereichen Neutronen ihre Bewegungsenergie von etwa 1 MeV aus der Kernspaltung durch Stöße bis auf einen Wert von rund 0,025 eV ab. Die abgebremsten Neutronen können dann viel länger mit den U-235-Kernen in Wechselwirkung treten und die Wahrscheinlichkeit ihres Einfangs und somit einer Spaltung steigt. Grundsätzlich unterscheidet man demzufolge zwischen thermischen und schnellen Reaktoren.

Bei den ersten wird die Kettenreaktion durch die abgebremsten, d. h. **thermischen Neutronen** aufrechterhalten. Der Name rührt daher, weil sie im thermischen Gleichgewicht mit ihrer Umgebung stehen; bei Raumtemperatur haben sie eine Energie von etwa 0,025 eV (entsprechend einer Geschwindigkeit von 2200 m/s). Bei schnellen Reaktoren hingegen sind es schnelle Neutronen, die die Kettenreaktion tragen. Diese Reaktoren haben keinen Moderator. Das unterscheidet sie von den thermischen, die im Betrieb nach Anzahl und Leistung weit überwiegen.

Leichtwasserreaktoren ▸1 ▸2

Alle Reaktoren, die mit leichtem Wasser (H_2O) statt mit schwerem (D_2O) moderiert und gekühlt sind, nennt man **Leichtwasserreaktoren**. Sie sind die meistverbreiteten Typen im praktischen Einsatz. Der Reaktorkern aus Brenn- und Steuerelementen wird hier von einem Stahldruckbehälter umfasst, der mit Wasser gefüllt ist. Dieses nimmt die Wärme auf, die während der Spaltung entsteht. Handelt es sich um einen **Siedewasserreaktor** (Abb. 1a), so verdampft das Wasser unmittelbar im Druckbehälter (Abb. 2). Bei einer Auslegung als **Druckwasserreaktor** (Abb. 1b) findet dieser Vorgang erst im Dampferzeuger eines zweiten Kreislaufs statt. Der entstehende Dampf dient dazu, eine Turbine anzutreiben.

Brutreaktoren ▸3

Sogenannte Brutreaktoren können mehr Spaltstoff erzeugen, als sie verbrauchen. Hierzu gehört der **Schnelle Brutreaktor** („**Schneller Brüter**"), bei dem schnelle Neutronen die Kettenreaktion tragen (Abb. 3). Durch **Neutroneneinfang** wandelt sich der Brutstoff U-238 in den Spaltstoff Pu-239 um. Da dieser Typ schnelle Neutronen zum Aufrechterhalten des Brutprozesses benötigt, scheidet Wasser als Kühlmittel aus, weil es die Neutronen zu stark abbremst. Stattdessen verwendet man Natrium, das oberhalb von 97 °C flüssig wird. Schnelle Brüter können das Uran um einen Faktor 60 besser ausnutzen als konventionelle Leichtwasserreaktoren.

▸1 Leichtwasserreaktoren

a Siedewasserreaktor

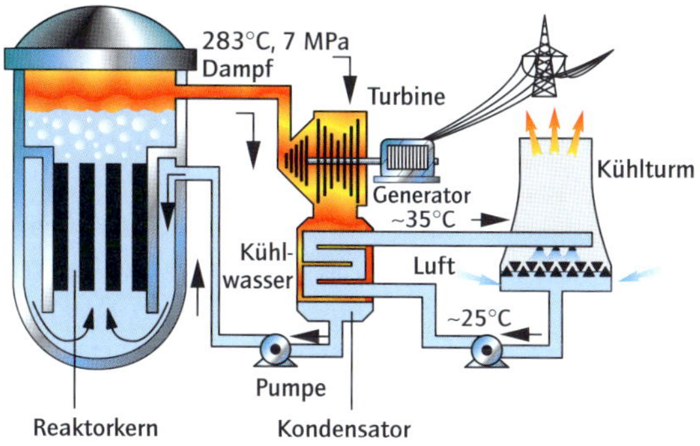

b Druckwasserreaktor

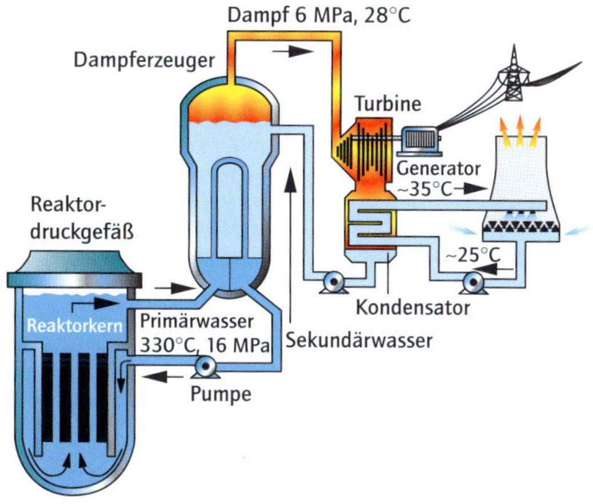

▸2 Blick in einen geöffneten Reaktordruckbehälter

Am Boden sind die Brennelemente sichtbar

▸3 Schneller Brutreaktor

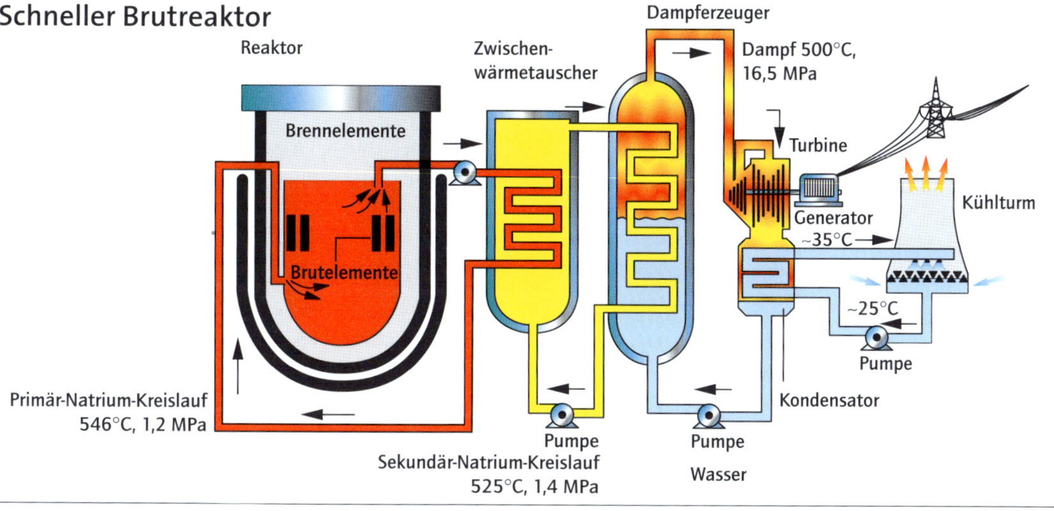

Brennelemente und Wiederaufbereitung

Uran ist das am häufigsten verwendete Mineral für Kernbrennstoffe. Aber selbst in ergiebigen Mineralien ist der Urananteil so gering, dass er in mehrstufigen Verfahren erhöht werden muss, bis ein Gehalt zwischen 70% und 90% erreicht ist. Als Spaltmaterial für Leichtwasserreaktoren (→ Kernreaktoren) ist jedoch auch dieses Konzentrat nicht geeignet, denn nur 0,7% des Urananteils bestehen aus dem für die Spaltung benötigten Isotop U-235, der Rest ist das (nicht spaltbare) U-238. Zur Verwertung muss man das U-235 auf mindestens 3% anreichern. Dieser Prozess umfasst mehrstufige physikalische und chemische Verfahren.

Brennelemente ▸1

Über mehrere Zwischenprodukte wie Uranhexafluorid (UF_6) erhält man Urandioxid (UO_2), das durch Pressen und Sintern bei 1700 °C zu Brennstofftabletten verarbeitet wird. Reines Uran wäre wegen seines niedrigen Schmelzpunktes von 1132 °C untauglich für den Einsatz in Kernkraftwerken; Urandioxid hingegen schmilzt erst bei 2800 °C. Je nach Reaktortyp werden auch andere Kernbrennstoffe in unterschiedlichen Formen verwendet.

Am meisten verbreitet sind die standardisierten Brennelemente aus mehreren dünnen **Brennstäben** von einigen Meter Länge, gefüllt mit 50 bis 300 Brennstofftabletten und ummantelt von einer gasdichten Hülle aus Metall. Ein Brennelement für Druckwasserreaktoren etwa enthält ca. 530 kg Uran, solche für Siedewasserreaktoren 190 kg. In einem Kraftwerk können bis zu 1000 Brennelemente eingesetzt sein (Abb. 1).

Nach etwa drei Jahren kann ein Brennelement nicht mehr seine Normalleistung abgeben. Deshalb wird bei der jährlichen Revision das älteste Drittel der Brennelemente gewechselt. Die ausgetauschten Elemente müssen zwischengelagert werden, bevor man sie in ein Endlager oder zur Wiederaufbereitung bringen kann.

Wiederaufbereitung ▸2

Die Kernreaktion vermindert nicht nur den Gehalt an Spaltstoff U-235 in den Brennstäben, es bildet sich auch eine Reihe radioaktiver Isotope. Die meisten davon zerfallen in kurzen Zeiträumen zu stabilen Isotopen, weshalb die Brennelemente nach dem Wechsel erst in einem speziellen Lagerbecken im Reaktorgebäude zwischengelagert werden. Ein Teil der Isotope hat allerdings lange bis sehr lange Halbwertszeiten, so z. B. das Plutonium.

Vom Brennstoff U-235 ist in den verbrauchten Brennstäben noch etwa ein Viertel vorhanden. Zudem ist das entstandene Plutonium für die Herstellung neuer Brennelemente geeignet. Deshalb erscheint die Wiederaufarbeitung abgebrannter Brennelemente attraktiv. Immerhin lassen sich rund 97% der Inhaltsstoffe danach wieder verwenden, nämlich die Uran-Isotope, das Plutonium und ein geringer Anteil der Transurane. Die restlichen Spaltprodukte aber sind hochradioaktiver Abfall, der sicher entsorgt werden muss. Ein Schema der Entsorgungswege zeigt Abb. 2.

Die chemische Wiederaufarbeitung wurde erstmals 1944 in den USA praktiziert. Allerdings war damals die Gewinnung von Plutonium für Kernwaffen der entscheidende Antrieb. In der Nachkriegszeit modifizierte man die Verfahren für eine echte Wiederaufarbeitung. Großtechnisch erprobt ist das **Purex-Verfahren** (**P**lutonium-**U**ran-**Re**duktion und -**Ex**traktion). Grundaufgabe der Wiederaufbereitung ist, das noch vorhandene Uran und das neu entstandene Plutonium von den anderen während der Reaktion erzeugten Spaltprodukten zu trennen. Beim Purex-Verfahren löst man dazu den abgebrannten Brennstoff in Salpetersäure auf. Für die eigentliche Extraktion (Herauslösen bestimmter Substanzen aus flüssigen oder festen Stoffgemischen durch Lösungsmittel) benutzt man das Lösungsmittel Tributylphosphat, mit dem sich dann auch noch das Uran und Plutonium chemisch trennen lassen. Die verbleibende Lösung mit den Spaltprodukten muss für die Endlagerung konditioniert (herstellen von Abfallgebinden) werden. Das zurückgewonnene Plutonium und Uran werden wieder verwertet.

Verglasung

Hochradioaktive Abfälle werden mit Borosilikatglas verfestigt. Standardverfahren in Frankreich ist es, durch Erhitzen der Lösung ein Granulat zu erzeugen, das danach mit der Glasfritte zu Glas verschmolzen wird. Bei einem anderen Verfahren gibt man die hochaktive Lösung direkt in die Glasschmelze, wobei die Flüssigkeit verdampft und die radioaktiven Feststoffe in der Glasschmelze eingebunden bleiben. In beiden Fällen wird die Schmelze dann in Stahlbehälter von 150 l Inhalt gefüllt.

Diese 400 kg schweren Kokillen erzeugen wegen des fortlaufenden radioaktiven Zerfalls immer noch Wärme. Nach oberirdischer Abklingzeit sollen sie in unterirdischen Endlagern verstaut werden. Dorthin könnte man nach geeigneter Konditionierung die Brennstäbe auch direkt geben. Wiederaufarbeitung oder direkte Endlagerung, die Diskussion ist noch nicht abgeschlossen und wird international unterschiedlich bewertet.

▸1 Brennelement eines Druckwasserreaktors

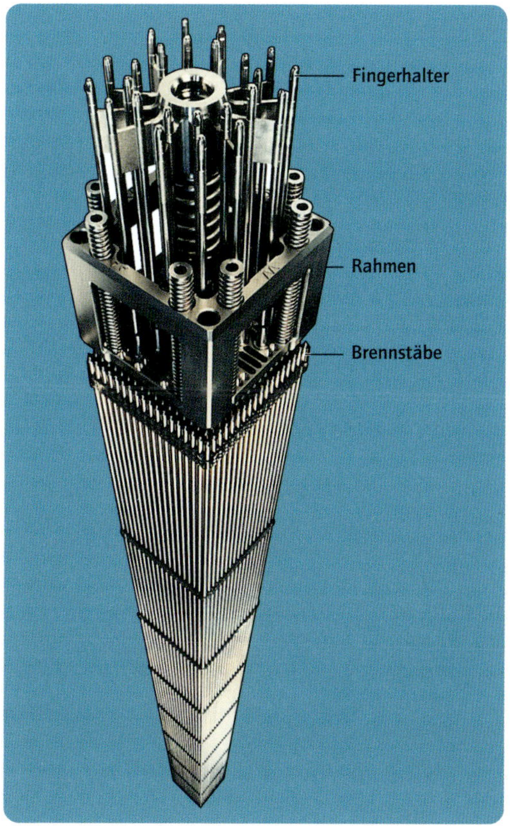

▸2 Wege der Entsorgung

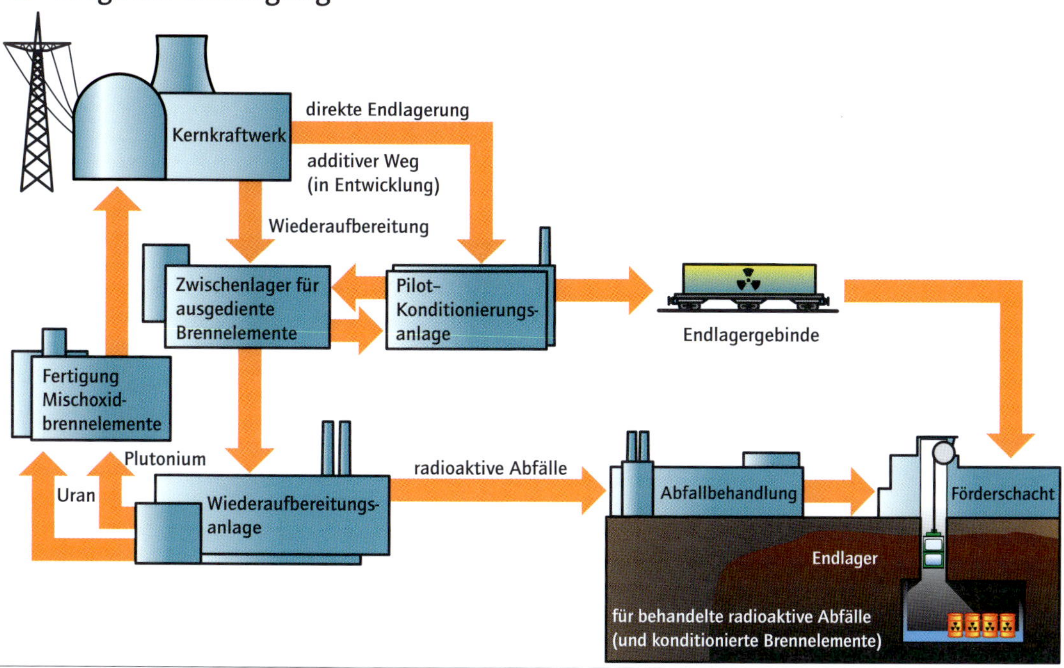

Transport und Zwischenlagerung von Kernbrennelementen

Pro Jahr fallen beim Betrieb eines Druckwasserreaktors von 1 GW elektrischer Leistung mit den abgebrannten Brennelementen rund 40 t radioaktive Stoffe an. Die unterschiedlich strahlenden Substanzen haben z. T. nur eine kurze Lebensdauer. Deshalb werden die Brennelemente nach der Entfernung aus dem Reaktorkern nicht sofort zur Wiederaufarbeitung oder in ein Zwischenlager transportiert, sondern zuvor in Abklingbecken (wassergefüllte Becken direkt neben dem Reaktordruckbehälter) gelagert (Abb. 1).

Brennelementwechsel

Das Auswechseln der Brennelemente ist Teil der jährlichen Revision. Jeweils das älteste Drittel der Elemente ist davon betroffen, während man gleichzeitig die übrigen versetzt, um einen gleichmäßigen Abbrand zu erzielen. Wegen der starken Strahlung wird der Reaktordruckbehälter mit Wasser geflutet. Die abgebrannten Elemente bleiben während des Wechsels ständig untergetaucht. Über eine Schleuse gelangen sie in das benachbarte Abklingbecken, wo sie ein Jahr und länger aufbewahrt werden. Das Wasser schirmt nicht nur Strahlung ab, sondern nimmt auch die dadurch erzeugte Wärme auf. Während der Abklingzeit verringert sich die ursprüngliche Aktivität beträchtlich.

Radioaktive Abfälle und ihre Konditionierung ▸2

Nach der Abklingzeit werden die Brennelemente zur Wiederaufarbeitung oder in Zwischenlager gebracht, die als zentrale Sammelstationen für Brennelemente aus verschiedenen Kernkraftwerken dienen. Auch direkte Endlagerung der abgebrannten Kernbrennelemente ist möglich. In diesem Fall müssen sie zuvor konditioniert, also in geeigneter Weise dafür vorbehandelt werden.

Neben den Brennelementen fällt noch weiterer radioaktiver Müll an. Die große Masse sind schwach- und mittelaktive Stoffe, die während des Betriebs entstehen und nur geringe Wärme abgeben. Dazu gehören etwa Filterschlämme und Rückstände aus dem Kühlmittel, aber auch kontaminierte Arbeitskleidung und aktivierte Austauschteile. Diese Abfälle nehmen rund 95 % des Gesamtvolumens ein, tragen aber lediglich 1 % der Aktivität (Abb. 2).

Brennelemente und hochaktiver Müll machen nur 5 % des Volumens, aber 99 % der Radioaktivität aus. Entsprechend ist auch die Konditionierung für beide Arten unterschiedlich. Schwach- und mittelaktive Abfälle werden zunächst durch Eindampfen, Pressen und dergleichen im Volumen reduziert, um die Menge der nötigen Behälter klein zu halten, in die sie danach kommen, die dann in Beton oder Zement eingebunden werden. Diese Arbeiten können im Kraftwerk selbst vorgenommen werden, noch vor dem Transport.

Zwischenlager

Ausgediente Brennelemente müssen zunächst zwischengelagert werden, bis man sie weiterverarbeiten oder direkt endlagern kann. Das ist in den Kernkraftwerken selbst oder in Zwischenlagern möglich. Dabei werden sie in speziellen Behältern gelagert, z. B. vom Typ Castor. Während der Zwischenlagerung zerfallen die kurzlebigen Radionuklide, womit die Abgabe von Wärme einhergeht. Die Kühlung der Behälter in den Lagerhallen besorgt die Luft durch Konvektion. Danach werden die Brennelemente zur Wiederaufarbeitungsanlage gebracht oder einer direkten Endlagerung zugeführt.

Transportbehälter ▸3

Der Transport über öffentliche Wege bedarf einer Genehmigung. Auch die Art der Verpackung ist geregelt. Die Transportbehälter müssen einer Reihe von Belastungsproben standhalten:

- Freier Fall aus 9 m Höhe auf einen Betonsockel von 1000 t, der mit einer 35 t schweren Stahlplatte abgedeckt ist.
- Freier Fall aus 1,2 m Höhe auf einen Dorn.
- Feuertest bei 800 °C während einer Zeitdauer von 30 min.
- Untertauchen in Wasser bei einer Tiefe über 90 cm für 8 h lang.

In weitergehenden Testreihen ließ man die Behälter aus 600 m Höhe auf harten Wüstenboden fallen. Auch der Zusammenstoß mit einer Lokomotive bei einer relativen Geschwindigkeit von 130 km/h wurde untersucht.

Die Brennelemente werden für den Transport und für die Zwischenlagerung in sogenannte **Castor-Behälter** (engl. **cas**k for **s**torage and **t**ransportation **o**f **r**adioactive material; Abb. 3) verpackt. Die Behälter sind aus Gusseisen mit Kugelgraphit gefertigt und haben rund 45 cm dicke Wände zur Abschirmung der Gammastrahlung. Zusätzliche Kunststoffstäbe dienen der Neutronenabschirmung. Im Innern stehen die Brennelemente in einem Gestell aus Borstahl, das ebenfalls Neutronen absorbieren soll. Die rund 5 m bis 6 m langen Typen haben außen Kühlrippen zur besseren Wärmeableitung. Ein mehrfach ausgelegtes Deckelsystem sorgt für den Verschluss.

▸1 Stationen der Entsorgung

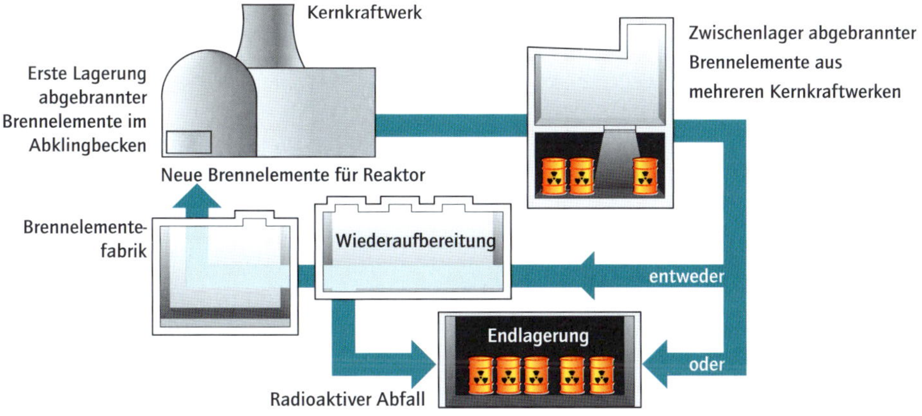

▸2 Kontrollierte Entsorgung radioaktiver Stoffe aus einem Kernkraftwerk

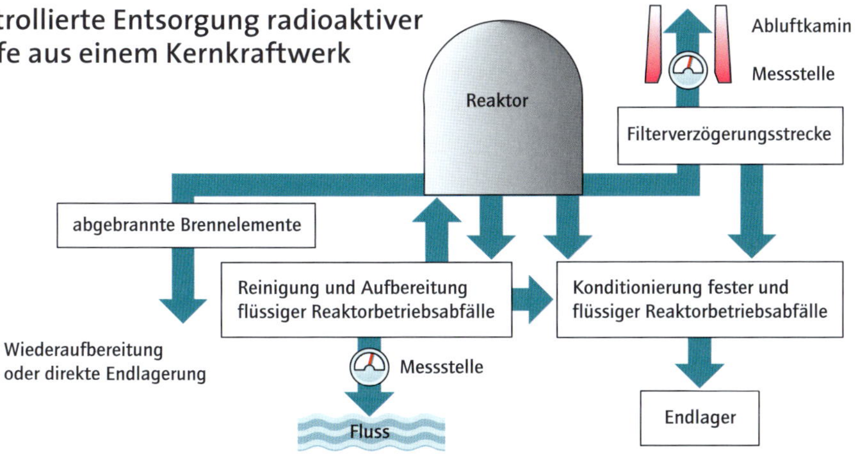

▸3 Transport- und Lagerbehälter vom Typ Castor

Wasserkraftwerke

Auch Wasserkraft ist eine erneuerbare Energie, hinter der sich die Sonne als eigentliches Kraftzentrum verbirgt. Die Sonne wirkt als „Motor", der den Wasserkreislauf auf der Erde treibt. Sie lässt das Wasser verdunsten und sorgt für seinen Aufstieg von den Meeren in die Atmosphäre. Als Niederschlag fällt das Wasser auf die Erde zurück und strömt dort zurück in die Ozeane, wobei es oft große Höhenunterschiede durchläuft.
Das Wasserkraftpotenzial der Erde ist sehr groß, selbst das technisch erschließbare könnte den heutigen Strombedarf leicht decken. Allerdings zeigen einige Großprojekte der Vergangenheit, dass die Planer sehr weit reichende ökologische Zusammenhänge prüfen müssen. Umweltaspekte könnten das technisch verfügbare Potenzial also deutlich reduzieren.
Ohne das Zutun des Menschen verliert sich die Energie des fließenden Wassers über Reibung in Wärmeentwicklung. Mittels Turbinen aber kann man die potenzielle (Lageenergie) und kinetische Energie (Bewegungsenergie) des Wassers in mechanische Rotationsenergie umsetzen und damit einen Generator drehen, der schließlich elektrischen Strom liefert. Eine Schlüsselgröße ist die Höhe des nutzbaren Gefälles, sowohl für die Art der Nutzung als auch für den Wirkungsgrad der Umwandlung in elektrische Energie.

Typen von Turbinen ▸1

Als zweite Schlüsselgröße bestimmt die **Durchflussmenge** die Konstruktion und Leistung von Wasserkraftwerken. Grundsätzlich unterscheidet man zwei Typen für den Hoch- und Niederdruckbereich. Während eine Variante an Flüssen mit kleinen Fallhöhen, aber großen Wassermengen arbeitet (**Laufwasserkraftwerk**), nutzt der andere Typ in Gebirgsregionen die kleineren Durchflussmengen mit großen Fallhöhen von gelegentlich mehr als 1000 m. Der zweite Typ kann ohne große Wehre aus dem natürlichen Gerinne direkt gespeist oder aus Stauseen versorgt werden (**Speicherkraftwerke**).
Im Wesentlichen decken die vier Turbinenkonstruktionen Durchström-, Kaplan-, Francis- und Pelton-Turbine die verschiedenen Einsatzarten ab (Abb. 1). Man unterscheidet dabei Gleichdruck- und Überdruckturbinen. Bei **Gleichdruckturbinen** wird die potenzielle Energie des Wassers in einer oder mehreren Düsen vollständig in Geschwindigkeit umgewandelt; am Laufrad ändert sich der Druck nicht. Bei **Überdruckturbinen** nimmt der Wasserdruck stetig vom Eintritt gegen den Austritt hin ab. Das Leitrad wird mit drehbaren Schaufeln ausgeführt und dient als Regel- und Absperrorgan. Die Turbinenwelle ist mit der Generatorwelle meist fest gekuppelt.

Laufwasserkraftwerke ▸1 ▸2

Laufwasserkraftwerke erzeugen Strom im Grundlastbereich. Ihre Lage an Flüssen bestimmt die konstruktiven Charakteristika. Die Fallhöhe liegt unter etwa 15 m, dafür laufen große Wassermengen über die Turbinen, aber meist mit großen jahreszeitlichen Schwankungen. In solchen Anlagen sind vor allem **Kaplan-** sowie **Durchströmturbinen** (Abb. 1) gebräuchlich. Das Wasser wird durch ein Wehr aufgestaut und strömt stetig durch die Turbine (Abb. 2). Diese Kraftwerke dienen neben der Energieerzeugung häufig auch dem Hochwasserschutz und, in Kombination mit Schleusen, der Schifffahrt.

Speicherkraftwerke ▸1 ▸3 ▸4

Speicherkraftwerke sind neben dem Einsatz im Grundlastbereich vor allem für die Stromerzeugung im Spitzenlastbereich geeignet. Das nötige Wasser steht in Speicherseen bereit. Sind sie als Talsperren konzipiert, dienen sie häufig zusätzlich der Trinkwasserversorgung oder Bewässerung. Das eigentliche Kraftwerk, das in der Regel mit Kaplan- oder **Francis-Turbinen** (Abb. 1) ausgestattet ist, befindet sich meist am Fuß der Staumauer. Üblich sind außerdem Bergspeicher, die ebenfalls künstlich aufgestaut oder aber natürlichen Ursprungs sind. Bei Bergspeichern wird das Wasser über Druckrohre oft weit hinab ins Tal zum Maschinenhaus geleitet. Unter günstigen Verhältnissen kann man für solche Hochdruck-Wasserkraftwerke auf große Stauwerke mit all ihren ökologischen Implikationen verzichten. Bei Fallhöhen von oft tausend Metern und mehr werden meist **Pelton-Turbinen** für die Energieumwandlung eingesetzt.
Eine Sonderform sind die **Pumpspeicherkraftwerke** mit hoch gelegenen Speicherbecken, in die während verbrauchsarmer Zeiten mit Überschussstrom Wasser gepumpt wird. Bei Bedarfsspitzen kann man damit Strom erzeugen (Abb. 3 und 4). Je nach Fallhöhe kommen Pelton- oder Francis-Turbinen zum Einsatz. Francis-Turbinen dienen im Füllbetrieb auch als Pumpen.
Streng genommen liefern Pumpspeicherkraftwerke keine erneuerbare Energie, da man hier bereits erzeugte elektrische Energie als Lageenergie des Wassers speichert. Anders sieht es aus, wenn Strom aus regenerativen Quellen die Pumpen treibt, also ein Wasserspeicher im Verbund mit Windkraft- oder Photovoltaikanlagen arbeitet.

▸1 Turbinentypen für Wasserkraftanlagen

Durchströmturbine (Gleichdruckturbine) | Kaplan-Turbine (Überdruckturbine) | Francis-Turbine (Überdruckturbine) | Pelton-Turbine (Gleichdruckturbine)

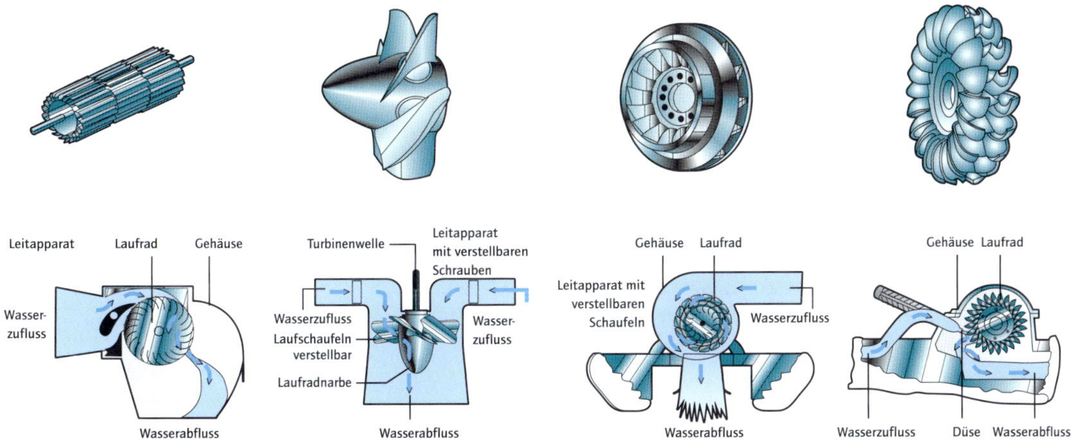

▸2 Funktionschema eines Laufwasserkraftwerks

ⓐ Oberwasser
ⓑ Wehr
ⓒ Kraftwerk
ⓓ Generator
ⓔ Turbine
ⓕ Unterwasser
ⓖ Strom

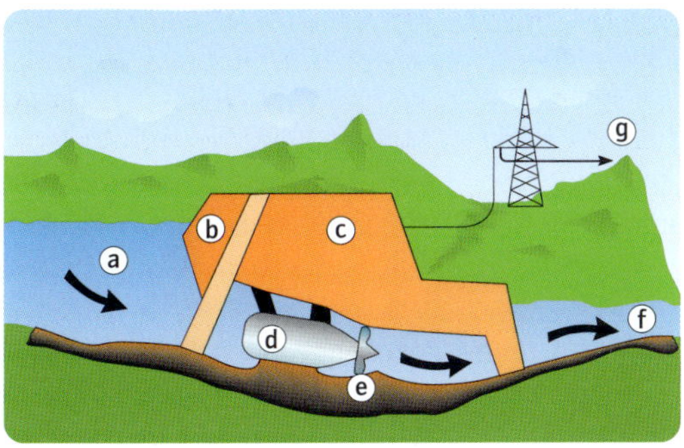

Große Wassermengen durchströmen die Turbine, die mit einem Generator gekoppelt ist.

▸3 Schematischer Aufbau eines Pumpspeicherkraftwerks

ⓐ Speichersee
ⓑ Oberbecken
ⓒ Staumauer
ⓓ Pumpenturbine
ⓔ Generator
ⓕ Turbine
ⓖ Welle
ⓗ Unterbecken
ⓘ Krafthaus
ⓙ Abfluss
ⓚ Kupplung
ⓛ Wellenlager
ⓜ Druckrohrleitungen

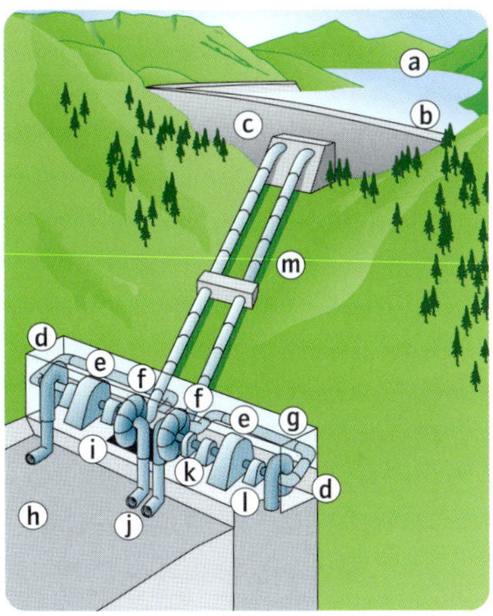

▸4 Pumpspeicherkraftwerk Geesthacht

Wasser aus der Elbe wird in das 80 m höher gelegene Speicherbecken gepumpt.

Gezeitenkraftwerke

Im Wechsel von Ebbe und Flut steckt Energie. Die Kraft des Tidenhubs nutzte man an der Kanalküste in England und Frankreich schon im 11. Jahrhundert. Auch zu späteren Zeiten gab es immer wieder neue Entwürfe für Gezeitenmühlen. So bauten etwa die Holländer im 17. Jahrhundert Flutmühlen, wobei sie Wasserräder verwendeten.

Voraussetzungen

Die **Gezeitenenergie** wird nutzbar, wenn man geeignete Meeresbuchten mit einem Damm abschließt. Ein Minimum an **Tidenhub** (Wasserstandsunterschied der Gezeiten) ist allerdings nötig, was die Nutzbarkeit der Gezeiten drastisch einschränkt. In Deutschland wäre allenfalls der Jadebusen denkbar, der mit einer Gezeitenhöhe von knapp 4 m allerdings kein wirklich geeigneter Standort ist. Fordert man einen mittleren Hub von 5 m, gibt es weltweit rund 100 geeignete Buchten, von denen nur die Hälfte einen wirtschaftlichen Betrieb zulässt. Und auch dort, wo der Gezeitenhub 10 m und mehr erreicht, liegen die Bedingungen die meiste Zeit des Jahres außerhalb des Optimums. Ebbe und Flut laufen alle 12 Stunden und 24 Minuten ab, wodurch ein ausreichend hoher Tidenhub also nicht immer zur gleichen Tageszeit zur Verfügung steht. Während hoher **Springtiden**, wie sie bei Neu- oder Vollmond auftreten, können die Anlagen zudem ein Vielfaches der Energie als bei schwachen **Nipptiden** erzeugen, die entstehen, wenn die Sonne einen Teil der Gezeitenkräfte des Mondes wieder aufhebt. Aus diesen Gründen wird die Leistung von Gezeitenkraftwerken wenig gleichmäßig abgegeben. Leistungs- und Bedarfsspitzen fallen nicht immer zusammen. Mit Speicherbecken kann man die Spitzen zwar in Maßen glätten, dennoch sind Gezeitenkraftwerke nur dort wirtschaftlich, wo große Stromverbraucher in der Nähe ansässig sind.

Bauarten

▸1 ▸2 ▸3 ▸4

Allen Gezeitenkraftwerken gemeinsam ist der Grundaufbau (Abb. 1): Eine geeignete Meeresbucht wird durch einen Damm mit einigen Durchlässen abgeschlossen. Bei Flut strömt Wasser ein und treibt die in den Durchlässen installierten Turbinen an. Bei Ebbe verrichtet das abfließende Wasser diese Arbeit (Abb. 2). Technisch möglich wird diese Form der Stromgewinnung durch **Rohrturbinen** (Kaplan-Turbinen; → Wasserkraftwerke), für die schon ein geringes Wassergefälle ausreichend ist. Allerdings muss ein Mindesthöhenunterschied zwischen den beiden Wasserspiegeln (Wasserspiegel im Becken–Meeresspiegel) vorliegen, damit die Turbinen arbeiten (Abb. 3). Dank ihrer Verstellpropeller können sie die Bewegung des Wassers in beiden Richtungen nutzen. An die Rohrturbine ist ein Generator angeschlossen, der zur Stromerzeugung dient.
Gezeitenkraftwerke ohne Speicherbecken nutzen den gesamten Tidenhub beim Gezeitenwechsel. Sie haben so zwar eine hohe Leistungsausbeute, unterliegen aber dem wechselnden Energieangebot der Gezeiten. Um einen kontinuierlichen Kraftwerksbetrieb zu erhalten, werden Gezeitenkraftwerke mit Speicherbecken gebaut; der nutzbare Tidenhub ist dann allerdings geringer.
Das erste Gezeitenkraftwerk der Welt wurde 1966/67 an der französischen Atlantikküste errichtet, in der Mündungsbucht des Flusses Rance bei St. Malo (Abb. 4). Hier beträgt der Gezeitenhub 12 m und mehr. Ein 750 m langer Betondamm schließt die Bucht ab; er ist durchbrochen von 24 Durchlässen, in denen die Rohrturbinen installiert sind. Jede dieser Rohrturbinen hat eine Leistung von 10 MW, die gesamte Anlage also 240 MW. Das Kraftwerk erzeugt im Jahr rund 600 Millionen kWh Strom. Die Baukosten betrugen etwa das Zweieinhalbfache eines vergleichbaren Flusskraftwerkes.
Günstige Verhältnisse für den Bau von Gezeitenkraftwerken herrschen auch an einigen Standorten in Großbritannien, z. B. an der Mündung des Severn in den Bristol-Kanal. Die Flut steigt hier auf 10 m an, ein Kraftwerk mit 8 500 MW Leistung ist geplant. In Russland nahm Ende der 1960er-Jahre in Kislogubsk bei Murmansk eine Versuchsanlage mit 1 MW den Betrieb auf. Außerhalb Europas hat vor allem die Fundybay im Osten Kanadas einen sehr großen Tidenhub von mehr als 20 m. Ein Kraftwerk mit 20 MW läuft bereits seit 1984 bei Annapolis Royal, und weitere sind für diesen Küstenabschnitt vorgesehen. Auch in Argentinien und Indien, Südkorea und Australien gibt es lohnende Standorte, teils auch konkrete Projekte.

Umwelteinfluss

Auch bei Gezeitenkraftwerken ist die Frage nach Umwelteffekten nicht überflüssig. Selbst wenn die Küstengewässer nur sehr begrenzt verändert werden, müssen diese Eingriffe vor dem Bau geprüft werden. So misst das vom Damm abgetrennte Becken der Anlage bei St. Malo immerhin 22 km², und im Becken kann es ebenso zu Verlandung kommen wie vor dem Damm. Außerdem sind Einflüsse auf die lokalen Meeresströmungen nicht auszuschließen. Beides aber würde wieder auf die Pflanzen- und Tierwelt dort rückwirken.

▸1 Grundprinzip von Gezeitenkraftwerken

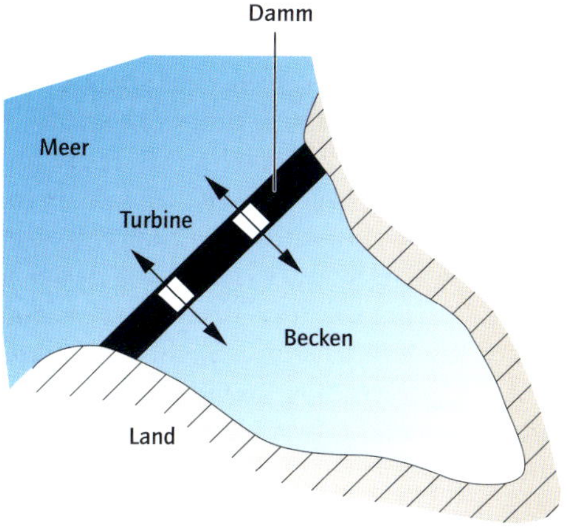

▸2 Funktionsweise eines Gezeitenkraftwerkes

Auffüllen des Beckens bei Flut und Ausströmen des Wassers bei Ebbe, in beiden Fällen wird die Turbine angetrieben.

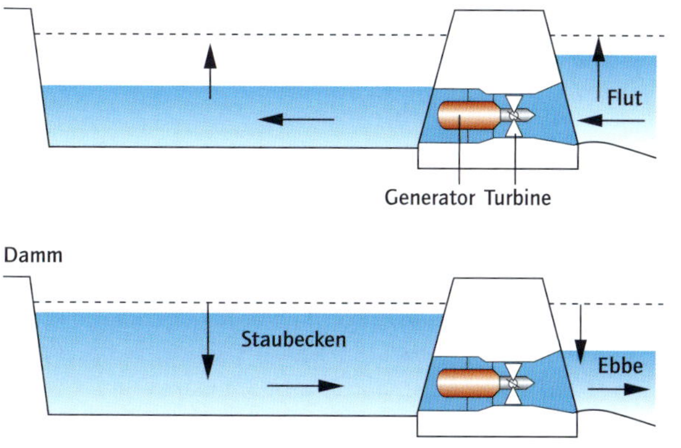

▸3 Zeitlicher Verlauf des Mindesthöhenunterschiedes ΔH_{min} der Wasserspiegel

In der Zeit von t_2 bis t_3 und t_4 bis t_5 ist kein Betrieb der Turbinen und somit keine Stromerzeugung möglich.

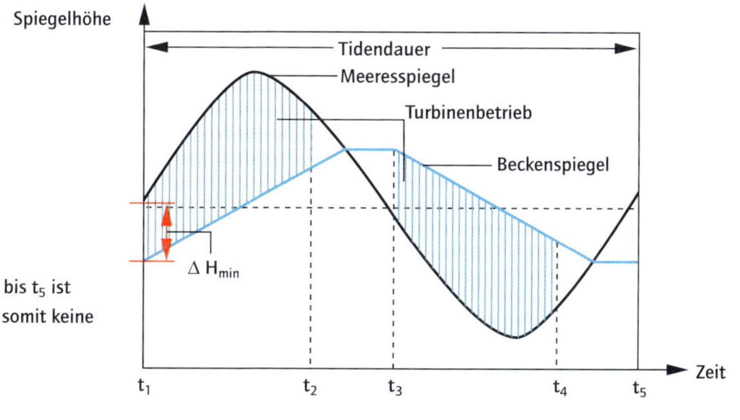

▸4 Gezeitenkraftwerk an der Rancemündung bei St. Malo

Windkraftanlagen

Im Grunde ist Windkraft eine Form von Sonnenenergie: Die Sonneneinstrahlung erwärmt die Luftmassen unterschiedlich stark. Es bilden sich dadurch Gebiete ungleichen Drucks, zwischen denen Luftmassen strömen. Diese Luftströmungen (Wind) enthalten Bewegungsenergie, die man über Windkraftanlagen aufnehmen und in elektrische Energie umwandeln kann.

Rein rechnerisch übersteigt das geschätzte Potenzial an Windenergie weltweit den aktuellen Energieverbrauch um das Vielfache. Dieses theoretische Potenzial lässt sich allerdings in der Praxis nicht ausschöpfen, selbst wenn alle technischen Möglichkeiten ausgenützt würden. Eine prinzipielle physikalische Grenze bildet der aerodynamische Wirkungsgrad des Rotors. Die Leistung hängt neben der Luftdichte auch von der Fläche, die der Wind durchströmt, sowie von der Windgeschwindigkeit ab.

Einflussgrößen ▸1

Die **Windgeschwindigkeit** ist eine Schlüsselgröße, weil sie mit der dritten Potenz zur Leistung beiträgt. Das heißt: Verdoppelt sich die Windgeschwindigkeit, so führt das zur achtfachen Windleistung. Wegen der im Durchschnitt höheren Windgeschwindigkeit an Küsten baut man Windkraftanlagen vorzugsweise dort. Einfluss auf die Leistung hat auch die **durchströmte Fläche**. Sie wird von der Anlage durch die Länge der Rotorblätter bestimmt: Verdoppelt man die Rotorblattlänge, so liefert das wegen der geometrischen Beziehungen des Kreises die vierfache Fläche und so die vierfache Windleistung. Aus diesem Grund baut man Windkraftanlagen mit immer längeren Rotorblättern. Gleichzeitig geht man zu größeren Nabenhöhen über, weil die Windgeschwindigkeit in den höheren Luftschichten deutlich zunimmt.

Neben Windgeschwindigkeit und Fläche wird die Leistung noch durch den **Leistungsbeiwert** c_p bestimmt. Der theoretisch maximal erreichbare Leistungsbeiwert ist der Betz-Faktor ($c_p = 0{,}593$). Der Leistungsbeiwert ist von der **Schnelllaufzahl** λ abhängig (Abb. 1), die sich aus dem Verhältnis der Umlaufgeschwindigkeit an den Flügelspitzen zur Windgeschwindigkeit ergibt. Die Schnelllaufzahl und somit der Leistungsbeiwert sowie die Fläche sind von der Bauart der Windenergieanlage abhängig. Üblich sind Windkraftanlagen mit horizontaler Rotorachse und zwei oder drei Rotorblättern, aber auch Prototypen mit nur einem Rotorblatt befinden sich im Einsatz. Daneben gibt es auch Anlagen mit vertikaler Rotorachse.

Windkraftanlagen mit horizontaler Rotorachse ▸2 ▸3

Bei den meisten Windkraftanlagen (Abb. 2 und 3) liegt die Rotordrehachse waagerecht. Generator, Getriebe und Nabe sind in einer Gondel untergebracht, die drehbar auf dem Turm sitzt, damit die Rotorblätter optimal in den Wind gestellt werden können. Die Blätter bestehen meist aus faserverstärkten Kunststoffen. Sie sind über die Rotornabe mit der Rotorwelle verbunden. Je nach Anordnung der Rotorblätter unterscheidet man Lee- und Luvläufer.

Bei **Leeläufern** befinden sich die Rotorblätter auf der windabgewandten Seite des Turms. Solche Anlagen benötigen keine Vorrichtungen zur **aktiven Windrichtungsnachführung**. Nachteilig ist aber, dass sich die Rotorblätter durch den „Turmschatten" drehen, wobei die Windanströmung kurzzeitig unterbrochen wird. Bei den üblicherweise verwendeten **Luvläufern** befinden sich die Rotorblätter auf der windzugewandten Seite des Turmes. Dadurch werden periodische Belastungen der Blätter und Leistungsschwankungen, die beim Durchlauf des Turmschattens entstehen, vermieden. Allerdings benötigen Luvläufer eine aktive Windnachführungsvorrichtung, die die Rotorwelle entsprechend der Windrichtung ausrichtet, um einen Leistungsverlust durch eventuelle Schräganströmung zu vermeiden. Damit die Rotordrehzahl auf einen konstanten Wert geregelt werden kann (**Pitch-Regelung**), wird der **Blattanstellwinkel** in Abhängigkeit von der Windgeschwindigkeit verändert. Durch konstruktionsbedingten Strömungsabriss an den Blättern (**Stall-Regelung**) lässt sich die Drehzahl bei kleinen Rotoren begrenzen.

Bei zu hohen Windgeschwindigkeiten (etwa ab 25 m/s, Windstärke 10) muss zum Schutz vor mechanischer Überlastung der Rotor gebremst oder stillgesetzt und die Blätter auf Leerlauf oder Stillstand geschaltet und ggf. aus dem Wind gedreht werden.

Windkraftanlagen mit vertikaler Rotorachse ▸4

Anderen Konstruktionsprinzipien folgen die Rotoren mit senkrechter Drehachse, so der **Darrieus-** und der **Savonius-Rotor**. Darrieus-Rotoren (Abb. 4) bestehen meist aus zwei oder drei gekrümmten Rotorblättern, die oben und unten an der Drehachse befestigt sind. Sie sind von der Windrichtung unabhängig, wodurch die Nachführung entfällt. Nachteilig ist, dass sie erst bei Windgeschwindigkeiten von annähernd 6 m/s (Windstärke 4) selbsttätig anlaufen können. Sie werden daher meist mit leicht anlaufenden Savonius-Rotoren kombiniert.

▸1 Leistungsbeiwert in Abhängigkeit von der Schnelllaufzahl und der Bauart

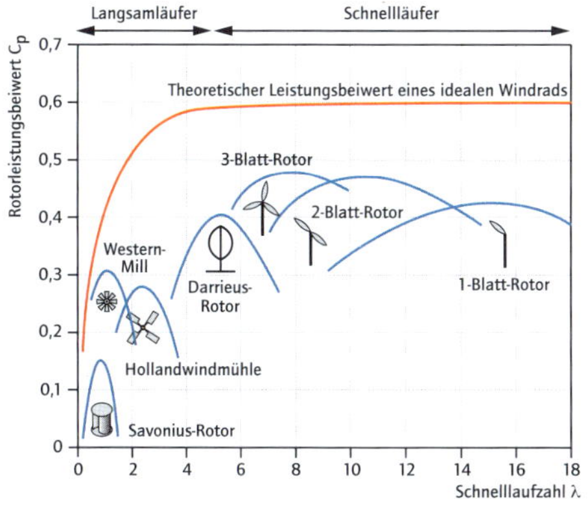

▸2 Aufbau einer Horizontalachsen-Windkraftanlage

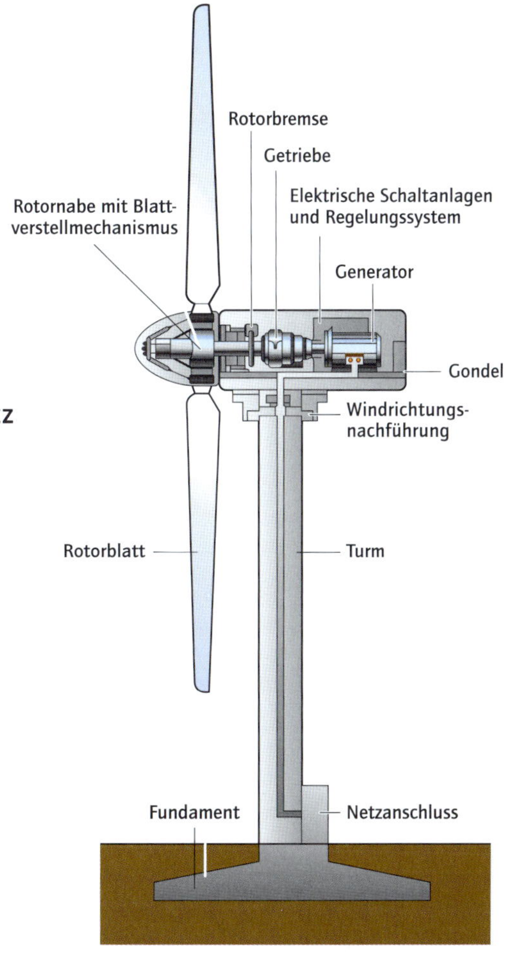

▸3 Dreiblättrige Windkraftanlagen im Einsatz

▸4 Dreiblättriger Darrieus-Rotor mit Savonius-Rotoren

a Schematischer Aufbau

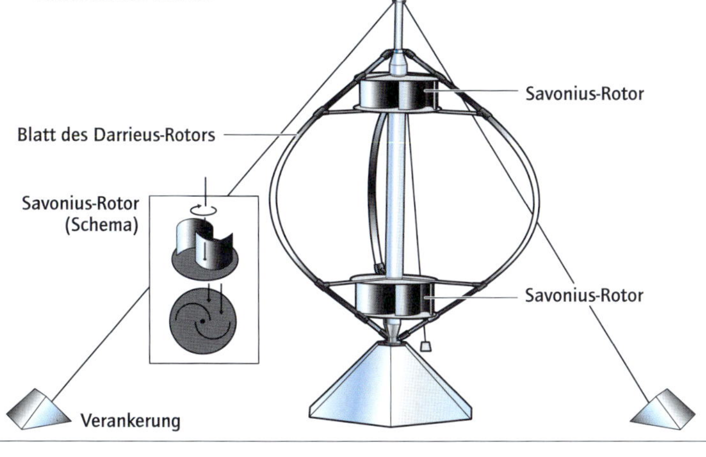

b Einsatz

Thermische Solaranlagen

Anders als Fotovoltaik (→), die elektrische Energie aus Licht gewinnt, wandelt **Solarthermik** das einfallende Sonnenlicht direkt in Wärme um. Eine der bekanntesten und auch in unseren Breiten wirtschaftlich zu betreibende Methode ist die Erzeugung von Warmwasser mit Sonnenkollektoren. Die Option Raumheizung spielt allerdings eine weniger wichtige Rolle, da gerade zu Zeiten des größten Heizbedarfs (im Winter) die verfügbare Sonnenstrahlung am geringsten ist. Für zwei Anwendungsfälle ist solarthermisches Heizen aber in unserem Klima sinnvoll. Bei Niedrigenergiehäusern ist dank guter Dämmung, Lüftung und passiver Nutzung von Sonnenenergie der Bedarf an zusätzlicher Energie so weit abgesenkt, dass solares Heizen einen bedeutsamen Anteil liefern kann (→ Solararchitektur). Und bei Niedertemperaturheizungen kommen die geringen Vorlauftemperaturen thermischen Solaranlagen entgegen, da sie niedrige Betriebstemperaturen im Kollektor erlauben.

Aufbau und Platzierung von Solaranlagen ▸1

Häufig bieten sich die Dächer der zu versorgenden Gebäude als Träger für die Kollektoren an. Durch die Kollektoren zirkuliert Wasser, das dabei von der aufgenommenen Sonnenenergie erhitzt wird. Es lässt sich danach entweder direkt nutzen, z. B. für Schwimmbecken, oder indirekt über Wärmetauscher, die Wärme vom Heizkreislauf auf das Brauchwasser übertragen. Im zweiten Fall sind dem Kollektorwasser Zusätze (z. B. Frostschutzmittel) beimischbar. Bei der indirekten Brauchwassererwärmung ist die thermische Solaranlage mit einem Speicher (Kessel) ausgerüstet, der möglichst geringe Wärmeverluste aufweisen sollte. Der Kessel sollte außerdem konventionell beheizbar sein, damit auch zu Zeiten geringen Sonnenscheins ausreichend Warmwasser (Brauchwasser) erzeugt werden kann. Die Regelung des Systems besorgen Sensoren im Kollektor. Erst wenn eine genügend hohe Wassertemperatur im Kollektor erreicht ist, wird das Kollektorwasser durch den Wärmetauscher gepumpt (Abb. 1), wobei es seine Wärme an den Wärmespeicher abgibt.

Sonnenkollektoren ▸2

Solarkollektoren können einfallende kurzwellige Sonnenstrahlung (direktes und diffuses Licht) aufnehmen und in Wärme umwandeln. Die gewonnene Wärme kann als Nutzwärme entnommen oder als längerwellige Wärmestrahlung emittiert werden. Die Prozesse stehen im thermischen Gleichgewicht. Daraus ergeben sich einige Konsequenzen für den praktischen Bau. Eine möglichst hohe Temperatur des **Absorbers** erhält man durch das Abdecken mit einer Glasplatte, um die Abstrahlung des Kollektors zu reduzieren (Abb. 2). Die Glasplatte muss für Licht durchlässig sein, nicht jedoch für Wärmestrahlung. Außerdem soll der Kollektor möglichst viel Licht absorbieren. Für sichtbares Licht ist das am besten durch schwarze Absorber erfüllt. Die Röhren mit der Wärmeträgerflüssigkeit (meist Wasser) befinden sich auf der vom Licht abgewandten Seite des Absorbers.

Bauarten von Solarkollektoren ▸3 ▸4

Der einfachste Typ sind **Kollektormatten** aus schwarzem Kunststoff. In ihnen zirkuliert Wasser und wird dabei erwärmt. Sie sind zwar billig, aber auch nicht besonders leistungsfähig. Man kann damit nur niedrige Temperaturen erzielen. Für das Erwärmen von Badewasser in Freibädern ist die Methode allerdings ausreichend. Höhere Temperaturen brauchen mehr technischen Aufwand. So kann eine schwarze Metallplatte als Absorber dienen, in die Röhren eingebettet sind oder an der Röhren anliegen, durch die der Wärmeträger fließt. Die Platte nimmt direkte und diffuse Sonnenstrahlung auf und überträgt die Wärme an den Wärmeträger, der sie zum Nutzort leitet.

Am weitesten verbreitet sind **Flachkollektoren**, mit denen sich Temperaturen von 40 °C bis rund 100 °C gewinnen lassen (Abb. 3). Sie dienen im Wesentlichen der Versorgung von Gebäuden mit Warmwasser. Sie bestehen aus einem flachen Kasten, der zur Sonnenseite mit einer Glasplatte abgedeckt und ansonsten mit Dämmstoffen abgedichtet ist. Im Kasten befinden sich der Absorber und die Röhren mit dem zirkulierenden Wasser. Zum Heizen reichen die üblichen Flachkollektoren nicht aus. Mit **Vakuum-Flachkollektoren** ist das allerdings möglich. Hier wird der Raum zwischen Absorber und Wand evakuiert, was die Wärmeverluste durch Luftbewegung zwischen Absorber und Verglasung vermeidet. Die Temperaturobergrenze für solche Systeme liegt bei ca. 150 °C.

Höhere Leistungen lassen sich mit **Röhrenkollektoren** erzielen (Abb. 4). Hier umgibt eine luftleere Röhre den Absorber und die Kanäle für den Wärmeträger. Das Hochvakuum reduziert die Wärmeverluste und erlaubt Temperaturen bis 250 °C. Will man die Temperaturen noch steigern, muss man das einfallende Licht mit Spiegeln bündeln. Solche konzentrierenden Kollektoren liefern z. B. Prozesswärme im Bereich von 100 °C bis 300 °C für industrielle Anwendungen.

▸1 Aufbau einer thermischen Solaranlage zur Brauchwassererwärmung

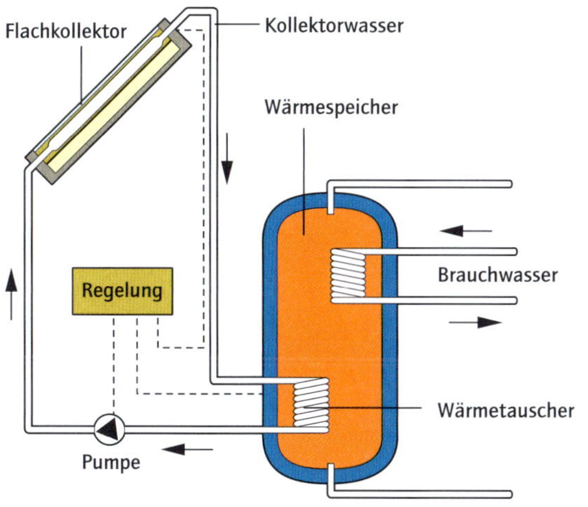

▸2 Prinzip eines Sonnenlichtkollektors

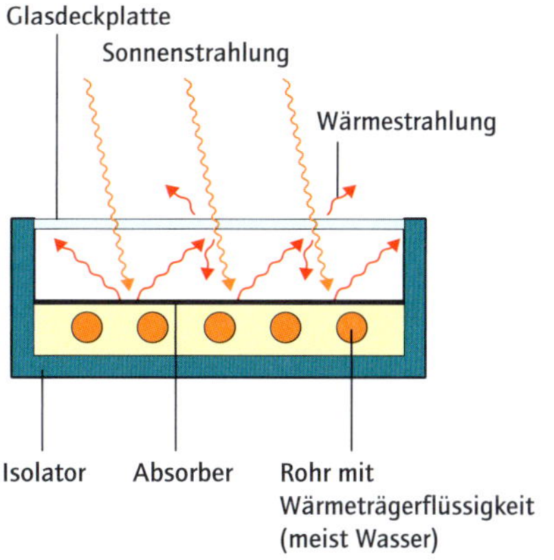

▸3 Flachkollektor

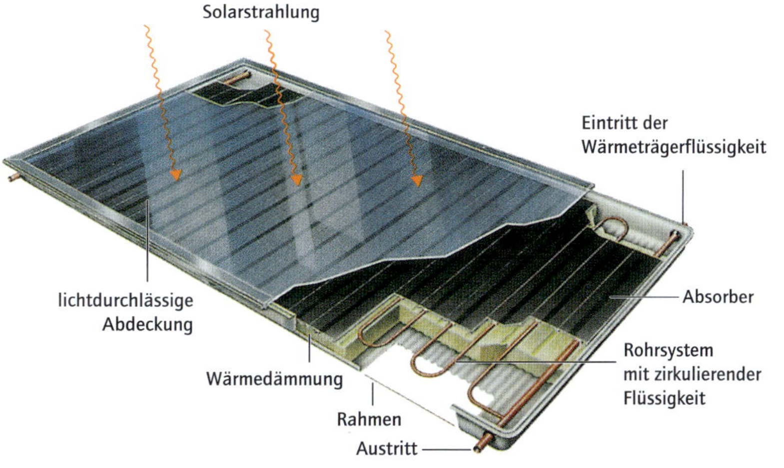

▸4 Aufbau eines Röhrenkollektors

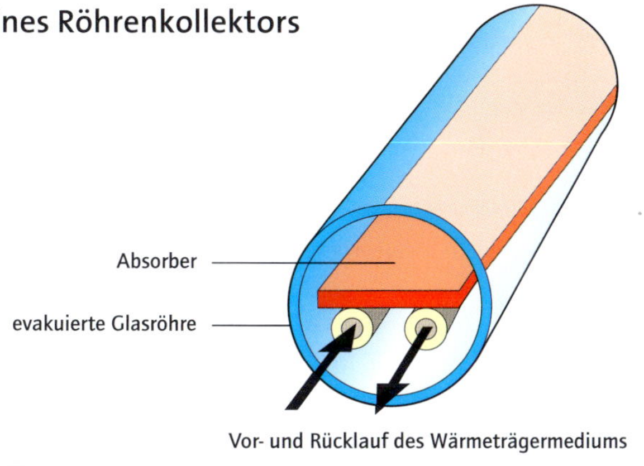

Solarthermie-Kraftwerke

Solarthermische Kraftwerke erzeugen Strom, wie die fotovoltaischen auch (→ Fotovoltaik). Doch während die Solarzellen elektrische Energie direkt aus der Sonnenstrahlung erzeugen, gehen Solarthermie-Kraftwerke den Weg über Wärme und Dampf. Sie konzentrieren die Sonnenstrahlen und erzeugen mit der gewonnenen Wärme Dampf, der dann eine Turbine mit Generator antreibt und auf diese Weise Strom erzeugt.
Mit den Niedertemperatur-Solaranlagen (→ thermische Solaranlagen) haben sie den ersten Arbeitsschritt gemeinsam, nämlich die eingefangene Sonnenenergie in Wärme umzuwandeln. Doch während im Bereich der niedrigen Temperaturen einfache Kollektoren zum Erwärmen von Brauchwasser genügen, sind im Hochtemperaturbereich viel aufwendigere Systeme zur Absorption und Umwandlung der Solarenergie nötig. Zur **Konzentration der Lichtstrahlen** braucht man spezielle Konstruktionen, die nur direkt eingestrahltes Licht nutzen können. Für einen optimalen Betrieb sorgen daher teure Nachführungen. Einfache Flachkollektoren hingegen können auch diffuses Licht ausnützen. Dafür lassen sich mit den aufwendigeren Anlagen höhere Temperaturen erzielen und zusätzliche Anwendungen erschließen.

Solarfarm-Kraftwerke ▸1 ▸2

Solarfarmen „ernten" Sonnenenergie auf großen Flächen mit **Rinnenkollektoren** (Abb. 1 und 2). Diese bestehen aus lang gestreckten Spiegelsegmenten in parabolischer Form, die das eingefangene Sonnenlicht in ihrem Brennpunkt konzentrieren, der von Röhren durchzogen ist. Die Neigung der Kollektoren lässt sich nach dem Stand der Sonne ausrichten. Ein Wärmeträger, z. B. ein spezielles Öl, durchfließt die Röhren und wird auf rund 400 °C erhitzt. In einem Wärmetauscher gibt das Öl seine Wärmeenergie ab und Dampf zum Antrieb einer Turbine wird erzeugt. Ein Speicher für das Wärmeträgermedium kann kurze Zeiten ohne Sonnenschein überbrücken. Statt Öl in den Kollektoren zu erhitzen, ist es alternativ möglich und billiger, Wasser zu verdampfen. In den 1980er-Jahren wurden neun Rinnenkollektor-Kraftwerke in der Mojave-Wüste (USA) mit insgesamt 354 MW gebaut, in Spanien entstanden in den letzten Jahren Kraftwerke mit mehr als 150 MW Leistung.

Solarturm-Kraftwerke ▸3 ▸4

Auch Turmkraftwerke (Abb. 3 und 4) brauchen viel Fläche und gehen zusätzlich noch in die Höhe. Eine große Zahl von schwenkbaren, fast ebenen Spiegeln (**Heliostaten**) wird computergesteuert der Sonne nachgeführt. Alle Spiegel reflektieren die Sonnenstrahlung auf einen einzigen Brennpunkt. Dort nimmt der Absorber, der in der Spitze eines Turmes von etwa 50 m bis 150 m Höhe sitzt, die gebündelte Sonnenstrahlung auf. Solartürme haben eine solche Höhe, damit alle Spiegel dorthin reflektieren können, ohne sich gegenseitig zu behindern.
Im Absorber, durch den wiederum das Wärmeträgermedium fließt, lassen sich Temperaturen von mehr als 1 000 °C erzeugen. Der über Wärmetauscher erzeugte Dampf steht unter hohem Druck und treibt eine Turbine an. Die Technik ist komplizierter als bei den Farmkraftwerken mit Rinnenkollektoren, was sich im Preis zeigt. Das derzeit (2010) größte amerikanische Solarturm-Kraftwerk „Solar Two" in der kalifornischen Mojave-Wüste hat eine elektrische Leistung von 10 MW. Dort sind 1926 Heliostaten kreisförmig um den 104 m hohen Turm in der Mitte angeordnet. In Spanien stehen bei Sevilla zwei große Solarkraftwerke, PS 10 mit einer Leistung von 11 MW und PS 20 mit 20 MW Leistung; weitere Kraftwerke sind in Planung.

Aufwind-Solarkraftwerke ▸5

Auch bei diesen Kraftwerken (Abb. 5) ist die Sonne primärer Energielieferant. Wie in einem Treibhaus fallen ihre Strahlen durch ein transparentes Dach und heizen den darunterliegenden Boden auf, der dann Wärme abgibt. Dadurch erwärmt sich die Luft unterhalb der Abdeckung und steigt nach oben. Die Kaminwirkung eines möglichst hohen Turmes in der Mitte des Daches erzeugt einen kräftigen Aufwind, der eine Windturbine, die sich in dem Turm befindet, antreibt. Die Machbarkeit wurde mit einer Anlage in Spanien – sie hatte eine Turmhöhe von 200 m und eine Leistung von 50 kW – gezeigt. Für große Anlagen zur Stromerzeugung sind Turmhöhen von 1 000 m in der Diskussion. Als Standorte kommen Wüsten in sonnenreichen Weltregionen infrage.

Sonnenteiche

Salzseen in heißen Gegenden erlauben ebenfalls die Umwandlung solarer Wärme in Strom. Fließt Süßwasser, das eine geringere Dichte als Salzwasser hat, an der Oberfläche einem Salzsee zu, so steigt der Salzgehalt in den ersten Metern mit zunehmender Tiefe stark an. Sonnenlicht wird bevorzugt in diesen tieferen Schichten absorbiert. Das erwärmte Salzwasser kann aber wegen seiner hohen Dichte nicht an die Oberfläche steigen. Das Temperaturgefälle zwischen den Wasserschichten lässt sich mit Wärmepumpen (→) zur Stromerzeugung nutzen.

▸1 Rinnenkollektoren dienen zur Erwärmung von Öl

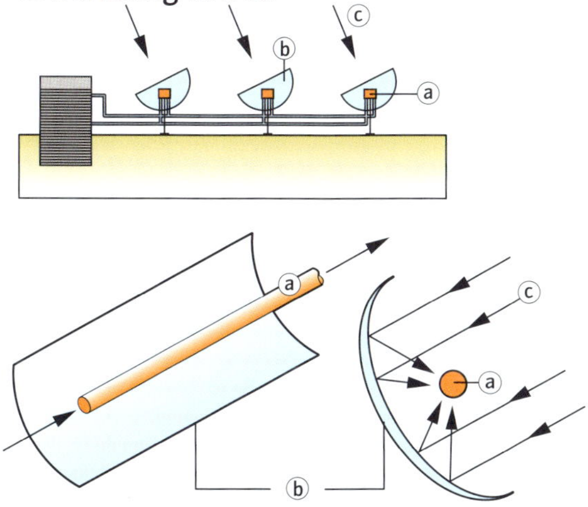

ⓐ Ölleitung, ⓑ Parabolspiegel, ⓒ Sonneneinstrahlung

▸2 Rinnenkollektor eines Solarfarm-Kraftwerkes

▸3 Prinzip eines Solarturm-Kraftwerkes

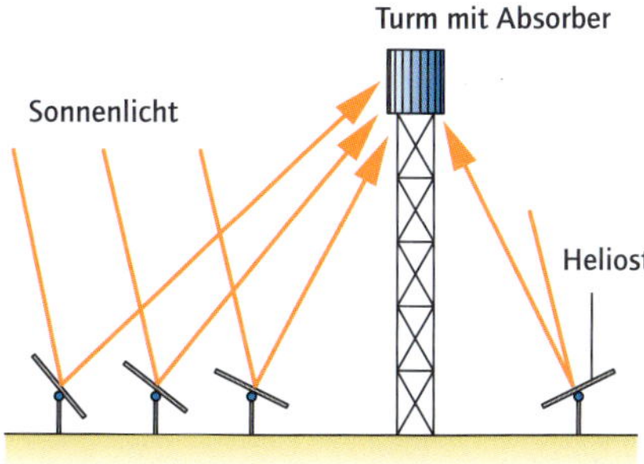

▸4 Solarturm-Kraftwerk »Solar-One« (Californien; Leistung 10 MW)

▸5 Aufwind-Solarkraftwerk

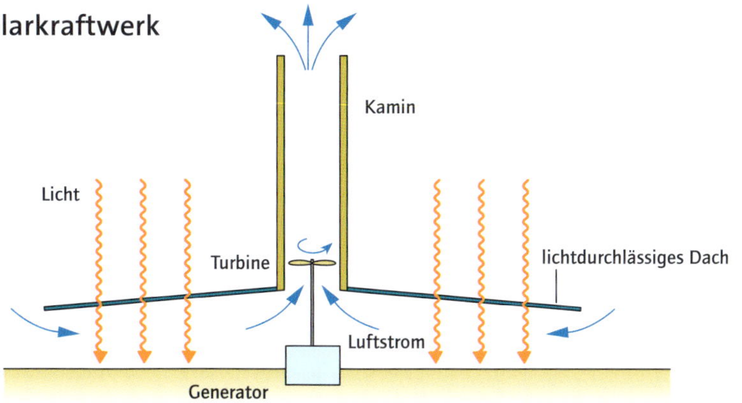

Fotovoltaikanlagen

Die Fotovoltaik ist eine Technik zur direkten Umsetzung von Lichtenergie in elektrische Energie. Obwohl das Prinzip schon seit 1839 bekannt ist, begann die Nutzung von Strom aus Sonnenlicht mithilfe von Solarzellen erst im Raumfahrtzeitalter.
Allerdings standen von Anfang an sehr hohe Preise einer nur geringen Leistung gegenüber, was bis heute ein wesentliches Hemmnis für die breite Einführung dieser Technik ist. Dennoch ist die Idee bestechend: Die Sonne ist eine schier unerschöpfliche Energiequelle, die Zellen benötigen keinen Brennstoff, arbeiten ohne Emissionen und sind in dieser Hinsicht im Betrieb umweltfreundlich. Freilich sinkt bei schwachem Sonnenschein die Leistungsabgabe und man braucht bei einem großem Energiebedarf viel Fläche. Zudem wird die Klimabilanz deutlich schlechter, wenn man nicht nur den Betrieb, sondern auch den Aufwand für die Herstellung bewertet.

Grundprinzip von Solarzellen ▸1 ▸2

Die Fotovoltaik nutzt den **inneren Fotoeffekt**: Eingestrahltes Licht löst Elektronen aus ihrem Bindungszustand heraus. Bei Halbleiterkristallen verlassen die Elektronen den Festkörper nicht, werden aber im Kristall frei beweglich, wodurch sich die elektrische Leitfähigkeit erhöht. Unter Halbleitern versteht man Stoffe, deren elektrische Leitfähigkeit bei Zimmertemperatur zwischen der von Metallen und der von Isolatoren liegt, die jedoch mit zunehmender Temperatur ansteigt. Je nachdem, ob sie zur Leitung Elektronen abgeben oder aufnehmen, unterscheidet man n-leitende und p-leitende Halbleiter. Dieses Verhalten kann man durch den Einbau bestimmter Fremdatome wie Bor oder Phosphor in den Halbleiter erzeugen (→ Halbleiterbauelemente).
Bislang werden die meisten **Solarzellen** aus hochreinem Silizium gefertigt (Abb. 1). Sie setzen sich aus einer n-leitenden und einer p-leitenden Schicht zusammen. An der Grenzfläche beider Schichten baut sich ein elektrisches Feld auf. Fällt Licht auf die Zelle, so setzt es unterschiedliche Ladungsträger frei. Das elektrische Feld trennt die Ladungsträger, was eine Spannung über die Anschlusskontakte der Zelle erzeugt. Schaltet man ein Gerät zwischen diese Kontakte, so kann Strom fließen (Abb. 2). Die Anschlusskontakte bestehen aus einer ganzflächigen Metallschicht auf der Unterseite und aus fingerartig gestalteten Metallkontakten auf der Oberseite, damit noch Sonnenlicht auf die Halbleiterschicht einfallen kann. Um Verluste durch Reflexion zu verringern, wird auf der Oberseite eine bläuliche Antireflexschicht aufgetragen.

Arten von Solarzellen

Den besten Wirkungsgrad erreichen **monokristalline Zellen**. Allerdings ist die Herstellung von Silizium-Einkristallen aufwendig und teuer. Etwas billiger lassen sich **polykristalline Zellen** (aus vielen Kristallen) fertigen, die aber weniger effizient sind. Als technisch machbar gilt es, rund 30% der einfallenden Sonnenenergie in Strom umzuwandeln. Mit speziellen Mehrfachzellen konnten im Laborversuch Werte deutlich darüber erzielt werden. Für den praktischen Einsatz genügen billig herstellbare Zellen mit einem über längere Zeit konstanten Wirkungsgrad von 15%.
Große Hoffnungen ruhen auf der Dünnfilmtechnik. Dazu wird **amorphes Silizium** (die Moleküle sind nicht als Kristallgitter regelmäßig angeordnet) auf ein Trägermaterial wenige Millionstel Meter (µm) dick aufgebracht. Diese Zellen haben zwar einen geringeren Wirkungsgrad, bieten allerdings attraktive Eigenschaften für große Architekturverglasungen. Auch an anderen Materialsystemen wird gearbeitet, beispielsweise aus Gallium-Arsenid (GaAs) oder Kupfer-Indium-Diselenid (CIS).
Einzelne Solarzellen liefern, je nach Halbleitermaterial, eine Spannung von circa 0,5 V bis gut 1 V. Für technische Anwendungen ist das meist zu wenig. Deshalb schaltet man mehrere Zellen in Reihe, wobei sich die Spannungen aufsummieren. Solche Module haben meist 0,5 m² Grundfläche und leisten bei einer Gleichspannung von 6–30 V zwischen 5–150 W. Durch Zusammenschalten mehrerer Module lassen sich hohe Leistungen erzielen.

Einsatz ▸3

Die Fotovoltaik hat in den letzten Jahren einen enormen Aufschwung erfahren, trotzdem ist der Markt absolut gesehen noch relativ klein. 2008 lag die installierte Gesamtleistung in Deutschland bei 5311 MW Peakleistung. Diese Fotovoltaikanlagen produzierten 2008 zusammen 4,0 TWh elektrische Energie; das entspricht 0,7 % des deutschen Gesamtstromverbrauchs. Weltweit waren 2008 insgesamt rund 15 GW, davon in Europa 9,5 GW, fotovoltaischer Leistung installiert. Die „Stromgestehungskosten" sind mit 0,25 € pro kWh noch relativ hoch, man erwartet jedoch eine Halbierung alle 7 bis 10 Jahre. In der Zukunft bietet die Fotovoltaik enorme Chancen, vor allem im Hinblick auf eine dezentrale Energieversorgung. Fenster oder Glasdächer können z. B. die Stromproduktion mit dem Licht- und Wärmemanagement verbinden.

▸1 Siliziumscheibe für die Solartechnik

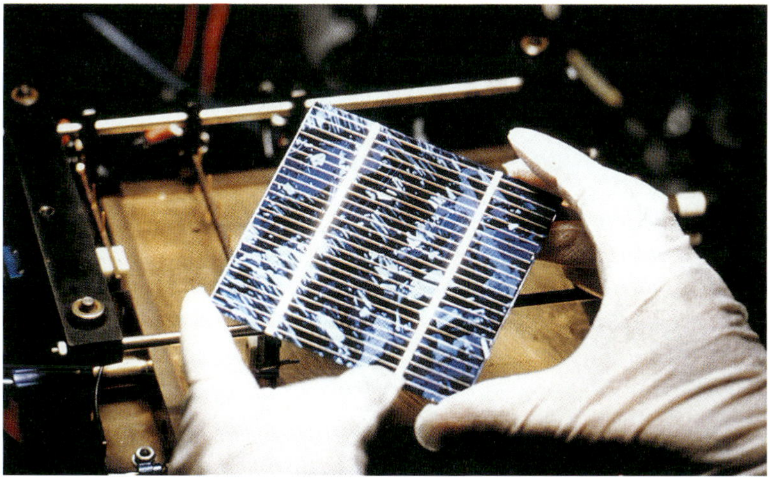

▸2 Aufbau und Grundprinzip einer Solarzelle aus monokristallinem Silizium

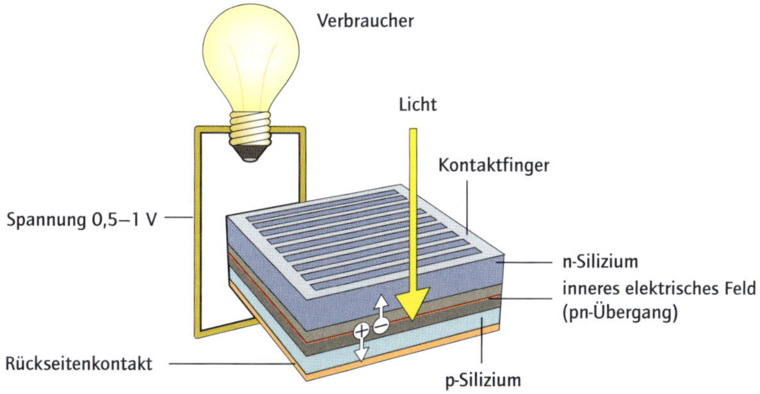

▸3 Montage von Solarzellen auf einem Hausdach

Wasserstofftechnologie

Wasserstoff hat als Energieträger viele Vorteile. Deshalb gilt er als möglicher Nachfolger der fossilen Energieträger in einer künftigen Energiewirtschaft. Seine Vorzüge: Er ist praktisch unerschöpflich, und bei seiner Umwandlung in Strom oder Wärme entsteht fast nur Wasserdampf. Zudem sind die Komponenten der Wasserstoffwirtschaft im Prinzip verfügbar. Allerdings steht dem gegenüber, dass man für die Gewinnung von Wasserstoff Energie aufwenden muss. Er ist also nur so umweltfreundlich wie der Prozess für seine Herstellung. Deshalb favorisiert man hierfür erneuerbare Energien und betrachtet Wasserstoff als Speichermedium für Wind- und Wasserkraft, für Biomasse und Solarenergie. Man könnte ihn beispielsweise in sonnenreichen Ländern gewinnen und dann als Gas per Pipeline oder in flüssiger Form mit Tankschiffen zu den Verbrauchern bringen. Der Aufwand für Erzeugung und Transport verschlechtert die Bilanz. Ökonomisch ist Wasserstoff heute nur mit Wasserkraft regenerativ herzustellen.

Speichert man Wasserstoff als Gas und erzeugt damit in Brennstoffzellen Strom, so müssen für 1 kWh elektrischer Energie insgesamt 2 kWh Energie aufgewendet werden. Zudem ist Wasserstoff als Gas, bezogen auf die Volumeneinheit, ein schlechter Energieträger. Seine Energiedichte, bezogen auf die Gewichtseinheit, ist für flüssigen Wasserstoff wesentlich höher. Die Verflüssigung ist aber sehr energieaufwendig.

Erzeugung von Wasserstoff ▸1 ▸2

Wasserstoff kann durch **Elektrolyse** direkt aus Wasser gewonnen werden. Dazu legt man eine Gleichspannung an zwei Elektroden in einer wässrigen, alkalischen Lösung (Abb. 1). Ein Diaphragma zwischen den Elektroden trennt die Reaktionsräume, damit sich die Reaktionsgase (Wasserstoff und Sauerstoff) nicht vermischen. Allerdings ist das Diaphragma für Hydroxidionen (OH^-) einseitig durchlässig. Mit weniger elektrischer Energie kommt die **Hochtemperatur-Dampf-Elektrolyse** aus, bei der Dampf statt Wasser verwendet wird. Elektrolyt ist eine Keramik, die Sauerstoffionen leitet. Der Wasserdampf wird auf der Kathodenseite zugeführt. An der Kathode entsteht durch Elektronenaufnahme Wasserstoff, während die Sauerstoffionen durch die Keramik hindurch zur Anode wandern und dort zu Sauerstoff reduziert werden. Bei dem Verfahren der **Membranelektrolyse** dient eine Ionenaustauschermembran mit protonenleitenden Eigenschaften als Festelektrolyt. Das Wasser wird bei diesem Verfahren auf der Anodenseite zugeführt.

Auch andere Substanzen, die Wasserstoff enthalten, sind als Ausgangsstoffe geeignet, z. B. Methan, Kohle, Erdöl oder Erdgas. In thermisch-katalytischen Prozessen gewinnt man Wasserstoff aus Kohlenwasserstoffen, ebenso in Pyrolyseverfahren unter Einsatz von Plasmabrennern. Freilich sind diese Ausgangsstoffe nicht unerschöpflich, und die Verfahren selbst werden oft fossil befeuert.

Regenerativ hingegen ist die **fotobiologische Erzeugung** von Wasserstoff. Es gibt zwei aussichtsreiche Verfahren: fotolytisch lässt sich Wasserstoff durch Ausnutzen der Fotosynthese gewinnen; denn Pflanzen, Algen und manche Bakterien zerlegen Wasser mit Sonnenlicht in Wasserstoff und Sauerstoff (Abb. 2). Das zweite Verfahren beruht darauf, dass viele Mikroorganismen Biomasse abbauen und dabei auch Wasserstoff produzieren.

Speicherung und Transport

Als Gas lässt sich Wasserstoff mit geringerem Aufwand speichern als in flüssigem Zustand. Die Methoden sind im Prinzip vom Erdgas her vertraut. In der Praxis wird Wasserstoff meist in Druckgasflaschen und in Drucktanks aufbewahrt. Auch die Speicherung in unterirdischen Kavernen ist möglich. Wegen der höheren Energiedichte ist es vorteilhafter, Wasserstoff als Flüssigkeit zu speichern. Da man das Gas aber auf –253 °C abkühlen muss, um es zu verflüssigen, ist diese Variante sehr energieintensiv. Eine weitere Option ist die Speicherung und der Transport in gebundener Form. Eine Möglichkeit ist die Adsorption, d. h. eine physikalische Bindung gasförmigen Wasserstoffs an eine Oberfläche, etwa an Aktivkohle. Eine andere ist die Absorption in Metallhydriden, bei der atomarer Wasserstoff chemisch in Metallen gebunden wird.

Einsatz von Wasserstoff ▸3

Der Energieträger Wasserstoff ist für alle energetischen Zwecke nutzbar: Wärme lässt sich damit ebenso erzeugen wie Strom, und er ist als Treibstoff von Automobilen wie von Flugzeugen einsetzbar (Abb. 3). Zur Wärmeerzeugung sind **katalytische Brenner** interessant, weil sie die Emissionen weiter mindern. Das Brenngas reagiert an der Oberfläche eines porösen, katalytisch aktiven Metallsinterkörpers mit Luftsauerstoff. Neben Wasserdampf können Stickoxide entstehen, die aber wegen der niedrigen Verbrennungstemperaturen in geringerer Konzentration als bei Flammenbrennern auftreten. Für die Stromerzeugung und als Antriebe sind **Brennstoffzellen** aussichtsreich (→ Brennstoffzellenantrieb).

▸1 Alkalische Elektrolysezelle

Reaktion an der Kathode:

$2\ H_2O + 2e^- \longrightarrow H_2 + 2\ OH^-$

Reaktion an der Anode:

$2\ OH^- \longrightarrow \frac{1}{2}O_2 + H_2O + 2e^-$

Gesamtreaktion:

$H_2O \longrightarrow \frac{1}{2}O_2 + H_2$

H: Wasserstoff
O: Sauerstoff
OH^-: Hydroxidion

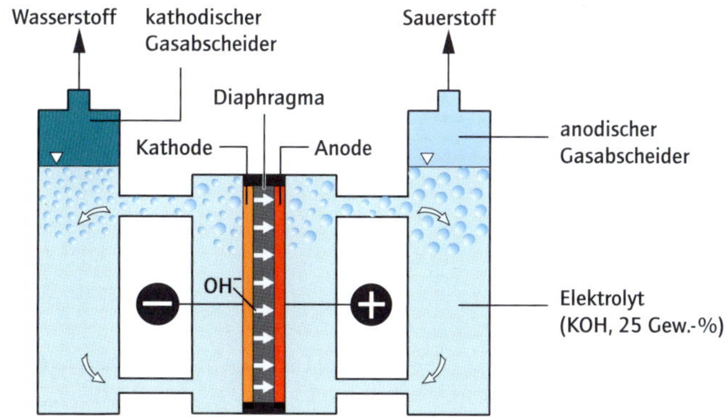

▸2 Fotobiologische Wasserstoffproduktion mithilfe von Purpurbakterien und Mikroalgen

Reaktionen:

Algen:	CO_2 + Wasser + Licht ⟶	Org. Verbindungen + O_2
Bakterien:	Org. Verbindungen + Licht ⟶	$H_2 + CO_2$
Summe:	Wasser + Licht ⟶	$H_2 + O_2$

CO_2 = Kohlendioxid, O_2 = Sauerstoff, H_2 = Wasserstofff

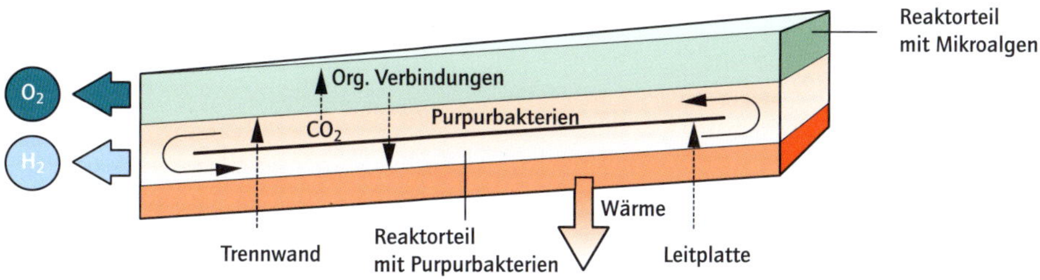

▸3 Erzeugung und Anwendungsmöglichkeiten von Wasserstoff als Energieträger

Die Erzeugung des Wasserstoffes sollte mithilfe regenerativer Energie, wie hier angedeutet mit z. B. Sonne erfolgen.

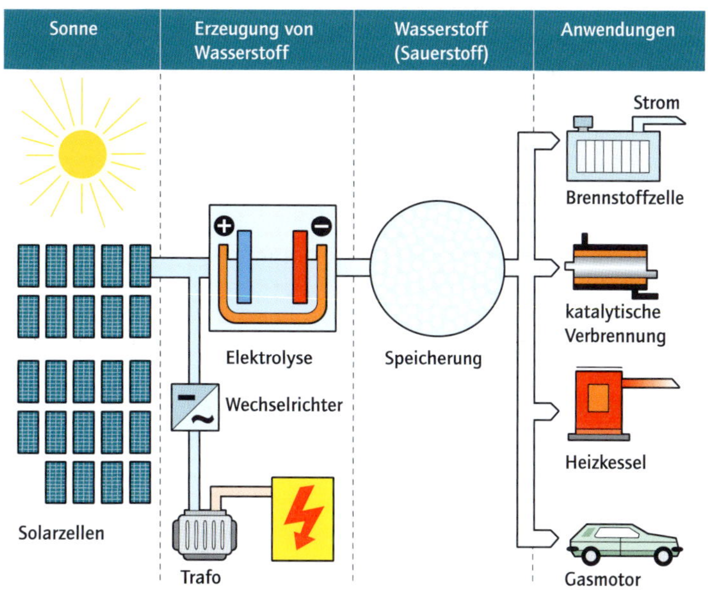

Geothermische Energieanlagen

Die Erde ist ein großer Wärmespeicher, dessen thermische Energie den Wärmeinhalt aller fossilen Lagerstätten um Größenordnungen übersteigt. Messungen bis zu einer Tiefe von etwa 10 000 m zeigen: In der äußeren Erdkruste steigt die Temperatur alle 1 000 m um rund 30 °C an. Werte für größere Tiefen ergeben sich aus Modellrechnungen. Im Erdkern dürfte die Temperatur bei einigen Tausend Grad liegen. Diese Hitze speist jedoch die Wärme in der Erdkruste nur zum kleineren Teil, der größte Teil (rund 70 %) stammt aus dem radioaktiven Zerfall von Uran und Thorium, das im Gestein der Erdkruste enthalten ist.

Die Erdwärme gilt als erneuerbare Energie. Unter diesen ist sie die einzige, die nicht von der Sonne abhängt. Die Gesamtwärmemenge liegt zwar nur im Promillebereich dessen, was die Erde aus der eingestrahlten Sonnenenergie absorbiert. Dennoch sind die erzielbaren Leistungen interessant für eine energetische Nutzung.

Natürliche Erdwärmenutzung

In den vulkanisch und geologisch aktiven Zonen der Erde herrschen günstige Bedingungen für rege Wärmeströme. Das zeigt z. B. die Aktivität von Geysiren. Ihre Ursache ist Grundwasser, das durch Klüfte und Spalten tief in die Erdkruste eindringt und in einigen Tausend Meter Tiefe durch heiße Magmen aufgeheizt wird. Danach steigt es unter Druck nach oben und tritt an Rissen und Öffnungen in der Erdoberfläche als Heißwasser- und Heißdampfquelle zutage. Der Heißdampf kann bei Drücken von 8 bis 10 bar eine Temperatur von 250 °C erreichen. Bei Heißwasser liegen die Drücke zwischen 1 und 10 bar, die Temperatur reicht von 80 bis 150 °C. Diese Erdwärmereservoirs werden weltweit an geeigneten Standorten genutzt, um daraus elektrischen Strom oder Heiz- und Prozesswärme zu gewinnen.

Künstliche Entnahme von Erdwärme

Wo Heißwasser und Heißdampf nicht von alleine austreten, gibt es mehrere technische Verfahren zur Nutzung. Zu den Verfahren, die die Erdwärme aus dem Erdinneren nutzen, zählen die **hydrothermale Geothermie**, **geothermische Kraftwerke** und das **Hot-Dry-Rock-Verfahren**. Die oberflächennahe Erdwärme lässt sich über Wärmepumpen (→) und Erdwärmesonden nutzen. Dazu bringt man u-förmig gebogene Rohre in Bohrungen (einige Hundert Meter) ein, durch die Wasser geleitet wird. Das Kaltwasser nimmt beim Durchströmen Erdwärme auf.

Hydrothermale Geothermie ▸1

Schon in wenigen Hundert Meter Tiefe kommen an günstigen Stellen heiße Tiefenwasser vor, die bis gut 2 000 m hinabreichen können. Geologisch handelt es sich dabei meist um Ablagerungsbecken urzeitlicher Meere. Auch in weniger vulkanischen Regionen gibt es also Formationen, die eine Nutzung der Erdwärme nahe legen. Hierzu werden zwei Bohrungen in die wasserführende Schicht (Aquifer) abgeteuft, eine Förder- und eine Injektionsbohrung, die etwa 2 000 m auseinander liegen. Eine Tauchpumpe hebt das heiße Wasser nach oben und mittels eines Wärmetauschers wird die thermische Energie auf einen Heizwasserkreislauf übertragen (Abb. 1). Je nach Wassertemperatur kann bei Bedarf eine Wärmepumpe hinzugefügt werden. Das abgekühlte Wasser wird über die Injektionsbohrung wieder zurück in den Untergrund geleitet.

Geothermische Kraftwerke

In geothermischen Kraftwerken erzeugen Dampfturbine und Generator Strom. Beim **Trockendampfprinzip** wird überhitzter Dampf direkt aus dem Erdreservoir auf die Turbinenschaufeln geleitet. Beim **Flashverfahren** wird überhitztes Wasser aus Heißwasserquellen einem unter geringem Druck stehenden sogenannten Flashkessel zugeführt, wobei Dampf entsteht, der anschließend die Turbine treibt. Beide Verfahren haben den Nachteil, dass mögliche Verunreinigungen zu Korrosion führen können. Um dies zu vermeiden, wird beim **Binärverfahren** ein niedrig siedendes Arbeitsmedium in einem zweiten Kreislauf über einen Wärmetauscher durch das Heißwasser der geothermischen Lagerstätte erhitzt und so der Dampf für die Turbine erzeugt.

Hot-Dry-Rock-Verfahren ▸2

Viel schwieriger gestaltet sich das Hot-Dry-Rock-Verfahren, bei dem heißes, trockenes Gestein mit einer Temperatur von etwa 200 °C in einigen Kilometer Tiefe als natürlicher Wärmetauscher fungiert (Abb. 2). Um eine große Oberfläche für den Wärmeaustausch zu erhalten, wird in das Gestein unter hohem Druck (etwa 200 bar) stehendes Wasser gepresst, das jenes zerklüftet. In der Betriebsphase wird weiterhin Wasser unter Druck eingepresst. Durch die Erdwärme verdampft das Wasser. Der Dampf steigt durch eine zweite Bohrung wieder nach oben und kann dort zum Antrieb einer Turbine genutzt werden.

Es ist jedoch noch nicht endgültig geklärt, wie lange diese Klüfte offen gehalten werden können, und ebenso wenig weiß man darüber, wie ergiebig sie sind.

▸1 Funktionsprinzip einer hydrogeothermischen Heizzentrale

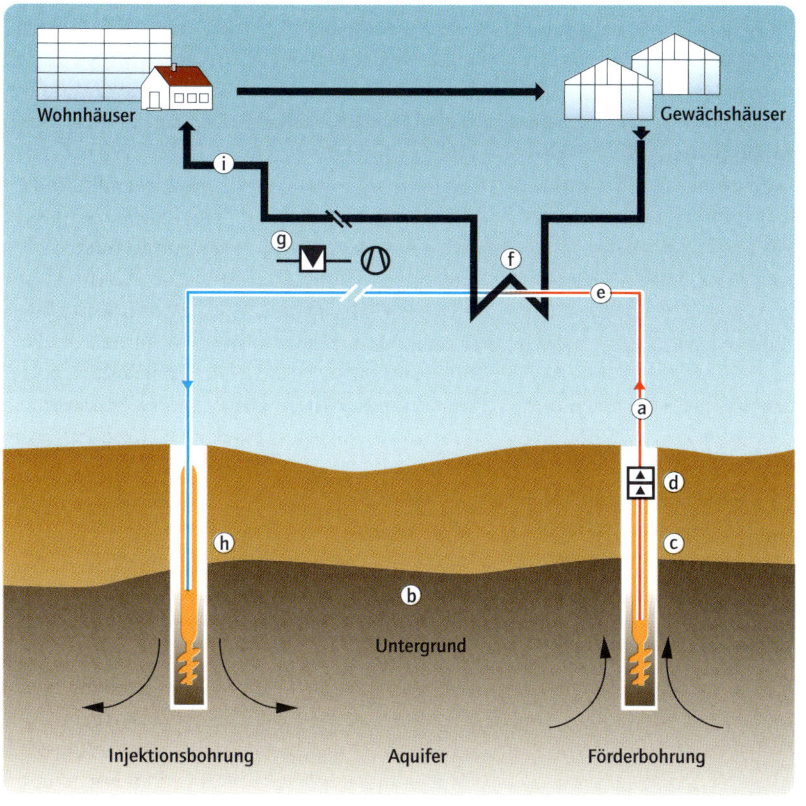

(a) Heißwasser
(b) Wasserführende Schicht (Aquifer)
(c) Förderbohrung
(d) Tauchpumpe
(e) Thermalwasserleitung
(f) Wärmetauscher
(g) Wärmepumpe
(h) Injektionsbohrung
(i) Heizwasserkreislauf

▸2 Prinzip des Hot-Dry-Rock-Verfahrens

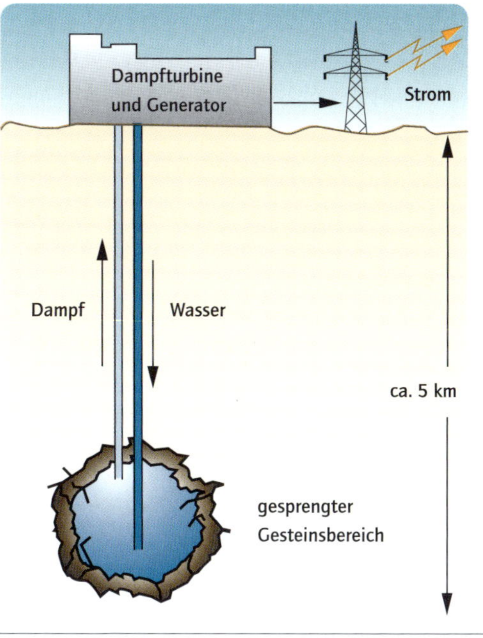

Energie aus Biomasse

Der Begriff Biomasse wird nicht immer einheitlich gebraucht. Man versteht darunter eine Reihe unterschiedlicher Substanzen biogenen Ursprungs, häufig eingeschränkt auf die Pflanzenwelt. Damit ist Biomasse ein nachwachsender Rohstoff, dessen Energiegehalt sich vielfältig nutzen lässt. Genau besehen handelt es sich dabei um gespeicherte Sonnenenergie, die während des Wachstums der Pflanzen in Zellmaterial umgesetzt wurde.

In der Praxis bezeichnet der Begriff Biomasse jedoch häufig auch organische Abfälle, die z. B. bei der Verarbeitung pflanzlichen Materials anfallen, etwa Stroh und Holzreste in Land- und Forstwirtschaft. Die Lebensmittelindustrie ist eine weitere wichtige Quelle, auch Hausmüll sowie tierische und menschliche Exkremente enthalten Biomasse.

Die Verfahrenstechnik bietet verschiedene Möglichkeiten, Biomasse energetisch zu nutzen. Die einfachste und älteste Methode ist es, sie zu trocknen und zu verbrennen. Man kann sie aber auch zuvor vergasen oder vergären.

Vergasung

▸1 ▸2 ▸3

Unter Vergasung versteht man die Umwandlung eines festen oder flüssigen Stoffes in brennbare Gase. Bei der Vergasung von Biomasse (Abb. 1) entsteht aus der zerkleinerten Masse unter Luftzufuhr ein Gasgemisch, das 47 % Stickstoff, ferner 18 % Wasserstoff, 2 % Methan, 23 % Kohlenmonoxid und 10 % Kohlendioxid enthält (Abb. 2). Die Biomasse darf bei diesem Prozess feuchter sein als beim Verbrennen.

Die meisten Vergaser arbeiten nach dem **Gleichstrom-** oder dem **Gegenstromprinzip** (Abb. 3). Beim einen strömt das entstehende Schwelgas in Richtung des Brennstoffs, beim andern entgegengesetzt. Beide Anlagentypen werden von oben mit Biomasse beschickt, die nacheinander eine Trocknungs-, eine Schwel- und eine Verkohlungszone durchläuft. Die dabei gebildete Holzkohle verbrennt mit der eingeblasenen Luft in der Oxidationszone teils zu Kohlendioxid. Je nach Verfahren werden dabei Temperaturen von über 1 000 °C erreicht. Freier Kohlenstoff reagiert in der Reduktionszone mit Luftsauerstoff zum brennbaren Kohlenmonoxid.

Während im Gleichstromverfahren allenfalls 65 % der Biomasse vergast werden können, erreicht die Gasausbeute im Gegenstromverfahren 75 %. Allerdings entstehen bei diesem Prozess auch mehr Schadstoffe, denn hier durchlaufen die Schwelgase keine heiße Zone mehr, in der Schadstoffe abgebaut werden. Diese müssen ausgewaschen und das Abwasser gesondert behandelt werden. Das entfällt beim Gleichstromverfahren. Hier durchlaufen die Schwelgase die Oxidationszone, und dabei entstehen aus Schadstoffen wie Phenolen und Teer ebenfalls brennbare Gase. Es ist möglich, die Vorteile beider Verfahren zu kombinieren. So sind Umwandlungsraten von 85 % erzielbar.

Vergärung

▸4 ▸5

Im Gegensatz zur Vergasung entsteht bei der Vergärung von Biomasse unter Luftabschluss Biogas. Im Gärbehälter wandeln Bakterien die organischen Bestandteile des Substrats in Biogas um. Der Prozess verläuft umso schneller, je wärmer das Substrat ist. Gewöhnlich stellt man die Temperatur auf 30–35 °C ein, was eine Faulzeit von 25 bis 30 Tagen nach sich zieht. Ein Rührwerk durchmischt die Substanz und sorgt so für überall gleiche Temperatur. Zudem verhindert der Rührvorgang das Aufschwimmen leichterer Inhaltsstoffe und damit Schichtbildung im Substrat (Abb. 4). Das entstehende Biogas enthält rund 60 % Methan und ca. 40 % Kohlendioxid; in Spuren sind außerdem Wasserstoff und Schwefelwasserstoff vertreten (Abb. 5). Nach einer Reinigung kann man das Gas in Leitungen einspeisen und verbrauchen, z. B. in Gasherden, für die Heizung oder zur Warmwasserbereitung. Beschickt man damit einen Gasmotor, lässt sich über einen Generator auch Strom erzeugen. Das ausgefaulte Substrat ergibt Dünger. Energetisch entspricht 1 m^3 Biogas ca. 0,6 l Heizöl.

Für die Vergärung kommt vor allem Gülle infrage, wie sie bei der Tierhaltung anfällt. Je Großvieheinheit, z. B. ein Rind von 500 kg Lebendgewicht, ist pro Tag eine Gasausbeute von maximal 1,5 m^3 erzielbar. Biogasanlagen sind daher besonders im landwirtschaftlichen Umfeld interessant. Sie können Einzelhöfe oder über ein gemeinsames Netz, in das Gas aus mehreren Gärbehältern zugeführt wird, mehrere Höfe versorgen. Auch Zentralanlagen sind möglich, bei denen die Gülle zum Gärbehälter eines großen Verbrauchers herangefahren wird. Die Wirtschaftlichkeit fordert einen möglichst gleichen Gasbedarf im Jahresverlauf.

Eine Variante des Biogases ist **Deponiegas**, das durch Vergären von Müll entsteht. Es bildet sich unter Luftabschluss in Deponien und lässt sich in Gasbrunnen auffangen. Im ersten Jahrzehnt des Deponiebetriebs bringt eine Tonne Hausmüll im Schnitt 10 m^3 Gas hervor. Man kann es direkt auf der Deponie verstromen oder zur Strom- und Wärmeerzeugung an Gasmotoren großer Verbraucher leiten. Auch direktes Einspeisen in eine Erdgasleitung ist möglich.

▸1 Funktionsschema einer Vergasungsanlage

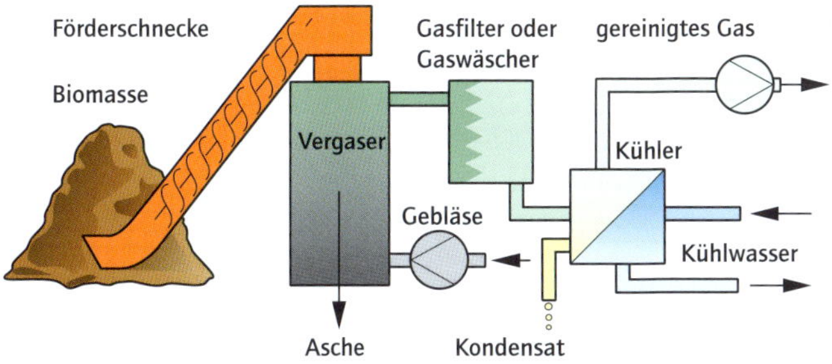

▸2 Gaszusammensetzung bei der Vergasung

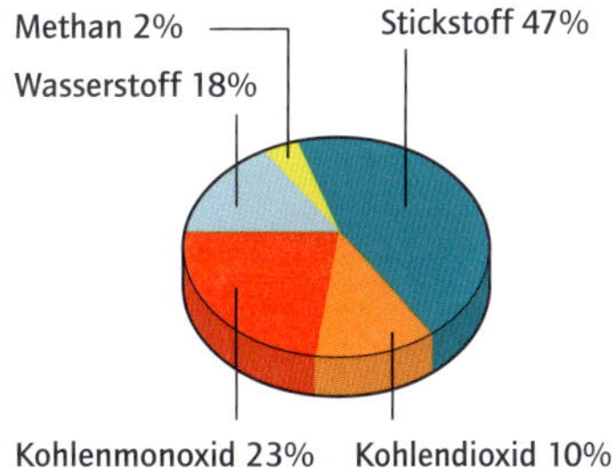

▸3 Aufbau von verschiedenen Vergasern

a Gleichstromvergaser

b Gegenstromvergaser

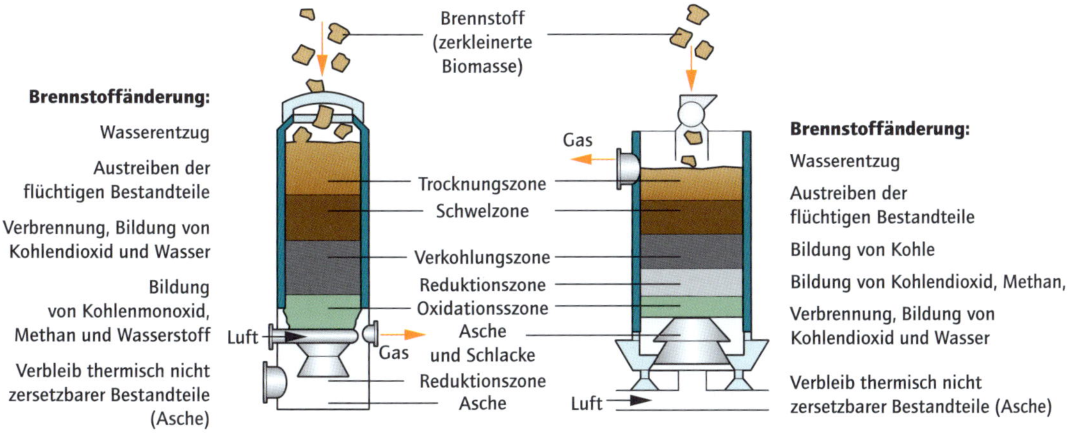

▸4 Funktionsschema einer Vergärungsanlage

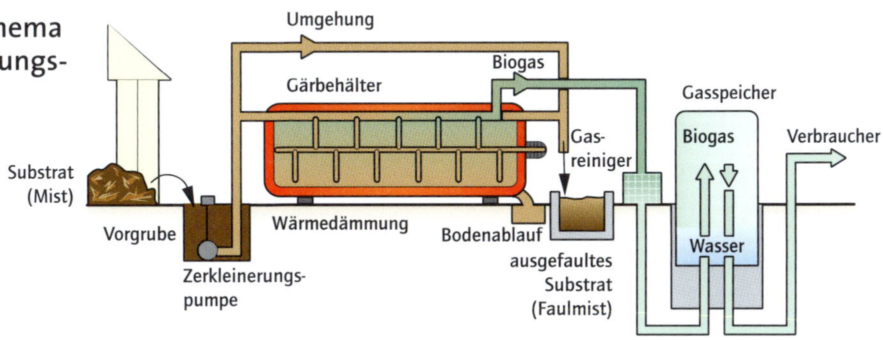

▸5 Gaszusammensetzung bei der Vergärung

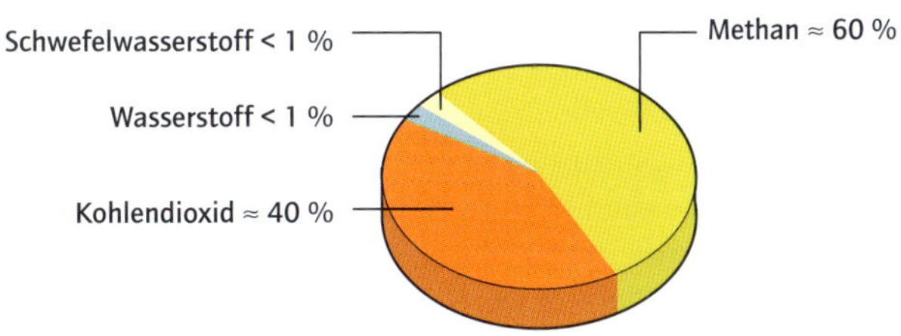

Biomasse-Kraftwerke

Die thermische Nutzung (Verbrennung) von Biomasse ist die älteste Form bewusster Energieerzeugung durch den Menschen. Seit einigen Jahren genießt sie erneut hohe Aufmerksamkeit, denn Biomasse ist ein **nachwachsender Rohstoff**, und ihre Verbrennung ist klimaneutral. Zwar setzt auch das Verfeuern von z. B. Holz Kohlendioxid (CO_2) frei, doch wird es während des Heranwachsens von neuem Holz wieder in die Biomasse eingebaut. Die Zyklusdauer dieses geschlossenen **CO_2-Kreislaufs** beträgt bei Gräsern ein Jahr, bei schnell wachsenden Hölzern sind es 25 bis 30 Jahre.

Brennstoff Biomasse

Zum Verbrennen von Biomasse in Kraftwerken sind z. B. Holz- und Strohabfälle aus Land- und Forstwirtschaft geeignet, die andernfalls verrotten oder ohne direkten energetischen Nutzen verbrannt würden. Andere Pflanzenreste sind interessant, wenn sie in genügender Menge bei der Verarbeitung von Agrarprodukten anfallen. So dient in Zuckerrohranbaugebieten die Bagasse als Brennstoff. Auch eigens zur Verbrennung angebaute Pflanzen kommen infrage, wie z. B. Chinaschilf oder Elefantengras, ebenso Pappeln und Weiden.
In Deutschland würden allein die Reststoffe hinreichen, zwischen 3 und 5 % des Primärenergiebedarfs zu decken. Bislang ist es noch nicht einmal 1 %. Motivation ist aber meist nicht der energetische Nutzen, viel öfter handelt es sich um die Entsorgung störender Abfälle (z. B. in der Holzindustrie). Den höchsten Anteil in Europa hält Österreich, wo rund 12 % des Primärenergieverbrauchs aus Biomasse stammen, vor allem aus Holz.
Trotz der Vorteile hat die Nutzung von Biomasse Grenzen. Erstens ist für den Anbau von Pflanzen eigens zur thermischen Nutzung ein hoher Einsatz an Dünger oder Treibstoff nötig und zweitens ist der Heizwert von Biomasse dem der Steinkohle weit unterlegen. Zudem sind wegen der geringen Dichte viel höhere Volumenströme zu bewältigen. Das schließt weite Transportwege aus. Setzt man den Nutzen ins Verhältnis zu den Treibstoffkosten, so ist ein Radius von 30 km um den Standort noch akzeptabel, wo der Brennstoff gesammelt und zum Kraftwerk gebracht wird.

Feuerungstechniken

Biomasse eignet sich im Prinzip für solche Feuerungssysteme, die für feste Brennstoffe ausgelegt sind (→ Feuerungsanlagen). Da die Bereitstellung des nötigen Brennstoffs aber recht aufwendig ist, ist eine thermische Leistung von 50–100 MW das Maximum für Anlagen, die allein mit Biomasse beaufschlagt werden.
Anlagen dieser Leistungsklasse liefern (meist in Kraft-Wärme-Kopplung) Wärme, Prozessdampf und Strom. Im Bereich von 1–10 MW überwiegen die **Rostfeuerungen**, bei Anlagen oberhalb von 10 MW ist auch die **Wirbelschichtfeuerung** interessant. Liegt der Brennstoff schon in sehr feiner Form vor (z. B. Abfälle aus der Holz verarbeitenden Industrie), so lassen sich ebenso Staubfeuerungen einsetzen. Auch eine Kombination verschiedener Techniken kann für bestimmte Biomassen sinnvoll sein.
Im unteren und mittleren Bereich sind **Schachtfeuerungen** (20–250 kW) und **Unterschubfeuerungen** (von 20 kW bis 2 MW) gebräuchlich. Während die erste vornehmlich von Hand mit Holzstücken, Holzschnitzeln und Spänen geschürt wird, verfeuert die zweite fast vollautomatisch Hackschnitzel, Späne und bedingt auch Holzstaub. Hier beschickt eine Förderschnecke die Brennraummulde kontinuierlich mit Biomasse aus dem Silo, die bei Zugabe von Primärluft entgast wird. Anschließend steigen die Pyrolysegase durch die Glutschicht auf, entzünden sich dabei und brennen im Feuerraum vollständig aus. Die gut dosierbare Brennstoff- und Luftzufuhr erlaubt es, den Ausstoß von Schadstoffen gering zu halten.

Biomasse in konventionellen Kraftwerken

▸1 ▸2 ▸3

Wegen der schwierigen Brennstofflogistik liegt die typische Anlagengröße reiner Biomasse-Kraftwerke zwischen 1 und 10 MW. Solche im Vergleich zu konventionell befeuerten Kraftwerken recht kleinen Anlagen passen gut in dezentrale Versorgungskonzepte, etwa für Dörfer. Allerdings hat man dabei mit einer Reihe von Nachteilen zu kämpfen. Stroh als Brennstoff sorgt beispielsweise für Lagerprobleme, da die ganze Menge im Herbst anfällt. Daher ist der Einsatz von Biomasse als zusätzlicher Brennstoff in bestehenden Kohlekraftwerken oft günstiger (Abb. 1 und 2). Der Grundbedarf wird durch Kohle gedeckt, je nach Bedarf kann man zusätzlich mit Biomasse verbrennen. Das ist grundsätzlich machbar, zu den optimalen Betriebsparametern laufen noch Forschungen. Eigene Lager- und Aufbereitungsanlagen für Holz (Abb. 3) oder Stroh braucht man aber auch hier.
Man kann Biomasse auch zur Kraft-Wärme-Kopplung in Blockheizkraftwerken nutzen. Dafür werden Holzschnitzel in einem atmosphärischen Wirbelschichtreaktor vergast. Mit diesem Gas lässt sich dann ein Gasmotor betreiben, der Strom und Wärme erzeugt.

▸1 Biomasse-Kraftwerk

Neben Kohle werden auch Presslinge aus Biomasse im Kraftwerk verfeuert.

▸2 Presslinge aus Stroh oder Pflanzen

Sie dienen als zusätzlicher Brennstoff.

▸3 Holzlager und Aufbereitungsanlage

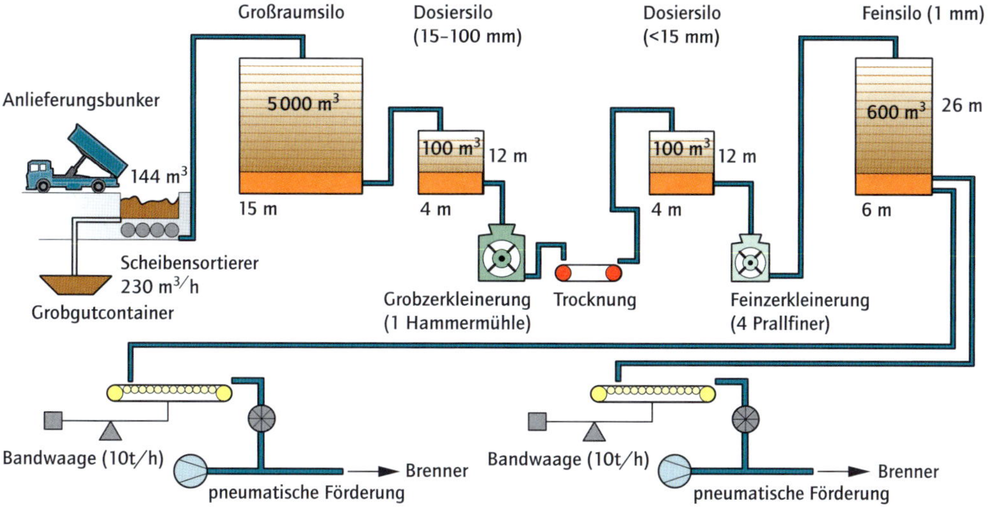

Wärmepumpen

In Boden, Wasser und Luft ist Wärme gespeichert. Da die Temperaturen aber meist vergleichsweise gering sind, ist sie nicht zum Heizen nutzbar. Erst mit einer Wärmepumpe lässt sich diese aufnehmen und damit ein Wärmeträgermedium auf die gewünschte höhere Temperatur erwärmen. Dazu ist Energie nötig. Die Hauptbestandteile einer Wärmepumpe sind der Verdampfer und der Kondensator sowie der Kompressor (Verdichter) und das Expansionsventil. Bei richtiger Auslegung des Systems übersteigt die gewonnene Nutzenergie die hineingesteckte Antriebsenergie mehrfach. Den genauen Faktor gibt die Arbeitszahl an, die vom Temperaturunterschied zwischen Verdampfer und Kondensator abhängt. Sie sollte über die gesamte Heizperiode wenigstens den Wert 3 betragen.

Das Prinzip der Wärmepumpe lässt sich auch umkehren. Beispielsweise können erdgekoppelte Wärmepumpen das Erdreich ebenso als Wärmesenke verwenden und auf diese Weise Gebäude kühlen. In den USA dienen solche Systeme schon seit fünf Jahrzehnten zur Gebäudeklimatisierung.

Funktionsweise

▸1 ▸2 ▸3

Wärmekraftmaschinen und Wärmepumpen sind zwar ähnlich aufgebaut, unterscheiden sich aber in einem wichtigen Punkt: Während die einen Wärme hoher Temperatur in Arbeit umwandeln, sollen die anderen Wärme niedriger Temperatur unter Einsatz von Arbeit in solche von höherer Temperatur überführen. Dabei unterscheidet man zwei Bauarten von Wärmepumpen: Kompressions- und Absorptionswärmepumpen. Das Arbeitsmedium von Wärmepumpen sind leicht siedende Flüssigkeiten.

Im Heizbetrieb funktionieren **Kompressionswärmepumpen** wie folgt (Abb. 1): Der Verdampfer nimmt Wärme niedriger Temperatur auf, etwa aus dem Boden oder Grundwasser. Schon 10 °C genügen, das Kältemittel verdampfen zu lassen. Der Kompressor verdichtet und erhitzt den Dampf. Ein Kondensor dient als Wärmetauscher mit dem Heizkreislauf. Hier verflüssigt sich der Dampf und die freigesetzte Kondensationswärme geht auf den Heizkreislauf über. Die Temperatur liegt hierbei über der im Verdampfer. Danach entspannt ein Ventil den Druck, die Arbeitsflüssigkeit kühlt ab und fließt in den Verdampfer zurück. In der Nutzung des Kompressorprinzips ist die Wärmepumpe mit dem Kühlschrank verwandt. Wird unter Nutzung dieses Prinzips ein Temperaturniveau nicht aufgeheizt, sondern abgekühlt, so spricht man von **Kältemaschinen**.

Absorptionswärmepumpen (Abb. 2) haben anstelle eines mechanischen einen thermischen Verdichter. In ihm zirkuliert zwischen Absorber und Austreiber ein Lösungmittel, von einer Lösungsmittelpumpe umgepumpt. Der Arbeitsmitteldampf wird dadurch verdichtet, dass er im Absorber bei niedrigem Druck von dem Lösungsmittel absorbiert und im Austreiber (Kocher) bei hohem Druck unter Wärmezufuhr aus der reichen Lösung wieder ausgetrieben wird. Ansonsten arbeiten Absorptions- und Kompressionswärmepumpen gleich.

Die Wahl der **Wärmequelle** (Abb. 3) ist von entscheidender Bedeutung, denn die Energieausbeute ist umso besser, je weniger sich die Temperaturen im Verdampfer und Kondensor unterscheiden, da dann weniger Energie zugeführt werden muss. Daher arbeitet eine Wärmepumpe im Sommer effektiver als im Winter. Für hohe Wirkungsgrade ist es zudem günstig, die Vorlauftemperatur im Heizkreis möglichst niedrig zu halten. Wird in unseren Breiten Außenluft als Wärmequelle verwendet, braucht man eine zusätzliche Heizung. Die **Außenluft** ist zwar problemlos verfügbar, doch ihre großen Temperaturschwankungen im Tages- und Jahreslauf sind sehr ungünstig. Meist wird der Luft in großflächigen Wärmetauschern durch Abkühlen Wärme entzogen und dabei das Treibmittel der Wärmepumpe verdampft. Eine sehr viel günstigere Wärmequelle ist das **Erdreich** als Speicher von Sonnenenergie. Temperaturschwankungen sind hier schon in einigen Meter Tiefe kaum noch bemerkbar. Die Erdwärme sollte zumindest in der frostfreien Zone entnommen werden. Auch **Grundwasser** ist eine gute Wärmequelle. In 10 m Tiefe liegt die Temperatur konstant bei etwa 10 °C. Über einen Förderbrunnen kommt es in den Kondensor, gibt dort Wärme ab und fließt durch einen Schluckbrunnen ins Grundwasser zurück. Auch **Oberflächenwasser** ist als Wärmequelle nutzbar.

Wärmepumpensysteme mit Erdwärmesonden

Dünne Kunststoffrohre in Form eines sehr lang gezogenen U in Bohrungen von rund 100 m Tiefe dienen als Quellen, wenn durchfließendes Wasser Erdwärme aufnimmt und an eine Wärmepumpe bringt. Das System ist winters zum Heizen und sommers zum Kühlen nutzbar. Zudem lässt es sich als Wärme- und Kältespeicher einsetzen, indem etwa im Sommer überschüssige Gebäudewärme in die Tiefe geleitet wird, um das Erdreich für den Heizbetrieb aufzuwärmen. Analog kann man im Winter Kälte für die Kühlung während der heißen Jahreszeit speichern.

▸1 Schematischer Aufbau einer Heizung über eine Kompressionswärmepumpe

theoretische Arbeitszahl (Leistungsziffer): $\varepsilon_c = \frac{T_1}{T_1 - T_2}$

T = Temperatur

W = Wärme

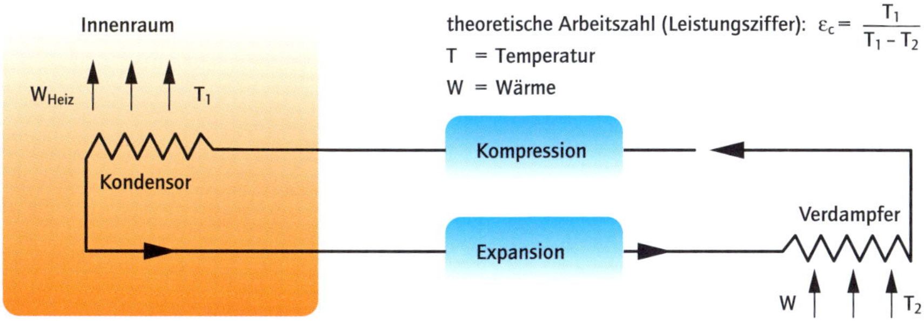

▸2 Schema einer Absorptionswärmepumpe

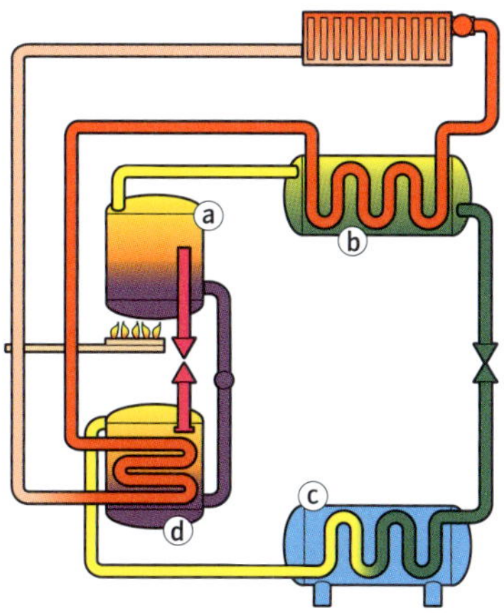

ⓐ Austreiber
ⓑ Kondensator
ⓒ Verdampfer
ⓓ Absorber

- an Kältemittel reiche Lösung
- an Kältemittel arme Lösung
- Kältemittel dampfförmig
- Kältemittel flüssig
- Heizungswasser
- Luft/Wasser

▸3 Verschiedene Wärmequellen

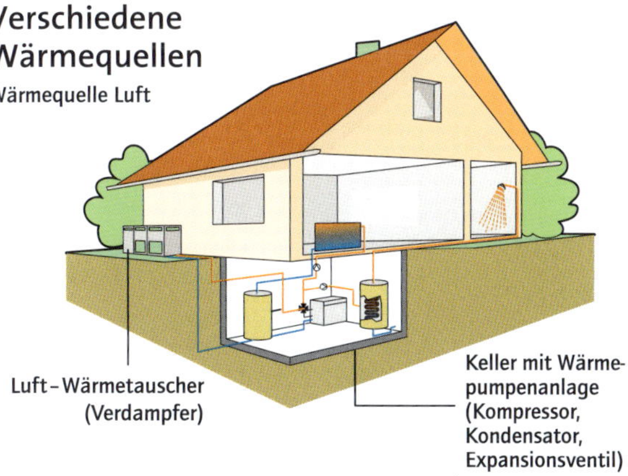

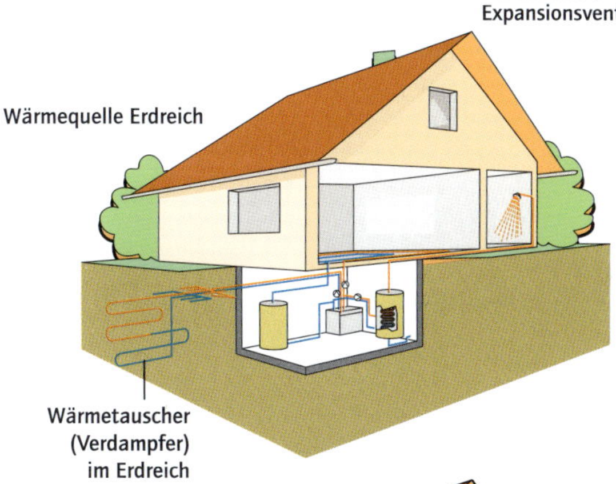

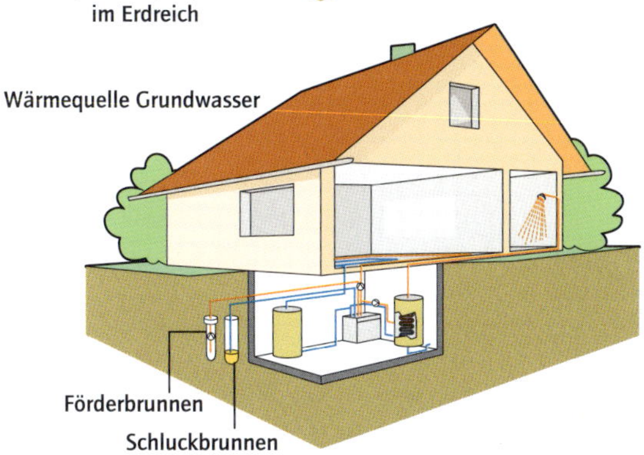

Solararchitektur

Solararchitektur zielt auf eine umfassende Nutzung der Sonne. Daraus ergeben sich zwei fundamentale Forderungen: Einerseits soll das Haus Sonnenenergie einfangen und speichern, um den Wärmebedarf möglichst ohne Zusatzheizung bereitzustellen; andererseits gilt es, starke Sonneneinstrahlung von den Räumen abzuhalten, damit sie sich nicht überhitzen. Dazu lässt sich Solarenergie auf aktive oder passive Weise einsetzen. Elemente aktiver Nutzung sind z. B. Solarkollektoren für Heizzwecke oder Warmwasserbereitung (→ thermische Solaranlagen), passive Nutzung setzt bei Planung und Ausstattung des Gebäudes an.

Passive Solarenergienutzung ▸1 ▸2

Die passive Nutzung der Sonnenenergie beginnt mit konsequenter Südorientierung der Gebäude. Während sich die Wohnräume nach Süden öffnen, um vor allem winters viel Sonnenstrahlung aufzunehmen, bleibt die Nordseite möglichst ohne Öffnungen. Die Energie der Sonnenstrahlung kann dabei direkt oder indirekt genutzt werden. Man spricht dann vom direkten bzw. indirekten Gewinn.

Beim **direkten Gewinn** dringt die Sonnenstrahlung durch die Fenster in das Rauminnere. Die kurzwellige Strahlung wird von Mauern und Fußböden absorbiert, gespeichert und später als langwellige Wärmestrahlung an den Raum abgegeben. Vordächer und Blenden, Läden und Abschattungen sorgen dafür, dass die Räume sommers nicht zu stark aufgeheizt werden (Abb. 1). Im Winter sollten die Fenster nachts mit Rollläden verschlossen werden, um Abstrahlverluste zu minimieren. Eine Schlüsselrolle kommt der Dimensionierung der Fenster zu. Zwar können vor allem Südfenster auch an kalten Tagen für Wärmegewinn sorgen. Der Energiespareffekt wird allerdings durch die Verluste relativiert. Die Qualität der Verglasung ist ebenso ein wesentlicher Faktor. Im Vergleich zu Isolierverglasung spart Wärmeschutzverglasung rund 50% an Heizenergie (Abb. 2). Kleine Fensterflächen für Südseiten können günstiger sein, zudem bei ihnen an Wintertagen bei der dann schräger einfallenden Sonne die Gefahr der Überhitzung kleiner ist. Das gilt analog für Ost- und Westfenster. Gegen große Verglasungen spricht außerdem der höhere Verbrauch an Heizenergie. Gegenüber gut isolierten Wänden strahlt ein Nordfenster pro Quadratmeter das Vierfache, ein Ost- oder Westfenster das Doppelte an Wärmeenergie ab. Auch ein Wintergarten spart nur bei richtiger Auslegung Energie. Dazu gehört, dass er nicht selbst beheizt wird.

Beim **indirekten Gewinn** wird hinter der Südverglasung eine Wand aus Stein, Beton, Ziegeln oder Lehm angeordnet. Diese meist geschwärzten Speicherwände (**Trombe-Wände**) erwärmen sich tagsüber durch die einfallende Strahlung und geben nachts Wärme an den Raum ab. Eine zusätzliche Raumerwärmung ist erzielbar, wenn die Wand oben und unten einen Luftdurchtritt enthält. Durch den unteren Kaltlufteintritt strömt kühle Raumluft zwischen das Fenster und die Trombe-Wand, erwärmt sich dort, steigt auf und strömt durch den oberen Warmluftaustritt zurück in den Raum. Im Sommer sollten Ein- und Austritt geschlossen sein.

Zu den speziellen Einzelmaßnahmen zählt man das **Thermosiphonsystem**. Die tagsüber in einem Luftkollektor erwärmte Raumluft wird durch Schwerkraftzirkulation und eventuell durch einen Ventilator besonderen Wärmespeichern im Boden zugeführt. Nachts wird dann die gespeicherte Wärme wieder abgegeben.

Transparente Wärmedämmung ▸3

Nur eine gute Dämmung der Außenwände kann Wärmeverluste durch Transmission vermindern. Allerdings lässt sich mit gängigen Dämmsystemen die auftreffende Strahlungsenergie nicht gezielt für Heizzwecke nutzen. Dies schafft erst eine transparente Wärmedämmung (Abb. 3).

Trifft Sonnenstrahlung auf eine **opak** (lichtundurchlässig) gedämmte Wand, so wird sie zwar absorbiert, und die Außenfläche erwärmt sich, doch wegen der geringen Wärmeleitfähigkeit der Dämmschicht kommt kaum etwas nach innen. Dagegen lassen hochtransparente Dämmstoffe Solarstrahlung großenteils passieren. An der dunklen Wand dahinter, die als Absorber wirkt, wird diese Energie in Wärme umgewandelt und in das Mauerwerk geleitet. Von dort gelangt sie mit Verzögerung, abhängig von Wandstärke und Baumaterialien, in die Räume dahinter und erwärmt diese. Die Wand wirkt also wie eine Niedertemperaturheizfläche.

In der Praxis haben sich Kapillar- und Wabenstrukturen aus Kunststoff oder Glas als transparente Wärmedämmschicht (TWD-Material) bewährt, die senkrecht zur Absorberfläche liegen. Auch mit transparenten Schäumen (Aerogelen) hat man gute Ergebnisse erzielt. Im Prinzip fällt aber jedes Material mit hoher Lichtdurchlässigkeit und wärmedämmenden Eigenschaften darunter. Der indirekte Gewinn mittels Glasfenster und Trombe-Wand kann also auch hierzu gezählt werden.

▸1 Passive Solarenergienutzung (direkter Gewinn)

a Sommertag

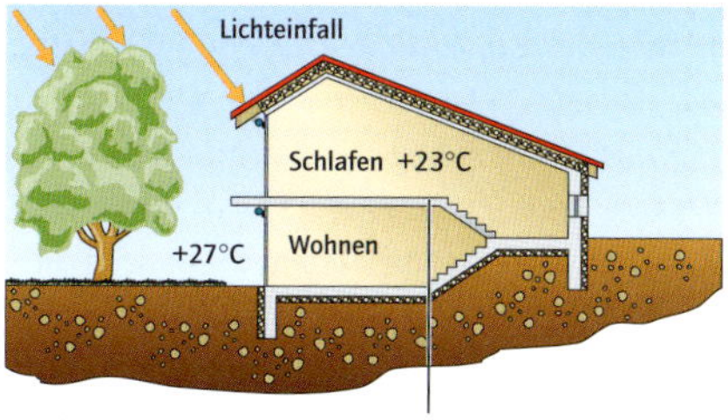

Laubbäume und Dachvorsprünge verschatten die Fensterflächen. Die Sonne kann nicht direkt in die Räume einstrahlen.

Massive Bauteile nehmen überschüssige Wärme auf. In den Räumen bleibt es angenehm kühl.

b Wintertag

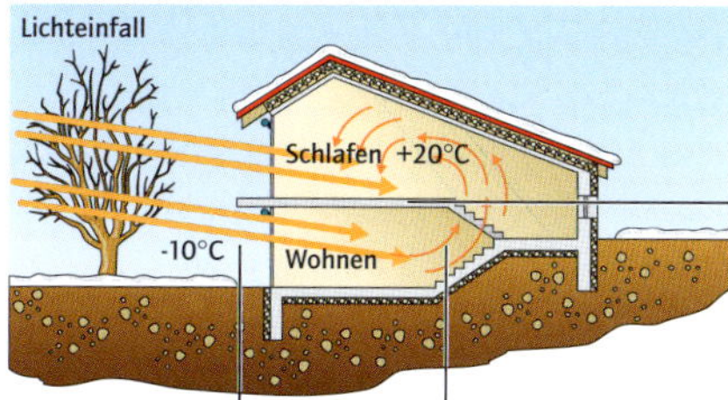

Die Baumasse erwärmt sich durch die Bestrahlung der Sonne.

Die Bäume haben ihr Laub abgeworfen. Die Sonne kann bis tief in das Gebäude scheinen.

Die erwärmte Raumluft wird durch Konvektion in die angrenzenden Räume geleitet.

c Sommernacht

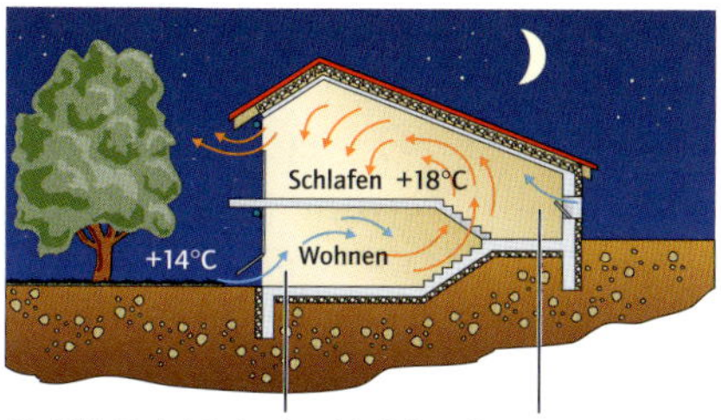

Die kühle Nachtluft durchstreicht bei geöffneten Fenstern das Gebäude und nimmt dabei Wärme aus der Baumasse auf. Das Gebäude wird gekühlt.

d Winternacht

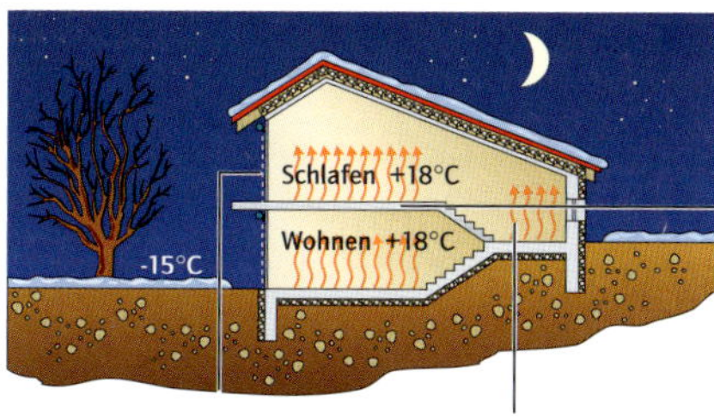

Die gute Wärmedämmung hält die Wärme im Gebäude.

Die Wärmeverluste der Fenster werden durch Rollläden oder Klappläden verringert.

Die tagsüber gespeicherte Wärme wird in den Abend- und Nachtstunden an die Räume abgegeben.

▸2 Energiebilanz verschiedener Südfenster

Isolierverglasung ohne nächtlichen Wärmeschutz

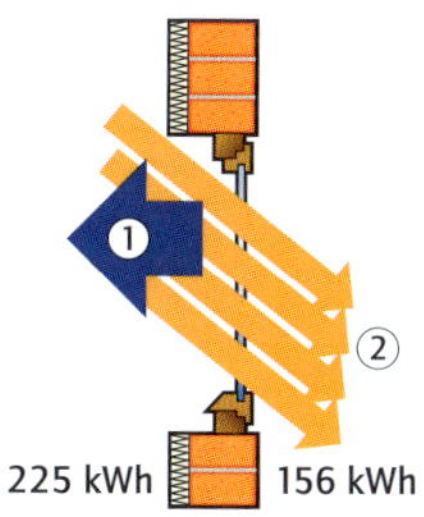

Wärmeverbrauch
69 kWh/Jahr je qm Fensterfläche

Isolierverglasung mit nächtlichem Wärmeschutz

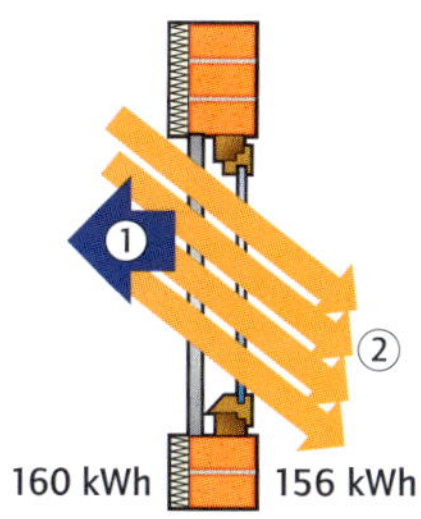

Wärmeverbrauch
4 kWh/Jahr je qm Fensterfläche

Wärmeschutzverglasung ohne nächtlichen Wärmeschutz

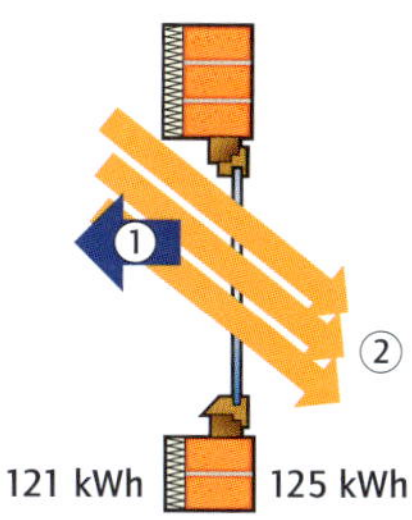

Wärmeüberschuss
4 kWh/Jahr je qm Fensterfläche

Wärmeschutzverglasung mit nächtlichem Wärmeschutz

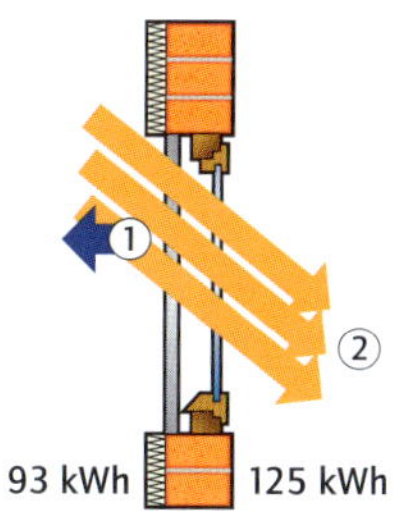

Wärmeüberschuss
32 kWh/Jahr je qm Fensterfläche

(1) Wärmeverluste des Fensters (2) Wärmegewinne aus Sonneneinstrahlung

▸3 Vergleich der Funktionsprinzipien von transparenter und opaker Wärmedämmung

a opak

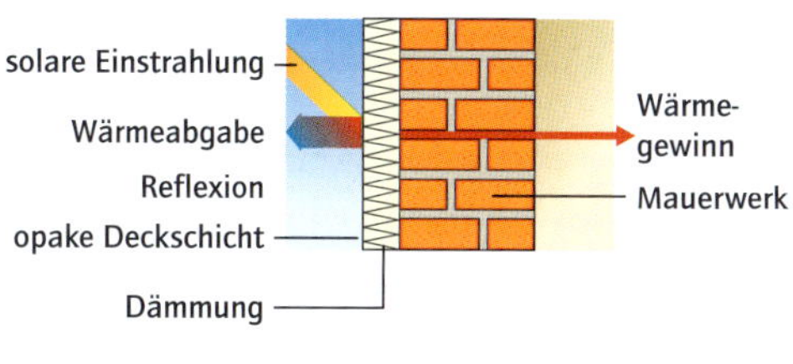

b transparent

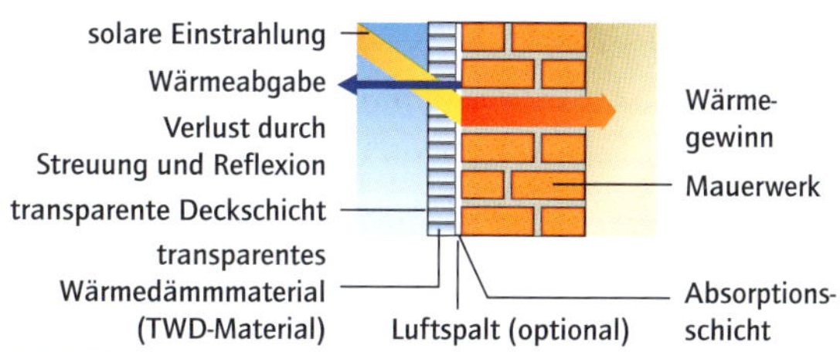

Luftreinhaltung durch Abscheider

Im Abgas industrieller Prozesse vorhandener Staub ist ein Gemisch von Teilchen unterschiedlicher Größe. Die Korngröße hängt ab vom Prozess, der die Teilchen freisetzt. Beispielsweise sind Stäube aus der Aufarbeitung mineralischer Rohstoffe weit weniger fein als jene aus metallurgischen Verfahren. Insgesamt reichen die Korngrößen in Abgasen etwa von 0,1–100 µm. Staubabscheider, d. h. Stofftrennapparate, nutzen verschiedene physikalische Effekte, um Staubpartikel und Gase zu trennen, wobei oftmals die Massenträgheit oder elektrische Kräfte ausgenutzt werden.
Nach ihrem Funktionsprinzip werden Abscheider in vier Grundtypen eingeteilt: **Massenkraftabscheider, nass arbeitende, elektrische** und **filternde Abscheider** (→ Rauchgasreinigung, → Luftreinhaltung durch Filter). Diese eignen sich jeweils nur zur Abscheidung bestimmter Korngrößen (Abb. 1).

Massenkraftabscheider ▸2

In **Zyklonen** werden die Staubteilchen durch Fliehkraft abgetrennt. Anders als aufwendig gebaute Zentrifugen sind diese **Fliehkraftabscheider** sehr einfache Konstruktionen. Allerdings haben sie nur eine geringe Trennschärfe.
Im **Radialzyklon** strömt das staubbeladene Gas tangential in den Zylinder und folgt dann einer spiralförmigen Bahn (Abb. 2). **Axialzyklone** haben dagegen einen axialen Einlauf, und Leitschaufeln versetzen das Gas in eine Drehbewegung. Innerhalb der Drehströmung werden die Teilchen nach außen geschleudert und an der Zyklonwand abgeschieden, massereiche (schwere) Teilchen schneller als solche mit geringerer Masse.
Die bestimmende Größe für die Abscheidung ist der Teilchendurchmesser: Die Dichte der Staubteilchen ist ziemlich konstant (rund 2–5 g/cm^3), die Masse eines Teilchens hängt von der dritten Potenz des Durchmessers ab. Daher können Zyklone grob nach der Größe trennen.
Der **Grenzkorndurchmesser**, d. h. die Korngröße mit einer Abscheidewahrscheinlichkeit von 50 %, liegt bei etwa 5 µm. Demnach ist die Einhaltung von Grenzwerten allein mit Zyklonen oft nicht gesichert, zumal bei industriellen Prozessen mit feinen Stäuben. Höhere Gasgeschwindigkeiten können die Abscheiderate nicht verbessern, denn damit steigt auch der Anteil von bereits abgeschiedenem Staub, der wieder mitgerissen wird. Außerdem nehmen Energieverbrauch und Verschleiß zu.

Nassarbeitende Abscheider ▸3

Auch bei **Wäschern** beruht das Abscheideprinzip auf der Massenträgheit. Trägheitskräfte lagern die Staubpartikel an Wassertropfen an. Da deren Durchmesser mindestens eine Größenordnung über dem der Staubteilchen liegt, sind sie leichter abzuscheiden als diese selbst. Je nach Bauart des Wäschers werden die benötigten Tropfen durch Düsen, Rotoren oder die Gasströmung erzeugt. In der Kontaktzone des Wäschers sind die Geschwindigkeiten so eingestellt, dass für die Wassertropfen günstige Bedingungen zum Einfangen der Partikel bestehen. Danach folgt ein Tropfenabscheider.
Die einfachste Bauart ist der einfache **Waschturm**, bei dem die Waschflüssigkeit mittels Düsen im Gegenstrom zum Gasstrom in den Waschturm eingesprüht wird (Abb. 3). Eine besonders hohe Abscheideleistung (Grenzkorn bis unter 2,0 µm) erreicht man mit **Venturiwäschern**. In ein Rohr mit düsenförmiger Verengung wird das Rohgas eingeleitet und dann in der „Kehle" auf 50–100 m/s beschleunigt. Die Waschflüssigkeit wird quer zur Gasströmungsrichtung an der Verengung eingedüst und durch die Scherkräfte des beschleunigten Gases in feinste Tröpfchen zerrissen, die dann die Staubteilchen binden.
Bei feinerem Staub steigt der Energieverbrauch des Wäschers, da man bei abnehmender Korngröße die relative Geschwindigkeit zwischen Abgas und Tropfen erhöhen sowie den Durchmesser der Tropfen verkleinern muss. Anders als bei den Zyklonen gibt es aber keine Probleme wegen Mitreißens schon abgeschiedenen Staubs, da dieser in Wasser eingebunden ist. Wäscher können außerdem gasförmige Schadstoffe oder Gase und Stäube gleichzeitig abscheiden. Hier genau liegt auch ein Einsatzschwerpunkt. Neben der Abscheideaufgabe ist für die Wahl eines Wäschers als Abscheider zu beachten, ob das Waschmedium im Betrieb verwendbar ist oder doch wenigstens kein zusätzliches Abwasserproblem schafft.

Elektrische Abscheider

Diese Art der Abscheider nutzt die Kraftwirkung auf geladene Teilchen im elektrischen Feld (→ Rauchgasreinigung). Kleine Elektrofilter haben eine Abscheidefläche von rund 100 m^2, die größten in Kohlekraftwerken weit über 10 000 m^2. Dabei werden bis zu 50 einzelne Elektroden zu Feldern zusammengefasst und von einem Hochspannungsaggregat versorgt. Die einzelnen Elektroden können 15 m hoch und die Felder 5 m lang sein. Mit zunehmendem Abscheidegrad benötigt man auch eine größere Abscheidefläche. Am besten arbeiten Elektrofilter bei gleichmäßiger Abgasgeschwindigkeit.

▸1 Abscheidemethoden in Abhängigkeit von der Teilchengröße

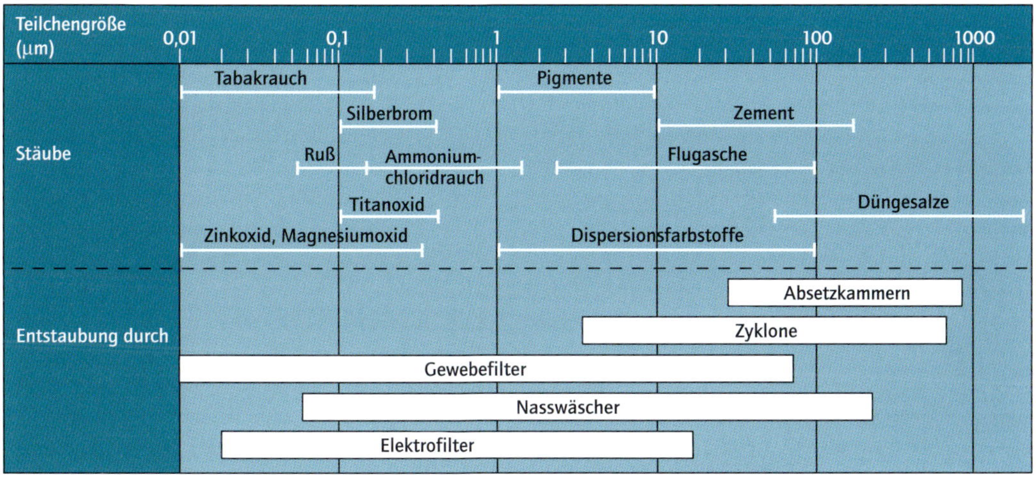

▸2 Zyklon

a Prinzip

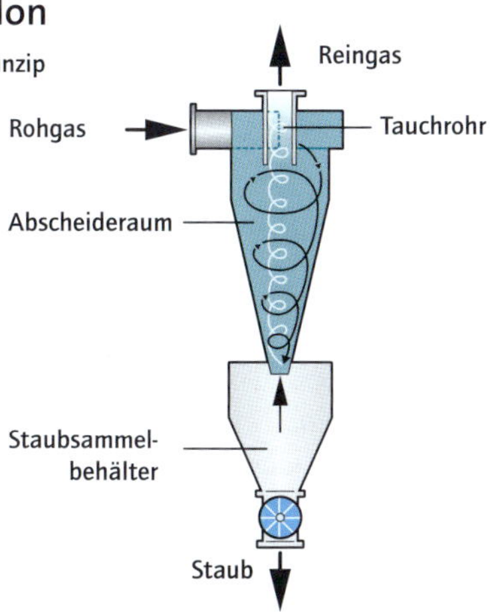

▸3 Einfacher Waschturm

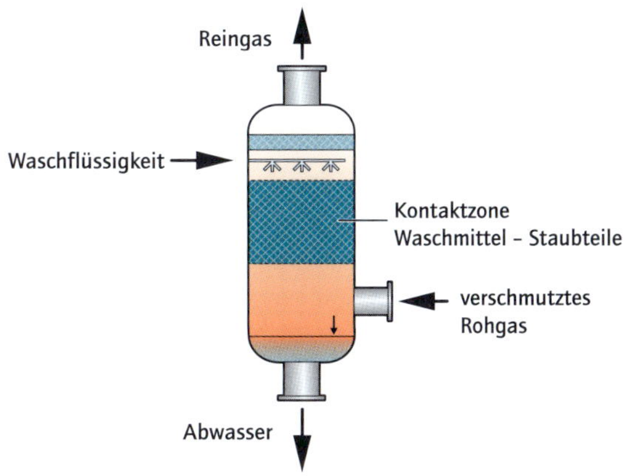

b Aufbau

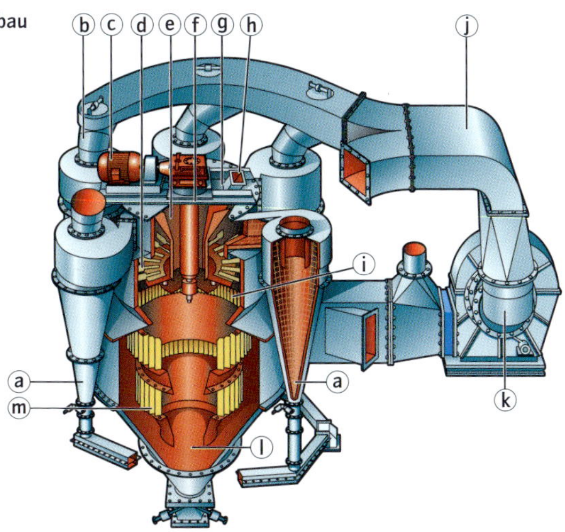

- ⓐ Zyklon
- ⓑ Luftsammlergehäuse
- ⓒ Motor
- ⓓ Zentrifuge
- ⓔ Ansaugkanal
- ⓕ Träger
- ⓖ Einlassstutzen
- ⓗ Zuleitung
- ⓘ Trennkammer
- ⓙ Wiederzulüfter
- ⓚ Ventilator
- ⓛ Rückstandssammelkasten
- ⓜ Lüftungslamellen

Luftreinhaltung durch Filter

Es gibt eine Reihe technischer Vorrichtungen, um Feststoffe aus Gasen abzuscheiden, die nach verschiedenen physikalischen Prinzipien arbeiten. Die Wahl hängt von der Trennaufgabe ab. Kriterien sind die Art der zu trennenden Stoffe, der gewünschte Abscheidegrad, ferner der Teilchengrößenbereich und der Volumenstrom (→ Luftreinhaltung durch Abscheider).

Die **Filtration** eignet sich im industriellen Einsatz für einen großen Bereich zum Abscheiden fester Teilchen. Besonders wichtige Filter sind Gewebeabscheider aus Textilien wie Geweben, Filzen oder Vliesstoffen. Während der Anlaufphase scheiden Trägheits- und Diffusionskräfte Staub an den Filterfasern ab. Doch rasch ist Siebung der beherrschende Abscheidemechanismus. Ihre höchste Wirkung erreichen Gewebeabscheider dann, wenn die Poren des Filtermaterials zu hohem Grad vom Staub verschlossen sind.

Speicherfilter und Abreinigungsfilter ▸1

Nach dem wirksamen Prinzip lassen sich Faserfilter in Speicherfilter und Abreinigungsfilter unterscheiden. Speicherfilter nutzen die **Tiefenfiltration**, d.h. die Teilchen werden im Innern des Filters festgehalten. Dieses Prinzip lässt sich bei geringem Staubgehalt anwenden (z.B. in der Klimatechnik). Abreinigungsfilter dagegen verbleiben nur kurz in einer Phase der Tiefenfiltration und wirken dann als **Kuchenfilter**. Hier bildet der abgeschiedene Stoff über dem Filtermedium eine immer dickere Schicht, den Filterkuchen, der für die Abtrennung der Partikel sorgt. Sie werden im industriellen Bereich eingesetzt, wenn hohe Staubbeladungen zu bewältigen sind.

In **Speicherfiltern** setzt man Fasermatten aus Glas- oder Kunststofffasern als Filtermedien ein. Für Feinstaub liegt der Faserdurchmesser bei 0,001 mm (ein menschliches Haar ist etwa 60-mal so dick) und die Dicke der Fasermatte bei 1 mm. Für andere Stäube verwendet man 30 mm dicke Matten aus Fasern von 0,1 mm Stärke. Die Anströmgeschwindigkeiten liegen zwischen 0,1 m/s und 3 m/s. Sind die Filter mit Staub gesättigt, werden sie meist ersetzt, teils auch mit Flüssigkeit oder Luft gereinigt.

Die **Abreinigungsfilter** bestehen meist aus Vlies oder Filz. Die Faserdurchmesser liegen zwischen 0,005 mm und 0,03 mm, die Dicke der Filtermittel beträgt 1,5 mm bis 3 mm. Die Fasern bestehen meist aus Kunststoff, aber auch Glas, Mineralien oder Metalle werden eingesetzt. Solche Nadelfilze sind dann hitzefest (z.T. bis 1000 °C, wichtig z.B. für die Rauchgasreinigung) und teilweise auch chemisch beständig. In besonderen Fällen setzt man auch Membranen ein. Sie sind in der Lage, sogar noch Mikroorganismen aus dem Gasstrom abzuscheiden. Die Anströmgeschwindigkeiten liegen bei Abreinigungsfiltern zwischen 0,005 m/s und 0,1 m/s. Das Prinzip der Kuchenfiltration bringt es mit sich, dass mit anwachsender Dicke der Staubschicht der Druckverlust zunimmt. Um ihn zu begrenzen, muss man daher die Staubschicht immer wieder entfernen (abreinigen). Je nach Abscheidegrad ist manchmal schon nach wenigen Minuten ein Abreinigen der Filter notwendig.

Schlauchfilter ▸2 ▸3 ▸4

Eine der wichtigsten Bauarten von Abreinigungsfiltern sind Schlauchfilter. Bei Schlauchfiltern sind **Filterschläuche** über Stützkörben angeordnet, die von außen nach innen durchströmt werden (Abb. 2 und 3). Der Staub lagert sich auf dem zylindrischen Filtermittel ab. Ab einem vorgegebenen Druckverlust kommt es zur Abreinigung mittels eines Systems von Druckluftdüsen. Durch einen Druckstoß wird die Staubschicht entfernt (**Druckstoßabreinigung** oder **Puls-Jet**). Der Staubgasstrom braucht dazu nicht unterbrochen zu werden. Die verwendeten Filterschläuche können Längen bis etwa 3 m haben, die Filterflächen liegen dann bei ca. 100 m^2. Für sehr große Gasvolumenströme werden aber auch Schlauchfilter mit mehr als 10000 m^2 Filterfläche verwendet. Als Abreinigungsverfahren kommt hier jedoch hauptsächlich die **Niederdruckrückspülung** zum Einsatz (Abb. 4), wobei Reinluft den Filter durchströmt. Der Abgasstrom muss dazu unterbrochen werden. Zur Entfernung von gasförmigen Schadstoffen aus dem Gasstrom können zudem vor dem Filter sogenannte Sorbentien (z. B. Aktivkohle) eingeblasen werden.

Dimensionierung von Filtern

Wie man einen Filter für eine konkrete Entstaubungsaufgabe zu dimensionieren hat, ist numerisch sehr schwer zu erfassen und wird oftmals von Experimenten und Erfahrung abgeleitet. Die Berechnung der Abscheideleistung von Faserfiltern ist vor allem deshalb nicht leicht, weil sich die Abscheidemechanismen selbst mit zunehmender Staubbeladung ständig verändern. So wird schon der Transport der Teilchen an die Oberfläche der Fasern von einer Reihe verschiedener Kräfte beeinflusst, namentlich durch Wiederstand, Trägheit und Schwerkraft. Doch auch elektrostatische Kräfte machen ihren Einfluss geltend. Sind die Teilchen hinreichend klein, kommt überdies molekulare Diffusion mit ins Spiel. Nach dem Transport der Teilchen ist schließlich auch noch deren Anhaftung von zahlreichen Parametern abhängig.

▸1 Reinigungsmechanismen von Faserfilter

a Tiefenfiltration

b Kuchenfiltration

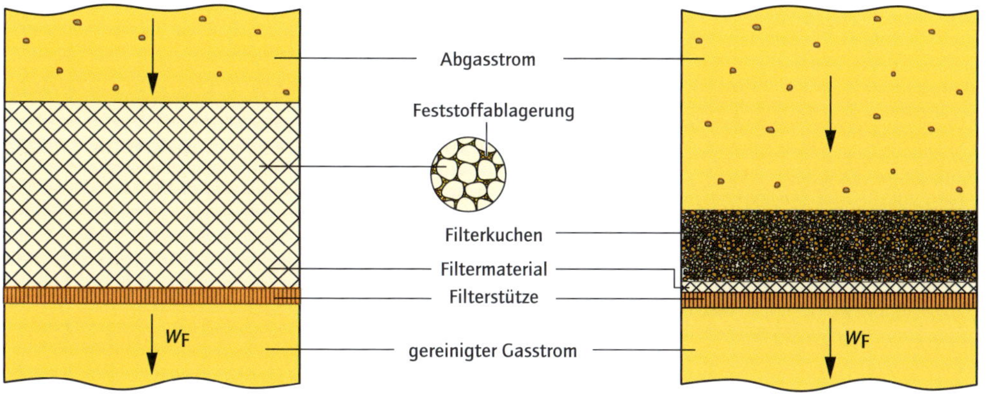

▸2 Schlauchfilter

a Aufbau des Staubkuchens auf dem Filtermedium

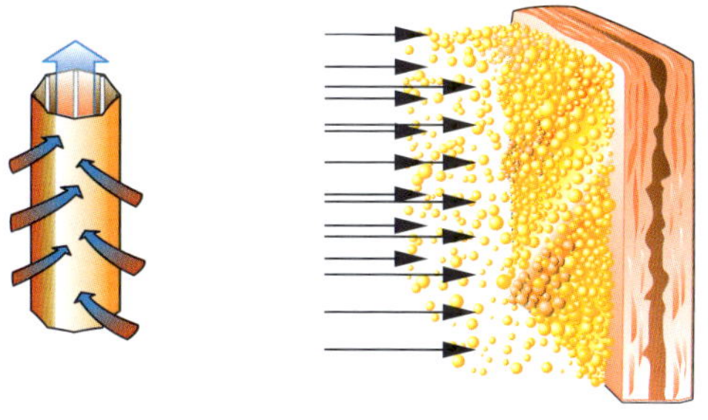

b Effektive Abreinigung

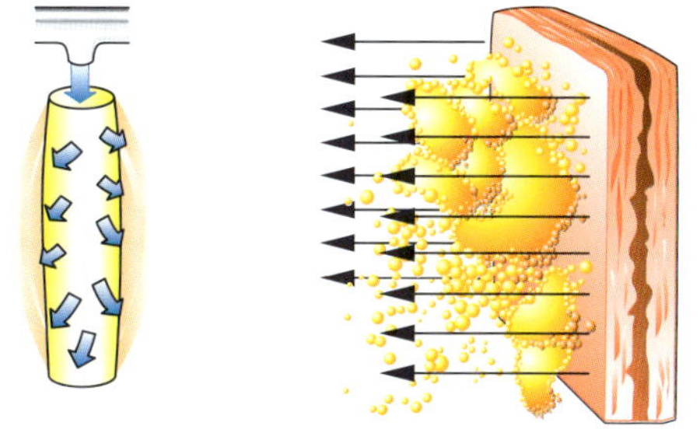

▸3 Filterschlauch

▸4 Abreinigung mit Niederdruckspülluft

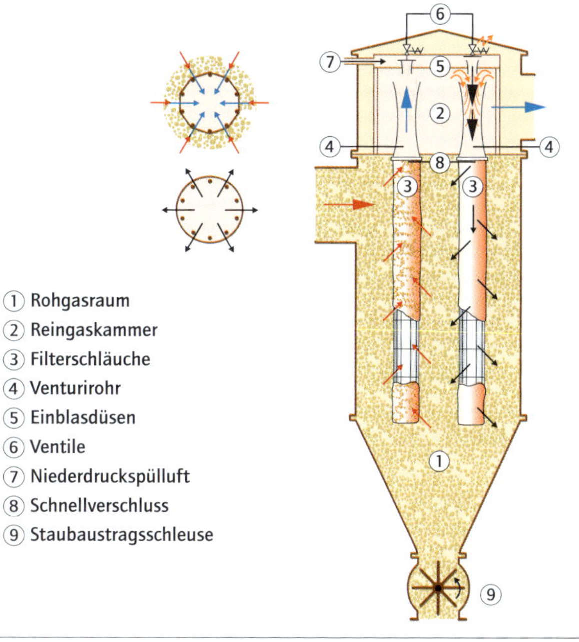

Thermische Abfallbehandlung

Verfahren zur thermischen Behandlung von Abfall sind Verbrennung und Pyrolyse. Je nach Art des Abfalls, z. B. Haus- oder Sondermüll, kommen unterschiedliche Techniken zum Einsatz. Ziel dieses Entsorgungswegs ist es, die großen Abfallmengen zu reduzieren und die darin enthaltenen Schadstoffe den Kreisläufen zu entziehen. Die entstehende Wärme lässt sich zugleich zur Stromerzeugung nutzen oder in Fernwärmenetze einspeisen. Deshalb sind viele Müllverbrennungsanlagen als Kraftwerke oder Heizkraftwerke ausgelegt (Abb. 1 und 2).

Am Ende einer thermischen Abfallbehandlung sollen alle Reststoffe oxidiert und mineralisiert sein. Dazu müssen die giftigen und problematischen Inhaltsstoffe, z. B. Fluor, Chlor, Schwefel und Schwermetalle sowie deren Verbindungen, freigesetzt und anschließend aus den Abgasen abgeschieden werden. Zudem entstehen während und nach dem Verbrennungsprozess neue Schadstoffe wie Stickoxide oder Dioxine, die ebenfalls eliminiert werden müssen. Schließlich sollen die im Prozess anfallenden Reststoffe so beschaffen sein oder aufbereitet werden, dass sie verwertbar sind.

Feuerungssysteme für die Verbrennung

Technisch kommen verschiedene Feuerungsarten in Betracht (→Feuerungsanlagen). Besonders für Hausmüll sind **Rostfeuerungsanlagen** verbreitet. Sie sind sehr robust, eignen sich allerdings für feinkörnige und flüssige Abfälle nicht so gut. Die **Wirbelschichtfeuerung** dagegen hat mit feinkörnigen Reststoffen wie Klärschlamm keine Probleme. Ferner können die Abgase durch Zugabe von Kalk direkt gereinigt werden. Sie ist allerdings weniger robust. Gerade darin zeichnet sich der **Drehrohrofen** besonders aus, weshalb er für alle anfallenden Abfälle geeignet ist und selbst schlechteste Qualitäten akzeptiert. Er besteht aus einem leicht geneigten und sich drehenden feuerfest ausgekleideten Rohr, dessen Durchmesser bis über 4 m betragen kann. Beim Durchwandern des Rohres wird der Brennstoff ständig umgewendet. Drehrohröfen dienen häufig zur Verbrennung von Sondermüll. Für spezielle Aufgaben, z. B. Verbrennen flüssiger Reststoffe in der chemischen Industrie, verwendet man **Muffelöfen**, die indirekt beheizt werden. In fossil oder elektrisch betriebenen **Schmelzöfen** werden kontaminierte Reststoffe wie Galvanikschlämme verbrannt.

Im Prinzip könnten Abfälle, außer in eigens dafür ausgelegten Müllverbrennungsanlagen, auch in Kraftwerken, Industriefeuerungen oder Zementöfen verbrannt werden, wenn sie für die Reinigung der Rauchgase entsprechend ausgerüstet sind. Speziell in Drehrohröfen der Zementindustrie werden von Altreifen bis Altölen viele verschiedene Reststoffe verbrannt, hochtoxische Chemikalien eingeschlossen. Hohe Verweilzeiten von wenigstens 3 s bei Verbrennungstemperaturen über 1200 °C und die stark basischen Verhältnisse erlauben die Behandlung schadstoffbelasteter Abfälle. Die verbleibenden Substanzen wie Schwermetalle oder Chlor werden in den Zementklinker eingebunden.

Im Gegensatz zur Verbrennung laufen Verfahren wie die **Verschwelung** und **Vergasung** unter Ausschluss von Sauerstoff ab.

Pyrolyse und Schwel-Brenn-Verfahren ▸3

Kernstück der Pyrolyse ist eine rotierende, beheizte Schweltrommel. Der zerkleinerte Müll wird unter Luftabschluss auf 400 °C–700 °C erhitzt. Dabei zersetzt er sich in Schwelgas und Feststoffe. Das Schwelgas ist nach seiner Zusammensetzung ein **Biogas**, (allerdings mit Schadstoffen belastet) mit dem z. B. ein Blockheizkraftwerk betrieben werden kann. Die gasförmigen Schadstoffe müssen dann über die Rauchgasreinigung abgeschieden werden. Jene Feststoffe, die sich nicht verwerten oder aufbereiten lassen, kommen auf die Deponie.

Das Schwel-Brenn-Verfahren (die erste Anlage ging 1997 in Betrieb) kombiniert die Verschwelung mit einer nachgeschalteten Hochtemperaturverbrennung (Abb. 3). In der Konversionstrommel entsteht aus dem Müll ein energiereiches Gas, das unmittelbar in Wärme und Strom umgewandelt werden kann, und ein Reststoff. Der grobe Anteil enthält vor allem Metalle sowie Glas, Steine und Keramik, welche ebenfalls direkt verwertbar sind. Die verbleibende Feinfraktion enthält den gesamten festen Kohlenstoff, sie wird bei Temperaturen von rund 1300 °C verbrannt. Dabei werden alle organischen Schadstoffe zerstört. Die mineralischen Bestandteile laufen als flüssige Schlacke aus, die beispielsweise im Straßenbau verwendbar ist. Beim Abkühlen der Rauchgase auf rund 230 °C wird Wärme frei, mit der sich Dampf erzeugen und eine Dampfturbine antreiben lässt. Die Rauchgase können wie bei der Müllverbrennung gereinigt werden, indem man Elektrofilter, Nasswäscher, katalytische Entstickung und Flugstromreaktor kombiniert. Die entstehenden Schlämme und Rückstände sind als Sondermüll zu deponieren.

Pyrolyse und vor allem Schwel-Brenn-Verfahren sind flexibler als die herkömmliche Müllverbrennung, wenn die Abfälle von stark wechselnder Zusammensetzung sind und viel Wasser enthalten. Zudem fällt weniger Staub an.

▸1 Aufbau einer Müllverbrennungsanlage mit Stromerzeugung

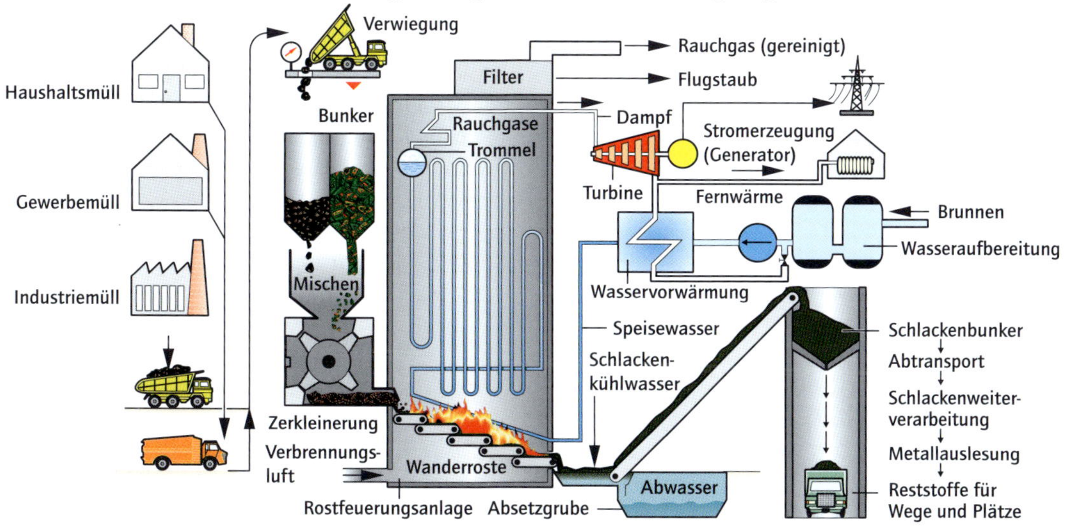

▸2 Müllverbrennungsanlage

▸3 Verfahrensschaubild der Schwel-Brenn-Anlage

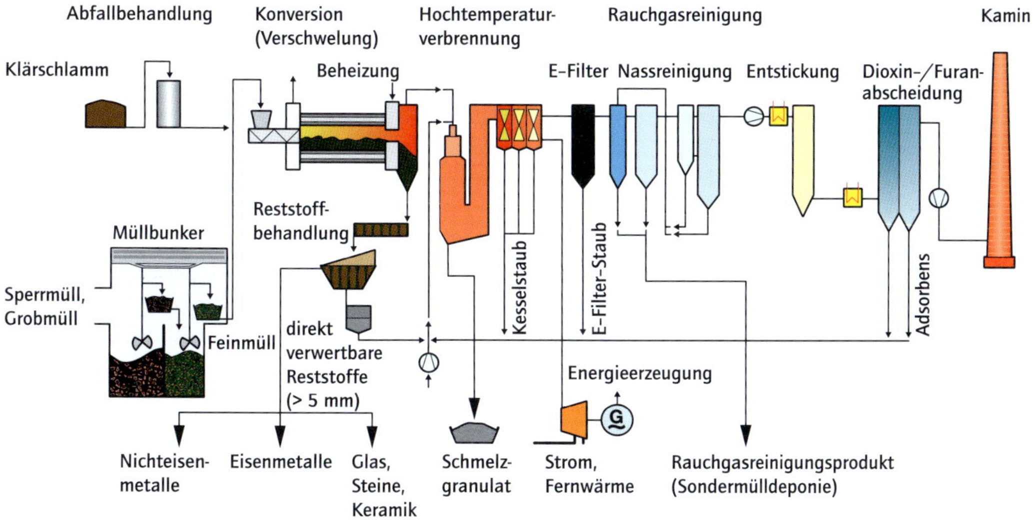

Werkstoffliches Kunststoffrecycling

Beim werkstofflichen Recycling bleibt die chemische Struktur der Werkstoffe vollständig erhalten; man spricht daher auch vom **materiellen Recycling**. Es geht also stets darum, die anfallenden Kunststoffabfälle geeignet in den Produktionskreislauf einzubinden und Kunststofferzeugnisse daraus herzustellen, wofür erst Granulate hergestellt werden (Abb. 1).

Werkstoffliches Recycling lässt sich problemlos mit Produktionsabfällen praktizieren, da sie sortenrein anfallen. Meist genügt hier Zerkleinern und erneutes Aufschmelzen. Ganz anders sieht es dagegen mit dem eigentlichen Kunststoffmüll aus, der in der Regel aus einem Gemisch verschiedener Sorten besteht und verschmutzt ist. Zusätzlich können sich die Materialeigenschaften durch unbekannte chemische und physikalische Einflüsse während des Gebrauchs verändert haben. Eine werkstoffliche Verwertung führt deshalb nicht unbedingt zu qualitativ ähnlichen Erzeugnissen wie die Ausgangsprodukte. Über mehrere Gebrauchszyklen kann diese Form des Recyclings schnell zum „**Downcycling**" werden, d. h. einer steten Verschlechterung der Sekundärrohstoffe. Daraus noch herstellbare Produkte wie Parkbänke oder Kunststoffleisten kann der Markt nicht unbegrenzt aufnehmen.

Sortier- und Trenntechniken ▸2

Der Schlüssel für eine optimale werkstoffliche Verwertung liegt im Zustand des Materials. Daher empfiehlt es sich, wann immer möglich, organisierte Systeme zur Rücknahme einzurichten. Nach technischem Aufwand für die Verwertung unterscheidet man drei Gruppen von Altkunststoffen:

- **Sortenreine Produktionsabfälle** sind handelstypspezifisch, d. h., sie sind definiert bis hin zur speziellen Sorte eines Herstellers. Waschen, Sortieren und Trocknen sind in der Regel nicht nötig.
- **Sortenähnliche Gewerbeabfälle** aus Industrie und Gewerbe entsprechen bestimmten Produktgruppen wie z. B. Polyethylen (PE), Polypropylen (PP) oder Polyvinylchlorid (PVC). Da diese Abfälle oft verschmutzt sind, kann man hier meist nur auf das Trennen verzichten.
- Bei den heterogenen und stark verdreckten **Abfällen aus dem Konsumbereich** wie dem Hausmüll sind viele Verfahrensschritte wie Trennen (Abb. 2) und Waschen nötig, um daraus sortenähnliche Granulate zu erhalten. Beim Verzicht darauf können die vermischten Altkunststoffe nur zu einfachen Formteilen umgeschmolzen werden.

Es gibt zwei Klassen von Verfahren zum Trennen und Sortieren der Abfälle. Die **Makrotrennung** unterscheidet die Produkte, sortiert also z. B. Flaschen, Becher und andere Formen nach der Gestalt, sei es über Bildverarbeitung oder manuell. Auch optische Methoden kommen zum Einsatz, ebenso wie Drehteller und Bänder, die Schwer- und Zentrifugalkräfte für diesen Zweck nutzen. Die zweite Klasse hingegen sortiert erst die aufgemahlenen Produkte. Diese **Mikrotrennung** ist deutlich effektiver als die Makrotrennung, aber auch apparativ aufwendiger. Eine ganze Reihe von physikalischen Trennmethoden kommen zum Einsatz oder sind im Versuchsstadium. So kann man nach der Dichte klassieren, sei es mit Hydrozyklonen, d. h. Zyklonen (→ Luftreinhaltung durch Abscheider) für Flüssigkeiten, oder in Schwimm-Sink-Behältern. Auch die Geometrie (Größe) kann als Trennparameter dienen, z. B. bei Windsichtern, bei denen ein vertikal nach oben geleiteter Luftstrom alle Teilchen mit sich fortführt, deren Fallgeschwindigkeit kleiner als die Aufwärtsgeschwindigkeit der Sichtluft ist.

Verfahrensablauf ▸3

Beim materiellen Recycling (Abb. 3) verschmutzter und vermischter Kunststoffabfälle wird der Abfall von Vorzerkleinerern und Schneidmühlen zerstückelt. Mit Sieben lässt sich die gewünschte Größe einstellen, z. B. Stücke von 10 mm. Diese kommen dann zum Waschen in ein Trommelsieb und durchlaufen eine Waschstrecke. Anschließend werden die Stücke nochmals zerkleinert. In der ersten Trennstufe wird weiterer Schmutz durch Scherkräfte beseitigt. Im Schwimm-Sink-Scheider werden die Polyolefine (Gemische von Kohlenwasserstoffen) von der absinkenden Schwerfraktion getrennt. Diese enthält vor allem Polystyrol (PS), PVC und weitere Verunreinigungen. Die Polyolefinfraktion wird danach getrocknet und granuliert, die Schwerfraktion im Hydrozyklon in eine PS- und eine PVC-Fraktion separiert. Nahezu sortenreine Fraktionen sind das Resultat, die anschließend als Rohstoff wieder zur Verfügung stehen.

Recycling von Duromeren

Verwertung durch Umschmelzen scheidet für Duromere (→ Kunststoffe) aus, da es vernetzte und nicht thermoplastisch verformbare Kunststoffe sind. Im Prinzip lassen sich Bauteile aus glasfaserverstärkten Duromeren aufmahlen und der Neuproduktion anteilig zuschlagen. Polyurethane können fein gemahlen als Rezyklat anteilig in der Herstellung wieder verwendet oder als Partikel mit einem Bindemittel zu Folien und Platten verarbeitet werden.

▸1 Produkt der Altkunststoffverwertung

Kunststoffgranulat

▸2 Prinzip einer Sortieranlage für Abfälle aus dem »gelben Sack«

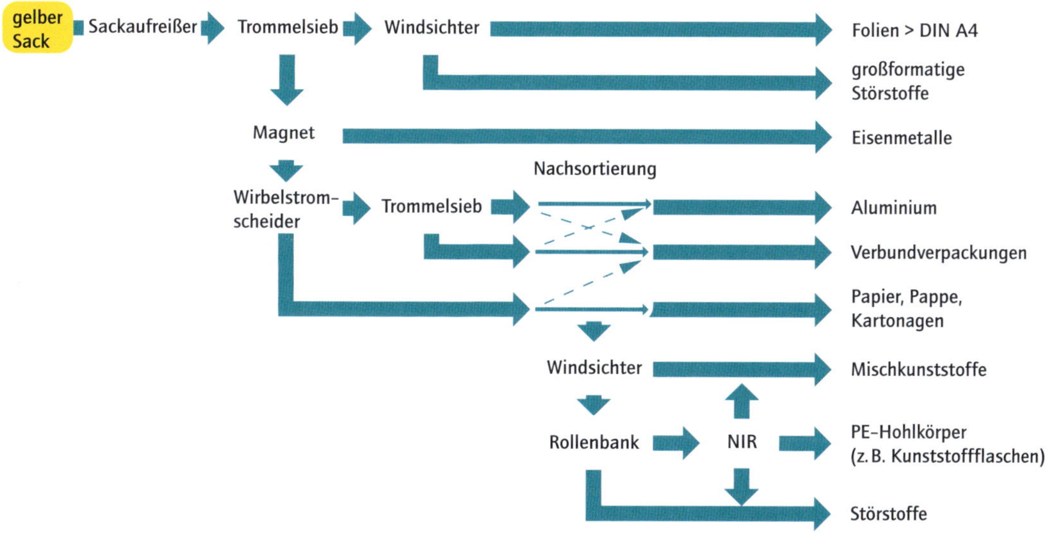

▸3 Schema einer werkstofflichen Altkunststoffaufbereitung

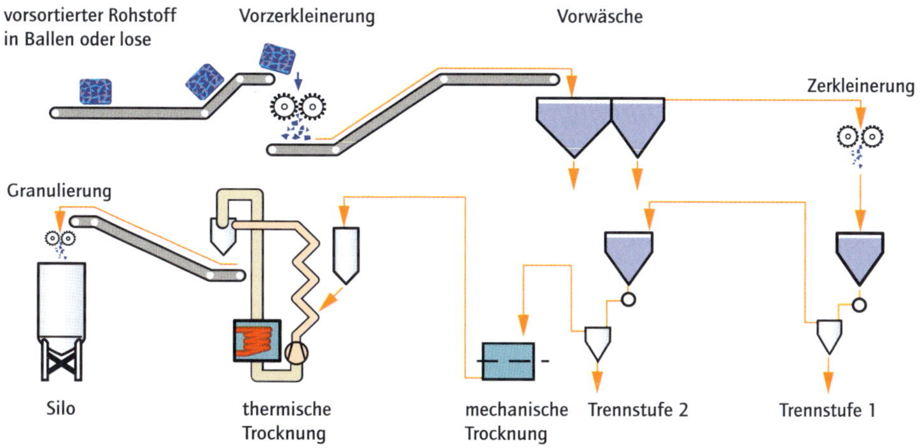

Rohstoffliches Kunststoffrecycling

Während das werkstoffliche Recycling von Kunststoffen ein physikalisches Verfahren ist, handelt es sich beim rohstofflichen um ein chemisches Verfahren. Im Gegensatz zur thermischen Verwertung (Verbrennen mit energetischer Nutzung) ist es aber dennoch eine stoffliche Verwertung. Es verwandelt hochmolekulare Kunststoffabfälle in niedermolekulare Stoffe, die erneut in die Synthesewege der Chemie eingeführt werden können. Dies ist besonders interessant für sehr inhomogene und stark verschmutzte Kunststoffabfälle. Wo eine werkstoffliche Verwertung also nicht sinnvoll durchführbar ist, bietet die rohstoffliche Verwertung von Altkunststoffen eine weitere Möglichkeit der stofflichen Verwertung.
Unter den zahlreichen Verfahren ragen zwei Klassen heraus:

- **Petrochemische Verfahren** spalten Polymere statistisch zu niedermolekularen Produkten (einer Mischung aus verschiedenen und unterschiedlich langen Kettenmolekülen), die als Gase oder Flüssigkeiten anfallen. Aus ihnen lassen sich dann entweder Monomere herstellen, oder sie dienen als Sekundärrohstoffe in der Petrochemie.
- **Solvolytische Verfahren** dienen dagegen zur gezielten Rückspaltung in niedermolekulare Stoffe. Sie können aufgearbeitet und erneut polymerisiert werden, fließen also wieder in die Herstellung von Kunststoffen ein.

Aus der Petrochemie bekannte Verfahren werden vor allem bei Polyolefinen verwendet, der Menge nach die wichtigste Gruppe. Die Wahl der Aufbereitung hängt davon ab, wie der Altkunststoff danach als Sekundärrohstoff genutzt werden soll. Bei den meisten Verfahren sorgt dabei die Zufuhr von Wärme für das Aufbrechen der Bindungen in den Polymerbindungen.

Petrochemische Verfahren ▸1 ▸2

In der **Pyrolyse** wird organisches Material weitgehend unter Luftabschluss zersetzt. Es gibt eine ganze Reihe solcher Verfahren zum Verschwelen oder Verkoken, unterschieden vor allem nach dem Temperaturbereich und den Produkten, die als Ausgangsstoffe dienen bzw. am Ende entstehen. Das gängigste Verfahren ist die Pyrolyse in einem Drehrohrofen bei Temperaturen von 400–700 °C (→ thermische Abfallbehandlung). Die Pyrolyse eignet sich für Thermoplaste, Duromere und Elastomere. Die Kunststoffabfälle dürfen vermischt und verschmutzt sein (Abb. 1). Der Rohstoff wird bei der Umsetzung in vier Produktfraktionen (Gase, Öle, Teere und Koks) zerlegt.
Bei der **Hydrierung** werden Kohlenstoffbindungen bei hohen Temperaturen und Drücken in einer Wasserstoffatmosphäre gespalten. Die entstehenden Spaltprodukte sind reaktiv und werden bei Anlagerung von Wasserstoff durch Hydrierreaktionen abgesättigt. Die entstehenden stabilen Moleküle sind wie Benzin oder Mittelöle einsetzbar.
Ein Verfahren, das auf der klassischen Kohleverflüssigung aufbaut, arbeitet vereinfacht wie folgt (Abb. 2): Das Gemisch aus Kunststoffabfall, Vakuumrückstandsöl aus der Erdölverarbeitung und Additiven wird auf 300 bar verdichtet und ca. 490 °C aufgeheizt. Dann werden erhitzter Wasserstoff und Kreislaufgas sowie Neutralisationsmittel für die entstehende Salzsäure vor der Hydrierung zugemischt. Die erste Hydrierstufe enthält drei in Reihe angeordnete Sumpfphasenreaktoren. Das Produkt des Letzten kommt in einen Heißabscheider, der es in die gasförmigen, flüssigen und festen Bestandteile auftrennt. Vakuumdestillation fraktioniert flüssige Phase und Feststoffe in das Vakuumgasöl und den festen Hydrierrückstand. Die gasförmige Fraktion des Heißabscheiders und das in den Kreislauf zurückgeführte Vakuumgasöl werden durch katalytische Gasphasenhydrierung in Flüssigprodukte verwandelt, die anschließend vom Restgas getrennt und stabilisiert werden. Die entstandenen synthetischen Öle (Syncrude) können in Raffinerien weiterverarbeitet werden.

Solvolytische Verfahren

Technische Kunststoffe wie Polyester, Polyamide oder Polyurethane lassen sich durch Einwirkung von Chemikalien hoch selektiv zu niedermolekularen Stoffen (meist Monomere) spalten. Je nach den benutzten Spaltchemikalien unterscheidet man verschiedene Typen: **Hydrolyse** (Wasser), **Alkoholyse** (Methanolyse einwertiger Alkohole, Glykolyse mehrwertiger Alkohole) und **Acidolyse** (Säure).

Hochofenprozess ▸3

Einen dritten stofflichen Verwertungsweg bietet der Hochofen (Abb. 3). Dem Eisenerz wird durch Reduktion bei Reaktion mit einem Gas, das reduzierende Verbindungen wie Wasserstoff enthält, Sauerstoff entzogen. Meist erzeugt man das Reduktionsgas aus Koks oder Öl, aber auch Kunststoffabfälle lassen sich dabei einsetzen. Sie werden dem Hochofen von unten zugeführt. Bei Temperaturen von mehr als 2000 °C entsteht ein Synthesegas. Im Aufsteigen reduzieren dessen Bestandteile Wasserstoff und Kohlenmonoxid das Eisenerz. Die noch verbleibenden brennbaren Anteile werden nach Verlassen des Hochofens thermisch genutzt. Anders als bei der reinen Verbrennung nutzt die Reduktion rund die Hälfte des Energieinhalts als chemische Energie.

▸1 Petrochemische Altkunststoffumwandlung

a Grundstoff: gemischte, ungewaschene, kompaktierte Altkunststoffe

b Pilotanlage

▸2 Verfahrensfließbild einer Hydrierung

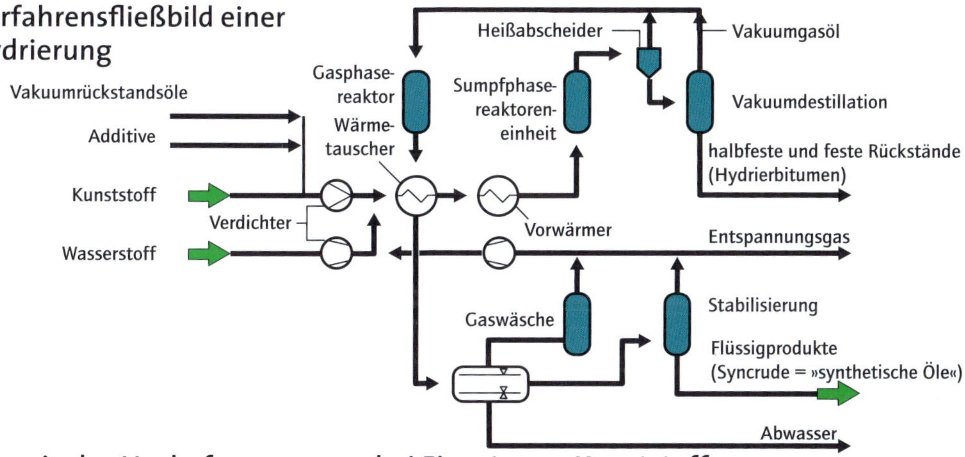

▸3 Chemie des Hochofenprozesses bei Einsatz von Kunststoffen als Zusatzreduktionsmittel

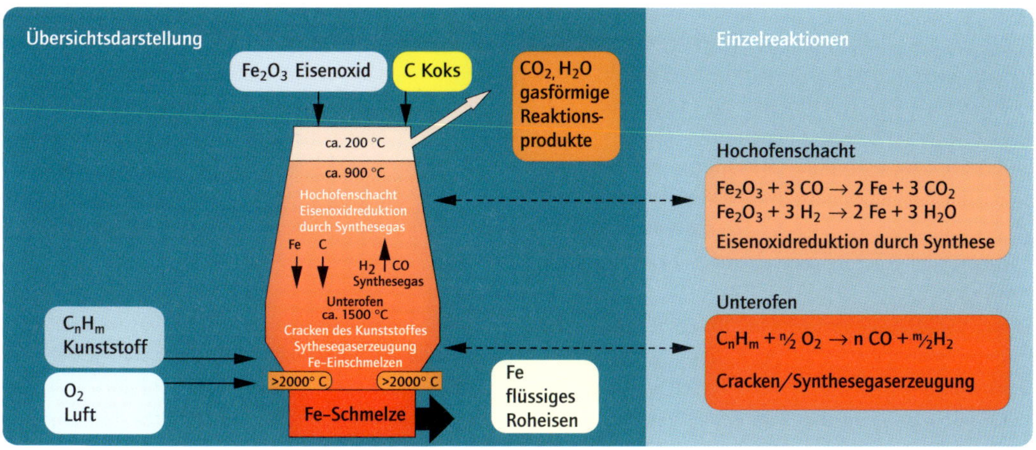

Abwasserbehandlung

Abwässer müssen gereinigt werden, bevor man sie in offene Gewässer einleiten kann. Auf welche Weise das geschieht und wie die Kläranlagen auszulegen sind, das hängt von der Art der Abwässer ab. Hausabwässer sind vor allem mit organischen Verschmutzungen und gelösten Stoffen belastet. Abwässer aus Industrie und Gewerbe sind dagegen gewöhnlich zwar stark, aber einseitig verschmutzt, z. B., je nach Art des Betriebes, mit mineralischen Stoffen oder organischen Substanzen. Säuren und Laugen treten ebenso auf wie hohe Temperaturen und Färbungen. Kommunales Abwasser ist eine undefinierte Mischung aus Haus- und Industrieabwasser. Durch die unterschiedliche Zusammensetzung kann eine Klärung eventuell schwieriger sein als bei einem hochgiftigen Industrieabwasser, dessen Beschaffenheit man genau kennt.

Kläranlagen ▸1 ▸2 ▸3

Abwasser transportiert Schmutz von ganz unterschiedlicher Beschaffenheit. Man muss also verschiedene Techniken kombinieren, um ihn möglichst umfassend zu entfernen. Dazu durchläuft der Abwasserstrom mehrere Stufen, in denen die verschiedenen Inhaltsstoffe entfernt werden (Abb. 1). Eine Kläranlage unterteilt sich meist in folgende Reinigungsstufen: mechanische, biologische und eventuell chemische.

Die grobe **mechanische Reinigung** entfernt die Sperr- und Sinkstoffe. Häufig befinden sich hinter dem Abwasserzulauf Schneckenhebewerke (1), die das Abwasser auf ein höheres Niveau fördern. Von dort läuft es in die Rechenstation, wo Grob- und Feinrechen (3, 4) Sperrstoffe wie Büchsen, Fruchtschalen oder Papier zurückhalten. Schwere Sinkstoffe wie z. B. Sand nimmt der anschließende Sandfang (7) auf. Diesem Becken ist seitlich ein zweites angelagert, wo Fette und Öle abgeschieden werden. Absetzbare Feststoffpartikel wie Speisereste setzen sich dann im Vorklärbecken (26) ab, ebenfalls unter dem Einfluss der Schwerkraft. Dort verweilen die Abwässer etwa anderthalb bis zwei Stunden. Den anfallenden Schlamm (9) fördern Pumpen (11) von dort zur Schlammbehandlung.

Die anschließende **biologische Reinigung** holt gelöste, organische und nicht absetzbare Schwebstoffe heraus. Mit geeigneten Bakterienstämmen lässt sich das mechanisch gereinigte Abwasser weiter klären. Man unterscheidet dabei zwischen **aeroben** und **anaeroben Reinigungsverfahren**, d. h. Verfahren mit oder ohne Sauerstoffzufuhr. Bei der anaeroben Reinigung ist die Abbaugeschwindigkeit wesentlich geringer, allerdings muss kein zusätzlicher Sauerstoff zugeführt werden. In beiden Fällen werden hochmolekulare Stoffe in niedermolekulare wie Wasser und Kohlendioxid umgewandelt. Dabei lassen sich gelöste Stoffe wie Zucker oder Harn abbauen. Auch Krankheitserreger werden in biologischen Reinigungsanlagen weitgehend entfernt, vollständig abgetötet aber nur bei Zusatz von Entkeimungsmitteln. Beim **Belebtschlammverfahren** (36) wird das Abwasser mit Bakterienschlamm versetzt, der durch Gebläse belüftet wird und im Nachklärbecken (33; Abb. 2) sedimentiert. Eine Alternative zum Belebtschlammbecken sind hohe geschlossene Tanks (Abb. 3), in denen über spezielle Injektoren feinste Luftbläschen erzeugt und dem mit aeroben Bakterien versetztem Abwasser zugeführt werden. Vorteile sind der geringere Platzbedarf, die geringere Geruchsbelästigung und die bessere Umsetzung.

Bei der **Schlammbehandlung** wird der in den Absetzbecken (Vor- (26) und Nachklärbecken (33)) anfallende Schlamm voreingedickt (13) und im Faulturm (16) bei etwa 35 °C durch anaerobe Bakterien ausgefault. Das dabei anfallende Faulgas (etwa 65 % Methan und 35 % Kohlendioxid) lässt sich z. B. zum Beheizen der Faulräume verwenden. Man kann es aber auch in eine Gasversorgung einspeisen oder über einen Gasmotor Strom damit erzeugen. Der verbleibende Faulschlamm wird unter Luftabschluss bei ca. 200 °C und 20 bar konditioniert und dann nochmals eingedickt (21), bevor er gepresst (19) wird. Derzeit werden in Deutschland ca. 25 % des Klärschlamms als Dünger in der Landwirtschaft und 17 % im Landschaftsbau eingesetzt, der Rest wird verbrannt.

Industrielle Abwässer

Die Reinigung industrieller Abwässer kann je nach Art und Grad der Verunreinigung zusätzliche Reinigungsstufen erforderlich machen. Hier kommen chemische Fällungs- und Flockungsmittel zum Einsatz sowie Neutralisationsmittel, um allzu saure und zu stark basische Abwässer zu neutralisieren. Industrieabwässer, die giftige Substanzen enthalten, müssen vor dem Einleiten in eine biologische Kläranlage entgiftet werden, da sie sonst die Bakterien ausschalten würden. Hierfür kommen chemische Umsetzungen infrage sowie die Entgiftung mittels Ionenaustauschern.

Neben die klassischen Reinigungsverfahren ist bei Produktionsabwässern in den letzten Jahren verstärkt die Wiederaufbereitung getreten, zumal sie auch ökonomische Vorteile bietet. Dafür sind Umkehrosmose und Ionenaustauscher ebenso einsetzbar wie Mikro- und Ultrafiltration.

▸1 Aufbau einer Kläranlage

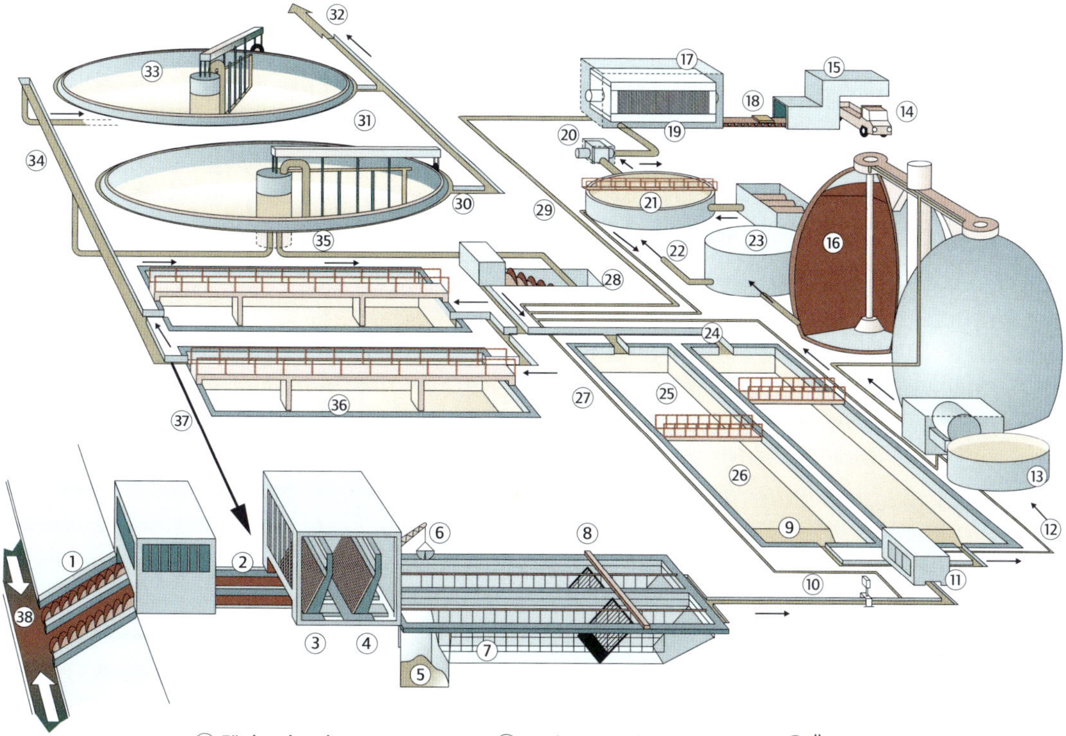

1. Förderschnecke
2. Einlaufhebewerk
3. Grobrechen
4. Feinrechen
5. Sandgrube
6. Sand
7. Sandfang mit Belüftung
8. Sandräumer
9. Schlammsammelraum
10. Ablauf zur Vorklärung
11. Schlammpumpwerk
12. Schlamm
13. Voreindicker
14. Trockengutverladung
15. Zerkleinerer
16. Faulbehälter
17. Schlammentwässerung
18. Filterkuchen
19. Filterpresse
20. Hochdruckpumpe
21. Nacheindicker
22. Heizgas
23. Gasbehälter (Methan)
24. Ablauf
25. Räumer
26. Vorklärbecken
27. Überschussschlamm
28. Rücklaufschlammhebewerk
29. Filtrat- u. Restwasserrücklauf
30. Ablaufrinne
31. Rundräumer
32. Ablauf
33. Nachklärbecken
34. Verteiler
35. Rücklaufschlammleitung
36. Belebungsbecken
37. Belebtschlammrücklauf
38. Rohabwasser

▸2 Belebungsbecken

▸3 Bioreaktoren zur Abwasserreinigung

Kunststoffe

Kunststoffe sind aus organischen Verbindungen (Basiselement Kohlenstoff) bestehende Werkstoffe. Als Ausgangsstoffe dienen Erdöl, Erdgas oder Kohle. Durch verschiedene Verfahren werden aus einfachen Molekülen langkettige Moleküle (**Makromoleküle**) mit verschiedenartigen Strukturen aufgebaut. Je nach Stuktur unterscheidet man die drei Kunststoffarten: Duroplaste, Thermoplaste und Elastomere.
Zu den wichtigsten Eigenschaften zählen: geringe Dichte (0,9–2,0 kg/dm^3), geringe Wärmeleitfähigkeit, sehr gute chemische Beständigkeit und, dass sie elektrische Isoliereigenschaften aufweisen.

Kunststoffarten ▸1

Duroplaste bestehen aus langfädigen, engmaschig vernetzten Kunststoffmolekülen (Abb. 1a). Als Ausgangsstoffe dienen meist Epoxid-, Polyurethan- oder Polyesterharze, die bei der Herstellung flüssig oder pulverförmig vorliegen. Unter der Wirkung eines Härters und/oder durch Wärme und Druck verbinden sich die Makromoleküle an vielen Stellen. Beim Aushärten entsteht ein engmaschiges Netz (**Duro = Hart**). Duroplaste lassen sich durch Erwärmen nicht mehr erweichen, sondern zersetzen sich ab einer bestimmten Temperatur. Es entstehen reine oder im Verbund mit anderen Stoffen (Glas-, Kohlefaser) sehr feste und langlebige Produkte. Es werden z. B. Boote, Gehäuse und Karosserieteile aus glasfaserverstärktem Kunststoff (GFK) hergestellt. Besonders feste Verbindungen, die die Festigkeit von Stählen erreichen, werden aus carbonverstärktem Kunststoff hergestellt (z. B. Kolbenpleuel für Rennwagen; → Verbundwerkstoffe).
Thermoplaste sind Kunststoffe, die ebenfalls aus sehr langen Molekülketten bestehen, aber gegenseitig keine Verbindungen und Vernetzungen eingehen (Abb. 1b). Bei normalen Temperaturen sind die Moleküle sehr eng verschlungen, der Kunststoff ist fest. Über einer bestimmten Temperatur (z. B. bei Polyethylen [PE] über 115 °C) werden die Kunststoffe erst teigig-verformbar und schließlich flüssig. Thermoplaste (**Thermo = Wärme**) lassen sich warm verformen, extrudieren, schweißen, pressen und gießen, wodurch sie kostengünstig zu verarbeiten sind. Weil zudem viele Thermoplaste Eigenschaften für viele verschiedene Verwendungszwecke bieten, stellen sie die meistverwendete Kunststoffart dar.
Elastomere bestehen aus Makromolekülen, die verknäult und an wenigen Stellen miteinander vernetzt sind (Abb. 1c). Aus diesem Grund sind diese Werkstoffe (z. B. Styrol- und Acryl-Butadien-Gummi, Silikongummi) außergewöhnlich elastisch. Man kann den Werkstoff um ein Vielfaches seiner Ausgangslänge auseinanderziehen und er zieht sich immer wieder auf das Ausgangsmaß zurück. Dieses Gummiverhalten ändert sich auch nicht bei Erwärmung. Vielen Kunststoffteilen werden Gummianteile zugemischt, um sie weniger zerbrechlich (schlagzäher) zu machen (z. B. Telefongehäuse aus Polystyrol [PS] mit Butadienanteilen).

Verarbeitungsverfahren ▸2 ▸3

Thermoplaste werden in rein physikalischen Verfahren verarbeitet (Abb. 2). Das Formteil (Produkt) wird allein durch Umformen und Erstarren von zuvor aufgeschmolzenem Kunststoffgranulat oder -pulver hergestellt. Das Granulat oder Pulver wird in einem Extruder, der mit einer regelbaren Heizung versehen ist, aufgeschmolzen. Durch Dreh- und/oder Vorwärtsbewegungen der Extruderschnecke wird der aufgeschmolzene Kunststoff gleichmäßig (kontinuierlich) oder stoßweise (diskontinuierlich) dem weiterverarbeitenden Werkzeug zugeführt. Die wichtigsten weiterverarbeitenden Verfahren sind: Extrusion, Spritzgießen, Hohlkörperblasen, Folienblasen und Pressen.
Bei der **Extrusion** wird die Kunststoffschmelze gleichmäßig durch ein Werkzeug mit formgebender Öffnung gedrückt. Auf diese Art werden z. B. Rohre, Profile oder Stäbe hergestellt (Abb. 3). Beim **Spritzgießen** wird die Kunststoffschmelze unter hohem Druck portionsweise durch eine Düse in ein geschlossenes Werkzeug gespritzt, das zur Formgebung dient. Beim **Hohlkörperblasen** oder **Blasenformen** (auch als Extrusionsblasen bezeichnet) wird ein zuvor extrudiertes Schlauchstück im plastischen Zustand innerhalb des formgebenden Werkzeuges mithilfe von Druckluft aufgeblasen und gegen die Innenwände gedrückt. Es entstehen so Hohlkörper wie Flaschen oder Kanister. Zur Herstellung von Schlauchfolien, die zu Beuteln oder Folien weiterverarbeitet werden können, dient das **Folienblasen**. Dabei wird die Kunststoffschmelze kontinuierlich durch eine im Werkzeug befindliche Ringdüse gedrückt. Aus dem Werkzeug strömende Druckluft bläst den dünnwandigen Schlauch auf. Beim **Pressen** wird die Kunststoffschmelze portionsweise in ein Presswerkzeug gespritzt, wo sie unter hohem Druck geformt wird. Pressen dient zur Herstellung größflächiger, oftmals mit Matten oder Vliese verstärkter Teile.
Neben diesen Verfahren sind noch das **Kandalieren** (Herstellung von Folien aus plastischem Kunststoff durch Walzen) und das **Schäumen** (Einbringen von Luftteilchen in den Kunststoff) von großer Bedeutung.

▸1 Molekülstruktur verschiedener Kunststoffarten

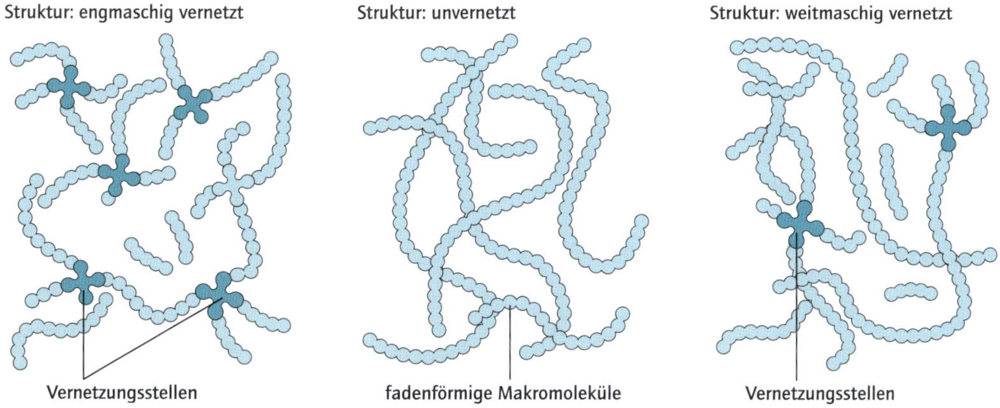

a Duroplaste b Thermoplaste c Elastomere

▸2 Grundschema verschiedener Kunststoffverarbeitungsverfahren

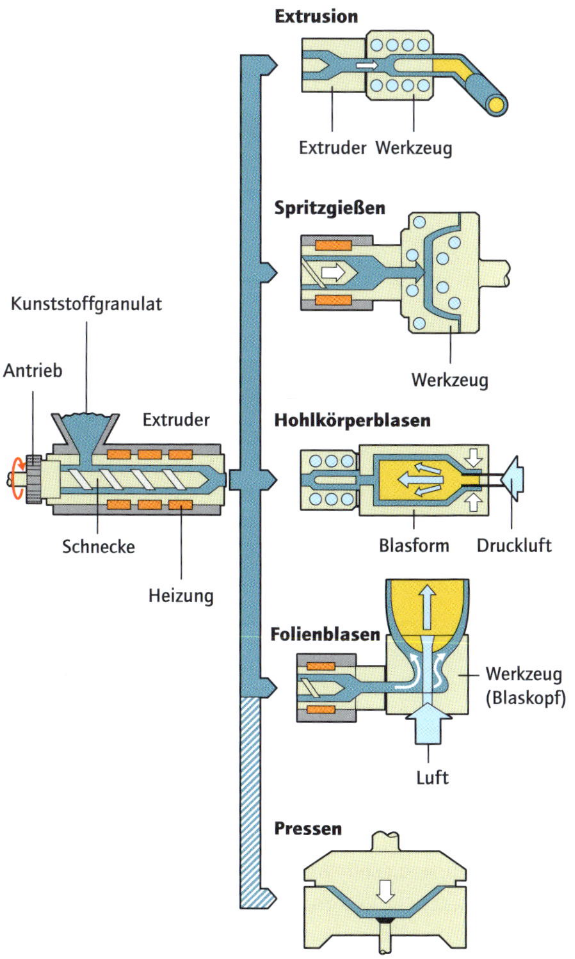

▸3 Extrusion von Kunststoffstäben

Biokunststoffe

Da sich viele konventionelle Kunststoffe durch Deponierung oder Verbrennung nur problematisch entsorgen lassen und sie nur beschränkt recycelbar sind, gewinnen sogenannte Biokunststoffe zunehmend an Bedeutung. Dahinter verbirgt sich zweierlei: Einerseits fallen biologisch abbaubare oder kompostierbare Kunststoffe unter diesen Oberbegriff; andererseits sind damit polymere Werkstoffe gemeint, die nicht aus Erdölprodukten, sondern auf der Basis nachwachsender Rohstoffe hergestellt werden.

Biologisch abbaubare Kunststoffe ▸1 ▸2 ▸3

Beim biologischen Abbau werden die Molekülketten dieser Kunststoffe durch Bakterien, Pilze, Hefen oder Algen gespalten und vollständig zu Kohlendioxid, Wasser und Methan (CO_2, H_2O und CH_4) umgesetzt. Diese Vorgänge sollen nicht länger als etwa ein Jahr dauern. Für Produkte, die zudem als kompostierbar gelten, darf die Zeit des Abbaus nicht die Dauer des Kompostiervorganges überschreiten. Im weiteren Sinne zählt man auch den fotochemischen Abbau durch Licht (UV-Strahlung) zum biologischen Abbau. Entscheidend für den Einsatz ist, dass der Abbau nicht schon während des normalen Gebrauchs abläuft, es sei denn, dies ist ausdrücklich gewünscht (Abb. 1).

Bekannteste Ausgangselemente biologisch abbaubarer Kunststoffe sind **aliphatische Polyester**, **Stärkemassen** und **regenerierte Cellulose**. Sie werden mit konventionellen Verfahren, z. B. durch Extrusion, Blasformen oder Spritzgießen, verarbeitet (→ Kunststoffe). Ein typisches Produktionsverfahren ist die Extrusion von Thermoplasten; zur Herstellung von Folien wird zudem das Gießverfahren eingesetzt. In ihren mechanischen Eigenschaften lassen sich die biologisch abbaubaren mit den herkömmlichen Kunststoffen vergleichen (Abb. 2). Allerdings sind sie relativ stark für Wasserdampf durchlässig, teilweise sogar wasserlöslich. Zudem ist ihre thermische Stabilität nicht überall ausreichend. Moderne Oberflächenveredelungsverfahren, z. B. das Bedampfen mit Aluminium oder Siliziumoxid, verbessern die Durchlässigkeitseigenschaften. Wichtigste Anwendung, neben dem Hygiene- oder Agrarbereich, sind Verpackungen.

Eine besondere Form der biologisch abbaubaren Kunststoffe sind Polyester auf Milchsäurebasis: Solche Polymere zeigen im Vergleich zu anderen abbaubaren Polymeren eine nur geringe Wasseraufnahme und lassen sich hydrolytisch abbauen. Zudem zeigen sie die mechanischen Eigenschaften typischer Thermoplaste und lassen sich daher mittels herkömmlicher Verfahren verarbeiten. Solche Polymere werden vorwiegend in der Medizin eingesetzt: als Nahtmaterial zum Wundverschluss oder als Material zur Fixierung von Knochen nach Frakturen (z. B. Schrauben, Platten, Stifte).

Produkte aus nachwachsenden Rohstoffen

Unter den Begriff „nachwachsende Rohstoffe“ fällt eine Vielzahl land- und forstwirtschaftlicher Rohstoffe, die nicht oder nicht nur für den Nahrungsbereich erzeugt und verwendet werden, wie **Cellulose** oder **Polysaccharide** $(C_6H_{10}O_5)_n$, z. B. Stärke, Zucker, Öle oder Fette. Aus Stärke gefertigte essbare Verpackungen sind in vielen Bereichen eine Alternative zur Einwegverpackung oder zum Kunststoffeinweggeschirr: Esspapier statt Kunststoffeinlagen für Süßwaren und Gebäck; beschichtete Getränkebecher aus Stärke statt Polystyrolbecher; gebackene Schalen aus Stärke statt Kunststoff- oder Pappschalen für Fastfood.

Bei der Produktion von Geschirr aus Stärke können ähnliche Verfahren eingesetzt werden, wie sie sich bei der Produktion von herkömmlichen Kunststoffprodukten etabliert haben. Ihre mechanischen und physikalischen Eigenschaften lassen sich im Wesentlichen mit denen konventioneller Kunststoffe vergleichen. Sie lassen sich auf unterschiedliche Weise entsorgen: Verbrennung, Kompostierung (Abb. 3), Biovergasung und in Zukunft ggf. Weiterverwendung als Tierfutter.

Celluloseacetat ist seit über 40 Jahren als thermoplastischer Kunststoff bekannt. Ausgangsmaterial für Celluloseacetat ist Baumwolllinters, ein Abfallprodukt, das nach dem Entfernen der Baumwollfasern von der Baumwollfruchtkapsel übrigbleibt. Die Celluloseform des so gewonnenen Baumwolllinters führt zu glasklarem Kunststoff. In Nordamerika und in Kanada angepflanzte Kiefernarten liefern eine ähnlich reine Cellulose. Man kann Celluloseacetat damit als einen der ersten Kunststoffe aus nachwachsenden Rohstoffen bezeichnen. Der größte Verbraucher von Celluloseacetat ist die Brillenindustrie: Die meisten Kunststoffbrillengestelle werden aus diesem Material gefertigt. Da Celluloseacetat sehr hautfreundlich ist, wird es ferner auch für die Produktion von Kämmen oder Haarschmuck eingesetzt. Weitere positive Eigenschaften wie hoher Glanz und angenehmer Griff prägen das breite Einsatzspektrum von Celluloseacetat: Sowohl Schraubendrehergriffe als auch Parfumflaconkappen und Verpackungsfolien für Blumen oder Bücher werden aus diesem nachwachsenden Rohstoff hergestellt.

Man schätzt, dass Biokunststoffe etwa 10 % der gesamten Kunststoffproduktion substituieren können.

▸1 Biologisch abbaubare Pflanzentöpfe

Die Pflanzen können mit Topf eingepflanzt werden. Nach wenigen Wochen ist der Topf »verschwunden«.

▸2 Vergleich der Eigenschaften von biologisch abbaubaren und konventionellen Kunststoffen

Eigenschaften		Copolyester *	Stärke/Copolyester *	PE-LD Lupolen 2410 F **
			Stärke  Polyester	
Reissfestigkeit	-längs (N/mm^2) -quer (N/mm^2)	28,5 28,5	16,5 10,0	26,0 20,0
Reissdehnung	-längs (%) -quer (%)	535 815	790 650	250 600
Sauerstoffdurchlässigkeit	(cm^3/m^2-d-bar)	1530	77	4200
Wasserdurchlässigkeit	(g/m^2-d)	330	240	2,2

* biologisch abbaubare Kunststoffe, ** konventionelle Kunststoffe

▸3 Abbau einer cellulosehaltigen Folie durch Bakterien, Folienreste nach 3, 7 und 10 Tagen

Hochleistungskeramiken

Zu den Keramiken gehören alle nichtmetallischen und anorganischen Werkstoffe. Die Fertigung erfolgt durch Mischen feinkörniger Rohstoffe, Formen zu Gegenständen bei Raumtemperatur und anschließendes Brennen (fachsprachlich Sintern genannt; Abb. 1). Neu entwickelte sogenannte Hochleistungskeramiken werden heute zunehmend in der Technik eingesetzt (Abb. 2), wo sie sowohl andere Werkstoffe substituieren als auch völlig neue Einsatzgebiete ermöglichen.

Eigenschaften keramischer Werkstoffe

Zu den wesentlichen Eigenschaften von Keramiken gehört die Druckfestigkeit, der hohe Schmelzpunkt sowie ihre chemische Beständigkeit. Nachteilig ist ihre hohe Sprödheit. Weitere Eigenschaften, z. B. die thermische Leitfähigkeit, werden in besonderem Maße durch die Gefügestruktur bestimmt, die wiederum von der Art der Herstellung abhängt. Von den metallischen Werkstoffen grenzen sich die keramischen durch den Temperaturkoeffizienten des elektrischen Widerstandes ab: Metalle leiten bei höheren Temperaturen immer schlechter, bei Keramiken ist es umgekehrt.

Arten keramischer Werkstoffe

Nach ihrer chemischen Zusammensetzung unterscheidet man drei Gruppen von keramischen Werkstoffen: Oxidkeramik, Silikatkeramik und Nichtoxidkeramik.
Oxidkeramiken bestehen aus Oxiden oder Oxidverbindungen. Typische Vertreter sind die Oxide von Aluminium (Al_2O_3), Zirkonium (ZrO_2), Magnesium (MgO) oder Beryllium (BeO) sowie Titandioxid (TiO_2). Werkstoffe dieser Gruppe sind sehr hart, druckfest, chemisch resistent und elektrisch isolierend.
Silikatkeramiken werden meist aus den drei Rohstoffen Quarz, Ton (Koalin) und Feldspat (SiO_2, Al_2O_3 und K_2O) hergestellt, die einen mehrphasigen Werkstoff, einen Verbund, bilden.
Typische Eigenschaften dieser spröden Werkstoffe sind ihre Beständigkeit gegen Temperaturwechsel und chemisch aggressive Substanzen.
Piezokeramiken zeigen unter Einwirkung einer Verformung durch eine äußere Kraft eine Ladungstrennung (piezoelektrischer Effekt) und werden u. a. als Schwingquarze verwendet.
Hartstoffe wie Karbide, Nitride, Boride oder Silivide sind die **Nichtoxidkeramiken.** Aufgrund der besonderen Bindung ihrer Moleküle zeichnen sie sich durch hohe Schmelztemperaturen, hohen Elastizitätsmodul, hohe Festigkeit und hohe Härte aus. Die meisten dieser Werkstoffe sind chemisch resistent und zeigen hohe thermische und elektrische Leitfähigkeit.
Verbundwerkstoffe aus Metall und Keramik (Metal Matrix Composites, MMC, oder Ceramic Matrix Composites, CMC) kombinieren die Leichtigkeit des Metalls mit der Beständigkeit der Keramik unter tribologischer, mechanischer oder thermischer Belastung und werden v. a. im Automobilbau eingesetzt.

Einsatz technischer Keramik ▸3

Aluminiumoxid gilt hinsichtlich seiner technischen Bedeutung heute als die wichtigste Oxidkeramik. Durch Variation des Aluminiumgehaltes lassen sich sowohl die Druckfestigkeit als auch der spezifische elektrische Widerstand und die maximale Einsatztemperatur variieren. Dementsprechend kann man Aluminiumoxide je nach Zusammensetzung für chemisch und mechanisch beanspruchte Teile ebenso einsetzen wie als Isolierstoff oder als medizinisches Implantat. Daher werden Aluminiumoxide heute z. B. bei der Herstellung von Zündkerzen und Lambdasonden, bei der Beschichtung von Katalysatoren, bei der Produktion von Hüftgelenkskugelköpfen oder als Knochenersatz verwendet (Abb. 3). In der Zerspanungstechnik setzt man Aluminiumoxid mit metallischen Zusätzen (→ Verbundwerkstoffe) als Schneidkeramik ein. Diese sogenannten **Cermets** haben den Vorteil, dass sich die Teilchen der keramischen Phasen bis zum Erreichen des Schmelzpunktes weder vergrößern noch auflösen, wie es z. B. bei hartmetallischen Schneiden der Fall ist.
Siliciumkarbid (SiC) hat sich wegen seiner Härte vor allem als Schleifmittel etabliert. Da es zudem sehr gut wärmeleitend und oxidationsbeständig ist, lässt sich mit seinem Einsatz z. B. im Turbinenbau der thermodynamische Wirkungsgrad durch eine Erhöhung der Turbineneintrittstemperatur erreichen. Aus **Siliciumnitrid** (Si_3N_4) werden sowohl Ventile und Ventilsitze für Otto- und Dieselmotoren als auch Dichtleisten von Kreiskolbenmotoren (→ Wankelmotor) gefertigt, da sie wegen der hohen Härte nicht durch Reibung verschleißen. Daneben gilt Siliciumnitrid als zukünftiger Werkstoff für die Herstellung bewegter Teile im Bereich der Energietechnik, da es bis 1400 °C einsetzbar ist.
In der Mikroelektronik hat **Aluminiumnitrid** (AlN) als Keramik große Bedeutung erlangt, da es hohes elektrisches Isolationsvermögen und geringe Wärmeausdehnung vereint. Damit könnte es das bisher eingesetzte Berylliumoxid (BeO) ersetzen, das wegen seiner Toxizität bei der Herstellung und Entsorgung nicht unbedenklich ist.

▸1 Herstellung von Keramikteilen

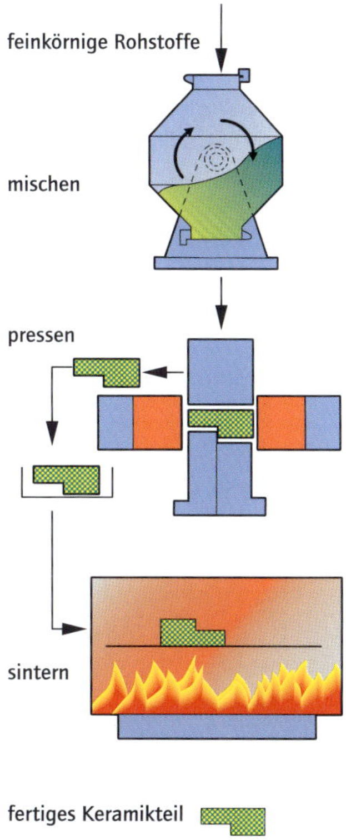

▸2 Einsatzgebiete und Eigenschaften von Hochleistungskeramiken

Keramiken	Einsatzgebiete	Eigenschaften
Mechanokeramik	Schneid-, Schleif- und Gleitmittel, Motoren-, Turbinen-, Maschinen- und Raketenbauteile	Festigkeit, Verschleiß, Gleitung
Reaktorkeramik	Werkstoffe für Teilchenbeschleuniger und Fusionsreaktoren, Brennelemente, Moderatorstäbe, Hüllmaterial	Strahlen-, Korrosions-, Temperaturbeständigkeit
Elektro- und Magnetokeramik	Substrate und Mehrfachschichten von integrierten Schaltkreisen, Sensoren, Varistoren, Kondensatoren, piezoelektronische Filter, Schwingungserzeuger, Magnete	Isolation, Halbleitung, Magnetismus, elektrische Leitung
Chemo- und Biokeramik	Bohrzubehör für Geothermalexplorationen, Bauteile für Kohleverflüssigungs- und Vergasungsreaktoren, chemischer Apparatebau, Filterbauteile, Katalysatorträger, künstlicher Zahnersatz, künstliche Gelenke, Knochen und Gehörknöchelchen	Verträglichkeit, Adsorption, Katalyse, Korrosion
Optokeramik	Kabel, Leuchtröhren, Leuchtdioden	Lichtbündelung, Lichtleitung, Fluoreszenz
Thermokeramik	Elektroden, Wärmetauscher, Hochtemperaturöfen, Tiegel, Brenndüsen, Isolationsbauteile	Wärmeleitung, Wärmedämmung

▸3 Verschiedene Hochleistungskeramikteile

Verwendung für den Knochenersatz in der Medizin

Verbundwerkstoffe

Als Verbundwerkstoffe bezeichnet man Werkstoffe aus mindestens zwei Komponenten, die nebeneinander vorliegen, also nicht ineinander gelöst sind. Der Stoff, der den Zusammenhalt des Verbundes sicherstellt, heißt **Matrix**, der die Festigkeit erhöhende Stoff wird **Verstärkungsmaterial** genannt. Verbundwerkstoffe lassen sich durch Sintern, Einbettung von Fasern z. B. in Kunststoffe oder Tränken von porösen Körpern herstellen. Bestimmend für ihre Herstellung und Eigenschaften sind die Oberflächenreaktionen der Grenzflächen, d. h. chemische Reaktionen, Adhäsion und Diffusion innerhalb der Oberflächenzone.

Verbundwerkstoffe werden dort eingesetzt, wo das Eigenschaftsprofil konventioneller Werkstoffe den Anforderungen nicht mehr gerecht werden kann. Durch die geeignete Kombination von Einzelstoffen lassen sich Verbundwerkstoffe herstellen, die die positiven Eigenschaften der Einzelstoffe vereinigen und die negativen Eigenschaften möglichst überdecken. So lassen sich Werkstoffe für bestimmte Anforderungen „maßschneidern", z. B. Werkstoffe, die sehr zugfest und dennoch leicht sind, eine hohe Warmfestigkeit oder besondere Oberflächeneigenschaften aufweisen. Nach der Form der im Verbund vorliegenden Stoffe unterscheidet man **Faserverbundwerkstoffe**, **Teilchenverbundwerkstoffe**, **Schichtverbundwerkstoffe** und **Durchdringungsverbundwerkstoffe** (Abb. 1).

Faserverbundwerkstoffe ▸2

Bei Faserverbundwerkstoffen lassen sich alle Werkstoffgruppen, also Metall, Keramik und Kunststoff, miteinander kombinieren; es muss jedoch berücksichtigt werden, dass Fasern nur in ihrer Längsrichtung verstärkend wirken. Durch die Dichte und Orientierung der Fasern kann man die Werkstoffe und Bauteile ihrem Einsatzbereich anpassen: Teile aus kohlefaserverstärkten Polymeren werden beispielsweise im Airbus (Abb. 2), aber auch für Sportgeräte eingesetzt. Zunehmende Bedeutung gewinnen Verbundwerkstoffe mit metallischer Matrix, die **MMC** (engl. **m**etal **m**atrix **c**omposites). Als Matrix verwendet man meist, um das Gewicht zu reduzieren, Aluminium- oder Magnesiumlegierungen, die Fasern bestehen aus Keramik. Solche Bauteile sind hochfest und steif, dabei aber sehr leicht. Sie werden in der Luft- und Raumfahrtindustrie, in der Automobiltechnik (z. B. Pleuelstangen oder Bremsscheiben [in der Erprobung]) sowie im Maschinenbau eingesetzt. Weitere Anwendungsmöglichkeiten von Leichtmetall-Verbundwerkstoffen mit Aluminiummatrix gibt es für Sportartikel, z. B. Fahrradrahmen für Mountainbikes oder Tennis- und Golfschläger. Neben der metallischen Matrix hat auch die keramische, die glasige bzw. die glaskeramische Matrix an Bedeutung gewonnen. Beispiel eines Verbundwerkstoffs mit keramischer Matrix ist Stahlbeton.

Teilchenverbundwerkstoffe

Hartmetalle und Cermets sind typische Vertreter der Teilchenverbundwerkstoffe: Bei **Hartmetallen** handelt es sich um ein Phasengemisch aus einem kleinen Anteil metallischer Phasen (z. B. Kobalt, Nickel, Eisen) und einem größeren Anteil, bis zu 94 % Volumenanteil, keramischer Phasen, meist Karbide der Übergangsmetalle (z. B. Wolfram- oder Titankarbid). Sie weisen einen hohen Schmelzpunkt und eine hohe Härte auf. Eingesetzt werden Werkzeuge aus Hartmetall vor allem dann, wenn eine hohe Verschleißfestigkeit und eine Erwärmung erwartet wird. **Cermets** bestehen zu einem größeren Anteil (etwa 80 % Volumenanteil) aus einer Oxidkeramik (→ Hochleistungskeramiken) und zu einem kleineren Teil aus einer metallischen Phase. Sie werden innerhalb der Fertigungstechnik wie Hartmetalle eingesetzt, dienen aber auch als Reaktorwerkstoffe.

Schichtverbundwerkstoffe ▸3

Durch die Beschichtung von Oberflächen werden Schichtverbundwerkstoffe hergestellt. In der Regel wird dabei auf die Oberfläche eines Werkstoffes eine fest haftende Schicht eines zweiten Werkstoffes aufgebracht. Das Aufbringen dieser Schicht ist aus dem gasförmigen (z. B. Aufdampfen), flüssigen (z. B. Eintauchen, elektrolytisches Auftragen) oder festen Zustand (z. B. Sprengplattieren) möglich (→ Oberflächenbeschichtung). Die Eigenschaften des Inneren des beschichteten Werkstoffs bleiben dabei unberührt. Durch die Beschichtung erreicht man eine chemische Beständigkeit in aggressiver Atmosphäre, eine elektrische Isolation, eine höhere Abriebfestigkeit oder eine Veränderung der Reflexionsfähigkeit oder der Farbgebung. Eine besondere Form der Schichtverbundwerkstoffe sind **Laminate** (Abb. 3), flächige Verbunde aus mehreren Schichten mit einem Bindemittel. Das Pressen eines Laminats ist meist mit einer Formgebung verbunden.

Durchdringungsverbundwerkstoffe

Kombinationen von Werkstoffen ein und derselben Gruppe treten bei Durchdringungsverbundwerkstoffen, z. B. bei den Tränkmetallen, auf. Bei diesen Verbundwerkstoffen wird ein poröser metallischer oder keramischer Grundwerkstoff mit einem Metall getränkt (infiltriert), das die Poren ausfüllt.

▸1 Einteilung von Verbundwerkstoffen

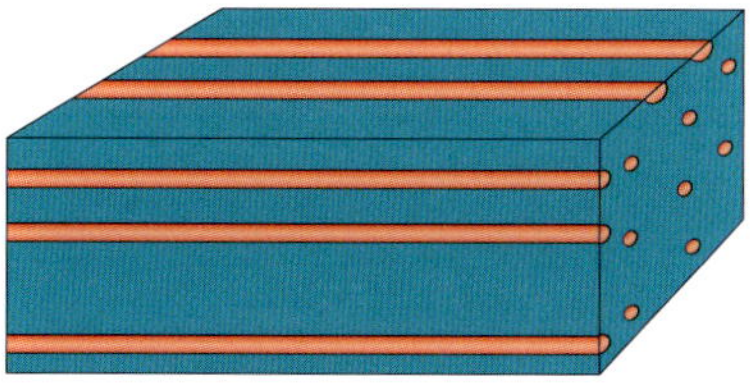

a Faserverbundwerkstoff

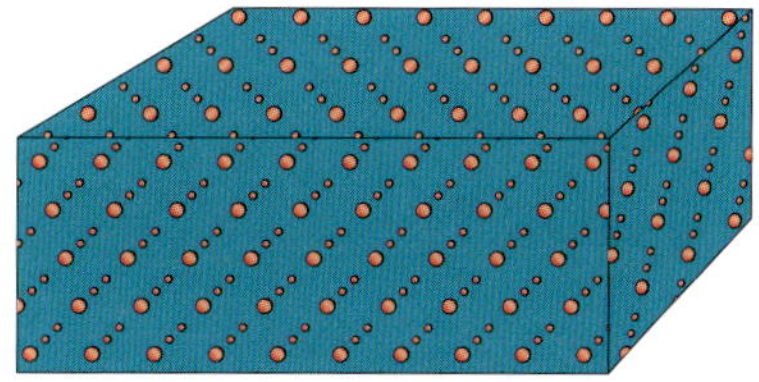

b Teilchenverbundwerkstoff

c Schichtverbundwerkstoff (Oberflächenbeschichtung)

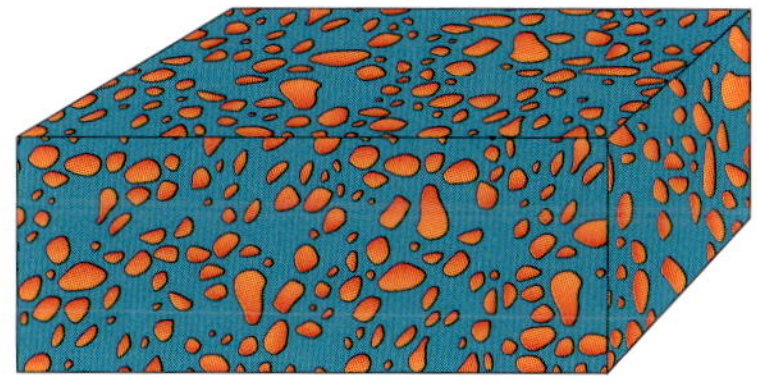

d Durchdringungsverbundwerkstoff

▸2 Carbonfaser–verstärkter Kunststoff (CFK)

Automatisiertes Legen von CFK-Tapes; aus diesen werden über 20 % der Bauteile für den Airbus A 380 gefertigt. Im Vergleich zu Stahl führt dies zu einer Gewichtsreduzierung von 70 %.

▸3 Laminat

Oberflächenbeschichtung

Die Oberflächen vieler Materialien müssen gegen Umwelteinflüsse durch Beschichten geschützt werden. Dazu steht eine Vielzahl von Oberflächenbeschichtungsverfahren zur Verfügung.

Bewährte Technologien

Zu den bewährtesten Oberflächenbeschichtungsverfahren gehören das **Emaillieren** und das Verzinken. **Email** ist ein glasartiger Überzug (u. a. aus Siliziumoxid), der z. B. durch Eintauchen, Spritzen oder Aufpudern auf die Oberfläche aufgetragen und anschließend bei 800–900 °C eingebrannt wird. Email ist beständig gegen Säuren und Laugen, elektrisch isolierend und schlag-, stoß- und biegeunempfindlich. **Verzinken** schützt z. B. die Karosserie eines Kraftfahrzeuges vor Korrosion. Durch Tauchen in flüssiges Zink (**Feuerverzinken**) entsteht auf den zuvor gereinigten und vorbehandelten Stahlteilen ein Zinküberzug von ca. 0,1 mm. Das Zinkbad hat eine Temperatur von 450–460 °C, die Tauchdauer beträgt einige Minuten. Zur Erhöhung der Korrosionsbeständigkeit werden die Zinküberzüge oft noch chromatisiert, geölt oder mit Kunststoffen beschichtet.

Thermisches Spritzen ▸1

Beim thermischen Spritzen werden Metallschmelzen auf einen kalten Haftgrund aufgespritzt. Dabei werden Metallpulver (z. B. sehr harte Wolframcarbide, Titannitride, Chromboride oder Zirkoniumoxide) oder Spritzdrähte aus Leicht- und Schwermetallen (Zink, Aluminium, Bronze oder Stähle) eingesetzt. Die Teilchen haften hierbei nicht durch Verschmelzen mit dem Grundwerkstoff, sondern durch mechanisches Verzahnen und Verklammern. Die Untergründe müssen zuvor durch Schrupp-Schleifen, Drehen oder chemische Verfahren (Beizen) gut aufgeraut werden.

Beim **Lichtbogenspritzen** (Abb. 1a) wird in einer Lichtbogenspritzpistole zwischen zwei Spritzdrähten ein Lichtbogen gezündet, in dem die beiden Drähte bei ca. 4000 °C aufgeschmolzen werden. Mittels Druckluft wird die Schmelze zerstäubt und auf das zu beschichtende Werkstück gebracht. Verwendet man Drähte aus unterschiedlichen Metallen, so lassen sich Legierungen auf die Werkstückoberfläche aufbringen. Beim **Plasmaspritzen** können Pulver mit sehr hohen Schmelztemperaturen (bis 20000 °C) verarbeitet werden (Abb. 1b). Das Pulver wird mithilfe eines Trägergases in die Plasmaflamme eingeblasen, dort aufgeschmolzen und verspritzt. Plasma bedeutet hierbei, dass das verwendete Gas in einem Lichtbogen so hoch erhitzt wird, bis die Elektronen und Atomkerne der Gasteilchen frei sind (ionisierter Zustand). Dadurch wird ein sehr hoher thermischer Energiezustand erreicht. So können auch nichtmetallische Werkstoffe (z. B. Quarze auf Silizium-Basis) gespritzt werden.

Beschichten mit Hartstoffen ▸2

Um die Verschleißanfälligkeit eines Werkzeugs zu senken, d. h. die Standzeit zu erhöhen, werden z. B. Bohrer, Drehwerkzeuge, Fräser und Schraubbits mit Hartmetallen beschichtet. Die Werkzeuge erhalten z. B. einen goldfarbenen Überzug aus Titannitrid, wodurch sie bis zu 10-mal länger standhalten (Abb. 2). Das Titannitrid wird dazu unter Zugabe von Gasen (z. B. Stickstoff) verdampft und in einen Ofen geleitet. Dort befinden sich die Werkstücke bei einer Temperatur von 700–1100 °C. An der Oberfläche des Werkstücks wandern die Hartmetallteilchen in das Gefüge (**Diffusion**) und verbinden sich mit den Werkstoffteilchen. Dieses Verfahren ist unter der Kurzbezeichnung **CVD** (engl. **c**hemical **v**apor **d**eposition) bekannt.

Galvanisieren – elektrolytisches Abscheiden ▸3

Beim Galvanisieren (der Begriff geht auf den italienischen Arzt L. Galvani zurück) nutzt man elektrisch leitende Flüssigkeiten (**Elektrolyte**), in die die Werkstücke eingetaucht und in denen sie mit einem Metallüberzug beschichtet werden. Als Elektrolyte werden wässrige, saure oder alkalische Lösungen verwendet. Die Anoden bestehen meist aus dem sich abzuscheidenen Metall. Zum **Verkupfern** von z. B. Messing wird eine Kupfersulfatlösung ($CuSO_4$) verwendet (Abb. 3). Man taucht das Werkstück in den Elektrolyt ein und legt es an den Minuspol (**Kathode**) einer Gleichspannung an. Zusätzlich taucht man eine sich auflösende Kupfer**anode** (Pluspol) in das Bad. Unter dem Einfluss der Gleichspannung trennen sich die aufgespalteten Salzmoleküle je nach ihrer Ladung. Die positiven Kupferionen wandern zum negativen Pol, dem Werkstück, und lagern sich dort ab. Auf dem Werkstück entsteht durch Reduktion (Elektronenaufnahme) der positiven Kupferionen die Beschichtung. Gleichzeitig gibt die Anode Kupferionen an die Lösung ab, wodurch sie sich langsam auflöst. Die negativen Sulfationen geben ihre Ladung an der Anode ab.

Es können so nicht nur metallische (leitende) Werkstücke beschichtet werden, sondern auch Kunststoffe. Dazu werden sie chemisch metallisiert, d. h. leitend gemacht. Der Einsatzbereich ist weit: Es können Haushaltsgegenstände, Sanitärartikel oder Kraftfahrzeugteile beschichtet werden.

▸1 Thermisches Spritzen

a mit Lichtbogen

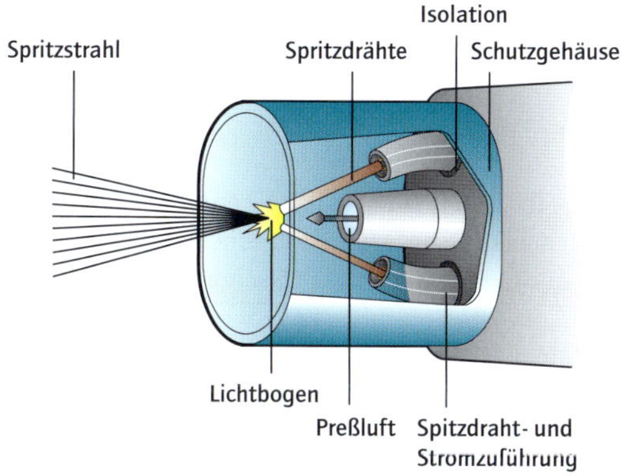

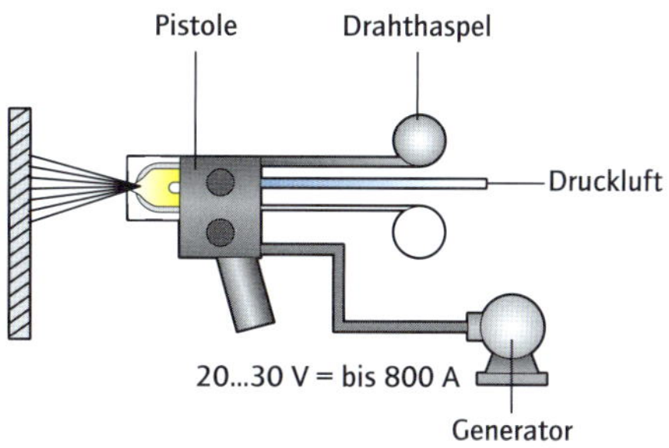

b mit Plasma und Pulver

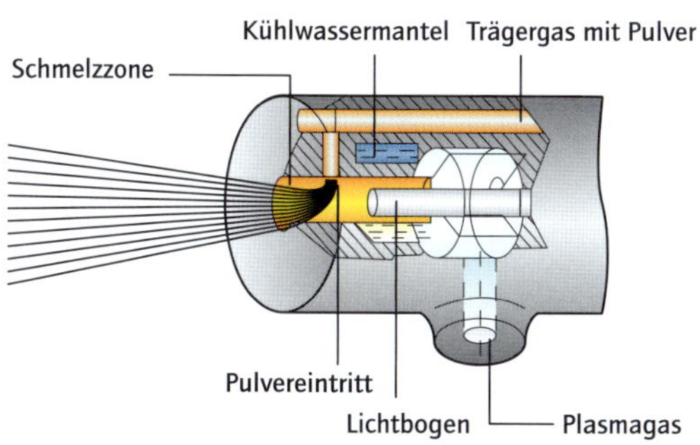

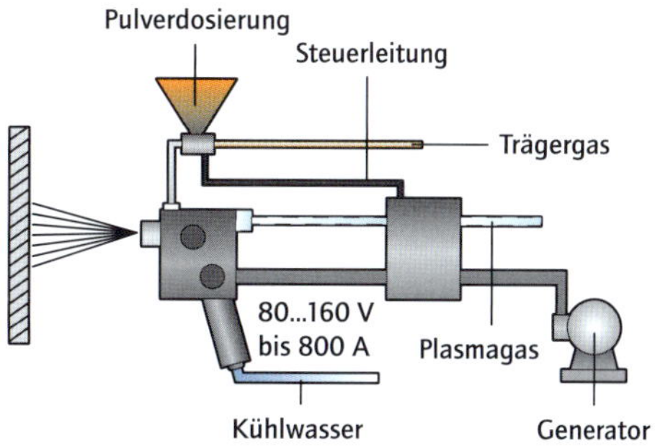

▸2 a Werkzeugbeschichtung mit TiN (Titannitrid)

b Beschichten mit Hartstoffen

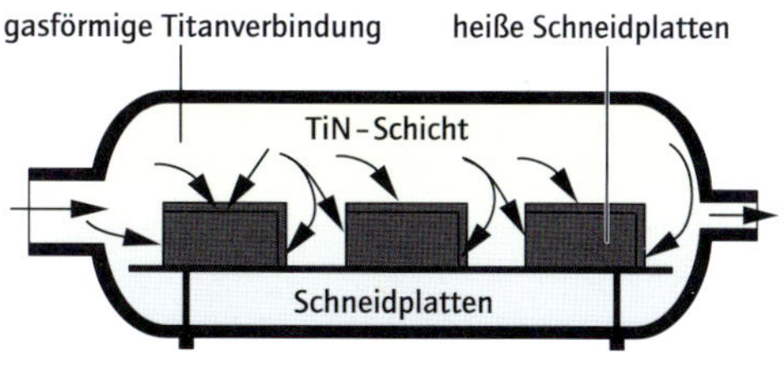

▸3 Galvanisieren: Verkupfern

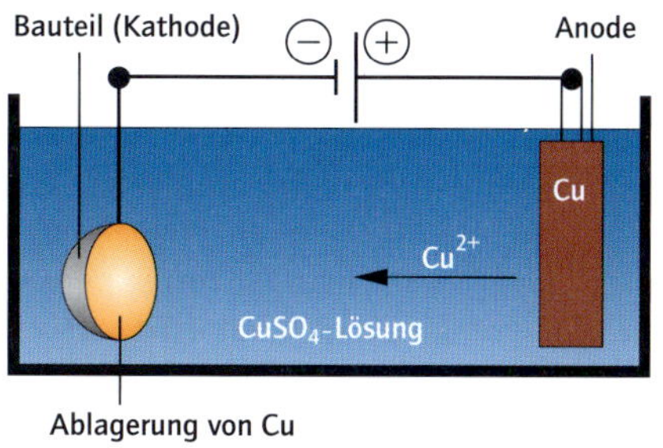

CNC und SPS

CNC und DNC

Mit **computergesteuerten Werkzeugmaschinen** (**CNC-Werkzeugmaschinen,** engl. computerized **n**umerical **c**ontrol) lassen sich komplizierte Dreh- oder Frästeile schnell und mit hoher Wiederholungsgenauigkeit herstellen. Auch in anderen Bereichen werden CNC-Steuerungen eingesetzt.

Werden mehrere CNC-Werkzeugmaschinen von einem Computer im Onlinebetrieb mit erforderlichen Eingangsdaten und Programmen versorgt, spricht man von **DNC-Systemen** (engl. **d**istributed **n**umerical **c**ontrol). Häufig wird das Netzwerk dabei als WLAN-Netz realisiert (Abb. 1). Pro Server-PC können bis zu 256 CNC-Maschinen verarbeitet werden. DNC gewinnt v. a. in der Einzelteil- und Kleinserienfertigung an Bedeutung.

Maschinentechnische Voraussetzungen ▸2

CNC-Maschinen besitzen einen Computer für die Steuerung und Programmierung der geometrischen Informationen (Kontur des Werkstücks), der technologischen Informationen (z. B. Drehzahl, Vorschub) und der Werkzeuginformationen (z. B. Geometrie, Position).

CNC-Drehmaschinen (Abb. 2) lassen sich in zwei Achsen frei programmieren: eine Achse für die Längenmaße (Koordinatenachse Z) und eine Achse für die Durchmessermaße (Koordinatenachse X). Dafür sind zwei Schlitten mit Kugelumlaufspindeln an den drehzahlgesteuerten Vorschubmotoren gekoppelt.

Über ein optoelektronisches Messgerät kann die Position der Schlitten für die Steuerung genau erkannt werden. Die Hauptspindel wird ebenfalls über einen drehzahlgesteuerten Antriebsmotor angetrieben, sodass für jeden Drehdurchmesser die optimale Schnittgeschwindigkeit am Drehmeißel vom CNC-Rechner eingeregelt werden kann.

Programmtechnik ▸3

Die Kontur des Werkstücks wird in **Koordinatentechnik** programmiert. Jeder Punkt (P) der Werkstückkontur des Drehteils (Abb. 3) wird im Koordinatensystem durch zwei Zahlen genau festgelegt: die X-Koordinate (Durchmesser) und die Z-Koordinate (Länge). Mit den G-Befehlen (G = go) wird die Art, wie das Werkzeug bewegt wird, festgesetzt:

- G0 – Werkzeugposition im Eilgang verändern
- G1 – Geradenverbindung
- G2 – Kreisverbindung im Uhrzeigersinn
- G3 – Kreisverbindung gegen den Uhrzeigersinn

Jede Programmzeile beginnt mit einer Nummerierung. Für das in Abb. 3 dargestellte Drehteil ergibt sich für die Herstellung der Fertigkontur aus dem vorbearbeiteten Werkstück (durch Doppelpunkt-Strich-Linie gekennzeichnet) folgendes Programm:

- N1 G0 X0 Z4 S280 F0.15 T2 M4

Alle wichtigen Informationen werden mit Buchstaben gekennzeichnet, ihre Spezifikation mit nachgestellten Ziffern (Satznummer 1, GO: Eilgang auf den Startpunkt, S: Schnittgeschwindigkeit 280 m/min, F: Vorschub 0,15 mm pro Umdrehung, T2: Werkzeugaufruf auf Revolverposition 2, M4: Hauptspindel Linkslauf):

- N2 G1 X0 Z0 (Punkt P1 mit Vorschub anfahren)
- N3 G3 X20 Z10 I0 K10 (Kreisprogrammierung auf P2, I und K: Mittelpunktskoordinaten)
- N4 G1 X20 Z45 (Gerade bis Kegelansatz P3)
- N5 G1 X50 Z80 (Kegel bis Punkt P4)
- N6 G2 X60 Z85 I5 K0 (Kreisprogrammierung bis P5)
- N7 G1 X65 Z85 (Aus dem Werkstück herausfahren P6)
- N8 Go X150 Z150 (Eilgang zum Werkzeugwechselpunkt
- N9 M30 (Programmende)

SPS – Speicherprogrammierbare Steuerung

Mithilfe von speicherprogrammierbarer Steuerung (SPS) können Produktionsmaschinen, Montagebänder, automatisch arbeitende Sortiereinrichtungen usw. schnell und ohne großen Verkabelungsaufwand programmiert werden. Im Gegensatz zu einer verbindungsprogrammierten Steuerung, bei der der Steuerablauf durch die Bauteile und die Leistungsverbindungen hergestellt wird, werden bei SPS die Leitungen der Schalter, Messsensoren usw. an die Eingänge einer **Zentralsteuereinheit**, der SPS, und die Ventilmagnete, Motoren usw. an die Ausgänge angeschlossen.

Die Zentralbaugruppe einer SPS besteht aus einem Mikroprozessor, dem Programmspeicher, Zeitgebern und Merkern (RAM). Das Programm besteht aus einer Folge von Steueranweisungen. Jeder Anweisung wird eine Adresse im Programmspeicher zugewiesen. Die Programmanweisung besteht aus einem Befehlsteil (Operationsteil) und einem Zuordnungsteil (Operandenteil). Im Befehlsteil stehen logische Verknüpfungen (UND, ODER, NICHT und andere organisatorische Anweisungen, z. B. Zuweisung „="), im Zuordnungsteil wird angegeben, mit welchen Eingängen, Ausgängen, Zählern oder Merkern die Operation durchgeführt werden soll. Mehrere SPS-Zentraleinheiten können über BUS-Systeme (spezielle Leitungssysteme) miteinander verknüpft werden.

▸1 CNC und DNC

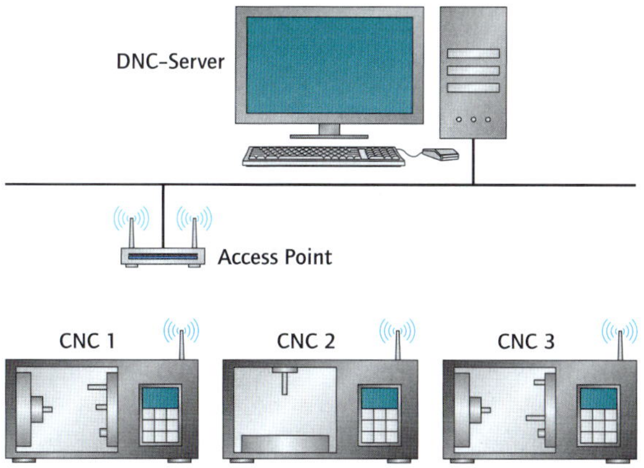

▸2 CNC-Drehmaschine

ⓐ Bildschirm (Darstellung der Drehsimulation)
ⓑ CNC- Steuerung mit Eingabetastatur und Kontrollanzeigen
ⓒ Hauptspindel
ⓓ Drehzahlgesteuerter Elektromotor
ⓔ Vorschubmotor (Z-Achse) und Messsystem
ⓕ Kugelrollspindel zum Antrieb des Schlittens (Z-Achse)
ⓖ Längsschlitten (Z-Achse)
ⓗ Werkstückgegenhalter (Reitstock)
ⓘ Werkzeugmaschinenständer (Schrägbett)
ⓙ Schlitten (X-Achse) mit Antriebs- und Messeinheiten
ⓚ 12 fach-Werkzeugrevolver
ⓛ Werkstück spannfutter

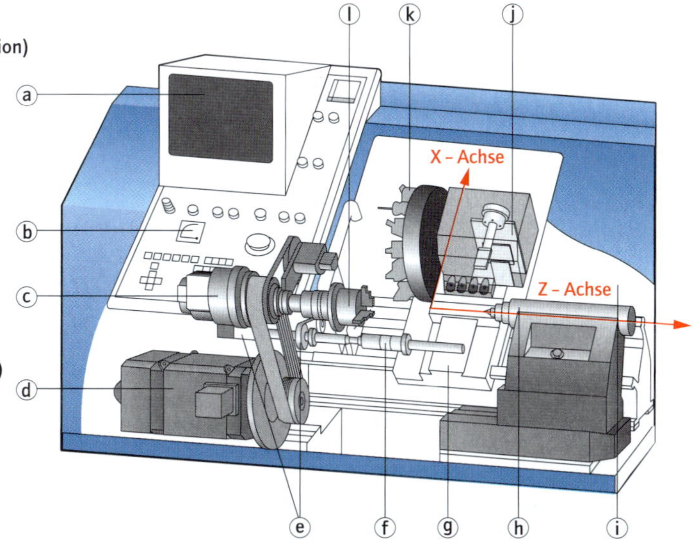

▸3 Zeichnung eines Drehwerkstücks mit Angabe der Bearbeitungsmaße und -punkte als Vorlage für die CNC-Programmierung

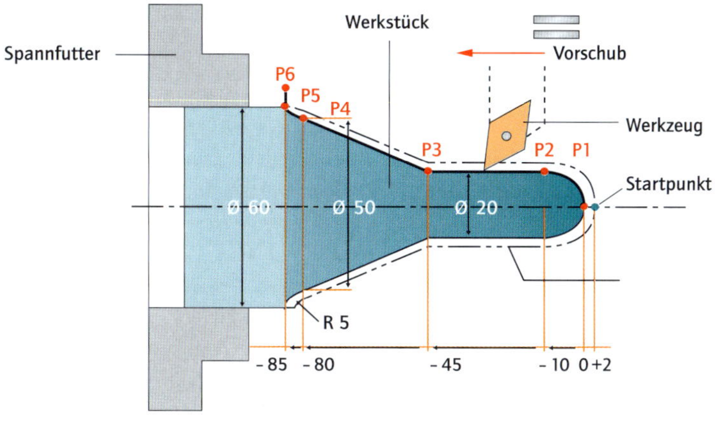

CIM

CIM (engl. computer integrated manufacturing, **rechnerintegrierte Fertigung**) bedeutet Fertigung im Rechnerverbund und hat für eine moderne, flexible Produktion große Vorteile. CAD und CAM sind schon seit den 1960er-Jahren bekannt, das Konzept CIM wurde 1973 eingeführt.
Alle Entscheidungen und Aufgaben im Werdegang eines Produktes können mit CIM von der Auftragsannahme bis zur Auslieferung bestmöglich unterstützt und beschleunigt werden. Gleichzeitig entsteht mit CIM eine lückenlose Informationskette vom Meldebestand im Lager, dem Fortschritt in der Produktion eines Auftrags bis hin zum Auslastungsgrad einer Maschine.

Einsatz computerunterstützter Systeme ▸1

Die Warenproduktion erfolgt gewöhnlich in drei Schritten:
1. Schritt: Entwickeln und Konstruieren
2. Schritt: Produktion planen und steuern (PPS)
3. Schritt: Fertigen und kontrollieren

Meistens sind diese drei Schritte den Abteilungen Konstruktion, Arbeitsvorbereitung und Fertigung zugeordnet. In jeder Abteilung gibt es in normalen Betrieben eigene Regeln und Methoden, um einen Auftrag abzuwickeln. Für diese Zwecke werden Computerprogramme eingesetzt, die dafür speziell entwickelt worden sind.
In der Konstruktionsabteilung werden beispielsweise 2-D- und 3-D-CAD-Programme eingesetzt. **CAD** (engl. **c**omputer **a**ided **d**esign, computerunterstütztes Konstruieren) ermöglicht das Zeichnen und Gestalten von Bauteilen, -gruppen und -elementen in zweidimensionaler (2-D) und dreidimensionaler (3-D) Ansicht. Die Zeichnungen entstehen also nicht mehr auf einem Zeichenbrett mit Tusche und Lineal, sondern am Bildschirm. Änderungen von Zeichnungen oder Umkonstruktionen sind mit CAD sehr viel einfacher und Kosten sparender durchführbar. Über eine Bauteilbibliothek mit Normteilen (Schrauben, Lager, Stifte usw.) wird das Zeichnen schneller. Mit einem **CAE**-Programm (engl. **c**omputer **a**ided **e**ngineering, computerunterstütztes Berechnen) können Bauteile oder -elemente, z. B. Schraubenfestigkeiten und Schweißnahtdicken, ausgelegt werden.
In der Arbeitsvorbereitung kommen andere Programme zur Anwendung. Mit **CAM** (engl. **c**omputer **a**ided **m**anufacturing) werden Zeichnungsdaten für die Fertigung an einer **CNC**-Maschine (→ CNC) umgesetzt. Die geometrischen Informationen eines Teils der CAD-Zeichnung (z. B. die Kontur des Werkstücks ohne Bemaßung) dienen dann als Grundlage für die automatische CNC-Programmerstellung. Mit **PPS**-Programmen (**P**roduktions**p**lanung und **S**teuerung) werden u. a. Stücklisten für die einzelnen Aufträge verwaltet, Kosten- und Zeitberechnungen durchgeführt, die Maschinenbelegung mit den Aufträgen geplant und überwacht und die Läger verwaltet (Materialwirtschaft).
In der Fertigung kommen CNC-Programme zum Einsatz. Mithilfe von **DNC** (engl. **d**irect **n**umerical **c**ontrol, direkte numerische Steuerung) wird der Datenaustausch von und zur einzelnen Fertigungsmaschine einfacher, denn jede Maschine ist mit einem zentralen Fertigungsrechner verbunden und erhält über ihn die Programme aus der Arbeitsvorbereitung.
Gleichzeitig erfasst die DNC-Software die Maschinen- und Betriebsdaten (Belegungsgrad, Leistung, Größe usw.). Mithilfe von **CAQ** (engl. **c**omputer **a**ided **q**uality, computerunterstützte Qualitätssicherung) können Messprotokolle und Prüfpläne verwaltet und überwacht werden.
Viele Informationen bei der Abwicklung eines Auftrages interessieren allerdings alle drei Abteilungen gemeinsam. Es ist aber sehr unwirtschaftlich und beinahe unmöglich, alle Informationen allen Abteilungen gleichzeitig zugänglich zu machen, wenn die Computersysteme nicht auf eine zentrale Datenbank zugreifen können.

Zentrale Datenbank

Eine zentrale Datenbank ist das „Herz“ von CIM und ermöglicht z. B. der Konstruktionsabteilung, die Länge der Werkstücke so zu gestalten, dass diese auch gefertigt werden können, da die für die Fertigung wichtigen Daten wie Größe und Leistungen der Fertigungsmaschinen in der Datenbank abgelegt sind. Sie ermöglicht der Arbeitsvorbereitung, auf Zeichnungsdaten (CAD) der Konstruktion zurückzugreifen, um mit den Zeichnungsdaten CNC-Programme für die Fertigung durch CAM-Software erstellen zu können, und der Fertigung, Zeichnungen, CNC-Programme, Prüfdaten usw. direkt von der Konstruktion oder der Arbeitsvorbereitung abrufen zu können.

Voraussetzungen

Die betriebsinternen Abläufe müssen „kompatibel“ (zusammenpassend) sein, um sie miteinander verknüpfen (integrieren) zu können. Der Einsatz von CIM ist deshalb gerade für alte, „gewachsene“ Betriebe schwierig, da die organisatorischen Probleme nur langfristig gelöst werden können. CIM kommt deshalb meist nach Produktionsumstellungen oder bei neuen Produktionsstätten zum Einsatz.

▸1 CIM – Computer Integrated Manufacturing

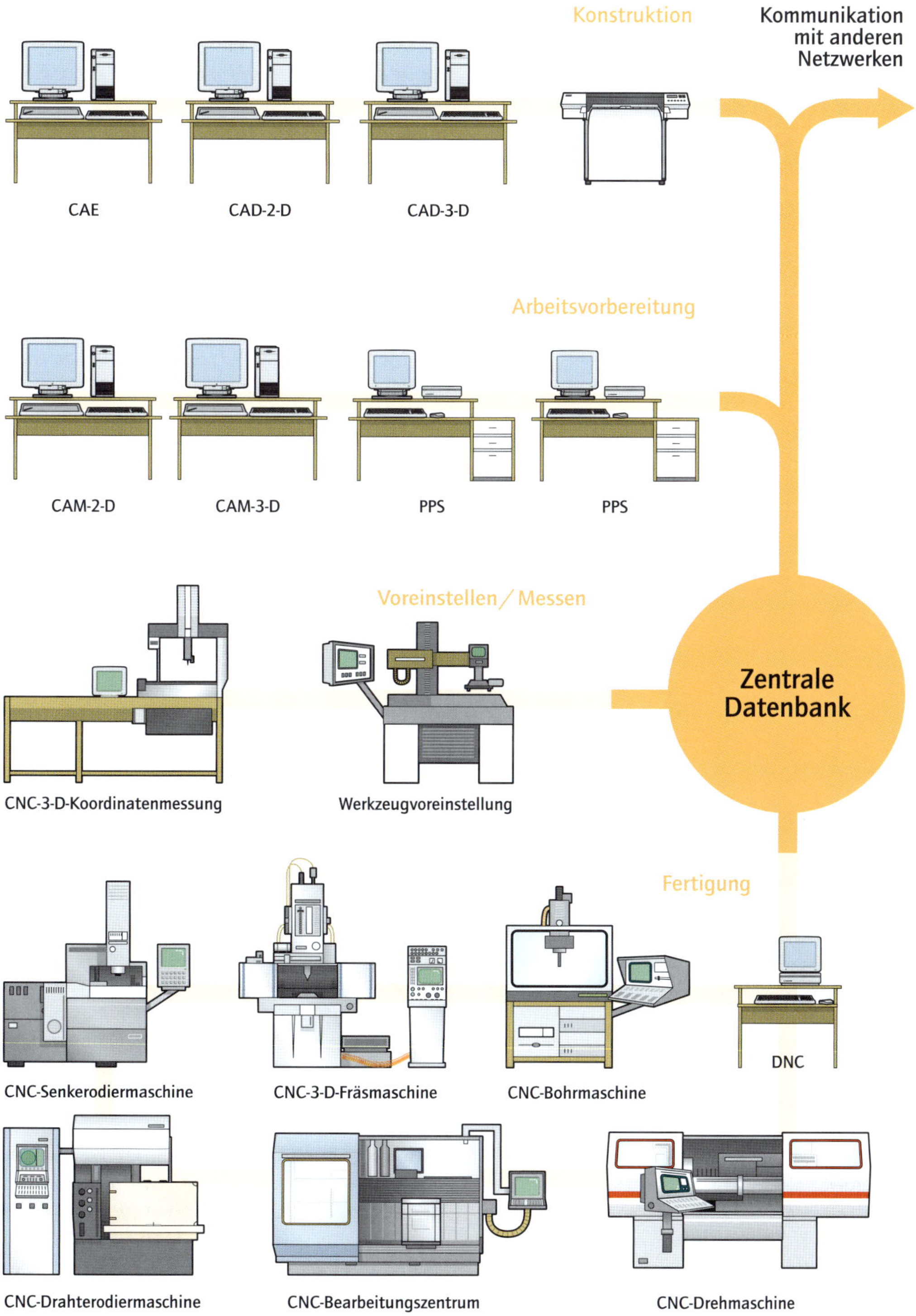

Handhabungstechnik und Roboter

Betritt man heute die Fertigungshalle eines modernen Unternehmens (z.B. in der Automobilindustrie), so sind nur wenige Mitarbeiter zu sehen. Fahrerlose Wagen bringen Zuliefermaterial von einer Maschine zur nächsten. Handhabungsgeräte, die die Teile sicher und zuverlässig stapeln, beladen die Maschinen. Computergestützte numerisch gesteuerte Werkzeugmaschinen (→ CNC) drehen, fräsen und bohren Werkstücke, die anschließend von Robotern geschweißt oder montiert werden. Die arbeitsintensiven manuellen Tätigkeiten des Einlegens, Spannens, Sortierens, Transportierens, Montierens usw. werden heute zu weiten Teilen von Robotern und Handhabungsgeräten durchgeführt.

Handhabungsgeräte ▸1

Zu den Handhabungsgeräten zählen Manipulatoren und Einleggeräte. **Manipulatoren** dienen zum Bewegen schwerer Bauteile (z. B. in Gießereien) oder gefährlicher Lasten (z. B. in Kernkraftwerken). Sie werden manuell ferngesteuert und besitzen im Gegensatz zu Robotern keine Programmsteuerung. **Einlegegeräte** werden in der Großserienfertigung eingesetzt. Sie sind z. B. für das Beladen von Werkstücken an Werkzeug- oder Blechverarbeitungsmaschinen vorgesehen. Die Bewegungen geschehen meist von Punkt zu Punkt. Eine koordinierte, gleichzeitige Bewegung mehrerer Achsen ist i.d.R. nicht vorgesehen. Bei der Beladung einer Drehmaschine (Abb. 1) kann das Einlegegerät über einen langen Träger (Portal) die Strecke von der Maschine zum Magazin zurücklegen, fertige Werkstücke transportieren, sortiert ablegen, mit dem Greifer ein neues Rohteil aufnehmen und über das Portal von oben in die Maschine zum Spannen einlegen. Je nach Stückzahl werden die Einlegegeräte entweder fest oder frei programmiert (**flexible Fertigung**). Frei programmierbare, z. T. sensorgesteuerte Handhabungseinrichtungen mit einer Beweglichkeit in möglichst vielen Dimensionen nennt man **Roboter**.

Aufbau von Industrierobotern ▸2 ▸3

Industrieroboter sind mit Greifern und Werkzeugen ausgerüstete, programmierbare Handhabungseinrichtungen. Will man mit ihnen einen Körper im Raum beliebig drehen und verschieben, sind sechs Bewegungsrichtungen erforderlich (Abb. 2): Die drei Dimensionen des Raumes (Länge, Breite und Höhe) müssen durch die Hauptachsen 1–3 erreicht werden und um jede dieser Achsen muss eine Drehung (Nebenachsen 4–6) möglich sein. Je mehr Achsen (Gelenke) ein Roboter hat, desto beweglicher ist er, d.h. umso mehr **Freiheitsgrade** besitzt er. Dabei zählen die Bewegungsmöglichkeiten des Greifers nicht mit.

Auch Roboter mit sechs Freiheitsgraden (f = 6; z.B. Schweißroboter Abb. 3) sind in ihrem Arbeitsraum begrenzt und können nicht immer alle Stellen eines zu bearbeitenden Werkstückes erreichen. Mithilfe von **Positionierungseinrichtungen** muss das Werkstück in seiner Lage verändert werden können. Diese Vorrichtungen sind z. T. selbst frei programmierbar, sodass das Werkstück z. B. während des Bearbeitens gedreht oder gehoben werden kann. Ein wichtiges Kriterium für die Güte einer Roboterfertigung ist die Wiederhol- und Positioniergenauigkeit. Sie liegt bei Industrierobotern zwischen 0,1 und 1 mm.

Als Antriebssysteme für Industrieroboter werden Elektromotoren, Hydraulikmotoren bzw. -zylinder oder pneumatische Systeme eingesetzt.

Programmierung von Robotern

Die Programmierung eines Roboters kann auf drei verschiedene Arten erfolgen:

Bei der **textuellen Programmierung** wird der Programmablauf durch Anweisungsbefehle für jede Achse in einer „Roboter-Programmiersprache“ geschrieben, was bei vielen Freiheitsgraden sehr aufwendig ist. Im **Teach-in-Verfahren** wird der Roboter von Hand an die Raumpunkte angefahren. Die Stellung der Achsen wird gespeichert und anschließend vom Roboter nachgefahren. Bei besonders schwierigen Bahnen (z. B. beim Lackieren) wird auch die **Play-back-Programmierung** eingesetzt. Hierbei wird die Roboterhand (oder eine entsprechende Messsensorik) manuell geführt. Etwa alle 20 Millisekunden wird die jeweilige Position der Bahnbewegung gespeichert.

Fertigen mit Robotern ▸3

Ein wichtiges Einsatzgebiet für Industrieroboter ist das Schweißen. Mit ihrer Hilfe können auch komplizierte Werkstücke (z. B. Heizkesselwärmetauscher; Abb. 3) gefertigt werden. Während der Schweißer sein Arbeitsergebnis ständig vor Augen hat und kontrolliert, ist der Roboter „blind“. Selbst das Fehlen des Werkstücks würde er ohne **Sensorik** nicht bemerken. Deshalb werden Roboter mit berührenden (taktilen), optischen oder elektrischen Sensoren ausgestattet. Mit ihnen „fühlt“ der Roboter z. B. die Lage und Form des Werkstücks und kann den Abstand dazu selbstständig korrigieren. Auch zum Fräsen, Sägen, Wasserstrahl- und Laserschneiden werden Industrieroboter eingesetzt, ebenso zum Lackieren, Schleifen und Fügen. Ein weiteres großes Einsatzgebiet von Industrierobotern ist die Montage.

▸1 Handhabungsgerät beim Beladen einer Drehmaschine

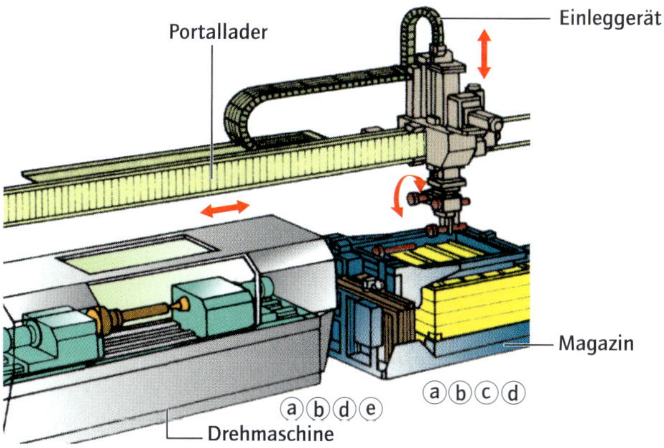

Arbeitsschritte:
ⓐ Greifen
ⓑ Zuteilen: Beladen, Entladen, Einlegen
ⓒ Ordnen, Sortieren
ⓓ Positionieren
ⓔ Spannen

▸2 6-achsiger Industrieroboter mit Greifern

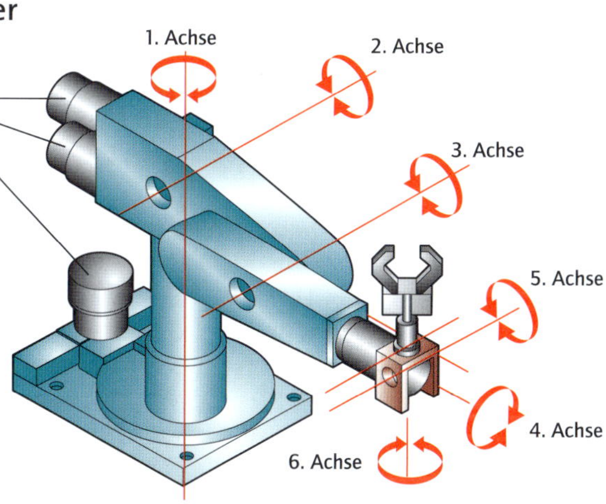

▸3 Industrieroboter beim Schweißen von Heizungskesselwärmetauschern

Mikrotechnik I

Während man die Verfahren zur Herstellung von **Mikrostrukturen** oft unter dem Begriff Mikrotechnik zusammenfasst, versteht man unter **Mikrosystemtechnik** eher die Disziplin, die sich um die Konzepte des technisch optimalen Zusammenwirkens einzelner Mikrokomponenten zu einem kompletten System kümmert. Jedoch verwischen sich die Grenzen zwischen diesen Begriffen zusehends.

Mikroelektronik ▸1

Durch die Miniaturisierung elektronischer Bauelemente (Mikroelektronik) und ihre optimierte funktionale Zusammenfassung (Integration) zu Schaltkreisen hoher Komplexität mittels ausgeklügelter Parallelfertigungsmethoden, bei denen viele Bauelemente auf demselben Träger gleichzeitig einem Herstellungsschritt unterworfen werden, können strukturierte Siliziumplättchen (**Chips**; Abb. 1) in großen Stückzahlen hergestellt werden. Vor allem lithografische und Dünnschichttechniken werden dabei benutzt.

Das Siliziumrohsubstrat (**Wafer**) wird mit einer weniger als einen Mikrometer (1 µm = 0,001 mm) dünnen Fotolackschicht bedeckt und diese durch eine „Maske" mit UV-Licht bestrahlt. Die **Maske** besteht aus einem UV-durchlässigen Träger (z. B. Quarzglas) und UV-undurchlässigen Strukturen (z. B. Chrom). Je nachdem, ob ein Positiv- oder Negativlack benutzt wird, werden die durch die Strahlung veränderten oder unveränderten Bereiche des Lackes chemisch entfernt. Sie können anschließend einem Ätz-, Aufdampf- oder Ionenimplantationsschritt ausgesetzt werden. So kann man die Materialeigenschaften der freigelegten Bereiche gezielt verändern: Leiterbahnen oder Isolationsschichten können erzeugt oder p- bzw. n-Dotierungen (→ Halbleiterbauelemente) eingebracht werden. Für komplexere Schaltungen können sich diese Vorgänge mehrfach wiederholen.

Die Maske selbst muss einmal „direkt" geschrieben werden. Dazu dient ein Elektronenstrahlschreiber, der einen fein gebündelten Strahl von Elektronen erzeugt, mit dem eine sensitive Lackschicht beschrieben wird. Die mit dieser Maske danach durchgeführte UV-Lithographie wird in ihrem Auflösungsvermögen durch die UV-Wellenlänge beschränkt und kann standardmäßig derzeit Strukturbreiten bis herab zu 0,35 µm erzeugen.

Weitere Verfahren der Mikrotechnik ▸2 ▸3

Neben den Verfahren der Lithografie-, Beschichtungs- und Ätztechniken nutzt die Mikrotechnik auch konventionelle, aber weiterentwickelte feinwerktechnische Bearbeitungsverfahren und geht zudem ganz neue Wege. Siliziumoberflächen können dort, wo sie nicht durch eine vorherstrukturierte Schicht, etwa aus Fotoresist oder einem anderen Material, geschützt sind, durch Nass- oder Trockenätzprozesse abgetragen werden. Die Form der geätzten Bereiche kann sehr unterschiedlich sein. So richten sich einige Ätzprozesse nach der Ausrichtung der Kristallstruktur relativ zur Oberfläche. Andere Prozesse ätzen das Siliziummaterial nicht nur „in die Tiefe", sondern auch „seitwärts". Dadurch können neben senkrechten Strukturwänden auch geneigte erzeugt werden oder die geschützten Bereiche können gezielt unterätzt werden. Dies ermöglicht beispielsweise die Realisierung von dünnen „Brückenstrukturen", die statisch bewegt werden können, oder von frei schwebenden „Sprungbrettern" (Biegebalken).

Auch Laserstrahlung (→ Laser) lässt sich zur Mikrostrukturierung nutzen. UV-Pulse hoher Energie, produziert von **Excimerlasern**, können z. B. dazu benutzt werden, Materie zu verdampfen. Dazu wählt man meist ein **Direktschreibverfahren**, das auf einer Bewegung des Werkstücks relativ zum Laserstrahl beruht. So können je nach Anzahl der deponierten Pulse flachere oder tiefere Abtragsmuster nebeneinander mit Mikrometerpräzision produziert werden (Abb. 2). Mit Laserstrahlen anderer Wellenlänge können winzige Schweißpunkte und -nähte erzeugt werden, mit denen Mikrosysteme aufgebaut oder abgedichtet werden können (Abb. 3). Bei Verwendung spezieller Gase in der Bearbeitungskammer kann mit fokussierten Laserstrahlen sogar Materialabscheidung und damit der Aufbau filigraner Mikrostrukturen betrieben werden.

Ebenfalls auf Materialabtrag beruht das **Mikrofunkenerodieren**. Hier wird zwischen eine Bearbeitungselektrode und dem Werkstück, die sich beide in einer elektrisch isolierenden Flüssigkeit befinden, eine Spannung angelegt. Nähert man die Elektrode dem Werkstück, so kommt es zu Funkenüberschlägen. Diese führen zu einem Materialabtrag am Werkstück. Die entstandene Vergrößerung des Abstandes wird durch den Vorschub der Elektrode ausgeglichen. Diese sogenannte Senkerosion lässt sich vergleichen mit dem Eindrücken eines heißen Stempels in einen Eisblock. Die **Drahterosion**, bei der man einen dünnen Metalldraht (oft nur 30µm dünn) als Elektrode wählt, gleicht eher dem Vorgang des Laubsägens. Auf diese Weise sind z. B. Stahlrohlinge sehr präzise mikrostrukturierbar. Nachteilig sind die hohen Kosten und die langen Bearbeitungszeiten. Außerdem treten Rostansatz und Lochfraß bei längerer Verweilzeit im Arbeitsbecken auf.

▸1 Wafer

Gallium-Arsenid-Wafer in der Endfertigung; sie kommen in Produkten der Mikro- und Optoelektronik als Hochfrequenzbauelemente zum Einsatz, z. B. in Handys, Lasern und LEDs.

▸2 Ein menschliches Haar, in das durch Materialabtrag (Ablation) mittels eines Excimerlasers ein Schriftzug eingraviert wurde

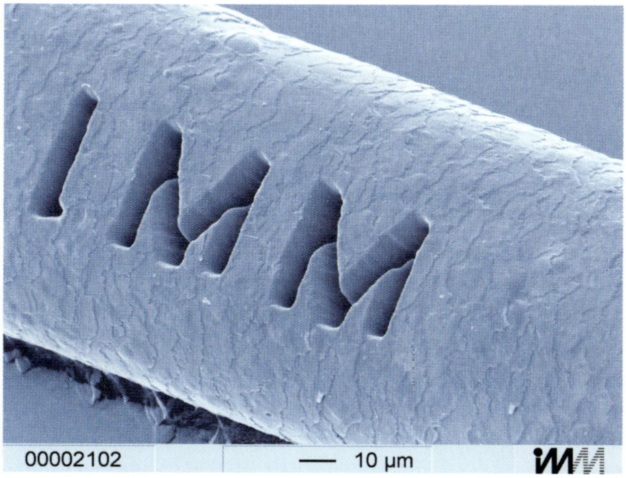

Die Aufnahme entstand in einem Rasterelektronenmikroskop.

▸3 Mikropumpe neben einer Büroklammer

Der Grundkörper besteht aus einem transparenten (oben) und einem schwarz eingefärbten Teil (unten), die mittels eines fein fokussierten Neodym-Granat-Lasers verschweißt werden.

Mikrotechnik II

In der Mikrotechnik geht es darum, neben elektronischen, auch mechanische, fluidische (flüssige) und optische Funktionselemente zu miniaturisieren, zu integrieren und in großen Stückzahlen zu fertigen. Diese Strukturen sind in aller Regel aber nicht wie Schaltkreise planar (eben) aufgebaut, sondern dreidimensional. Außerdem muss eine wesentlich größere Vielfalt von Materialien strukturiert werden, angefangen bei Metall über Keramik bis hin zu Glas und Kunststoff. Das wirft auch Probleme bei der Integration unterschiedlicher Bauelemente zu einer Funktionsgruppe oder einem System auf. Meist zieht man in der Mikrotechnik eine hybride (zusammengesetzte) Integration vor, wodurch den entsprechenden Aufbau- und Verbindungstechniken eine wichtige Rolle zukommt.

LIGA-Technik ▸1

Will man Mikrostrukturen in großen Stückzahlen produzieren, so bietet sich das in Deutschland entwickelte **LIGA**-Verfahren an, das aus den Hauptschritten Lithografie (**LI**), Galvanoformung (**G**) und Abformung (**A**) besteht (Abb. 1). Für eine dreidimensionale Struktur wird beim Lithografieschritt eine bis zu 1mm dicke Fotolackschicht (Resist) ausgeformt. Um eine solche Schichtdicke durchstrahlen und chemisch verändern zu können, benutzt man vorzugsweise Synchrotronstrahlung (Röntgenlicht mit typischerweise 1nm Wellenlänge) geringer Divergenz (Streuung) und hoher Intensität.

Nach dem Entwickeln dient die elektrisch leitfähige Trägerplatte in einem Galvanikbad als Kathode. Dies führt dazu, dass die Zwischenräume des Fotolackreliefs sich mit Metall füllen und eine metallene Komplementärstruktur entsteht. Diese wird von den Lackresten befreit und kann nun in einem Prägewerkzeug oder einer Spritzgussmaschine als Urform (**Master**) zum massenhaften Übertragen der Präzisionsstrukturen in Kunststoffprodukte benutzt werden. Das Verfahren ist auf Massenprodukte aus Metallen, Legierungen und keramischen Werkstoffen erweiterbar.

Anwendungen ▸2 ▸3

Die Anwendung mikrotechnischer Strukturen bringt in allen Bereichen der Technik Vorteile: Chirurgen wünschen sich immer kleinere und präzisere Instrumente, um mit möglichst geringen Eingriffen (→ minimalinvasive Chirurgie) optimale Therapieergebnisse erzielen zu können. Miniaturisierte Mechaniken (Abb. 2) und winzige Motoren (Abb. 3) in der Spitze von Endoskopkathetern befinden sich in der Entwicklung. Im Automobilbau finden heute neben vielerlei mikroelektronischen Sensoren, Steuer- und Regeleinheiten auch kleinste Beschleunigungssensoren Verwendung: Ihr Kernstück besteht z. B. aus einer winzigen, beweglich aufgehängten Masse. Wird die Masse durch einen Zusammenprall des Autos mit einem zweiten Gegenstand massiv ausgelenkt, so führt dies z. B. zur Auslösung des Airbags (→). In der Telekommunikation und der Datenverarbeitung ist die Glasfaser auf dem besten Weg, das Transportmedium der Zukunft für Informationen jedweder Art zu werden (→ Lichtwellenleiter). Beim Koppeln von Glasfasern miteinander oder an entsprechende optoelektronische Sende- und Empfangsbausteine ist aufgrund des geringen Faserquerschnitts höchste Präzision gefragt, um Lichtverluste möglichst gering zu halten. Mikrotechnische Positionierelemente, z. B. in Steckverbindern, schaffen hier Abhilfe. Um optische Signale zu führen, zu verzweigen und auch zu manipulieren, können mit Methoden der Dünnschichttechnik auf Siliziumbasis oder mit der LIGA-Technik optische Chips mit Lichtleiterbahnen realisiert werden (Integrierte Optik).

Mikrofluidtechnik

In Zukunft sollen mithilfe fluidischer (Flüssigkeiten führender und lenkender) Systeme chemische Reaktionen auf kleinstem Raum kontrolliert durchgeführt werden. Mikrostrukturierte Kanälchen führen Flüssigkeiten zusammen, die von miniaturisierten Pumpen (→ Mikrotechnik I) gefördert werden. Durch geeignete Auslegung der Mischkammern wird erreicht, dass sogar nichtmischbare Flüssigkeiten, die nur an ihrer Grenzfläche zueinander reaktionsbereit sind, sehr große Grenzflächen miteinander bilden. Die winzigen Kanäle und Kammern besitzen ein hohes Verhältnis von Oberfläche zum eingeschlossenen Volumen, wodurch eine gute Temperaturkontrolle möglich wird, die bei schwierigen biochemischen Reaktionen oft Grundvoraussetzung für eine gute Ausbeute ist. Die Integration von Glasfasern in ein solches System ermöglicht die Kontrolle von Durchfluss und Produktreinheit und zusammen mit miniaturisierten Mischerelementen, Reaktionskammern und Pumpen auf einem Baustein spricht man auch vom „lab on a chip" („Labor auf einem Chip").

Will man das chemische Produkt in größeren Mengen produzieren, so schaltet man eine Vielzahl von Mikroreaktoren parallel. Hier bedient man sich desselben Prinzips wie die Natur, wo die Zelle als Mikroreaktor arbeitet. Solche Parallelschaltungen sind störunanfällig gegen Ausfälle einzelner Mikroreaktoren.

▸1 Fertigungsschritte der LIGA–Technik

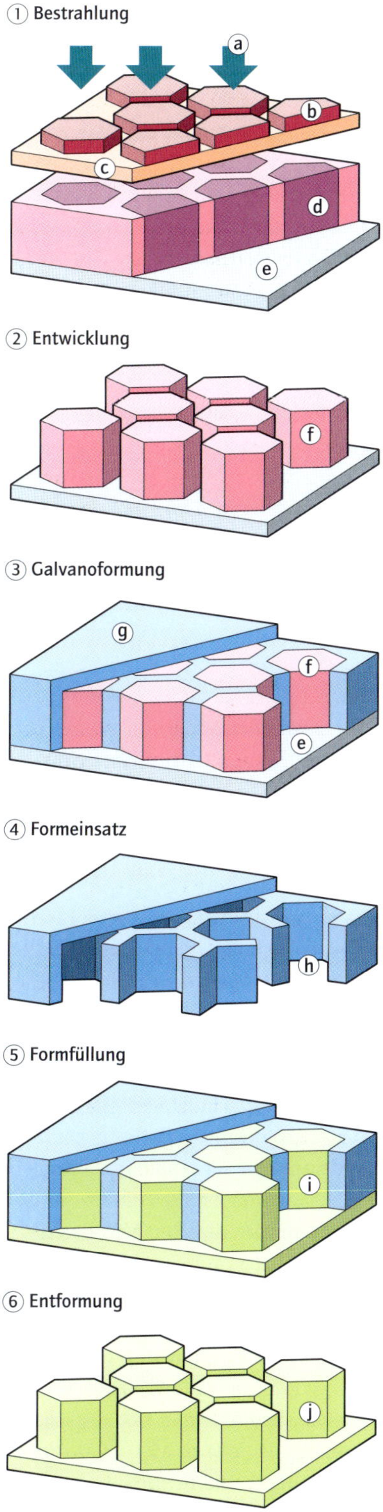

(a) Synchrotronstrahlung
(b) Absorberstruktur
(c) Maskenmembran
(d) Fotolackschicht (Resist)
(e) elektrisch leitfähige Grundplatte
(f) Resiststruktur
(g) Metall
(h) Formhohlraum
(i) Kunststoff (Formmasse)
(j) Kunststoffstruktur

▸2 Mehrstufiges Miniatur–Planetengetriebe, dessen Einzelteile mittels der LIGA–Technik aus Kunststoff gefertigt wurden.

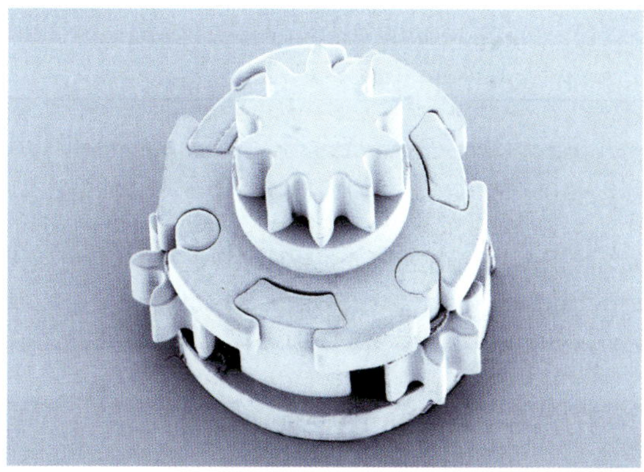

▸3 Miniaturmotor mit 1,9 mm Durchmesser (links) mit angeflanschtem Miniatur-Planetengetriebe (weißes Gehäuse, rechts). Darunter die Einzelteile des Getriebes; zum Vergleich eine Nähnadel.

Nanotechnologie

Einsparung von Raum, Energie, Material und Kosten sind die Triebfedern aller Bemühungen, technische Funktionsgruppen zu verkleinern. Will man die Mikrotechnik (→), die Bauelemente mit Dimensionen zwischen einem Tausendstel Millimeter (einem Mikrometer, μ) und einem Zehntel Millimeter mit Mikrometerpräzision hervorbringt, noch weiter treiben, dann betritt man den Bereich der Nanometerdimensionen.

Ein Nanometer (nm) ist der millionste Teil eines Millimeters. Das entspricht etwa dem Verhältnis der Länge eines Lastzuges zum Erddurchmesser. Die Wellenlänge von Röntgenstrahlen bewegt sich im Bereich von Nanometern, während sichtbares Licht Wellenlängen von einigen Hundert Nanometern aufweist. Auch die Abmessungen von Molekülen lassen sich gut in Nanometern beschreiben, z. B. ist der Durchmesser eines DNA-Doppelstranges etwa 3 nm breit.

Zu den Zielen der Nanotechnologie gehören insbesondere die Herstellung neuartiger Materialien und Werkstoffe mit außergewöhnlichen Eigenschaften sowie die Entwicklung neuer Methoden zur extrem dichten und effizienten Datenspeicherung.

Physikalische Grenzen

Den Methoden der Mikrostrukturierung, wie etwa der Lithografie, sind allerdings physikalische Grenzen gesetzt (→ Mikrotechnik). So misst die kleinste Strukturbreite in einem aktuellen Prozessor bereits 45 nm. Das lithografische Auflösungsvermögen ist durch die verwendete Wellenlänge bestimmt. Excimerlaser, die UV-Pulse von 193 nm Wellenlänge abgeben, bringen noch eine Verbesserung, ebenso der Einsatz von Röntgenstrahlen anstelle von UV-Licht. Für Röntgenstrahlen genügend guter Parallelität und Intensität braucht man aber aufwendige Elektronenbeschleuniger (Synchrotrons).

Zur Herstellung extrem dünner Schichten aus einer definierten Anzahl von Atomlagen existieren Verfahren wie die **Molekularstrahlepitaxie**, bei der Atome gesteuert Schicht für Schicht auf ein Substrat (Träger) abgelagert werden, dessen kristalline Struktur dabei die „Landeplätze" der aufgebrachten Atome vorbestimmt und für eine Anordnung in „Reih und Glied" sorgt. Bettet man die Teilchen in eine Matrix, so wird diese beeinflusst (z. B. bei Keramiknanoteilchen in einer Polymermatrix). Solche als Nanokomposite bezeichneten Verbundwerkstoffe haben im Vergleich zur nicht kompositierten Matrix eine wesentlich höhere Härte und sind z. B. bei einer transparenten Matrix weiterhin transparent.

Strukturen mit Abmessungen im Nanometerbereich erlauben es in vielen Fällen, quantenphysikalische Effekte zu nutzen, die sich in der „Makrowelt" gar nicht zeigen. So können durch wenige Atomlagen dicke Halbleiterschichten Elektronen in ganz spezifischer Weise eingefangen werden, was zur Verbesserung von optoelektronischen Bauelementen geführt hat.

Rastertunnelmikroskop ▸1 ▸2 ▸3

Auch das Rastertunnelmikroskop beruht auf einem Quanteneffekt: Eine extrem spitze Nadel wird ganz nahe an eine Materialoberfläche herangebracht (Abb. 1). Ist der Abstand zum äußersten Atom der Spitze nur noch wenige Nanometer groß, können Elektronen die eigentlich nicht leitende Lücke „durchtunneln", und es fließt ein Strom (Abb. 2). Durch Aufzeichnen der Stromstärke beim Abrastern einer Oberfläche ergibt sich also ihre Höhenstruktur, oft mit atomarer Auflösung (Abb. 3). Derartige Rastersondentechniken sind bei der Strukturaufklärung von Oberflächen in der Forschung, aber auch bei der industriellen Qualitätskontrolle nicht mehr wegzudenken. Man kann mit diesen Sondenspitzen auch mit der untersuchten Oberfläche „Kontakt aufnehmen" und Strukturen eingravieren oder gar einzelne Atome auf der Oberfläche hin- und herschieben.

Molekulare Technik

Die Verfahren der Lithografie, die Benutzung von gebündelten Strahlen oder von Sondennadeln sind aber nicht fein genug, um sehr komplexe Strukturen mit Nanometerpräzision aufzubauen. Einen ganz anderen Weg geht hier die Natur: Sie hat die lebenden Zellen mit Molekülen ausgestattet, welche andere, geeignete Moleküle erkennen können und diese zur Reaktion mit wieder anderen Molekülen bringen. Nach diesem Schlüssel-Schloss-Prinzip arbeiten vor allem Enzyme. Ziel der Nanotechnologie ist es deshalb, sogenannte Nanoroboter herzustellen, die nach diesem Prinzip das gewünschte Produkt aus den molekularen Grundbausteinen aufbauen können. Diese Nanoroboter hat man sich als komplizierte Molekülanordnungen vorzustellen. Die Vision ist, mit ihrer Hilfe z. B. Nahrungsmittel ohne Umweg über die Landwirtschaft direkt zusammenzubauen, die in der Blutbahn eines Kranken eingedrungenen Viren zu bekämpfen oder in den Boden eingesickerte Schadstoffe unschädlich zu machen. Natürlich müssen solche „Assembler" (Zusammenbauer) vor allem eine grundsätzliche Eigenschaft mitbringen: Sie müssen sich selbst reproduzieren (wiederherstellen), damit ein ausreichender Stoffumsatz und damit z. B. eine effiziente Produktion stattfinden kann.

▸1 Sondenspitze eines optischen Tunnelmikroskops (scanning nearfield optical microscope, SNOM), aufgenommen im Rasterelektronenmikroskop

Der lichtdurchlässige Kern ist von einer undurchsichtigen Aluminiumschicht umgeben. Er tritt nur an der obersten Spitze zutage und bildet eine Öffnung von nur ca. 100 nm, also wesentlich kleiner als die verwendete Lichtwellenlänge.

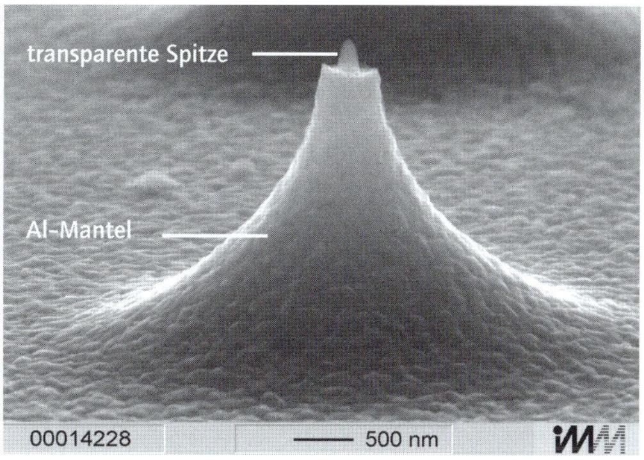

▸2 Prinzip eines Rastertunnelmikroskops

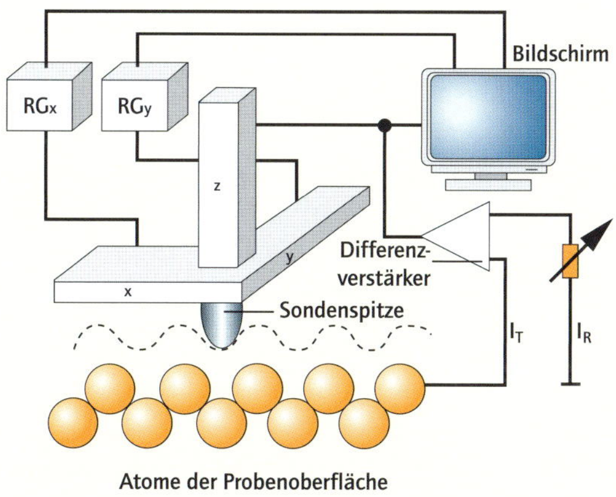

Die Höhe der Sondenspitze über der Probe wird durch die Differenz zwischen der Tunnelstromstärke und einer einstellbaren Richtstromstärke geregelt; aus den Signalen der Rampengeneratoren werden die für die Darstellung nötigen Daten (x- und y-Koordinaten, z-Signal für Helligkeit) gewonnen.

I_T = Tunnelstrom
I_R = Richtstrom
RG_x, RG_y = Rampengeneratoren

▸3 Abbildung einer Grafitoberfläche, gescannt mit einem Rastertunnelmikroskop

Das Bild ist anhand des Verlaufbalkens (rechts) farbkodiert (vgl.Bild 2),
d.h. helle Bereiche entsprechen Erhebungen, dunkle dagegen Vertiefungen.
Die Anordnung der Kohlenstoffatome gehorcht einem regulären Sechseckmuster.

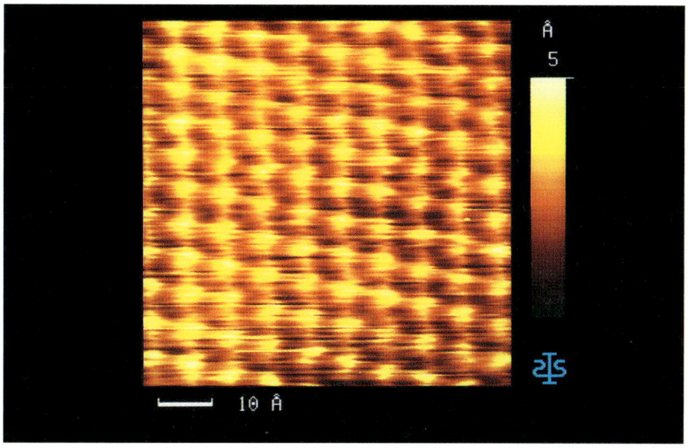

Laser I

Anders als natürliche und konventionelle Lichtquellen (z. B. Sonne, Glühlampe) ist Laserlicht sehr intensiv, einfarbig und scharf gebündelt. Jede einzelne dieser Eigenschaften zeichnet den Laser aus und erschließt ihm dadurch neue Anwendungsmöglichkeiten in der Medizin, Wissenschaft, Unterhaltungselektronik, Holographie, Nachrichtentechnik oder Materialbearbeitung.
Die theoretischen Grundlagen zum Laserprinzip wurden bereits 1917 von Albert Einstein in der Quantentheorie des Lichts aufgestellt, aber erst Jahrzehnte später in ihrer praktischen Bedeutung erkannt. Theodore Harold Maiman konnte 1960 den ersten Laser, einen Rubinlaser, der tiefrotes Licht ausstrahlt, technisch realisieren. Heute existiert eine große Vielzahl verschiedenster Lasertypen, sodass nicht nur für den sichtbaren Wellenlängenbereich des elektromagnetischen Spektrums geeignete Lasersysteme zur Verfügung stehen (Abb.1). Genau wie das von allen anderen Lichtquellen ausgesandte Licht, so ist auch Laserlicht eine elektromagnetische Strahlung, die sich in Wellenform ausbreitet. Zu den besonderen Eigenschaften des Lasers gehören: **Monochromasie** und **Kohärenz**.

Monochromasie ▸2

Herkömmliches weißes Licht zeigt, durch ein Prisma geschickt, ein Spektrum aus vielen Farben. Jede einzelne dieser Farben zeigt für sich ein relativ breites Band im Frequenzbereich. Bei der Laserstrahlung besitzen alle Wellenzüge nahezu die gleiche Frequenz bzw. nur eine einzige Wellenlänge (Abb. 2). Laserlicht ist somit spektral schmalbandig bzw. einfarbig (**monochromatisch**). Es gibt Laser, die prinzipiell nur eine einzige feste Frequenz ausstrahlen, und solche, bei denen sogar einzelne Wellenlängen mit extrem geringer Linienbreite innerhalb eines bestimmten Spektralbereichs ausgewählt werden können (z. B. Farbstofflaser). Mittels in den Laser integrierter Prismen oder Gitter werden diese Wellenlängen herausgesucht (Wellenlängendurchstimmbarkeit). Besondere Techniken ermöglichen es, den Spektralbereich zu ergänzen oder auszudehnen. So kann die ausgestrahlte Laserfrequenz vervielfacht werden, wenn das Licht durch geeignete Kristalle geschickt wird. Die Intensität des Laserlichtes wird dabei aber deutlich verringert.

Kohärenz ▸3

Alle Wellenzüge der Laserstrahlung haben die gleiche Amplitude. Sie entstehen zur gleichen Zeit und bewegen sich im „Gleichschritt" in dieselbe Richtung fort, d.h., sie sind zeitlich und räumlich **kohärent** (Abb. 3). Da sich die vielen parallelen Wellenzüge deckungsgleich, d. h. in Phase, überlappen, erhält man so bei Überlagerung (**Interferenz**) der Wellenzüge eine große Laserstrahlungsintensität. Diese phasengleiche Interferenz der Wellenzüge bedingt eine maximale Addition der Wellenberge (Amplituden).

Hohe Intensität und Fokussierbarkeit ▸3 ▸4

Aufgrund der räumlichen Kohärenz bewegen sich die Wellenzüge auch auf große Entfernungen nahezu parallel und erzeugen einen scharf gebündelten, intensiven Lichtstrahl (Abb. 3 und 4). Seine räumliche Ausdehnung zeigt im Gegensatz zu der einer konventionellen Lampe (Taschenlampe) auch in der Ferne nur eine sehr geringe Strahlaufweitung (**Strahldivergenz**). Daher kann der Laserstrahl über längere Strecken in Lichtleitern geführt werden. Dies erlaubt eine flexible Strahlführung und exakte Positionierung des Strahls.
Aufgrund der geringen Strahldivergenz ist es möglich, den Laserstrahl mit Linsen auf einen Punkt zu bündeln (fokussieren), dessen Durchmesser bis in die Größenordnung der Laserwellenlänge verkleinert werden kann. Eine Eigenschaft, die besonders in der präzisen industriellen Materialbearbeitung (Bohren, Schneiden; → Laser in der Fertigung) und in der Medizin (z. B. Laserskalpell; → Laser in der Medizin) genutzt wird. Hierbei kommt den Anwendern neben der geringen Strahldivergenz die bereits relativ große Ausgangsintensität zugute, die durch Bündelung weiter gesteigert wird.
Die Intensität der Strahlung wird außerdem durch die Betriebsart des Lasers bestimmt. Es gibt Lasersysteme, die kontinuierlich Strahlung aussenden und solche, die Licht in kurzen Pulsen ausstrahlen. Im normalen Pulsbetrieb liegen die Pulsdauern bei 10^{-3} s bis 10^{-9} s. Beim Kohlendioxidlaser (CO_2-Laser) sind beide Betriebsarten möglich. Im kontinuierlichen Betrieb (Dauerstrichbetrieb) werden mit diesem Laser Leistungen bis 100 kW und im Pulsbetrieb von 100 W bis 10^{13} W erreicht.
Eine innovative Lasertechnologie stellt der **Femtosekundenlaser** dar. Seine Pulsdauern liegen im Femto- und unteren Pikosekundenbereich (10^{-15} bis 10^{-11} s). Der Femtosekundenlaser dringt in Zeitbereiche ein, in denen in der Natur Elementarprozesse stattfinden wie molekulare Schwingungen, chemische Reaktionen, Ladungstransfer in Halbleitern und funktionelle biologische Reaktionen. Selbst der Laserbearbeitung sonst unzugängliche Materialien lassen sich damit nanometerfein strukturieren.
Zu Beginn des 21. Jahrhunderts wurden erstmals Attosekundenpulse im Röntgenbereich erzeugt.

▸1 Übersicht wichtiger Lasertypen im elektromagnetischen Spektrum

Wellenlänge der Festfrequenzlaser und Wellenlängenbereiche durchstimmbarer Laser im logarithmischen Maßstab (vom Röntgen- und Ultraviolettbereich, über den sichtbaren Bereich, bis zum Infrarot- und Millimeterbereich)

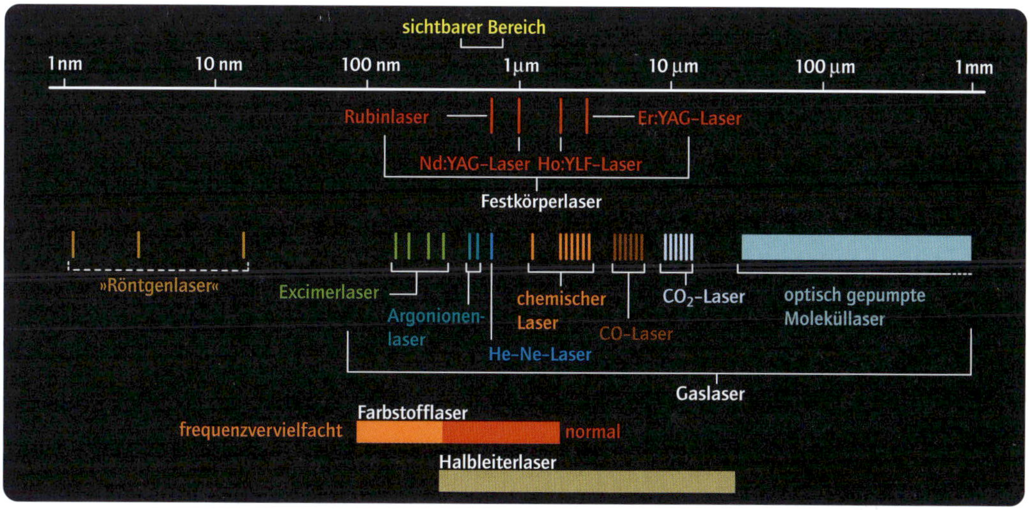

▸2 Vergleich der spektralen Bandbreite des Lasers a mit der einer herkömmlichen Lichtquelle b

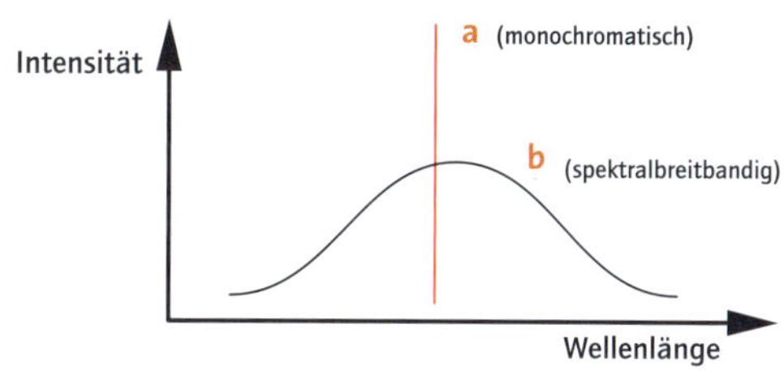

▸3 Vergleich von inkohärent strahlenden Lichtquellen (Glühlampe und Taschenlampe) mit einer kohärenten (Laser)

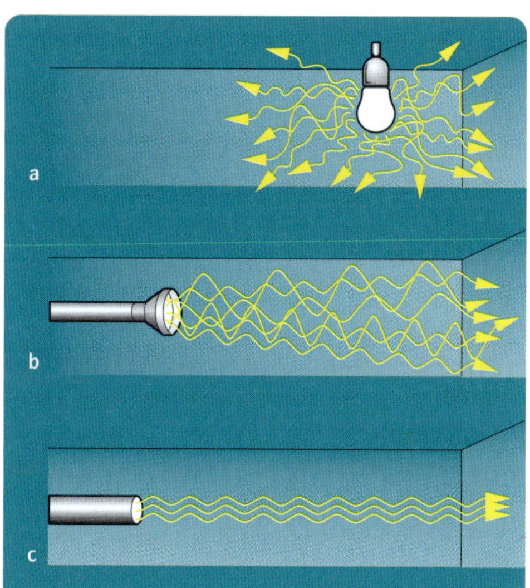

▸4 Fokussierter Laserstrahl in der Materialbearbeitung

Laser II

Laser unterscheiden sich durch ihre Größe sowie insbesondere durch die Frequenz ihrer ausgesandten Strahlung. Die Ausstrahlung (Emission) von Laserlicht kommt durch die Wechselwirkung der Atome bzw. Moleküle des jeweiligen laseraktiven Materials (aktives Medium) mit Photonen zustande. Eine Einteilung der Laser erfolgt in der Regel nach ihren aktiven Medien in: Gas-, Flüssigkeits-, Festkörper-, Halbleiter- (Dioden) und Plasmaröntgenlaser.

Das Laserprinzip ▸1 ▸2

Das der Laserlichterzeugung zugrunde liegende Prinzip findet sich abgekürzt in den Anfangsbuchstaben des Wortes **LASER** wieder: **l**ight **a**mplification by **s**timulated **e**mission of **r**adiation. D. h., eine Lichtverstärkung wird durch eine erzwungene Aussendung von Strahlung (stimulierte bzw. induzierte Emission) hervorgerufen. Dieser Prozess wird durch die atomare Struktur der aktiven Medien, insbesondere der Energiezustände (Energieniveaus) bzw. der Elektronenverteilung innerhalb der Atome, bestimmt (Abb.1):

- **Absorption**: Um ein Elektron in ein höheres Energieniveau im Atom zu heben, muss es Energie aufnehmen (absorbieren). Bei der Anregung des Elektrons und damit des Atoms (z. B. durch Licht) muss die Frequenz des Photons (kleinstes Energieteilchen der elektromagnetischen Strahlung) genau der Energiedifferenz zwischen ΔE zwei Energieniveaus entsprechen.
- **Spontane Emission**: In dem angeregten Zustand verweilt das Elektron etwa 10^{-8} s und springt dann spontan wieder auf das untere Niveau, den Grundzustand des Atoms, zurück. Das ursprünglich absorbierte Photon wird in beliebiger Raumrichtung spontan emittiert. In einer konventionellen Lichtquelle werden viele Atome bzw. Moleküle gleichzeitig angeregt, aber der Übergang in den Grundzustand findet statistisch statt, sodass zu verschiedenen Zeiten und in alle Raumrichtungen Wellenzüge emittiert werden. Diese Strahlung ist inkohärent.
- **Stimulierte Emission**: Wird ein zweites Photon mit derselben Frequenz wie das erste eingestrahlt, so werden sowohl das absorbierte als auch das zweite aufgenommene Photon gleichzeitig vom Atom wieder ausgestrahlt. Eine Emission wird erzwungen, d. h. stimuliert bzw. induziert, bevor das absorbierte erste Photon spontan emittiert ist. Beim Prozess der stimulierten Emission sind sowohl die Ausstrahlungsrichtungen als auch die Phasen und Wellenlängen der beiden Photonen gleich. Das emittierte Licht ist kohärent und intensiv. Die beiden emittierten Photonen können nun ihrerseits wieder zwei angeregte Elektronen synchron zur stimulierten Emission veranlassen. Dieser Prozess führt zu einer lawinenartigen Verstärkung der Photonenanzahl. Der Laser arbeitet also als Lichtverstärker.

Der dritte Prozess allein wäre der ideale Fall, jedoch konkurrieren mit der stimulierten Ausstrahlung die spontanen Emissions- und die Absorptionsprozesse. Die induzierte Emission kann aber dann begünstigt werden, wenn sich mehr Atome im angeregten als im Grundzustand befinden. Diese Verteilung ist Voraussetzung für die Erzeugung kohärenter Strahlung. Sie wird **Inversion** genannt, da es sich entgegen der möglichen Besetzung der Energieniveaus bei normalen Temperaturen um eine zahlenmäßige Besetzungsumkehr handelt. Die Inversionsbedingung kann durch ein Drei- oder Vierniveaulasersystem (Abb. 2) realisiert werden. Beim Dreiniveaulasersystem (z. B. Rubinlaser) werden die Elektronen durch Licht in das Niveau E_3 „gepumpt", wechseln strahlungslos in das obere Laserniveau E_2, in dem sich nun viel mehr Elektronen als im Grundzustand E_1 befinden. Es hat eine Inversion stattgefunden, da die Elektronen im oberen Laserniveau eine relativ lange Zeit verweilen, bis sie stimuliert Laserstrahlung aussenden. Fast allen Lasertypen liegen jedoch Vierniveausysteme zugrunde, da diese eine geringere Pumpleistung zur Inversionserzeugung erfordern.

Aufbau eines Lasers ▸3 ▸4

Der typische Aufbau eines jeden Lasers besteht aus drei Grundbausteinen (Abb. 3 und 4):

- **Laseraktives Medium**: Hier wird die Laserstrahlung durch stimulierte Emission erzeugt.
- **Pumpquelle** (Energiezufuhr): Diese führt die zur Erzeugung der Inversion nötige Energie zu, je nach Lasertyp z. B. durch Lichtquellen (Blitzlampen oder ein zweiter Laser), durch eine Gasentladung, durch chemische oder elektrische Anregung.
- **Resonator**: Dieser besteht aus einer Spiegelanordnung und dient zur Rückkopplung der Laserstrahlung. Zwischen zwei oder mehreren hochreflektierenden Spiegeln wird die Laserstrahlung aufgebaut und verstärkt, die dann durch einen teildurchlässigen Spiegel ausgekoppelt wird. Je nach Lasertyp oszilliert der Resonator auf einer einzelnen Mode, wenigen oder vielen Moden. Die Anzahl der anschwingenden Moden bestimmt die spektrale Bandbreite der Laserstrahlung und damit die Farbreinheit (Monochromasie). Die Modenstruktur und das zeitliche Verhalten der Laserstrahlung bestimmen ihre Kohärenz.

▸1 Die wichtigsten Prozesse bei der Anregung von Atomen

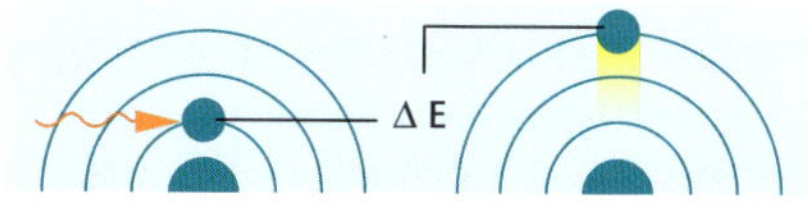

a Absorption

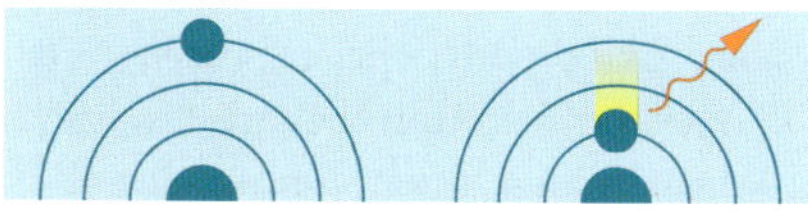

b spontane Emission

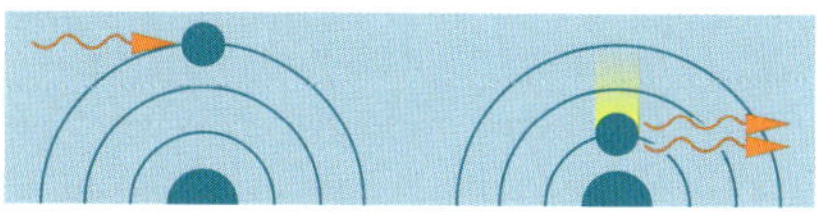

c stimulierte Emission

▸2 Energiezustände in Lasersystemen

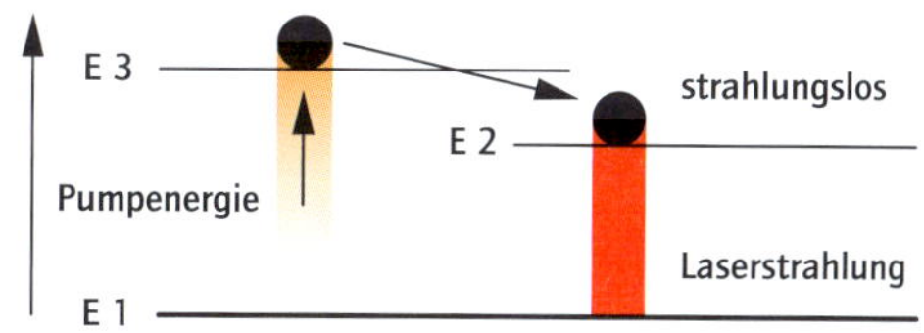

a Dreiniveaulasersystem

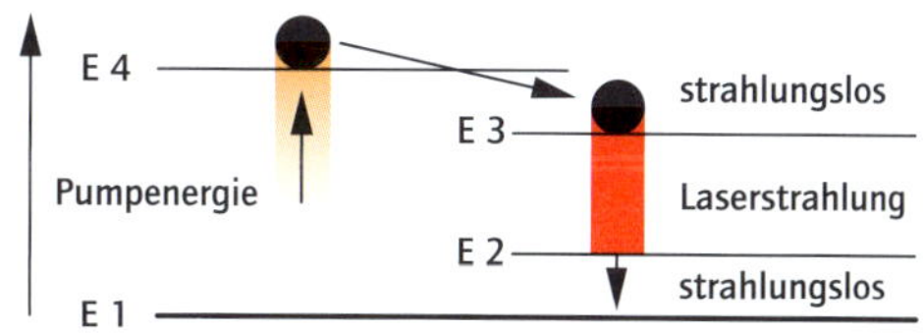

b Vierniveaulasersystem

▸3 a Grundaufbau eines Lasers

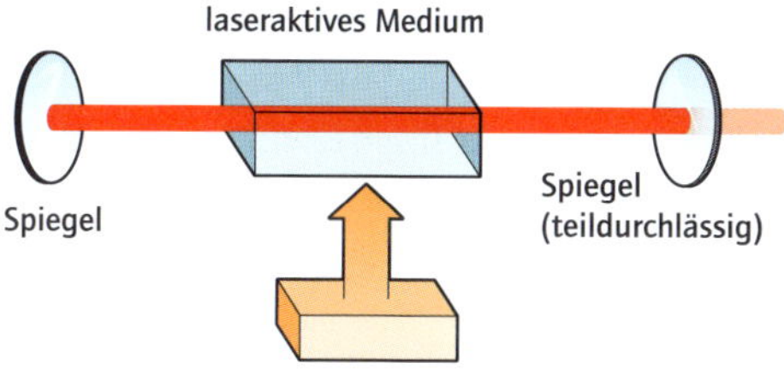

b Aufbau des Rubinlasers

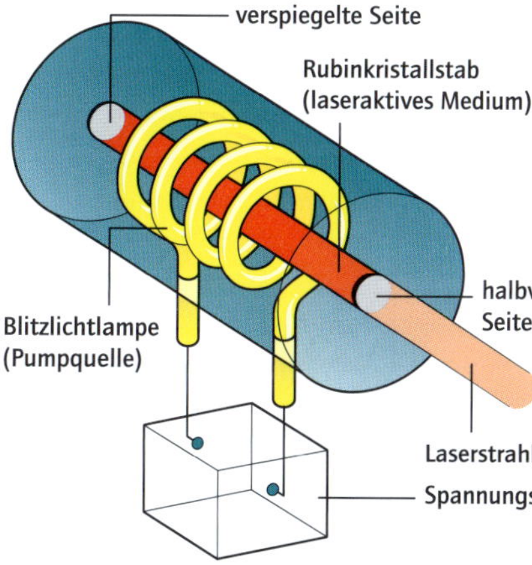

▸4 Resonator eines Farbstofflasers

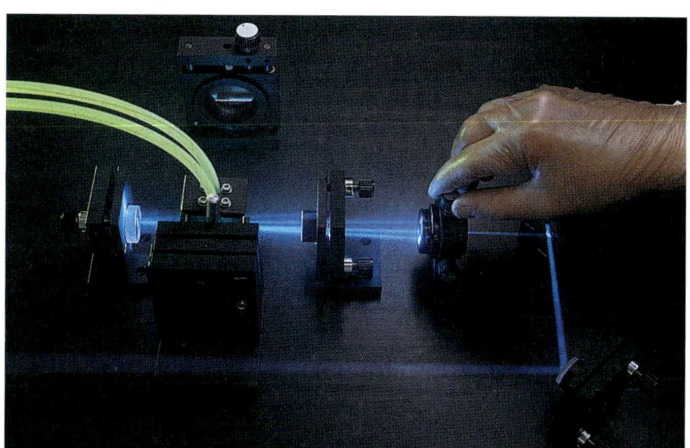

Laser in der Fertigungstechnik

Gebündelte, intensive Strahlung wie die eines Lasers (→ Laser) eignet sich gut als Werkzeug, um beliebige Materialien zu bohren, schneiden, schweißen oder anderweitig zu bearbeiten. In den letzten Jahren hat sich die Laseranwendung in der Fertigungstechnik zu einer Technologie entwickelt, die ihren festen Platz in verschiedenen Technikbereichen wie z. B. in der Feinmechanik, Optik, Elektronik und Halbleitertechnik besitzt. Außerdem werden Laser in vielen Gebieten der naturwissenschaftlichen Forschung und der Medizin, aber auch in Kunst und Unterhaltung angewendet.

Prinzip der Materialbearbeitung ▸1

Die Wirkung des Lasers in der Fertigungstechnik beruht hauptsächlich darauf, dass die eingebrachte Strahlungsenergie durch die Materialoberfläche aufgenommen und örtlich begrenzt in Wärme umgewandelt wird. Innerhalb von Milli- oder Mikrosekunden können Temperaturen von mehreren Tausend Grad entstehen. Je nach Stärke und Dauer der Einstrahlung schmilzt oder verdampft das Material (Abb. 1). Unterhalb der Schmelztemperatur kann man mithilfe von Lasern Oberflächen härten. Nach dem Schmelzen lassen sich Materialien schweißen, legieren und beschriften. Die Verdampfung des Materials kann dazu genutzt werden, Löcher zu bohren, Drähte zu schneiden oder, wenn das Material bewegt wird, Schlitze zu fräsen. Verdampftes Material kann auch aufgetragen werden, um dünne Überzüge und Beläge zu erzeugen.

Vorteile der Laserfertigung

Entgegen herkömmlichen Verfahren bietet die Laserfertigung neben der oft höheren Produktqualität weitere entscheidende Vorteile:

- Durch berührungslose und fast kräftefreie Strahleinwirkung entfällt der sonst übliche Werkzeugverschleiß. Selbst harte und spröde Werkstoffe können leicht bearbeitet werden.
- Der Laserstrahl kann beliebig geformte Profile schnell und sauber, meist ohne Nachbearbeitung, herstellen.
- Es gibt Bearbeitungsverfahren, die nur mit dem Laser möglich sind. Dazu gehört u. a. das Schweißen von Elektroden in Vakuumröhren durch das Glas hindurch.
- Laserstrahlung ist über Spiegel und Quarzfasern leicht zu führen. Das ermöglicht, vor allem im Zusammenhang mit Robotersystemen, flexible Arbeitsverfahren.

Beim Bearbeitungsvorgang können allerdings auch gasförmige Schadstoffe entstehen, die abgesaugt werden müssen.

Laser für die Fertigung ▸2 ▸3

Um die vielfältigen Anforderungen zu erfüllen, arbeitet man überwiegend mit drei Lasertypen: dem Kohlendioxidlaser (Gaslaser), dem Neodymlaser (Festkörperlaser) und dem Excimerlaser (Gaslaser).

Der **Kohlendioxidlaser** (CO_2-Laser; Abb. 2) stellt die bisher wichtigste Strahlquelle für die Fertigung dar. Er arbeitet im Infrarotbereich und wird sowohl kontinuierlich als auch gepulst betrieben. Er besitzt einen guten Wirkungsgrad von bis zu 20 %. Sein Strahl lässt sich unter $^1/_{10}$ Millimeter bündeln, was bei hohen Ausgangsleistungen zu enormen Leistungsdichten führt. Bei Stahlblechen lassen sich damit Schnitt- und Schweißgeschwindigkeiten von einigen Metern pro Minute erreichen. So wird der CO_2-Laser vor allem zur Bearbeitung mittlerer und größerer Werkstücke eingesetzt, wobei sich ein Großteil der Anwendungen auch heute noch auf Schneid- und Schweißarbeiten (Abb. 3) sowie Materialhärtungen in der Automobilindustrie und ihren Zulieferern konzentriert. Industrielle CO_2-Laser sind relativ großvolumige Geräte. Kosten und apparativer Aufwand setzen den Anwendungen daher gewisse Grenzen.

Der **Neodymlaser** arbeitet ebenfalls im Infrarotbereich, allerdings bei geringerer Wellenlänge und Strahlleistung. Er wird vorwiegend im Pulsbetrieb gefahren. Da sich seine Strahlung aufgrund der geringen Wellenlänge noch schärfer bündeln lässt, kommt dieser Laser hauptsächlich in der Feinwerktechnik, der Optik und der Elektronik zum Einsatz. Man kann mit ihm fast alle metallischen und nichtmetallischen Werkstoffe schneiden, mikrobohren oder schweißen. Auch zur Markierung oder Beschriftung von z. B. Gläsern oder Schmuck durch Aufschmelzen oder Verdampfen von Material werden Neodymlaser verwendet. Außerdem lässt sich die Strahlung gut durch Quarzfasern leiten, sodass sie direkt an Industrieroboter gekoppelt werden kann.

Der **Excimerlaser** (der Begriff ist eine Zusammenziehung von engl. excited = angeregt und dimer und bezeichnet das Lasermedium, für das heute meist Edelgas-Halogenide genommen werden) sendet seine energiereiche, kurzwellige UV-Strahlung in kurzen Pulsen von nur wenigen Nanosekunden Länge aus. Sie lässt sich bis unter einen Mikrometer bündeln und wird überwiegend dazu benutzt, Mikrostrukturen zu trennen oder feinste Löcher, z. B. für Siebe und Düsen, zu bohren. In der Mikroelektronik wird die gepulste Strahlung ausgenutzt, um Mikrostrukturen in der Halbleitertechnik aufzubauen. Zukunftsweisend ist die Möglichkeit, durch Fotoablation (Materialabtragung ohne Umgebungserwärmung) ganze Schaltkreise aus Mikrochips herauszuarbeiten.

▸1 Materialabtrag durch Laser

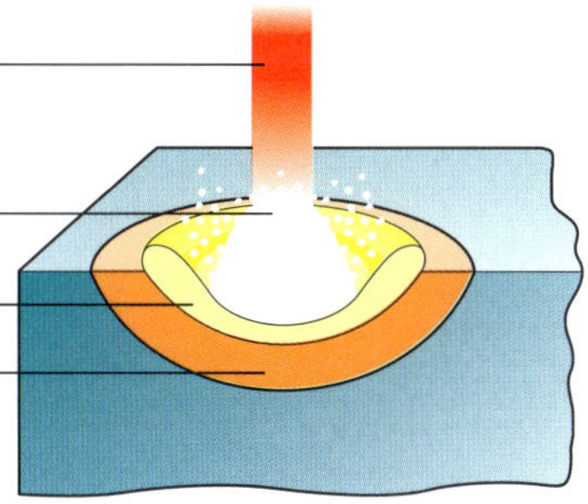

Je nach Stärke der Einstrahlung kommt es zum Schmelzen oder Verdampfen des Materials

▸2 Kohlendioxidlaser

a Grundaufbau
Die Energiezufuhr erfolgt durch eine Gasentladung zwischen zwei Elektronen (Anode, Kathode)

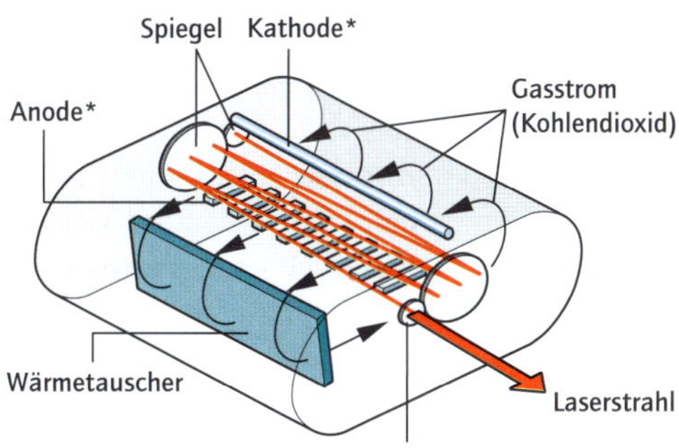

*Pumpquelle

b Aufbauschema zur Materialbearbeitung

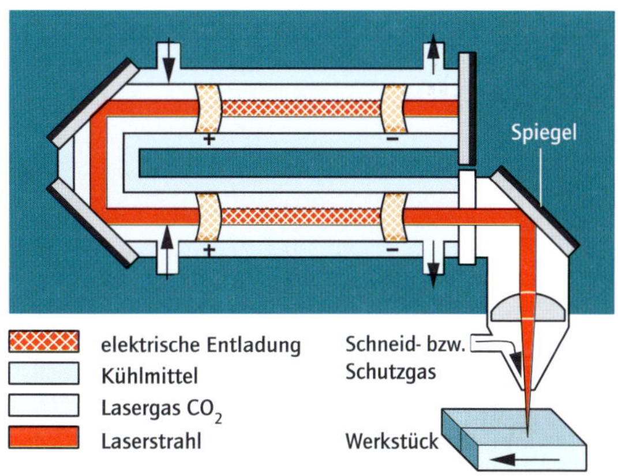

▸3 Schneiden mit einem Laser

A

B

C

F

I

J

K

L

ABB, Butzbach *285*
Adtranz ABB Daimler AG Transportation, Hennigsdorf *149*
Adtranz, ABB-Daimler-Benz, Kassel *149*
AEG Hausgeräte, Nürnberg *229*
Prof. Dr. F. Aldinger, Stuttgart *299*
Prof. Dr. A. Anders-von Ahlften, Hannover *221*
Astra-Marketing, Eschborn *189*
A. Tsiaras, New York *219*
BASF, Ludwigshafen am Rhein *291*
Bayer, Leverkusen *269, 293, 295, 297*
Bayernwerk Konventionelle Wärmekraftwerke, Schwandorf *277*
B. Eusemann, Ihringen *243, 263*
Agentur Bilderberg, Hamburg *319*
Biotronik Berlin *211*
BMW Group *131*
Foto: Bosch *105, 133*
Canon Deutschland, Krefeld *79*
Canton Elektronik, Weilrod *75*
CeramTec *299*
Carl Cloos Schweißtechnik, Haiger *309*
Continental AG, Unternehmenskommunikation, Hannover *131*
© CORBIS/Royalty-Free *147, 179*
COWON Systems Inc., Eschborn *67*
Daimler-Benz Aerospace, Bremen *183*
Daimler AG Konzernarchiv, Stuttgart *101*
DaimlerChrysler Aerospace Airbus, Hamburg *167*
DeTeMobil Deutsche Telekom MobilNet, Bonn *25*
Deutsche Aerospace, München *169, 171*
Deutsche Gesellschaft für Kunststoff-Recycling, Köln *289*
Deutsche Telekom, Bonn *11*
DUDEN PAETEC, Berlin / G. Liesenberg *29*
Enercon, Aurich *263*
ESA *191*
Flachglas Solartechnik, Köln *267*
© andreas – Fotolia.com *83*
© Huseyin Bas – Fotolia.com *5, 19*
© Eimantas Buzas – Fotolia.com *41*
© Michael Faust – Fotolia.com *175*
© GaToR-GFX – Fotolia.com *19*
© godfer – Fotolia.com *41*
© Benjamin Herzog – Fotolia.com *35*
© 2008 carsten.kattau@windfall.tv – Fotolia.com *219*
© mybaitshop – Fotolia.com *17*
© Birgit Reitz-Hofmann – Fotolia.com *89*
© Sabine – Fotolia.com *31*
© Konstantin Shevtsov – Fotolia.com *21*
© sonne07 – Fotolia.com *57*
© spaxiax – Fotolia.com *13*
© theowl84 – Fotolia.com *55*
© tom – Fotolia.com *191*
Fraunhofer IAO, Stuttgart *47*
Fraunhofer IIS *73*
Fresenius Medical Care, Bad Homburg *213*
Graphikbüro Formgeber, Nußloch *175*
Hamburgische Electricitätswerke, Hamburg *253, 259*
IBM, New York *71*
Institut für Mikrotechnik, Mainz *311, 313, 315*
Kernkraftwerk Philippsburg *257*
Ulrich Kilian, Heidelberg *145*
Kodak, Stuttgart *83*
Köln-Düsseldorfer Rheinschiffahrt, Köln *161*
W. Krüger, GMD Forschungszentrum Informationstechnik, St. Augustin *47*
Krupp Fördertechnik, Duisburg-Rheinhausen *99*
Kühnle, Kopp & Kausch, Frankenthal *109*
Leica Camera, Solms *79*
Mannesmann Dematic, Wetter *97*
MEV Verlag, Augsburg *11, 173, 269*
Micronas Intermetall, Freiburg *31*
NASA *195*
NASA/JPL-Caltech *193*
NASA / D. Maas, Cornell University *195*
www.nikon.de *83, 85*
Nikon, Düsseldorf *81*
Opel, Rüsselsheim *139*
Panasonic Deutschland, Hamburg *59, 59*
picture-alliance / dpa, Frankfurt am Main *19, 45, 57, 73, 147, 177, 183, 195, 261, 267, 293, 301, 311*
picture-alliance / Bildarchiv Okapia, Frankfurt am Main *321*
picture-alliance / Picture Press / Klaus Westermann, Frankfurt am Main *47*
Revo Technologies Ltd., Lanark, Schottland *67*
RWE Energie, Essen *237, 239*
Prof. em. Dr.-Ing. H. Schönfelder, Bad Harzburg *55*
Seagate Technology, München *35*
Siemens, Erlangen und Mannheim *151, 207, 209, 217, 241*
Siemens-Pressebild *57*
SONY Deutschland, Köln *65*
thermo/solar Energietechnik, Regensburg *265*
Thyssen Henschel, Kassel *151*
Thyssen Transrapid System GmbH, Kassel *153*
Toyota Deutschland, Köln *135*
Medienzentrum Universitätsklinikum, Heidelberg *205*
Vattenfall Europe AG *251*
Verband Deutscher Reeder e.V., Hamburg *157*
Volkswagenwerk, Wolfsburg *125*
Von Roll Inova, Frankfurt am Main *287*
R. Wolf Endoskope, Knittlingen *219*

Weitere grafische Darstellungen, Karten und Zeichnungen
Bibliographisches Institut GmbH, Mannheim